"十二五"普通高等教育本科国家级规划教材

卫生部"十二五"规划教材

全国高等医药教材建设研究会"十二五"规划教材

全国高等学校教材

·供本科护理学类专业用· 第3版

生物化学

主　　编　高国全

副 主 编　解　军　方定志

编　　者（以姓氏笔画为序）

王继红（重庆医科大学基础医学院）　陈　瑜（福建医科大学基础医学院）

方定志（四川大学华西医学中心）　高　颖（大连医科大学基础医学院）

左绍远（大理学院基础医学院）　高国全（中山大学中山医学院）

刘新光（广东医学院基础医学院）　陶　莎（中山大学中山医学院）

吴耀生（广西医科大学基础医学院）　解　军（山西医科大学基础医学院）

汪　渊（安徽医科大学基础医学院）

编委会秘书　杨　霞（中山大学中山医学院）　周　倜（中山大学中山医学院）

人民卫生出版社

图书在版编目（CIP）数据

生物化学/高国全主编. —3版. —北京：人民卫生出版社，2012. 7

ISBN 978-7-117-16024-7

Ⅰ. ①生… Ⅱ. ①高… Ⅲ. ①生物化学-医学院校-教材 Ⅳ. ①Q5

中国版本图书馆CIP数据核字(2012)第125292号

人卫社官网 www. pmph. com 出版物查询，在线购书
人卫医学网 www. ipmph. com 医学考试辅导，医学数据库服务，医学教育资源，大众健康资讯

生 物 化 学
第3版

主　　编：高国全
出版发行：人民卫生出版社（中继线 010-59780011）
地　　址：北京市朝阳区潘家园南里19号
邮　　编：100021
E - mail：pmph @ pmph. com
购书热线：010-67605754　010-65264830
　　　　　010-59787586　010-59787592
印　　刷：北京市卫顺印刷厂
经　　销：新华书店
开　　本：787×1092　1/16　　印张：26
字　　数：581千字
版　　次：2002年8月第1版　　2016年10月第3版第23次印刷
标准书号：ISBN 978-7-117-16024-7/R · 16025
定价（含光盘）：45.00元

修订说明

1987年，在卫生部领导下，人民卫生出版社组织全国最早开办本科护理学教育的院校，包括原北京医科大学、北京协和医学院、原上海医科大学、原中山医科大学、原华西医科大学、中国医科大学、原西安医科大学、天津医科大学等院校的优秀教师编写了“我国解放后第一次编写的高等护理专业教材”，包括《护理学基础》《内科护理学》《外科护理学》《妇产科护理学》《儿科护理学》5种。历经1993年、1999年和2006年三轮修订,第四轮33种教材全面出版，其质量得到了社会各界的广泛认可，其中包括3种国家精品教材、近二十种普通高等教育“十一五”国家级规划教材。时至今日，历经二十余年、五轮教材的修订完善，经过护理学几代教育专家的辛勤耕耘，本套教材成为出版历史最悠久，生命力最强，团结专家最多，得到最广泛支持的本科护理学专业精品教材，为我国护理学教育事业的发展作出了卓越的贡献。

在对第四轮教材进行全面调研的基础上，在卫生部领导下，2010年4月人民卫生出版社和第三届全国高等学校护理学专业教材评审委员会启动了第五轮教材的修订工作。本轮教材得到了全国百余所本科院校的积极响应和大力支持，在结合调研结果和我国护理学教育发展趋势的基础上，评委会确定第五轮教材修订的指导思想为：精益求精，打造具有中国特色的本科医学教育国家精品教材；凸显护理学专业特色，打造我国护理学教育的“干细胞教材”；体现开放性，打造具有国际影响力的护理学教材；树立大教材观，使教材建设成为推动专业发展的重要动力。评委会确定第五轮教材的编写原则为：

1. 充分体现护理学一级学科学术思想，紧扣护理学教育改革精神，立足国内、面向国际，以培养高素质、高质量、合格本科护理人才的理念，修订本轮教材。

2. 体现“三基五性”的教材编写基本原则。

3. 满足本科护理学教育培养目标的要求，为培养在临床一线工作的通科护理人才服务。

4. 体现护理学专业特色，突出对“人”的整体护理观，使用护理程序的工作方法，并继续加强对学生人文素质的培养。

5. 把握修订与新编的区别，本轮教材是在第四轮教材基础上进行修改和完善，力求去旧增新、去粗存精、精益求精。

6. 整体优化，不仅优化教材品种，还注意不同教材内容的联系与衔接，避免遗漏、矛盾和不必要的重复。

7. 凸显课程个性，每本教材根据学科特点选择设置了学习目标、前沿研究、经典案例等特色栏目，并根据课程特点编写实践教学内容。

8. 体现包容性，在保证教材质量的基础上，编写团队覆盖面扩大，教材内容兼顾全国不同地区多数学校的需求。同时考虑到多种教学体系和模式并存，因此本轮教材体系进一步完善，既包括经典的临床学科体系教材，也包括生命周期体系教材；既能满足西医院校的需求，也设置了中医特色课程；既能满足常规教学需求，也能满足双语教学需求。各院校可根据自身教学特点选择不同教学模式教材。

9. 以学生为主体，主教材在内容选择、板块设计、版面等方面充分考虑学生的心理特点，并实现教材的立体化配套。

全套教材共47种，于2012年9月前由人民卫生出版社出版，供各院校本科护理学专业使用。

全国高等医药教材建设研究会

人民卫生出版社

2012年6月

目　录

序号	教材名称			版次	主编		配套光盘	配套教材
1	人体形态学			第3版	周瑞祥	杨桂姣	√	√
2	生物化学			第3版	高国全		√	√
3	生理学			第3版	唐四元		√	√
4	医学微生物学与寄生虫学	*		第3版	黄　敏		√	√
5	医学免疫学			第3版	安云庆			
6	病理学与病理生理学	*	※	第3版	步　宏			√
7	药理学			第3版	董　志		√	√
8	预防医学			第3版	凌文华		√	
9	健康评估	*		第3版	吕探云	孙玉梅	√	√
10	护理学导论	*		第3版	李小妹		√	√
11	基础护理学	*		第5版	李小寒	尚少梅	√	√
12	护理教育学	*		第3版	姜安丽		√	
13	护理研究	*	※	第4版	胡　雁			
14	内科护理学	*	※	第5版	尤黎明	吴　瑛	√	√
15	外科护理学	*		第5版	李乐之	路　潜	√	√
16	儿科护理学	*		第5版	崔　焱		√	√
17	妇产科护理学	*		第5版	郑修霞		√	√
18	中医护理学	*		第3版	孙秋华			
19	眼耳鼻咽喉口腔科护理学	*		第3版	席淑新			√
20	精神科护理学			第3版	刘哲宁			√
21	康复护理学			第3版	燕铁斌		√	√
22	护理管理学	*		第3版	李继平		√	
23	护理心理学			第3版	杨艳杰			
24	临床营养学			第3版	张爱珍			

（续表）

序号	教材名称	版次	主编	配套光盘	配套教材
25	急危重症护理学	第3版	张 波 桂 莉		√
26	社区护理学	第3版	李春玉	√	
27	护理伦理学	第1版	姜小鹰		
28	护士人文修养	第1版	史瑞芬 史宝欣	√	
29	护理专业英语	第2版	宋 军	√	
30	新编护理学基础 *	第2版	姜安丽	√	√
31	老年护理学	第3版	化前珍	√	
32	母婴护理学 *	第2版	王玉琼	√	
33	成人护理学 *	第2版	郭爱敏 周兰姝		√
34	儿童护理学	第2版	范 玲	√	
35	中医学基础 （上下册，中医特色）	第1版	王 琦 樊巧玲		
36	中医护理学基础 （中医特色）	第1版	陈佩仪	√	√
37	中医临床护理学 （中医特色）	第1版	徐桂华 张先庚		
38	中医养生与食疗 （中医特色）	第1版	陈 岩		
39	针灸推拿与护理 （中医特色）	第1版	刘明军		
40	护理学基础 （双语）	第1版	姜安丽		
41	内外科护理学 （双语）	第1版	刘华平 李 峥		
42	儿科护理学 （双语）	第1版	胡 雁		
43	妇产科护理学 （双语）	第1版	张银萍 徐 红		
44	精神科护理学 （双语）	第1版	李小妹		
45	老年护理学 （双语）	第1版	郭桂芳		
46	急救护理学 （双语）	第1版	钟清玲		
47	中医护理学基础 （双语）	第1版	郝玉芳		

注：

* 为普通高等教育国家级“十一五”规划教材。

※ 为普通高等教育国家精品教材。

以上教材均为卫生部“十二五”规划教材。

全国高等学校第三届护理学专业教材评审委员会

前言

护理专业本科《生物化学》第二版卫生部规划教材于2006年出版。此教材在全国医学院校护理学专业广泛使用,受到广大师生的好评和肯定。鉴于生物化学和分子生物学的迅速发展和现代护理理念、技术、方法不断发展的要求,有必要定期对其内容进行更新和调整。卫生部护理专业教材评审委员会决定编写全国高等医药院校护理专业本科的第五轮规划教材,要求精密围绕培养目标,突出护理专业特色,淡化学科意识,注重整体优化,促进专业建设,突出科学性和实用性,建立适应当代医学的护理教材体系。

上版教材编者们做了大量的工作和有益的尝试。本版是在上版基础上进行修订,保留了主体内容,但对包括基本结构和进展性知识在内的部分内容进行了调整和更新。仍然强调既要保证生物化学知识体系的完整性,又要突出护理专业的特点。主要特色如下:

1. 结构调整　本版将分子生物学部分的内容提前到生物大分子的结构功能后进行介绍,既符合知识的连贯性又促进同学们对该部分内容的理解和掌握。我们在近几年的教学实践中采用该结构体系,取得了较好的教学效果。

2. 精简内容和字数　物质代谢部分对代谢化学过程的描述精简,强调其生物学与医学意义;生物结构的介绍简明扼要;分子生物学部分重点突出概念、理论和应用前景,具体描述从简。

3. 补充新知识、新概念,主要在分子生物学领域,如代谢组学、RNA编辑等;突出护理专业特点,设置与医学和护理实践密切相关的章节,包括血液生化、肝胆生化、维生素与微量元素和肿瘤的生化基础等内容。

4. 为便于师生的教与学,本书配有课件光盘并另外配套自学辅导资料。自学辅导资料包括导读、每章小结和习题测验等内容。

本书分十七章,包括生物大分子的结构功能,遗传信息的传递及调控、基因重组与分子生物学技术,物质代谢和调节及医学专题篇等内容。对于少部分扩充进展性内容,各校可根据具体情况选择。本教材虽为5年制护理专业本科生编写,但作为生物化学的专业基础课教材,同样适用于其他医学专业本科生使用或参考。我们力求做到基本知识、基本理论和基本概念阐述明确,逻辑通顺,方便学习和讲授。

本教材由全国10所高校的11名工作在教学和科研一线的生物化学教授参与编写。为了尽量减少错误,本书主编和副主编还邀请了各自学校的资深教授及在读的本科生对全文进行了修正。中山大学中山医学院生化系的罗超权教授、杨霞教授对全书内容进行了审校；周倜老师担任本版编委会秘书，参与编写过程许多具体细致的工作。编写过程中，我们得到卫生部教材办公室、中山大学中山医学院的热情支持，在此一并致谢。

由于我们水平有限，本版教材肯定仍存在不少缺点或不当之处，衷心期望各同行专家，特别是直接使用本教材的师生、读者给予批评和指正。

高国全

2012 年 5 月于中山大学

目录

绪　论

生物化学(biochemistry)即“生命的化学”,从分子水平探讨生命现象的本质,是生命科学领域重要的领头学科之一。生物化学是研究生物体内化学分子与化学反应的科学,以及这些分子组成、变化、调节与功能的关系,揭示或阐明生物体(从受精卵开始)的发育、生长、衰老、死亡全生命过程以及生殖、遗传的本质和规律。医学生物化学主要研究人体生命过程的化学问题,从分子水平研究各种物质的结构与功能、物质代谢及其调节的规律和遗传物质与遗传信息传递知识等,以及它们在人体生命活动中的作用。生物化学的研究主要采用化学的原理和方法,但也融入了生物物理学、生理学、细胞生物学、遗传学和免疫学等的理论和技术,使之与众多学科有着广泛的联系和交叉。

人们通常将研究核酸、蛋白质等所有生物大分子的结构、功能及基因结构、表达与调控的内容,称为分子生物学。分子生物学的发展揭示了生命本质的高度有序性和一致性,是人类在认识论上的重大飞跃。而从广义上理解,分子生物学是生物化学的重要组成部分,也被视作生物化学的发展和延续。分子生物学的飞速发展,促进了相关和交叉学科的发展,特别是医学的发展,已成为生命科学的共同语言。

一、生物化学研究的主要内容

生物化学的发展历史悠久,人类在漫长的生活与生产劳动实践中发现并利用了包括发酵、酿造等很多生物化学的知识和规律。直到20世纪初期,生物化学才形成一门独立的学科,各个分支领域的研究开始迅速发展。生物化学的研究内容十分广泛,经历了叙述生物化学阶段,即了解生物体的物质组成,生物分子的结构、性质和生物功能;动态生物化学阶段,即研究各种生物物质的代谢过程、变化规律和体内能量的产生及利用;和分子生物学时期,即研究核酸、蛋白质等生物大分子遗传信息的传递过程及规律。当代生物化学的研究主要集中在以下几个方面。

1. 生物分子的结构与功能　生物个体是由千万种化学成分所组成,包括无机物、有机小分子和生物大分子。核酸、蛋白质、多糖、蛋白聚糖和复合脂类等是体内的重要生物大分子,它们都是由各自基本组成单位构成的多聚体。例如,由核苷酸作为基本组成单位,通过磷酸二酯键连接形成多核苷酸——核酸;由氨基酸作为基本组成单位,通过肽键连接形成多肽链——蛋白质。聚糖也由一定的基本单位聚合而成。生物大分子的重要特征之一是具有信息功能,由此也称之为生物信息分子。

对生物大分子的研究，除了确定其一级结构（基本组成单位的种类、排列顺序和方式）外，更重要的是研究其空间结构及其与功能的关系。分子结构是功能的基础，而功能则是结构的体现。生物大分子的功能还通过分子之间的相互识别和相互作用而实现。

2. 物质代谢及其调节　生命体不同于无生命体的基本特征是新陈代谢。每个个体一刻不停地与外环境进行物质交换，摄入养料排出废物，以维持体内环境的相对稳定，从而延续生命。正常的物质代谢是正常生命过程的必要条件，物质代谢发生紊乱则可引起疾病。目前对正常生物体内的主要物质代谢途径已基本清楚，但疾病状态下的代谢变化和特征正成为代谢研究的新热点。细胞信号转导参与多种物质代谢及与其相关的生长、增殖、分化等生命过程的调节。细胞信号转导的机制及网络也是近代生物化学研究的重要课题。

3. 基因信息传递及其调控　基因信息传递涉及遗传、变异、生长、分化等诸多生命过程，也与遗传病、恶性肿瘤、心血管病等多种疾病的发病机制有关。因此，基因信息的研究在生命科学中的作用越显重要。1953 年 Watson 和 Crick 提出 DNA 双螺旋结构模型，成为生物化学发展进入分子生物学时代的重要里程碑。现已确定，DNA 是遗传的主要物质基础，基因即 DNA 分子的功能片段。当今，基因分子生物学除了进一步研究 DNA 的结构与功能外，更重要的是研究 DNA 复制、基因转录、蛋白质生物合成等基因信息传递过程的机制及基因表达时空规律。DNA 重组、转基因、基因剔除、新基因克隆、人类基因组及功能基因组研究等的发展，将大大推动这一领域的研究进程。

二、生物化学与医学的关系

生物化学是一门基础医学的必修课程，讲述正常人体的生物化学以及疾病过程中的生物化学相关问题，与医学有着紧密的联系。生物化学又是生命科学中进展迅速的基础学科，它的理论和技术已渗透至基础医学和临床医学的各个领域，使之产生了许多新兴的交叉学科，如分子遗传学、分子免疫学、分子微生物学、分子病理学和分子药理学等。

随着生物化学研究成果对人体各种代谢过程、代谢调控机制、细胞间信号转导及遗传信息传递规律的深入阐明，人们有可能准确了解各种相应代谢障碍相关疾病、遗传性疾病发病机制，开发治疗药物，研究诊断、治疗的新方法。目前临床的癌症、心血管疾病等重大疾病的最后攻克，还是要期待于在生物化学和分子生物学领域中不断取得突破。从临床实际看，生物化学检测技术经常性应用于临床诊断，蛋白酶类、尿激酶等多种酶和蛋白及基因工程药物，已直接用于疾病的治疗。

现代分子生物学新理论、新技术成就正迅速在临床医学研究和实践中得到运用。如用探针技术、聚合酶链反应技术等检测致病基因的基因诊断技术，可在基因水平确定导致遗传病的变异基因的存在。基因治疗研究最终能向机体导入有功能的基因，补偿、替代致病的缺陷基因等。因此，学习和掌握生物化学知识，一方面可以深入理解生命现象和疾病的本质，另一方面是为进一步学习基础医学其他各课程和临床医学打下扎实的基础。生物化学与分子生物学已成为生命和医学领域类似于外语和计算机的工具学科，成为当代医护专业人员的必备知识储备。

（高国全）

第一章

蛋白质的结构与功能

蛋白质(protein)普遍存在于生物界,是生物体的基本组成成分之一,也是生物体含量丰富、功能复杂、种类繁多的生物大分子,约占人体干重45%。蛋白质是生命活动的物质基础,在人体内发挥着重要的生物学作用。蛋白质的功能主要包括:①酶的催化作用。大多数酶是具有催化活性的蛋白质。②运输及储存作用。血浆、血细胞等组织中有运输与储存作用的蛋白质,如血红蛋白、脂蛋白、肌红蛋白等。③协调运动的作用。肌肉中存在的收缩蛋白是机体各种肌肉收缩的物质基础。④机械支撑作用。结构蛋白对细胞和组织起重要的支持作用,如皮肤、骨骼、肌腱和软骨中的胶原蛋白;韧带中的弹性蛋白;毛发、指甲中的角蛋白。⑤免疫保护作用。血浆中的免疫球蛋白、补体具有特异识别和清除病原微生物的功能。⑥凝血功能。血液中凝血酶原、纤维蛋白原等凝血因子可防止血管损伤时血液的流失。⑦其他作用。体内具有调节细胞及整体生理活性的蛋白质,如在细胞间起信号转导作用的蛋白类激素和细胞受体,以及与细胞生长、分化、基因表达密切相关的调控蛋白。

第一节　蛋白质的分子组成

尽管不同蛋白质的结构不同,但元素组成相似。主要含有碳、氢、氧、氮及硫,有些蛋白质还含有磷、铁、铜、锌、锰、钴及钼等。其中碳为50%～55%、氢为6%～7%、氧为19%～24%、氮为13%～19%、硫为0%～4%。各种蛋白质的含氮量很接近,平均为16%。由于蛋白质是体内的主要含氮物,因此测定生物样品的含氮量就可按下式推算出蛋白质大致含量。

每克样品含氮克数×6.25×100=100克样品中蛋白质的含量(g%)

一、蛋白质的基本组成单位——氨基酸

氨基酸(amino acid)是蛋白质的基本组成单位。自然界存在300余种氨基酸,但组成人体蛋白质的氨基酸仅有20种,且均为L-α-氨基酸(甘氨酸除外),氨基酸的结构通式如下:

$$\begin{array}{c} \mathrm{COOH} \\ | \scriptstyle{\alpha} \\ \mathrm{H_2N}\text{—}\mathrm{C}\text{—}\mathrm{H} \\ | \\ \mathrm{R} \end{array}$$

由氨基酸的结构通式可见，连接—COOH基的α-碳原子，分别连接4个不同原子或基团，为不对称碳原子（甘氨酸除外）。不同的氨基酸其侧链（R）各异。

（一）氨基酸的结构与分类

体内组成蛋白质的20种氨基酸，根据其侧链的结构和理化性质可分成五类：①非极性脂肪族氨基酸；②极性中性氨基酸；③芳香族氨基酸；④酸性氨基酸；⑤碱性氨基酸（表1-1）。

表1-1 氨基酸的分类

结构式	中文名	英文名	三字符号	一字符号	等电点（pI）
1. 非极性脂肪族氨基酸					
$H-\underset{^+NH_3}{CH}COO^-$	甘氨酸	glycine	Gly	G	5.97
$CH_3-\underset{^+NH_3}{CH}COO^-$	丙氨酸	alanine	Ala	A	6.00
$CH_3-\underset{CH_3}{CH}-\underset{^+NH_3}{CH}COO^-$	缬氨酸	valine	Val	V	5.96
$CH_3-\underset{CH_3}{CH}-CH_2-\underset{^+NH_3}{CH}COO^-$	亮氨酸	leucine	Leu	L	5.98
$CH_3-CH_2-\underset{CH_3}{CH}-\underset{^+NH_3}{CH}COO^-$	异亮氨酸	isoleucine	Ile	I	6.02
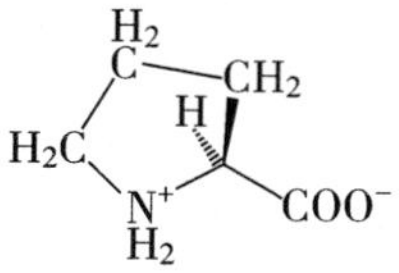	脯氨酸	proline	Pro	P	6.30
2. 极性中性氨基酸					
$HO-CH_2-\underset{^+NH_3}{CH}COO^-$	丝氨酸	serine	Ser	S	5.68
$HS-CH_2-\underset{^+NH_3}{CH}COO^-$	半胱氨酸	cysteine	Cys	C	5.07
$CH_3SCH_2CH_2-\underset{^+NH_3}{CH}COO^-$	蛋氨酸	methionine	Met	M	5.74
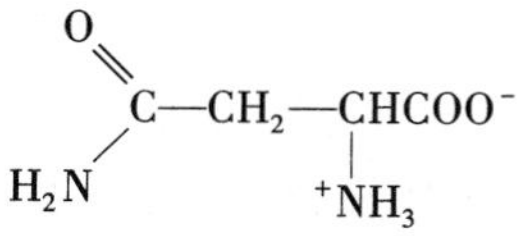	天冬酰胺	asparagine	Asn	N	5.41

续表

结构式	中文名	英文名	三字符号	一字符号	等电点(pI)
O $CCH_2CH_2-CHCOO^-$ H_2N $^+NH_3$	谷胺酰胺	glutamine	Gln	Q	5.65
CH_3 $HO-CH-CHCOO^-$ $^+NH_3$	苏氨酸	threonine	Thr	T	5.60
3. 芳香族氨基酸					
$-CH_2-CHCOO^-$ $^+NH_3$	苯丙氨酸	phenylalanine	Phe	F	5.48
$CH_2-CHCOO^-$ $^+NH_3$ N	色氨酸	tryptophan	Trp	W	5.89
$HO-CH_2-CHCOO^-$ $^+NH_3$	酪氨酸	tyrosine	Tyr	Y	5.66
4. 酸性氨基酸					
$HOOCCH_2-CHCOO^-$ $^+NH_3$	天冬氨酸	aspartic acid	Asp	D	2.97
$HOOCCH_2CH_2-CHCOO^-$ $^+NH_3$	谷氨酸	glutamic acid	Glu	E	3.22
5. 碱性氨基酸					
$NH_2CH_2CH_2CH_2CH_2-CHCOO^-$ $^+NH_3$	赖氨酸	lysine	Lys	K	9.74
NH ‖ $NH_2CNHCH_2CH_2CH_2-CHCOO^-$ $^+NH_3$	精氨酸	arginine	Arg	R	10.76
$HC=C-CH_2-CHCOO^-$ N NH $^+NH_3$ C H	组氨酸	histidine	His	H	7.59

蛋白质中有些氨基酸是蛋白质合成后经过加工修饰产生的，如胶原蛋白含羟脯氨酸和羟赖氨酸，是由脯氨酸或赖氨酸羟化成的。在蛋白质分子中，有时两个半胱氨酸残基上的巯基脱氢，以二硫键（disulfide bond）相连，形成胱氨酸（图1-1）。

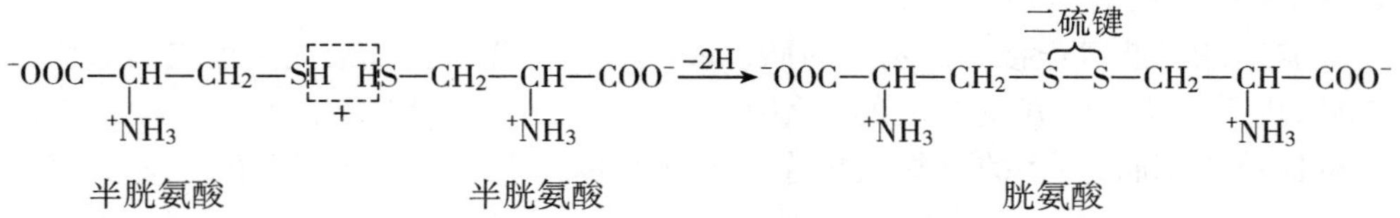

$$^{-}OOC-\underset{\underset{^{+}NH_3}{|}}{CH}-CH_2-SH + HS-CH_2-\underset{\underset{^{+}NH_3}{|}}{CH}-COO^{-} \xrightarrow{-2H} {}^{-}OOC-\underset{\underset{^{+}NH_3}{|}}{CH}-CH_2-\overbrace{S-S}^{二硫键}-CH_2-\underset{\underset{^{+}NH_3}{|}}{CH}-COO^{-}$$

半胱氨酸　　半胱氨酸　　胱氨酸

图 1-1　胱氨酸与二硫键

（二）氨基酸的理化性质

1. 两性解离及等电点　氨基酸分子中既有碱性的 α-氨基，又有酸性的 α-羧基，它们可分别电离形成带正电荷的阳离子（$—NH_3^+$）及带负电荷的阴离子（$—COO^-$），因此氨基酸是两性电解质。氨基酸的解离方式及带电状态取决于其所处溶液的酸碱度。在某一 pH 条件下，氨基酸解离成阳离子和阴离子的数量相等，分子呈电中性，此时溶液的 pH 称为该氨基酸的等电点（isoelectric point，pI）。

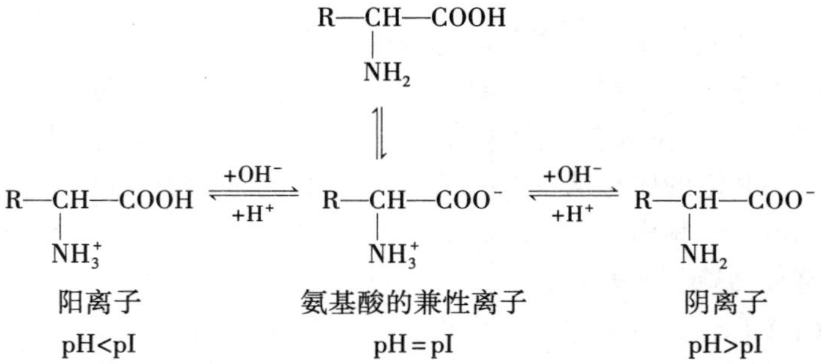

$$R-\underset{\underset{NH_2}{|}}{CH}-COOH$$

$$\Updownarrow$$

$$R-\underset{\underset{NH_3^+}{|}}{CH}-COOH \underset{+H^+}{\overset{+OH^-}{\rightleftharpoons}} R-\underset{\underset{NH_3^+}{|}}{CH}-COO^- \underset{+H^+}{\overset{+OH^-}{\rightleftharpoons}} R-\underset{\underset{NH_2}{|}}{CH}-COO^-$$

阳离子　　氨基酸的兼性离子　　阴离子

pH<pI　　pH＝pI　　pH>pI

2. 氨基酸的紫外吸收性质和呈色反应　芳香族氨基酸（酪氨酸、色氨酸）分子中含有共轭双键，具有吸收紫外光的特性，在 280nm 处有最大吸收峰（图 1-2）。由于大多数蛋白质含有酪氨酸和色氨酸残基，所以测定蛋白质在 280nm 处的紫外吸收值与蛋白质的浓度成正比。此特性可用于蛋白质的定量分析。

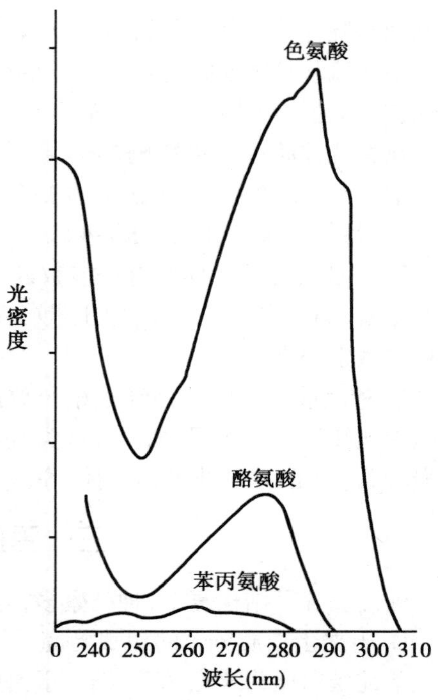

图 1-2　芳香族氨基酸的紫外吸收

氨基酸还能与某些试剂发生特异的颜色反应，如与茚三酮水合物的呈色反应，可用于氨基酸定量分析。

二、氨基酸与多肽

1890—1910 年德国化学家 Emil. Fischer 证明，蛋白质分子是氨基酸通过肽键（peptide bond）连接形成的多肽链（polypeptide chain）。

一分子氨基酸的 α-羧基与另一分子氨基酸的 α-氨基脱水缩合形成的酰胺键

（—CO—NH—）称为肽键（图 1-3）。

氨基酸以肽键连接的产物称为肽（peptide）。由 2 个氨基酸残基组成的肽称为二肽；由 3 个氨基酸残基组成的肽称为三肽，以此类推。10 个以内氨基酸相连而成的肽称为寡肽，更多的氨基酸相连而成的肽称为多肽。例如谷氨酸和甘氨酸脱水后以肽键相连缩合形成谷氨酰甘氨酸，这是两个氨基酸形成最简单的肽，即二肽。

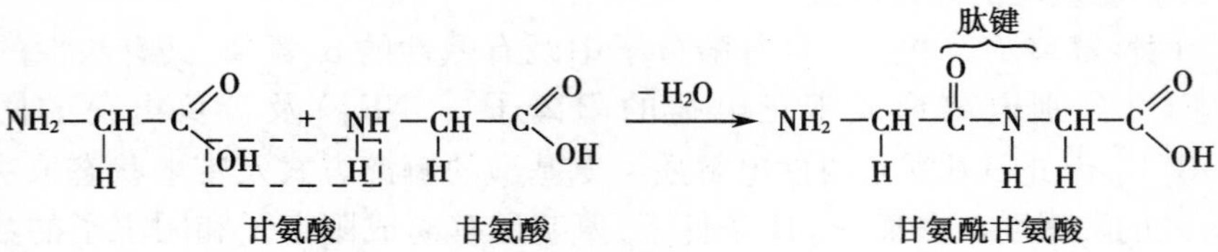

$$NH_2-\underset{H}{CH}-COOH + \underset{H}{NH}-\underset{H}{CH}-COOH \xrightarrow{-H_2O} NH_2-\underset{H}{CH}-\overset{O}{\overset{\|}{C}}-\underset{H}{N}-\underset{H}{CH}-COOH$$

甘氨酸　　甘氨酸　　甘氨酰甘氨酸（肽键）

图 1-3　肽与肽键

肽键是蛋白质结构中的主要化学键，此共价键较稳定，不易受破坏。一条多肽链含有 2 个游离末端，一端是未参与形成肽键的 α-氨基，称为氨基末端（amino terminal）或 N 端；另一端是未参与形成肽键的 α-羧基，称为羧基末端（carboxyl terminal）或 C 端。多肽链的序号从 N 端计算。书写肽链时，人们习惯上将 N 端写于左侧，用 H_2N—表示；C 端用—COOH 表示。肽链中的氨基酸分子因形成肽键，氨基和羧基不完整称为氨基酸残基。

生物体内含有一些具有生物活性的小分子肽类，可由几个至几十个氨基酸残基组成，生物活性肽在神经传导、代谢调节等方面起着重要的作用。

1. 谷胱甘肽（glutathione，GSH）　是由谷氨酸、半胱氨酸和甘氨酸组成的三肽，简称为谷胱甘肽。其中谷氨酸的 γ-羧基与半胱氨酸的 α-氨基形成肽键，谷胱甘肽分子中的巯基是主要官能团。GSH 的巯基具有还原性，可通过自身巯基的可逆氧化保护其他蛋白质或酶分子中的巯基不被氧化，防止蛋白质失去生物学活性。

在谷胱甘肽过氧化物酶的催化下，GSH 作为抗氧化剂可还原细胞内产生的 H_2O_2，使其转变成 H_2O。此反应生成氧化型谷胱甘肽（GSSG）需重新转化为还原型的 GSH，维持抗氧化作用（图 1-4）。

2. 多肽类激素　体内有许多激素本质是寡肽或多肽，主要是下丘脑和垂体分泌的激素，如缩宫素（9 肽）、加压素（9 肽）、促肾上腺皮质激素（39 肽）、促甲状腺素释放激素（3 肽）等。

3. 神经肽　由中枢神经末梢释放的多肽类神经递质称为神经肽类。在神经细胞中起转导信号作用，如阿片肽类神经肽，包括脑啡肽（5 肽）、β-内啡肽（31 肽）和强啡肽（17 肽）、孤啡肽（17 肽）等，它们参与中枢神经系统的痛觉抑制。

三、蛋白质的分类

蛋白质分子结构复杂，种类繁多，分类方法也有多种。

1. 根据蛋白质分子的组成特点　将蛋白质分为单纯蛋白质和结合蛋白质两类。单纯蛋白质只含氨基酸，结合蛋白质除蛋白质部分外，还有功能必需的非蛋白部分，称为辅基。如按其非蛋白部分的不同，结合蛋白又可分为核蛋白（含核酸）、

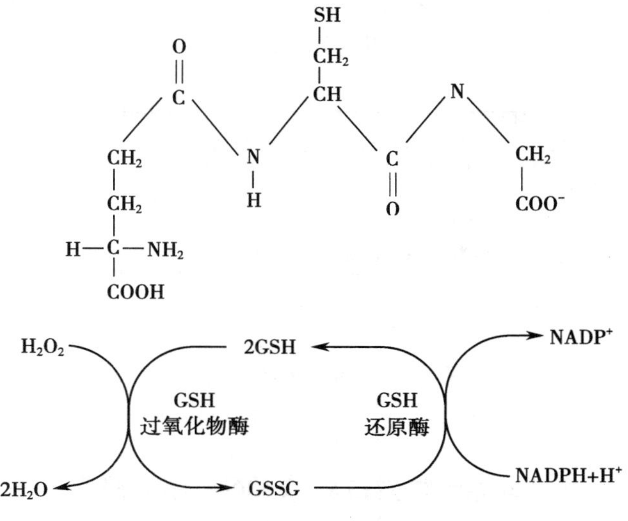

图 1-4　GSH 与 GSSG 间的相互转换

糖蛋白(含多糖)、脂蛋白(含脂类)、磷蛋白(含磷酸)、金属蛋白(含金属)及色蛋白(含色素,如血红蛋白含血红素)等。

2. 根据分子形状的不同　分为球状蛋白质和纤维状蛋白。球状蛋白质分子盘曲成球形或椭圆形,多数可溶于水,如酶、转运蛋白、蛋白类激素及免疫球蛋白等都属于球状蛋白质。纤维状蛋白形似纤维,其分子长轴的长度比短轴长 10 倍以上,多数为结构蛋白质,较难溶于水,如大量存在于结缔组织中的胶原蛋白就是典型的纤维状蛋白质。

3. 根据蛋白质的主要功能可分两类　即有活性功能的蛋白质,如酶、蛋白类激素、运输和贮存作用的蛋白质和受体蛋白质等;属于结构蛋白质的有角蛋白、胶原蛋白等。

第二节　蛋白质的分子结构

蛋白质分子是由 20 种氨基酸通过肽键相连形成的生物大分子。通常为叙述清楚,将蛋白质分子结构分为一级结构和空间结构(或三维结构),空间结构包括蛋白质的二级、三级、四级结构。

一、蛋白质的一级结构

蛋白质分子中,从 N 端至 C 端的氨基酸排列顺序称为蛋白质的一级结构(primary structure)。各种蛋白质中氨基酸的排列顺序是由该生物遗传信息决定的。一级结构是蛋白质分子的基本结构,它决定蛋白质空间构象,而蛋白质的空间构象则是实现其生物学功能的基础。

一级结构中主要的化学键是肽键。牛胰岛素是世界上第一个被确定一级结构的蛋白质,由英国化学家 Frederick. Sanger 于 1953 年测定。它是由 A、B 两条多肽链通过两个二硫键相连。A 链含 21 个氨基酸残基,B 链含 30 个氨基酸残基。牛胰岛素分子中有 3 个二硫键，一个位于 A 链内，由第 6 位和第 11 位半胱氨酸的巯基脱氢而成，另 2 个二硫键位于 A、B 两链间(图 1-5)。

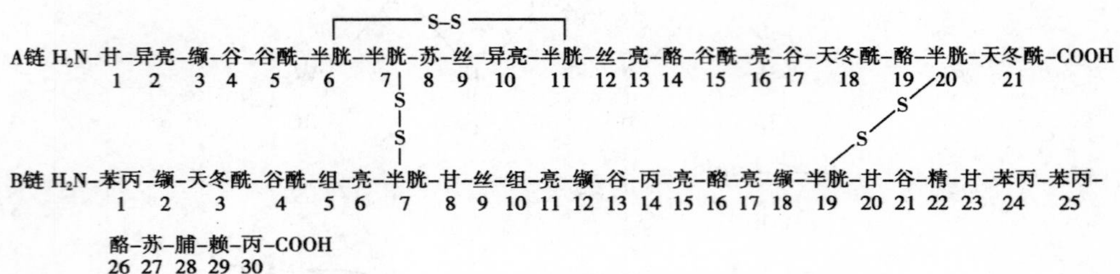

图 1-5 牛胰岛素的一级结构

> **F. Sanger 对蛋白质和 DNA 序列测定的贡献**
>
> F. Sanger 于 1953 年测定了胰岛素氨基酸序列，促进了蛋白质一级结构测定技术的发展，对于了解蛋白质的结构、作用机制和功能具有重要的意义。随后人们利用这一原理和方法，测定了数以万计不同蛋白质的氨基酸序列。1977 年 F. Sanger 与 A. Maxam、W. Gilbert 发明了测定 DNA 序列的技术。Sanger 分别于 1958 年和 1980 年两次获诺贝尔化学奖。

体内不同种类的蛋白质，其一级结构各不相同。一级结构是蛋白质空间构象的基础，但并不是决定蛋白质空间构象的唯一因素。目前已知一级结构的蛋白质有很多，这为蛋白质结构与功能的深入研究提供了条件。

二、蛋白质的空间结构

天然存在的蛋白质分子多肽链并非以完全伸展的线状形式存在，而是在蛋白质一级结构的基础上通过分子中若干单键的旋转而盘曲、折叠形成特定的空间三维结构，称为蛋白质的空间构象。各种蛋白质的理化性质和生物学活性主要取决于它的特定空间构象。蛋白质的空间结构包括蛋白质的二级结构、三级结构和四级结构。

(一) 蛋白质的二级结构

蛋白质的二级结构(secondary structure)是指蛋白质分子中某一肽链的局部空间结构，即多肽链中主链骨架原子的相对空间排列分布，而不涉及氨基酸残基侧链的空间排布。蛋白质的二级结构包括 α-螺旋、β-折叠、β-转角和无规卷曲。一个蛋白质分子可含有多种二级结构。

1. 肽平面的概念　20 世纪 30 年代末 L. Pauling 和 R. B. Corey 在研究氨基酸和肽的晶体结构时发现：肽键的键长介于单、双键键长之间，肽键具有部分双键性质，因此肽键不能自由旋转。涉及肽键的 6 个原子共处于同一平面，称为肽键平面，又称肽单元(图 1-6)。每个 C_α 与两侧肽平面中的 N 和羰基 C 原子间以单键连接，可以自由旋转，使每相邻的肽平面间形成双面角。此种以肽单元为基本单位的旋转就是肽链折叠、盘旋的基础。

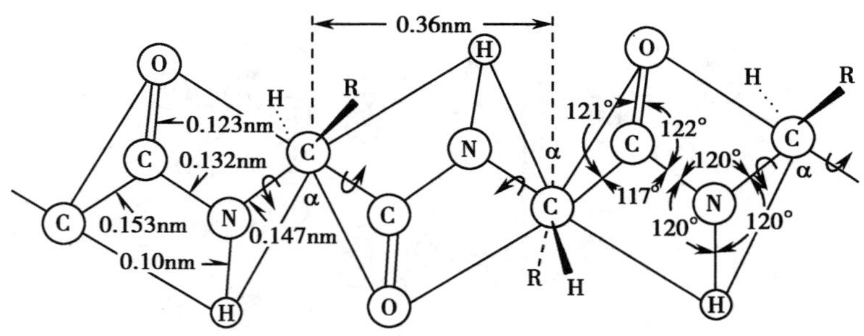

图 1-6　肽键平面示意图

2. 蛋白质二级结构的主要构象形式　α-螺旋(α-helix)和 β-折叠(β-pleated sheet)是蛋白质二级结构的主要形式。除 α-螺旋和 β-折叠外，蛋白质二级结构还包括 β-转角(β-turn)和无规卷曲(random coil)等。

(1) α-螺旋：多肽链中主链围绕中心轴有规律的螺旋式上升，螺旋走向为顺时针方向，称右手螺旋。其特点如下：①每 3. 6 个氨基酸残基螺旋上升一圈，螺距为 0. 54nm；②氨基酸侧链伸向螺旋外侧，其形状、大小及电荷量的多少均影响 α-螺旋的形成；③α-螺旋的每个肽键的 N—H 与相邻第四个肽键的羰基(O)形成氢键(hydrogen bond)，氢键的方向与螺旋长轴基本平行。氢键是维持 α-螺旋结构稳定的主要化学键(图 1-7)。

(2) β-折叠：β-折叠呈折纸状，其特点如下：①多肽链充分伸展，各个肽单元以 C_α 为旋转点，依次折叠成锯齿状结构，氨基酸残基侧链交替地位于锯齿状结构的上下方；②所涉及肽段一般比较短，只含 5 ~ 8 个氨基酸残基；③两条以上肽链或一条

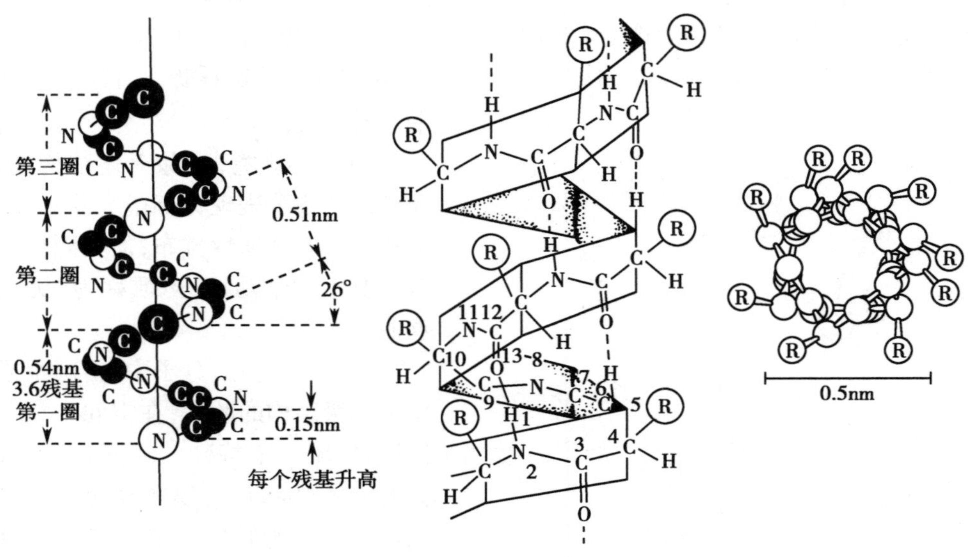

图 1-7　α-螺旋结构(右图为纵观面)

肽链内的若干肽段可平行排列，肽链的走向可相同，也可相反。走向相反时，两条反平行肽链的间距为0.70nm（图1-8），并通过肽链间的肽键羰基氧和亚氨基氢形成氢键，从而稳固β-折叠结构。许多蛋白质既有α-螺旋又有β-折叠。

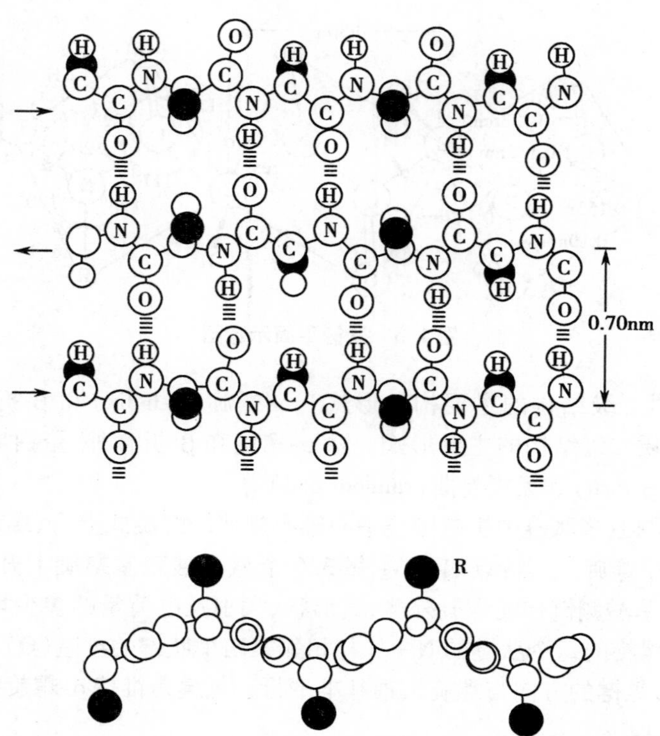

图1-8 β-折叠

（3）β-转角：β-转角常出现于肽链进行180°回折时的转角部位。β-转角通常由4个氨基酸残基组成。由第一个残基的羰基（O）与第四个残基的氨基氢（H）形成氢键，以维持转折结构的稳定（图1-9）。β-转角的结构较特殊，第二个氨基酸残基多为脯氨酸和甘氨酸。脯氨酸为亚氨基酸，形成肽键使肽链返折。甘氨酸侧链最小易变形。

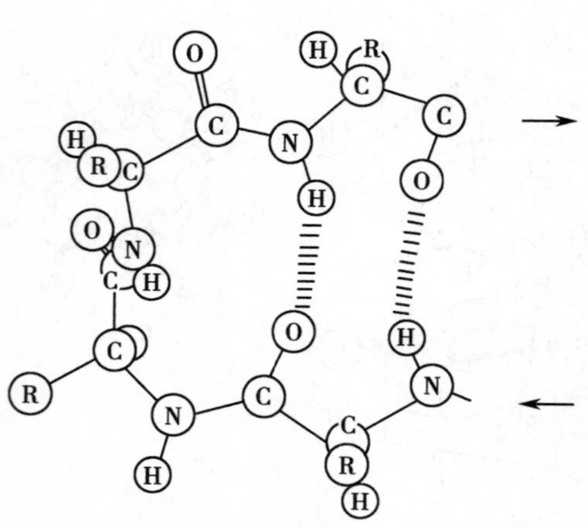

图1-9 β-转角

（4）无规卷曲：除上述结构外，肽链其余部分表现为环或卷曲结构，虽相对没有规律性排布，但是同样表现重要生物学功用，习惯称为“无规卷曲”。

在许多蛋白质分子中，由两个或三个二级结构的肽段，在空间上相互接近，形成一个特殊的空间构象，被称为模体（motif）。模体具有特征性氨基酸序列和特定功能。如钙结合蛋白含有结合Ca^{2+}的模体，由α-螺旋-环-α-螺旋组成(图 1-10A)。锌指结构(zinc finger)也是常见的模体之一。此模体由一个 α-螺旋和两个反平行 β-折叠组成(图 1-10B),形似手指,具有结合锌离子和调控基因转录的功能。

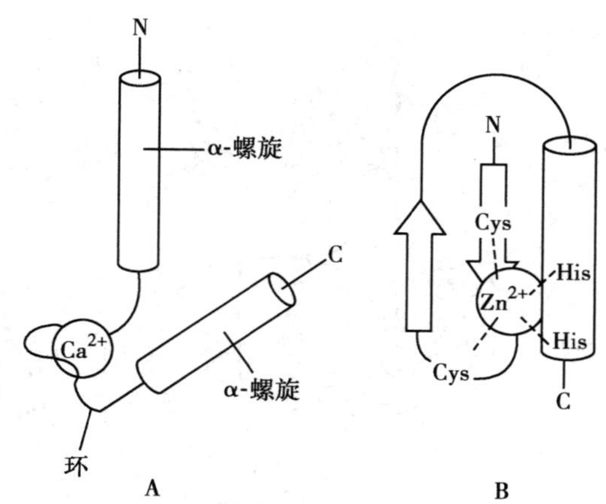

图 1-10 蛋白质模体示意图
A. 该结合蛋白中的结合该粒子的模体 B. 锌指结构

(二) 蛋白质的三级结构

蛋白质多肽链在二级结构基础上可以进一步盘曲、折叠。蛋白质的三级结构(tertiary structure)是指整条肽链中全部氨基酸残基的相对空间排布,即整条肽链所有原子在三维空间的排布位置。蛋白质三级结构的形成和稳定主要靠次级键,包括氢键、离子键(盐键)、疏水作用、范德华力(Van der Waals force)、二硫键等(图 1-11)。

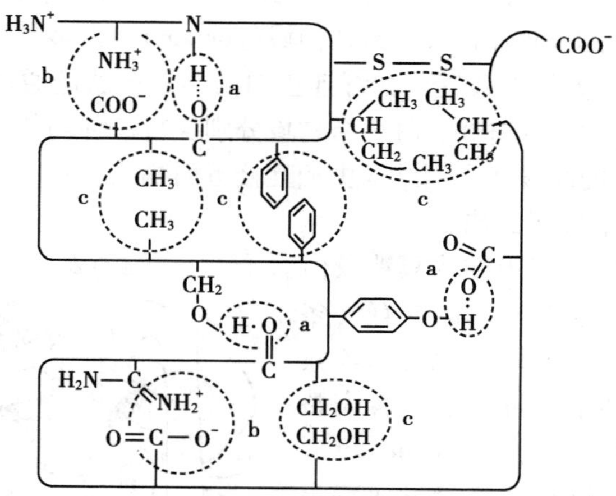

图 1-11 维持蛋白质分子构象的各种化学键
a. 氢键 b. 离子键 c. 疏水作用

肌红蛋白(myoglobin, Mb)是由 153 个氨基酸残基构成的一条多肽链的蛋白质,含有 1 个血红素辅基(图 1-12)。它含有 8 个 α-螺旋区(A 到 H),两个螺旋区之间有一段无规卷曲,脯氨酸位于转角处。由于侧链 R 基团的相互作用,多肽链盘

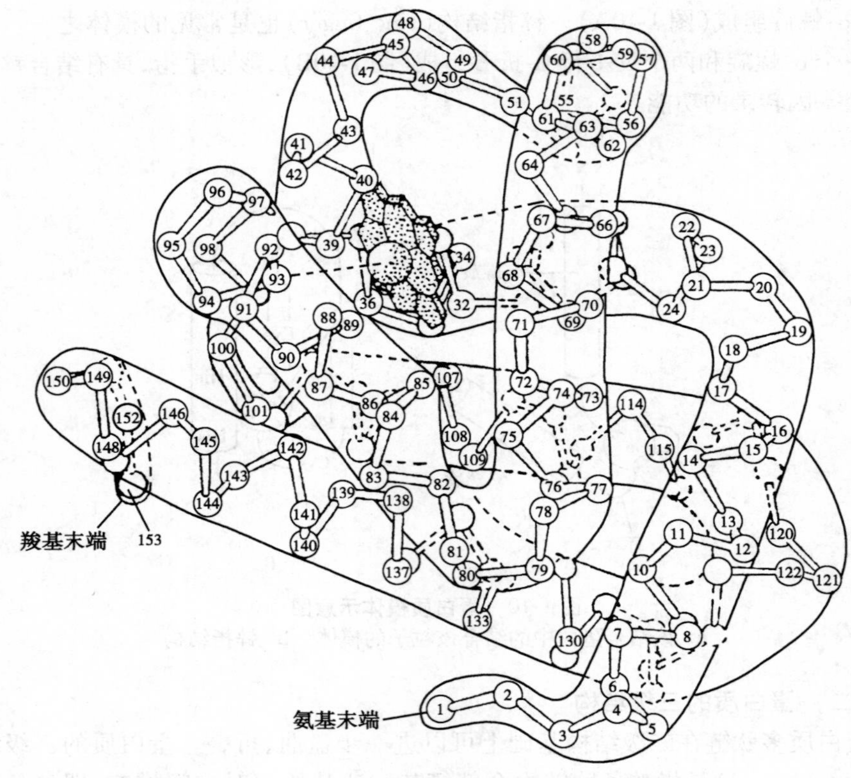

图 1-12　肌红蛋白

曲成球状结构。其亲水侧链分布于表面，疏水侧链残基聚集在分子内部。肌红蛋白是单一多肽链的蛋白质，具有完整三级结构就具有全部生物学功能。

对于一些蛋白质，三级结构可包含一个或数个球状或纤维状的区域，折叠得较为紧密，具有特定的生物学活性，称为结构域（domain）。大多数结构域含有序列上连续的 100～200 个氨基酸残基。如纤连蛋白由两条多肽链通过近 C 端的两个二硫键相连而成，含有 6 个结构域，每个结构域分别执行一种功能。结构域也可由蛋白质分子中不连续的肽段在空间结构中相互接近而构成。

（三）蛋白质的四级结构

蛋白质分子的二、三级结构只涉及由一条多肽链组成的蛋白质。体内有许多蛋白质的分子含有两条或多条肽链，才具有充分的生物学功能。每一条具有完整三级结构的多肽链，称为亚基（subunit）。亚基之间以非共价键相互连接形成特定的三维空间构象，称为蛋白质的四级结构（quaternary structure）。维持四级结构的作用力主要是疏水作用，也包括氢键、离子键及范德华力等。具有四级结构的蛋白质，单独的亚基通常没有生物学功能，

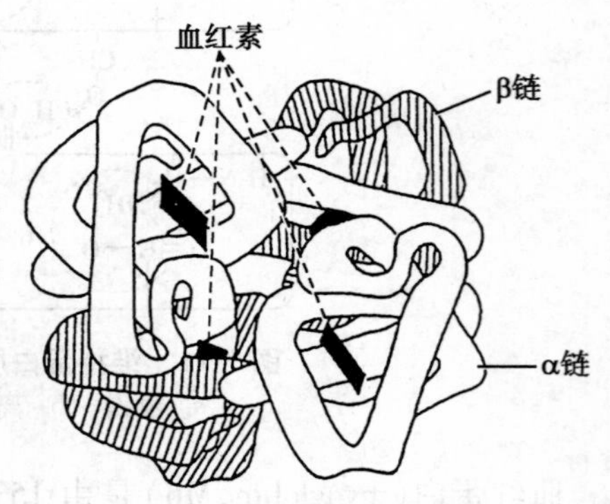

图 1-13　蛋白质的四级结构——血红蛋白结构

只有四级结构完整时才具有生物活性。

血红蛋白(hemoglobin,Hb)是重要的蛋白质,其四级结构是由 2 个 α 亚基和 2 个 β 亚基构成的四聚体。每个亚基都结合 1 个血红素(heme)辅基(图 1-13)。4 个亚基通过 8 个离子键相连,形成血红蛋白的四聚体。完整的血红蛋白分子具有运输 O_2 和 CO_2 的功能,每一个亚基单独存在时,虽可结合氧且与氧亲和力增强,但在体内组织中难于释放氧。

第三节　蛋白质结构与功能的关系

一、蛋白质的一级结构与功能的关系

蛋白质的一级结构是空间构象的基础。如某些肽段一级结构(氨基酸组成)决定特定二级结构(α-螺旋或 β-折叠)的形成。而某段肽链含较多带同性电荷或侧链基团过大的氨基酸残基,都会因难于紧密盘曲而不能形成 α-螺旋。形成 β-折叠肽段要求氨基酸残基有较小的侧链部分。同样,整条肽链中一级结构也是三级结构形成的基础,特别是特定位点半胱氨酸残基间形成的二硫键对稳定蛋白质空间构象有重要作用。

蛋白质一级结构与其功能密切相关。某些蛋白质在多肽链结构松散后活性丧失,但在一定条件下,有完整一级结构的多肽链可自发恢复原有的三级结构和生物活性。如核糖核酸酶含 124 个氨基酸残基,含 4 对二硫键,在尿素和还原剂 β-巯基乙醇存在下松解为非折叠状态,但去除尿素和 β-巯基乙醇后,可自动形成 4 对二硫键,盘曲成天然三级结构构象并恢复生物学功能。

实验结果证明,一级结构相似的多肽或蛋白质,其空间构象以及功能也相似。例如不同哺乳类动物的胰岛素分子都是由 A 和 B 两条链组成,且二硫键的配对和空间构象也很相似,一级结构仅有个别氨基酸差异,因而它们都有降低血糖、调节各种物质代谢的生理功能(表 1-2)。

表 1-2　哺乳类动物胰岛素氨基酸序列的差异

胰岛素	氨基酸残基序号			
	A5	A6	A10	B30
人	Thr	Ser	Ile	Thr
猪	Thr	Ser	Ile	Ala
狗	Thr	Ser	Ile	Ala
兔	Thr	Gly	Ile	Ser
牛	Ala	Gly	Val	Ala
羊	Ala	Ser	Val	Ala
马	Thr	Ser	Ile	Ala

A:为 A 链,B:为 B 链,A5 表示 A 链第 5 位氨基酸,其余类推

蛋白质一级结构中起关键作用的氨基酸残基缺失或被替代,可通过影响空间构象而影响其生理功能。例如正常人血红蛋白 β 亚基的第 6 位氨基酸是谷氨酸,

而镰刀形红细胞贫血患者的血红蛋白中，谷氨酸变成了缬氨酸，即酸性氨基酸被中性氨基酸替代，仅1个氨基酸改变，就会使红细胞中水溶性的血红蛋白易于聚集黏着、带氧功能降低、红细胞变成镰刀状且极易破碎而发生贫血。说明蛋白质一级结构和完整生理功能的依赖关系。

二、蛋白质的空间结构与功能的关系

蛋白质的功能与特定的空间构象密切相关，蛋白质构象是其生物活性的基础。下面以肌红蛋白和血红蛋白为例，说明蛋白质空间结构和功能关系。

（一）肌红蛋白和血红蛋白的结构

肌红蛋白与血红蛋白都是含有血红素辅基的蛋白质。血红素是铁卟啉化合物（图1-14）。它由4个吡咯环通过4个甲炔基相连成一个环形，Fe^{2+}居于环中。Fe^{2+}有6个配位键，其中4个与吡咯环的N配位键结合，1个配位键和肌红蛋白的93位（F8）组氨酸残基结合，氧则与Fe^{2+}形成第6个配位键，接近第64位（E7）组氨酸。

图1-14 血红素结构

肌红蛋白的三级结构折叠方式使辅基血红素能与O_2结合与解离，发挥储氧的功能。

血红蛋白的主要功能是在循环中运送氧，它依赖于Hb具有四级结构的空间构象。Hb有4个亚基，每个亚基可以结合1个血红素分子并携带1分子氧，共结合4分子氧。成年人红细胞中的Hb由两条α肽链和两条β肽链（$\alpha_2\beta_2$）组成，α肽链含141个氨基酸残基，β肽链含146个氨基酸残基。Hb各亚基的三级结构与Mb极为相似，Hb亚基间通过8对盐键（图1-15），使四个亚基紧密结合而形成亲水的球状蛋白。

（二）血红蛋白的构象变化与运氧功能

随着氧分压的增高，氧合Hb占总Hb的百分数随之增加，这一变化关系称为

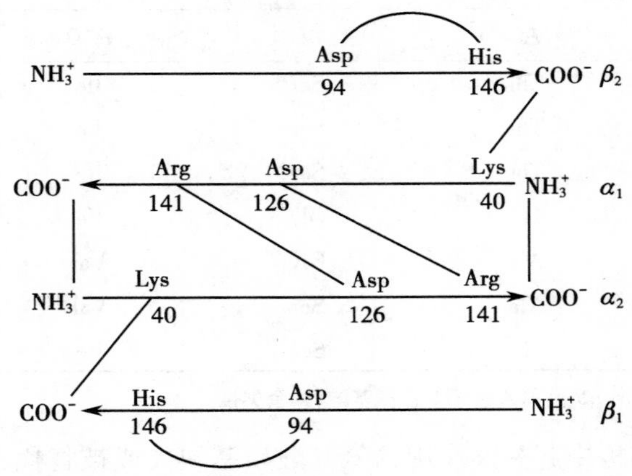

图1-15 脱氧血红蛋白亚基间和亚基内的盐键

氧解离曲线(图 1-16)。图 1-16 为 Hb 和 Mb 的氧解离曲线,前者为 S 状曲线,后者为直角双曲线。从图中可见 Mb 易与 O_2 结合;而 Hb 与 O_2 的结合在 O_2 分压低时较难。Hb 与 O_2 结合时有 4 个不同的平衡常数,Hb 最后一个亚基与 O_2 结合时,其平衡常数最大,表现为 S 型曲线的后半部呈直线上升。

根据 S 形曲线的特征可知,Hb 中第一个亚基与 O_2 结合以后,促进第二个亚基和第三个亚基与 O_2 的结合,当前三个亚基与 O_2 结合后,又可大大促进第四个亚基与 O_2 结合,这种效应称为正协同效应(positive cooperativity)。

血红蛋白特定空间构象及亚基间的正协同效应,有利于 Hb 在氧分压高的肺部迅速的与 O_2 充分结合;而在氧分压低的组织中,又迅速地最大限度地释出转运的 O_2,完成 Hb 的生理功能。

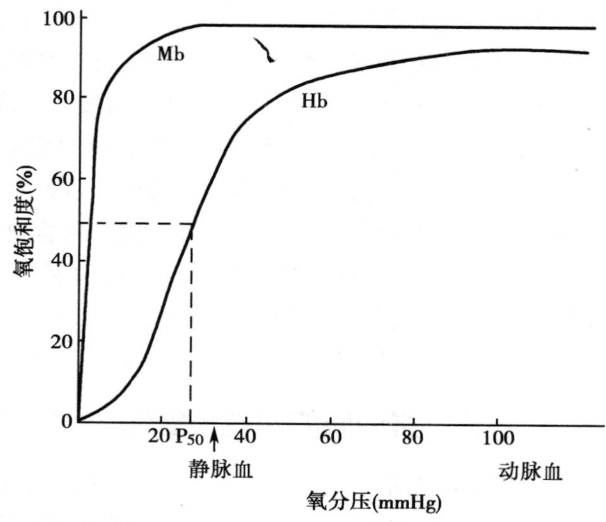

图 1-16　肌红蛋白(Mb)与血红蛋白(Hb)的氧解离曲线

第四节　蛋白质的理化性质

一、蛋白质的两性解离性质

蛋白质分子除两端的氨基和羧基可解离外,氨基酸残基侧链中某些基团,如谷氨酸、天冬氨酸残基中的 γ 和 β-羧基、赖氨酸残基中的 ε-氨基、精氨酸残基的胍基和组氨酸残基的咪唑基,在一定的溶液 pH 条件下都可解离成带负电荷或正电荷的基团。当蛋白质溶液处于某一 pH 时,蛋白质解离成正、负离子的趋势相等,即成为兼性离子,净电荷为零,此时溶液的 pH 称为蛋白质的等电点。蛋白质溶液的 pH 大于等电点时,该蛋白质颗粒带负电荷,反之则相反。

$$P\langle^{NH_3^+}_{COOH} \underset{+H^+}{\overset{+OH^-}{\rightleftharpoons}} P\langle^{NH_3^+}_{COO^-} \underset{+H^+}{\overset{+OH^-}{\rightleftharpoons}} P\langle^{NH_2}_{COO^-}$$

蛋白质的阳性离子　　蛋白质的兼性离子　　蛋白质的阴性离子

体内大多数蛋白质的等电点接近 pH 5.0，在体液 pH 7.4 环境下可解离成阴离子。少数蛋白质为碱性蛋白质，如鱼精蛋白、组蛋白等。也有少量蛋白质为酸性蛋白质，如胃蛋白和丝蛋白等。蛋白质的电泳和离子交换层析技术就是依据蛋白质的两性解离性质。蛋白质在 pH 值低于或高于其 pI 时带有电荷，在电场的作用下移动，称为电泳（electrophoresis）。由于各种蛋白分子所带净电荷的多少及分子量大小不同，因而它们在电场中的移动速度也不同，可用于检测、分离蛋白质。根据支持物的不同，电泳可分为薄膜电泳、凝胶电泳等，如凝胶电泳的支持物为琼脂糖、淀粉或聚丙烯酰胺凝胶。

二、蛋白质的胶体性质

蛋白质是高分子化合物，分子直径大小为 1～100nm，属于胶体颗粒的范围。维持蛋白质胶体溶液稳定的重要因素有两个，一个是蛋白质颗粒表面大多为亲水基团，可吸引水分子，形成颗粒表面水化膜；另一个是蛋白质分子表面带有同种电荷相互排斥。两者可起到稳定的作用，从而阻断蛋白质颗粒的相互聚集，防止溶液中蛋白质的沉淀析出。如除去蛋白质胶体颗粒上述两个稳定因素时，可使蛋白质从溶液中析出。在蛋白质分离中使用盐析和丙酮沉淀就是依据这一原理。另外，蛋白质是生物大分子，依据不同蛋白质分子大小差异，在通过有分子筛作用的凝胶时受到的阻力不同，可利用透析、凝胶过滤、分子筛层析、超离心等技术分离蛋白质。

三、蛋白质的变性与复性

蛋白质在某些理化因素的作用下空间构象受到破坏，从而改变其理化性质，并失去其生物活性，称为蛋白质的变性（denaturation）。变性的实质是蛋白质的天然构象受到破坏，涉及二、三、四级结构的改变，二硫键及各种次级键破坏，但一级结构不变，肽键不断裂。变性后由于结构松散，面向内部的疏水基团暴露于分子表面，蛋白质分子溶解度降低并互相聚集而易于沉淀，其活性随之丧失。另外，蛋白质变性还伴有黏度增加，结晶能力消失，易被蛋白酶水解等现象的发生。引起蛋白质变性的因素有多种，常见的有高温、高压、紫外线和乙醇等有机溶剂、重金属离子及生物碱试剂等。在医学上，上述变性因素可导致病原微生物蛋白的变性失活，常被用来消毒灭菌。在蛋白质分离纯化过程中或有效保存蛋白质制剂时，应防止蛋白质变性。

当蛋白质变性程度较轻，可在消除变性因素条件下使蛋白质恢复或部分恢复其原有的构象和功能，称为复性（renaturation）。但是许多蛋白质由于结构复杂或变性后空间构象严重破坏，不可能发生复性，称为不可逆性变性。

四、蛋白质的紫外吸收性质

蛋白质在紫外光波长 280nm 处有最大吸收，这是因为色氨酸和酪氨酸残基内存在共轭双键引起的，可用于蛋白质含量的测定。

五、蛋白质的呈色反应

蛋白质分子中肽键可与某些试剂发生显色反应，且产生的有色物质与蛋白质浓度相关，氨基酸没有肽键特有的呈色反应。此特性可用于蛋白质定性、定量检测，如双缩脲反应。

（高　颖）

第二章

酶

第一节　酶的分子结构与催化功能

化学本质是蛋白质的酶，同其他蛋白质的结构一样，基本组成单位是氨基酸，也具有一、二、三以及四级结构。根据酶蛋白的结构特点和分子大小可将酶分为三类：由一条多肽链组成，仅具有三级结构的酶称为单体酶（monomeric enzyme），如溶菌酶、牛胰核糖核酸酶。单体酶种类较少，一般多是催化水解反应的酶；由多个相同或不同亚基以非共价键连接组成的酶称为寡聚酶（oligomeric enzyme），绝大部分寡聚酶都含有偶数亚基，但个别寡聚酶含有奇数亚基，如嘌呤核苷磷酸化酶就含有3个亚基。寡聚酶各亚基之间靠次级键结合，彼此容易分开，大多数寡聚酶当其各亚基聚合后有催化活性，解聚时失去活性。相当数量的寡聚酶是调节酶，在代谢调控中起重要作用；由几种不同功能的酶彼此聚合形成的多酶复合物，称为多酶体系（multienzyme system）。如葡萄糖氧化分解过程中的丙酮酸脱氢酶复合体，属于多酶复合体。一些多酶体系在进化过程中，由于各酶蛋白的基因融合，多种不同的催化功能存在于一条多肽链中，这类酶称为多功能酶（multifunctional enzyme），多功能酶有利于催化一系列连续进行的反应，能显著提高催化效率，相对分子量很高。

一、酶的分子组成

根据酶的组成特点可将酶分为单纯酶（simple enzyme）和结合酶（conjugated enzyme）两类：单纯酶是仅由氨基酸残基构成的酶，是单纯蛋白质。它的催化活性仅仅决定于其蛋白质结构。脲酶、淀粉酶、脂酶、核糖核酸酶、一些消化蛋白酶等均属此类；由蛋白质和非蛋白质成分结合形成的酶称为结合酶，其中蛋白质部分称为酶蛋白（apoenzyme），非蛋白质部分称为辅助因子（cofactor）。酶蛋白与辅助因子结合形成的复合物称为全酶（holoenzyme），只有全酶才具有催化作用。

酶的辅助因子按其化学本质分为两类：金属离子和小分子有机化合物。酶蛋白决定反应的特异性，辅助因子决定反应的种类与性质。酶的辅助因子按其与酶蛋白结合的紧密程度及作用特点可分为辅酶（coenzyme）与辅基（prosthetic group）。辅酶与酶蛋白的结合疏松，可以用透析或超滤的方法除去。辅酶在反应中作为底物，接受质子或基团后离开酶蛋白，参加另一酶促反应并将所携带的质子或基团转移出去，或者相反。辅基则与酶蛋白结合紧密，不能通过透析或超滤将其除去，在反应中辅基不能离开酶蛋白。金属离子多作为酶的辅基，小分子有机化合物有的属于辅酶（如 NAD^+、$NADP^+$等），有的属于辅基（如 FAD、FMN、生物素等）。

金属离子是最多见的辅助因子，约 2/3 的酶含有金属离子。常见的金属离子有 Na^+、Mg^{2+}、K^+、Cu^{2+}、Zn^{2+}、Fe^{2+}等。有的金属离子与酶结合紧密，提取过程中不易丢失，这类酶称为金属酶（metalloenzyme）；有的金属离子虽为酶的活性所必需，但与酶的结合不甚紧密，这类酶称为金属激活酶（metal-activated enzyme）。金属离子作为辅助因子的作用是多方面的，主要是作为酶活性中心的催化基团参与催化反应，起到传递电子、连接酶与底物、稳定酶的构象以及中和阴离子降低反应中的静电斥力等。小分子有机化合物是一些化学性质稳定的小分子物质，主要作用是参与酶的催化过程，在反应中传递电子、质子或一些基团。虽然含小分子有机化合物的酶很多，但此种辅助因子的种类却不多，且分子结构中常含有维生素或维生素类物质（表 2-1）。

表 2-1　B 族维生素及其辅酶（辅基）形式

B 族维生素	辅酶或辅基	主要作用
硫胺素（维生素 B_1）	硫胺素焦磷酸酯（TPP）	α-酮酸氧化脱羧、酮基转换作用
硫辛酸	6,8-二硫辛酸	α-酮酸氧化脱羧
泛酸（维生素 B_3）	辅酶 A（CoA-SH）	酰基转换作用
核黄素（维生素 B_2）	黄素单核苷酸（FMN） 黄素腺嘌呤二核苷酸（FAD）	转移氢原子 转移氢原子
烟酰胺（维生素 PP）	烟酰胺腺嘌呤二核苷酸（NAD^+） 烟酰胺腺嘌呤二核苷酸磷酸（$NADP^+$）	转移氢原子 转移氢原子
吡哆素（维生素 B_6）	磷酸吡哆醛	转移氨基、参与氨基酸脱羧基
生物素（维生素 B_7）	生物素	羧化酶的辅酶转移 CO_2
叶酸（维生素 B_{11}）	四氢叶酸	转移“一碳单位”
钴胺素（维生素 B_{12}）	5-甲基钴铵素 5-脱氧腺苷钴铵素	转移甲基

二、酶的活性中心

酶分子中氨基酸残基侧链具有不同的化学基团。其中一些与酶活性密切相关的化学基团称为酶的必需基团（essential group）。这些必需基团在酶蛋白一级结构上可能相距很远，但在空间结构上彼此靠近，组成具有特定空间结构的区域，能与底物特异的结合并将底物转化为产物，这一区域称为酶的活性中心（active center）。结合酶中的辅酶或辅基参与酶活性中心的组成（图 2-1）。

酶活性中心内的必需基团根据其功能不同可分为结合基团（binding group）和催化基团（catalytic group），结合基团能结合底物和辅酶，使之与酶形成复合物；催化基团则影响底物中某些化学键的稳定性，催化底物发生化学反应并将其转变成产物。活性中心内的必需基团可同时具有这两方面的功能。还有一些必需基团虽然不参加活性中心的组成，但却是维持酶活性中心的空间构象所必需，这些基团是

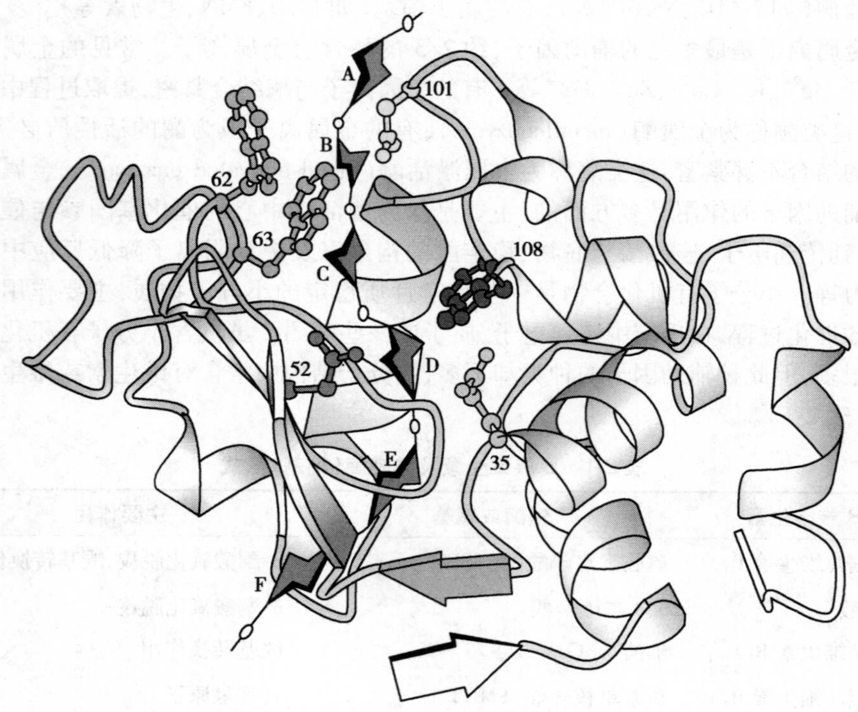

图 2-1 溶菌酶的活性中心

酶活性中心外的必需基团。

酶的活性中心通常只占酶整个体积相当小的一部分，具有三维结构，由酶的特定空间构象所维持，活性中心深入到酶分子内部，且多为氨基酸残基的疏水基团形成疏水环境，有利于和底物相互作用。多数底物与酶结合时通过弱的作用力，结合的专一性决定于活性中心的原子基团的正确排列，并且活性中心是柔性的。当酶以具有催化活性的构象存在时，活性中心便自然地形成，一旦外界理化因素破坏了酶的构象，活性中心的特定结构解体，酶就失去催化底物发生反应的能力，结果是酶变性失活。

三、酶催化作用机制

酶催化机制的研究是生物化学的重要课题，它探讨酶高效催化的原因及酶促反应的过程。

（一）酶-底物复合物的形成

酶与底物结合进而催化底物转变为产物，解释酶与底物结合方式的学说，首先是 Emil Fischer 提出“锁-匙”结合的机械模式。继而发展为酶和底物接近时，其结构相互诱导、变形并彼此适应结合的“诱导契合”模式。酶与底物靠近时酶的构象改变有利于与底物结合，同时底物在酶的诱导下也发生变形，处于不稳定的过渡状态，易受酶的催化攻击，过渡态底物和酶的活性中心的结构相吻合，形成暂时的酶-底物过渡态复合物。酶与底物结合时有显著构象变化，已为 X-衍射所证实。在酶促反应中，已获得大量底物过渡态，并由此推导出许多过渡态类似物作为设计药物、抗体酶等的依据。

（二）酶促反应的机制

1. 邻近效应　酶可以与其底物结合在活性中心上。由于化学反应速度与反应物浓度成正比，若在反应系统的某一局部区域，底物浓度增高，则反应速度也随之提高，此外，酶与底物间的靠近具有一定的取向，这样反应物分子才会被作用，大大增加了酶-底物复合物进入活化状态的几率。酶遇到其特异底物时，发生构象改变利于催化，同时底物分子也受到酶作用而变化，酶结构中的某些基团或离子可以使底物分子内产生张力作用，使底物变形和扭曲进而引起键的断裂，转变为产物。

2. 多元催化　一般催化剂只有酸催化或碱催化。而酶是两性电解质，活性中心内有些功能基团具有给予或接受质子或电子的特性，能对底物进行质子或电子的传递，提高酶的催化效能。另外很多酶的催化基团可和底物形成瞬间共价键而将底物激活进行共价催化，也有些酶的催化基团能提供电子进行亲核催化。总之许多酶促反应有多种催化机制同时参与。

3. 表面效应　酶促反应在酶的疏水活性中心进行，防止水化膜的形成，可排除水对底物与酶结合的干扰性吸引与排斥，亲核、亲电反应均可加速。

第二节　酶促反应的特性

酶是生物体活细胞内合成具有催化作用的蛋白质，具有两方面的特性：既有与一般催化剂相同的催化性质，又具有生物大分子的特征。

一、反应的高效性

在化学反应中，反应物分子必须活化后达到或超过一定的能量阈值，成为活化分子，反应才能发生。化学反应中要求的能量阈值越高，则其中活化分子就越少，反应速度缓慢；相反，要求的能量阈值越低，则更多的反应分子成为活化分子，由此反应速率加快。这种提高反应物分子达到活化状态的能量，称为活化能（activation energy）。催化剂的作用，主要是降低反应所需的活化能，使更多的分子活化从而加速反应的进行（图 2-2）。

酶作用的物质称为底物（substrate，S），反应生成的物质称为产物（product，P）。酶催化的化学反应称为酶促反应。酶促反应具有其特殊的性质与反应机制。酶与一般化学催化剂一样，在化学反应前后没有质和量的改变。只能催化热力学允许的化学反应（$\Delta G<0$），提高反应速度，不改变反应的平衡点，即不改变反应的平衡常数。酶能提高反应的速度，同样是因为有效地降低了反应的活化能。酶在相对温和的条件下，降低酶促反应的活化能机制是：酶首先与底物结合成一个不稳定的酶-底物复合物，由于底物与酶的结合导致底物分子内的某些化学键发生不同程度的变化，呈不稳定状态或称过渡态，易于向产物方向进行。所以少量酶可催化大量底物发生反应，提高反应效率，体现酶的催化高效性。

酶具有极高的催化效率，酶的催化效率通常比非催化反应高 $10^8 \sim 10^{20}$ 倍，比一般催化剂高 $10^7 \sim 10^{13}$ 倍。

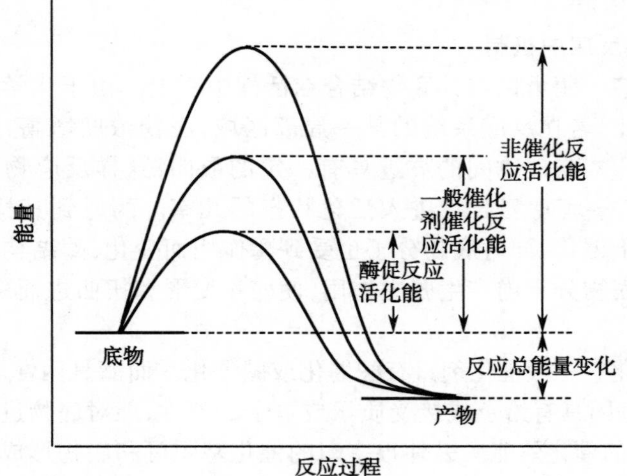

图 2-2 酶促反应活化能的改变

二、反应的特异性

酶与一般催化剂不同，酶对其所催化的底物具有较严格的选择性。即一种酶仅作用于一种或一类化合物，或一定的化学键，催化一定的化学反应并产生一定的产物，酶的这种特性称为酶的特异性或专一性（specificity）。根据酶对其底物化学结构或空间结构选择的严格程度不同，酶的特异性可大致分为以下三种类型。

（一）绝对特异性

酶只能作用于特定结构的底物分子，进行一种专一的反应，生成一种特定结构的产物。这种特异性称为酶的绝对特异性（absolute specificity）。例如：脲酶只催化尿素水解为 CO_2 和 NH_3，对其他尿素的衍生物不起催化作用。

（二）相对特异性

有些酶作用于一类化合物或一种化学键，这种不太严格的选择性称为相对特异性（relative specificity）。例如，磷酸酶对一般的磷酸酯键都有水解作用，可水解甘油或酚与磷酸形成的酯键。

（三）立体异构特异性

酶具有立体异构特异性（stereo specificity），当底物具有立体异构体时，仅作用于底物的一种立体异构体。例如，L-氨基酸脱氢酶仅催化 L-氨基酸，而不作用于 D-氨基酸。除立体异构特异性外，有些酶也显示出几何异构特异（顺反异构体）性。例如，延胡索酸酶仅催化反丁烯二酸（延胡索酸）加水生成苹果酸的化学反应，对顺丁烯二酸则无此催化作用。

三、反应的调节性

酶与化学催化剂相比，其催化作用的另一个特征是催化活性可以受到调控。生物体内进行的化学反应，虽然种类繁多，但非常协调有序。体内代谢物通过对酶原的激活、酶活性的激活或抑制来调节代谢反应，也可通过对酶的合成进行诱导、阻遏，或对酶的降解速度的控制来调节代谢。另外同工酶在机体代谢的调节上也起着重要作用。因此酶的可调节性使体内代谢反应得以在精确调控下有条不紊地进行。

(一) 酶原与酶原激活

大多数酶在细胞内合成时,肽链折叠成具有特征的空间结构,形成酶的活性中心,获得酶的催化活性。有些酶在细胞内刚合成或初分泌,或在其发挥催化功能前只是酶的无活性前体,必须在一定的条件、场所和激活机制下,酶的无活性前体水解开一个或几个特定的肽键,致使酶构象发生改变,形成并暴露酶的活性中心,表现出酶的催化活性。这种无活性酶的前体称为酶原(zymogen)。酶原向有活性酶的转变称为酶原的激活。酶原激活的实质是酶的活性中心形成或暴露的过程。例如,胰蛋白酶原进入小肠后,在 Ca^{2+}存在下受肠激酶的激活,第 6 位赖氨酸残基与第 7 位异亮氨酸残基之间的肽键被切断,水解掉一个六肽,酶分子的构象发生改变,形成酶的活性中心,从而成为有催化活性的胰蛋白酶。血液中凝血与纤维蛋白溶解系统的酶类也都以酶原的形式存在,它们的激活具有典型的级联反应特征。只要少数凝血因子被激活,便可通过级联放大作用,迅速使大量的凝血酶原转化为凝血酶,引发快速而有效的血液凝固。

酶原的激活具有重要的生理意义。例如消化道内蛋白酶初期是以酶原形式分泌,这不仅保护消化器官本身不受酶的水解破坏,而且保证了酶在特定的部位与环境中才发挥其催化作用。若酶原在不合适的时间和部位被激活,即可造成疾病。如急性胰腺炎,就是因为生成的胰蛋白酶原由于某种病因作用使其在胰腺中被异常激活成为胰蛋白酶,使胰腺组织本身被消化损害造成的。凝血和纤溶系统酶类均以酶原形式存在于血液中循环运行,保证生理血流的畅通。一旦出血时,即可转化为有活性的酶促进止血,发挥其对机体的保护作用。但若它们被异常激活,则可造成血栓。此外,酶原还可被视作是酶的贮存形式。

(二) 酶的变构调节

生物体内许多酶具有变构现象。体内一些代谢物可以与某些酶分子活性中心以外的部位可逆地结合,使酶发生变构并改变其催化活性,此结合部位称为变构部位(allosteric site)或调节部位(regulatory site)。对酶催化活性的这种调节方式称为变构调节(allosteric regulation)。能进行变构调节的酶称变构酶(allosteric enzyme)。导致变构效应的代谢物称变构效应剂(allosteric effector)。有时底物本身就是变构效应剂。

变构酶分子中常含有多个亚基,酶分子的催化部位(活性中心)和调节部位有的可以在同一亚基内,也有的不在同一亚基。含催化部位的亚基称为催化亚基;含调节部位的亚基称为调节亚基。如果某效应剂引起酶对底物的亲和力增加,从而加快反应速度,此效应称为变构激活效应,效应剂称为变构激活剂(allosteric activator);反之,降低反应速度的效应为变构抑制效应,相应的效应剂为变构抑制剂(allosteric inhibitor)。具有多亚基的变构酶也与血红蛋白类似,存在着协同效应,包括正协同效应与负协同效应。

变构酶多为寡聚酶,含的亚基数一般为偶数;且分子中有催化部位(结合底物)与调节部位(结合变构剂),这两部位可以在不同的亚基上,或者在同一亚基的两个不同部位。

（三）共价修饰调节

酶的共价修饰调节是体内调节酶活性的另一种重要方式。酶蛋白上的一些基团在另一种酶的催化下与某种化学基团发生可逆的共价结合，从而改变酶的活性，这一过程称为酶的共价修饰（covalent modification）或化学修饰（chemical modification）调节。在共价修饰过程中，酶发生无活性（或低活性）与有活性（或高活性）两种形式的互变。这种互变由不同的酶所催化，后者又受激素的调控。酶的共价修饰包括磷酸化与脱磷酸化、乙酰化与脱乙酰化、甲基化与脱甲基化、腺苷化与脱腺苷化，以及—SH 与—S—S—的互变等。其中以磷酸化修饰最为常见。酶的共价修饰是体内快速调节的一种重要方式。

（四）酶含量的调节

某些底物、产物、激素及药物能使酶的合成增加或减少，这种影响一般发生在转录水平。能促进酶蛋白生物合成的物质称为诱导剂（inducer），减少酶蛋白生物合成的物质称为辅阻遏剂（corepressor）。由于酶蛋白的生物合成需要转录、翻译及翻译后加工等多个环节，故诱导剂作用于转录水平后，仍然需要几个小时才能发挥作用，效应出现较迟。辅阻遏剂与阻遏蛋白结合后，影响酶的基因表达，称为阻遏作用。

另一方面可以通过酶的降解来实现对酶含量的调节，降解过程大多发生在细胞内，可分为溶酶体蛋白降解途径和非溶酶体蛋白降解途径。溶酶体蛋白降解途径是指在溶酶体酸性条件下，无选择地把酶蛋白吞入溶酶体进行水解。非溶酶体途径又称泛素-蛋白酶体途径，是指在胞液中对异常蛋白和短半衰期蛋白进行泛素标记，然后被蛋白酶识别并进行水解。关于酶的调节更多内容见第十三章物质代谢调节与细胞信号转导。

（五）同工酶

同工酶（isoenzyme）是指催化的化学反应相同，酶蛋白的分子结构、理化性质乃至免疫学性质不同的一组酶。同工酶是长期进化过程中基因分化的产物。根据国际生物化学学会的建议，同工酶是由不同基因或等位基因编码的多肽链，或由同一基因转录生成的不同 mRNA 翻译的不同多肽链组成的蛋白质。翻译后经修饰生成的多分子形式不在同工酶之列。同工酶存在于同一种属或同一个体的不同组织或同一细胞的不同亚细胞结构中，它在代谢调节上起着重要作用。各种同工酶的同工酶谱在胎儿发育过程中有其规律性的变化，可作为发育过程中各组织分化的一项重要特征。同时，了解胎儿发育不同时间一些同工酶的出现或消失，还可用于解释发育过程中这些阶段特有的代谢特征。

现已发现百余种同工酶，如 6-磷酸葡萄糖脱氢酶、乳酸脱氢酶（LDH）、酸性磷酸酶（ACP）和碱性磷酸酶（AKP）、丙氨酸氨基转移酶（ALT）和天冬氨酸氨基转移酸（AST）、肌酸激酶（CK）等。乳酸脱氢酶（lactate dehydrogenase，LDH）是四聚体酶。该酶的亚基有两型：骨骼肌型（M 型）和心肌型（H 型）。这两型亚基以不同的比例组成五种同工酶：LDH_1（H_4）、LDH_2（H_3M）、LDH_3（H_2M_2）、LDH_4（HM_3）、LDH_5（M_4）。由于分子结构上的差异，这五种同工酶具有不同的电泳速度，对同一底物表现不同的 Km 值。单个亚基无酶的催化活性。LDH 的同工酶在不同组织器官中的含量与分布比例不同，这使不同的组织与细胞具有不同的代谢特点。正常情况下血清中 LDH 活性很低，多半由红细胞渗出。当某一器官或组织发生病变时，组织中的同工酶释放到血液中，血清的 LDH 同工酶谱会发生一定的变化，可依据同工酶谱的改变对疾病进行诊断。例如冠心病及冠状动脉血栓引起的心肌受损患者血清中 LDH_1、LDH_2 含量增高，而肝细胞受损患者血清中 LDH_5 升高。

肌酸激酶（creatine kinase，CK）是二聚体酶，其亚基有 M 型（肌型）和 B 型（脑型）两种。脑中含 CK_1（BB 型）；骨骼肌中含 CK_3（MM 型）；CK_2（MB 型）仅见于心肌。血清 CK_2 活性的测定对于早期诊断心肌梗死有一定意义。

同工酶的测定已应用于临床实践。当某组织发生疾病时，可能有某种特殊的同工酶释放出来，同工酶谱的改变有助于对疾病的诊断。同工酶可以作为遗传标志，用于遗传分析研究。例如，人肝脏和肌肉的丙酮酸激酶同工酶之间无免疫交叉反应，但这两种同工酶的抗血清却都能与大肠埃希菌丙酮酸激酶起反应。这说明在 15 亿年前，丙酮酸激酶还不存在同工酶。

第三节　酶促反应的动力学

生物体内进行的酶促反应也可用化学动力学的理论和方法进行研究。酶促反应动力学（kinetics of enzyme-catalyzed reaction）研究酶促反应速度及其影响因素。这些因素包括酶浓度、底物浓度、pH、温度、抑制剂、激活剂等。酶的结构与功能的关系以及酶作用机制的研究需要动力学的实验数据，为了了解酶在代谢中的作用及药物的作用机制，需要掌握酶促反应的速度规律，因此酶促反应动力学的研究具有重要的理论和实践意义。

一、底物浓度对反应速度的影响

确定底物浓度与酶促反应速度之间的关系，是酶促反应动力学的核心内容。在酶浓度、温度、pH 不变的情况下，以底物浓度为横坐标，酶促反应速度为纵坐标作图呈矩形双曲线（图 2-3）。当底物浓度较低时，酶促反应速度随底物浓度的增加而增加，反应速度与浓度成正比关系，随着底物浓度的增加，反应速度增加的幅度逐渐下降。反应速度与底物浓度的增加不再成正比关系。当酶促反应达到一定阶段，继续加大底物浓度，反应速度将不再增加，这是因为酶的活性中心已被底物所饱和。所有的酶均有此饱和现象，只是达到饱和时所需的底物浓度不同。因此为了准确表示酶活力，都以初速度衡量，因为在这种假设情况下，反应体系中底物浓度（$\geqslant 95\%$）总量远超过产物浓度（$\leqslant 5\%$），酶促反应两侧的物质浓度相差悬殊，逆反应可不予考虑。酶反应的初速度越大，意味着酶的催化活力越大。

（一）米-曼方程

利用中间产物学说可以解释酶被底物饱和的现象，酶促反应中，酶（E）首先与底物（S）结合形成酶-底物中间复合物（ES），ES 再分解为产物 P 和释放出游离的酶。

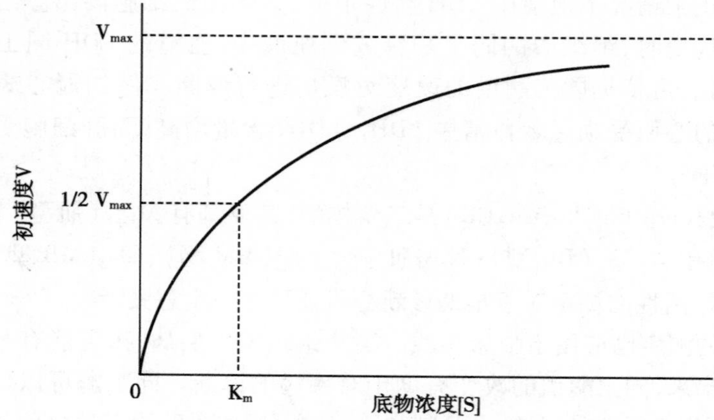

图 2-3　底物浓度与酶促反应速度的关系

$$E+S \underset{K_2}{\overset{K_1}{\rightleftharpoons}} ES \xrightarrow{K_3} E+P$$

Michaelis-Menten 于 1913 年，提出了酶促反应速度与底物浓度定量关系的数学方程式，即米-曼方程式，简称米氏方程式（Michaelis equation）。

$$V=\frac{V_{max}[S]}{K_m+[S]}$$

式中 V_{max} 为最大反应速度（maximum velocity），[S]为底物浓度，K_m 为米氏常数（Michaelis constant），$K_m=\frac{K_2+K_3}{K_1}$，V 是在不同[S]时的反应速度。当底物浓度很低（$K_m \gg [S]$）时，$V=\frac{V_{max}[S]}{K_m}$，反应速度与底物浓度成正比，反应为一级反应。当底物浓度很高（$[S] \gg K_m$）时，$V \cong V_{max}$，反应速度达最大速度，再增加底物浓度也不再影响反应速度，反应为零级反应。

（二）K_m 与 V_{max} 的意义

1. 当反应速度为最大反应速度一半时，米氏方程可以整理为：$[S]=K_m$。即 K_m 等于反应速度为最大反应速度一半时的底物浓度。各种酶的 K_m 值范围大致在 $10^{-6} \sim 10^{-2}$ mol/L 之间。

2. K_m 值可以近似的表示酶与底物的亲和力，$K_m=(K_2+K_3)/K_1$，当 $K_2 \gg K_3$，即 ES 解离成 E 和 S 的速度大大超过分离成 E 和 P 的速度时，K_3 可以忽略不计，此时 K_m 值近似于 ES 解离常数 K_S，此时 K_m 值可用来表示酶对底物的亲和力。

$$K_m=K_2/K_1=[E][S]/[ES]=K_S$$

K_m 值愈大，酶与底物的亲和力愈小；K_m 值愈小，酶与底物亲和力愈大。酶与底物亲和力大，表示不需要很高的底物浓度，便可容易地达到最大反应速度。但是 K_3 值并非在所有酶促反应中都远小于 K_2，所以 Ks 值（又称酶促反应的底物常数）和 K_m 值的含义不同，不能互相代替使用。

3. K_m 值是酶的特征性常数之一，只与酶的结构、酶所催化的底物和反应温度、

pH、缓冲液的离子强度有关,与酶的浓度无关。对于同一底物,不同的酶有不同的K_m值;多底物反应的酶对不同底物的K_m值也各不相同,以K_m值最小者,作为该酶作用的最适底物。

4. 已知某酶的K_m值,就可以计算出在某一底物浓度时,其反应速率相当于V_{max}的百分率。K_m还可帮助推断某一代谢反应的方向和途径。K_m小的为主要催化方向(正、逆两方向反应K_m不同)。

5. 酶浓度一定时,则对特定底物V_{max}为一常数。V_{max}是酶完全被底物饱和时的反应速度,与酶浓度成正比。

(三)K_m与V_m值的测定

1. 双倒数作图　根据矩形双曲线来测定K_m值和V_{max}值,很难准确地测得K_m和V_{max}值。若把米氏方程式进行变换后,将曲线作图直线化,便可准确求得K_m值和V_{max}值。最常用的作图法为双倒数作图法,又称林-贝(Lineweaver-Burk)作图法(图2-4),它将米氏方程式变换如下:

$$\frac{1}{V}=\frac{K_m}{V_{max}}\cdot\frac{1}{[S]}+\frac{1}{V_{max}}$$

用1/V对1/[S]作图,得一直线,其纵轴上的截距为$1/V_{max}$,横轴上的截距为$-1/K_m$,此作图法除用于求取K_m值和V_{max}值外,还可用于判断可逆性抑制反应的性质。

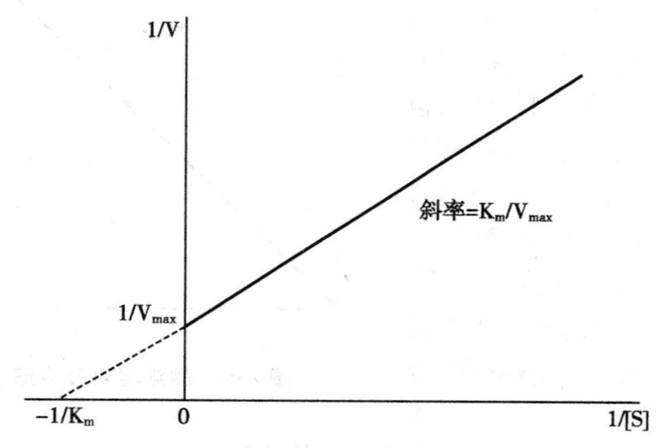

图2-4　双倒数作图法

2. Hanes作图法　Hanes作图法(图2-5)也是从米氏方程式转化而来的,其方程式为:

$$\frac{[S]}{V}=\frac{[S]}{V_{max}}+\frac{K_m}{V_{max}}$$

横轴截距为$-K_m$,直线的斜率为$1/V_{max}$。

必须指出米氏方程只适用于较为简单的酶作用过程,对于比较复杂的酶促反应过程,如多酶体系、多底物、多产物、多中间物等,还不能全面地概括和说明,必须借助于复杂的计算过程。

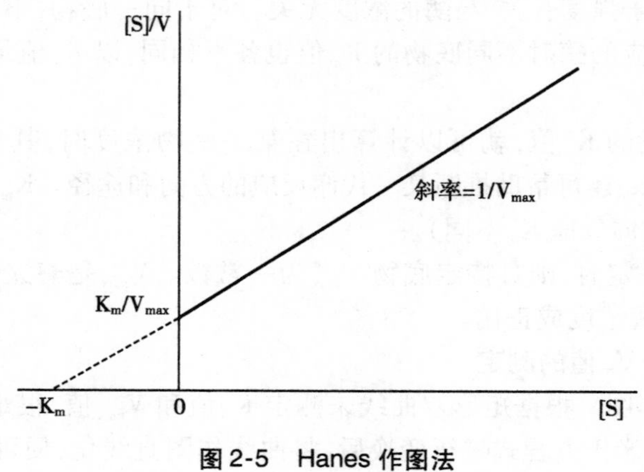

图 2-5　Hanes 作图法

二、酶浓度对反应速度的影响

酶作为一种高效的生物催化剂，一般情况下在生物体内含量很少。当酶促反应体系的温度、pH 不变，底物浓度远远大于酶浓度，足以使酶饱和，则反应速度与酶浓度成正比关系（图 2-6）。因为在酶促反应中，酶分子首先与底物分子作用，生成活化的中间产物而后再转变为最终产物。在底物充分过量的情况下，可以设想，酶的浓度越大，则生成的中间产物越多，反应速度也就越快。相反，如果反应体系中底物不足，酶分子过量，现有的酶分子尚未发挥作用，中间产物的数目比游离酶分子数还少，在此情况下，再增加酶浓度，也不会增大酶促反应的速度。由米氏方程可推导出酶反应速度与酶浓度成正比的关系：V＝K[E]。

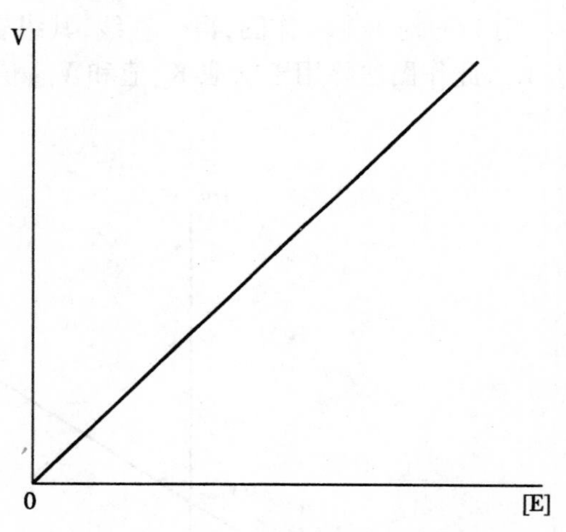

图 2-6　酶浓度对反应速度的影响

三、温度对反应速度的影响

一般化学反应随着温度的升高反应速度加快。因为温度升高将增加反应分子的能量，酶和底物间的碰撞几率增大，化学反应的速度加快，但酶是蛋白质，可随温度的升高而变性。温度对酶促反应速度具有双重影响：一方面在温度较低时，反应速度随温度升高而加快，温度每升高 10℃，反应速度大约增加一倍。另一方面温度进一步升高会增加酶变性的机会。温度升高到 60℃ 以上时，大多数酶开始变性；80℃ 时，多数酶的变性已不可逆。所以温度升高超过一定数值后，酶受热变性的因素占优势，反应速度减缓，形成倒 U 形曲线（图 2-7）。综合这两种因素，在此曲线顶点所代表的温度，反应速度最大，称为酶的最适温度（opti-

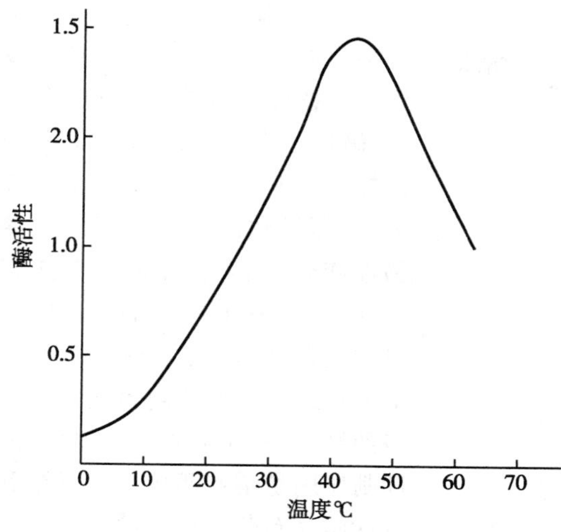

图 2-7　温度对淀粉酶活性的影响

mum temperature)。酶的最适温度不是酶的特征性常数,它与反应进行的时间有关。酶可以在短时间内耐受较高的温度,相反,延长反应时间,最适温度便降低。温血动物组织中酶的最适温度多在35～40℃之间。环境温度低于最适温度时,温度每升高10℃,反应速度可加大1～2倍。温度高于最适温度时,反应速度则因酶变性而降低。

酶的活性随温度的下降也会降低,但低温一般不破坏酶结构。温度回升后,酶又恢复活性。临床上低温麻醉就是利用酶的这一性质以减慢组织细胞代谢速度,提高机体对氧和营养物质缺乏的耐受,有利于进行手术治疗。这也是低温保存生物制品、菌种等的原理。

四、pH 对反应速度的影响

酶蛋白质分子中有许多必需基团可解离,在不同的 pH 条件下解离状态不同,其所带电荷的种类和数量各不相同,酶所处的 pH 值环境改变,可以导致这些必需基团解离状态的改变,进一步可导致酶活性中心的空间构象或辅酶与酶蛋白的解离程度发生改变,而酶往往仅在某一解离状态时才最容易同底物结合或具有催化作用,因此,pH 的改变可以影响酶的活性。

只有在特定的 pH 条件下,酶、底物和辅酶的解离情况,最适宜于它们互相结合,并发挥催化作用,使酶促反应速度达最大值,此时环境中的 pH 值称为酶的最适 pH(optimum pH)。最适 pH 和酶的最稳定 pH 及体内环境的 pH 不一定相同。虽然不同酶的最适 pH 值不同,但除少数外,如胃蛋白酶最适 pH 约为 1.8,肝精氨酸酶最适 pH 为 9.8,哺乳动物体内多数酶的最适 pH 接近中性。最适 pH 不是酶的特征性常数,它受环境因素的影响很大。溶液的 pH 高于或低于最适 pH 时,酶的活性都会降低,远离最适 pH 时还会导致酶的变性失活。因此在测定酶的活性时,必须选用适宜的缓冲液以保持酶活性的相对恒定。一般制作 V-pH 变化曲线时,采用使酶全部饱和的底物浓度,在此条件下测定不同 pH 时的酶促反应速度。曲线为较典型的钟罩形(图 2-8)。

五、抑制剂对反应速度的影响

能使酶的催化活性下降而不引起酶蛋白变性的物质统称为酶的抑制剂(inhibitor)。抑制剂多与酶的活性中心内、外必需基团相结合,从而抑制酶的催化活性。抑制剂降低酶的活性,但几乎不破坏酶的空间结构,而是直接或间接地对酶分子的活性中心发挥作用。抑制作用不同于蛋白质变性,抑制剂通常对酶有一定的选择

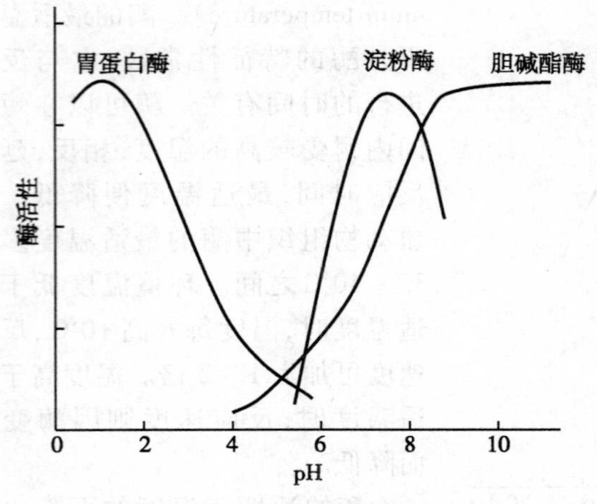

图 2-8　pH 对某些酶活性的影响

性，一种抑制剂只能引起某一类或某几类酶的抑制。而酶蛋白受到一些物理因素或化学试剂的影响，破坏了次级键，改变了酶的空间构象，引起酶活性的降低或丧失，从而导致酶蛋白变性。这些物理或化学因素对酶没有选择性，因此不属于抑制剂。抑制剂对酶促反应速度的影响，是与医学关系最为密切的内容之一。很多药物是酶的抑制剂，了解酶的抑制作用是阐明药物作用机制和设计研究新药的重要途径。

根据抑制剂与酶结合的紧密程度不同，除去抑制剂后酶的活性是否得以恢复。可将抑制作用分为可逆性抑制与不可逆性抑制两大类。

（一）不可逆性抑制作用

抑制剂与酶分子活性中心的某些必需基团以共价键相结合而引起酶活性的丧失，这种结合不能用简单的透析、超滤等物理方法解除抑制剂而恢复酶活性，这种抑制作用称为不可逆抑制作用（irreversible inhibition）。此时抑制剂与酶的结合是一不可逆反应。抑制作用随着抑制剂浓度的增加而逐渐增加，当抑制剂的量大到足以和所有的酶结合，则酶的活性就完全被抑制。不可逆结合而使酶丧失活性，按其作用特点，又有专一性及非专一性之分。

1. 羟基酶的抑制　有一些不可逆抑制剂，可与酶活性中心上的羟基（羟基酶）牢固共价结合使之丧失催化活性。在农业上如农药美曲磷酯、敌敌畏等有机磷化合物能专一地与胆碱酯酶（choline esterase）活性中心丝氨酸残基的羟基共价结合，使酶失去催化活性。胆碱酯酶的作用是使乙酰胆碱水解，当有机磷农药中毒时，胆碱酯酶受到抑制，造成胆碱能神经末梢分泌的乙酰胆碱的积蓄，造成迷走神经的兴奋而呈现毒性状态。这些具有专一作用的抑制剂常被称为专一性抑制剂。

$$(R_1O)(R_2O)P(=O)X + HO\text{-}E \longrightarrow (R_1O)(R_2O)P(=O)OE + HX$$

有机磷杀虫剂　羟基酶（胆碱酯酶）　失活的酶　酸

有机磷解磷定复合物（$CHNO-P(=O)(OR_1)(OR_2)$，N-CH_3 吡啶盐）　←　解磷定（CHNOH，N-CH_3 吡啶盐）

当发生有机磷农药引起中毒时，临床上可用解磷定来急救，因为虽然有机磷制剂与酶结合后不解离，但可用解磷定等化合物（含 CH=NOH）把酶上的磷酸根除去使酶复活。

2. 巯基酶的抑制　低浓度的重金属离子（如 Pb^{2+}、Cu^{2+}、Hg^{2+}）或 As^{3+} 可与酶分子的巯基（—SH）结合，从而使酶失活。由于这些抑制剂所结合的巯基不局限于必需基团，所以此类抑制剂又称为非专一性抑制剂。化学毒气路易士气（Lewisite）是一种含砷的化合物，它能抑制体内的巯基酶而使人畜中毒。重金属盐引起的巯基酶中毒可用二巯基丁二酸钠解毒，二巯基丁二酸钠含有两个巯基，在体内达到一定浓度后，可与毒剂结合，恢复酶的活性。

$$Pb^{2+}(Hg^{2+}\text{或}Cu^{2+}) + E\begin{matrix}\diagup SH\\ \diagdown SH\end{matrix} \longrightarrow E\begin{matrix}\diagup S \diagdown\\ \diagdown S \diagup\end{matrix}Pb(Hg\text{或}Cu) + 2H^+$$

巯基酶　　失活的酶

$$\begin{matrix}COONa\\ |\\ CHS\diagdown\\ |\quad\ Pb(Hg\text{或}Cu)\\ CHS\diagup\\ |\\ COONa\end{matrix} \longleftarrow \begin{matrix}COONa\\ |\\ CHSH\\ |\\ CHSH\\ |\\ COONa\end{matrix}$$

二巯基丁二酸钠

（二）可逆性抑制作用

可逆性抑制作用（reversible inhibition）是指抑制剂通过非共价键与酶或酶-底物复合物可逆性结合，使酶活性降低或消失。采用透析或超滤的方法可将抑制剂除去，使酶活性得以恢复。可逆抑制剂与游离状态的酶之间存在着一个动态平衡。根据抑制剂与底物的关系，可逆抑制作用通常分为三种类型。

1. 竞争性抑制作用　有些抑制剂分子的结构与底物分子的结构非常相似，因此可与底物竞争结合酶的活性中心，从而抑制酶的活性，故称为竞争性抑制（competitive inhibition）。抑制程度决定于抑制剂与酶的相对亲和力以及与底物浓度的相对比例。竞争性抑制作用可以用下列反应式表示：用大写的英文字母 I 表示抑制剂。

$$\begin{matrix}E & + S \rightleftharpoons ES \longrightarrow E+P\\ + & \\ I & \\ \Updownarrow K_i & \\ EI & \end{matrix}$$

此类抑制剂竞争性结合酶的活性中心，而生成酶-抑制剂复合物（EI），从而使可以与底物结合成中间产物（ES）的酶相对减少，酶活性因此降低。另一方面，抑制剂并没有破坏酶分子的特定构象，也没有破坏酶分子的活性中心。且竞争性抑制剂与酶的结合是可逆的，因此可用加入大量底物，提高底物竞争力的办法，消除竞争性抑制剂对酶活性的抑制作用。这是竞争性抑制的一个重要特征。按米氏方程式可推导出竞争性抑制剂、底物和反应速度之间的动力学关系如下：

$$V=\frac{V_{max}[S]}{K_m\left(1+\frac{[I]}{K_i}\right)+[S]}$$

K_i 为抑制剂常数，即酶与抑制剂结合的解离常数。其倒数方程式为：

$$\frac{1}{V}=\frac{K_m}{V_{max}}\left(1+\frac{[I]}{K_i}\right)\frac{1}{[S]}+\frac{1}{V_{max}}$$

在不同浓度竞争性抑制剂存在下，根据实验结果作出的 V-[S]变化曲线（图 2-9a）。为了便于比较，在此图中同时给出了无抑制剂时的变化曲线。从图中可以看出，加入竞争性抑制剂后，V_{max}不因有抑制剂的存在而改变。但达到 V_{max}时所需底物的浓度明显地增大，即米氏常数 K_m变大。有竞争性抑制剂存在时，从横轴上的截距量得的"K_m值"（称为表观 K_m值，apparent K_m）大于无抑制剂存在时的 K_m值。可见，竞争性抑制作用使酶的表观 K_m值增大。

医学上竞争性抑制的实例是用磺胺类药物治疗细菌性传染病。磺胺类药物能抑制细菌的生长繁殖，而不伤害人和畜禽。这是因为细菌不能利用外源的叶酸，必须自己合成。细菌体内的叶酸合成酶能够催化对氨基苯甲酸合成二氢叶酸，再还原成四氢叶酸后，即作为细菌分裂核酸合成中一碳单位转移酶的辅酶。磺胺类药物，由于与对氨基苯甲酸的结构非常相似，是二氢叶酸合成酶的竞争性抑制剂，抑制二氢叶酸的合成，从而使细菌的 DNA 合成受阻。人和畜禽能够利用食物中的叶酸，因此其核酸的合成不受磺胺类药物的干扰。许多属于抗代谢物的抗癌药物，如甲氨蝶呤（MTX）、氟尿嘧啶（5-FU）、巯嘌呤（6-MP）等，几乎都是酶的竞争性抑制剂，它们分别抑制四氢叶酸、脱氧胸苷酸及嘌呤核苷酸的合成。

$H_2N-C_6H_4-COOH$　　$H_2N-C_6H_4-SO_2NHR$

对氨基苯甲酸　　磺胺类药物

2. 非竞争性抑制作用　有些抑制剂可与酶活性中心外的必需基团结合，不影响酶与底物的结合，酶和底物的结合也不影响酶与抑制剂的结合。因此，底物和抑制剂与酶结合之间无竞争关系。但是酶-底物-抑制剂复合物（ESI）不能进行反应，呈现抑制作用，故称为非竞争性抑制（non-competitive inhibition）。此类抑制剂在化学结构上与底物分子（S）的结构并不相似，不能与酶的活性中心结合，但它可以与酶活性中心以外的部位结合，即可与底物（S）同时结合在酶分子（E）的不同部位上，形成 ESI 三元复合物。换句话说，就是抑制剂与酶分子结合之后，不妨碍该酶分子再与底物分子结合，但是，在 ESI 三元复合物中，酶分子不能催化底物反应，即酶活性丧失。非竞争性抑制作用可以用下列反应式表示：

$$\begin{array}{ccc} E+S & \rightleftharpoons & ES \longrightarrow E+P \\ + & & + \\ I & & I \\ \Updownarrow K_i & & \Updownarrow K_i \\ EI+S & \rightleftharpoons & ESI \end{array}$$

按照米氏方程式的推导方法，得出酶促反应的速度、底物浓度和抑制剂之间的动力学关系，其双倒数方程式是：

$$\frac{1}{V}=\frac{K_m}{V_{max}}\left(1+\frac{[I]}{K_i}\right)\frac{1}{[S]}+\frac{1}{V_{max}}\left(1+\frac{[I]}{K_i}\right)$$

在不同抑制剂浓度的情况下，以 1/V 对 1/[S]作图，可得斜率不同的直线（图 2-

9b)。在非竞争性抑制剂作用下,酶反应速度和最大反应速度 V_{max} 明显地降低,但 K_m 值不改变。

由此可见,非竞争性抑制剂可能结合在酶活性中心之外,维持酶分子构象的必需基团上,而抑制酶活性。因此底物和非竞争性抑制剂在与酶分子结合时,互不排斥,无竞争性,因而不能用增加底物浓度的方法来消除这种抑制作用。这是不同于竞争性抑制的一个特征。大部分非竞争性抑制作用都是由一些可以与酶的活性中心之外的巯基可逆结合的试剂引起的。这种—SH 基对于酶活性来说也是很重要的,因为它们帮助维持了酶分子的天然构象。

3. 反竞争性抑制作用　这类抑制剂与上述两类抑制剂的作用机制不同,它们不是直接与酶结合抑制酶活性,而是结合 ES 中间复合物形成 ESI,这样不仅使 ES 量下降,减少产物的生成;反而还增进 E 与 S 形成中间复合物,所以从这点上看,这类抑制剂反有增强底物与酶亲和结合的作用,故称之为反竞争性抑制。其抑制作用的反应过程如下:

$$\begin{array}{c} E+S \rightleftharpoons ES \longrightarrow E+S \\ + \\ I \\ \Big\Updownarrow K_i \\ ESI \end{array}$$

其双倒数方程式是:

$$\frac{1}{V}=\frac{K_m}{V_{max}}\cdot\frac{1}{[S]}+\frac{1}{V_{max}}\left(1+\frac{[I]}{K_i}\right)$$

以 1/V 对 1/[S]作图,不同浓度的抑制剂均可得相同斜率的直线,从双倒数作图可见 V_{max} 和表观 K_m 值均降低(图 2-9c)。

上述三种可逆性抑制作用的动力学比较列于表 2-2。

表 2-2　抑制类型及其特征的比较

作用特征	无抑制剂	竞争性抑制	非竞争性抑制	反竞争性抑制
与 I 结合的组分		E	E、ES	ES
动力学参数				
表观 K_m	K_m	增大	不变	减小
最大速度	V_{max}	不变	降低	降低
双倒数作图				
斜率	K_m/V_{max}	增大	增大	不变
纵轴截距	$1/V_{max}$	不变	增大	增大
横轴截距	$-1/K_m$	增大	不变	减小

六、激活剂对反应速度的影响

能使酶活性提高的物质,称为酶的激活剂(activator),其中大部分是离子或简单的有机化合物。如 Mg^{2+} 是多种激酶和合成酶的激活剂,动物唾液中的淀粉酶则

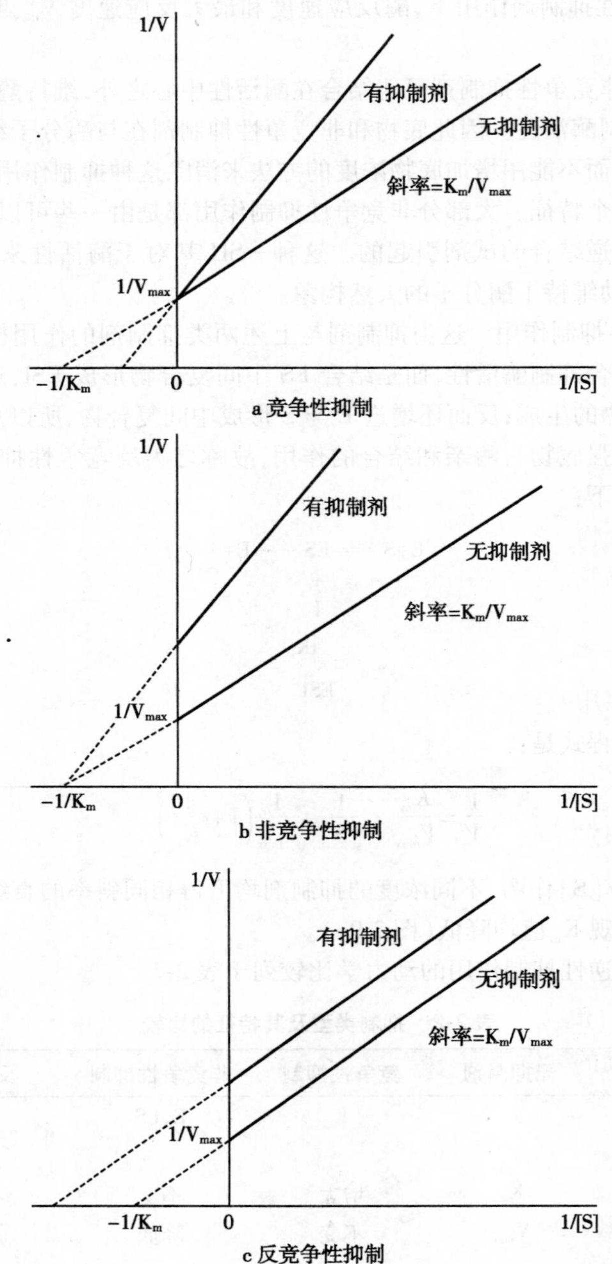

图 2-9 三种可逆性抑制作用的双倒数作图曲线

受 Cl^- 的激活。

有些金属离子激活剂对酶促反应是必需的，这类激活剂称必需激活剂。例如 Mg^{2+} 作为激活剂的反应中，Mg^{2+} 与底物 ATP 结合生成 Mg^{2+}-ATP 之后作为酶的真正底物参加反应。有些激活剂对酶促反应是非必需的，激活剂缺失时酶仍有一定的催化活性，这类激活剂称为非必需激活剂。非必需激活剂通过与酶或底物或酶-底物复合物结合，提高酶的催化活性，例如，氯离子是唾液淀粉酶的非必需激活剂。通常，酶对激活剂有一定的选择性，且有一定的浓度要求，一种酶的激活剂对另一种酶来说可能是抑制剂，当激活剂的浓度超过一定的范围时，它就成为抑制剂。

第四节　酶的命名及分类

酶是生物催化剂，种类繁多且催化反应各异，目前已经得到鉴定的酶将近十万多种。为了研究、学习及应用中不出现混乱，需要对其进行系统的分类和命名。

一、酶的命名

酶的命名有习惯命名法和系统命名法，习惯命名多由发现者根据酶所催化的底物、反应的性质以及酶的来源而定，但这种命名方法有时不能说明酶促反应的本质而常出现混乱。为了克服习惯名称的弊端，国际酶学委员会提出系统命名法。它是按酶的所有底物与反应类型来进行命名的。底物名称之间以"："分隔。如谷氨酸脱氢酶按照系统命名法命名为：L-谷氨酸：NAD^+氧化还原酶。但有些酶促反应是双底物或多底物反应，且许多底物的化学名称太长，因而根据系统命名法得到的酶名称过于复杂。为了应用方便，国际酶学委员会又从每种酶的数个习惯名称中选定一个简便实用的推荐名称。例如：乳酸：NAD^+氧化还原酶，推荐命名为：乳酸脱氢酶。

二、酶的分类

国际酶学委员会按照酶促反应的性质，将酶分为六大类。

（一）氧化还原酶（oxidoreductases）

催化氧化还原反应的一类酶。例如，琥珀酸脱氢酶、异柠檬酸脱氢酶、细胞色素氧化酶、过氧化氢酶、过氧化物酶等。

（二）转移酶（transferases）

催化底物之间的某些化学基团转移或交换的一类酶。例如氨基转移酶、甲基转移酶、磷酸化酶等。将一种分子的某一基团转移到另一种分子上。当酶以三磷酸核苷酸为供体，把一个磷酸基团转移到另一个分子，称激酶（kinase）。受体可以是小分子或蛋白质。

（三）水解酶（hydrolases）

催化底物发生水解反应的一类酶，例如。淀粉酶、糖苷酶、蛋白酶、脂肪酶、磷酸酶等。

（四）裂解酶类（lyases）

催化从底物移去一个基团并留下双键的反应或其逆反应的一类酶。例如，碳酸酐酶、脱羧酶、柠檬酸合酶等。如脱羧酶，断 C-C 键，生成 CO_2；碳酸酐酶，断 C-O 键，生成 CO_2。

（五）异构酶类（isomerases）

催化各种同分异构体之间相互转化的酶类。例如，磷酸丙糖异构酶、磷酸甘油酸变位酶、消旋酶、差向异构酶、顺反异构酶等。

（六）合成酶类（ligases）

催化两分子底物合成为一分子化合物，同时伴有 ATP 的磷酸键断裂释能的酶类。例如，谷氨酰胺合成酶、腺苷酸代琥珀酸合成酶等。如果在新键形成中不需三磷酸核苷参与的酶称为合酶。

国际酶学委员会还规定了上述六类酶的编号，同时根据酶所催化的化学键的特点和参加反应的基团不同，又将每大类进一步划分。每种酶的分类编号由四个数字组成。数字前冠酶学委员会的缩写 EC（enzyme commission）。例如：乳酸脱氢酶的编号为 EC1. 1. 1. 27 编号中第一个数字表示该酶属于六大类中哪一类；第二个数字表示该酶属于哪一亚类，第三个数字表示次亚类；第四个数字是该酶在次亚类中的排序。

第五节　酶与医学的关系

人体组织器官正常代谢是机体健康的基础，酶的异常会使代谢反应紊乱从而导致疾病的发生。临床上可通过对酶活性及酶含量的检查来进行疾病诊断，并且利用药物及基因工程技术等对酶进行影响达到对疾病的治疗。

一、酶活性的测定与酶的活性单位

酶活性是指酶催化一定化学反应的能力，衡量酶活性高低的标准是规定条件下酶促反应速度的大小，酶促反应速度可用单位时间内底物的消耗量或产物的生成量来表示。酶活性单位是表示酶量多少的单位，它反映在规定条件下，酶促反应在单位时间内生成一定量的产物或消耗一定量的底物所需的酶量。在实际工作中，酶活性单位往往与所用的测定方法、反应条件等因素有关。同一种酶所采用的测定方法不同，活性单位也不尽相同。为了便于比较，1976 年国际生物化学学会（IUB）酶学委员会规定使用国际单位（international unit，IU）使酶的活力单位标准化。一个国际单位是指在最适条件下，每分钟催化 1μmol/L 底物减少或 1μmol/L 产物生成所需的酶量。

临床应用中酶活性测定的目的是了解组织提取液、体液或纯化的酶液中酶的存在与多寡。测定血清、尿液等体液中酶的活性的改变，可以反映某些疾病的发生、发展，有助于临床诊断和预后的判断。许多因素可以影响酶促反应速度。酶的活性测定要求有适宜的特定反应条件，影响酶促反应速度的各种因素应相对恒定。酶的样品应做适当的处理。测定酶活性时，底物的量要足够，使酶被底物饱和，以充分反映待测酶的活力。测定代谢物时应保持酶的足够浓度，应根据反应时间选择反应的最适温度，根据不同的底物和缓冲液选择反应的最适 pH。为获取最高反应速度，在反应体系中应含有适宜的辅助因子、激活剂等。

二、酶与疾病的发生

体内的新陈代谢过程都是由相应的酶催化进行的，任何酶的缺陷或酶活性异常都可引起代谢障碍而致病。

酶与疾病的发生,一个重要的方面是表现为遗传性疾病。已发现的140多种先天性代谢缺陷病,都是由于酶的先天性或遗传性缺损所致。由于先天性缺乏某种酶而阻碍代谢的正常进行,其结果造成代谢产物不能生成,如白化病是由于体内缺乏酪氨酸酶,致黑素细胞内不能将酪氨酸生成黑色素。因此,眼、毛发、皮肤都呈白色。苯丙酮尿症是由于苯丙氨酸羟化酶的先天性缺陷,使体内苯丙氨酸不能羟化转变成酪氨酸,以致血中呈现高浓度的苯丙氨酸,形成高苯丙氨酸血症,高浓度苯丙氨酸转入次要代谢途径生成大量苯丙酮酸,由尿液排出形成苯酮尿症。苯丙氨酸经转氨基等反应生成苯醋酸和苯乳酸,能抑制大脑中L-谷氨酸脱羧酶和色氨酸羟化酶等活性,它们是生成神经递质γ-氨基丁酸和5-羟色胺的重要酶,可造成患儿发生智力障碍。

另一方面由于物理、化学及生物等致病因素引起酶后天性异常,同样会导致疾病的发生。如长期肝病,肝功能衰竭患者易出血不止,这是因为患者肝脏不能正常合成与凝血有关的酶,造成患者凝血功能障碍。另外,中毒性疾病多由于酶活性受到抑制而发生,如前所述有机磷农药中毒就是由于有机磷化合物能特异性的与酶活性中心的丝氨酸羟基结合而抑制乙酰胆碱酯酶活性,从而影响神经递质的正常作用而致病。急性胰腺炎时,胰蛋白酶原在胰腺中被激活,造成胰腺组织被水解破坏。许多炎症都可以导致弹性蛋白酶从浸润的白细胞或巨噬细胞中释放,对组织产生破坏作用。激素代谢障碍或维生素缺乏可引起某些酶的异常。

三、酶与疾病的诊断

酶的先天性或遗传性缺陷导致的疾病,可通过直接检测酶的基因、酶的活性或酶含量来进行诊断。也可通过检测酶所催化的底物或产物的量来间接诊断,酶缺陷会导致特定的代谢底物在血液或尿液中堆积,或代谢产物缺失。认识在体液中堆积的中间代谢底物或缺失的代谢产物有助于发现可能的酶缺陷。

一般来说在健康人体内,许多酶特异性的分布于某些细胞、组织或器官,酶的含量或活性恒定在一定范围。如果检测到酶的分布异常,酶活性或含量超出了正常的范围,就可初步的诊断某些器官组织发生了病变。临床上更为常见的是许多组织器官的疾病表现为血液等体液中一些酶活性的异常。其主要原因是:①某些组织器官受到损伤造成细胞破坏或细胞膜通透性增高时,细胞内的某些酶可大量释放入血。例如,急性胰腺炎时血清和尿中淀粉酶活性升高;急性肝炎或心肌炎时血清转氨酶活性升高等。②细胞的转换率增高或细胞的增殖增快,其特异的标志酶可释放入血。例如,前列腺癌患者可有大量酸性磷酸酶释放入血。③酶的合成或诱导增强。例如,胆管堵塞时,胆汁的反流可诱导肝合成大量的碱性磷酸酶,巴比妥盐类或乙醇可诱导肝中的γ-谷氨酰转移酶生成增多。④酶的清除受阻也可引起血清酶的活性增高。肝硬化时血清碱性磷酸酶不能被及时清除,胆管阻塞可影响血清碱性磷酸酶的排泄,均可造成血清中此酶浓度的明显升高。⑤由于许多酶在肝内合成,肝功能严重障碍时,某些酶合成减少,如血中凝血酶原、因子Ⅶ等含量下降。根据血清酶活性水平与疾病变化的关系,进行疾病诊断的实例如表2-3。

表 2-3 血清中某些酶水平与疾病的关系

	淀粉酶	胆碱酯酶	碱性磷酸酯酶	谷草转氨酶	丙氨酸转氨酶	乳酸脱氢酶
病毒性肝炎	—	↓↓	↑	↑↑↑	↑↑↑	↑
胆管阻塞	—	—/↓	↑↑↑	↑	↑	↑
急性心肌梗死	—	—	—	↑↑	—/↑	↑↑
急性胰腺炎	↑↑↑	—	—	—	—	—
肌营养障碍	—	—	—	↑	—/↑	↑↑

四、酶与疾病的治疗

许多药物可通过抑制生物体内的某些酶活性来达到治疗目的。凡能抑制细菌中重要代谢途径中的酶活性，便可达到抑菌目的。磺胺类药物是细菌二氢叶酸合成酶的竞争性抑制剂。氯霉素可抑制某些细菌转肽酶的活性从而抑制其蛋白质的合成。肿瘤细胞有其独特的代谢方式，人们试图阻断相应的酶活性，以达到遏制肿瘤生长的目的。甲氨蝶呤、氟尿嘧啶、巯嘌呤等，都是核苷酸代谢途径中相关酶的竞争性抑制剂。

少数情况下酶可以直接用作治疗剂。链霉素激酶是一种从链球菌属获得的混合酶，能活化血浆中的纤溶酶原，对发生心肌梗死后在肢端形成的凝血块清除很有效。

（解军　刘兴顺）

第三章

核酸的结构与功能

核酸(nucleic acid)是一类以核苷酸(nucleotide)为基本组成单位、富含磷元素的酸性生物大分子化合物,为生命的最基本物质之一。根据其化学组成不同,核酸可分为核糖核酸(ribonucleic acid,RNA)和脱氧核糖核酸(deoxyribonucleic acid,DNA)两大类。DNA存在于细胞核和线粒体内,贮存生命活动的全部遗传信息,决定着细胞和个体的遗传型(genotype),并可通过复制方式将遗传信息进行传代,是物种保持进化和世代繁衍的物质基础。RNA分布于细胞液、细胞核和线粒体内,其主要功能是参与遗传信息的传递和表达。根据其生物学功能不同,RNA主要分为三大类:信使RNA(messenger RNA,mRNA)、转运RNA(transfer RNA,tRNA)和核糖体RNA(ribosomal RNA,rRNA)。

1868年,瑞士外科医生Miescher从外伤渗出的脓细胞中分离出一种富含磷元素的酸性化合物,因其存在于细胞核内而将其命名为核酸。由于蛋白质是生物体功能的主要执行者,其复杂性和多样性远比核酸高,当时多数科学家认为蛋白质是遗传物质。直到1944年Avery等利用从致病肺炎球菌中提取的核酸使另一种非致病性肺炎球菌的遗传性状改变而成为致病菌,才首次证实了遗传物质是核酸而不是蛋白质。核酸能传递表达生命活动的生物信息,具有复杂的结构和重要的功能。研究核酸尤其是DNA结构及其功能,有助于人们从分子水平了解和揭示生命现象的本质。20世纪末,还发现许多新的具有特殊功能的RNA,几乎涉及细胞功能的各个方面。

第一节　核酸的分子组成

核酸的基本组成单位是核苷酸,组成RNA的构件分子是核糖核苷酸(ribonucleotide),DNA的构件分子是脱氧核糖核苷酸(deoxyribonucleotide或deoxynucleotide)。核酸分子主要由C、O、H、N和P五种元素组成,其中含P量比较稳定,一般为9%～10%。核酸经核酸酶作用被水解成核苷酸,而核苷酸则由碱基、戊糖和磷酸三种成分连接而成(图3-1)。

一、戊　　糖

戊糖是核苷酸的重要成分。为了与碱基中的碳原子编号相区别,组成核苷酸的核糖或脱氧核糖中的碳原子以C-1′、C-2′等标示(图3-2)。DNA中的戊糖是β-D-2′-脱氧核糖,RNA中的戊糖为β-D-核糖,两者相比,RNA所含核糖C-2′有1个羟基,而DNA在同样位置是1个氢

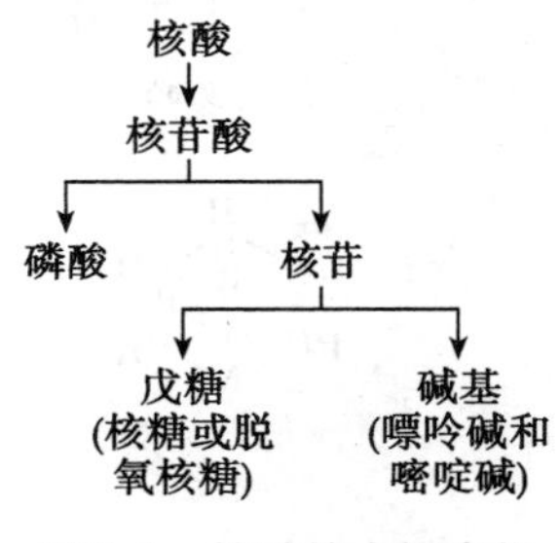

图3-1　核酸的水解产物

原子，因此 RNA 比 DNA 更易产生自发性水解，性质不如 DNA 稳定。这种结构上的差异，使 DNA 分子被自然选择作为生物遗传信息的贮存载体。

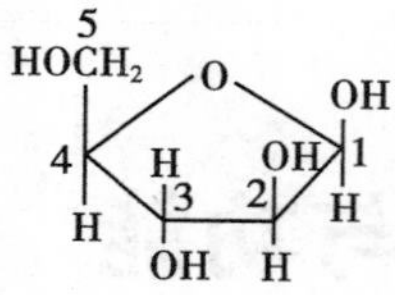

核糖

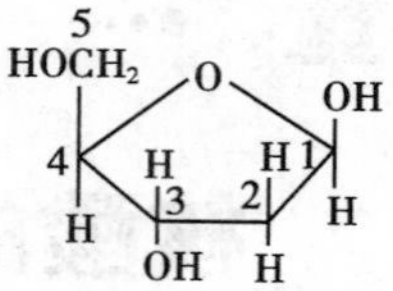

脱氧核糖

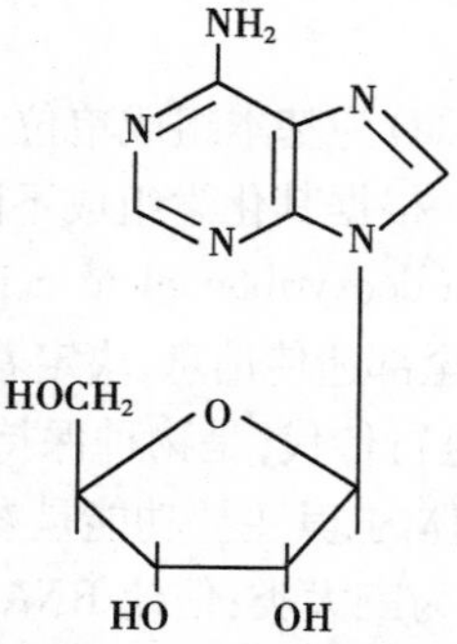

腺嘌呤核苷(腺苷)

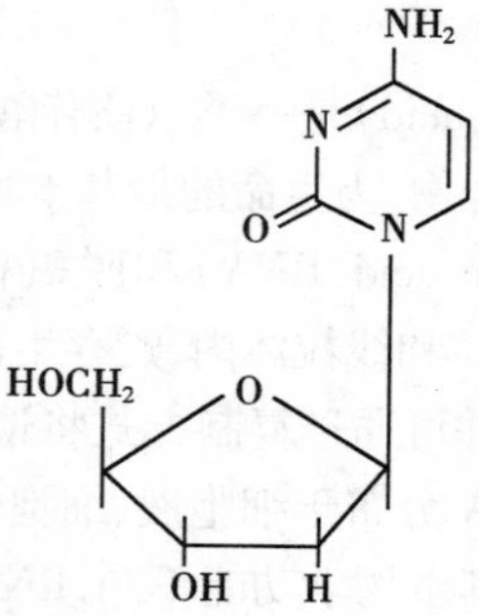

胞嘧啶脱氧核苷(脱氧胞苷)

图 3-2 核糖与核苷

二、碱基

构成核苷酸的碱基均是含氮杂环化合物，主要有腺嘌呤(adenine，A)、鸟嘌呤(guanine，G)和胞嘧啶(cytosine，C)、尿嘧啶(uracil，U)、胸腺嘧啶(thymine，T)五种碱基(base)，分别属于嘌呤(purine)和嘧啶(pyrimidine)两类。腺嘌呤、鸟嘌呤和胞嘧啶既存在于 DNA 也存在于 RNA 分子中；尿嘧啶仅存在于 RNA 分子中，而胸腺嘧啶也只存在于 DNA 分子中。换言之，DNA 分子中的碱基成分为 A、G、C 和 T 四种，而 RNA 分子则主要由 A、G、C 和 U 四种碱基组成。碱基环中的各原子分别以 1，2，3，4，5 等标注。这些碱基的结构式如图 3-3 所示。

构成核酸的五种碱基，因酮基或氨基均位于杂环上氮原子的邻位，可受介质

嘌呤

腺嘌呤

鸟嘌呤

嘧啶

胞嘧啶

尿嘧啶

胸腺嘧啶

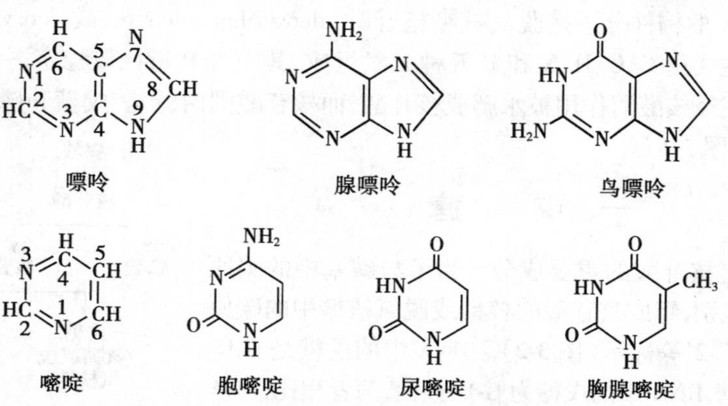

图 3-3 参与组成核酸的两类主要碱基

pH 的影响而形成酮或烯醇两种互变异构体，或形成氨基与亚氨基的互变异构体，这既是 DNA 双链结构中氢键形成的重要结构基础，又有潜在的基因突变的可能。两类碱基在杂环中均有交替出现的共轭双键，使嘌呤碱和嘧啶碱对波长 260nm 左右的紫外光都有较强吸收。利用这种紫外吸收特性测定 260nm 的吸光度值（A_{260nm}），已被广泛应用于核酸、核苷酸及核苷的定性和定量分析。

另外，RNA 及 DNA 合成后，因在 5 种碱基上发生共价修饰而形成稀有碱基。稀有碱基的种类有多种，如次黄嘌呤（I）、7-甲基-鸟嘌呤（m^7-G）和二氢尿嘧啶（DHU）等，稀有碱基主要存在于 RNA 的组分中。

三、核苷、核苷酸与多核苷酸

碱基与核糖或脱氧核糖通过糖苷键（glycosidic bond）连接形成核苷或脱氧核苷（图 3-2）。常以碱基第一个字母表示含相应碱基的核苷，以 d 表示脱氧核苷中所含的脱氧核糖，如 A 可表示腺苷、dT 表示脱氧胸苷等。核苷酸是由核苷的戊糖羟基与磷酸通过磷酸酯键连接而形成的磷酸酯（图 3-4）。生物体内核苷酸多为 5′-核苷酸，即磷酸基团位于核糖或脱氧核糖的第 5 位碳原子上。根据结合的磷酸基团数目不同，核苷酸可分为核苷一磷酸（nucleoside monophosphate，NMP），核苷二磷酸（nucleoside diphosphate，NDP）及核苷三磷酸（nucleoside triphosphate，NTP）三种；再加上相应的碱基成分，可构成了各种核苷酸的命名，例如腺苷一磷酸（adenosine monophosphate，AMP）、鸟苷二磷酸（guanosine diphosphate，GDP）和脱氧胸苷三磷酸（deoxythymidine triphosphate，dTTP）等。DNA 和 RNA 中的碱基、核苷及相应的核苷酸组成及其中英文对照见表 3-1。

表 3-1　参与组成核酸的主要碱基、核苷及相应的核苷酸

RNA 碱基 base	核苷 ribonucleoside	核苷酸 nucleoside monophosphate（NMP）或 ribonucleotide
腺嘌呤 adenine（A）	腺苷 adenosine	腺苷酸（AMP）adenosine monophosphate*
鸟嘌呤 guanine（G）	鸟苷 guanosine	鸟苷酸（GMP）guanosine monophosphate
胞嘧啶 cytosine（C）	胞苷 cytidine	胞苷酸（CMP）cytidine monophosphate
尿嘧啶 uracil（U）	尿苷 uridine	尿苷酸（UMP）uridine monophosphate
DNA 碱基 base	**脱氧核苷 deoxyribonucleoside**	**脱氧核苷酸 deoxyribonucleoside monophosphate（dNMP）或 deoxyribonucleotide**
腺嘌呤 adenine（A）	脱氧腺苷 deoxyadenosine	脱氧腺苷酸（dAMP）deoxyadenosine monophosphate*
鸟嘌呤 guanine（G）	脱氧鸟苷 deoxyguanosine	脱氧鸟苷酸（dGMP）deoxyguanosine monophosphate
胞嘧啶 cytosine（C）	脱氧胞苷 deoxycytidine	脱氧胞苷酸（dCMP）deoxycytidine monophosphate
胸腺嘧啶 thymine（T）	胸苷 thymidine	脱氧胸苷酸（dTMP）deoxythymidine monophosphate

* AMP 的英文名称还有：adenylate 或 adenylatic acid；dAMP 的英文名称还有：deoxyadenylate 或 deoxyadenylatic acid，其他核苷酸和脱氧核苷酸亦有类似多种英文名称

表中核苷和核苷酸名称均采用缩写,如腺苷代表腺嘌呤核苷、胞苷代表胞嘧啶核苷等(图 3-2)。

核苷酸除主要构成核酸外,体内一些游离的核苷酸及其衍生物还参与了各种物质代谢的调节及细胞信号的转导(见第三章第二节　核苷酸代谢中核苷酸功能)。

第二节　核苷酸代谢

核苷酸是核酸的基本结构单位,其最主要的功能是作为体内合成 DNA 和 RNA 的基本原料。此外,核苷酸在体内还具有多种重要的生物学功能:①作为体内能量的利用形式,如 ATP 是机体所需能量的直接来源,大多数生理功能所需的能量都必须转化成 ATP 的形式而被利用,GTP、CTP 和 UTP 等分别可为蛋白质合成、甘油磷脂合成和糖原合成提供能量;②构成辅酶参与相关的物质代谢,例如腺苷酸可作为多种辅酶(NAD^+、FAD、辅酶 A 等)的重要组成部分,在体内参与各种生化代谢活动;③充当载体、活化中间代谢物,有些核苷酸可以作为多种活化中间代谢物的载体,如 UDP-葡萄糖是合成糖原、糖蛋白的活性原料,CDP-二酰基甘油是合成磷脂的活性原料,S-腺苷甲硫氨酸是活性甲基的载体等;④形成第二信使参与细胞信号转导,某些环磷酸核苷是重要的调节分子,如 cAMP 是多种细胞膜受体激素作用的第二信使,cGMP 也同样与代谢调节有关。

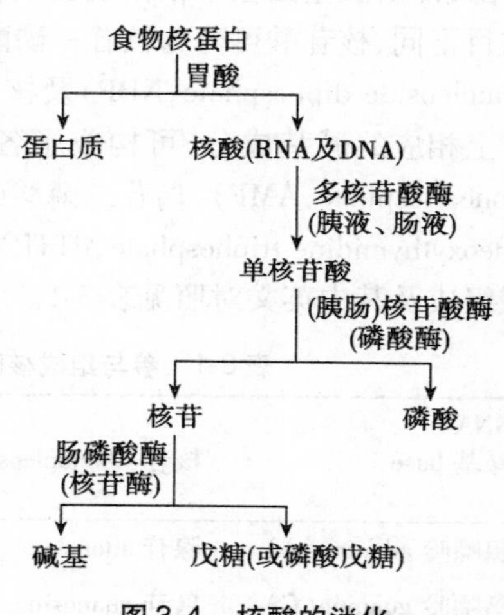

图 3-4　核酸的消化

食物中的核酸多与组蛋白结合构成核蛋白的形式存在,在胃酸作用下可分解成蛋白质和核酸;小肠中胰液和肠液存在各种核酸水解酶,可催化核酸逐级水解(图 3-4)。各种核苷酸及其水解产物均可被吸收,其中磷酸和戊糖可以再被机体利用,碱基除小部分可再被利用外,大部分均被分解而排出体外。

尽管食物中核酸类成分丰富,但由食物提供的嘌呤和嘧啶很少被机体利用;再加上机体可自身合成核苷酸。因此,食物提供的核苷酸不是人体健康所必需的营养物质。本节主要叙述嘌呤核苷酸和嘧啶核苷酸在体内的合成及分解代谢过程。

一、嘌呤核苷酸代谢

(一) 嘌呤核苷酸的合成代谢

哺乳类细胞中的嘌呤核苷酸合成有两条途径,即从头合成途径(*de novo* synthesis)和补救合成途径(salvage pathway)。从头合成途径是嘌呤核苷酸的主要合成途径,肝细胞及多数组织以从头合成途径为主,即由简单化合物磷酸核糖、氨基酸、一碳单位及 CO_2 等为原料，经过一系列酶促反应，合成嘌呤核苷酸的代谢途径。另外，利用细胞已有的嘌呤或嘌呤核苷为前体，经过简单的反应合成嘌呤核苷酸的过程，称为补救合成途径，是脑组织和骨髓合成嘌呤核苷酸的主要途径。两条合成途径在不同组织中的重要性各不相同。

1. 嘌呤核苷酸的从头合成途径

（1）从头合成途径的原料：核素示踪实验证明，嘌呤核苷酸从头合成的前体物质分别是 5-磷酸核糖、谷氨酰胺、一碳单位、甘氨酸、CO_2 和天冬氨酸。图 3-5 表示嘌呤环合成的各元素来源。5-磷酸核糖来自于磷酸戊糖途径，当其活化为 5-磷酸核糖-1-焦磷酸（phosphoribosyl pyrophosphate，PRPP）后，在磷酸核糖的基础上逐步合成嘌呤环结构，形成核苷酸。

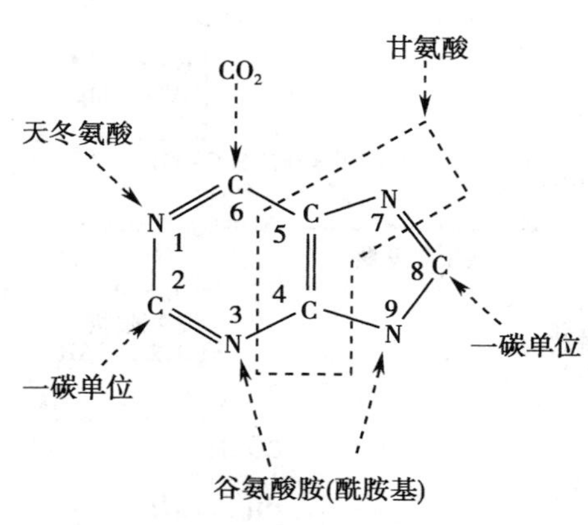

图 3-5 嘌呤碱合成的元素来源

（2）从头合成途径的过程：嘌呤核苷酸的从头合成过程在胞液中进行，可分为两个阶段：第一阶段先合成次黄嘌呤核苷酸（inosine monophosphate，IMP）；第二阶段是以 IMP 作为共同前体，分别转变成腺嘌呤核苷酸（AMP）或鸟嘌呤核苷酸（GMP）。由 ATP 提供合成过程所需要的能量。

1）IMP 的合成：IMP 的合成由各种前体物质经 11 步酶促反应完成。①由磷酸戊糖途径产生的 5-磷酸核糖在磷酸核糖焦磷酸合成酶（PRPP 合成酶）催化下，生成磷酸核糖焦磷酸（PRPP）作为活性的核糖供体；PRPP 合成酶受嘌呤核苷酸的变构调节，PRPP 浓度是合成过程中最主要的决定因素。PRPP 同时也是嘧啶核苷酸、组氨酸和色氨酸合成的前体，参与多种生物合成过程。②在 PRPP 酰胺转移酶（amidotransferase）催化下，谷氨酰胺提供酰胺基取代 PRPP 的焦磷酸基团，生成 5-磷酸核糖胺（PRA），催化此反应的酰胺转移酶也是一种变构酶，在嘌呤核苷酸的从头合成中起重要的调节作用。③由 ATP 供能，PRA 和甘氨酸缩合生成甘氨酰胺核苷酸（GAR）。④GAR 从 N^5,N^{10}-甲炔四氢叶酸获得甲酰基，发生甲酰化而生成甲酰甘氨酰胺核苷酸（FGAR）。⑤第二个谷氨酰胺的酰胺基转移到正在生成的嘌呤环上，形成甲酰甘氨咪核苷酸（FGAM），此反应消耗 1 分子 ATP。⑥AIR 合成酶催化 FGAM 脱水环化形成 5-氨基咪唑核苷酸（AIR），此过程需消耗 1 分子 ATP。至此，嘌呤环中的咪唑环部分合成完毕。⑦CO_2 提供 C6 原子，在羧化酶催化下连接到咪唑环上，生成 5-氨基咪唑-4-羧酸核苷酸（CAIR）。⑧及⑨二步反应同样在 ATP 供能下，天冬氨酸与 CAIR 缩合并裂解出延胡索酸，生成 5-氨基咪唑-4-甲酰胺核苷酸（AICAR）。⑩由 N^{10}-甲酰四氢叶酸提供第二个一碳单位，使 AICAR 甲酰化生成 5-甲酰胺基咪唑-4-甲酰胺核苷酸（FAICAR）。最终步骤是 FAICAR 经脱水环化，生成 IMP。上述系列酶促反应如图 3-6 所示。

2）AMP 和 GMP 的生成：IMP 是合成 AMP 和 GMP 的共同前体，由 IMP 分别转

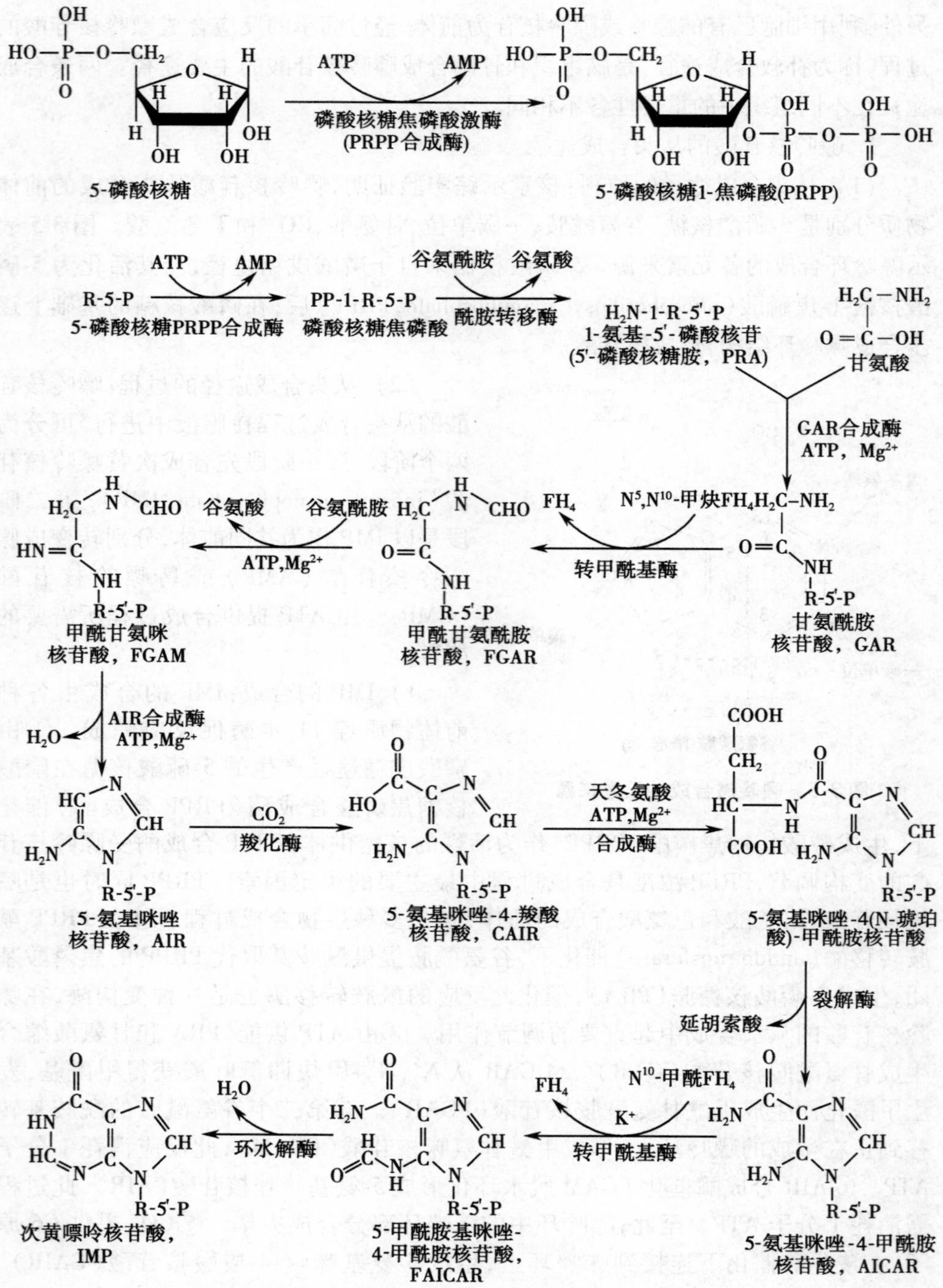

ATP AMP
磷酸核糖焦磷酸激酶
(PRPP合成酶)
5-磷酸核糖
5-磷酸核糖1-焦磷酸(PRPP)

ATP AMP
R-5-P
5-磷酸核糖PRPP合成酶
PP-1-R-5-P
磷酸核糖焦磷酸
谷氨酰胺 谷氨酸
酰胺转移酶
H_2N-1-R-5'-P
1-氨基-5'-磷酸核苷
(5'-磷酸核糖胺，PRA)
甘氨酸
GAR合成酶
ATP，Mg^{2+}
N^5,N^{10}-甲炔FH_4
FH_4
转甲酰基酶
甘氨酰胺
核苷酸，GAR
谷氨酰胺 谷氨酸
ATP,Mg^{2+}
甲酰甘氨酰胺
核苷酸，FGAR
甲酰甘氨咪
核苷酸，FGAM
AIR合成酶
ATP,Mg^{2+}
H_2O
5-氨基咪唑
核苷酸，AIR
CO_2
羧化酶
5-氨基咪唑-4-羧酸
核苷酸，CAIR
天冬氨酸
ATP,Mg^{2+}
合成酶
5-氨基咪唑-4(N-琥珀酸)-甲酰胺核苷酸
裂解酶
延胡索酸
5-氨基咪唑-4-甲酰胺
核苷酸，AICAR
N^{10}-甲酰FH_4
FH_4
K^+
转甲酰基酶
5-甲酰胺基咪唑-
4-甲酰胺核苷酸，
FAICAR
H_2O
环水解酶
次黄嘌呤核苷酸，
IMP

图 3-6　次黄嘌呤核苷酸的合成

变生成 AMP 和 GMP 的过程见图 3-7。如图所示，AMP 合成时由天冬氨酸提供氨基，取代了 IMPC-6 上的氧而形成 AMP，GTP 作为供能分子。GMP 合成时，ATP 提供能量，由谷氨酰胺提供氨基，取代了 IMPC-2 上的氧而形成 GMP。需要指出的是，AMP 和 GMP 并不能直接转换，但两者的合成存在着交叉调节作用，对维持 ATP

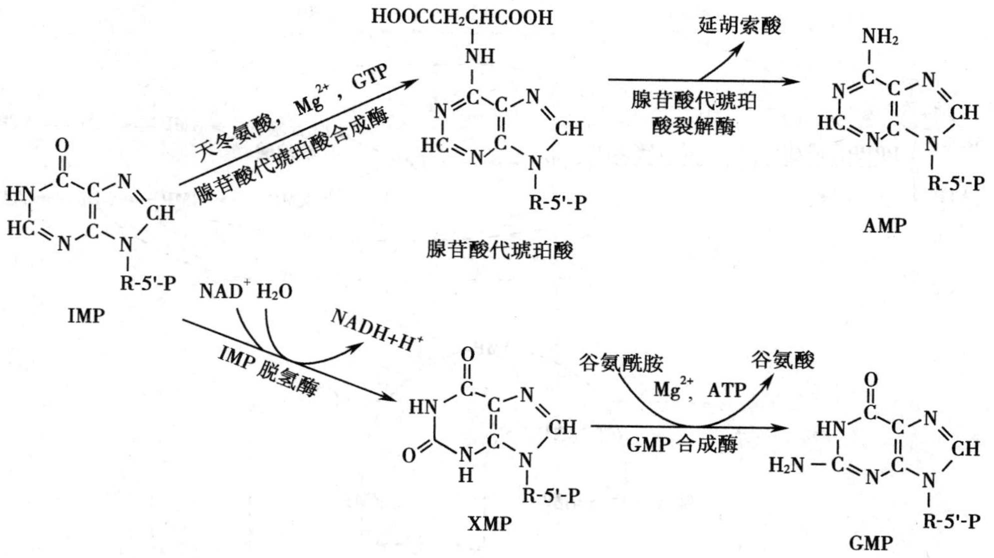

图 3-7　IMP 转变生成 AMP 和 GMP 的过程

与 GTP 浓度的平衡具有重要意义。

嘌呤核苷酸从头合成途径的重要特点是在磷酸核糖的基础上逐步合成嘌呤环结构，而不是先合成嘌呤碱，然后再与核糖及磷酸结合。现已明确，肝细胞是从头合成嘌呤核苷酸的主要器官，其次是小肠黏膜及胸腺，体内并不是所有细胞都具有从头合成嘌呤核苷酸的能力。

（3）从头合成的调节：体内嘌呤核苷酸从头合成主要受反馈抑制（feedback inhibition）调节。机体通过对 AMP 及 GMP 合成速度的精确调节，既满足合成核酸对嘌呤核苷酸的需要，又减少了前体分子及能量的多余消耗。反馈调节的抑制物及作用位点见图 3-8。

PRPP 合成酶和 PRPP 酰胺转移酶是嘌呤核苷酸合成起始阶段的限速酶，均属变构酶类，可受 AMP 及 GMP 等合成产物的抑制。

PRPP 浓度是合成过程中最主要的决定因素，PRPP 合成的速度主要依赖 5-磷酸核糖的供应和 PRPP 合成酶的活性；PRPP 合成酶受嘌呤核苷酸的变构调节，IMP、AMP 和 GMP 均可通过对 PRPP 合成酶的反馈抑制以调节 PRPP 的水平。PRPP 酰胺转移酶也是一种变构酶，有活性单体及无活性二聚体两种形式；AMP 及 GMP 可促进其转变成无活性状态，在嘌呤核苷酸的从头合成中起重要的调节作用。

在 IMP 转变为 AMP 与 GMP 的过程中，过量 AMP 可抑制 IMP 向 AMP 的转变，而不影响 GMP 的合成。同样，过量的 GMP 也可独立地反馈抑制 GMP 的生成。另外，IMP 转变成 GMP 时需要 ATP，而 IMP 转变成 AMP 时需要 GTP。因此，GTP 可以促进 AMP 的生成，ATP 也可以促进 GMP 的生成。通过这种交叉调节作用，使腺嘌呤核苷酸和鸟嘌呤核苷酸的合成得以保持相对平衡。

2. 嘌呤核苷酸的补救合成　哺乳类动物的某些组织细胞（如脑组织、骨髓和脾脏），由于缺乏从头合成的酶体系不能进行嘌呤核苷酸的从头合成途径，这些细

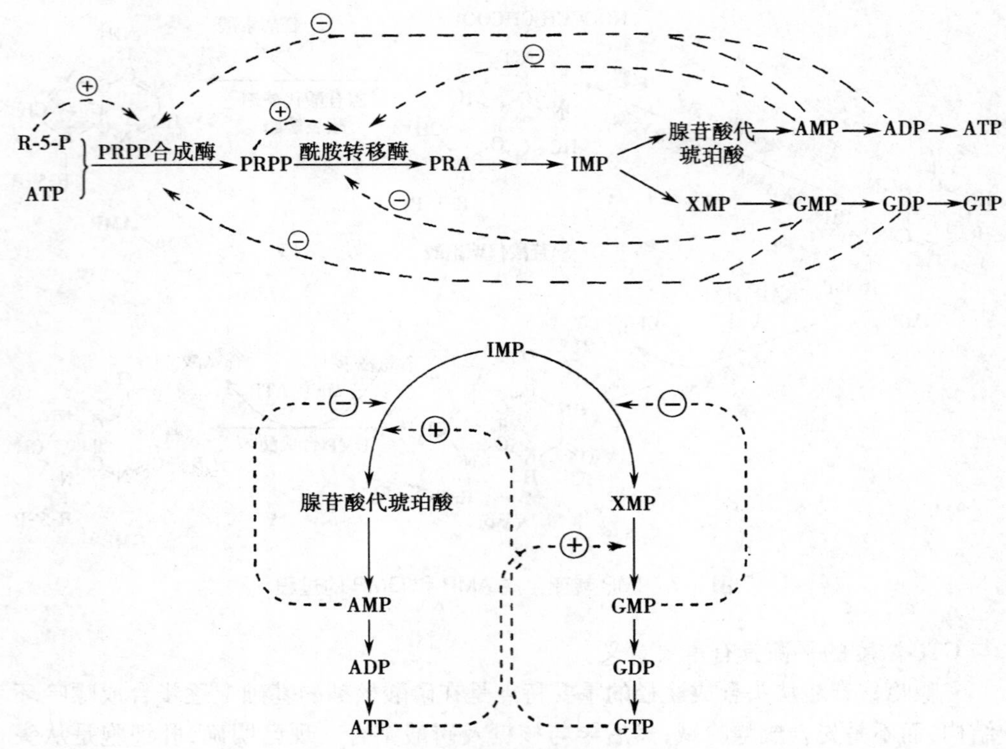

图3-8 嘌呤核苷酸从头合成的调节

胞只能直接利用已有的嘌呤碱或嘌呤核苷重新合成嘌呤核苷酸，称为补救合成。这一途径比较简单，能量和氨基酸前体的消耗也较少。嘌呤核苷酸的补救合成也由PRPP提供磷酸核糖，并有两种特异性不同的酶参与：腺嘌呤磷酸核糖转移酶(adenine phosphoribosyl transferase，APRT)和次黄嘌呤-鸟嘌呤磷酸核糖转移酶(hypoxanthine-guanine phosphoribosyl transferase，HGPRT)，分别催化嘌呤碱基从PRPP获得磷酸核糖基而生成AMP、IMP和GMP。

$$\text{腺嘌呤}+\text{PRPP}\xrightarrow{\text{APRT}}\text{AMP}+\text{PPi}$$

$$\text{次黄嘌呤}+\text{PRPP}\xrightarrow{\text{HGPRT}}\text{IMP}+\text{PPi}$$

$$\text{鸟嘌呤}+\text{PRPP}\xrightarrow{\text{HGPRT}}\text{GMP}+\text{PPi}$$

催化上述反应的APRT和HGPRT分别受相应产物AMP、IMP和GMP的反馈抑制。

此外，腺嘌呤核苷可在腺苷激酶的催化下磷酸化生成AMP。类似的其他核苷也可由对应的激酶磷酸化生成相应的核苷酸。

$$\text{腺嘌呤核苷}\xrightarrow[\text{ATP}\quad\text{ADP}]{\text{腺苷激酶}}\text{AMP}$$

嘌呤核苷酸补救合成的生理意义，不仅是利用现成的嘌呤或嘌呤核苷，减少能量和一些氨基酸前体的消耗；更重要的是它是脑、骨髓、脾脏等缺乏从头合成途径酶体系的组织细胞合成嘌呤核苷酸的唯一途径。若由于遗传基因缺陷使 HGPRT 严重不足或完全缺失,可导致一种 X 染色体连锁的隐性遗传病,称为 Lesch-Nyhan 综合征或称为自毁容貌征,患儿表现为智力减退并伴有自残行为和高尿酸血症等。由此可见,补救合成途径对这些组织细胞具有非常重要的意义。

3. 脱氧(核糖)核苷酸的生成　细胞分裂增殖时需要提供大量脱氧核苷酸,以适应 DNA 生物合成增加的需求。DNA 由 4 种脱氧核糖核苷酸组成,无论是嘌呤脱氧核苷酸还是嘧啶脱氧核苷酸,都是通过相应的核糖核苷酸在二磷酸核苷(NDP)水平直接还原而成(N 代表 A、G、U、C 等碱基),即以氢取代核糖分子中 C-2 上的羟基生成相应的 dNDP,并非先合成脱氧核糖再结合到脱氧核苷酸分子上。该反应由核糖核苷酸还原酶(ribonucleotide reductase)所组成的酶体系催化,反应如下:

$$\text{NDP} \xrightarrow[\text{核糖核苷酸还原酶}]{\text{NADPH}+\text{H}^+ \quad \text{NADP}^+ + \text{H}_2\text{O}} \text{dNDP}$$

核糖核苷酸还原酶体系,包括核糖核苷酸还原酶、NADPH+H$^+$、硫氧化还原蛋白(thioredoxin)、硫氧化还原蛋白还原酶(thioredoxin reductase)和 FAD。硫氧化还原蛋白是一种蛋白辅因子,在反应中作为电子载体,其所含的巯基在核糖核苷酸还原酶作用下氧化为二硫键,后者再经含黄素辅基(FAD)的硫氧化还原蛋白还原酶催化,由 NADPH+H$^+$提供氢而加氢还原重新生成还原型的硫氧化还原蛋白,完成脱氧核苷酸的生成(图 3-9)。

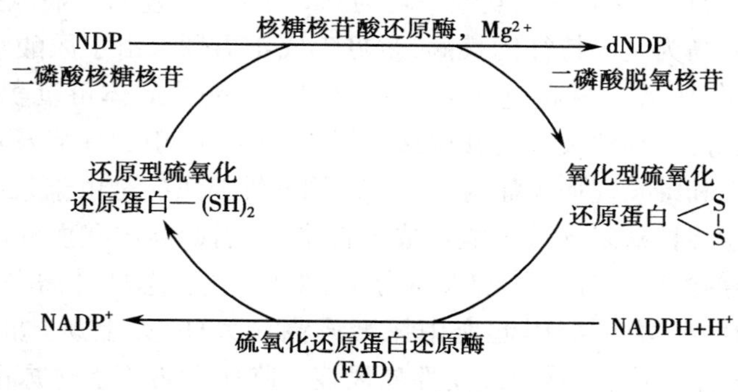

图 3-9　脱氧核苷酸的生成

核糖核苷酸还原酶是一种变构酶,该酶由 R_1、R_2 两个亚基组成,R_1 亚基上有两个结合部位:底物结合部位和活性调节部位;此外,R_1 还含有巯基(—SH),可供直接还原核糖之用。游离的 R_1与 R_2 亚基没有活性,只有它们之间结合形成全酶时才具有完整的酶活性。在 DNA 合成旺盛、分裂速度较快的细胞中,核糖核苷酸还原酶体系活性被激活,维持脱氧核苷酸有足够含量。此外,细胞还可以通过各种三磷酸核苷对还原酶的变构作用,调节不同脱氧核苷酸生成。例如某种 dNTP 生成时，核糖核苷酸还原酶可被某种特定的 NTP 变构激活，同时也受另一些 NTP 的变构抑制。通过这些调节，使 4 种原料分子（dATP、dGTP、dCTP、dTTP）在 DNA 合成时能保持适当的比例。

（二）嘌呤核苷酸的分解代谢

嘌呤核苷酸的分解代谢主要在肝脏、小肠及肾脏中进行。细胞中的核苷酸酶可催化各种核苷酸脱去磷酸生成嘌呤核苷；嘌呤核苷由嘌呤核苷磷酸化酶（purine nucleoside phosphorylase，PNP）催化，转变成游离的嘌呤和 1-磷酸核糖。嘌呤碱既可以进一步降解，也可参加核苷酸的补救合成。1-磷酸核糖主要进入糖代谢，经磷酸戊糖途径氧化分解后又可转变为 5-磷酸核糖作为 PRPP 的原料，用于合成新的核苷酸。体内大部分嘌呤碱最终都分解生成尿酸（uricacid），AMP 经分解反应降解为黄嘌呤，在黄嘌呤氧化酶（xanthine oxidase）作用下黄嘌呤被氧化生成尿酸；而 GMP 分解生成的鸟嘌呤经氧化成黄嘌呤，最终也转变为尿酸。嘌呤核苷酸降解反应的简要过程如图 3-10 所示。嘌呤脱氧核苷酸的分解代谢途径基本相同。

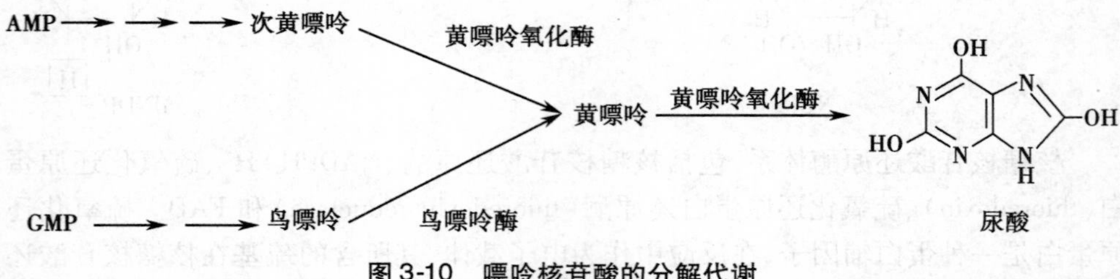

图 3-10 嘌呤核苷酸的分解代谢

尿酸是人体嘌呤核苷酸分解代谢的终产物，经肾脏随尿液排出体外，正常成人每天排出尿酸 400～600mg。正常人血浆中尿酸含量为 0.12～0.36mmol/L，男性略高于女性，平均为 0.27mmol/L，女性平均为 0.21mmol/L 左右。痛风症（gout）是以血中尿酸含量升高为主要特征的疾病，多见于成年男性。由于尿酸水溶性较差易析出晶体，当血浆尿酸含量超过 0.48mmol/L 时，尿酸盐晶体可沉积在关节、软组织、软骨及肾脏等处，导致关节炎、尿路结石及肾脏疾病，引起疼痛及功能障碍。痛风症分为原发性和继发性痛风症两种类型。原发性痛风症是由于某些嘌呤核苷酸代谢相关的酶遗传性缺陷导致尿酸生成异常增加，引起高尿酸血症。继发性痛风症多因进食高嘌呤饮食、体内核酸大量分解（如白血病、恶性肿瘤等）或肾疾病导致尿酸排泄障碍等，均可能引起血中尿酸升高。另外，如上所述的自毁容貌征（Lescl-Nyhan 综合征）也归属于继发性痛风症。临床上常用促进尿酸排泄或抑制尿酸形成的药物治疗痛风症，如别嘌醇（allopurinol）与次黄嘌呤结构相似，可通过竞争性抑制黄嘌呤氧化酶，减少尿酸的生成；另一方面别嘌呤与 PRPP 反应生成别嘌呤核苷酸，后者与 IMP 结构相似，可反馈抑制 PRPP 酰胺转移酶，阻断嘌呤核苷酸的从头合成，从而间接抑制尿酸的生成量。

二、嘧啶核苷酸代谢

（一）嘧啶核苷酸的合成代谢

体内嘧啶核苷酸的合成与嘌呤核苷酸一样，也有从头合成与补救合成两条途径。

1. 嘧啶核苷酸的从头合成

(1) 从头合成途径的原料：嘧啶核苷酸从头合成的原料分别是5-磷酸核糖、天冬氨酸、谷氨酰胺和CO_2，嘧啶碱合成的各种元素来源如图3-11所示。

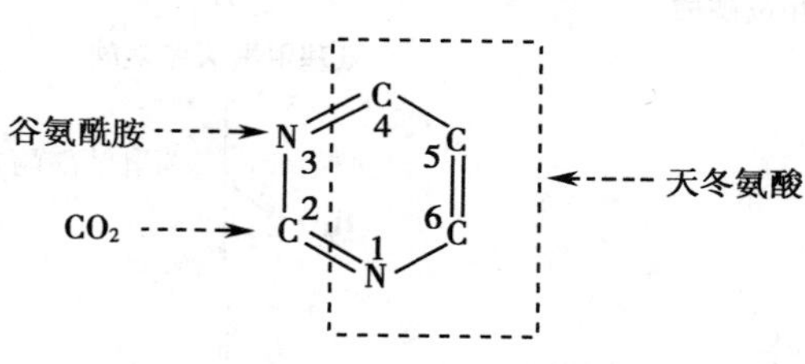

图3-11 嘧啶碱合成的元素来源

(2) 从头合成途径的过程：与嘌呤核苷酸的从头合成途径不同，嘧啶核苷酸的从头合成是先合成嘧啶环，然后再与磷酸核糖相连，并以UMP为嘧啶核苷酸合成的共同前体。合成的全过程如图3-12所示。

1) 尿嘧啶核苷酸的合成：整个合成共有6步反应，主要在肝细胞的胞液中进行。①在肝细胞胞液中的氨基甲酰磷酸合成酶Ⅱ(CPS-Ⅱ)的作用下，以谷氨酰胺作为氮源与CO_2反应生成氨基甲酰磷酸。CPS-Ⅱ可受反馈抑制的调节，主要参与嘧啶碱的合成。与此不同的是，肝细胞线粒体中的CPS-1是以氨为氮源，催化生成的氨基甲酰磷酸，主要用于合成尿素，并且不受反馈抑制调节影响。可见，两种氨基甲酰磷酸合成酶有着不同的性质和功用。②在天冬氨酸氨基甲酰转移酶(aspartate transcarbamoylase)的催化下，天冬氨酸从氨基甲酰磷酸获得氨甲酰基缩合生成氨甲酰天冬氨酸。③二氢乳清酸酶催化氨甲酰天冬氨酸脱水环化，生成具有嘧啶环的二氢乳清酸。④二氢乳清酸脱氢酶催化二氢乳清酸脱氢生成乳清酸(orotic acid)。⑤乳清酸在乳清酸磷酸核糖转移酶催化下，从PRPP获得磷酸核糖缩合生成乳清酸核苷酸。⑥乳清酸核苷酸在脱羧酶催化下脱去羧基最终形成UMP。

2) CTP的生成：CTP的合成是在核苷三磷酸水平上进行的，即由UMP通过激酶的连续催化，生成UTP，后者在CTP合成酶催化下，从谷氨酰胺接受氨基转变生成CTP。CTP的生成共消耗三分子ATP。

UMP —尿苷酸激酶（ATP → ADP）→ UDP —二磷酸核苷激酶（ATP → ADP）→ UTP（R-5'-PPP） —CTP合成酶（谷氨酰胺 ATP → 谷氨酸 ADP+Pi）→ CTP（NH_2，R-5'-PPP）

3) 脱氧胸腺嘧啶核苷酸(dTMP)的生成：脱氧胸腺嘧啶核苷酸是DNA特有的组分，它不能由相应的核糖核苷酸转变而来，在体内主要由dUMP经甲基化而生成。dUMP主要由dCMP脱氨基生成，也可经dUDP水解除去磷酸而生成。催化dUMP甲基化的是胸苷酸合酶，在该酶作用下dUMP从甲基供体N^5,N^{10}-甲烯四氢叶酸获得1个甲基而生成dTMP。反应后形成的二氢叶酸可在二氢叶酸还原酶作用下，重新加氢还原生成四氢叶酸。四氢叶酸携带的一碳单位即作为嘌呤从头合成的前体，又能参与脱氧胸苷酸的合成。为此，胸苷酸的合成与二氢叶酸还原酶在临床上常被用于肿瘤化疗的作用靶点。

DNA合成的底物为四种dNTP，可由dNMP、dNDP经激酶的催化和ATP供能而

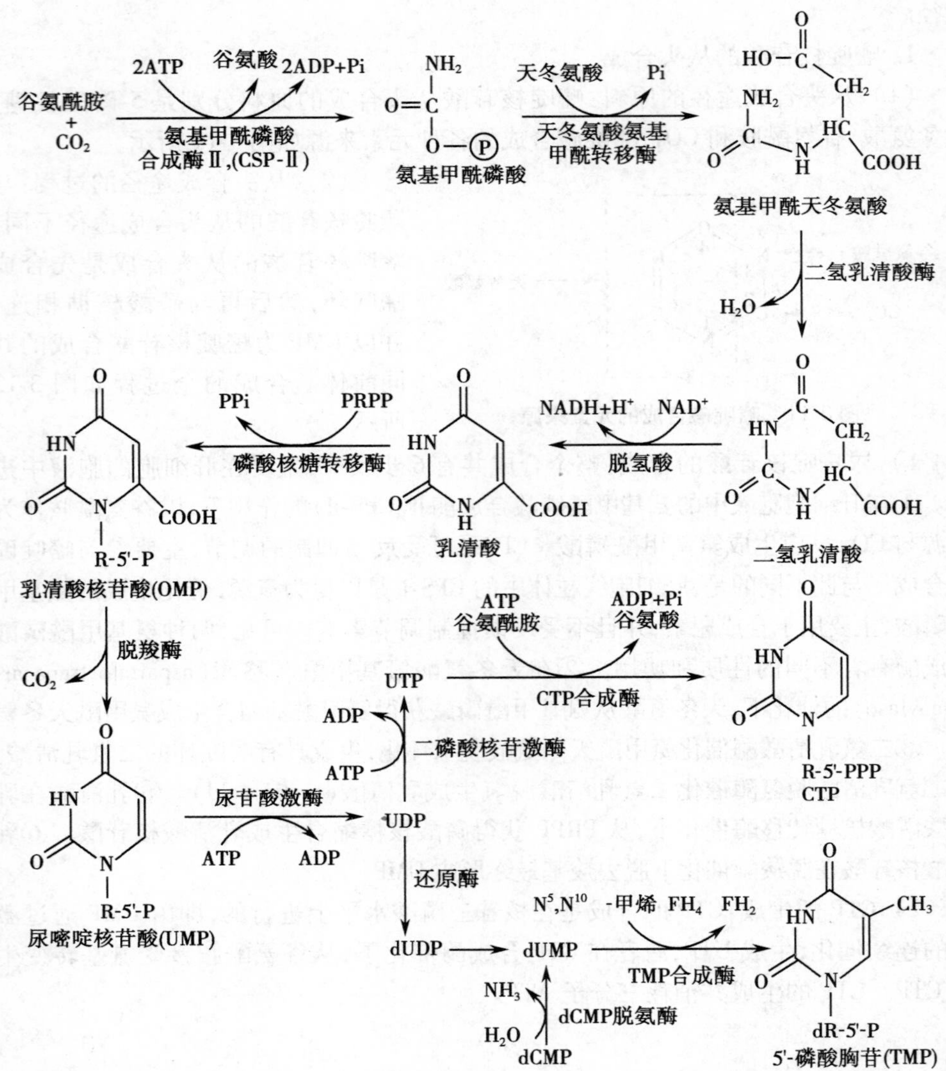

图 3-12　嘧啶核苷酸的从头合成

形成。

dUDP
dCMP
dR-5'-P
dUMP
TMP合酶
N^5, N^{10}-甲烯FH_4
FH_2
FH_4
FH_2还原酶
$NDAP^+$
$NADPH + H^+$
CH_3
dR-5'-P
一磷酸胸苷(dTMP)

综上所述,嘌呤与嘧啶核苷酸的合成过程总结如图 3-13。

(3) 从头合成的调节:原核生物和真核生物中嘧啶核苷酸的合成,因所需的酶系不同,所以从头合成途径所受的调控也不一样。如细菌等原核生物中的第一

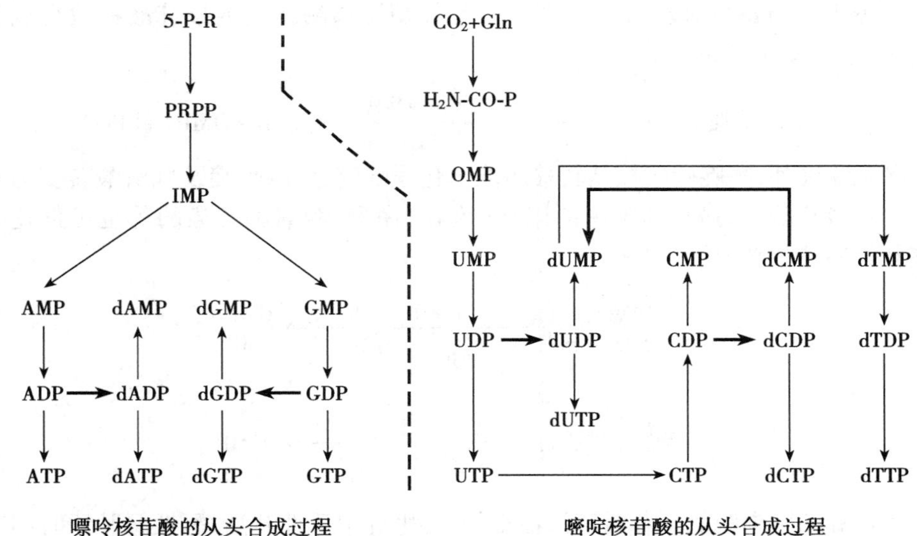

图 3-13 嘌呤和嘧啶核苷酸的从头合成过程总结

个调节部位，是天冬氨酸氨基甲酰转移酶（aspartate transcarbamoylase, ATCase），CTP 是其变构抑制剂，ATP 则是变构激活剂；第二个调节位点是乳清酸脱羧酶，受 UMP 抑制。在人和哺乳类动物的真核细胞中，嘧啶核苷酸从头合成途径是由两组多功能酶催化；现知合成过程的前三个酶，即 CPS-Ⅱ，天冬氨酸氨基甲酰转移酶和二氢乳清酸酶，是在同一条多肽链（分子量约为 220kDa）上，为一组多功能酶；而催化 UMP 生成的最后两个反应的乳清酸脱氢酶和乳清酸脱羧酶，也是一组多功能酶，同样位于一条多肽链上。这种多功能酶的形式，不仅有利于以相同的速率参与嘧啶核苷酸的合成，还可受到阻遏或去阻遏的调节。嘧啶与嘌呤的合成产物可相互调控合成过程，使两者的合成速度均衡。细菌中，天冬氨酸氨基甲酰转移酶是主要的调节酶；而人和哺乳类动物细胞中嘧啶核苷酸合成的调节酶则主要是 CPS-Ⅱ；这两种酶的活性都可受到从头合成产物 UMP 和 CTP 的反馈抑制。此外，PRPP 合成酶是嘧啶与嘌呤两类核苷酸合成过程中共同所需要的酶，它可同时接受嘧啶核苷酸及嘌呤核苷酸的反馈抑制。嘧啶核苷酸合成的调节如图 3-14 所示。

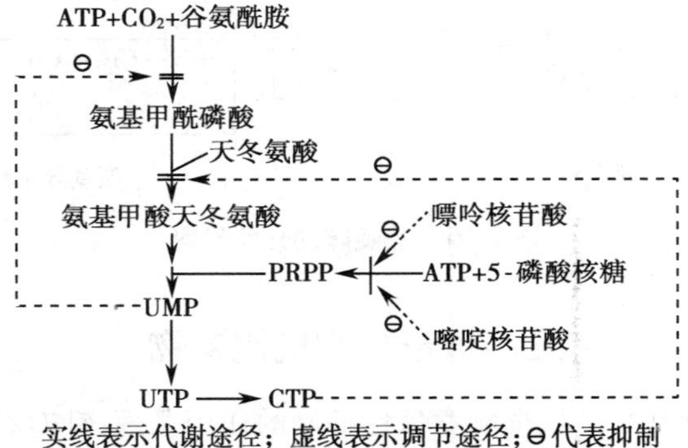

图 3-14 嘧啶核苷酸合成的调节

2. 嘧啶核苷酸的补救合成　嘧啶磷酸核糖转移酶是嘧啶核苷酸补救合成的主要酶，催化反应式如下：

$$PRPP+嘧啶(U,OA)\xrightarrow{嘧啶磷酸核糖转移酶}(UMP+OMP)+PPi$$

除胞嘧啶外，嘧啶磷酸核糖转移酶能催化尿嘧啶、胸腺嘧啶及乳清酸转变为相应的嘧啶核苷酸。另外，细胞中的尿苷(胞苷)激酶、脱氧胸苷激酶等也可催化嘧啶核苷酸的补救合成。

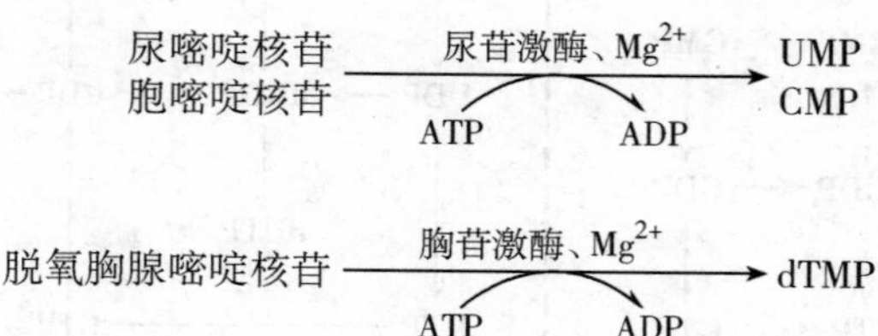

正常肝细胞中脱氧胸苷激酶活性很低，再生肝中活性升高，恶性肝肿瘤时则明显升高，可用作评估恶性程度的肿瘤标志物。

（二）嘧啶核苷酸的分解代谢

嘧啶核苷酸的分解代谢与嘌呤核苷酸相似，首先是在核苷酸酶及核苷磷酸化酶作用下，嘧啶核苷酸先脱去磷酸及核糖，剩余的嘧啶碱主要在肝内进一步开环分解，最终的分解产物为 NH_3、CO_2 和 β-氨基酸。胞嘧啶脱氨基转变成尿嘧啶，后者还原成二氢尿嘧啶，再经水解开环后最终生成 NH_3、CO_2 和 β-丙氨酸。胸腺嘧啶则相应水解生成 NH_3、CO_2 和 β-氨基异丁酸(图 3-15)。β-丙氨酸和 β-氨基异丁酸可继续分解进入三羧酸循环而被彻底氧化。嘧啶碱的降解产物与嘌呤碱不同，都易溶于水，可直接随尿排出。临床发现，肿瘤患者经放疗或化疗后，由于 DNA 大量破坏降解，尿中 β-氨基异丁酸排出量可明显增多。

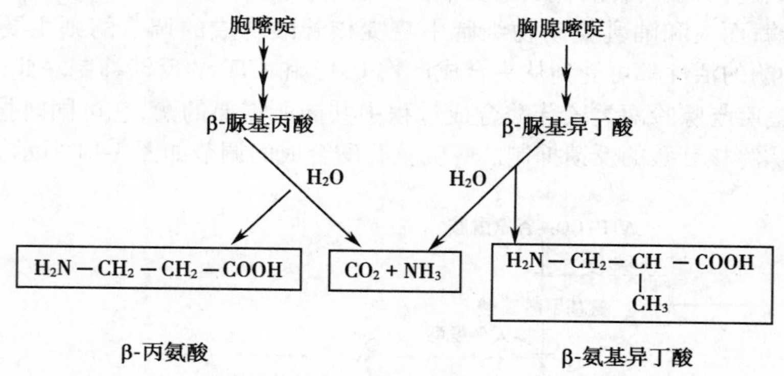

图 3-15　嘧啶碱的分解代谢

三、核苷酸的抗代谢物

在临床治疗肿瘤中，常依据酶竞争性抑制的作用原理，针对核苷酸代谢过程的不同环节，应用类似代谢物的药物，阻断或干扰核苷酸及核酸的合成代谢，使癌变细胞中核酸和蛋白质的生物合成迅速地被抑制，从而控制肿瘤的发展。此类药物按化学结构被分为两大类，一类是嘌呤、嘧啶、核苷类似物通过转变为异常核苷酸干扰核苷酸的生物合成。另一类是谷氨酰胺、叶酸等的类似物，可直接阻断谷氨酰胺、一碳单位在核苷酸合成中的作用。

嘌呤类似物有巯嘌呤（mercaptopurine，6-MP）、6-巯基鸟嘌呤、8-氮杂鸟嘌呤等，其中以6-MP在临床上应用较多，其结构与次黄嘌呤相似，只是后者分子中C_5上的羟基被巯基取代。嘧啶类似物主要有氟尿嘧啶（5-fluorouracil，5-FU），结构与胸腺嘧啶相似。氨基酸类似物有与谷氨酰胺结构相似的氮杂丝氨酸（azaserine）及6-重氮-5-氧正亮氨酸（diazonorleucine）等。叶酸的类似物有氨蝶呤（aminopterin）及甲氨蝶呤（methotrexate，MTX）等。另外，某些改变了核糖结构的核苷类似物，例如阿糖胞苷和环胞苷也是重要的抗癌药物。各种抗代谢药物的作用机制见表3-2。

表3-2　各种抗代谢药物的作用机制

抗代谢物	作用机制
嘌呤类似物	
6-MP	阻断嘌呤核苷酸的从头合成
	转变成6-MP核苷酸，抑制IMP转变为AMP及GMP的反应
	转变成6-MP核苷酸，抑制PRPP酰胺转移酶
	阻断嘌呤核苷酸补救合成途径
	转变成6-MP核苷酸，竞争性抑制HGPR
嘧啶的类似物	
氟尿嘧啶	阻断TMP合成
	本身无生物学活性，转变为一磷酸脱氧核糖氟尿嘧啶核苷（FdUMP），抑制TMP合酶破坏RNA的结构与功能
	转变为三磷酸氟尿嘧啶核苷（FUTP）参入RNA分子
氨基酸类似物	与谷氨酰胺结构相似，干扰谷氨酰胺在核苷酸合成中的作用
氮杂丝氨酸	6-重氮-5-氧正亮氨酸抑制嘌呤核苷酸及CTP的合成
叶酸类似物	
氨蝶呤及MTX	竞争性抑制二氢叶酸还原酶，使叶酸不能形成FH_2及FH_4，嘌呤中来自一碳单位的C_2及C_8得不到供应，抑制嘌呤核苷酸合成；使dUMP不能生成dTMP，影响DNA合成
核苷类似物	
阿糖胞苷	抑制CDP还原成dCDP，影响DNA的合成

第三节　DNA的结构与功能

一、核酸的一级结构

核酸是由核苷酸或脱氧核苷酸通过磷酸二酯键相连而成的生物大分子。磷酸二酯键（phosphodiester linkage）又称3′,5′-磷酸二酯键，是一个核苷酸的C-3′-羟基和下一位核苷酸的C-5′-磷酸之间脱水缩合形成的酯键，故核苷酸或脱氧核苷酸的连接具有严格的方向性；核苷酸或脱氧核苷酸借此方式连接构成无分支结构的线性大分子长链，即多聚核苷酸（RNA）和多聚脱氧核苷酸（DNA）。核酸分子中相同的戊糖及磷酸交替连接成分子骨架，而四种不同碱基则伸展于骨架一侧（图3-16）。

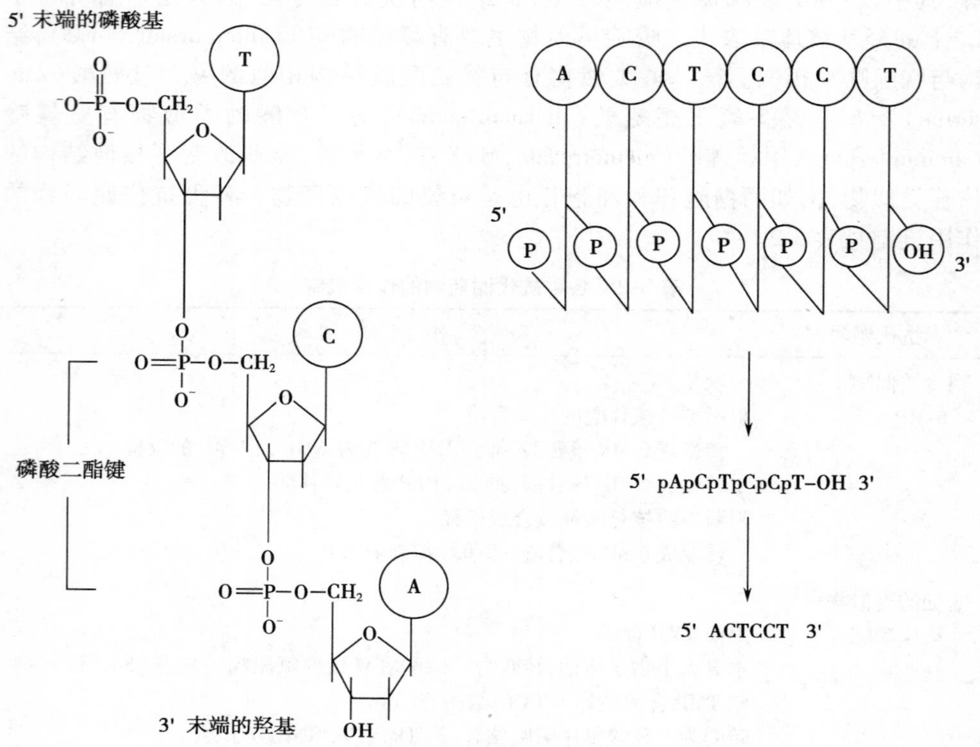

图3-16 核酸的一级结构及其书写方式

核酸的一级结构是指从5′-末端到3′-末端核苷酸或脱氧核苷酸的排列顺序。由于同一种核酸分子其核苷酸或脱氧核苷酸之间的差别主要在于碱基不同，因此核酸的一级结构又可表述为从5′-末端到3′-末端的碱基排列顺序。DNA和RNA对遗传信息的携带和传递，主要依靠核苷酸中的碱基序列变化来实现。DNA的书写方式可有多种，从简到繁如图3-16所示。DNA的书写方式应从5′-末端到3′-末端，RNA的书写规则与DNA相同。

核酸分子的大小常用碱基数目（base，kilobase，用于单链DNA和RNA）或碱基对数目（base pair，bp或kilobase pair，kbp，用于双链DNA和RNA）表示。自然界DNA和RNA的长度多在几十至几万个碱基之间。小的核酸片段（小于50bp）常被称为寡核苷酸，大于50个核苷酸组分的则被称为多核苷酸。不同种类的生物，其DNA的大小、组成和一级结构上差异甚大；一般说来，随着生物的进化，遗传信息更加复杂，细胞DNA的bp总数也随之相应增加。细胞内RNA的数量比DNA约多10倍，RNA不仅种类很多，且分子大小和结构也各不相同。碱基排列序列的不同，赋予DNA和RNA巨大的信息编码能力。

二、DNA 的二级结构

(一) DNA 分子的二级结构——双螺旋结构的发现

1951 年 Pauling 利用 X 线晶体衍射技术对 α 角蛋白的空间结构进行分析,成功地发现了蛋白质的 α 螺旋结构。α 螺旋结构理论首次用分子形成螺旋这种方式解释生物大分子的空间结构。α 螺旋结构的提出对于 DNA 二级结构的发现起到了非常重要的启发作用。同年 11 月,Wilkins 和 Franklin 分别利用 X 线衍射技术获得了高质量的 DNA 分子结构照片。分析结果表明 DNA 是螺旋状分子,并且以双链的形式存在,该发现为 DNA 的双螺旋结构模型提供了重要的实验依据。

1952 年 Chargaff 等人采用层析和紫外吸收光谱技术分析了多种不同生物的 DNA 碱基组成,发现所有 DNA 分子的碱基组成有一些共同的规律:①不同生物种属的 DNA 碱基组成不同;但同一个体不同器官、组织的 DNA 的碱基组成相同;②某一特定生物其 DNA 碱基组成不随年龄、营养状况或环境因素而改变;③胸腺嘧啶(T)和腺嘌呤(A)的数目相等,胞嘧啶(C)和鸟嘌呤(G)的数目相等,即 A=T,G=C;④嘌呤碱总数和嘧啶碱总数也相等,即 A+G=T+C。这种规律被称为 Chargaff 规则,预示着 DNA 分子中的碱基 A 与 T,G 与 C 以互补配对方式存在的可能性,对确定 DNA 分子的空间结构提供了有力的证据。

综合了前人的研究成果,1953 年 Watson 和 Crick 提出了 DNA 分子的双螺旋结构模型。DNA 双螺旋结构的发现为遗传物质复制和遗传机制提供了一个合理的、可能的解释,为破译生物的遗传密码提供了依据,将生物大分子的结构与功能的研究结合在一起,是"分子生物学"新学科诞生的重要里程碑。

(二) 双螺旋结构的要点

双螺旋结构模型(图 3-17),不仅揭示了 DNA 的二级结构,开创了生命科学研究的新时期,同时也为现代分子生物学奠定了基础。DNA 双螺旋结构模型的主要特点如下:

1. DNA 是反向平行双链结构 DNA 分子由两条平行且方向相反的多聚脱氧核糖核苷酸链组成,一条链为 3′→5′走向,另一条链为 5′→3′走向,两条链围绕同一公共轴形成右手螺旋。双螺旋表面形成小沟和大沟相间,这些沟状结构是蛋白质识别 DNA 的碱基序列并发生相互作用的结构基础。

2. DNA 双链之间形成严格的碱

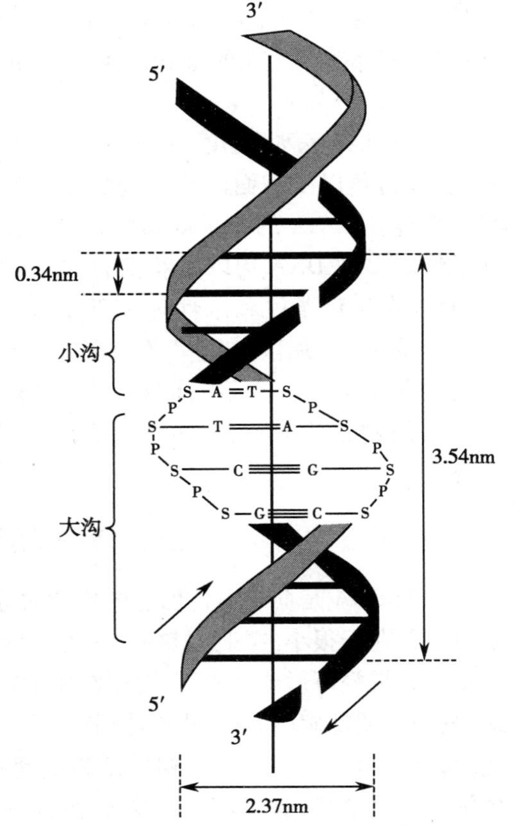

图 3-17 DNA 双螺旋结构模型示意图

基互补配对　亲水的脱氧核糖基和磷酸基骨架位于双链的外侧，而碱基位于内侧，两条链的碱基之间以氢键相结合。由于碱基结构的不同，其形成氢键的能力不同，因此产生了固有的配对方式，即 A-T 配对，形成两个氢键；G-C 配对，形成三个氢键（图 3-18）。

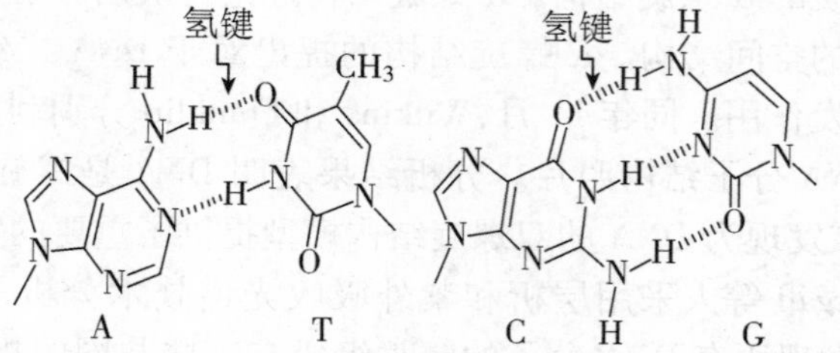

图 3-18　碱基配对示意图

3. 疏水力和氢键维系 DNA 双螺旋结构的稳定　DNA 双螺旋结构的横向稳定性主要依靠两条链互补碱基间的氢键维系，纵向稳定性则主要靠碱基平面间的疏水性碱基堆积力维持。碱基堆积力是指相邻的碱基对平面在盘旋过程中会彼此重叠，由此所产生的疏水性作用力。从总能量意义上来讲，纵向的碱基堆积力对于双螺旋的稳定性更为重要。

4. DNA 双螺旋结构的直径为 2.37nm，由磷酸及脱氧核糖交替相连而成的亲水骨架位于螺旋的外侧，而疏水的碱基对则位于螺旋的内侧。各碱基平面与螺旋轴垂直，相邻碱基之间的堆积距离 0.34nm。双螺旋结构旋转一圈为 10.4 个碱基对，螺距为 3.54nm。

由于自身序列、温度、溶液的离子强度或相对湿度不同，DNA 双螺旋结构的螺距、旋转角以及表面沟状结构的深浅等都会发生一些变化。因此，双螺旋结构存在多样性，DNA 的右手双螺旋结构不是自然界 DNA 的唯一存在方式。生理条件下绝大多数 DNA 均以 B 构象存在，即 Watson 和 Crick 所提出的模型结构。这是 DNA 在生理条件件和水性环境下最稳定的二级结构。1979 年 Rich 等人发现人工合成 DNA 片段主链呈 Z 字形左手螺旋，故称 Z-DNA。后续实验证明这种结构在天然 DNA 分子中同样存在，另外还有 A-DNA 的存在（图 3-19）。生物体内不同构象的 DNA 在功能上有所差异，这对基因表达的调节和控制是非常重要的。

三、DNA 的超螺旋结构

由于 DNA 是荷载遗传信息的生物大分子，其必须以形成紧密折叠扭转的方式才能够存在于很小的细胞核内。因此，DNA 在双螺旋结构的基础上，在细胞内进一步旋转折叠可形成具有特定三维构象的空间结构称为三级结构，它具有多种形式，其中以超螺旋（supercoil）结构最常见。盘绕方向与 DNA 双螺旋方同相同为正超螺旋（positive supercoil），相反则为负超螺旋（negative supercoil）；正超螺旋使双螺旋结构更紧密，双螺旋圈数增加，而负超螺旋可以减少双螺旋圈数。自然界的闭合双链 DNA 主要是以负超螺旋形式存在。

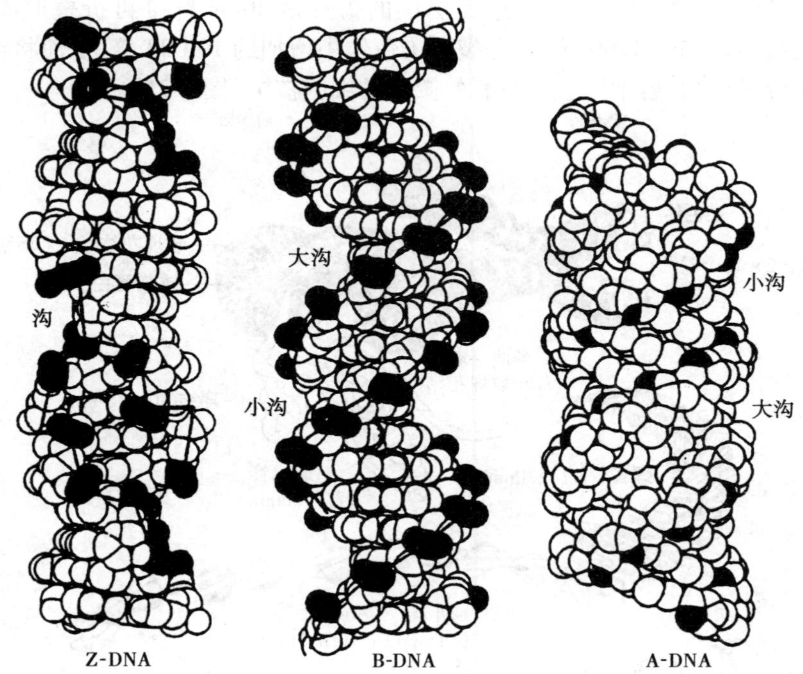

图 3-19　不同类型的 DNA 双螺旋结构

原核生物的 DNA 大多是以共价闭合的双链环状形式存在于细胞内，如有些病毒 DNA、某些噬菌体 DNA、细菌染色质和细菌中的质粒 DNA 等。环状 DNA 分子常因盘绕不足而形成负超螺旋结构（图 3-20）。

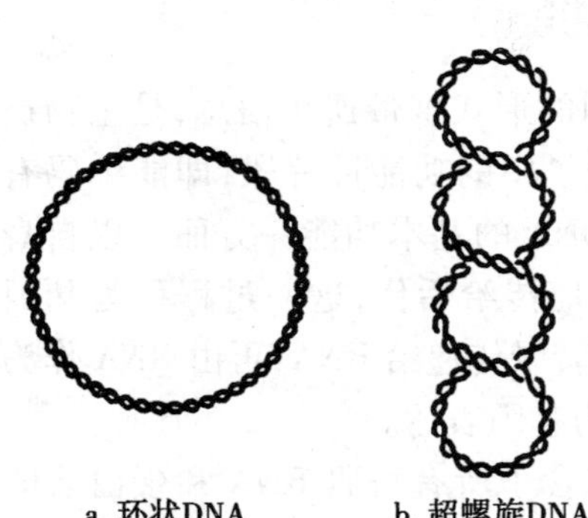

图 3-20　环状 DNA 结构示意图

真核生物的 DNA 在细胞周期的大部分时间内与蛋白质结合以分散的染色质（chromatin）的形式存在；在细胞分裂期则形成高度致密的染色体（chromosome）。染色质的基本组成单位是核小体（nucleosome），主要由 DNA 和组蛋白构成。核小体中的组蛋白分子共有 H_1、H_2A、H_2B、H_3 和 H_4 五种。各两分子的 H_2A、H_2B、H_3 和 H_4 构成扁平圆柱状组蛋白八聚体。长度为 146bp 的 DNA 以左手螺旋方式在组蛋白八聚体表面盘绕 1.8 圈形成核小体的核心颗粒（core particle）。核心颗粒之间再由一段 DNA（约 60bp）和组蛋白 H_1 构成的连接区连接起来形成串珠样的结构，可保护 DNA 不受核酸酶降解。

DNA 从形成基本单位核小体开始，经过几个层次折叠，在细胞分裂中期形成包装最致密、高度组织有序的染色体，在光学显微镜下即可见到。DNA 包装成染色体经过以下几个层次：核小体是 DNA 在核内形成致密结构的第一层次折叠，使得 DNA 的整体体积减少约 6 倍；第二层次的折叠是核小体卷曲（每周 6 个核小体）形成直径 30nm、在染色质和间期染色体中都可以见到的纤维状结构和襻状结构，

DNA 的致密程度增加约 40 倍；第三层次的折叠是 30nm 纤维再折叠形成柱状结构，致密程度增加约 1000 倍，在分裂期染色体中增加约 10 000 倍，从而将约 1m 长的 DNA 分子压缩、容纳于直径只有数微米的细胞核中（图 3-21）。

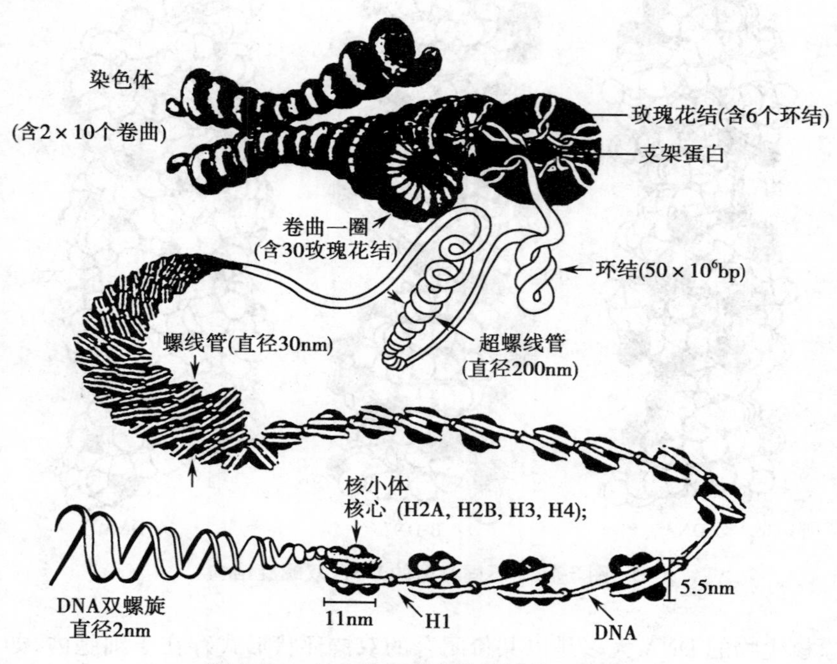

图 3-21 核小体及染色体的结构示意图

四、DNA 的功能

DNA 分子作为遗传信息的载体主要以基因的形式携带遗传信息，是生物遗传的物质基础。基因从结构上定义，是指 DNA 分子中的功能性片段，即能编码有功能的蛋白质或合成 RNA 所必需的完整序列。DNA 的基本功能一方面是以自身遗传信息序列为模板复制自身，将遗传信息保守地传给后代，这一过程称为基因遗传；另一方面是 DNA 将基因中的遗传信息通过转录传递给 RNA，再由 RNA 作为模板通过翻译指导合成各种有功能的蛋白质，称为基因表达。

生物体的全部基因序列称为基因组。它包含了所有编码 RNA 和蛋白质的序列及所有的非编码序列，也就是 DNA 分子的全序列。生物越进化，遗传信息含量越大，基因组越复杂。SV_{40} 病毒的基因组仅含 5100bp，大肠埃希菌基因组为 577kb，人的基因组则由大约 3.0×10^9 bp 组成，可编码极为大量的遗传信息。目前，人类基因组的全部碱基序列测定工作已告完成，这一宏伟工程为基因功能的进一步研究奠定了无与伦比的基础。

第四节 RNA 的结构与功能

RNA 是以 AMP、GMP、CMP、UMP 四种核苷酸作为基本组成单位，由磷酸二酯

键相连所形成的单链核酸分子，其一级结构为从5′-末端到3′-末端的核苷酸排列顺序。RNA同样是遗传信息的载体分子，与蛋白质共同参与基因的表达和表达过程的调控。大部分RNA分子为线形单链，少数RNA可通过链内相邻区段的碱基配对，形成局部双螺旋结构；而区段间不配对的碱基区则膨胀形成凸出或突环，这种短小的双螺旋区域被称为发夹结构(hairpin structure)。发夹结构是RNA中最普遍的二级结构形式，二级结构进一步折叠形成三级结构。RNA只有在具有三级结构时才能成为有活性的分子。RNA的化学稳定性不如DNA，易被化学修饰产生更多的修饰组分，使RNA的主链构象呈现出复杂、多样的折叠结构，这是RNA能执行多种生物功能的结构基础。与DNA相比，RNA分子较小，仅含数十个至数千个核苷酸，RNA的功能多样有不同种类(表3-3)。

表3-3 动物细胞内主要RNA的种类及功能

	细胞核和胞液	线粒体	功 能
核蛋白体RNA	rRNA	mt rRNA	核蛋白体组成成分
信使RNA	mRNA	mt mRNA	蛋白质合成的模板
转运mRNA	tRNA	mt tRNA	转运氨基酸
不均一核RNA	hnRNA		成熟mRNA的前体
小核RNA	snRNA		参与hnRNA的剪接、转运
小核仁RNA	snoRNA		rRNA的加工和修饰

一、信使RNA

信使RNA(mRNA)是蛋白质生物合成的直接模板，其含量仅占RNA总量的3%，mRNA的功能是在细胞核内转录DNA基因序列信息，自身成为遗传信息载体即信使，并携带至细胞质，指导蛋白质分子的生物合成。细胞内蛋白质种类繁多，因此作为合成模板的mRNA大小结构也各不相同。真核细胞内成熟mRNA，是由其前体核不均一RNA(heterogeneous nuclear RNA，hnRNA)在核内被迅速加工修饰并经剪接后形成的，然后依靠特殊的机制转移进入细胞质中参与蛋白质的生物合成。真核细胞成熟的mRNA包括编码区和非编码区，并含有5′-末端的帽子结构和3′-末端的多聚A尾等特殊结构(图3-22)。

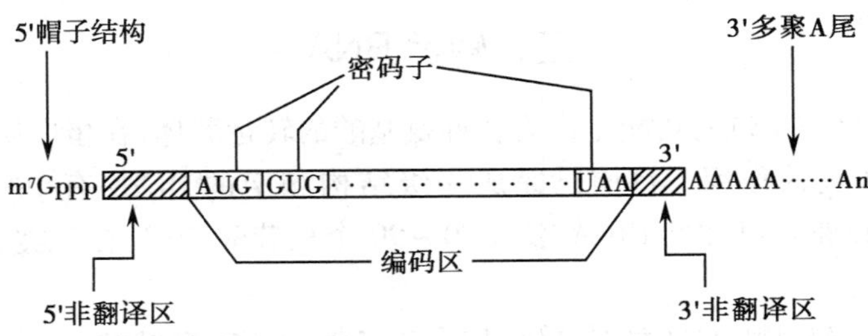

图3-22 哺乳动物成熟mRNA的结构特点

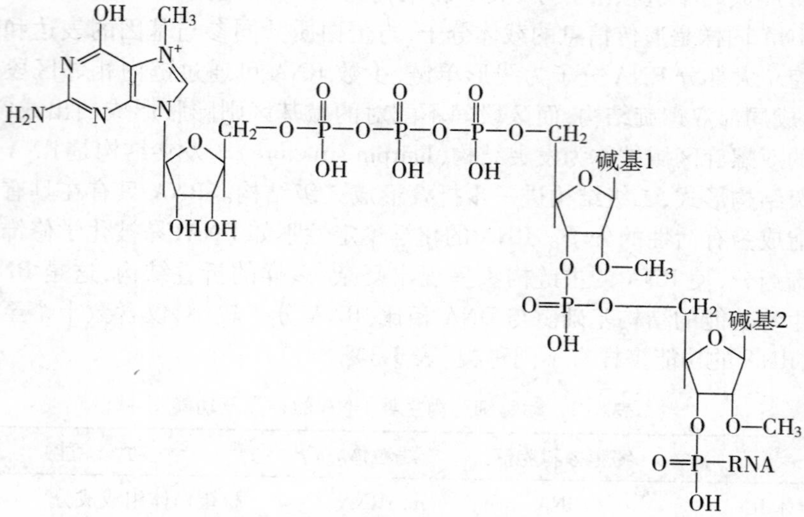

图 3-23　真核生物 mRNA 的帽子结构

1. 5′-末端的帽子结构　大部分真核细胞的 mRNA 5′-末端以 m^7-GpppN(7-甲基鸟嘌呤核苷三磷酸)为起始结构,被称为帽子结构(图 3-23)。与帽子结构的鸟苷酸相邻的第一、二个核苷酸中戊糖的 C-2′通常也会被甲基化。帽子结构在蛋白质合成过程中可促进 mRNA 从胞核向胞质移位,促进核糖体与 mRNA 的结合,加速翻译起始速度,并增强 mRNA 的稳定性。

2. 3′-末端的多聚 A 尾部结构　在真核生物 mRNA 的 3′-末端,多数有一段由 80～250 个腺苷酸连接而成的多聚腺苷酸结构,称多聚 A 尾(poly A)。3′-末端的 poly A 结构负责 mRNA 从胞核向胞质转位、维持 mRNA 的稳定性,并参与蛋白质合成速度的调控。

3. mRNA 编码区中核苷酸序列包含指导蛋白质多肽链合成的信息　成熟 mRNA 分子编码序列上每 3 个相邻的核苷酸为一组,决定相应多肽链中某一个氨基酸,或多肽链合成的起始或终止信号,称为三联体密码(triplet code)或密码子(codon),其具体的编码方式见第六章　蛋白质的生物合成。

原核生物的 mRNA 未发现帽子结构和多聚 A 尾结构。此外,原核生物中的 mRNA 转录后一般不需加工,可直接参与指导蛋白质的生物合成。

二、转运 RNA

转运 RNA(tRNA)的功能是作为各种氨基酸的转运载体,在蛋白质合成中起活化与转运氨基酸的作用。目前已完成一级结构测定的 tRNA 有 100 多种,约占 RNA 总量的 15%。已知的 tRNA 都由 70～90 个核苷酸构成,在三类 RNA 中分子量最小。

tRNA 的一级结构都具有下述共同点:分子中富含稀有碱基(rare bases),一般每个分子含 7～15 个稀有碱基(图 3-24)。稀有碱基是指除 A、G、C、U 以外的一些碱基,包括双氢尿嘧啶(DHU)、假尿嘧啶(ψ,pseudouridine)和甲基化的嘌呤(^{m}G,

^{m}A)等，这些稀有碱基都是 tRNA 合成后碱基经酶促化学修饰产生的。tRNA 的 5′-末端大多数为 pG，而 3′-末端都是 CCA，CCA-OH 是 tRNA 携带与转运氨基酸的结合部位。

N²,N²二甲基鸟嘌呤
双氢尿嘧啶
N⁶-异戊烯腺嘌呤
4-巯尿嘧啶

图 3-24　部分稀有碱基的化学结构

tRNA 二级结构含 4 个局部互补配对的双链区，形成发夹结构或茎-环(stem-loop)结构，显示为三叶草形(cloverleaf pattern)结构(图 3-25a)。左右两环根据其含有的稀有碱基，分别称为 DHU 环和 Tψ 环，位于下方的环称反密码环。反密码环中间的 3 个碱基称为反密码子(anticodon)，可与 mRNA 上相应的三联体密码子碱基互补，使携带特异氨基酸的 tRNA，依据其特异的反密码子来识别结合 mRNA 上相应的密码子，引导氨基酸正确地定位在合成的肽链上。

X 射线衍射等分析发现，tRNA 的共同三级结构是倒 L 形(图 3-25b)，结构显示虽然 Tψ 环与 DHU 环在三叶草形的二级结构上各处一方，但在三级结构上都相距很近，使 tRNA 有较大的稳定性。

CCA末端
DHU环
Tψ环
反密码子环
反密码子
a
5'
3'
CA
C
DHU 环
反密码子环
b

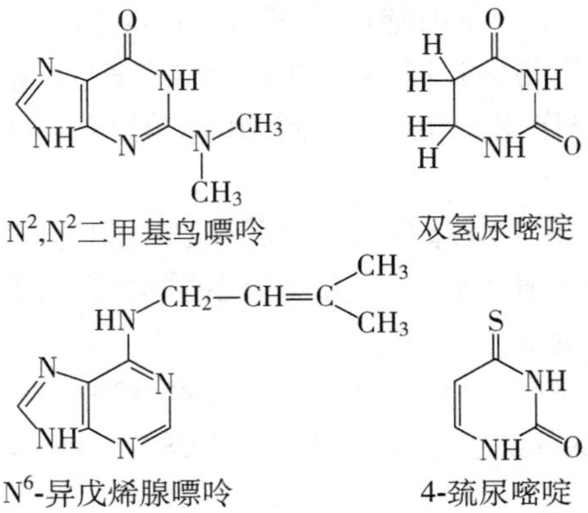

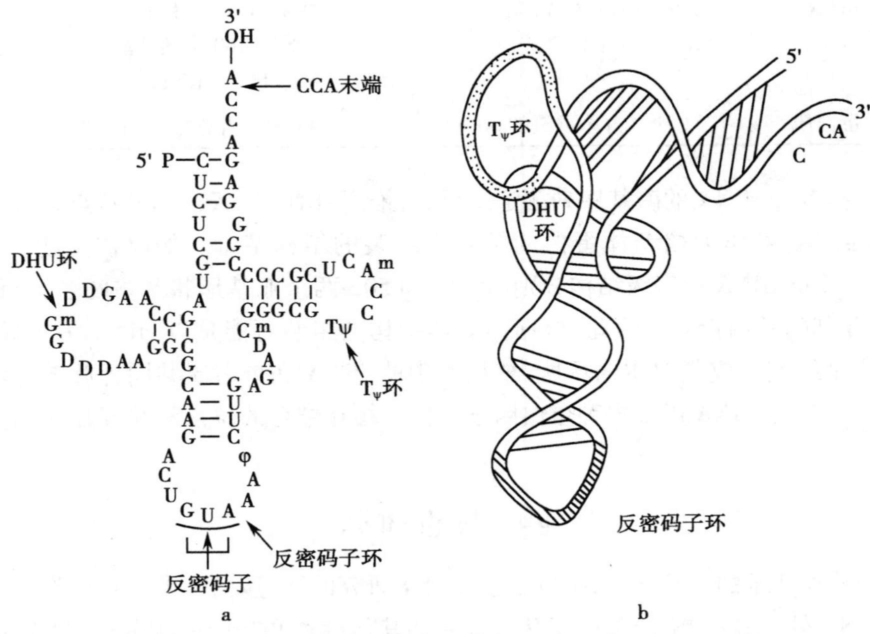

图 3-25　酵母 tRNA 的一级结构与空间结构

a. 酵母 tRNA 的一级结构与二级结构　b. tRNA 的倒 L 形三级结构

三、核糖体 RNA

核糖体 RNA(rRNA)在细胞内含量最多，约占 RNA 总量的 80% 以上。rRNA

的功能是与核糖体蛋白组成核糖体(ribosome),在细胞质为蛋白质的生物合成提供场所,充当“装配机”。原核生物和真核生物的核糖体均由易于解聚的大、小两个亚基组成。rRNA 在蛋白质生物合成中作用很重要,不同 rRNA 能与 mRNA、tRNA 相结合,并促进大小亚基结合。

原核生物共有 5S、16S、23S 三种 rRNA(S 为沉降系数,可间接反映相对分子量的大小)。其中核糖体的小亚基(30S)由 16S rRNA 与 20 多种蛋白质构成,大亚基(50S)则由 5S 和 23S rRNA 共同与 30 余种蛋白质构成。

真核生物有 28S、5.8S、5S 和 18S 四种 rRNA。真核生物的核糖体小亚基(40S)由 18S rRNA 及 30 余种蛋白质构成;大亚基(60S)则由 5S、5.8S 及 28S 三种 rRNA 加上近 50 种蛋白质构成(表 3-4)。

表 3-4 核糖体的组成

	原核生物(以 E. coli 为例)	真核生物(以小鼠肝为例)
核蛋白体	70S	80S
小亚基	30S	40S
rRNA	16S 1542 个核苷酸	18S 1874 个核苷酸
蛋白质	21 种 占总重量的 40%	33 种 占总重量的 50%
大亚基	50S	60S
rRNA	23S 2940 个核苷酸 5S 120 个核苷酸	28S 4718 个核苷酸 5.8S 160 个核苷酸 5S 120 个核苷酸
蛋白质	31 种 占总重量的 30%	49 种 占总重量的 35%

根据各种 rRNA 的碱基序列测定结果,可推测 rRNA 二级结构的特点是含有大量茎环结构,可作为核糖体蛋白的结合和组装的结构基础。如原核生物的 16S rRNA 和 23S rRNA 的三级结构分别与 30S 和 50S 两个亚基形状基本吻合,可作为小、大亚基的结构骨架。因此,核糖体立体结构的组装可能是以 rRNA 为主导的。核糖体是细胞合成蛋白质的场所,核糖体中的 rRNA 和蛋白质共同为肽链合成所需要的 mRNA、tRNA 以及多种蛋白因子提供了相互结合的位点和相互作用的空间环境。

四、其他 RNA

随着新技术的不断产生,推进了生命科学研究的飞速发展,人们发现除了上述三种 RNA 外,细胞的不同部位还存在着许多其他种类和功能的小分子 RNA,这些小 RNA 被统称为非 mRNA 小 RNA(small non-messenger RNA,snmRNAs)。

snmRNA 主要包括:①核内小 RNA(small nuclear RNA,snRNA),是核内核蛋白颗粒的组成成分,参与 mRNA 前体的剪接以及成熟 mRNA 由核内向胞浆中转运的过程;②核仁小 RNA(small nucleolar RNA,snoRNA),是一类新发现的核酸调控分子,参与 rRNA 前体的加工以及核糖体亚基的装配;③胞质小 RNA(small cytoplasmic RNA, scRNA), 与信号识别颗粒的组成有关,参与分泌性蛋白质的合成;④催化性小 RNA(small catalytic RNA),具有催化特定 RNA 降解的活性,在 RNA 合成后的剪接修饰中具有重要作用,这种具有催化作用的小 RNA 亦被称为核酶(ribozyme)或催化性 RNA(catalytic RNA);⑤小片段干扰 RNA(small interfering RNA, siRNA),可以与外源基因表达的 mRNA 结合,并诱发这些 mRNA 的降解。可见这些小 RNA 在 hnRNA 和 rRNA 的转录后加工、转运以及基因表达过程的调控等方面具有非常重要的生理作用(表 3-3)。

有关 snmRNAs 的研究近年来受到广泛重视并由此产生了 RNA 组学(RNomics)的概念。RNA 组学研究细胞中全部 RNA 基因和 RNA 的分子结构和功能。虽然目前 RNA 组学的研究尚处于初级阶段,但可以期望 RNA 组学的研究必将对探索生命奥秘作出巨大贡献。

第五节 核酸的理化性质

一、核酸的一般理化性质

DNA 是线性生物高分子,人的二倍体细胞 DNA 若展开成一直线,总长约 1.7 米,分子量约为 3×10^9bp。核酸为两性电解质,因其磷酸的酸性较强,常表现为较强的酸性。DNA 大分子具有一定的刚性,且分子很不对称,所以在溶液中有很大的黏度,提取时易发生断裂,RNA 的黏度则要小的多。由于核酸分子的嘌呤和嘧啶碱中都具有共轭双键,使核酸分子在紫外光 260nm 波长处有最大吸收峰,此特性可用于 DNA 和 RNA 的定性、定量分析。

核酸酶(nucleases)是指所有可以水解核酸的酶,根据其催化底物不同可分为 DNA 酶(DNase)和 RNA 酶(RNase)两大类。根据其切割部位不同,核酸酶又可分为核酸内切酶和核酸外切酶,分别作用于多核苷酸链内部及两端。有些核酸内切酶对切点有严格的序列依赖性(4 ~ 8bp),称为限制性核酸内切酶。核酸酶尤其是限制性核酸内切酶在 DNA 重组技术中是不可缺少的重要工具,被誉为"基因工程的手术刀"(详见第八章 基因重组与分子生物学技术)。

二、DNA 的变性、复性

DNA 变性是指在某些理化因素作用下,DNA 双螺旋分子中互补碱基对之间的氢键断裂,使双链 DNA 解链变成单链的过程。包括完全变性或局部变性。DNA 变性的本质是破坏互补碱基间的氢键,并未破坏磷酸二酯键,因此 DNA 的变性仅破坏 DNA 的空间结构,一级结构不受影响。引起核酸变性的常见因素有加热及各种化学处理(如有机溶剂、酸、碱、尿素及甲酰胺等)。由于变性时原堆积于双螺旋内部的碱基暴露,对 260nm 紫外吸收将增加,并与解链程度相关,这种关系称为增色效应(hyperchromic effect)。另外变性 DNA 表现正旋光性下降、黏度降低等。DNA

的热变性是爆发式的，只在很狭窄的温度范围内发生。通常将DNA分子达到50%解链时的温度称为熔点或熔解温度（melting temperature，Tm）。因此，常用260nm紫外吸收数值变化监测不同温度下DNA的变性情况，所得的曲线称为解链曲线（图3-26）。由于G-C配对氢键连接能量高于A-T配对，因此G+C比例越高，Tm值越低。DNA的Tm值可以根据其G+C含量计算。

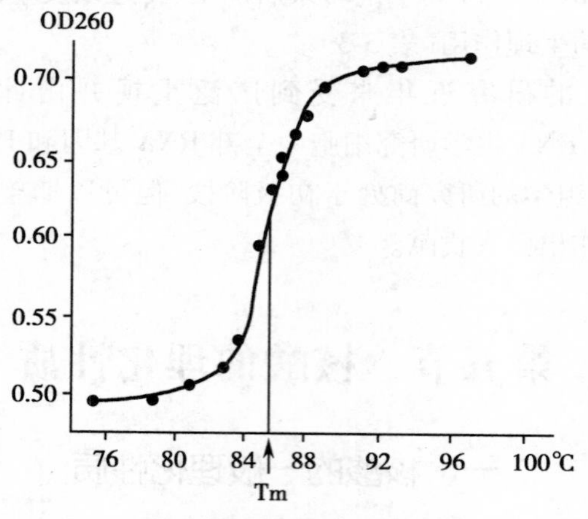

图3-26　DNA解链曲线

变性的DNA在去除变性因素后，在适当的条件下，解开的两条链又可重新缔合而形成双螺旋，这个过程叫做复性（renaturation），在体外的聚合酶链反应中热变性后的复性也被称为退火（annealing）。热变性后，DNA单链只能在温度缓慢下降时才可重新配对复性。DNA复性是非常复杂的过程，影响复性的因素有很多，如DNA浓度高，复性快；DAN分子大，复性慢；高温易使DNA变性，温度过低又可使误配对不能分离等。实验证实，最适宜的复性温度是比Tm约低25℃。在这个温度下，不规则的碱基配对不稳定，而规则的碱基配对较稳定。若给予足够的时间，DNA就有机会回复到天然DNA的状态。

三、分子杂交与探针技术

在核酸变性后的复性过程中，具有一定互补序列的不同DNA单链，或DNA单链与同源RNA序列，在一定条件下按碱基互补原则结合在一起，形成异源双链的过程称为分子杂交（hybridization）。分子杂交技术以核酸的变性与复性为基础，可

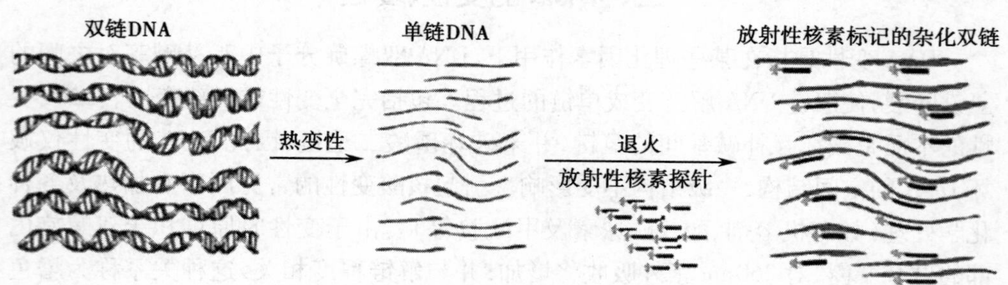

图3-27　核酸分子杂交原理示意图

发生在 DNA-DNA、RNA-RNA 和 DNA-RNA 之间。分子杂交是分子生物学研究中常用的技术之一。例如,将一段寡核苷酸用放射性核素或其他化合物进行标记作为探针,在一定条件下和变性的待测 DNA 一起温育,如果寡核苷酸探针与待测 DNA 有互补序列,可发生杂交,形成的杂交双链可被放射性自显影或化学方法检测,用于证明待测 DNA 是否与探针序列有同源性(图 3-27),这一技术称为探针技术。分子杂交和探针技术在分析基因组织的结构、定位和基因表达及临床诊断等方面都有着十分广泛的应用。

(刘新光　林小聪)

第四章

DNA的生物合成

遗传是生物具有的基本特征之一。为保持物种的稳定性,需要将亲代的遗传信息准确无误地传递给子代。著名遗传学家孟德尔(Gregor Johann Mendel,1822—1884)研究了遗传的基本单位,提出遗传因子的概念。1909 年由威廉·约翰森(Wilhelm Johannsen,1857—1927)改称为基因(gene)。1944 年,Avery 等通过肺炎双球菌 DNA 的转化实验证明脱氧核糖核酸是遗传的物质基础,是基因信息的载体。1952 年,遗传学家 Hershey 和 Chase 也证明噬菌体 DNA 可传递遗传性状。DNA 作为生物遗传信息的载体,通过半保留复制的方式,可将遗传信息传递给子代,并能够表达相应的生物学特征。每种生物各自具有自身独特的基因信息,全部的基因及其相关的 DNA 序列总和构成基因组(genome)。基因组信息的传代是通过 DNA 的生物合成过程完成的,是分子生物学中心法则的核心。遗传的分子生物学中心法则描述了 DNA 的复制传代、基因表达所涉及的转录与翻译过程;反转录现象的发现进一步补充完善分子生物学中心法则。基因组研究的快速进展使人们对各种生物的 DNA 分子结构、组成及遗传特征、基因的分布及功能有了更多的认识。

第一节　DNA 复制的基本特性

DNA 作为遗传物质的基本特征之一,可通过自我复制(replication)将遗传信息传代,这是 DNA 生物合成的主要方式。DNA 复制是指在生物体内以亲代 DNA 分子两条链为模板,分别合成两条子代 DNA 链的过程。复制是一个复杂的酶促反应过程。因为 DNA 所含遗传信息复杂,不同生物基因组的总长度从简单原核生物的几千个 kb(kilo base pair,千碱基对)到高等真核生物的 3×10^9bp 甚至更高,需要反复盘曲折叠形成超螺旋、染色质才能存在于类核或细胞核内。DNA 需要解螺旋、解链并在局部形成相对稳定的单链才能作为模板指导复制。由于 DNA 右手双螺旋二级结构的特征及其高级结构的复杂性,使 DNA 分子的生物合成过程具有与其他生物大分子如 RNA、蛋白质等生物合成过程不同的特性。

一、半保留复制

DNA 复制最重要的特征是半保留复制(semiconservative replication)。DNA 复制时,亲代 DNA 双螺旋解开成为两条单链,各自作为模板,按照碱基配对规律合成一条与模板互补的新链,形成两个子代 DNA 分子。每一个子代 DNA 分子中都保留有一条来自亲代 DNA 的链。这种 DNA 复制的方式称为半保留复制。

在建立 DNA 双螺旋模型之后,Watson 和 Crick 提出了半保留复制的设想。

1958 年,上述 DNA 半保留复制的设想通过 Messelson 和 Stahl 用^{15}N 标记大肠埃希菌 DNA 的实验得到了证实。他们发现,将大肠埃希菌(*E. coli*)放在含$^{15}NH_4Cl$ 的培养液中培养若干代后,DNA 全部被^{15}N 标记而成为"重"DNA(^{15}N-DNA),密度大于普通^{14}N-DNA("轻"DNA),经 CsCl 密度梯度超速离心后,出现在靠离心管下方的位置。但如果将含^{15}N-DNA 的 *E. coli* 转移到$^{14}NH_4Cl$ 的培养液中进行培养,按照 *E. coli* 分裂增殖的世代分别提取 DNA 进行密度梯度超速离心分析,发现随后的第一代 DNA 只出现一条区带,位于^{15}N-DNA("重"DNA)和^{14}N-DNA("轻"DNA)之间;第二代的 DNA 在离心管中出现两条区带,其中上述中等密度的 DNA 与"轻"DNA 各占一半。随着 *E. coli* 继续在$^{14}NH_4Cl$ 的培养液中进行培养,就会发现"重 DNA"不断被稀释掉,而"轻 DNA"的比例会越来越高。这些实验结果只能用半保留复制的方式才能解释(图 4-1)。

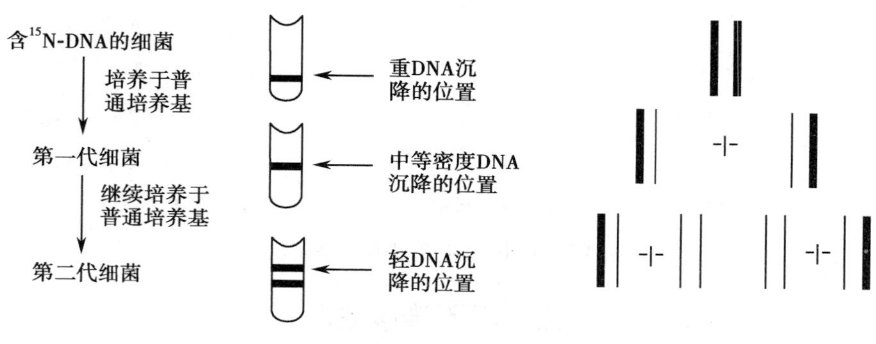

图 4-1　DNA 半保留复制实验

随后的许多实验研究也证明 DNA 的半保留复制机制是正确的,对于保证遗传信息传代的准确性有着重要的意义。

二、DNA 复制的方向和方式

DNA 复制是在 DNA 链上特定的复制起始点上进行的,需要在复制的起始点上解开双链,在解链的局部成为一个空泡(bubble)状的结构,也叫复制泡(replication bubble,图 4-2)。解链可以在一个起点开始,向两个方向进行,每个解链方向上解开的单链与未解开的双链连在一起,形成类似于叉子的结构,称为复制叉(replication fork,图 4-3)。解开的单链 DNA 作为模板,按照碱基配对的基本原则,指导相应互补链的合成。模板 DNA 的阅读方向是 3′→5′,新链的延伸方向是 5′→3′。因此,得到的子代 DNA 分子仍可保持反向互补的状态。在新链合成的过程中,如果模板链上的碱基是腺嘌呤(A),在新链相应的位置上可添加上胸腺嘧啶(T)与之配对;如果模板链是鸟嘌呤

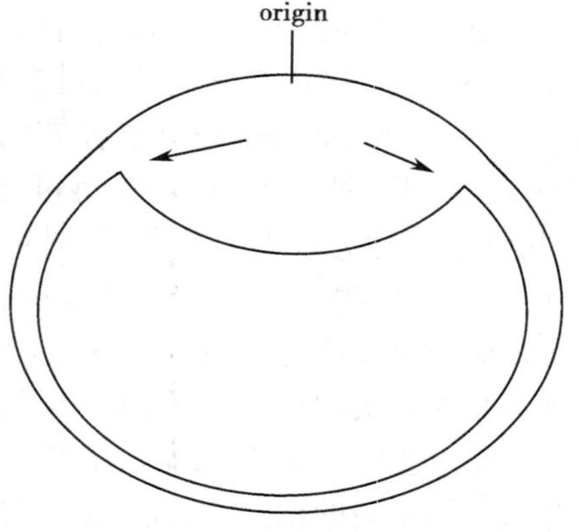

图 4-2　原核生物的复制泡,箭头所指为解链方向

(G)时,新链与之配对的是胞嘧啶(C)。DNA 复制时这种严格的碱基配对关系是保证遗传信息传代稳定的基础。在复制起点上解链后形成两个复制叉,均可继续进行解链,沿着两个解链方向形成的单链,均可作为模板指导新链延伸,故称为双向复制。真核生物基因组通过多点双向复制,大大提高复制的速度。

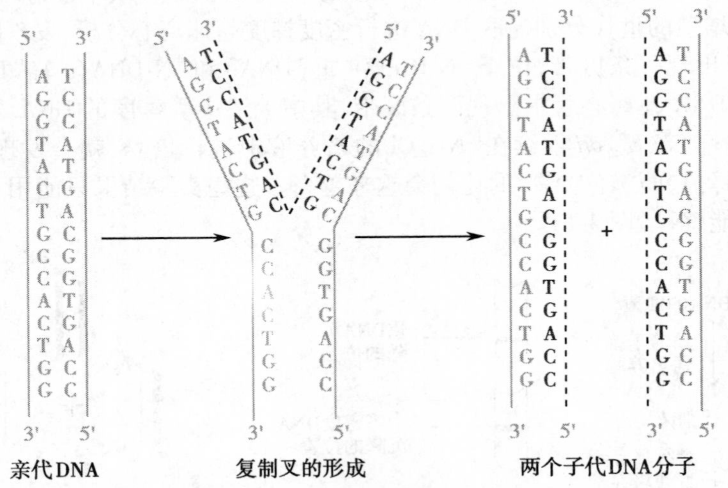

图 4-3　DNA 复制叉及其半保留复制

三、半不连续复制

从 DNA 复制起始点上的复制泡看出,解链可向起始点的左右两个方向进行,形成两个复制叉,每个复制叉上的单链 DNA 均可作为模板指导新链合成。当双链 DNA 沿着一个复制叉进行解链,以方向为 3′→5′的单链作为模板时,新链的合成方向 5′→3′与复制叉前进的方向是一致的。而走向相反的另一条模板链指导的新链合成方向也是 5′→3′,但这一新链走向与复制叉前进的方向相反。因此,必须等该复制叉向前移动一定距离后,所形成的单链足够长时,才能指导新链的合成。在这一模板链上,其互补链只能是分段合成,成为不连续的片段。这些不连续合成的片段首先被冈崎发现并加以命名,称之为冈崎片段(Okazaki fragment)。由于 DNA 分子的两条链是反向平行,而新链的合成总是按 5′→3′方向进行,因此,新合成的链中有一条链延伸方向与复制叉前进方向是一致的,能顺利地连续进行,称为领头链(leading strand);而另一条链延伸方向与复制叉前进方向相反,称随从链(lagging strand)。由于 DNA 分子中一条链可连续合成(领头链),而另一条链是分段合成(随从链),故称为半不连续复制(图 4-4)。原核生物中冈崎片段长 1000 ~ 2000 个核苷酸,真核生物中长 100 ~ 200 个核苷酸。

要保证遗传信息能稳定地延续传代,DNA 复制过程必须具有足够的保真性。复制保真性的实现主要包括:①新链的延伸过程严格遵守碱基配对的规律,即 A ═ T, G ≡ C ;②DNA 聚合酶对碱基的选择能力,能选择与亲代模板链正确配对的碱基进入子链相应的位置;③校读修正错配碱基,通过 DNA 聚合酶的 3′→5′外切酶活性,在碱基发生错配时,及时切除并更换上正确的碱基。通过上述机制,保证了 DNA 复制有序而精确地进行。

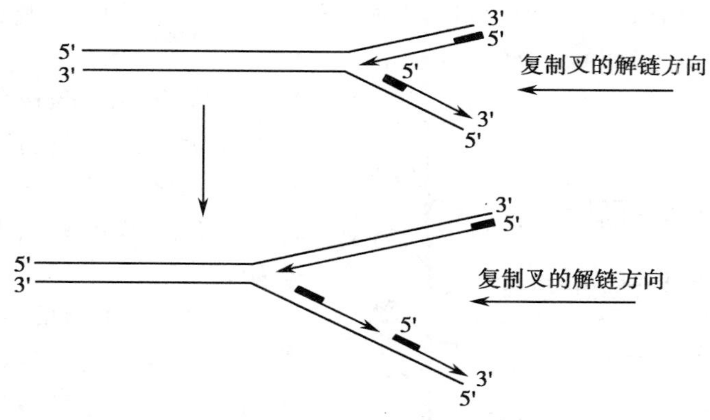

图 4-4 DNA 的半不连续复制

第二节 DNA 复制的反应体系

生物体内 DNA 的复制过程有多种成分参与，构成复杂的 DNA 复制反应体系。DNA 复制在特定的复制起始点上开始，经历复杂的脱氧核苷酸聚合过程。需要有关复制酶体系、蛋白质因子及相关物质参与，从而能够辨认复制的特异起始点，使 DNA 超螺旋结构松解，局部 DNA 双链解开成为单链并相对稳定，作为模板指导新链的合成。

DNA 复制的反应体系组成有：①模板（template），是以亲代 DNA 分子解开的两条单链作为模板，按碱基配对的原则指导 DNA 新链的延伸；②主要的复制酶，即 DNA 依赖的 DNA 聚合酶（DNA dependent DNA polymerase），缩写为 DDDP 或 DNA-pol，可催化脱氧核苷酸的聚合延伸；③底物（substrate），是四种脱氧三磷酸核苷（dNTP），包括 dATP、dGTP、dCTP 及 dTTP，属于高能底物；④引物（primer），是由引物酶催化合成的短链 RNA，提供 3′-OH 作为新链延伸的起点；⑤其他的酶和蛋白质因子，包括拓扑异构酶、解螺旋酶、DNA 单链结合蛋白、引物酶、DNA 连接酶等。

一、DNA 聚合酶

任何活细胞都面临这样一个问题，即保持基因组信息的完整传代，在复杂的环境中发挥功能，在正确的时间分裂，适时死亡。要实现这样一个目标，需要有效的机制来维持 DNA 编码与此相关的遗传信息，需要具有不同功能的 DNA 聚合酶来发挥作用。无论在原核生物还是真核生物，均发现了多种 DNA 聚合酶的存在。

DNA 聚合酶对碱基有一定的识别功能，在有模板 DNA 存在的情况下，能选择正确的底物 dNTP，并催化其沿着 5′→3′方向聚合。即新链 3′-端上的脱氧核苷酸以 3′-OH 与下一个脱氧核苷酸的 5′-磷酸基共价结合，所形成的共价键也称为 3′，5′-磷酸二酯键。模板链上的嘌呤碱基可与其互补链上的嘧啶碱基配对，反之亦然。即 A 对 T，G 对 C，配对碱基间的空间位置关系有利于形成氢键，A-T 之间形成两个氢键，G-C 之间形成三个氢键（图 4-5）。在空间位置关系上，A-T 或 G-C 碱基对之间的平面距离适合相互之间的氢键配对，因此可先形成氢键联系后再共价聚合。聚合反应过程中，dNTP 中的两个磷酸基脱落，因此是以 dNMP 通过 3′，5′-磷酸二酯键依次相连。故 DNA 分子中的基本组成单位是 dNMP。在原核生物或真核生物中存在着不同类型的 DNA 聚合酶。

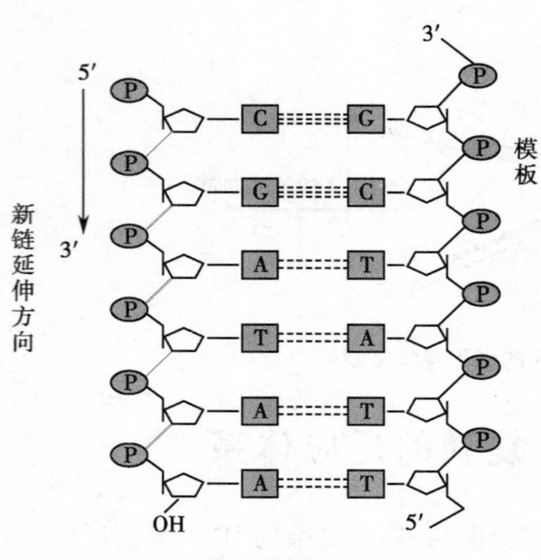

图 4-5 DNA 的聚合延伸方式

1958 年，Kornberg 发现了第一个来自于大肠埃希菌的 DNA 聚合酶，即 DNA 聚合酶Ⅰ。这是一个比较简单，也认识得较为清楚的 DNA 聚合酶。

DNA pol Ⅰ为单一多肽链，分子量约为 102kDa，有 5′→3′聚合活性及外切酶活性。其 5′→3′聚合活性可催化 DNA 沿 5′→3′方向延长，主要用于填补 DNA 片段间的空隙，如引物切除后留下的空隙；外切酶活性包括 3′→5′及 5′→3′外切酶的活性。DNA pol Ⅰ的 3′→5′外切酶活性能识别和切除正在延长着的子代链中错误配对的脱氧核苷酸，也称为校读作用（图 4-6），对 DNA 作为遗传物质所必需的稳定性和保真性具有重要意义；而 5′→3′外切酶活性，主要用于切除引物，或切除突变的片段，在 DNA 复制或损伤的修复过程中发挥作用。另外，DNA pol Ⅰ经温和的蛋白酶处理产生两条肽段，其中 N 端小肽段具有 5′→3′外切酶活性；C 端大肽段又称为 Klenow fragment，具有 5′→3′聚合酶活性及 3′→5′外切酶活性，在分子生物学研究中有特定的用途。

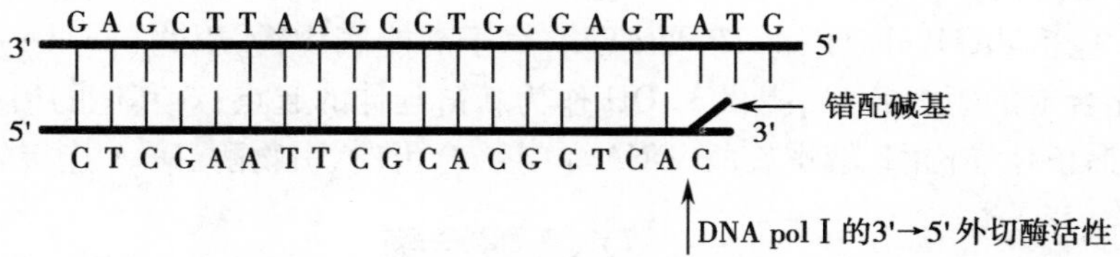

图 4-6 DNA 聚合酶Ⅰ的校读作用

现在原核生物大肠埃希菌 *E. coli* 中已发现至少有三种 DNA 聚合酶，分别称为 DNA pol Ⅰ、Ⅱ、Ⅲ，它们的性质和生物学功能的比较见表 4-1。

表 4-1 E. coli 中三种 DNA 聚合酶的比较

	DNA pol Ⅰ	DNA pol Ⅱ	DNA pol Ⅲ
分子组成	单一多肽链	不清	10 种亚基的不对称二聚体
生物学活性			
(1)5′→3′聚合活性	聚合活性低	有	聚合活性高
(2)3′→5′外切酶活性	有	有	有
(3)5′→3′外切酶活性	有	无	无
功能	①校读作用 ②修复填补	无其他酶时发挥作用	①主要的复制酶 ②校读作用

DNA polⅡ及 DNA pol Ⅲ是在 1971 年由 Kornberg 和 Gefter 发现的。DNApol Ⅱ的功能尚不十分清楚。在一些 DNA pol Ⅰ及 DNA pol Ⅲ基因有缺陷的变异株中可分离到 DNA pol Ⅱ,该酶可能主要在 DNA pol Ⅰ及 DNA pol Ⅲ缺乏时发挥作用。

DNA pol Ⅲ是由 10 种亚基组成的不对称异源二聚体,其中 α、ε、θ 三个亚基构成其核心,γ、δ、δ′、χ、ψ、β 构成 γ 复合物,另外还加上 τ 亚基构成 DNA pol Ⅲ的全酶(图 4-7)。在 *E. coli* 中,复制时起主要作用的酶是 DNA pol Ⅲ的全酶形式,催化反应速度最快,每秒钟可催化约 1000 个脱氧核苷酸聚合。DNA pol Ⅲ全酶可在引物基础上催化 DNA 链的延伸,能够合成领头链及随从链。在 DNA pol Ⅲ的核心酶中,α 亚基负责聚合活性,α、ε 相互合作促进各自的活性。相对于游离的亚基来说,α 亚基的聚合活性被增加两倍,而 ε 亚基的活性增加 10~80 倍。ε 亚基有 3′→5′外切酶活性,负责校读作用。校读机制使 DNA 半不连续复制更加合理,并使 DNA 的复制具有更强的保真性。

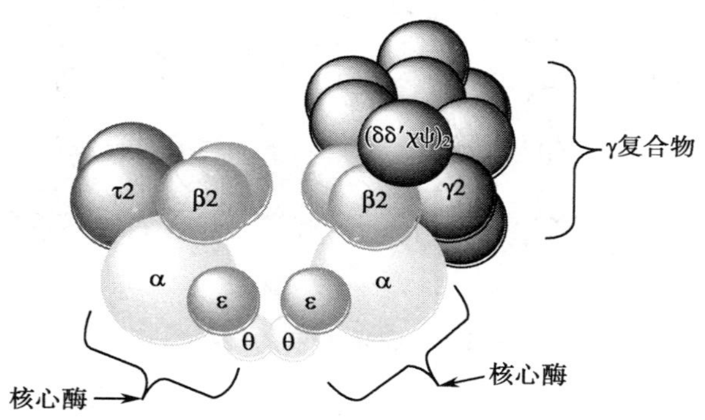

图 4-7 DNA pol Ⅲ的不对称异源二聚体结构

真核细胞中的 DNA 聚合酶至少有 α,β,γ,δ,ε 五种,近年来还不断发现一些新的 DNA pol,其中一些与 DNA 损伤修复有关,如 DNA pol ζ、pol η、pol ι 等。DNA 聚合酶 α 能引发复制的起始,并具有引物酶活性。DNA 聚合酶 δ 是真核生物的最主要复制酶,主要负责领头链的合成,相当于原核生物的 DNA pol Ⅲ。增殖细胞核抗原(proliferation cell nuclear antigen,PCNA)对 DNA 聚合酶 δ 的功能有辅助作用,可协助 DNA 聚合酶 δ 向前快速移动。PCNA 的作用就像一个夹子,使 DNA 聚合酶 δ 被夹在 DNA 模板上,从而使其能不断阅读模板,催化聚合延伸。PCNA 在增殖细胞中含量丰富,是 DNA 复制所需要的。DNA 聚合酶 β 主要参与校读和 DNA 损伤修复,与原核生物的 DNA pol Ⅰ类似。DNA 聚合酶 ε 复制的保真性较低,功能尚不很清楚。真核细胞线粒体中发现有 DNA 聚合酶 γ,负责线粒体中 DNA 复制过程。

DNA 聚合酶催化的聚合方向为 5′→3′,需在引物的基础上延伸 DNA 链,而不能从头合成 DNA 链。DNA 聚合酶催化 5′→3′聚合延伸反应机制(图 4-8)。

DNA 聚合酶对碱基的识别及选择功能以及 3′→5′的校读功能对保证复制的保真性非常重要。延伸时的错误率约有 10^{-5},而在校读后的错误率约为 10^{-10}。这仍是保真性所能承受的水平。这种自发突变,是生物体适应环境变化所需的。

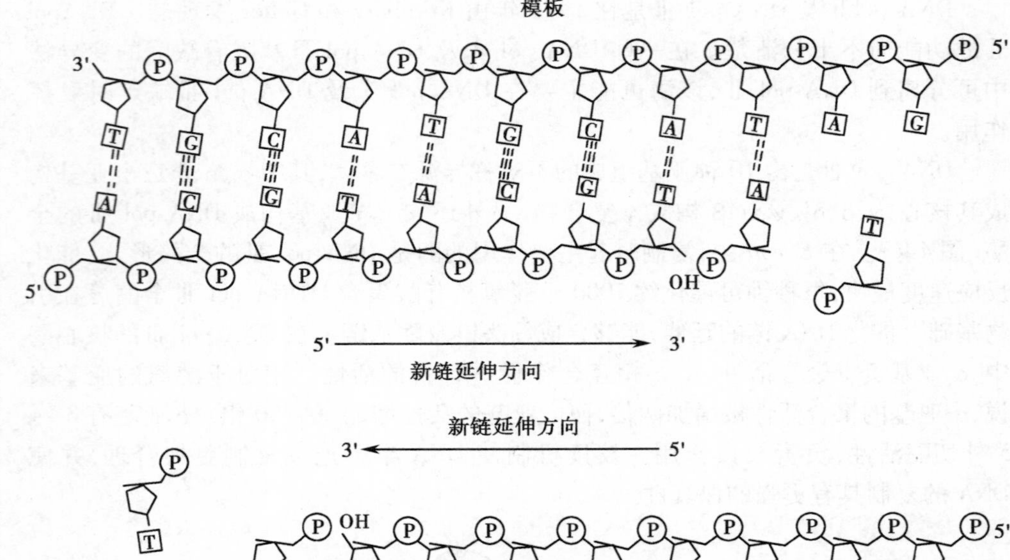

图 4-8 DNA 复制的机制

二、DNA 解螺旋酶、DNA 拓扑异构酶、单链 DNA 结合蛋白

DNA 复制时,必须将双链解开,成为单链后才能作为模板指导复制。在复制叉上利用 ATP 分解提供的能量使亲代 DNA 双链解开的酶称为解螺旋酶(helicase)。早年研究发现,DNA 复制时需要有一种 rep 蛋白参与,从复制起始点开始,利用 ATP 分解供能,使 DNA 双链在局部解开,形成 DNA 复制泡。每解开一对碱基,需消耗 2 分子 ATP。这种能将 DNA 解开为单链的 rep 解螺旋酶就是 Dna B,此过程需要蛋白成分 Dna A、Dna C、Dna G 的共同参与。在带有温度敏感的 dna B 基因突变的 *E. coli* 中,温度上升至一个特定的水平时 DNA 合成就会停止。Dna G 是一种引物酶,与 Dna B 功能相关。目前在 *E. coli* 细胞中至少发现了 14 种 DNA 解螺旋酶。其中第一个即为 rep 解螺旋酶(Dna B),对其解螺旋的活性有了较为肯定的认识。

DNA 分子具有高度螺旋化而卷曲压缩的结构。在 DNA 复制过程中,必须要解松其超螺旋结构,而且高速解旋时也会出现新的螺旋缠绕打结。当螺旋过度拧紧时,为正超螺旋;如果反向使螺旋松弛,为负超螺旋。拓扑异构酶(topoisomerase)是一类在复制过程中松解并理顺 DNA 超螺旋结构的酶,能够改变 DNA 的拓扑学构象。常见的有Ⅰ型和Ⅱ型拓扑异构酶,对 DNA 分子兼有内切酶和连接酶的作用,且断裂和连接反应是相互偶联的。拓扑异构酶Ⅰ可分为两个亚类,即ⅠA 型和ⅠB 型,能切断 DNA 双链中的一股,使 DNA 链末端沿松解的方向转动,DNA 分子变为松弛状态,然后再将切口封闭,不需要 ATP。*E. coli* 中的拓扑异构酶(表4-2)Ⅰ有 topo Ⅰ和 topo Ⅲ,

均属于 A 亚类。*E. coli* 中的拓扑异构酶（表 4-2）Ⅱ 有两种，为 DNA gyrase 和 topo Ⅳ。拓扑异构酶Ⅱ在利用 ATP 的条件下，能同时切断 DNA 的双股链，使其变为松弛状态，然后再将切口封闭。通过拓扑异构酶的作用，协同 DNA 的解链，有利于复制的顺利进行。

表 4-2　*E. coli* 的拓扑异构酶

	拓扑异构酶Ⅰ	拓扑异构酶Ⅱ
亚型	topo Ⅰ topo Ⅲ	DNA gyrase（topo Ⅱ） topo Ⅳ
功能	切断 DNA 双链中的一股，松弛后再封闭	切断 DNA 的双股链，松弛后再封闭
是否需要 ATP	不需要	需要

DNA 解链后，仍有回复双螺旋结构的倾向。细胞内有单链 DNA 结合蛋白（single strand DNA binding protein，SSB），与解开的 DNA 单链结合，一方面防止单链重新形成双螺旋，保持模板的单链状态以便于复制，另一方面还可以防止单链模板被核酸酶水解。复制时，SSB 不断与 DNA 模板结合后又脱落，从而向前移动，不断发挥作用。因此，SSB 能稳定并保护 DNA 单链。

··· DNA 解螺旋酶（DNA helicase）···

DNA 解螺旋酶是细胞内普遍存在的分子驱动蛋白，利用 ATP 分解提供的自由能驱动结构稳定的 DNA 双螺旋的解链，在 DNA 复制、修复、重组、转录过程中均发挥重要作用。1976 年在 *E. coli* 中发现第一个 DNA unwinding enzyme，1978 年从百合中分离得到第一个真核生物的 DNA 解螺旋酶。此后，来自不同生物的 DNA 解螺旋酶不断被分离报道，包括 *E. coli* 14 个，噬菌体 6 个，病毒 12 个，酵母 15 个，人类细胞 25 个。

大多数 DNA 解螺旋酶含有保守的模序，作为驱动 DNA 解链的“发动机”。解螺旋酶以环形的蛋白质复合体环绕在复制叉单链-双链接头的一条单链上，其共有的性质包括结合 DNA，结合 NTP，以 3′→5′或 5′→3′方向使 DNA 双螺旋解链等。微小染色体维持蛋白复合物（mini-chromosome maintenance（MCM）protein complex）在所有真核生物的复制子起始位点使 DNA 解链，作为 DNA 复制的一个必需因子。从细菌到人类，解螺旋酶中的 RecQ 家族高度保守，对维持基因组 DNA 的完整性具有重要作用。一旦发生异常，也与某些遗传病的发生关联，或与癌症相关，可作为抗癌药物作用的靶点。

三、引物酶和引发体

DNA 复制起始于 DNA 上特定的复制起始点，形成引发体（primosome），进行引物的合成。*E. coli* 的复制起始点称 ori C，约有 245bp 长，包括 4 个 9 核苷酸 TTATCCACA 的一致性序列。Dna A 帮助 Dna B 结合到复制起始点上。Dna C 可结合在 Dna B 上，帮助转移 Dna B 至 ori C 区。故可形成一个由 ori C、Dna A、Dna B、Dna C 及 Dna G 组成的引发体。Dna G 为引物酶（primase），可催化一段短的 RNA 片段生成，作为引物。因此，引物酶也是一种特殊的 DNA 指导的 RNA 聚合酶。需要指出的是，在复制的起始位点上，DNA 聚合酶不能直接催化游离的脱氧核苷酸的聚合，也就是说不能“从无到有”进行聚合，必须要一段 RNA 引物提供 3′-OH 末端，dNTP 才能参与聚合延伸。这是与 RNA 生物合成可以“从无到有”聚合明显不同的特点。不同生物 DNA 复制时生成的引物长短不一，如在原核生物中引物较长，动物细胞中的引物约由 10 个核苷酸组成。

四、DNA 连接酶

DNA 连接酶（DNA ligase）可催化 DNA 分子中两段相邻单链片段的连接，但不能连接单独存在的 DNA 单链。DNA 连接酶催化磷酸二酯键的生成，从而将两个相邻的 DNA 片段连接起来。因为 DNA 的复制是半不连续的，在复制的一定阶段需要 DNA 连接酶将不连续的冈崎片段连接完整。DNA 连接酶催化的反应是耗能的，在真核生物中利用 ATP 供能，而在原核生物中则消耗 NAD^+（图 4-9）。不仅复制过程需要 DNA 连接酶，在 DNA 重组修复、剪接过程中，包括基因工程操作均需要 DNA 连接酶。

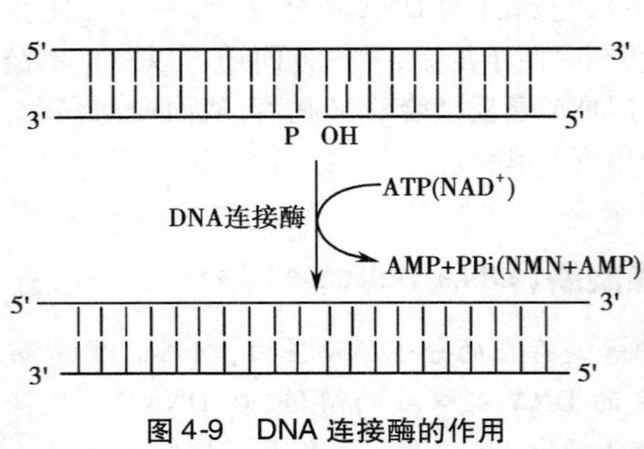

图 4-9　DNA 连接酶的作用

第三节　DNA 复制过程

生物体在细胞分裂之前要完成 DNA 复制。DNA 复制是一个连续酶促反应的复杂过程，大致分为复制的起始、延伸及终止三个阶段。原核生物的 DNA 与真核生物 DNA 的结构组成有较大区别，DNA 复制的体系组成及复制的具体步骤均有不同。

一、原核生物 DNA 复制的基本过程

（一）复制的起始

原核生物 DNA 复制起始以形成引发体，催化引物的生成为标志。在拓扑异构酶和解旋酶的作用下，复制的起始部位 DNA 的超螺旋被解松，并进一步打开双螺旋，形成单链模板，由 SSB 结合于已解开的单链上，形成一个叉状结构，即复制叉。在此基础上，引物酶（Dna G）在 Dna A，Dna C，Dna B 等若干蛋白质因子的帮助下识别复制起点，组装形成引发体，以解开的单链 DNA 为模板，NTP 为底物，按 5′→3′方向先催化合成一小段 RNA 引物（十几个至数十个核苷酸不等），引物的 3′-OH

末端为 DNA 聚合酶提供聚合延伸的起点。

E. coli 的 DNA 复制的起始区 ori C 一般长约 245 个碱基，由四个 9 核苷酸组成的一致性序列 TTATCCACA，两个为同向排列，两个为反向排列（图 4-10）。经重组构建含 ori C 的质粒进行研究，表明两个 9 核苷酸序列可作为 Dna A 结合位点，可直接帮助 Dna B 蛋白的结合。最后，Dna B 促进引物酶（Dna G）的结合，完成引发体的生成，从而能够合成引物。

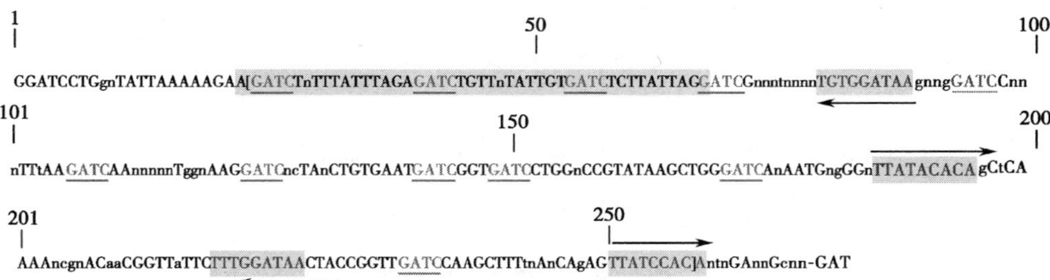

图 4-10 E. coli 的 ori C 结构。箭头所示为四个 9 核苷酸序列，黑括弧内所示为 245 个碱基组成的最小复制起始区。GATC 为 Bgl Ⅱ 内切酶识别位点

（二）复制的延伸

当引发体形成，并由引物酶合成一小段引物后，真正的 DNA 生物合成即复制的延伸就开始了。复制的延伸过程是在 DNA 聚合酶的催化下，将底物三磷酸脱氧核苷（dNTP）以一磷酸脱氧核苷（dNMP）的形式，在引物的 3′-OH 端的基础上不断地聚合延长。每增加一个 dNMP，就形成一个 3′，5′-磷酸二酯键。原核生物主要的复制酶 DNA pol Ⅲ由 10 种亚基组成不对称异源二聚体，其中两个催化核心均由 α ε θ 亚基组成，可催化新链的延伸；通过两个由 β 亚基组成的 DNA 夹子分别结合在复制叉上的模板链及引物末端，并抓住催化核心，使全酶可以沿 DNA 链自由滑动。复制叉移动的速度是每秒约 1000 个脱氧核苷酸。如果单是由 DNA pol Ⅲ的核心酶催化延伸时，只能合成约 10 个核苷酸就要从模板上脱落。实际上，DNA 的复制延伸需要 β 亚基组成的 DNA 夹子来维持 DNA pol Ⅲ与模板的结合，从而能以高速向前延伸。

复制延伸过程中 DNA 双链解开后的两条单链均可作为模板，按照碱基配对的原则（即 A═T，G≡C ），合成新的互补链，得到两个子代的双链 DNA 分子。DNA 复制时，总是以 3′→5′的方向阅读模板，按 5′→3′方向合成 DNA 新链，保证了子代 DNA 分子两条链反向平行的状态。领头链能够连续延伸；而随从链只能分段不连续合成，需要不断合成 RNA 引物和冈崎片段。在 DNA 复制的过程中，领头链的合成先于随从链的合成（图 4-11）。

（三）复制的终止

复制的终止意味着从一个亲代 DNA 分子到两个子代 DNA 分子的合成结束。复制时，领头链可连续合成，但随从链是不连续合成的。因此，在复制的终止阶段，要切除引物，延长冈崎片段以填补引物水解留下的空隙，主要由 DNA 聚合酶 Ⅰ 发挥作用。当上一个冈崎片段 3′末端延伸至与下一个冈崎片段的 5′末端相邻时，DNA 连接酶可催化前一片段上 3′-OH 与后一片段的 5′磷酸形成磷酸二酯键，从而

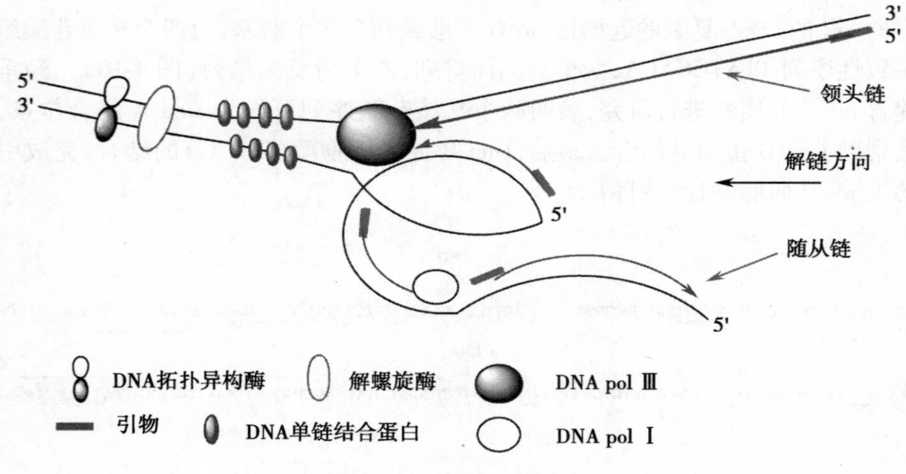

图 4-11　DNA 复制的延伸

缝合两片段间的缺口，得到连续的新链。

由于细菌的染色体 DNA 是环状结构，复制时经两个复制叉各自向前延伸，并互相向着一个终止点靠近。两个复制叉的延伸速度可以是不同的。如果把 *E. coli* 的 DNA 等分为 100 等份，其复制的起始点在 82 位点，复制终止点在 32 位点；而猿猴病毒 SV40 复制的起始点和终止点则刚好把环状 DNA 分为两个半圆，两个复制叉向前延伸，最后同时在终止点上汇合。复制终点有约 22bp 组成的终止子，能结合专一性蛋白质 Tus。*E. coli* 的终止子是 TerA-TerF，其中 Ter A，TerD，TerE 与 Tus 结合使顺时针方向的复制叉停顿，TerB，TerC，TerF 使反时针方向的复制叉停顿，帮助复制的终止。

二、滚环复制

细菌环状 DNA 复制是从复制起点开始，双向同时进行，形成 θ 样中间物，故又称“θ”型复制，最后两个复制方向相遇而终止复制。一些简单的环状 DNA 如质粒、病毒 DNA 或 F 因子经接合作用转移 DNA 时，采用滚环复制(rolling cycle replication)。

细菌质粒 DNA 在进行滚环复制时，亲代双链 DNA 的一条链在 DNA 复制起点处被切开，5′端游离出来。DNA 聚合酶Ⅲ可以将脱氧核苷酸聚合在 3′-OH 端。这样，没有被切开的内环 DNA 可作为模板，由 DNA pol Ⅲ在外环切口上的 3′-OH 末端开始进行聚合延伸。另外，外环的 5′端不断向外侧伸展，并且很快被单链结合蛋白所结合，作为模板指导另一条链的合成延伸。DNA 聚合酶Ⅰ切除 RNA 引物，并填充间隙构成完整的 DNA 链。但以外环链解开形成的模板，只能使相应的互补链不连续地合成。随着以内环链作模板进行的复制，以及外环单链的展开，意味着整个质粒环要不断向前滚动，最终得到两个与亲代相同的子代环状 DNA 分子(图 4-12)。

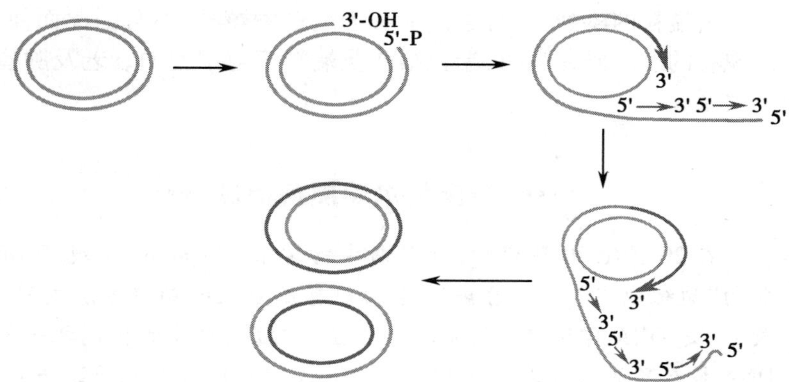

图 4-12 DNA 的滚环复制

三、真核生物 DNA 复制的特点

真核生物基因组要比原核生物的大得多,如 *E. coli* 的基因组一般为 5000kb 左右,而动物的基因组一般达到 10 亿以上的碱基对。故真核生物 DNA 复制也比原核生物的复制过程复杂得多。真核生物基因组复制时,有多个复制起始点,均可向两个方向进行解链复制(图 4-13),两个复制起始点之间构成一个复制单位,也叫复制子(replicon)。真核生物线性的基因组通过多点双向复制,可大大提高复制的速度。

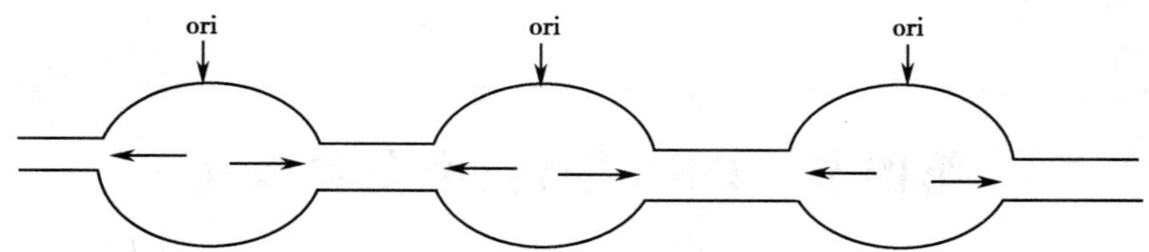

图 4-13 真核生物 DNA 的多点双向复制

真核生物的 DNA 复制与核小体装配同步进行。故在 DNA 复制的同时组蛋白等与染色体结构有关的蛋白质也同时合成,及时与 DNA 结合,组装成核小体的结构,形成染色质。

四、端粒 DNA 及端粒酶

真核生物染色体 DNA 为线性结构,复制后其线性 5′末端上的引物切除后,留下的空缺无法直接填补,主要通过形成端粒(telomere)来维持末端结构的完整。由特殊 DNA 即短的 GC 丰富区重复序列(repeats of short,GC-rich sequences)及蛋白质组成,覆盖在染色体两个末端的特殊结构称为端粒。端粒对维持染色体 DNA 的稳定,防止 DNA 链的缩短有重要意义。端粒酶(telomerase)是一种由 RNA 及蛋白质组成的复合酶。端粒酶是以自身结构中的 RNA 为模板,经反转录而延伸末端的 DNA,可将端粒的 G-丰富区的重复序列加到 DNA 分子的 3′末端上,这与半保留复制不同。端粒的重复序列有种属特异性,在四膜虫为 TTGGGG/AACCCC;在脊椎动物包括人为 TTAGGG/AATCCC。复制可在端粒区内引发并形成 C-丰富区链,当引物切除时仅失去端粒的序列，并且总是能够为端粒酶填补，不会因此而使DNA信息区缩短。现有的一些研究表明，端粒结构及端粒酶与细胞的衰老及肿瘤的发生均有一定的关系。

与诺贝尔奖擦肩而过

在20世纪70年代初，俄罗斯生物学家Olovnikov发现了DNA复制的“边缘效应”，可用于解释体细胞有丝分裂的局限性。这种“边缘效应”是DNA作为模板复制时会产生“缩短”，可能的机制之一是某些DNA聚合酶的活性需要RNA引物，DNA缩短的长度就是这一RNA引物的长度。随着每次的有丝分裂，DNA分子的“末端基因(telogenes)”会缩短。“末端基因”的功能是作为染色体末端复制子复制的起点，或复制的“缓冲区”，会随有丝分裂世代而被“牺牲”掉。当一些定位在末端复制子的重要基因被耗竭后，细胞老化并被清除。因此，这种“边缘效应”与细胞的衰老、细胞生长停止或凋亡有关，是产生衰老及其相关性疾病的主要原因。

Blackburn，Greider和Szostak三位科学家由于在端粒、端粒酶及端粒酶生物学功能研究方面作出了重要贡献获得了2009年的诺贝尔生理学/医学奖，而Olovnikov尽管已经预见了端粒酶的存在，但没有被授予诺贝尔奖。

第四节　DNA损伤、突变和修复

DNA突变或基因突变是指DNA分子中个别碱基或DNA片段在结构、序列方面的改变或表型功能的异常变化，也称DNA损伤。DNA是生物大分子，如人类基因组DNA可达3×10^9碱基对，尽管有严格的保真机制，由于生物细胞增殖速度很快，在遗传信息复制传代的过程中，仍不能保证百分之百的精确，避免不了一定低频率(约10^{-9})的自发突变。突变也可以在某些因素诱导作用下发生，即诱发突变。不论是自发突变或是诱发突变，其效应可以累积。突变一方面是生物进化的基础；另一方面也是疾病的诱因，如遗传病的发生或癌变的形成等。

一、引起DNA损伤的因素

导致DNA碱基突变或损伤的因素，除自发突变外，尚有外界的物理、化学和生物因素。在这些内外因素作用下，可使DNA分子中碱基序列发生改变，包括碱基的置换、缺失、插入、断裂、重排、交联等。这些DNA突变或损伤若不能及时修正，将导致基因结构改变，从而影响DNA的正常功能，引起生物遗传性状的变化。

(一) 物理因素

主要是紫外线(UV)及各种辐射等。如紫外线可使DNA分子中相邻的两个嘧啶碱基发生共价交联形成嘧啶二聚体。最常见的是胸腺嘧啶二聚体(图4-14)。

1986 年 4 月发生的切尔诺贝利核电站事故是人类历史上最严重的一次核灾难。其核辐射造成该地区生态严重破坏，动植物基因发生突变。有报告表明，污染严重的核电站周围 30 公里区域至少 100 年内不适于人类居住。

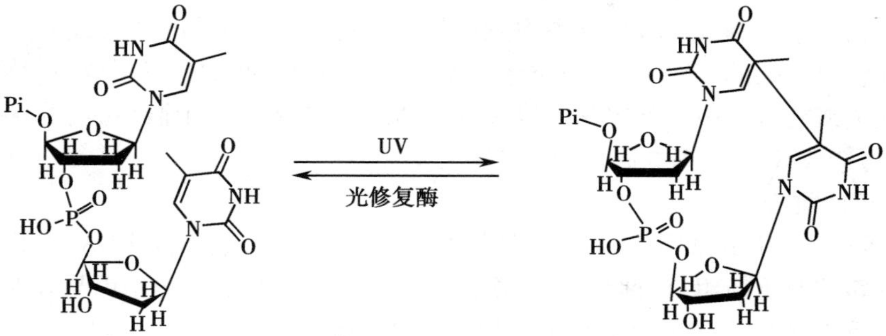

UV

光修复酶

图 4-14 胸腺嘧啶二聚体的形成与解聚

（二）化学因素

化学物质也是引起 DNA 结构异常，导致基因突变的一个重要因素。现已知有 6 万多种化学物质可引起基因突变。包括一些药物、化学试剂、食品添加剂、工业排出废物、汽车排放废气、某些农药等，并且每年都有新的化学物质致癌的报告。一些亚硝酸盐或亚硝胺类可使碱基发生突变，如胞嘧啶脱氨突变为尿嘧啶，腺嘌呤脱氨成为次黄嘌呤；氮芥类烷化剂能使碱基或核糖被烷基化；苯并芘类可使 DNA 中嘌呤碱基产生共价交联等。DNA 电泳时常用的一种染料溴乙啶能插入 DNA 双链中引起突变。

国际上广泛采用 Ames 试验用于新化学品、药物遗传毒性的初筛。Ames 试验是一种回复突变试验，利用组氨酸依赖性鼠沙门菌为检测菌株。在仅含微量组氨酸培养基中，只有那些回复突变为自养型的细菌才能形成肉眼可见菌落。受试物如有诱变性，可使回复突变菌落明显增加，并有剂量依赖性。

（三）生物因素

某些病毒或噬菌体的感染，可导致基因的突变，与某些肿瘤或癌症的发生密切相关。如乙肝病毒为噬肝细胞的部分双链 DNA 病毒，可整合至宿主染色体 DNA，其整合及表达产物均可引起宿主细胞基因突变及表达失常，即原癌基因的活化或抑癌基因（如 p53，p16）的失活，从而影响细胞增殖及凋亡的平衡，细胞生长失控，导致肿瘤。有资料表明，乙肝病毒感染人群发生肝癌的危险度为非感染人群的 100 倍以上。

二、基因突变类型

根据 DNA 分子结构的改变，可把突变分为：

（一）点突变

DNA 分子上的碱基发生错配称为点突变，包括碱基的转换、颠换。如果是同型碱基之间的改变称为转换，如腺嘌呤变鸟嘌呤或胞嘧啶变胸腺嘧啶；如果是不同型碱基之间的改变则为颠换，如嘌呤变嘧啶或嘧啶变嘌呤。镰刀状红细胞贫血就是血红蛋白中β多肽链N端第6位密码子的点突变,使原来编码亲水性Glu的密码子变为编码疏水性Val的密码子。抑癌基因p53的突变,造成其功能失常,常与癌症的发生相关。

(二) 缺失、插入及框移突变

包括多个碱基或一段核苷酸序列的缺失、插入。密码子的缺失或插入常可导致翻译读码框架的改变,使蛋白质分子氨基酸排列组成及功能发生改变,称框移突变。缺失或插入一段碱基序列对该基因的功能影响较大。如血红蛋白的α-基因缺失时,可造成α-地中海贫血。

(三) 重排

DNA分子中的某个片段从一位置转到另一个位置,或不同DNA分子间DNA片段的转移及重新组合,称为DNA重排。血红蛋白的β亚基的基因与δ亚基的基因进行重组交换,可导致Hb Lepore地中海贫血的产生。

三、DNA损伤的修复

突变的DNA需要细胞内一系列酶系统来进行修复,这些酶可以消除DNA分子上的突变部位,使其恢复正常结构。修复类型主要有光修复(light repairing)、切除修复(excision repairing)、重组修复(recombination repairing)及SOS修复等。生物体能通过对损伤的DNA进行修复,在一定条件下保证DNA的正常功能及遗传的稳定性。

(一) 光修复

光修复酶普遍存在于生物体内。300～600nm范围内的光波可激活细胞内的光修复酶(photolyase),该酶能特异地识别共价交联的嘧啶二聚体,断裂两个嘧啶环间形成的共价键,使二聚体解聚,恢复DNA原来的结构。

(二) 切除修复

切除修复是一种重要的DNA修复机制。切除修复可分为碱基切除修复和核苷酸切除修复等方式,其基本过程包括识别、切除、修补和连接。

碱基切除修复(base excision repairing,BER)是指切除和替换由内源性化学物质作用产生的DNA碱基损伤。DNA糖基化酶(DNA glycosylase)参与此过程,切掉突变碱基,随后糖-磷酸键断裂,并被水解去除,DNA聚合酶及DNA连接酶填补并连接缺口,修复突变(图4-15)。现已知有4种DNA糖基化酶,均可切除DNA上的尿嘧啶,其中3种参与修复氧化作用产生的DNA损伤,另一种主要切除烷基化嘌呤。

核苷酸切除修复(nucleotide excision repairing,NER)也是一种重要的DNA修复机制。原核细胞中,由Uvr A、Uvr B和Uvr C蛋白形成ABC切除核苷酸酶复合物,在损伤点5′端第8个磷酸二酯键和3′端第15个磷酸二酯键切除包括损伤部位在内的一段碱基,留下缺口由DNA聚合酶Ⅰ和DNA连接酶来修补(图4-16)。真核细胞切除修复发生在损伤点3′端第15个磷酸二酯键到5′端第21～23个磷酸二酯键。人类这种切除核苷酸酶活性由8～10个蛋白协同完成。着色性干皮病(xeroderma pigmentosum,XP)基因产物为XPA～XPG,切除修复交叉互补(excision repair cross-complementing,ERCC)系列有切除核苷酸酶活性。该系列基因如产生

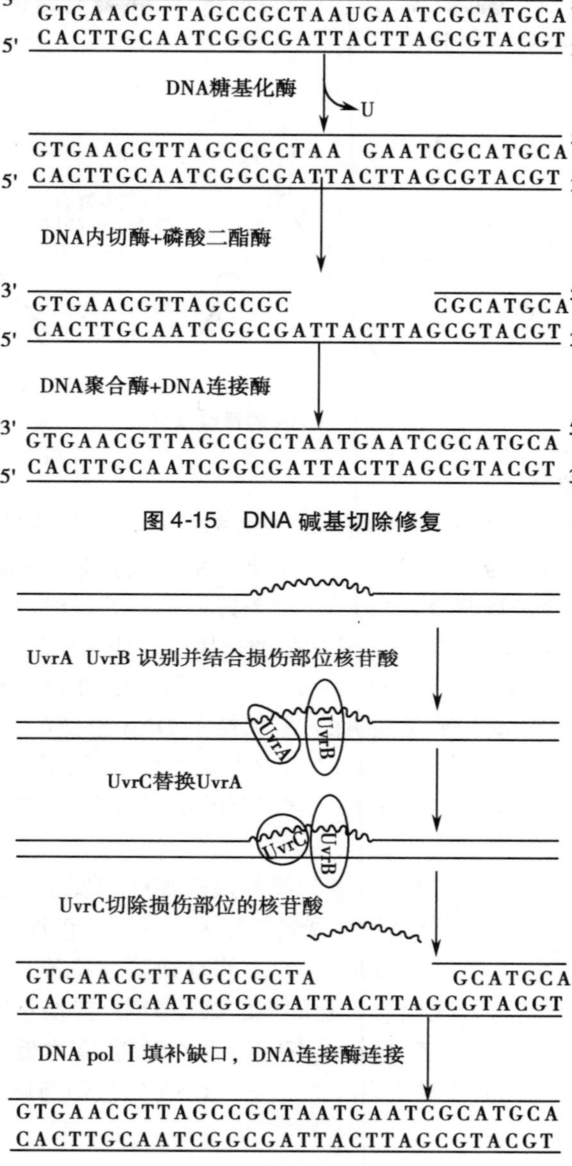

图 4-15 DNA 碱基切除修复

图 4-16 原核生物核苷酸的切除修复

突变，可造成切除修复缺陷，对光尤其是紫外光非常敏感，癌变率很高。着色性干皮病基因 C（XPC）的等位基因 XPC-PAT^{+}突变显著增加患头颈部鳞状细胞癌的风险，着色性干皮病基因 D（XPD）312（312Asp/Asn 基因型）和 751 位点多态性（751Lys/Gln 或 Gln/Gln 基因型）可增加与吸烟有关的肺鳞状细胞癌的发病风险。

（三）重组修复

重组修复是当 DNA 分子损伤来不及修复完善时所采用的修复机制。需要以健康母链上的一段序列重组交换至有损伤部位的另一个 DNA 分子上，以弥补该损伤部位出现的缺口。因为该损伤部位不能作为模板指导子链的合成，在复制时会出现缺口。而交换后在正常母链上出现的缺口可以复原（图 4-17）。这种修复机制中，受损部位仍然保留，但随细胞的分裂增殖，DNA 复制错误的比率会逐渐减少，可合成得到正确的子代 DNA。

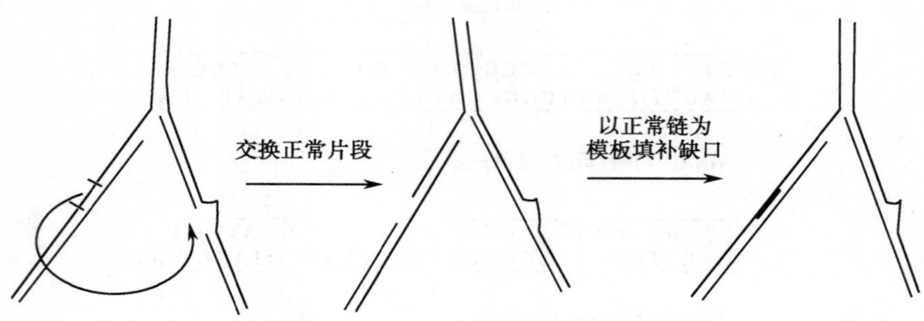

图 4-17　DNA 的重组修复

(四) SOS 修复

SOS 修复是在生物体内 DNA 损伤面较大的紧急状态下诱导产生的一种修复机制，故用国际海难信号 SOS 来表示。需要一系列调控蛋白（如 Uvr、Rec、Lex A 等）组成的网络系统进行调节。当 DNA 两条链的损伤邻近时，损伤不能被切除修复或重组修复，这时在核酸内切酶、外切酶的作用下造成损伤处的 DNA 链空缺，再由损伤诱导产生的一整套特殊 SOS 修复酶类及蛋白质，催化空缺部位 DNA 的合成，这时补上去的核苷酸几乎是随机的，但保持了 DNA 双链的完整性。由于是紧急修复，不能将大范围内受损伤的 DNA 完全精确地修复，留下的错误较多，故也称为错误倾向修复（error-prone repair）。尽管如此，仍可以在一定程度下保证细胞的存活，但有较高的突变率。

DNA 修复能力的异常可能与衰老和某些疾病如肿瘤发生有关。例如，老龄动物修复 DNA 功能降低，这可能是发生衰老的原因之一。着色性干皮病是一种人类常染色体隐性遗传病，是第一个发现的 DNA 修复缺陷性遗传病。由于 DNA 切除修复功能缺陷，患者对紫外线照射引起的皮肤细胞 DNA 损伤不能修复，长期受日光或紫外线照射时易发生皮肤癌，常伴有神经系统障碍，智力低下等，患者的细胞对嘧啶二聚体和烷基化的清除能力降低。关于 DNA 的损伤与修复，已成为研究癌变机制的重要课题。

第五节　反转录现象和反转录酶

1970 年 Temin 和 Baltimore 同时从鸡肉瘤病毒颗粒中发现以 RNA 为模板合成 DNA 的反转录酶，从而发现遗传信息也可以从 RNA 传递至 DNA，进一步补充和完善了遗传信息传递的中心法则。这些含有反转录酶的 RNA 病毒是通过反转录过程传递遗传信息的，即以 RNA 为模板，指导 DNA 的合成，也称为反转录。这一反转录过程需要反转录酶（reverse transcriptase）的催化。反转录酶是一种依赖 RNA 的 DNA 聚合酶（RNA dependent DNA polymerase，RDDP），是一多功能酶。大多数反转录病毒有致癌作用，因而将其称之为 RNA 肿瘤病毒，在自然界分布普遍，对动物的致瘤作用非常广泛，包括从爬虫类（蛇）、禽类直到哺乳类和灵长类动物，可诱发白血病、肉瘤、淋巴瘤和乳腺瘤等。能够引起艾滋病的人类免疫缺陷病毒(human immuno-deficiency virus, HIV)、引起淋巴瘤及白血病的小鼠白血病病毒MuLV 等均属于反转录病毒。

当 RNA 病毒进入细胞后，反转录酶以病毒 RNA 为模板，通过捕获宿主细胞的 tRNA 为引物，催化 DNA 链的合成，称为互补 DNA(complementary DNA, cDNA)，与 RNA 模板链通过碱基配对形成 RNA-DNA 杂化双链。在反转录酶的作用下，杂化双链中的 RNA 被水解后，再以单链 cDNA 为模板催化合成另一与其互补的 DNA 链，形成双链 cDNA(图 4-18)。反转录酶所催化的延伸方向也是 5′→3′，模板链的阅读方向为 3′→5′。新合成的 cDNA 分子带有 RNA 病毒基因组的遗传信息(前病毒)，能整合到宿主细胞的染色体 DNA 中。前病毒的复制扩增及表达，与癌症发生密切相关。

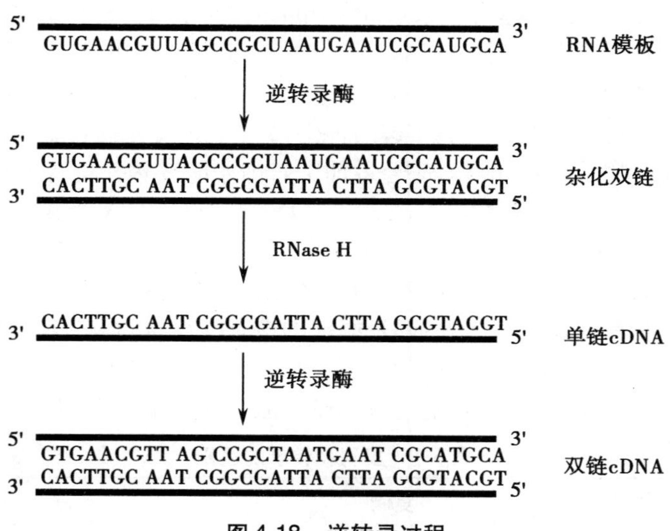

图 4-18 逆转录过程

反转录酶缺乏 3′→5′外切酶活性，没有校读功能，因此反转录的错误率较高。目前，在分子生物学研究中，反转录酶得到了广泛应用。在试管中利用反转录酶将 mRNA 反转录合成 cDNA，这是进行基因工程操作时，获得目的 DNA 的常用方法之一。

(吴耀生)

第五章

RNA的生物合成(转录)

生物体在遗传信息传递过程中,以 DNA 为模板,以四种三磷酸核苷(NTP)即 ATP、GTP、CTP 及 UTP 为原料,在 DNA 指导的 RNA 聚合酶的催化下,按照碱基互补原则合成 RNA 的过程称为转录(transcription),即把 DNA 的碱基序列(遗传信息)转抄成 RNA 的碱基序列。DNA 分子上的碱基序列是决定蛋白质氨基酸序列的原始模板,mRNA 是蛋白质合成的直接模板。通过 RNA 的转录,遗传信息从染色体转送至胞质,把 DNA 和蛋白质这两种生物大分子从功能上衔接起来。转录产生的初级转录产物是 RNA 前体,需经过加工修饰才能成熟并具有生物学活性。

在生物界,RNA 合成有两种方式:一是 DNA 指导的 RNA 合成,也称为转录,是生物体内 RNA 的主要的合成方式,是本章主要介绍的内容。另一种方式是 RNA 指导的 RNA 合成过程,也称为 RNA 复制,常见于某些病毒的 RNA 合成。

转录和复制有许多相似之处:都是酶促的核苷酸聚合过程;都以 DNA 为模板;都需依赖 DNA 的聚合酶;聚合过程都是核苷酸之间生成磷酸二酯键;都从 5′→3′方向延伸聚核苷酸链;都遵从碱基配对规律。但又有区别(表 5-1)。

表 5-1　复制和转录的区别

	复制	转录
模板	两股链均复制	模板链转录(不对称转录)
原料	dNTP	NTP
酶	DNA 聚合酶(DNA pol)	RNA 聚合酶(RNA pol)
产物	子代双链 DNA(半保留复制)	mRNA,tRNA,rRNA
配对	A-T,G-C	A-U,T-A,G-C
引物	有	无

第一节　转录的模板和酶

在 DNA 双链中,只有其中一股单链作为转录模板指导 RNA 的生物合成。遵循碱基配对规律催化核苷酸聚合的酶是依赖 DNA 的 RNA 聚合酶(DNA dependent RNA polymerase,RNA pol)。

一、转录模板

为保留物种的全部遗传信息,整个基因组 DNA 均需复制。在真核生物庞大的

基因组中,按细胞不同的发育时序、生存条件和生理需要,只有少部分的基因启动发生转录。例如,人类基因组编码蛋白质的基因约为2.5万,其中只有2%～15%的基因处于转录活性状态。在DNA双链中,能转录出RNA的DNA区段,称为结构基因(structural gene)。在这段DNA双链上,一股链用作模板指导转录,另一股链不转录,而且模板链并非总是在同一单链上。转录的这种选择性称为不对称转录(asymmetric transcription)。图5-1显示了某区段DNA上其中一股链是模板链(template strand),而在另一区段又以另一股单链作模板。转录和复制一样,产物链总是沿5′→3′方向延长(图中箭头所示方向)。所以不在同一股链的模板,其转录方向相反。

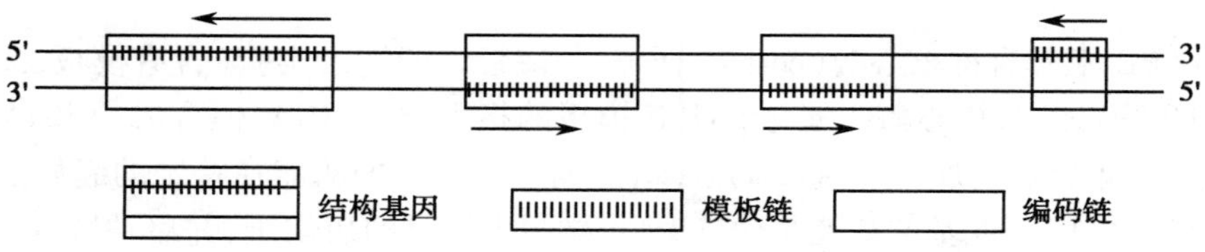

图5-1　不对称转录

箭头表示转录产物生成方向

DNA双链中按碱基配对规律指引转录生成RNA的一股单链,称为模板链,相对的另一股单链是编码链(coding strand)。产物RNA的序列是由模板链DNA的序列决定的,也遵循碱基互补原则(A-U、G-C、T-A配对)。转录产物若是mRNA,则可用作翻译模板,按遗传密码决定氨基酸的序列(图5-2)。图中小写字母表示的是模板链,大写字母表示的是编码链。模板链既与编码链互补,又与mRNA互补。因此,mRNA的碱基序列除了U代替T外,与编码链是一致的。文献刊出的DNA序列,一般只写出编码链,因为编码链的碱基序列真正代表了编码蛋白质氨基酸序列的信息。

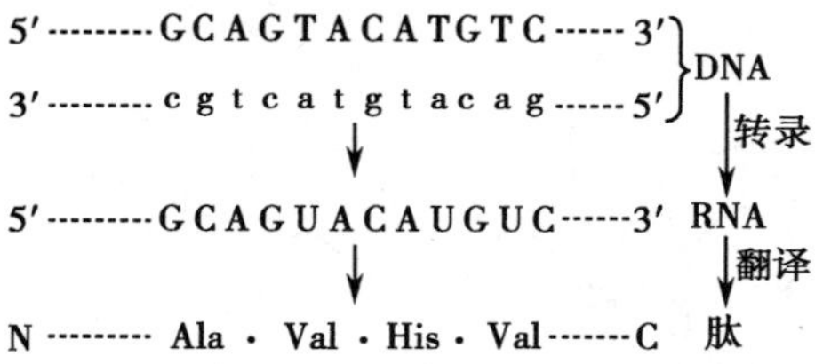

5′--------GCAGTACATGTC------3′ } DNA
3′--------c g t c a t g t a c a g------5′
↓ 转录
5′--------GCAGUACAUGUC------3′ RNA
↓ 翻译
N--------Ala · Val · His · Val------C 肽

图5-2　DNA模板,转录产物RNA的核苷酸序列,以及翻译产物蛋白的氨基酸序列。DNA双链中,小写字母代表模板链,大写字母代表编码链

二、RNA聚合酶

催化转录作用的酶是RNA聚合酶,也称DNA依赖的RNA聚合酶,简称RNA pol。RNA聚合酶催化以DNA为模板,以四种三磷酸核苷为原料,其催化过程需要二价金属离子,如Mg^{2+}、Zn^{2+}的参与。RNA合成的化学机制与DNA依赖的DNA聚合酶催化反应相似,都具有5′→3′的聚合功能,但RNA聚合酶催化RNA的合成不需要引物,能直接催化两个三磷酸核苷生成3′,5′-磷酸二酯键。但是RNA聚合酶缺乏3′→5′外切核酸酶活性,所以没有校正功能。

原核生物的RNA聚合酶只有一种,为多聚体蛋白质,可催化mRNA、tRNA、rRNA的合成;而真核生物的RNA聚合酶有三种,分别转录不同种类的RNA。

（一）原核生物的 RNA 聚合酶

目前已研究得比较清楚的是大肠埃希菌（*E. coli*）的 RNA 聚合酶。这是一个分子量为 480kDa，由四种亚基 $\alpha_2\beta\beta'\sigma$ 组成的五聚体蛋白质。各亚基及功能见表 5-2。

表 5-2　大肠埃希菌 RNA 聚合酶组分

亚基	分子量	每分子酶中所含数目	功能
α	36512	2	决定哪些基因被转录
β	150618	1	与转录全过程有关（催化）
β′	155613	1	结合 DNA 模板（开链）
σ	70263	1	辨认转录起始点

$\alpha_2\beta\beta'$ 亚基合称核心酶（core enzyme）。试管内的转录实验（含有模板，酶和底物 NTP 等）证明，核心酶能催化 NTP 按模板的指引合成 RNA，但合成的 RNA 没有固定的起始位点。加有 σ（sigma）亚基（或称 σ 因子）的酶能在特定的起始点上开始转录。可见 σ 亚基的功能是辨认 DNA 模板上转录的启动子，并启动转录。σ 亚基加上核心酶（$\alpha_2\beta\beta'$）称为全酶（$\alpha_2\beta\beta'\sigma$）（holoenzyme）。活细胞的转录起始需要全酶，使得转录能在特异的位点上进行。转录起始后，σ 亚基必须与核心酶脱离，转录延长阶段则仅需核心酶。图 5-3 示 RNA 聚合酶全酶在转录起始区的结合。

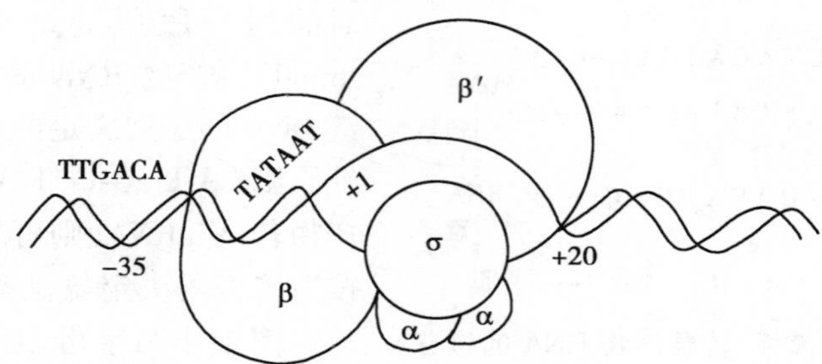

图 5-3　原核生物的 RNA 聚合酶全酶及其在转录起始区的结合
DNA 双链已打开，σ 因子尚未脱落

其他原核生物的 RNA 聚合酶，在结构、组成、功能上均与 *E. coli* 的 RNA 聚合酶相似。原核生物的 RNA 聚合酶，都受一种抗生素特异性地抑制：利福平（rifampicin）或利福霉素是常用的抗结核菌治疗的药物，它专一性地结合 RNA 聚合酶的 β 亚基。若在转录开始后才加入利福平，仍能发挥其抑制转录的作用，这说明 β 亚基是在转录全过程都起作用的。β′亚基是 RNA pol 与 DNA 模板相结合相依附的组分，也参与转录全过程。α-亚基决定转录哪些类型和种类的基因。所以，由 $\alpha_2\beta\beta'$ 亚基组成的核心酶参与整个转录过程。

已发现大肠埃希菌有多种 σ 亚基，用其分子量命名区别，如 σ^{70}（分子量 70kDa）是辨认典型转录起始点的蛋白质。RNA 聚合酶可与不同 σ 亚基结合识别不同基因的启动子，启动不同基因的转录。

（二）真核生物的 RNA 聚合酶

真核生物的 RNA 聚合酶较为复杂，主要有三种 RNA 聚合酶，在功能和理化性质上不同,分别称为 RNA 聚合酶Ⅰ、Ⅱ、Ⅲ。它们专一性地转录不同的基因,产生不同的转录产物。α-鹅膏蕈碱(α-amanitine),一种毒蘑菇含有的八肽毒素,对真核生物的 RNA 聚合酶具有特异性的抑制作用,但三种真核生物 RNA 聚合酶对鹅膏蕈碱的敏感性不同。RNA 聚合酶Ⅰ对 α-鹅膏蕈碱不敏感;RNA 聚合酶Ⅱ对 α-鹅膏蕈碱非常敏感;RNA 聚合酶Ⅲ对 α-鹅膏蕈碱比较敏感(表 5-3)。

表 5-3 真核生物的 RNA 聚合酶

种类	Ⅰ	Ⅱ	Ⅲ
转录产物	45S-rRNA	hnRNA	5S-rRNA,tRNA,snRNA
对鹅膏蕈碱的反应	耐受	极敏感	中度敏感

RNA 聚合酶Ⅱ在核内转录生成 hnRNA,然后加工成 mRNA 转运到胞质的蛋白质合成体系。mRNA 是各种 RNA 中寿命最短、最不稳定的,需经常重新合成。因此,RNA pol Ⅱ是真核生物中最活跃的 RNA pol。

RNA 聚合酶Ⅲ转录的产物都是小分子量的 RNA(表 5-3)。tRNA 的大小都在 100 个核苷酸以下,5S-rRNA 的大小约为 120 个核苷酸。核内小核糖核酸(small nuclear RNA,snRNA)有多种,由 90～300 个核苷酸组成,参与 RNA 的剪接过程。

RNA 聚合酶Ⅰ转录产物是 45S-rRNA,经剪接修饰生成除 5S-rRNA 外的各种 rRNA。由 rRNA 与蛋白质组成的核糖体(核糖体,ribosome)是蛋白质合成的场所。真核生物的 rRNA 基因是一些中度重复的基因,拷贝数都在一百多至几百个,人类 rRNA 基因约有 300 个拷贝。

RNA 聚合酶Ⅰ、Ⅱ、Ⅲ都是由多个亚基组成的蛋白质,且都有核心亚基。其中有两个分子量>100kDa 的大亚基作为催化亚基,功能上与原核生物的 β′和 β 亚基相似,结构上也与 β′、β 有一定的同源性。还有两个分子量接近 50kDa 的亚基,则与原核生物的 α 亚基具有同源性。

RNA pol Ⅱ最大亚基的羧基末端存在一段共同的氨基酸序列,为(YSPTSPS)n,不同生物种属,n 值可为 20～60。这是由含羟基氨基酸为主体组成的重复序列,称为羧基末端结构域(carboxyl terminal domain,CTD)。CTD 上的酪氨酸、丝氨酸和苏氨酸都可被蛋白激酶作用发生磷酸化。RNA pol Ⅱ大亚基 C 末端磷酸化在转录从起始过渡到延长有重要作用。

三、转录模板与酶的辨认结合

转录是不连续、分区段进行的(图 5-1)。原核生物通常是以操纵子(operon)作为转录和调控的一个基本单位(见第七章)。操纵子包括若干个结构基因及其上游的调控序列。真核生物转录的基本单位通常是单个基因,由一个结构基因和相应的调控序列顺式作用元件组成。调控序列中的启动子(promoter)是 RNA 聚合酶结合模板 DNA,并启动转录的一段特殊的 DNA 序列,也是控制转录的关键部位。原核生物以 RNA 聚合酶全酶结合到 DNA 的启动子上而启动转录,其中 σ 亚基辨认启动子,其他亚基相互配合。

启动子具有方向性,决定着转录的方向。对启动子的研究,常采用 RNA 聚合酶保护法:先分离一段基因出来,然后和提纯的 RNA 聚合酶混合,在加入核酸外切酶作用一定时间后，DNA 链受到核酸外切酶的水解，生成游离核苷酸。但有一段 40～60 个碱基对的 DNA 片段是完整的。表明这段 DNA 因与 RNA 聚合酶结合而受到保护，免受水解（图 5-4）。受保护的 DNA 位于结构基因的上游，就是被 RNA 聚合酶辨认和结合的区域，即启动子序列，在这里准备开始转录。

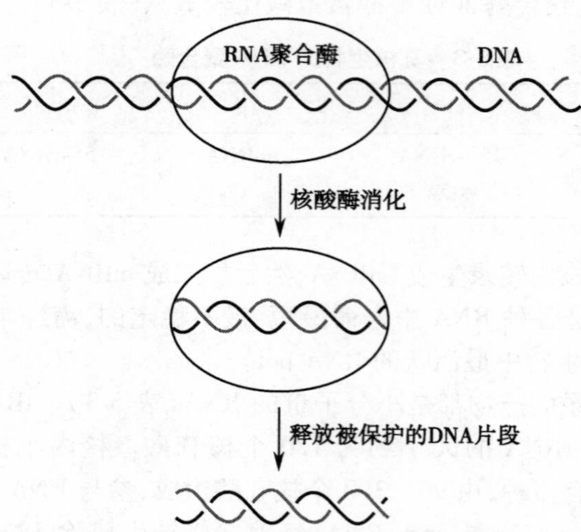

图 5-4　RNA 聚合酶保护法分析启动子的碱基序列

对百多个原核生物的 RNA 聚合酶结合的模板 DNA 进行碱基序列分析证明：启动子在结构上有一致性。以开始转录的 5′端第一位核苷酸位置为+1，用负数表示上游（向左）的碱基序数，发现-35 和-10 区 A-T 配对比较集中。-35 区最大一致性序列是 TTGACA。-10 区的一致性序列 TATAAT，是 1975 年由 D. Pribnow 首先发现的，称为 Pribnow 盒（Pribnow box）。RNA 聚合酶与启动子的结合能力及启动转录的效率在很大程度上取决于这些一致性序列。序列分析还证明，翻译起始密码子 AUG 在转录起始点下游，说明翻译起始点出现于转录起始点之后（右侧）（图 5-5）。

比较 RNA pol 结合不同区段测得的平衡常数，发现 RNA pol 结合-10 区比结合

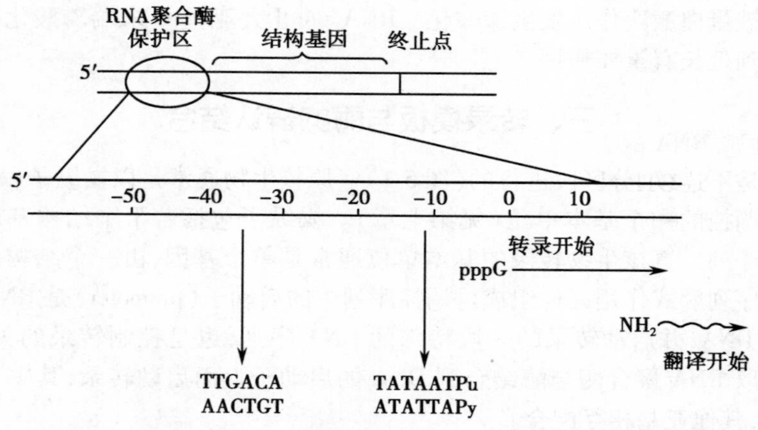

图 5-5　RNA 聚合酶结合的模板 DNA（启动子）区段碱基序列分析
图下方显示了-35 和-10 区段的共有序列

-35 区相对牢固些。从 RNA pol 分子大小与 DNA 链长的比较,可确定结合 DNA 链能达到的跨度。从这些结果得知:-35 区是 RNA pol 对转录起始的辨认位点(recognition site)。辨认结合后,酶向下游移动,到达 Pribnow 盒,跨入转录起始点,形成相对稳定的酶——DNA 复合物,然后开始转录(图 5-5)。

第二节 转 录 过 程

原核生物和真核生物的转录过程都可人为划分为起始、延长和终止三个阶段。但所需的 RNA 聚合酶种类不同,结合模板的特性也不一样。原核生物 RNA pol 可直接结合 DNA 模板,RNA 聚合酶与启动子结合后,即可启动转录。而真核生物 RNA pol 需与辅助因子结合后才结合模板,所以两者的转录起始过程有较大区别,转录终止也不相同。

一、原核生物的转录过程

原核生物转录全过程均需 RNA 聚合酶催化。RNA 聚合酶能直接结合模板 DNA 的启动子序列,并启动转录起始。图 5-6 表示大肠埃希菌转录起始、延长和终止的全过程。起始过程需 RNA 聚合酶的全酶,由 σ 亚基辨认起始点,延长过程仅需核心酶催化核苷酸聚合反应,终止过程包括依赖 ρ(Rho)因子的转录终止和非依赖 ρ 因子的转录终止两种机制。

(一) 转录起始

简单来说,原核生物转录的起始就是 RNA pol 全酶($\alpha_2\beta\beta'\sigma$)结合到 DNA 模板上,DNA 双链局部解开,如图 5-3 那样,第一个 NTP 加入,形成转录起始复合物。

转录起始复合物=RNA pol($\alpha_2\beta\beta'\sigma$)-DNA-pppGpN-OH3′

原核生物转录的起始需要靠 σ 因子辨认转录起始点,被辨认的 DNA 区段就是 -35 区的 TTGACA 序列。这一区段,A-T 配对相对集中,DNA 容易解链,因为 A-T 配对只有两个氢键维系。酶与模板的结合松弛,酶移向-10 区的 TATAAT 序列并跨入转录起始点。转录无论是起始或延长中,DNA 双链解开的范围都只在 20 个核苷酸对以下,通常是(17±1)bp。这比复制中形成的复制叉小得多。转录起始不需要引物,两个与模板配对的相邻核苷酸,在 RNA pol 催化下生成磷酸二酯键直接连接起来,这是 DNA pol 和 RNA pol 分别对 dNTP 和 NTP 的聚合作用明显的区别。转录起始生成 RNA 的第一位,即 5′端总是三磷酸嘌呤核苷 GTP 或 ATP,又以 GTP 更为常见。当 5′-GTP(5′-pppG-OH)与第二位 NTP 聚合生成磷酸二酯键后,仍保留其 5′端三个磷酸基团,也就是 1、2 位核苷酸聚合后,生成 5′pppGpN-OH3′。这一结构也可理解为四磷酸二核苷酸,它的 3′端有游离羟基,可以加入 NTP 使 RNA 链延长下去。RNA 链 5′-端结构在转录延长中一直保留,至转录完成,RNA 脱落,此 5′端的结构仍然保留。

第一个磷酸二酯键生成后,σ 亚基即从转录起始复合物上脱落,核心酶连同四磷酸二核苷酸继续结合于 DNA 模板上,酶沿着 DNA 链前移,进入延长阶段。实验证明,σ 亚基若不脱落,RNA 聚合酶则停留在起始位置,转录不能继续进行。试管内的 RNA 合成实验也证明,RNA 的生成量与核心酶的加入量成正比;进入转录延

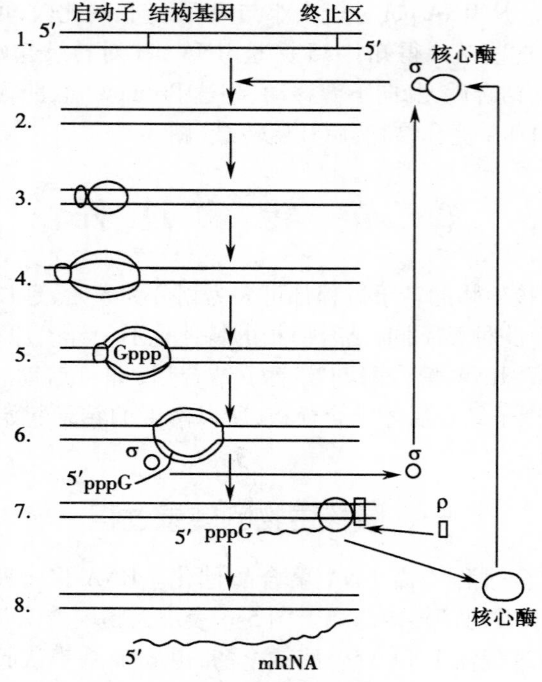

图 5-6 转录过程

1,2. 待转录的基因;3,4. 起始,全酶结合于启动区;5. 第一个 pppG 加入;6. σ 因子释出后开始延长;7. 终止,ρ 因子加入,核心酶释出;8. 转录完成

长阶段后,产物量与 σ 亚基加入与否无关。脱落后的 σ 因子又可再与核心酶结合形成全酶而反复使用。

(二) 转录延长

转录起始后 σ 亚基从起始复合物上脱落,RNA pol 核心酶的构象随之发生改变,并沿着模板链的 3′→5′方向滑行,RNA pol 与模板的结合是非特异性的,比较松弛,有利于酶迅速向下游移动,进入转录的延长阶段。RNA pol 构象变化,是与不同区段的结构相适应的,因为转录起始以后,不同基因的碱基序列大不相同。起始复合物上形成的二聚核苷酸 3′端有核糖的游离—OH 基。底物三磷酸核苷 NTP 的 α-磷酸,按照碱基配对规律,在核心酶催化下与 3′—OH 起反应,生成磷酸二酯键,脱落的 β、γ 磷酸基成为无机焦磷酸。此反应与复制的延长基本相似:

$$(NMP)_n + NTP \xrightarrow{\text{RNA pol}} (NMP)_{n+1} + PPi$$

聚合生成的 RNA 链仍有 3′—OH 末端,于是按模板的指引,NMP 一个接一个按 5′→3′方向延长。遇到模板为 A 时,转录产物加入的是 U 而不是 T。RNA pol 向 DNA 链下游移动,RNA 分子上 5′-pppGpN-结构依然保留。RNA pol 分子可以覆盖 40~60bp 的 DNA 分子片段,而转录解链范围小于 20bp,产物 RNA 和模板链配对形成长约 12bp 的 RNA/DNA 杂化双链。这样由核心酶-DNA-RNA 形成的转录复合物,形象地称为转录空泡(transcription bubble)(图 5-7)。

转录空泡上,产物 3′-端小段依附结合在模板链。随着 RNA 链不断生长,5′端

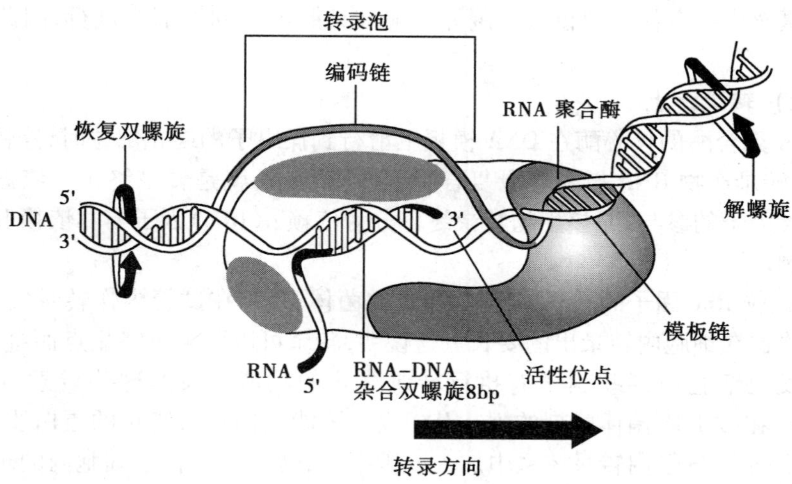

图 5-7　原核生物的转录空泡

脱离模板向空泡外伸展。化学结构上 DNA/DNA 双链的结构，比 DNA/RNA 形成的杂化双链(hybrid duplex)稳定。核酸的碱基之间形成配对有三种，其稳定性是：

$$G\equiv C > A=T > A=U$$

G≡C 配对有 3 个氢键，是最稳定的。A =T 配对只在 DNA 双链形成。A =U配对可在 RNA 分子或 DNA/RNA 杂化双链上形成，是三种配对中稳定性最低的。所以已转录结束的局部 DNA 双链，就会自然复合成双链。因此也就易于理解转录产物自动与模板分离而伸出空泡之外了。伸出空泡的 RNA 链，其最远端就是最早生成的 pppGpN-。转录产物是从 5′向 3′延长。但如果从 RNA 聚合酶的移动方向来说，酶是沿着模板链的 3′→5′方向，或沿着编码链的 5′→3′方向前进。

原核生物的转录与翻译过程是同步高效进行的，在电子显微镜下观察原核生物的转录，可看到羽毛状的现象(图 5-8)。这说明，在同一 DNA 模板上，有多个转录同时在进行，随着核心酶的前移，转录生成的 mRNA 链不断延长。可见，转录尚未完成，翻译已开始进行，转录和翻译都在高效率地进行。图 5-8 中自左至右，RNA 聚合酶越往前移，转录生成的 RNA 链越长。在 RNA 链上观察到的小黑点是多聚核糖体(polysome)，即一条 mRNA 链连上多个核糖体，正在进行下一步的翻译工序。原核生物的转录过程呈羽毛状也说明了原核 mRNA 的转录不需加工修饰过

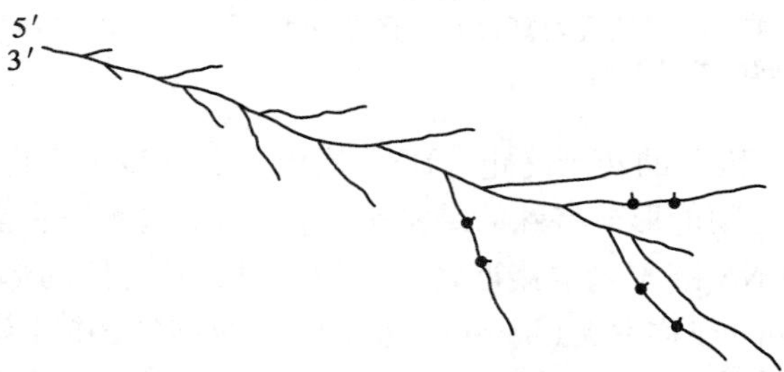

图 5-8　电子显微镜下原核生物的羽毛状转录现象

程。而真核生物有核膜把转录和翻译区隔在细胞内不同的部位进行，因此没有这种现象。

（三）转录终止

RNA 聚合酶的核心酶在 DNA 模板上滑行到操纵子的终止部位时，停顿下来不再前进，转录产物 RNA 链从转录复合物上脱落下来，就是转录终止。依据是否需要蛋白质因子的参与，原核生物转录终止分为依赖 ρ(Rho)因子与非依赖 Rho 因子两种机制。

1. 依赖 Rho 因子的转录终止　用 T_4 噬菌体 DNA 在试管内作转录实验，发现转录产物比在细胞内转录出的要长。这说明，转录可以跨越过终止点而继续转录，后来还发现细胞内某些因子有执行转录终止的功能。根据这些线索，1969 年，J. Roberts 在被 T_4 噬菌体感染的 *E. coli* 中发现了能控制转录终止的蛋白质，命名为 ρ(Rho)因子。试管内转录体系中加入 ρ 因子后，转录产物长于细胞内的现象不复存在。ρ 因子是由相同亚基组成的六聚体蛋白质，亚基分子量 46kDa。ρ 因子能结合 RNA，又以对 poly C 的结合力最强，但对 poly dC/dG 组成的 DNA 的结合能力就低得多。在依赖 ρ 终止的转录中，发现产物 RNA 3′端有较丰富的 C，或有规律地出现 C 碱基。据此推论，转录终止信号存在于 RNA 而非 DNA 模板。后来发现 ρ 因子还有 ATP 酶活性和解螺旋酶(helicase)的活性。目前认为，ρ 因子终止转录的机制是它与 RNA 转录产物结合，使得 ρ 因子和核心酶都可能发生构象改变，从而使核心酶停顿，ρ 因子的解螺旋酶的活性使 DNA/RNA 杂化双链分离，利用 APT 释放能量使产物从转录复合物中释放(图 5-9)。

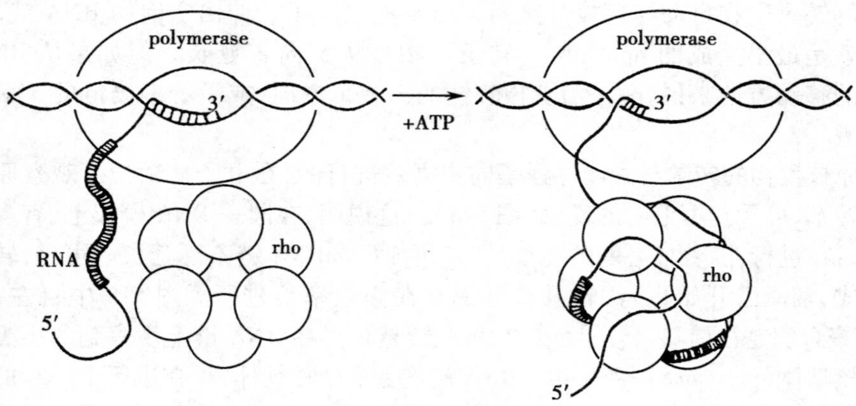

图 5-9　ρ 因子的作用原理

RNA 链上带条纹线处代表富含 C 的区段，ρ 因子结合 RNA(右)后，发挥其 ATP 酶及解螺旋酶活性

2. 非依赖 Rho 因子的转录终止　DNA 模板上靠近转录终止处有些特殊序列，使转录出的 RNA 产物能形成特殊的结构来终止转录，这就是非依赖 ρ 因子的转录终止。转录产物 RNA 链 3′末端接近终止区的一段碱基可使局部 RNA 链形成鼓槌状的茎环(stem-loop)或称发夹(hairpin)形式的二级结构，并且其后常有多个连续的 U。茎环或发夹形式的二级结构是阻止转录继续向下推进的关键。

图 5-10 是大肠埃希菌核糖体蛋白 rpl-L 基因 3′-末端的碱基序列。可以形成局

部双链的碱基用黑底线画出，碱基英文字母的上方和下方的黑线，分别对应于转录产物二级结构的左图及右图。鼓出的单链用弧线画出。这个转录终止区产物有两种形成发夹结构的可能。接近终止区的转录产物形成发夹结构是非依赖 Rho 终止的普遍现象。

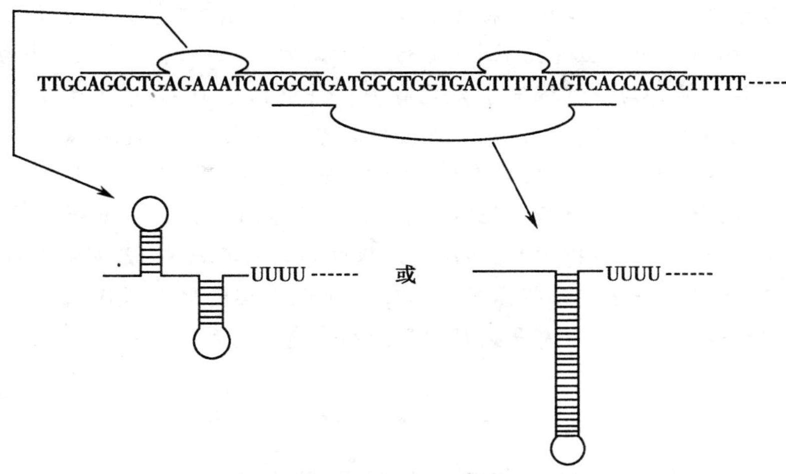

图 5-10 大肠埃希菌 rpl-L 基因 3′末端碱基序列(上) rpl-L 转录产物二级结构(下)

非依赖 Rho 因子的转录终止模式如图 5-11。RNA 链延长至接近终止区时，转录出的碱基序列随即形成茎环结构或发夹形式的二级结构。这种二级结构是阻止转录继续向下游推进的关键。其机制有二：一是茎环结构在 RNA 分子形成，可能改变 RNA 聚合酶的构象。因为 RNA 聚合酶的分子量大，它不但覆盖转录延长区，也覆盖部分 3′-端新合成的 RNA 链，包括 RNA 的茎环结构。由酶的构象改变导致酶-模板结合方式的改变，可使酶不再向下游移动，于是转录停顿。其二，转录复合物(酶-DNA-RNA)上有局部的 RNA/DNA 杂化短链。RNA 分子要形成自己的局部双链，DNA 也要复原为双链，杂化链形成的机会不大，本来不稳定的杂化链更不稳定，转录复合物趋于解体。接着一串寡聚 U 是使 RNA 链从模板上脱落的促进因素。因为所有的碱基配对中，以 rU/dA 配对最为不稳定。

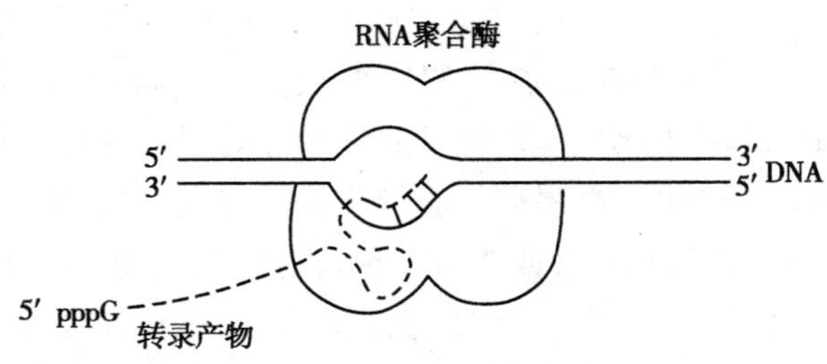

图 5-11 原核生物转录终止模式
由转录产物影响转录终止

真核生物转录分子基础的发现

美国生物化学家罗杰·科恩伯格因在“真核转录的分子基础”研究领域作出的贡献,而独享2006年诺贝尔化学奖。科恩伯格是首位在分子水平上揭示真核生物转录过程如何进行的遗传学家和分子生物学家,该过程具有医学上的“基础性”作用,因为人类的多种疾病如癌症、心脏病等都与该过程发生紊乱有关。科恩伯格1947年出生于美国密苏里州圣路易市,1972年于斯坦福大学获博士学位,现为母校医学院结构生物学教授,美国国家科学院院士。他的父亲阿瑟·科恩伯格也是斯坦福大学的教授,因证明脱氧核糖核酸(DNA)的复制并分离了复制所需的酶而获得1959年诺贝尔医学奖。当年只有12岁的小科恩伯格,亲眼见证了父亲获诺贝尔医学或生理学奖的颁奖盛况。这种诺贝尔奖世家——父子都是诺贝尔奖获得者是罕见的奇迹。

二、真核生物的转录过程

真核生物的转录与原核生物有许多相似之处,但真核生物的转录过程比原核生物更复杂。真核生物与原核生物的RNA聚合酶种类不同,结合模板的特性也不同。原核生物RNA聚合酶可直接结合DNA模板,而真核生物的RNA聚合酶不能直接与启动子结合,需要一些蛋白质因子直接或间接地结合到DNA模板上,并与RNA聚合酶相互作用形成转录起始复合物,才能启动转录,所以两者的转录起始过程有很大区别,转录终止过程也不相同。转录调控是真核生物基因表达调控的关键点(第七章),了解真核生物的转录过程,是研究转录调控的重要基础。

(一)转录起始

真核生物的转录起始上游区段比原核生物多样化。转录起始时,RNA pol不直接结合模板,其起始过程比原核生物复杂。

1. 转录起始前的上游区段　真核生物的不同物种、不同细胞或不同基因,在转录起始的上游有不同的与转录有关的序列,这些序列可统称为顺式作用元件(cis-acting element),包括启动子、启动子上游元件等近端调控元件和远离转录起始点的增强子(enhancer)等远端序列。真核生物转录起始前的-25bp区段多有典型的TATA序列,称为Hogness盒或TATA box,通常认为这就是启动子的核心序列,为RNA聚合酶Ⅱ结合的部位。此外,在启动子的上游更远端,多在40~110bp处,还有一些上游元件,比较常见的是CAAT、GC盒。在起始点附近通常还有一个起始子(initiator,Inr)。顺式作用元件可理解为同一DNA分子上具有的可影响(调控)转录的各种组分(片段)(图5-12)。

除少数基因没有TATA盒外,图5-12中所示的其他元件,在某一基因上不可能

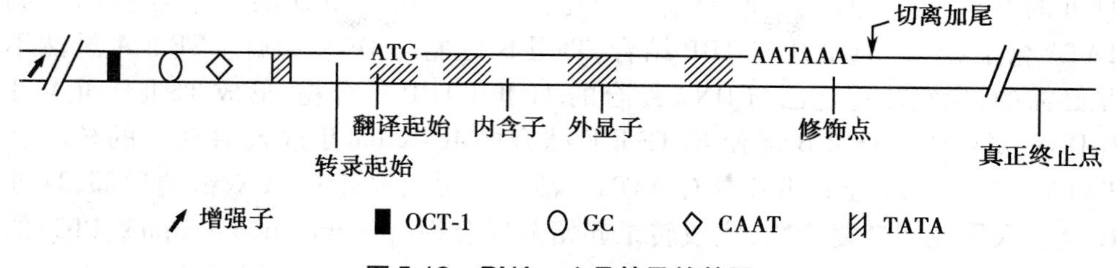

图 5-12 RNA pol Ⅱ转录的基因

转录起始上游的各种顺式作用元件,OCT-1:ATTTGCAT 八聚体(octomer)

全部齐备,而是若干种相互搭配,以多样化的形式来起始转录。例如 SV40 早期基因没有 TATA 而有多个 GC 盒串联;胸苷激酶(thymidine kinase,TK)基因起始转录前区段依次为 OCT-1-GC-CAAT-GC-TATA;组蛋白 H2B 基因上游序列为 CAAT-CAAT-OCT-1-TATA 等。典型的启动子由 TATA 盒、CAAT 盒和 GC 盒组成。

2. 转录因子 RNA 聚合酶Ⅱ启动转录时,除需要上述顺式作用元件外,还需要一些蛋白质因子,才能形成具有活性的转录复合体。这些能直接、间接辨认和结合转录上游区段 DNA 的蛋白质,现已发现数百种,统称为反式作用因子(trans-acting factors)。反式作用因子中,能直接或间接与 RNA 聚合酶结合的,则称为转录因子(transcriptional factors,TF),有时称为通用转录因子或基本转录因子。相应于 RNA pol Ⅰ、Ⅱ、Ⅲ的 TF,分别称为 TFⅠ、TFⅡ、TFⅢ。真核生物的 TFⅡ又分为 TFⅡA,TFⅡB 等,主要的 TFⅡ的功能见表 5-4。所有的 RNA 聚合酶Ⅱ都需要通用转录因子,如 TFⅡD,在真核生物进化中高度保守。

表 5-4 RNA 聚合酶Ⅱ转录起始和延长所需的蛋白因子

蛋白因子	亚基数	功 能
起始阶段		
TBP	1	特异识别 TATA 盒
TFⅡA	3	稳定 TFⅡB 与 TBP 对启动子的结合
TFⅡB	1	结合 TBP,并结合聚合酶Ⅱ-TFⅡF 复合体
TFⅡE	2	结合 TFⅡH,具有 ATP 酶和解旋酶的活性
TFⅡE	2	紧密与聚合酶Ⅱ结合;也与 TFⅡB 结合;阻遏聚合酶Ⅱ和非特异的 DNA 序列结合
TFⅡH	12	有解旋酶的活性活性使 DNA 解开双链;使聚合酶Ⅱ的 CTD 磷酸化;结合核苷酸-切除修复蛋白

转录因子都是蛋白质,含有如锌指、螺旋-转角-螺旋等特异结构域。它们之间可以互相辨认结合,或与 RNA pol、DNA 结合,组成 RNApol-蛋白质-DNA 复合物而启动转录。氨基酸序列分析表明,某些 TF 或其亚基与原核生物的 σ 因子有不同程度的一致性序列。

3. 转录前起始复合物(pre-initiation complex,PIC) 原核生物 RNA pol 全酶靠 σ 因子辨认结合启动子而启动转录。真核生物 RNA pol 不与 DNA 分子直接结合,而需依靠众多的转录因子才能与 DNA 结合。在起始阶段,RNA 聚合酶Ⅱ在一系列

TFⅡ的参与下形成闭合的转录前起始复合物。首先TFⅡD的TBP亚基结合到TATA盒上，然后TFⅡB与TBP结合，TFⅡB也能与DNA结合。TFⅡA虽然不是必需的，但它能稳定已与DNA结合的TFⅡB-TBP复合物，形成TFⅡD-ⅡA-ⅡB-DNA复合体。TFⅡB促使与TFⅡF结合的RNA polⅡ进入启动子的核心区TATA。接着进入的TFⅡE具有ATPase活性能协同解开DNA双链的局部，TFⅡH也进入形成闭合复合物，完成转录起始前复合物(pre-initiation complex，PIC)的装配。

TFⅡH具有解旋酶(helicase)活性，能使转录起始点附近的DNA双螺旋解开，使闭合复合物成为开放复合体，启动转录。此时RNA polⅡ就可以催化第一个磷酸二酯键生成。TFⅡH还具有蛋白激酶活性可使RNA polⅡ最大亚基的CTD磷酸化。CTD磷酸化能使开放复合体的构象改变，启动转录，RNA pol才能离开启动子区域向下游移动，进入转录的延长阶段。此后，大多数的TF就会脱离转录起始前复合物。以上所述的是典型而有代表性的RNA polⅡ催化的转录起始。RNA polⅠ，Ⅲ的转录起始与此大致相似。

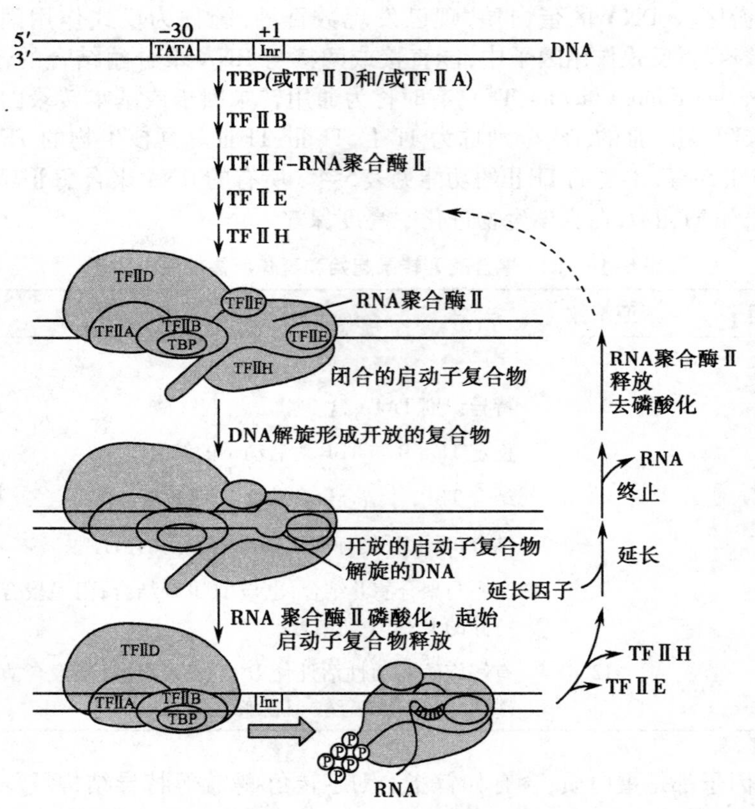

图5-13 真核RNA polⅡ与通用转录因子的作用过程

随着不同基因转录特性的研究，所发现的转录因子数量在不断增加，现已发现有上百个转录因子的组合。人类基因约有2.5万个，为了保证转录的准确性，不同基因需不同转录因子组合。公认的拼板理论认为：一个真核生物基因的转录需要3~5个转录因子，因子之间互相结合，就如图5-13那样的形式，生成有活性、有专一性的复合物,再与 RNA 聚合酶搭配而有针对性地结合、转录相应的基因。转录因子的相互辨认结合,恰如儿童玩具七巧板那样,匹配得当就能拼出多种不同的图形。按照拼板理论,人类基因虽数以万计,但可能需要 300 多个转录因子就能满足不同类型基因的表达。目前不少研究都支持这一理论。

(二) 转录延长

真核生物转录延长过程与原核生物大致相似,RNA 聚合酶沿着 DNA 模板链的 3′→5′方向移动,并按照模板 DNA 链上的碱基序列催化 RNA 链的延长,RNA 链延伸的方向为 5′→3′但因有核膜相隔,没有转录与翻译同步的现象。真核生物基因组 DNA 在双螺旋结构的基础上,与多种组蛋白组成核小体高级结构。RNA pol 前移时要遭遇核小体。实验显示,在真核细胞的转录延长阶段可以观察到核小体位移和解聚现象(图 5-14)。

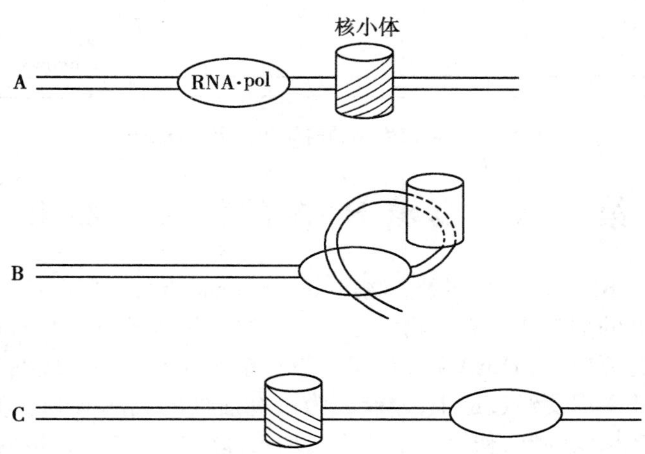

图 5-14 真核生物转录延长中的核小体移位

A. RNA pol 前移将遇到核小体 B. 原来绕在组蛋白上的 DNA 解聚及弯曲 C. 一个区段转录完毕,核小体移位了

(三) 转录终止

真核生物的转录终止是和转录后加工修饰密切相关的。真核生物 mRNA 有多聚腺苷酸(poly A)尾巴结构,是转录后才加进去的,因为在模板链上没有相应的多聚胸苷酸(poly dT)。转录不是在 pol A 的位置上终止,而是超出数百个乃至上千个核苷酸后才停顿。已发现,在读码框架的下游,常有一组共同序列 AATAAA 及其下游的富含 GT 序列。这些序列称为转录终止的修饰位点。

转录越过修饰位点后,在 hnRNA 的 3′端产生 AAUAAA……GUGUGUG 剪切信号序列。内切酶识别此信号序列进行剪切,剪切点位于 AAUAAA 下游 10~30 个核苷酸处,距 GU 序列 20~40 个核苷酸。剪切后随即加入 poly A 尾及 5′-帽子结构(图 5-15)。修饰点序列下游的 RNA 虽继续转录,但很快被 RNA 酶降解。因此推断,帽子结构是保护 RNA 免受降解的,因为修饰点以后的转录产物无帽子结构。

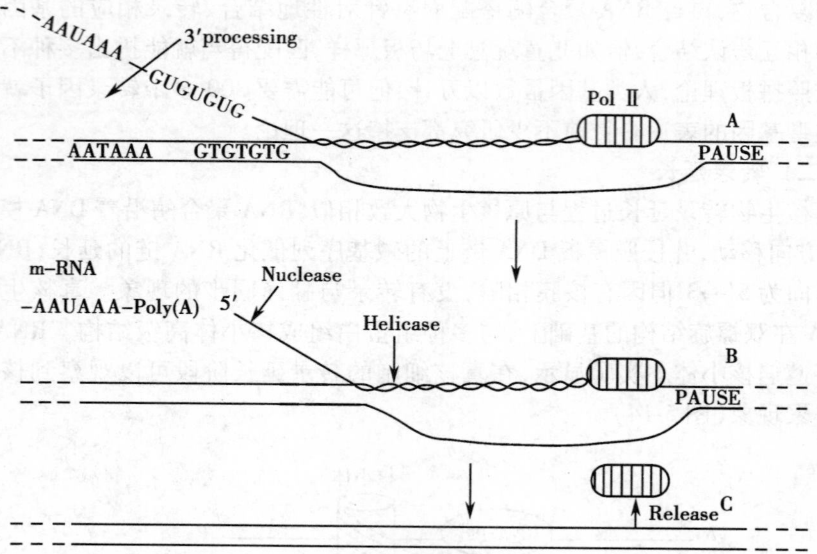

图 5-15 真核生物的转录终止及加尾修饰

第三节 真核 RNA 的转录后加工

转录生成的 RNA 是初级转录产物(primary transcripts),尚不具有生物活性,需要经过一定程度的加工才具有生物学活性。原核生物转录产生的 mRNA 不需加工即能作为翻译的模板,而 rRNA 和 tRNA 初级转录产物也需加工成熟。真核生物的初级转录产物几乎都要经过加工,才能成为具有活性的成熟 RNA。真核生物转录和翻译的部位被核膜隔开,初级转录产物的加工修饰主要在细胞核内进行,修饰过程较为复杂。对转录后修饰的研究发现很多与生命活动有重大关系的现象,如真核生物的断裂基因、内含子的功能、RNA 具有酶的作用等。本节主要介绍真核生物转录后修饰(post-transcriptional modification)。

一、mRNA 的转录后加工

真核生物 mRNA 转录后,需进行 5′-端加帽和 3′-端加尾的修饰,以及对 hnRNA 链切除内含子和连接外显子的剪接(splicing)过程,才能成为成熟的 mRNA,转运到核糖体上,指导蛋白质的翻译。

(一)首、尾的修饰

绝大多数真核细胞成熟的 mRNA 的 5′-端通常都有一个 7-甲基鸟嘌呤-三磷酸核苷(m^7G-5′ppp5′-N-3′)作为起始结构,即“帽子”结构。“加帽”过程是在核内完成的,先于 hnRNA 链的中段剪接过程。“加帽”过程是由加帽酶和甲基转移酶来催化。转录产物第一个核苷酸常是 5′-三磷酸鸟苷 pppG。加帽酶有两个亚基,mRNA 成熟过程中,先由加帽酶的一个亚基,具有磷酸酶作用把 5′-pppG—水解,生成 5′-ppG—或 5′-pG—,释放出无机焦磷酸。然后,另一个亚基具有鸟苷酰转移酶作用,将 GTP 分子中 GMP 转移到 5′-端 5′-ppG 上,生成 5′,5′-三磷酸双鸟苷结构。在甲基转移酶作用下,第一或第二个鸟嘌呤碱基发生甲基化反应,形成帽子结构,其反应过程如图 5-16。

帽子结构常出现于核内的 hnRNA,说明 5′-端的修饰是在核内完成的,而且先于 mRNA 链中段的剪接过程。帽子结构的功能,是和翻译过程有关的。真核生物细胞中已发现一种能特异性结合 mRNA 帽子结构的蛋白质(见第六章)并作为翻译起始必需的一种因子。原核生物 mRNA 没有帽子结构。

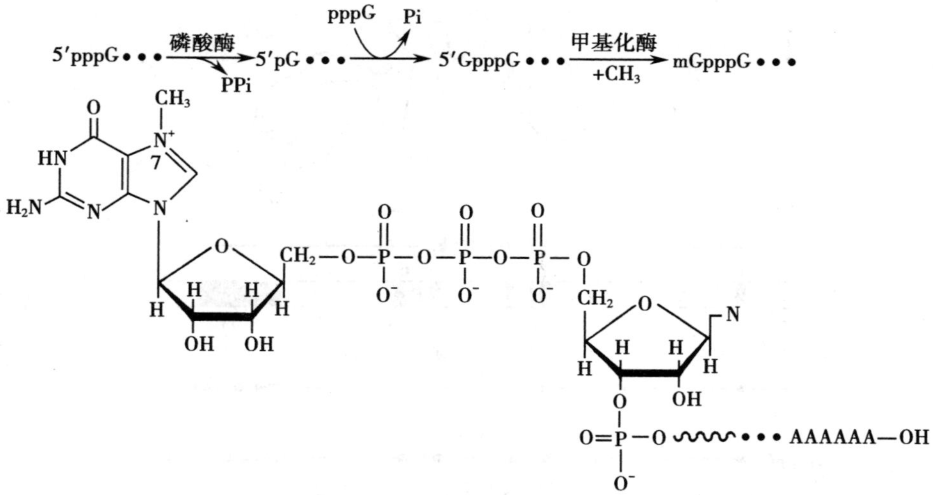

5′pppG••• —磷酸酶 (PPi)→ 5′pG••• —pppG (Pi)→ 5′GpppG••• —甲基化酶 (+CH_3)→ mGpppG•••

图 5-16 mRNA 帽子结构的生成(上)及帽子结构的详细结构式(下)

式中示第一个 GN-7 位甲基化(称为帽 0);甲基化也可以发生在 5′端两个 G 之间的核糖上,或在第二位(通常也是 G)碱基上(帽 1);或多个位点上甲基化(帽 3)

成熟的 mRNA 的 3′-端通常有一段长 80 ~ 250 个多聚腺苷酸尾巴(poly A tail)。大多数已研究过的基因中,都没有 3′-端多聚 T 相应序列,说明 poly A 的出现是不依赖 DNA 模板的。转录最初生成的 mRNA 3′-末端往往长于成熟的 mRNA。认为,加入 poly A 之前,hnRNA 先由核酸内切酶在 AAUAAA 信号下游 10 ~ 30 个核苷酸处切去 3′-末端多余的核苷酸,然后由多聚腺苷酸聚合酶催化加入 poly A。多聚腺苷酸聚合酶催化的反应不需要 DNA 模板。在 hnRNA 上也发现 poly A 尾巴,因此这一过程也在核内完成,而且先于 mRNA 中段的剪接。尾部修饰是和转录终止同时进行的过程。

poly A 的长度很难确定,其长度随 mRNA 的寿命而缩短,随着 poly A 缩短,mRNA 降解加速翻译活性也随之下降。因此推测,poly A 的有无与长短,是维持 mRNA 作为翻译模板的活性,以及增加 mRNA 稳定性的因素。一般真核生物在胞浆内出现的 mRNA,其 poly A 长度为 100 ~ 200 个核苷酸之间,也有少数例外,如组蛋白基因的转录产物,无论是初级的或成熟的,都没有 poly A 尾巴。

(二) mRNA 的剪接

1. hnRNA 和 snRNA　hnRNA 是成熟 mRNA 的前体。是核内出现的转录初级产物,分子量往往比在胞浆内出现的成熟 mRNA 大几倍,甚至数十倍,核内的初级 mRNA 称为杂化核 RNA(hetero-nuclear RNA,hnRNA)。核酸序列分析证明,mRNA 来自 hnRNA,但去掉了相当大部分的中间片段。核酸杂交实验证明,hnRNA 和 DNA 模板链可以完全配对;成熟的 mRNA 与模板链 DNA 杂交,出现部分的配对双链区域和中间相当多鼓泡状突出的单链区段。根据上述实验结果(图 5-17),20 世纪70年代末提出了断裂基因的概念：真核生物结构基因，由若干个编码区和非编码区互相间隔但又连续镶嵌而成，去除非编码区再连接后，可翻译出由连续氨基酸组成的完整蛋白质，这些基因称为断裂基因（split gene）。

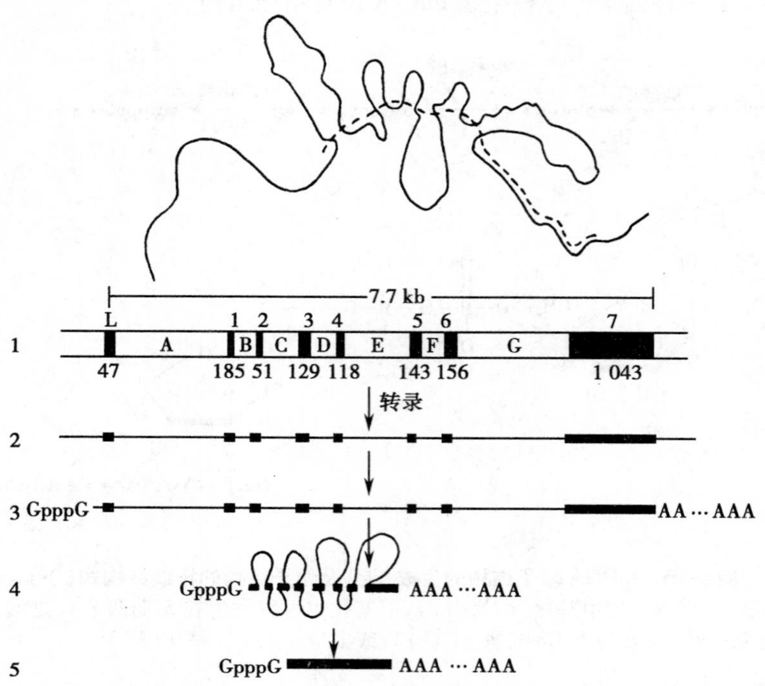

图5-17　断裂基因及其转录、转录后修饰

1. 卵清蛋白基因；2. 转录初级产物hnRNA；3. hnRNA的首、尾修；4. 剪接过程中套索RNA的形成；5. 胞浆中出现的mRNA，套索已去除

图上方为成熟mRNA与基因DNA杂交的电镜所见，虚线代表mRNA，实线为DNA模板

snRNA是核内小RNA，由百余个至300个核苷酸组成，分子中碱基以尿嘧啶含量最丰富，因而以U作分类命名。现已发现有sn-RNA U_1、U_2、U_4、U_5、U_6等类别。mRNA前体的剪接发生在剪接体上，剪接体由snRNA和核内蛋白质形成的小分子核糖核蛋白体（small nuclear ribonucleoprotein，snRNP）组成，是一种超大分子复合体，其装配需要ATP提供能量。真核生物snRNP中的snRNA和大约50种蛋白质都高度保守。

2. 外显子（exon）和内含子（intron）　这两个词分别代表基因的编码和非编码序列。因tRNA和rRNA成熟过程也需剪接，所以外显子定义为：在断裂基因及其初级转录产物上出现，并表达为成熟RNA的核酸序列。内含子是隔断基因的线性表达而在剪接过程中被除去的核酸序列。第一个被详细研究的断裂基因是鸡的卵清蛋白基因，其全长为7.7kb（图5-17）。该基因有8个外显子和7个内含子；图中黑色并用数字表示外显子，包括L是前导序列。用字母表示的白色部分是内含子。hnRNA是和相应的基因等长的，即内含子也存在于初级转录产物中。成熟的mRNA是8个外显子连接在一起的，编码386个氨基酸。

最庞大的一个人类基因是抗肌萎缩蛋白（dystrophin）基因，全长数百万核酸对（10^6bp），有50多个外显子，被50多个内含子分隔。成熟的mRNA仅有1万多个核苷酸。

3. 内含子的分类　根据基因的类型和剪接的方式，通常把内含子分为四类：第Ⅰ类内含子主要存在于线粒体、叶绿体及某些低等真核生物的 rRNA 基因；第Ⅱ类内含子也发现于线粒体、叶绿体。Ⅰ、Ⅱ类内含子中，已发现相当一部分是属于自身剪接(self splicing)的内含子，由 RNA 分子起酶的作用而催化剪接。第Ⅲ类内含子，是常见的形成套索结构后剪接，大多数的 mRNA 基因有此类内含子；第Ⅳ类内含子是 tRNA 的基因及其初级转录产物中的内含子，剪接过程需酶及 ATP。

关于内含子的功能，有两种不同看法。一种认为：内含子是在进化中出现或消失的，内含子如果有功能，只不过是有利于物种的进化选择。例如细菌丢失了内含子，可以使染色体变小和复制速度加快。真核生物保留内含子，则可以产生外显子移动，有利于真核生物在适应环境改变时能合成功能不同而结构上只有微小差异的蛋白质。另一种则认为：内含子在基因表达中有调控功能。例如：现在已知某些遗传性疾病，其变异是发生在内含子而不在外显子。有些内含子在调控基因表达的过程中起作用，有些内含子还能为酶编码。

4. mRNA 的剪接(mRNA spicing)　去除初级转录产物上的内含子，把外显子连接为成熟的 RNA，称为剪接。根据电镜所见(图 5-18)，内含子区段弯曲，使相邻的两个外显子互相靠近而利于剪接，称为套索 RNA(lariat RNA)。这是最初提出的剪接模式。后来还发现内含子近 3′-端的嘌呤甲基化，例如 $3^{m}G$ 是形成套索必需的。从初级转录产物一级结构分析及 snRNA 特性的研究，目前对剪接已有较深入了解。大多数内含子都以 GU 为 5′端的起始，而其末端则为 AG-OH-3′。5′-GU……

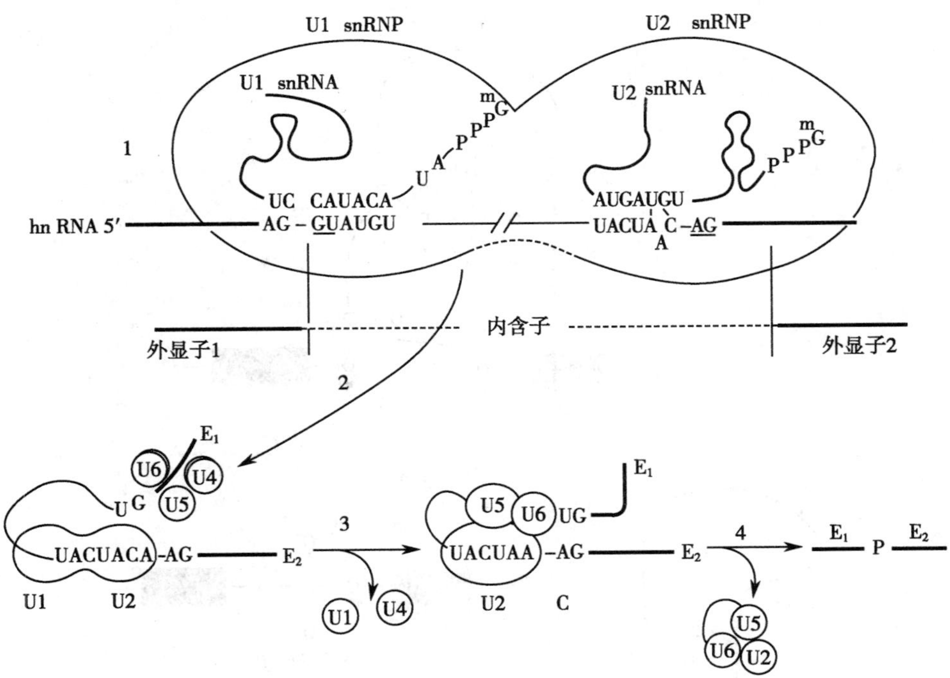

图 5-18　snRNP 与 hnRNA 结合成为剪接体

1. snRNA 与边界序列有配对关系，利于剪接体生成；2. U_4，U_5，U_6加入形成完整剪接体，内含子形成套索；3. U_2U_6形成催化中心

AG-OH-3′称为剪接口或边界序列。剪接后，GU或AG不一定被剪除。剪接过程的化学反应称为二次转酯反应（twice transesterification）。

剪接体（spliceosome）是snRNP与hnRNA结合，使内含子形成套索并拉近上、下游外显子距离的复合体。剪接体是mRNA剪接的场所，其生成和作用如图5-18。

（1）内含子5′-和3′-端的边界序列分别与U_1、U_2的snRNA互补配对（其中U_2 snRNA不能与3′-端的边界序列中的分支点A互补配对），使snRNP结合在内含子的两端。

（2）U_4，U_5，U_6加入，形成完整的剪接体。此时内含子发生弯曲成套索状。上、下游的外显子E_1和E_2靠近。

（3）结构调整，释放U_1，U_4和U_5，U_2和U_6形成催化中心，活性剪接体形成，发生二次转酯反应，完成切除内含子和连接外显子的剪接过程（图5-19）。

hnRNA中段的剪接过程需经过两次转酯反应。第一次转酯反应中，内含子分

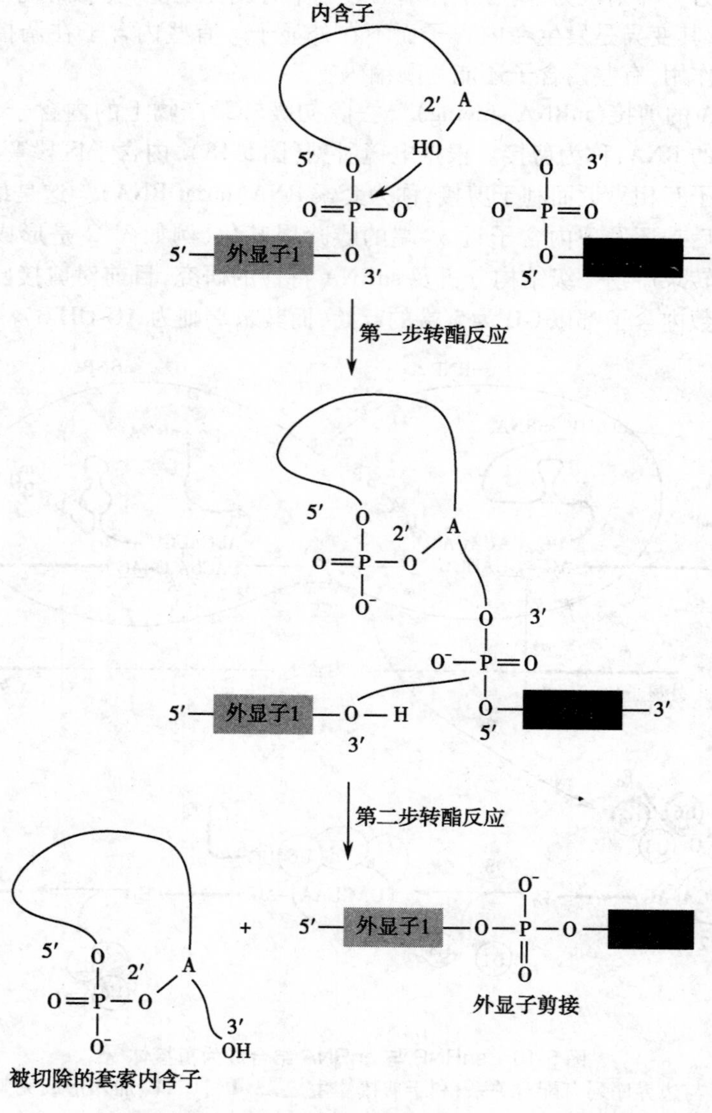

图5-19 真核mRNA前体剪接机制（二次转酯反应）

支点 A 的 2′-OH 攻击 5′剪接位点,使 3′,5′-磷酸二酯键断裂,同时内含子 5′端的 G 与分支点的 A 形成 2′,5′-磷酸二酯键,内含子自身成环,形成套索结构。3′剪接位点的断裂依赖于第二次转酯反应。上游外显子 E_1 的 3′-OH 攻击下游外显子 E_2-内含子边界的 3′剪接位点的 5′磷酸,促使 3′,5′-磷酸二酯键断裂,并把上游外显子 E_1 的 3′-OH 和下游外显子 E_2 的 5′-磷酸基团连接形成 3′,5′-磷酸二酯键,并释放出内含子,完成剪接过程(图 5-19)。

5. mRNA 编辑(mRNA editing)　有些蛋白质产物的氨基酸序列并不完全与其基因的编码序列相互对应。研究表明,mRNA 上的一些核苷酸序列经过编辑过程发生了改变。所谓的 mRNA 编辑是基因转录产生的 mRNA 分子中,由于核苷酸的缺失,插入或替换,使 mRNA 的序列与基因编码序列不完全对应,导致一个基因可产生数种氨基酸序列不同、功能不同的蛋白质分子。例如人类基因组上只有一个 Apo B(载脂蛋白 B)基因,转录、剪接后的成熟 mRNA 含 14 500 个核苷酸,编码存在于肝脏的 513kD 的 Apo B100。在肠道细胞内,Apo B-mRNA 的 6666 位 C 发生脱氨基反应,从而 C→U,原有密码子 CAA 变为终止密码子 UAA,翻译至此为止,产物是分子量为 264kD 的 Apo B48。在人类基因组计划执行中曾估计人类基因总数在 5 万 ~ 10 万个甚至 10 万个以上。但 2001 年测序完成后,认为人类只有约 25 000 个基因。RNA 编辑表明基因的编码序列经过转录后加工是基因差异性表达的原因之一。因此,也称为差异性 RNA 加工(differential RNA processing)。

二、tRNA 的转录后加工

真核生物含有大量多拷贝的编码 tRNA 的基因。真核生物约有 40 ~ 50 种不同的 tRNA 分子。它们的前体分子由 RNA pol Ⅲ催化生成,然后加工成熟。

真核生物 tRNA 前体的加工,包括切除插入序列,连接断端序列,以及 3′添加-CCA 和稀有碱基的生成。图 5-20 是 RNA pol Ⅲ转录 tRNA 的基因及初级产物。基因的斜线部分已标出其较保守的序列,是 DHU 和 Tφ 两个环的模板,这两个环在初

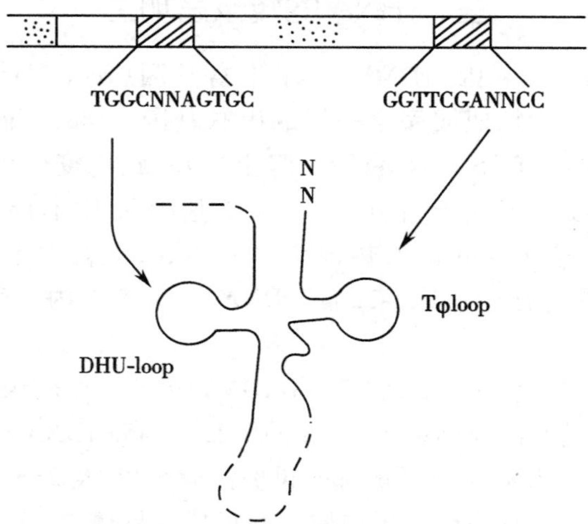

图 5-20　RNA pol Ⅲ 转录的基因及其转录初级产物

虚线是转录后加工要被剪除的部分,3′的 CAA-OH 也是加工生成的

级转录产物中已定型。基因点状区域相应于转录出的虚线，在酵母酪氨酸-tRNA（yeast $tRNA^{tyr}$）上，5′端为16核苷酸的前导序列，中部为14核苷酸的内含子，3′端还有2个核苷酸，都是成熟tRNA没有的。5′前导序列由RNase P切除，该酶由300多个核苷酸的RNA组成辅酶。成熟tRNA 3′-端由tRNA核苷酸转移酶加入CCA-OH作为末端。图5-21表示了剪接过程。

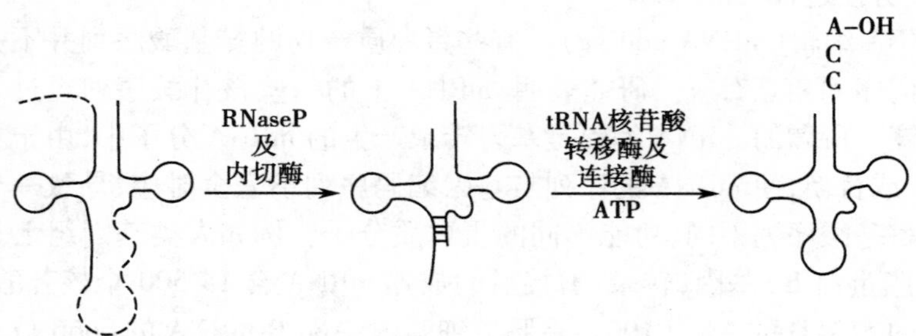

图5-21　tRNA的剪接是酶促反应，切除内含子的核酸
内切酶由tRNA基因内含子编码

此外，tRNA的转录后加工还包括各种稀有碱基的生成。

1. 甲基化　在tRNA甲基转移酶催化下，某些嘌呤生成甲基嘌呤，如A→^{m}A，G→^{m}G。

2. 还原反应　某些尿嘧啶还原为双氢尿嘧啶（DHU）。

3. 核苷内的转位反应　如尿嘧啶核苷转变为假尿嘧啶核苷（φ）。

4. 脱氨反应　某些腺苷酸脱氨成为次黄嘌呤核苷酸（I）。次黄嘌呤（inosine）是经常见于tRNA的稀有碱基之一。

5. 3′-末端加上CCA-OH　在3′-末端由外切酶RNase D切除个别碱基后，再由核苷酸转移酶加上tRNA分子统一的CCA-OH末端。

三、rRNA的转录后加工

真核细胞的rRNA基因（rDNA）属于丰富基因（redundant gene）族的DNA序列，即染色体上一些相似或完全一样的串联基因（tandem gene）单位的重复。属于丰富基因族的还有5S rRNA基因、组蛋白基因、免疫球蛋白基因等。不同物种基因组可有数百至上千个rDNA，每个基因又被不能转录的基因间隔（gene spacer）分段隔开。可转录片段为7～13kb，间隔区也有若干kb大小。注意基因间隔不是内含子（图5-22）。rDNA位于核仁内，每个基因各自为一个转录单位。

真核生物18S、28S和5.8SrRNA基因（rDNA）处于一个转录单位，由RNA聚合酶Ⅰ催化生成它们的共同前体45SrRNA（图5-22）。45S rRNA经剪接后，分出属于核糖体小亚基的18S rRNA。余下的部分再剪接成5.8S及28S的rRNA。rRNA成熟后，就在核仁上装配，与核糖体蛋白质一起形成核糖体，输出胞浆。生长中的细胞，rRNA较稳定；静止状态的细胞，rRNA的寿命较短。

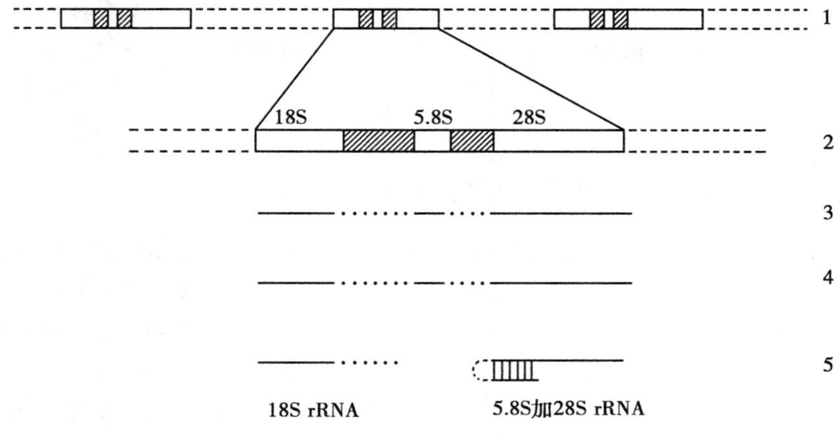

图 5-22　rRNA 转录后加工

1,2. rDNA,斜线为内含子,虚线是基因间隔;3. 45S 转录产物;4. 剪接;5. 终产物

第四节　核　　酶

从 20 世纪初发现具有催化活性的蛋白质以来,普遍认为蛋白质是生物体内的催化剂,催化生物体内所有的化学反应,并称之为酶。直到 20 世纪 80 年代初,T. Cech 在研究四膜虫的 rRNA 转录后加工剪接中,发现反应体系中除去所有的蛋白质后剪接过程仍能完成,RNA 具有核糖核酸酶和 RNA 聚合酶的活性,随后又发现了 DNA 分子也具有催化功能。

核酶(ribozyme)是指具有催化作用的 RNA,即化学本质是核糖核酸(RNA),却具有酶的催化功能,可定点切割 RNA 靶分子,从而达到有效阻断基因表达的目的。核酶的作用底物可以是不同的分子,有些作用底物就是 RNA 分子本身的某些部位。核酶有许多功能,如切割 RNA,切割 DNA,有些还具有 RNA 连接酶、磷酸酶等活性。与本质是蛋白质的酶相比,核酶的催化效率较低。ribozyme 是核糖核酸和酶两词的缩合词。核酶的发现对于所有酶都是蛋白质的传统观念提出了挑战。1989 年,核酶的发现者 T. Cech 和 S. Altman 因对 RNA 催化剂研究的突出贡献,被授予诺贝尔化学奖。

一、核酶的类型

目前已知的几十种天然 RNA 催化剂的绝大部分参与 RNA 的加工和成熟。核酶作用方式较为简单,根据它们的作用方式可分为:①剪切型,这类核酶能催化自身 RNA 或异体 RNA 分子剪切掉多余的多聚核苷酸片段,其催化功能相当于核酸内切酶(化学本质为蛋白质的酶),如四膜虫 rRNA 的加工。②剪接型,这类核酶主要催化自身 RNA 前体首先切除内含子部分并把不连续的外显子部分连接起来,它的作用是既剪又接,相当于核酸内切酶和连接酶(化学本质均为蛋白质的酶)的联合作用。根据所作用的底物不同,又可分成自体催化和异体催化两类。绝大多数 RNA 催化剂以自身为底物进行自体催化,可以是自我剪切,也可以是自我剪接。

已发现的天然核酶其化学本质均为 RNA,其催化作用主要有:①核苷酸转移作用；②水解反应，即磷酸二酯酶作用；③磷酸转移反应，类似磷酸转移酶作用；④脱磷酸作用，即酸性磷酸酶作用；⑤RNA 内切反应，即 RNA 限制性内切酶作用。而人工合成的核酶其化学本质为 DNA，故又称为脱氧核酶，其催化作用为水解 RNA 分子的特定部位。

二、核酶的锤头结构

通过比较多种低等生物能自我剪接的 RNA 二级结构，观察到自我剪切区内的 RNA 二级结构形状如锤头，因此 R. Symons 提出核酶作用的分子模型。最典型的是由一条 RNA 链形成锤头结构（hammerhead structure）（图 5-23），故名锤头状核酶。锤头状核酶发挥自我剪切时所需的基本结构，是由催化部分和底物部分组成锤头结构，至少含有三个茎，一至三个环，含有 GU 序列的剪切位点及至少有 13 个一致性序列，用 A，C，C，U 标出，其余书写为 N 的是指任何碱基均可。通常能进行分子内自我催化的 RNA 片段不太长，约为 60 核苷酸。不同的锤头状核酶保守区以外的序列不同。

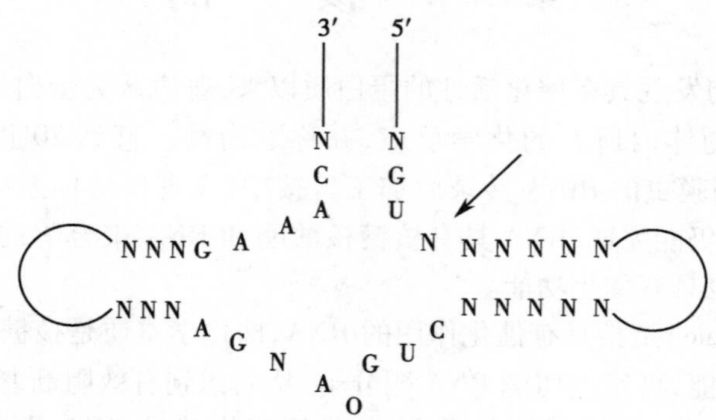

图 5-23　锤头状结构，最简单的核酶
箭头示核苷酸链断裂点

三、rRNA 前体的自我剪接作用

T. Cech 等通过研究四膜虫 rRNA 前体的加工过程，发现在去除杂蛋白后，rRNA 前体依然能迅速被剪接。而此时反应体系中没有酶的存在，rRNA 前体通过一种“自我剪接”的作用机制，才能成为成熟的 rRNA。四膜虫 rRNA 前体自我剪接过程经历了两次剪接反应，第一次剪接，鸟苷酸作为辅助因子，由鸟苷酸的 3′-OH 向 5′外显子与内含子的 5′剪接点攻击，发生磷酸酯反应，外显子 3′-OH 游离，5′外显子脱落，完成第一次转酯反应。第二次剪接时，5′外显子的 3′-OH 攻击 3′外显子与内含子的 3′剪接点，发生磷酸酯转移反应，完成第二次转酯反应。于是 414 个核苷酸组成的内含子脱落。这样 5′外显子和 3′外显子相连接而内含子则被切除掉。

核酶的发现是对中心法则的重要补充，是继反转录现象之后，对 RNA 重要功能的另一阐明，也是对传统酶学的挑战。由于核酶结构的阐明，可以设计并人工合成小片段 RNA，使其结合到欲被破坏结构的 RNA 分子上成为锤头结构，这就是人工核酶（图 5-24）。人工核酶可切断核酸分子，破坏病原微生物（例如病毒），抑制

"有害基因"的表达(例如过度表达的癌基因)等,因此已成为基因治疗的重要策略之一。

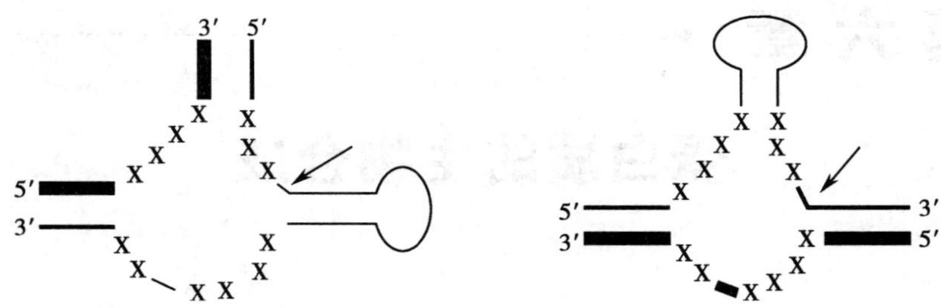

图 5-24　人工设计的核酶

箭头示切断点,粗、细线分别代表人工合成和天然的分子,X 表示一致性序列

(陈　瑜)

第六章

蛋白质的生物合成

蛋白质是生命活动的物质基础,生物体的整个生命过程需要合成大量蛋白质,而且其还要不断更新,所以蛋白质合成是生命过程非常重要的一个环节。

蛋白质生物合成也称为翻译(translation),指以 mRNA 为直接模板合成蛋白质的过程。真核生物遗传信息传递的规律是复制→转录→翻译,DNA 分子上的脱氧核苷酸顺序携带着遗传信息,通过 RNA 将其传递,指导蛋白质的生物合成,通过各种蛋白质的功能实现遗传信息的表达,如此 DNA 分子所含有的生物信息,经过 RNA 传递到蛋白质,因此蛋白质是遗传信息的主要执行者。

蛋白质生物合成与其他生物分子的合成一样是一个复杂的过程,需要许多物质参加。在蛋白质生物合成过程中,合成蛋白质的原料氨基酸按照 mRNA 的核糖核苷酸序列指导形成不同的氨基酸排列顺序,合成功能各异的蛋白质。刚合成的蛋白质大都没有功能,往往需要修饰加工、靶向输送后才发挥作用。许多抗生素是通过干扰病原微生物的蛋白质生物合成达到治疗疾病的作用,可见蛋白质生物合成与医学关系密切。

第一节　蛋白质生物合成需要的物质

蛋白质生物合成大约需要 200 多种物质参加,其中包括原料氨基酸,mRNA、rRNA 和 tRNA 三种 RNA,各种酶、蛋白质因子、无机离子及供能物质等。

一、蛋白质生物合成的原料

合成蛋白质的原料是 20 种 L-α-氨基酸。自然界存在的氨基酸约有 300 多种,但是具有遗传密码,由 mRNA 编码的氨基酸只有 20 种,它们才是蛋白质生物合成的原料。虽然在某些蛋白质分子中含有这 20 种以外的个别特殊氨基酸,但它们没有遗传密码,是多肽链合成后修饰加工形成的,如胶原蛋白分子中的羟脯氨酸、羟赖氨酸等。

二、蛋白质生物合成中三种 RNA 的作用

合成蛋白质需要 mRNA、tRNA、rRNA 三种 RNA。

（一）mRNA 与遗传密码

1. 翻译模板 mRNA　蛋白质是由氨基酸组成的生物大分子，不同蛋白质分子中氨基酸特定的排列是由结构基因中碱基排列顺序决定的。mRNA（信使核糖核酸）是结构基因转录的产物，含有 DNA 携带的遗传信息，是蛋白质生物合成的直接模板，不同蛋白质有其特定的 mRNA 模板。mRNA 分子从 5′端 AUG 开始每 3 个相邻的核苷酸组成一个遗传密码子（genetic codon），编码一种氨基酸，因此 mRNA 分子中四种核糖核苷酸的组成和排列顺序决定了蛋白质分子中氨基酸的排列顺序。因为在 mRNA 分子中的核苷酸顺序和蛋白质的氨基酸排列顺序是两种不同的分子语言，所以也将蛋白质的生物合成称为翻译。

2. 遗传密码　mRNA 分子中 4 种核苷酸从 AUG 开始每 3 个核苷酸组成一个遗传密码（密码子），代表一个氨基酸，4 种核苷酸以 4^3 方式组合共形成 64 个密码子（表 6-1）。在 64 个遗传密码中 AUG 是蛋氨酸的密码，但当它位于 mRNA 链 5′端时还兼做多肽链合成的起始信号，所以 AUG 被称为起始密码。UAA、UGA 和 UAG 三个密码不代表任何氨基酸，只代表蛋白质合成的终止信号，故被称为终止密码。遗传密码有以下特点：

（1）方向性（direction）：在 mRNA 分子中含有密码子的区域称为开放阅读框架，其靠近 5′端有起始密码 AUG，近 3′端有终止密码 UAA 或 UAG、UGA。

表 6-1　遗传密码表

第 1 个核苷酸(5′)	第 2 个核苷酸				第 3 个核苷酸(3′)
	U	C	A	G	
U	UUU 苯丙氨酸	UCU 丝氨酸	UAU 酪氨酸	UGU 半胱氨酸	U
	UUC 苯丙氨酸	UCC 丝氨酸	UAC 酪氨酸	UGC 半胱氨酸	C
	UUA 亮氨酸	UCA 丝氨酸	UAA 终止密码	UGA 终止密码	A
	UUG 亮氨酸	UCG 丝氨酸	UAG 终止密码	UGG 色氨酸	G
C	CUU 亮氨酸	CCU 脯氨酸	CAU 组氨酸	CGU 精氨酸	U
	CUC 亮氨酸	CCC 脯氨酸	CAC 组氨酸	CGC 精氨酸	C
	CUA 亮氨酸	CCA 脯氨酸	CAA 谷氨酰胺	CGA 精氨酸	A
	CUG 亮氨酸	CCG 脯氨酸	CAG 谷氨酰胺	CGG 精氨酸	G
A	AUU 异亮氨酸	ACU 苏氨酸	AAU 天冬酰胺	AGU 丝氨酸	U
	AUC 异亮氨酸	ACC 苏氨酸	AAC 天冬酰胺	AGC 丝氨酸	C
	AUA 异亮氨酸	ACA 苏氨酸	AAA 赖氨酸	AGA 精氨酸	A
	AUG 甲硫氨酸	ACG 苏氨酸	AAG 赖氨酸	AGG 精氨酸	G
G	GUU 缬氨酸	GCU 丙氨酸	GAU 天冬氨酸	GGU 甘氨酸	U
	GUC 缬氨酸	GCC 丙氨酸	GAC 天冬氨酸	GGC 甘氨酸	C
	GUA 缬氨酸	GCA 丙氨酸	GAA 谷氨酸	GGA 甘氨酸	A
	GUG 缬氨酸	GCG 丙氨酸	GAG 谷氨酸	GGG 甘氨酸	G

遗传密码的方向性是指蛋白质合成过程是从 mRNA 分子的5′末端向3′末端方向阅读密码，即起始密码位于 mRNA 的5′末端，终止密码位于 mRNA 的3′末端，每个密码子的3个核苷酸也是按照5′→3′的方向识别阅读。

（2）连续性（commaless）：阅读 mRNA 分子中遗传密码是从5′端开始每三个碱基为一密码子连续不断地向3′端阅读，直至终止密码的出现。由于遗传密码之间没有标点，所以如果在 mRNA 链上插入一个或几个碱基、或者删去一个或几个碱基，都会导致阅读框改变，称为框移突变，可导致翻译出错误的氨基酸排列顺序或者使翻译提前终止。

（3）简并性（degeneracy）：组成蛋白质的氨基酸只有20种，而64个遗传密码中有61个可以代表氨基酸，说明有的氨基酸有几个密码。一个氨基酸具有两种以上密码子的现象称为遗传密码的简并性。事实上除了蛋氨酸和色氨酸只有一个密码子外，其余氨基酸都有2、3、4、6个密码为其编码，如异亮氨酸有3个密码子，亮氨酸、精氨酸、丝氨酸都有6个密码子。

从密码表中可以看到有2个以上密码子的氨基酸其三联体上第1、2位碱基大多相同，差别主要在第3位，如甘氨酸的密码子 GGU、GGC、GGA、GGG，丙氨酸的 GCU、GCC、GCA、GCG。因此当这些密码的第3位碱基突变或异常，不一定影响翻译的氨基酸种类，其在减少突变的有害效应方面有重要意义。

（4）摆动性（wobble）：遗传密码子与反密码子配对有时会出现不遵守碱基配对规律的情况，这种不严格的碱基配对现象被称为遗传密码的摆动配对（wobble base pair），或称为不稳定配对，也叫摆动性。遗传密码的摆动性常常发生在反密码子的第1位碱基与密码子的第3位碱基配对时，即密码子的第3位碱基与反密码子的第1位碱基配对时可以不严格按 A-U、C-G 配对。反密码子与遗传密码子配对除了 A-U、C-G 的严格配对规律外，最常见的摆动现象有 I-U、I-C 或 I-A，此外 U-G、G-U 也可存在（表6-2）。

表6-2 摆动配对规律

tRNA 反密码子第1位碱基	I	U	G
mRNA 密码子第3位碱基	U C A	G	U

摆动现象使得当密码子的第3位碱基发生突变时并不影响 tRNA 带入正确的氨基酸，同遗传密码简并性一样，摆动配对也可以保护基因突变时不影响蛋白质多肽链中氨基酸的排列顺序，在减少突变的有害效应方面具有重要意义。

（5）通用性（universal）：无论高等动物，还是低等生物都主要使用一套遗传密码，即从病毒、细菌到人类都用目前这套遗传密码。近些年的研究表明遗传密码有个别例外，例如在哺乳类动物线粒体蛋白质合成体系中 UGA 是色氨酸的密码，并不是终止密码，其终止密码是 AGA、AGG（在通用密码中翻译为精氨酸）；其苏氨酸的密码是 CUA，AUA 是蛋氨酸的密码。叶绿体的遗传密码与通用密码也有一些差别。遗传密码基本上通用于生物界说明物种有共同的进化起源，同时在生产实践中可利用细菌等生物制造人所需要的各种蛋白质。

遗传密码与诺贝尔奖

经过多位科学家的共同努力，1966 年确定了 64 个遗传密码及其意义，M. W. Nirenbreg、H. G. Khorana、R. W. Holley 三位美国科学家因此共同荣获 1968 年诺贝尔生理医学奖，写出了现代生物学激动人心的篇章。

20 世纪 60 年代，M. W. Nirenbreg 等人推断出了 64 个三联体密码子，并经过多次实验解读了第一个“象形文字”——UUU 代表苯丙氨酸。H. G. Khorana 等将化学合成与酶促合成反应巧妙结合，确定了半胱氨酸、缬氨酸等密码子。R. W. Holley 是 tRNA 的发现者之一，他成功制备了一种纯 tRNA，标志着核酸化学结构的确定。

（二）tRNA 与氨基酰-tRNA

1. tRNA 在蛋白质合成中的作用　在蛋白质生物合成过程中 tRNA（转运核糖核酸）的作用是将氨基酸搬运到蛋白质合成场所。tRNA 的 3′末端 CCA-OH 是结合氨基酸的部位，在特异的氨基酰-tRNA 合成酶催化下，tRNA 与相应的氨基酸结合而转运氨基酸。每一种氨基酸可以有 2 ~ 6 种特异的 tRNA 搬运，但每一种 tRNA 却只能特异地转运某一种氨基酸。每种 tRNA 通过其分子中的反密码子与 mRNA 链上的密码子碱基靠碱基配对原则形成氢键而相互识别结合，使 tRNA 所携带的氨基酸准确地在核糖体 mRNA 链上“对号入座”。tRNA 的反密码子与 mRNA 的密码子配对时方向相反（图 6-1）。

tRNA 分子 3′端均为 CCA 序列，也叫氨基酸臂，其腺嘌呤核苷酸的 3′羟基通过酯键与氨基酸结合而携带氨基酸，每种氨基酸与 tRNA 结合的特异性靠氨基酰-tRNA 合成酶识别。在蛋白质合成过程中特异识别 mRNA 上起始密码子 AUG 的 tRNA 被称为起始 tRNA，用 tRNAi 或者 $tRNA^{fmet}$（原核生物）表示，它只在每条多肽链合成的起始阶段发挥作用。在多肽链延伸过程中运载氨基酸的 tRNA 统称为普通 tRNA，它们参加多肽链的延长。携带相同氨基酸而反密码子不同的一组 tRNA 又被称为同功 tRNA，它们在细胞内合成的数量有差别。

2. 氨基酰-tRNA　氨基酸要形成肽键必须活化才能彼此连接。分散在胞液中的各种氨基酸经特异的氨基酰-tRNA 合成酶催化形成氨基酰-tRNA，即活化型氨基酸（氨基酰-tRNA 的生成反应见本节三）。氨基酸活化后可按照 mRNA 遗传密码的指导，通过 tRNA 反密码子与密码子配对将氨基酰基转运到核糖体的特定部位，参与肽链的合成。

（三）rRNA

rRNA（核糖体核糖核酸）在蛋白质合成中的作用是与多种蛋白质一起共同构成核糖体（ribosome，也称核蛋白体），为蛋白质合成提供场所。核糖体是多肽链合成的“装配机”，参与蛋白质合成的各种成分最终须在核糖体上将氨基酸按特定顺序合成多肽链。核糖体是由 rRNA 和几十种蛋白质组成的亚细胞颗粒，位于细胞

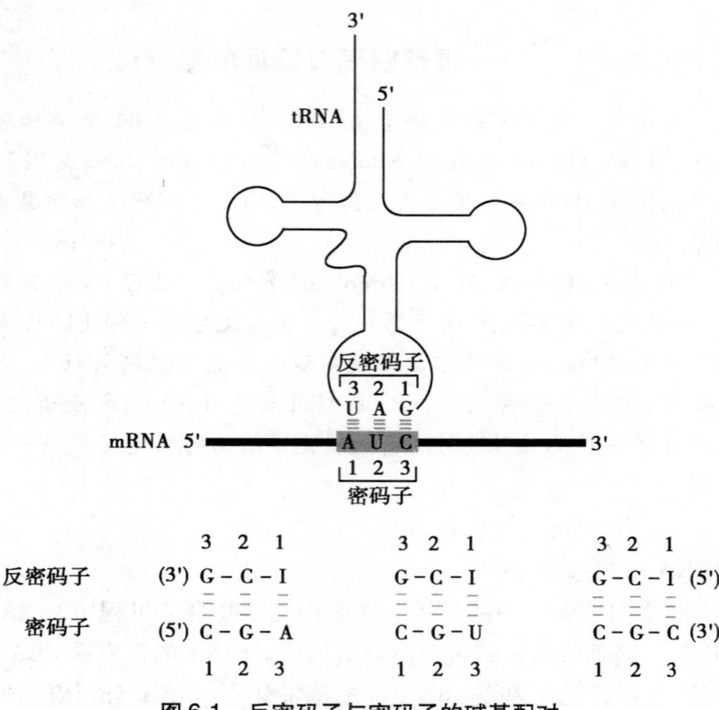

图 6-1 反密码子与密码子的碱基配对

浆。真核细胞胞液中的核糖体以两种形式存在，一类附着于粗面内质网上，主要参与白蛋白、胰岛素等分泌性蛋白质的合成，另一类游离于在胞液中，主要参与细胞固有蛋白质的合成。

任何生物的核糖体都由大、小两个亚基组成，只有大、小亚基聚合成核糖体（图 6-2），并组装上 mRNA 才能进行蛋白质的生物合成。在核糖体大、小亚基之间有容纳 mRNA 的部位，核糖体能沿着 mRNA5′→3′方向阅读遗传密码。原核生物核糖体有 3 个位点，最左边是排出空载 tRNA 的排出位（exit site），也称为 E 位，主要在大亚基上。中间是 P 位，右边是 A 位（图 6-5）。肽链合成终止后核糖体大小亚基分离。

核糖体是高度复杂的体系，作为蛋白质合成场所具有以下结构特点和作用：

1. mRNA 结合位点　此位点位于 30S 小亚基头部，由几种蛋白质构成一个以上的结构域，负责结合 mRNA。16S rRNA 3′端与 mRNA 的 AUG 之前的一段序列互补是这种结合必不可少的结构。

2. P 位点（peptidyl tRNA site，P 位）　P 位点又称为肽酰基-tRNA 位，或 P 位，位于核糖体平面图左侧，大部分在小亚基，是结合起始 tRNA 和肽酰 tRNA，并向 A 位传递氨基酸的位置。

3. A 位点（aminoacyl-tRNA site，A 位）　又叫氨基酰-tRNA 位，或受位，位于核糖体平面图右侧，大部分在大亚基，是结合新进入氨基酰-tRNA，形成肽键的位置（详见图 6-4 和下一节）。

4. 转肽酶活性部位　位于 P 位和 A 位的连接处，其功能是催化形成肽键。

5. 结合其他因子　核糖体上存在着多种参与蛋白质合成的蛋白质因子，如起

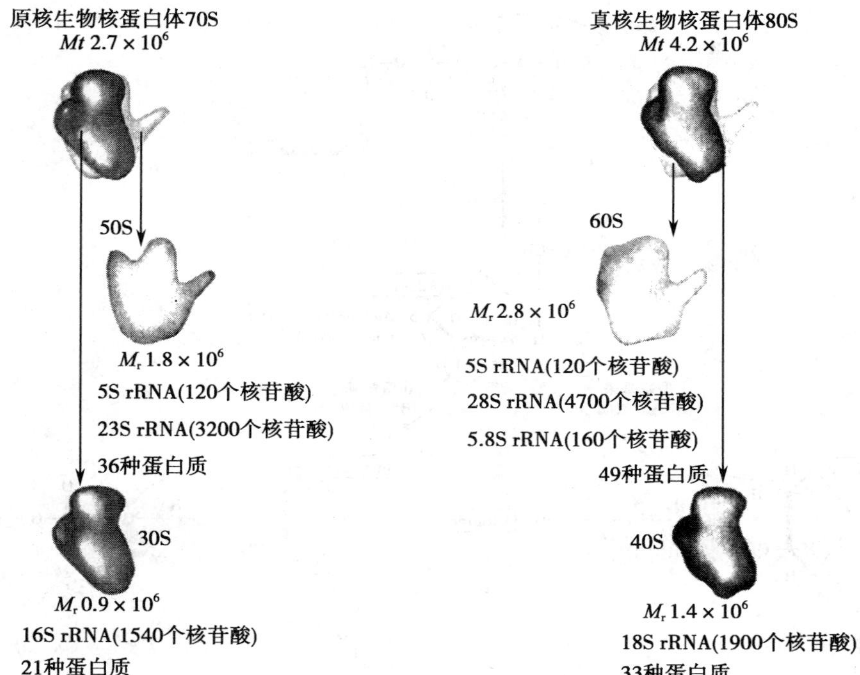

图 6-2　核糖体的组成

始因子(IF)、延长因子(EF)和终止因子或释放因子(RF),它们在蛋白质合成的各个环节发挥作用(详见蛋白质合成过程一节)。

三、蛋白质生物合成需要的酶体系

和其他物质生物合成一样蛋白质合成也需要酶催化,在蛋白质生物合成过程中主要起作用的酶有以下三种:

(一) 氨基酰-tRNA 合成酶

各种氨基酸在 ATP 供能,Mg^{2+}或 Mn^{2+}等参与下,经特异的氨基酰-tRNA 合成酶(aminoacyl-tRNA synthetase)催化形成具有反应活性的氨基酰-tRNA。生成氨基酰-tRNA 的反应可分为两步:第一步生成中间复合物氨基酰-AMP-酶,第二步氨基酰-AMP-酶再与特异性的 tRNA 结合形成氨基酰-tRNA:

氨基酸+ATP+酶 → 氨基酰-AMP-酶 + PPi

氨基酰-AMP-酶 +tRNA → 氨基酰-tRNA + AMP + 酶

活化反应是氨基酸的 α-羧基与 tRNA 的 3′末端腺苷酸中核糖的 3′羟基脱水形成酯键生成氨基酰-tRNA,各种氨基酸的活性形式就是相应的氨基酰-tRNA(图 6-3),每一个氨基酸都必须活化成氨基酰-tRNA 才能参与蛋白质合成。

氨基酰-tRNA 合成酶具有高度专一性,每一种氨基酰-tRNA 合成酶只特异地催化一种 tRNA 转运特定的一种氨基酸。氨基酰-tRNA 合成酶也属于多功能酶,它既能识别特异的氨基酸,又能识别相应的 tRNA,并将氨基酸连接在对应的 tRNA 分子上以保证遗传信息的准确传递。

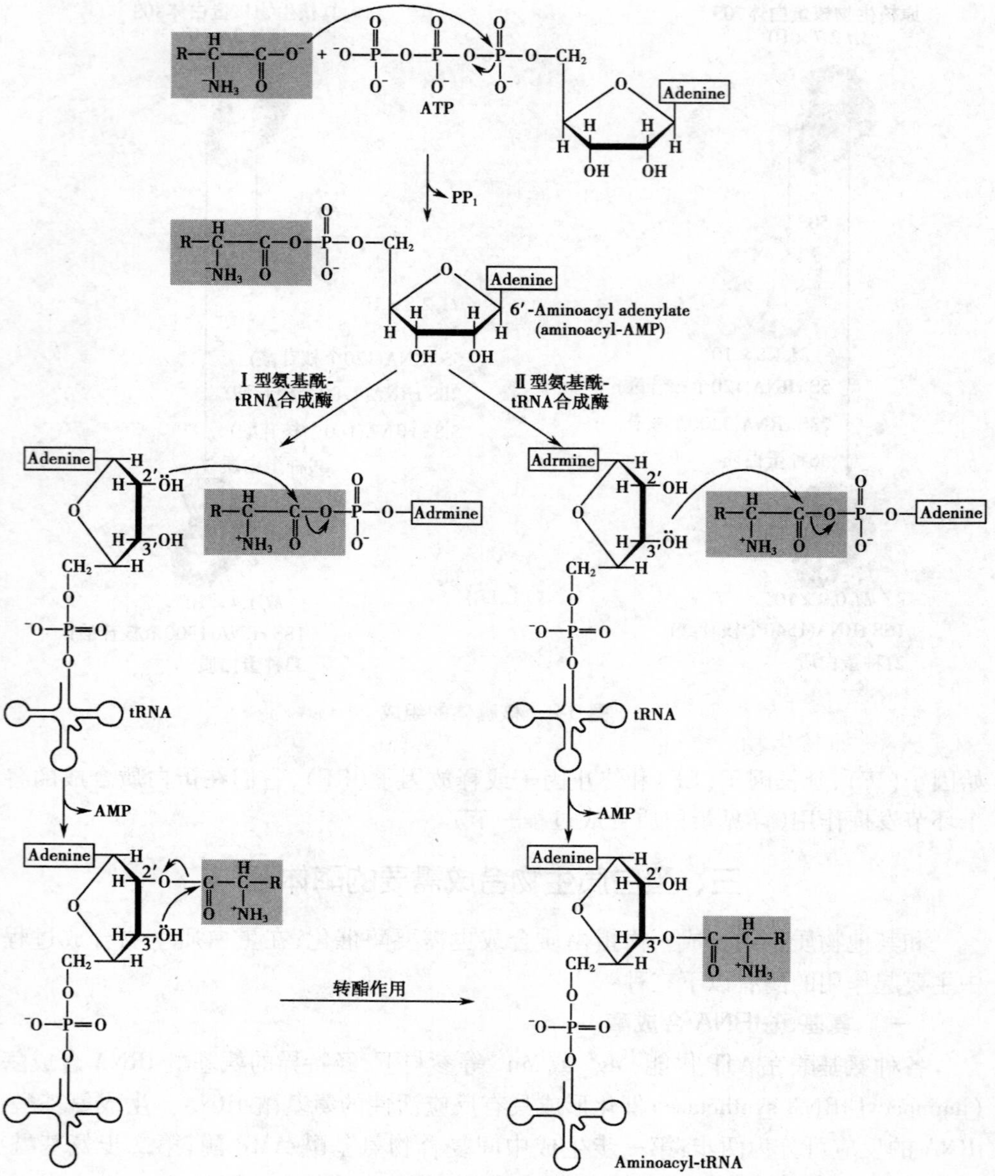

图 6-3　氨基酰-tRNA 的生成

原核生物蛋白质合成起始时第 1 个氨基酸蛋氨酸活化后还要在甲基转移酶催化下甲酰化，形成甲酰蛋氨酸-tRNA（fMet-$tRNA^{fMet}$，f 是甲酰化 formy 的缩写，有时也用下标 initiation 的 i 表示起始），其甲酰基由 N^{10} 甲酰四氢叶酸提供，而真核生物没有此过程。

$$N^{10}\text{-CHO-FH}_4 + \text{Met-tRNA}^{fMet} \longrightarrow \text{fMet-tRNA}^{fMet} + \text{FH}_4$$

N^{10}-甲酰四氢叶酸　　蛋氨酰-tRNA　　甲酰蛋氨酰-tRNA　　四氢叶酸

（二）转肽酶

也称为肽基转移酶，存在于核糖体大亚基，是蛋白质生物合成最重要的酶，其作用是催化两个氨基酸之间形成肽键，将一个个氨基酸连接成多肽链。原核生物 23S rRNA 具有转肽酶活性，而真核生物此酶活性位于 28S rRNA。转肽酶化学本质是 RNA，是核酶直接参与蛋白质合成的实例。

（三）转位酶（translocase）

此酶催化核糖体和 mRNA 移位，核糖体向 mRNA 的 3′端移动一个密码子的距离，使下一个密码子定位于 A 位，而携带肽链的 tRNA 则移至 P 位，使肽链延长。

四、蛋白质生物合成需要的其他物质

在蛋白质合成的各个阶段还需要多种重要的物质协助，共同参与才能合成蛋白质。

（一）蛋白质因子

蛋白质生物合成过程还需要许多其他的蛋白质因子参与，如各种起始因子（IF）、延长因子（EF）、释放因子（RF）等。

1. 起始因子（initiation factor，IF）　在蛋白质合成的起始阶段发挥作用的蛋白质因子，原核与真核生物不同。原核生物起始因子用 IF 表示，有 IF-1、IF-2、IF-3 三种；真核生物（eukaryote）起始因子很复杂，已经发现有 10 种，用 eIF-1、eIF-2、eIF-3、eIF-4 等表示。

2. 延长因子（elongation factor，EF）　在蛋白质肽链延长过程中发挥作用的蛋白质因子，原核生物有 EF-Tu、EF-Ts、EFG 三种，真核生物是 EF-1α、EF-1β、EF1γ、EF2 等。

3. 释放因子（release factor，RF）　参与蛋白质合成结束阶段的蛋白质分子叫释放因子，又叫终止因子。原核生物有 RF-1、RF-2、RF-3 三种，真核生物只要 eRF 一种释放因子。

（二）Mg^{2+}、K^+等无机离子

在蛋白质合成的起始、延长和终止各个阶段几乎都需要 Mg^{2+}等无机离子参与。

（三）ATP、GTP 等供能物质

在蛋白质合成的起始、延长和终止各阶段都需要供给能量。蛋白质生物合成主要的供能物质是 GTP，ATP 供能主要发生在氨基酸活化过程。

表 6-3 列出了大肠埃希菌蛋白质合成 5 个环节及其需要的主要物质。

表 6-3　大肠埃希菌蛋白质合成各环节需要的物质

合成环节	需要的主要化合物
氨基酸活化	20 种氨基酸 各种氨基酰-tRNA 合成酶 tRNA ATP、Mg^{2+}
起始阶段	mRNA N-甲酰甲硫氨酰-$tRNA^{fMet}$ 30S 核糖体亚基、50S 核糖体亚基 起始因子 IF-1、IF-2、IF-3 GTP、Mg^{2+}

笔记

续表

合成环节	需要的主要化合物
延长阶段	70S 核糖体起始复合物 各种氨基酰-tRNA 延长因子 EF-Tu、EF-Ts、EF-G GTP、Mg^{2+}
终止阶段	mRNA 分子上的终止密码 释放因子 RF-1、RF-2、RF-3
翻译后加工修饰	切除起始残基和信号肽、水解其他肽段、末端修饰、磷酸化、甲基化、糖基化、酰基化、辅基结合等过程需要的特异酶、辅助因子

第二节　蛋白质生物合成过程

蛋白质生物合成过程十分复杂，可概括为氨基酸活化、多肽链合成的起始、延长、终止和释放、合成后修饰加工五个环节。为了叙述方便，本节将蛋白质合成的具体过程简单分为起始、延长和终止三个阶段（蛋白质合成后修饰加工在下一节阐述）。肽链合成的起始、延长、终止三个阶段均在核糖体（核蛋白体）上反复进行，类似一个循环过程，故被称为核糖体循环（核蛋白体循环）。原核生物与真核生物的蛋白质合成差异很多，以下主要介绍原核生物蛋白质合成过程。

一、多肽链合成的起始

蛋白质合成起始阶段的核心是形成翻译起始复合物，为肽链延长搭建"舞台"。参与形成起始复合物的物质有核糖体大、小亚基，mRNA，起始 tRNA 和各种起始因子等。原核生物与真核生物的起始复合物形成过程类似。

（一）原核生物翻译起始复合物的形成

原核生物蛋白质合成是在由 50S 的大亚基与 30S 的小亚基共同组成的 70S 核糖体上进行，首先形成由核糖体大、小亚基，mRNA，甲酰蛋氨酰-tRNA 共同组成的起始复合物，此过程需要起始因子 IF-1、IF-2、IF-3、GTP 和 Mg^{2+} 参与，具体过程如下。

1. 核糖体亚基分离　蛋白质合成第一步是完整的核糖体大、小亚基分离才能结合 mRNA 和起始氨基酰 tRNA，此环节需要 IF-3、IF-1 参与。IF-3 在前一循环翻译终止时就结合到小亚基近大亚基部位，促进核糖体大、小亚基解体。而 IF-1 的作用是促进 IF-3 结合到核糖体上发挥作用，IF-1 还促进小亚基与 mRNA、起始氨基酰 tRNA 结合。蛋白质合成是连续进行的，上一轮合成结束，下一轮合成就可以开始。

2. 小亚基定位于 mRNA 起始信号部位　原核生物起始复合物形成的下一步是核糖体 30S 小亚基附着于 mRNA 的起始信号部位。参与蛋白质合成的每一个 mRNA 分子都具有与核糖体结合的位点，其是位于起始密码 AUG 上游 8～13 个核苷酸处的短片段。在此片段中存在 4～6 个富含嘌呤碱基的核苷酸一致序列，如 5′-AGGAGG-3′，称作 S-D 序列（Shine-Dalgarno 序列，图 6-4）。这段序列正好与核糖体30S小亚基中16S rRNA 3′端一段富含嘧啶核苷酸的序列互补，如5′-UCCUCC-3′。通过S-D序列的碱基配对使mRNA与小亚基结合，因此S-D序列也被称为核糖体结合位点（ribosomal binding site，RBS）。此外在mRNA分子紧靠S-D序列后有一小段核苷酸序列可以被核糖体小亚基蛋白rps-1识别并结合（图6-4），通过上述RNA-RNA、RNA-蛋白质相互作用使核糖体能精确定位于mRNA起始密码AUG的正确位置，启动肽链的合成。该结合反应需要起始因子3（IF-3）介导，IF-1则促进IF-3与小亚基结合。

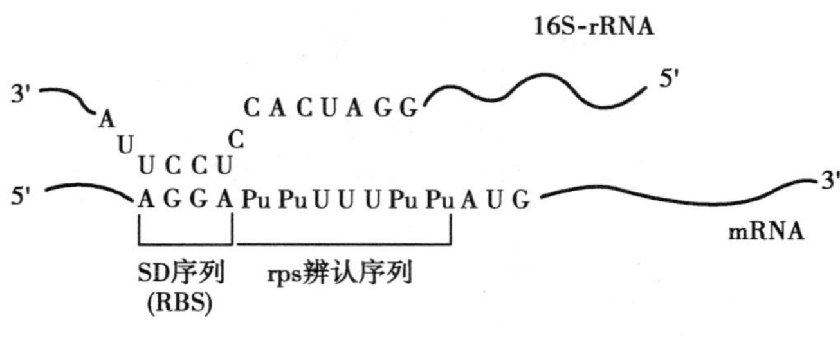

图6-4　S-D序列

3. 起始氨基酰-tRNA与mRNA结合　在起始因子2（IF-2）作用下，通过mRNA分子中的AUG起始密码子与甲酰蛋氨酰-tRNA的反密码子配对，起始氨基酰-tRNA（fMet-tRNA^{fMet}）与mRNA结合，形成IF-2-30S小亚基-mRNA-fMet-tRNA^{fMet}组成的30S前起始复合物，同时IF-3从三元复合物中脱落，此环节还需要GTP和Mg^{2+}参与。此过程是起始氨基酰tRNA和GTP、IF-2一起识别小亚基P位上的mRNA起始密码，而核糖体A位被IF-1占据，不结合任何氨基酰-tRNA。

4. 起始复合物的形成　50S大亚基与30S前起始复合物结合形成30S小亚基-mRNA-50S大亚基-fMet-tRNA^{fMet}组成的起始复合物，过程由IF-2结合的GTP水解成GDP供能，随之3种IF脱落，GDP释放。在起始复合物上fMet-tRNA^{fMet}占据着大亚基上的肽酰位（P位），而A位空着。起始复合物形成后蛋白质生物合成就进入延长阶段。

原核生物蛋白质合成起始阶段全过程总结如图6-5。

（二）真核生物蛋白质合成的起始复合物形成过程

真核细胞蛋白质合成起始复合物的形成方式与原核生物相似，但具体过程更复杂，参与的成分也有较大差别。真核细胞成熟的mRNA有5′帽子和3′多聚腺嘌呤核苷酸（polyA）尾巴结构，这些结构的存在与mRNA在核糖体上就位有关。而且真核细胞中各种mRNA分子的起始部位多位于5′末端，都有起始密码子AUG。AUG既代表起始密码，又代表蛋氨酸密码，第一个蛋氨酸没有甲酰化。参与真核生物蛋白质合成的核糖体是由40S小亚基和60S大亚基组成的80S核糖体。起始复合物的形成过程需要更多的起始因子参与，已发现的真核起始因子有近10种（eukaryote initiation factor，eIF），它们的作用见表6-4。真核细胞蛋白质合成起始过程比原核生物更复杂，且不一样。

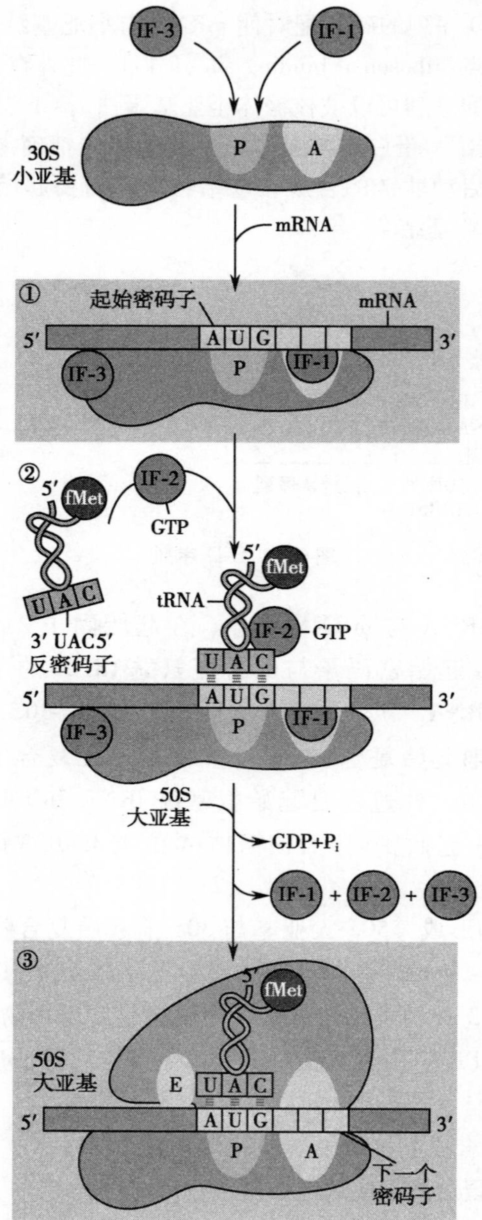

图 6-5 原核生物蛋白质合成起始复合物的形成

表 6-4 原核与真核生物各种起始因子的作用

起始因子		生物学功能
原核	IF-1	占据 A 位,防止 tRNA 过早结合
	IF-2	促进 fMet-tRNA^{fMet}结合到 30S 小亚基
	IF-3	结合 30S 小亚基,防止其过早与 50S 大亚基结合,还提高 P 位对 fMet-tRNA^{fMet}的敏感性

续表

起始因子		生物学功能
真核	eIF-1	多功能因子,参与多个翻译步骤
	eIF-2	促进起始 Met-$tRNA_i^{Met}$ 与核糖体 40S 小亚基结合
	eIF-2B	又称鸟苷酸交换因子,能将 eIF-2 上的 GDP 交换成 GTP
	eIF-3	最先与 40S 小亚基结合的因子,并能加速后续步骤
	eIF-4A	具有 RNA 解旋酶活性,能解除 mRNA 5′端的发夹结构,使其与 40S 小亚基结合,是 eIF-4F 的组成部分
	eIF-4B	与 mRNA 结合,对 mRNA 进行扫描并定位于第一个 AUG
	eIF-4E	结合 mRNA 的帽子结构,是 eIF-4F 的组成成分
	eIF-4G	能与 eIF-4E、eIF-3 和 poly(A)结合蛋白(PAB)结合,将 40S 的小亚基富集至 mRNA,刺激翻译,是 eIF-4F 的组成成分
	eIF-5	促进各种起始因子从 40S 小亚基脱落,以便 40S 小亚基与 60S 大亚基结合形成 80S 起始复合物
	eIF-6	促进无活性的 80S 核糖体解聚生成 40S 小亚基和 60S 大亚基

真核生物与原核生物蛋白质合成起始复合物形成的主要差异是:

1. 需要特异的起始 tRNA　真核生物起始氨基酰-tRNA 是没有甲酰化的蛋氨酰-tRNA(Met-$tRNA_i^{Met}$),所以合成好的多肽链 N 端不甲酰化。

2. 起始复合物在 mRNA 帽子结构上形成　真核生物起始复合物形成发生在 mRNA 5′端 AUG 上游的帽子结构上(除某些病毒 mRNA 外),其 mRNA 分子上没有 S-D 序列。

3. 需要 ATP 供能　ATP 水解为 ADP 和 Pi 供给 mRNA 在小亚基进位结合核糖体需要的能量。

二、多肽链合成的延长

当与 mRNA 链上第二个密码对应的氨基酰 tRNA 进入 A 位,蛋白质合成的延长就开始。肽链延长阶段的核心是对 mRNA 链上的遗传信息进行连续不断地翻译,使一个个氨基酸形成肽键,形成蛋白质的肽链。参与此阶段的主要物质除了多种氨基酰-tRNA 外,还需要延长因子(EF)辅助,GTP 供能,Mg^{2+}和 K^+参与。真核细胞肽链延长的过程与原核细胞基本相似,所不同的是反应体系和参加的延长因子不一样。原核生物的延长因子有 EF-Tu、EF-Ts、EFG 三种,真核生物是 EF-1α、EF-1β、EF1γ、EF2 等。蛋白质合成时肽链合成的方向是从 N 端延长到 C 端(从头到尾)。由于肽链延长在核糖体上连续循环进行,所以又称为核糖体循环。以下主要阐述原核生物肽链延长过程。

在肽链延长阶段,每形成一个肽键要经过进位、成肽、转位三个步骤,肽链因此延长了一个氨基酸,如此反复直至肽链合成终止。

(一) 进位(entrance)

核糖体 A 位密码子决定的氨基酰-tRNA 结合到 A 位即为进位,由于进位是按照 mRNA 的密码指导使相应的氨基酰-tRNA 依次进入,所以也叫注册。在起始复合物中甲酰蛋氨酰-tRNA 占据着核糖体的 P 位(给位),而 A 位(受位)空着。而在

笔记

肽链延长阶段则按照 A 位上密码指导，相应的氨基酸由 tRNA 携带，以氨基酰 tRNA 的形式进入 A 位。此过程需要延长因子和 GTP 参与（图 6-6）。

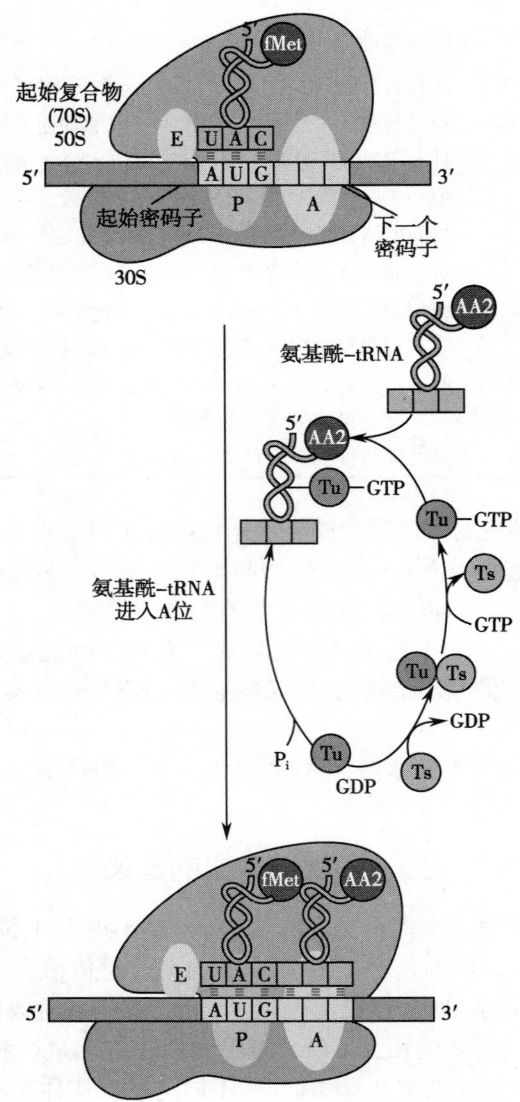

图 6-6 原核生物蛋白质合成肽链延长的进位

氨基酰-tRNA 进位前需要三种延长因子发挥作用（表 6-5），即热不稳定延长因子（unstable temperature，EF-Tu），热稳定延长因子（stable temperature EF，EF-Ts），以及依赖 GTP 的转位因子（EF-G）。一般认为 EF-T 由 EF-Tu 和 EF-Ts 两个亚基组成，当 EF-Tu 与 GTP 结合后可释放出 EF-Ts。EF-Tu 首先与 GTP 结合，然后再与氨基酰-tRNA 结合形成氨基酰-tRNA-EF-Tu-GTP 三元复合物才能进入 A 位。EF-Tu 具有 GTP 酶活性，能使 GTP 水解成 GDP 供给进位需要的能量，并在完成进位后释放出 EF-Tu 和 GDP。EF-Ts 则促进 EF-Tu 释放出 GDP，重新形成 EF-T（EF-Tu-Ts 二聚体）再次利用，与结合在 A 位上的氨基酰-tRNA 分离（如图 6-6）。

表 6-5　原核与真核生物延长因子的种类和作用

原核生物	真核生物	功　能
EF-Tu	EF1-α	促进氨基酰-tRNA 进入 A 位，结合分解 GTP
EF-Ts	EF1-β γ	调节亚基，与 EF-Tu 结合使 GDP 释放
EF-G	EF-2	转位酶，促进 mRNA 由 A 位→P 位移，卸载 tRNA 释放

核糖体对氨基酰-tRNA 的进位有校正作用，在肽链合成的高速过程中能保证只有正确的氨基酰-tRNA 才能通过反密码与密码发生迅速碱基配对，形成正确的氨基酸排列顺序，这是蛋白质合成过程维持高度保真性的又一措施。

（二）成肽（peptide bond formation）

是在转肽酶催化下 P 位上的甲酰蛋氨酰基（各种氨基酰基）与 A 位的氨基酰基形成肽键的过程（图 6-7），是蛋白质合成的主要反应。转肽酶存在于核糖体大亚基，肽键是 P 位上氨基酰-tRNA 的氨基酰羧基与 A 位氨基酰-tRNA 的 α-氨基结合形成。此时含有肽键的肽酰-tRNA 位于 A 位，P 位仅是卸掉氨基酸的空载

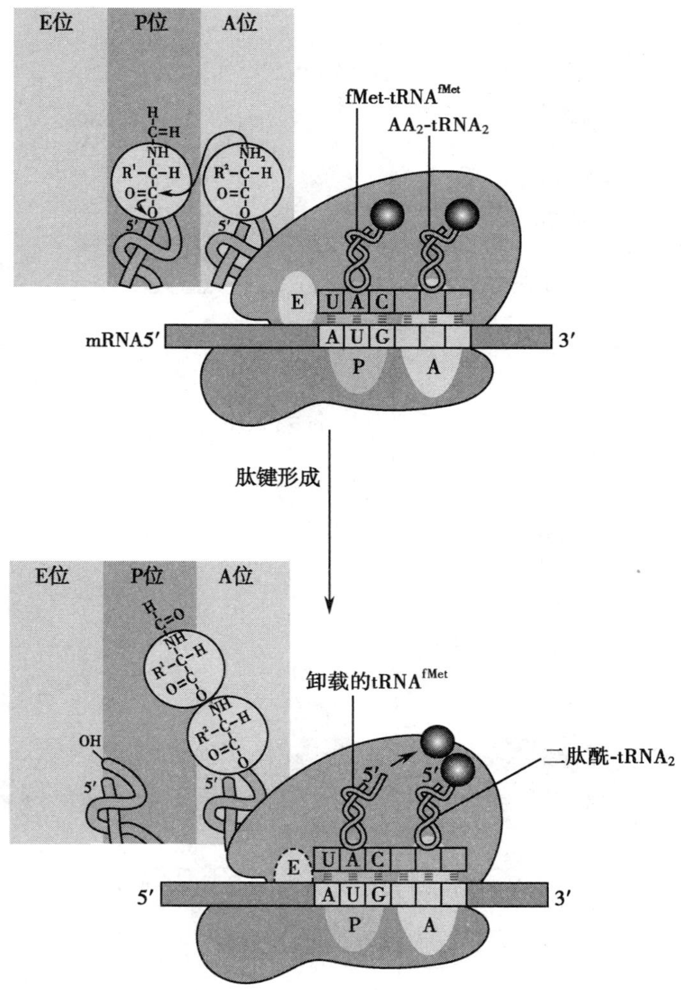

图 6-7　原核生物蛋白质合成的成肽

tRNA，将从核糖体迅速脱落。

（三）转位（translocation）

在转位酶作用下，整个核糖体沿 mRNA 链5′端向3′端方向挪动一个密码距离，使原来 A 位上的肽酰-tRNA 移到 P 位，A 位空出，所以此过程也叫移位。研究认为核糖体除了 A、P 位外，还有 E 位，位于 P 位上游。已失去氨基酰基的空载 tRNA 随着核糖体在 mRNA 链上的移位由 P 位进入 E 位，引起 A 位构象改变，促进新氨基酰-tRNA 进位，开始下一轮核糖体循环。新氨基酰-tRNA 进入 A 位又促使 E 位变构，使空载 tRNA 脱离核糖体（图 6-8）。此步骤还需要延长因子 EFG、GTP、Mg^{2+}参与。

由于每次转肽都是从 P 位给出肽酰基，所以其又被称为给位；而 A 位则总是接受新来的氨基酰-tRNA，也接受转肽酶转来的肽酰基，故又称其为受位。

在多肽链上每增加一个氨基酸都需要经过进位，成肽和移位三个步骤，进位→

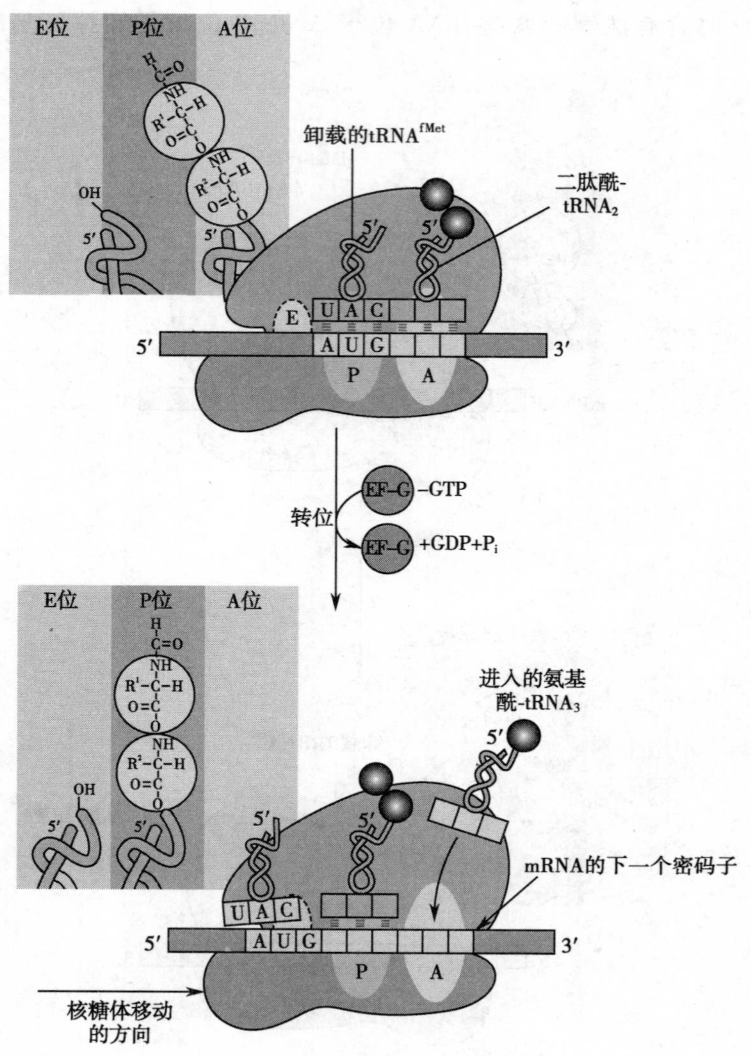

图 6-8 原核生物蛋白质合成的转位

成肽→转位每循环一次就新形成一个肽键，在肽链中新增加一个氨基酸残基，如此周而复始地进行，肽链就按密码的顺序不断延长，直至最终翻译出蛋白质。

阅读 mRNA 密码是从 5′端→3′端方向进行，而多肽链延伸是由氨基末端向羧基末端合成，所以多肽链合成的方向是 N 端到 C 端。

三、多肽链合成的终止

多肽链合成的终止阶段主要是在释放因子作用下释放多肽链，最后一个 tRNA 脱落，mRNA 与核糖体分离，核糖体在 IF-3 作用下解离成大、小亚基。

当肽链合成至 A 位上出现终止密码 UAA、UAG、UGA 时，释放因子（又称终止因子，RF）识别终止密码进入 A 位。RF 与 A 位结合可诱导核蛋糖体大亚基上转肽酶变构，催化 P 位上肽酰-tRNA 的 tRNA 与肽链间的酯键水解，P 位上的肽链（蛋白质合成初级产物）释放。由 GTP 供能，tRNA 和 RF 也释放，核糖体与 mRNA 分离，最后核糖体解聚成大、小亚基。解聚后的大、小亚基又可以重新聚合形成新起始复合物，开始另一条肽链的合成，因此多肽链合成又称核糖体循环（ribosome cycle）。翻译终止及多肽链释放见图 6-9。

无论原核生物还是真核生物都有三个终止密码子 UAG，UAA 和 UGA。没有一个 tRNA 能够识别终止密码子，所以蛋白质合成的停止需要特殊的蛋白质因子，即释放因子促成。原核生物有 RF1，RF2、RF3 三种释放因子，RF1 可识别终止密码子 UAA 和 UAG；RF2 能识别 UAA 和 UGA；RF3 的作用不明确。真核生物只有一种释放因子 eRF，能识别三种终止密码子。不管在原核生物还是真核生物释放因子都作用于核糖体 A 位，使转肽酶活性变为水解酶活性，将肽链从 tRNA 的 3′末端水解下来。从氨基酸活化到核糖体循环均需大量能量供应，估计每形成一个肽键要消耗 4 个以上高能磷酸键，所以蛋白质生物合成是一个复杂的不可逆过程。

上述是单个核糖体循环，而细胞内合成蛋白质常常一条 mRNA 链上同时结合着多个核糖体（可多到几百个）进行多聚核糖体循环，形成多条肽链合成。当第 1 个核糖体向 mRNA 3′端移动一定距离（约离 mRNA 起始部位 80 个核苷酸以上），第 2 个核糖体又在 mRNA 的起始部位结合形成新起始复合体，进行另一条多肽链合成。核糖体再向前移动一定距离后 mRNA 起始部位又结合第 3 个核糖体，如此进行就在 mRNA 链上形成了类似串珠状的排列（图 6-10）。在多核糖体循环中一条 mRNA 链上可同时翻译合成多条肽链，大大提高了翻译效率，mRNA 资源也得到了充分利用。

多聚核糖体循环的核糖体个数与模板 mRNA 长度有关，如编码血红蛋白多肽链的 mNRA 编码区由 450 个核苷酸组成，长约 150nm，上面串连有 5～6 个核糖体，而肌凝蛋白重链 mRNA 由 5400 个核苷酸组成，由 60 多个核糖体构成多核糖体完成多肽链的合成。

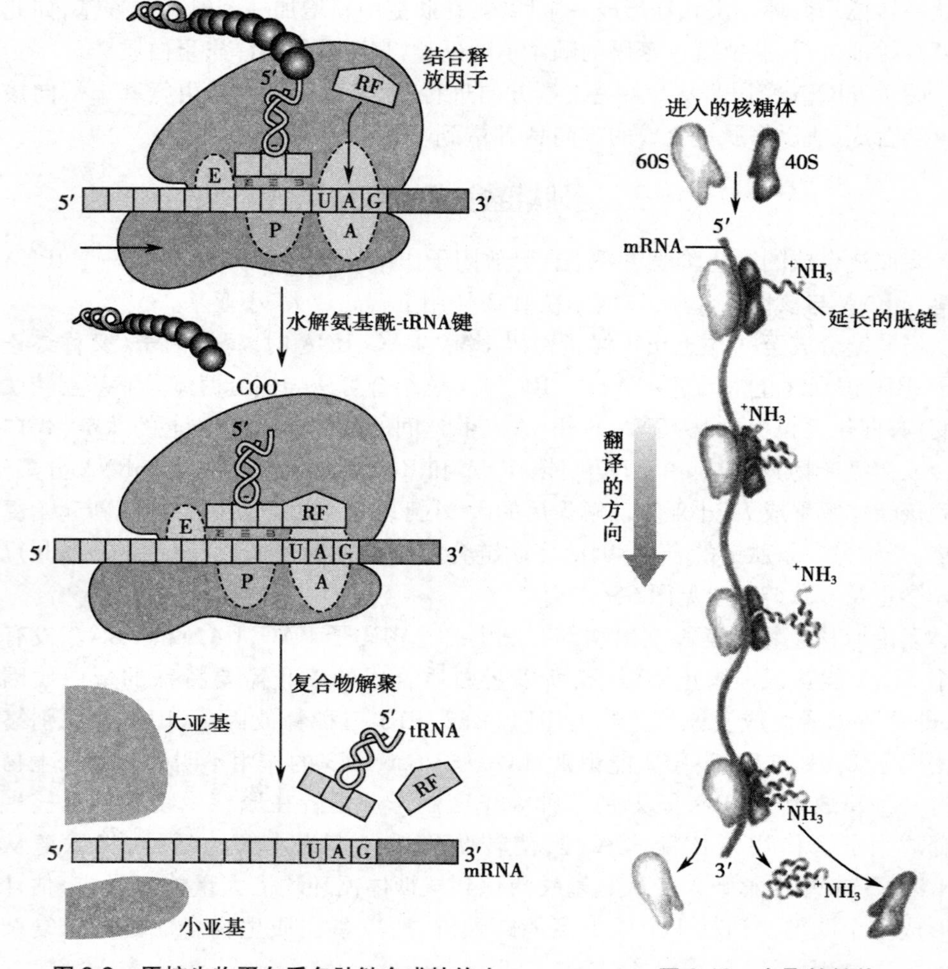

图 6-9 原核生物蛋白质多肽链合成的终止

图 6-10 多聚核糖体

第三节 蛋白质合成后修饰加工

刚从核糖体上释放不具备生理活性的多肽链必须在细胞内修饰加工后才能成为具有生物学功能的成熟蛋白质，将没有生物学活性的蛋白质前体转变成具有生理功能的蛋白质的过程称为蛋白质翻译后修饰加工（post translational processing）。蛋白质修饰加工方式包括肽链折叠、一级结构修饰、高级结构修饰和靶向分拣或输出四方面。不同蛋白质修饰加工方式各异。

一、新生肽链的折叠

每一种蛋白质合成后必须折叠形成特定的空间构象才具备生理功能。新生肽链折叠（folding）需要其他蛋白质的帮助，如存在于内质网的二硫键异构酶，可促进多肽链中某些半胱氨酸残基脱氢氧化，正确配对，形成热力学上最稳定的功能构象。肽酰-脯氨酰顺反异构酶可催化多肽链因有脯氨酸残基而发生的顺反异构转换，形成正确折叠的异构体。分子伴侣可识别肽链非天然构象，促进蛋白质形成正确折叠,使未完成折叠的新生肽链在特定空间折叠为天然构象。

从核糖体释放出的多肽链主要按照一级结构中氨基酸侧链的性质自主卷曲折叠形成特定的空间结构,此外还需要分子伴侣帮助才能正确装配成蛋白质。分子伴侣(molecular chaperone)是一类蛋白质,能介导其他蛋白质正确装配形成具有功能的空间结构,其本身并不参与装配产物组成,在多肽链合成后折叠成正确空间结构的过程中起重要作用。分子伴侣有两类,一类是一些酶,可识别和水解非正确配对的二硫键,使半胱氨酸残基在正确位置重新形成二硫键,如二硫键异构酶。另一类是一些能够与部分折叠、或没有折叠的蛋白质分子结合,使其免遭被酶水解,起稳定蛋白质构象、或能促进被加工蛋白质折叠成正确空间结构的分子伴侣。

二、一级结构的修饰

蛋白质一级结构修饰加工常见的修饰方式有以下三大类:

(一) 氨基端修饰加工

原核生物刚合成的新生肽链氨基末端都是N-甲酰蛋氨酸,真核生物几乎都是蛋氨酸,而在成熟蛋白质分子中N-端常常没有甲酰基或蛋氨酸,是多肽链修饰加工的结果。在肽链合成初期,肽链的氨基末端均为甲酰蛋氨酸(原核生物)或蛋氨酸(真核生物)残基,当肽链延长到一定程度,在脱甲酰基酶或蛋氨酸氨基肽酶作用下,它们都将被切除,暴露肽链真正的N端氨基酸。氨基端的另外一些氨基酸残基,包括信号肽序列,常常也由氨基肽酶催化去除。此外某些蛋白质氨基端需要乙酰化修饰才有生物学活性。

(二) 部分氨基酸的共价修饰

在成熟蛋白质分子中常常可以见到一些没有遗传密码的氨基酸,例如结缔组织胶原蛋白内的羟脯氨酸、羟赖氨酸,不少酶活性中心磷酸化的丝氨酸、苏氨酸或酪氨酸等,它们都是多肽链合成后经酶促反应共价修饰形成的修饰氨基酸。

1. 羟基化修饰　结缔组织中胶原蛋白的脯氨酸和赖氨酸残基在内质网中经羟化酶、分子氧和维生素C作用发生羟基化修饰,产生羟脯氨酸和羟赖氨酸。如果此过程障碍,胶原纤维将不能交联,极大降低胶原纤维的抗张力作用。

2. 糖基化修饰　蛋白质分子中丝氨酸或苏氨酸残基的羟基还可以O型连接糖链,发生糖基化修饰,许多细胞膜蛋白和分泌型蛋白质都含有寡糖链,如红细胞膜上ABO血型决定簇。此外蛋白质分子中天冬酰胺也可以经N型连接方式与糖链结合,发生糖基化修饰,寡糖链在内质网或高尔基复合体加入(图6-11)。

3. 磷酸化修饰　蛋白质磷酸化修饰多发生在多肽链含有羟基的丝氨酸、苏氨酸残基分子上,偶尔也发生在酪氨酸残基上,此类修饰主要与酶活性调节有关。磷酸化修饰受细胞内蛋白激酶的催化。

4. 形成二硫键　mRNA分子上没有胱氨酸遗传密码,蛋白质分子中的二硫键是在肽链合成后经二硫键异构酶催化,两个特定的半胱氨酸巯基脱氢氧化形成,在稳定酶和蛋白质空间结构方面具有重要作用,还常常构成酶活性中心外必需基团。

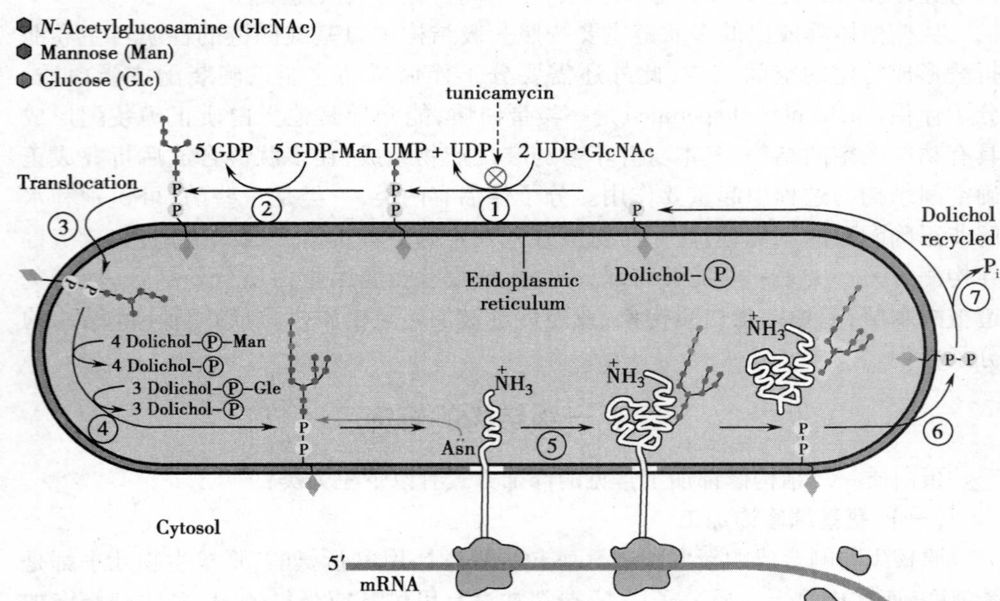

图6-11　蛋白质糖基化修饰

（三）水解加工

一些多肽链合成后需要在特异蛋白水解酶催化下去除其中某些肽段或氨基酸残基才成为有生物活性的蛋白质(未成熟蛋白常常比成熟蛋白大),如胰岛素。刚合成的前胰岛素原为无活性的胰岛素前体,需要水解切除 N 端的信号肽、A 链与 B 链中间的 C 肽等肽段和一些氨基酸后才成熟,才能发挥其对代谢的调节作用。各种酶原的激活过程也属于此类修饰加工。

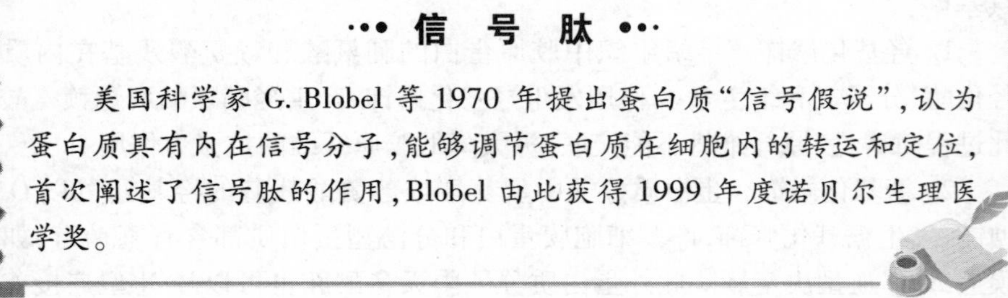

信　号　肽

美国科学家 G. Blobel 等 1970 年提出蛋白质“信号假说”,认为蛋白质具有内在信号分子,能够调节蛋白质在细胞内的转运和定位,首次阐述了信号肽的作用,Blobel 由此获得 1999 年度诺贝尔生理医学奖。

一般真核细胞一个基因转录出一个 mRNA 分子,指导翻译出对应的一种多肽链。但有少数例外,即翻译出的一条多肽链可经不同的水解方式产生几种不同的蛋白质或多肽,如鸦片促黑皮质素原(pro-opio-melano-cortin,POMC)。哺乳动物的鸦片促黑皮质素原初翻译产物为 265 个氨基酸,可在脑垂体不同细胞切割成 β-促脂酸释放激素(91 肽)、促肾上腺皮质激素 ACTH(39 肽)、β-内啡肽(11 肽)、α-促黑激素(α-MSH,13 肽)、β-促黑激素(β-MSH,18 肽)等至少 10 种不同的肽类激素(图 6-12。由于这些激素之间序列有重叠,因此不能同时产生每种激素)。

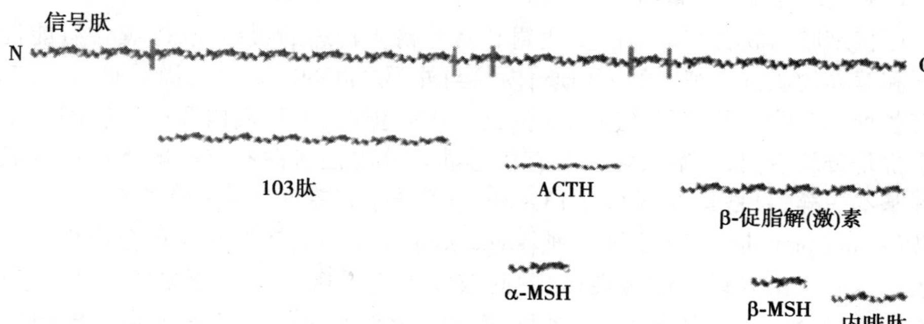

图 6-12　鸦片促黑皮质素原的修饰加工

三、空间结构的修饰

蛋白质翻译后修饰加工除了需要形成正确折叠的空间构象外，还需要经过亚基聚合、辅基连接等修饰方式才能成为有完整天然构象和生物学功能的蛋白质。蛋白质空间结构的修饰方式主要有：

（一）亚基聚合

具有四级结构的蛋白质由 2 条或 2 条以上多肽链构成，各亚基分别经蛋白质合成途径合成多肽链后再通过非共价键聚合成具备完整四级结构的多聚体才能表现出生物学活性。蛋白质亚基聚合过程有一定顺序，而亚基聚合方式及次序则由各亚基的氨基酸序列决定。例如正常成人血红蛋白由两条 α 链、两条 β 链和 4 分子血红素组成，α 链在核糖体合成后自行释放，并与尚未从核糖体上释放的 β 链相连，然后以 αβ 二聚体形式从核糖体脱下，此二聚体再与线粒体内生成的两个血红素结合，最后两个与血红素结合了的二聚体形成一个由 4 条肽链和 4 个血红素构成的有功能的血红蛋白分子。

（二）辅基连接

细胞内多种结合蛋白质的肽链合成后需与相应的非蛋白部分（辅基）结合才形成完整分子，如血红蛋白需要结合辅基血红素、核蛋白需要结合辅基核酸、糖蛋白需要在内质网和高尔基复合体多种糖基转移酶催化下添加辅基糖链等。

结合蛋白的合成十分复杂，辅基与多肽链结合的具体过程和时间各不相同，有的在肽链合成阶段就开始，肽链合成结束后还要继续加工，详细过程尚在研究之中。

四、蛋白质合成后定向分送

蛋白质合成后定向输送到其发挥作用的特定细胞部位的现象称为蛋白质合成后靶向输送（targeted transport），原核生物和真核生物在核糖体合成的蛋白质都需要。在细菌细胞内蛋白质一般靠简单扩散方式实现靶向输送。真核细胞结构复杂，不仅有多种细胞器，而且有各不相同的生物膜结构，因此合成好的蛋白质需要跨越不同的膜才能到达发挥作用的场所。蛋白质靶向运输有三种去向：保留在胞浆；进入线粒体、细胞核或其他细胞器；分泌入体液，再输送至该蛋白质应该发挥作用的区域。合成后分泌到细胞外的蛋白质称分泌性蛋白，如体内各种肽类激素、各种血浆蛋白、凝血因子及抗体蛋白等。

（一）原核细胞内蛋白质的跨膜

原核细胞内膜含有参与能量代谢和营养物质转运的蛋白质；外膜含有能促进离子和营养物质进入细胞的蛋白质；内膜与外膜之间的间隙称为周质膜间隙，其中含有各种水解酶以及营养物质结合蛋白。内膜蛋白、外膜蛋白和周质膜间隙蛋白几乎都是分泌蛋白，其绝大多数含有信号肽。分泌性蛋白质与一般蛋白质合成的过程基本一样，只是其N端约有13~36个以疏水氨基酸为主的保守序列，称为信号肽（signal peptide）或称信号序列（signal sequence），其作用是帮助分泌性蛋白质跨膜。信号肽由N端侧的碱性区、中间较长为疏水核心区和C端加工区等组成，其作用是将合成的蛋白质移向内质网膜，再与之结合最终穿过细胞膜送出细胞外。跨膜蛋白信号肽的疏水段能形成一段α螺旋结构，在信号序列后的一段氨基酸残基也能形成α螺旋，两段α螺旋以反平行方式组成一个发夹结构，很容易穿过细胞内膜的脂质双层结构。分泌蛋白质的N端一旦锚在膜内，后续合成的其他肽段将顺利通过膜。疏水性信号肽在新生肽链跨膜及将它固定在膜上起协助作用。之后位于内膜外表面的信号肽酶将信号肽序列切除。当蛋白质全部翻译出来后，羧基端穿过内膜，在周质中折叠成蛋白质的最终构象（图6-13）。

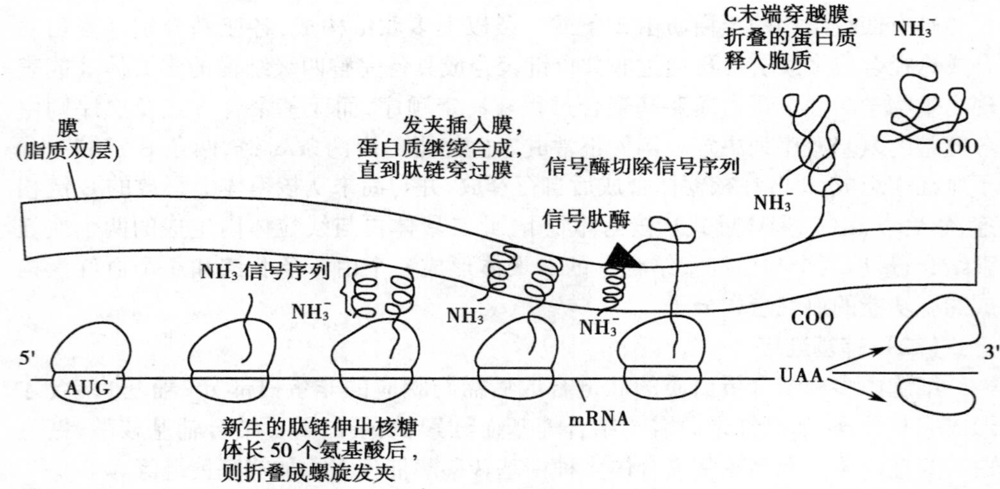

图6-13　细菌信号肽与分泌性蛋白质跨膜

（二）真核生物蛋白质合成后分泌

真核生物不但有细胞核、细胞质和细胞膜，还有许多膜性结构的细胞器，分泌性蛋白质在细胞内合成后如何到达细胞的不同部位研究较清楚。

真核细胞合成的蛋白质N端也有信号肽，也能形成两个α-螺旋发夹结构，帮助插入到内质网膜，将正在合成的多肽链带入内质网腔。胞浆中有一种由小分子RNA和蛋白质共同组成的复合物，能特异地与信号肽识别，称为信号肽识别颗粒（signal recognition particle，SRP）。其作用是识别信号肽，并与核糖体结合暂时阻断多肽链合成。当要分泌的新生肽与内质网外膜上的SRP受体结合后，信号肽就插入内质网进入内质网腔，被内质网腔壁上的信号肽酶水解除去，SRP与受体解离进入新循环，而信号肽以后的肽段随之也进入内质网腔，继续合成多肽链（图6-14）。

SRP 在翻译阶段的重要生理意义是能使分泌性蛋白及早进入细胞膜性结构,发生正确折叠,进行必要的后期加工修饰,顺利分泌出细胞。例如在麦胚合成的前胰岛素原,由 110 个氨基酸残基组成,N 末端有一段富含疏水氨基酸的肽段作为信号肽,使前胰岛素原能穿越内质网膜进入内质网腔。随后信号肽在内质网腔被水解,最后修饰加工成由 51 个氨基酸残基组成的成熟胰岛素。哺乳动物细胞内胰岛素合成完成时前胰岛素原已加工修饰为胰岛素原,然后胰岛素原被运到高尔基复合体,切去 C 肽成为有功能的胰岛素,最终排出细胞外。真核细胞的前清蛋白、免疫球蛋白轻链、催乳素等蛋白质和多肽合成都有相似的分泌过程。

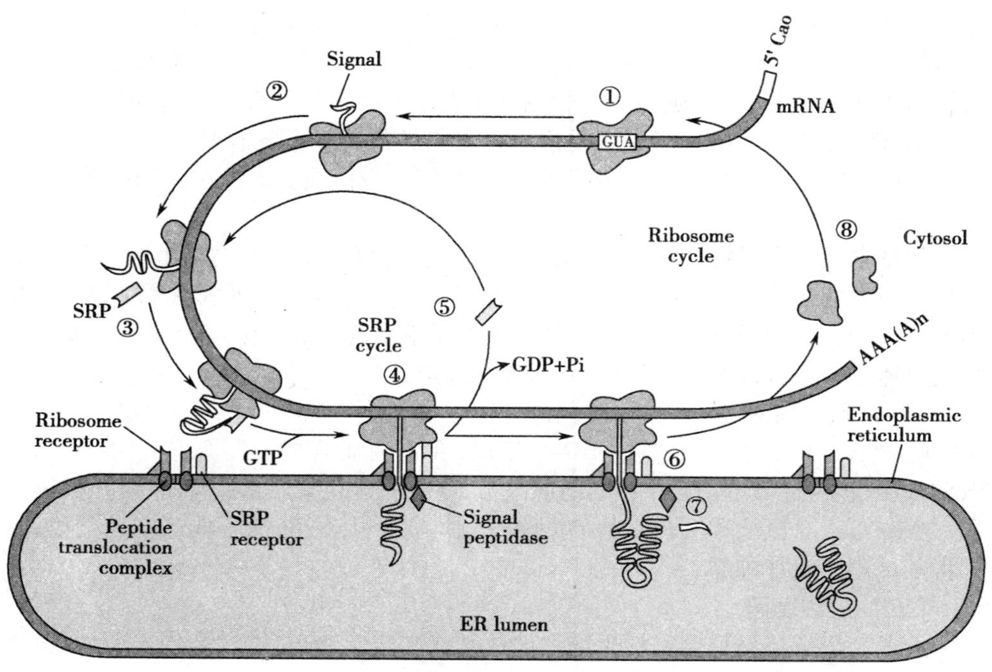

图 6-14　真核生物蛋白质合成后定向输送

第四节　蛋白质生物合成与医学

蛋白质生物合成与生物体遗传、代谢、分化、免疫等生命活动密切相关,肿瘤、分子病等疾病的发生也与蛋白质合成代谢障碍有关,临床所用抗生素类药物主要通过干扰细菌蛋白质合成,阻止细菌生长、繁殖,达到抑制微生物生长的治疗目的。学习蛋白质合成的知识对理解某些医药学问题十分重要,以下举例简要介绍。

影响蛋白质生物合成的物质很多,可以通过作用于 DNA 复制和 RNA 转录等水平对蛋白质生物合成起作用,本节主要讨论抑制蛋白质翻译过程的阻断剂。

一、抗生素类蛋白质合成阻断剂

许多抗生素(antibiotics)都是直接抑制细菌细胞内蛋白质合成的某些环节,包括抑制起始因子,延长因子及核糖体的作用等达到抗菌治疗目的。

（一）链霉素、卡那霉素、新霉素等

链霉素、卡那霉素、新霉素等氨基糖苷类抗生素主要抑制革兰阴性菌的蛋白质合成，发挥抗菌作用。它们可以从蛋白质合成的3个阶段发生作用：①高浓度时可使氨基酰-tRNA从起始复合物中脱落，干扰起始复合物形成。②在肽链延长阶段使氨基酰-tRNA与mRNA错配，影响细菌蛋白质合成。链霉素和卡那霉素可与30S亚基结合，使氨基酰-tRNA上的反密码子与mRNA的密码子结合松弛，甚至引起读码错误，最终导致合成异常蛋白质。③在终止阶段阻碍终止因子与核糖体结合，使合成好的多肽链无法释放。同时还抑制70S核糖体解离，妨碍蛋白质合成。

（二）四环素和土霉素

四环素类抗生素主要对原核生物核糖体小亚基发挥作用：①四环素与30S小亚基结合，阻止氨基酰-tRNA进位，抑制起始复合物形成。②抑制氨基酰-tRNA进入核糖体A位，阻碍肽链延伸。③影响终止因子与核糖体结合，使已合成的多肽链不能从核糖体脱落。虽然四环素类抗生素对人体细胞80S核糖体也有抑制作用，但对细菌70S核糖体的抑制作用更敏感，故对细菌蛋白质合成抑制作用更强。

（三）氯霉素

氯霉素属于广谱抗生素，通过两个环节使肽链延伸受影响，抑制蛋白质合成，达到抗菌目的：①与核糖体A位紧密结合，阻碍氨基酰-tRNA进入A位；②与核糖体大亚基结合，抑制转肽酶活性，使细菌蛋白质不能合成。高浓度氯霉素对真核生物线粒体蛋白质合成有抑制作用，对人体可造成毒性。

（四）嘌呤霉素

嘌呤霉素的结构与酪氨酰-tRNA相似，在蛋白质合成时可取代一些氨基酰-tRNA进入核糖体A位，但A位上的肽酰-嘌呤霉素容易从核糖体脱落，终止肽链合成。嘌呤霉素对原核和真核生物的翻译过程均有干扰作用，故不能做抗菌药物，有人将其试用于治疗肿瘤。

（五）放线菌酮

放线菌酮可特异抑制真核生物核糖体转肽酶活性，阻断真核生物蛋白质合成。由于其作用对象是真核生物，限制了用于临床，仅在研究室作为试剂用。

表6-6对各种抗生素对蛋白质合成的阻断作用进行了总结。

表6-6　各种抗生素对蛋白质合成的阻断作用

抗生素	作用点	作用原理	应用
四环素族（金霉素、新霉素、土霉素）	原核核糖体小亚基	抑制氨酰-tRNA与小亚基结合容易渗透入细菌体内	抗菌药
链霉素、新霉素、卡那霉素	原核核糖体小亚基	改变构象引起读码错误、抑制起始	抗菌药
氯霉素、林可霉素	原核核糖体大亚基	抑制转肽酶、阻断延长	抗菌药
红霉素	原核核糖体大亚基	抑制转肽酶、妨碍移位	抗菌药
梭链孢酸	原核核糖体大亚基	与EFG-GTP结合，抑制肽链延长	抗菌药
嘌呤霉素	真核及原核核糖体	氨基酰-tRNA类似物，引起未成熟肽链脱落	抗肿瘤药
放线菌酮	真核核糖体大亚基	抑制转肽酶、阻断延长	研究试剂

红霉素可与细菌大亚基结合，阻止核糖体在 mRNA 链上滑动，妨碍细菌蛋白质合成。

许多抗生素还可以通过干扰 DNA 复制、RNA 转录过程抑制病原微生物或肿瘤细胞的蛋白质合成，起到抑菌或抗癌作用。如博来霉素、丝裂霉素、放线霉素等能抑制 DNA 的模板功能。丝裂霉素可选择性地与 DNA 分子上鸟嘌呤第 6 位氧原子结合，妨碍 DNA 解链，抑制 DNA 复制，临床将其用于治疗白血病、肉瘤等恶性肿瘤。利福霉素能与原核细胞 RNA 聚合酶 β-亚基结合，使核心酶不能与起始因子 σ 结合，从而抑制细菌的转录过程。利福霉素只对原核细胞 RNA 聚合酶有作用，对真核细胞的 RNA 聚合酶无明显作用，临床将其用于抗结核治疗。

二、其他干扰蛋白质合成的物质

（一）干扰素对病毒蛋白合成的抑制

干扰素（interferon，IF）是真核细胞感染病毒后细胞合成和分泌的一类具有很强抗病毒作用的小分子蛋白质，在临床有重要的实用价值。从白细胞中获得的称为 α-干扰素；由成纤维细胞分离得到的属于 β-干扰素；在免疫细胞中得到的干扰素叫 γ-干扰素。干扰素结合到未感染病毒的细胞膜上，能诱导受感染细胞产生寡核苷酸合成酶、核酸内切酶和蛋白激酶，并以不同的方式阻断病毒蛋白质的合成，产生抗病毒作用。

干扰素抗病毒机制有诱导起始因子磷酸化和诱导病毒 RNA 降解两方面。诱导病毒 RNA 降解是指在有干扰素和双链 RNA（dsRNA）存在时，两者共同激活 2，5-腺嘌呤寡核苷酸合成酶，使 ATP 通过 2′，5′-磷酸二酯键连接聚合成 2′，5′-寡聚核苷酸（2′，5′-A），2′，5′-A 可活化核酸内切酶 RNase L，核酸内切酶 RNase L 能使病毒 mRNA 降解，发挥抗病毒作用（图 6-15）。

诱导起始因子磷酸化机制发生在某些有 dsRNA 存在的病毒，干扰素和 dsRNA 诱导特异的蛋白激酶活化，该蛋白激酶使真核生物蛋白质合成的主要起始因子（eIF-2）磷酸化失活，抑制病毒蛋白质合成（图 6-15）。

（二）毒素

白喉毒素、蓖麻蛋白等毒素能在蛋白质合成阶段阻断蛋白质合成，使生物体的蛋白质合成受阻从而引起毒性作用。白喉毒素（diphtheria toxin）是寄生于白喉杆菌体内的溶源性噬菌体 β 基因编码的产物，由白喉杆菌转运分泌，能对真核生物蛋白质合成的延长因子-2（eEF-2）起 ADP 糖基化共价修饰，生成 eEF-2 腺苷二磷酸核糖衍生物，使 eEF-2 失活（图 6-16），是真核生物蛋白质合成的抑制剂。白喉毒素毒性很强，只要微量就能抑制整个细胞的蛋白质合成，导致细胞死亡。

蓖麻蛋白（ricin）属于植物毒素，可催化真核生物核糖体大亚基中 28S rRNA 的特异腺嘌呤核苷酸发生脱嘌呤基反应，导致 60S 大亚基失活，使真核生物蛋白质合成受阻。

A

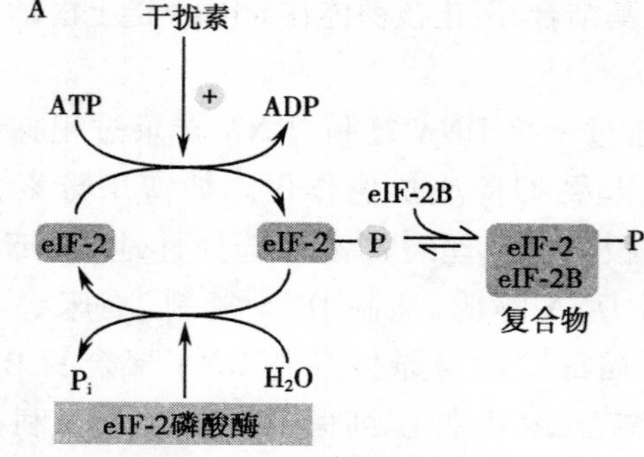

干扰素对eIF-2的灭活作用

B

干扰素诱导2′5′寡腺核苷酸合成酶合成

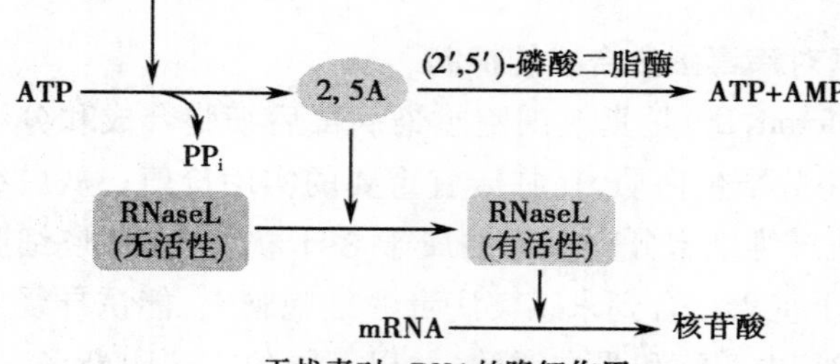

干扰素对mRNA的降解作用

图 6-15　干扰素抗病毒作用机制

图 6-16　白喉毒素阻断蛋白质合成的机制

(三) 分子病(molecular diseases)

DNA 分子基因缺陷,导致体内某些 RNA 和蛋白质结构和功能异常,由此造成的疾病称为分子病。目前已知由于基因突变引起 mRNA 变异而出现的异常血红蛋白就有 200 多种,而镰刀形红细胞贫血是一种典型的分子病。患者血红蛋白β-链结构基因中决定第6位氨基酸的核苷酸由原来的CTT变为CAT,就是这单一碱基变异,使血红蛋白β-链第6位氨基酸残基由原来亲水的谷氨酸变成了疏水的缬氨酸,导致血红蛋白结构异常,患者出现HbS容易析出凝集,红细胞变形为镰刀型,细胞脆性增加,容易破裂溶血,导致红细胞功能障碍。各种遗传性疾病往往也是因为DNA分子的结构或功能异常,进而引起某种酶缺陷或合成障碍,进而导致发病。

(王继红)

第七章

基因表达调控

Watson 和 Crick 提出的 DNA 双螺旋结构学说解释了基因复制的分子结构基础，生物学中心法则揭示了遗传信息从 DNA 传递到蛋白质的规律。1961 年，F. Jacob 和 J. L. Monod 在研究大肠埃希菌（*E. coli*）乳糖代谢的调节机制时发现有些基因不是作为蛋白质合成的模板发挥作用，而是起了调节或操纵作用，因而提出了操纵子学说。从此根据基因功能把基因分为结构基因、调节基因和操纵基因。

染色体贮存着决定生物性状的全部基因。在同一机体的各种细胞内含有相同的结构基因，它们在各种细胞中并非同时表达，而是随着环境的变化，根据机体生长、发育、繁殖的需要，选择性、程序性、适度地表达，以适应环境，发挥其生理功能。生物体内基因表达的开启、关闭以及表达的强度受特定机制的调控，基因表达的调控是生物在长期进化过程中逐渐形成的精确而灵敏的生存能力和应变能力，在机体适应环境、维持自身的生长和增殖、维持个体发育与分化等方面均具有重要的生物学意义。

第一节　基因表达调控的基本原理

一、概　　述

（一）基因表达的概念

从遗传学的角度讲，基因（gene）是遗传的基本单位或单元，含有编码一种 RNA 或是编码一种多肽的信息单位；从分子生物学角度看，基因是负责编码 RNA 或一条多肽链的 DNA 片段，包括编码序列、编码序列外的侧翼序列及插入序列。在某些特定的生物体内，如病毒或者类病毒，RNA 也可作为遗传信息的携带者。

基因组（genome）是指含有一种生物的一整套遗传信息的遗传物质。对所有原核细胞和噬菌体而言，它们的基因组就是单个的环状染色质所含的全部基因；对真核生物而言，基因组就是指一个生物体的染色体所包含的全部 DNA，通常称为染色体基因，是真核生物主要的遗传物质基础。此外，真核细胞的线粒体或叶绿体分别含有线粒体 DNA 或叶绿体 DNA，属核外遗传物质，分别称为线粒体基因组或叶绿体基因组。线粒体 DNA 或叶绿体 DNA 在生殖细胞融合时由卵细胞的细胞质提供，与减数分裂无关。

基因表达（gene expression）即基因转录及翻译的过程，生成具有生物学功能的产物。在一定调节机制控制下，大多数基因经历基因激活、转录及翻译等过程，产生具有特异生物学功能的蛋白质分子，赋予细胞或个体一定的功能或形态表型。但并非所有基因表达过程都产生蛋白质。rRNA、tRNA 编码基因转录产生 RNA 的过程也属于基因表达。

从简单生物到人体，各种生物基因组的遗传信息并不是以同样的强度同时表达的。大肠埃希菌基因组含有约 4000 个基因，一般情况下只有 5% 在高水平转录状态，其他基因有的处于较低水平的表达，有的就暂时不表达。人类基因组约含有 3 万 ~4 万个基因，在某一特定时期或生长阶段，基因组中只有一小部分基因处于表达状态。基因开放比例较高的肝细胞，一般也只有不超过 20% 的基因处于表达状态。基因组中哪些基因开启，哪些基因关闭，以及它们表达的强度，是在一定的调节机制控制下进行的，即基因表达调控（regulation of gene expression），是指细胞或生物体在接受环境信号刺激时或适应环境变化的过程中在基因表达水平上作出应答的分子机制。基因表达调控是生物体适应环境、维持生长、发育、增殖和分化的需要。

（二）基因表达的时间性及空间性

无论是病毒、细菌，还是多细胞生物，乃至哺乳动物及人类，基因表达都表现为严格的规律性，即呈现一定的时间顺序和空间顺序。

1. 时间特异性　噬菌体、病毒或细菌侵入宿主后，呈现一定的感染阶段。随感染阶段发展、生长环境变化，有些基因开启，有些基因关闭。按功能需要，某一特定基因的表达严格按特定的时间顺序发生，即基因表达的时间特异性（temporal specificity）。

多细胞生物从受精卵到组织、器官形成的各个不同发育阶段，相应基因严格按一定时间顺序开启或关闭，表现为与分化、发育阶段一致的时间性。因此，多细胞生物基因表达的时间特异性又称阶段特异性（stage specificity）。与生命周期其他阶段比较，早期发育阶段的基因表达是较多的。

2. 空间特异性　在多细胞生物个体某一发育、生长阶段，同一基因产物在不同的组织器官表达多少是不一样的；在同一生长阶段，不同的基因表达产物在不同的组织、器官分布也不完全相同。在个体生长全过程，某种基因产物在个体按不同组织空间顺序出现，即基因表达的空间特异性（spatial specificity），又称组织特异性（tissue specificity）。例如肝细胞中编码鸟氨酸循环酶类的基因表达水平高于其他组织细胞，合成的某些酶为肝脏所特有。细胞特定的基因表达状态，决定了这个组织细胞特有的形态和功能。

（三）基因表达的方式

生物只有适应环境才能生存。不同种类的生物遗传背景不同，同种生物不同个体生活环境不完全相同，因此生物体内的基因调控方式各不相同。

1. 基本表达　某些基因产物对生命全过程都是必不可少的。这类基因在一个生物个体的几乎所有细胞中持续表达，这些基因被称为管家基因（housekeeping gene）。例如 rRNA 和 tRNA 基因，三羧酸循环中酶的基因，DNA 复制过程中必需蛋白的基因等。这些基因在组织细胞中呈现持续表达，维持细胞基本生存的需要，这类基因表达被视为细胞基本的或组成性基因表达（constitutive gene expression），其表达只受启动序列或启动子与 RNA 聚合酶相互作用的影响，而不受其他机制调节。事实上，组成性基因表达虽然持续进行，但其表达水平强弱也受一定机制的调控而变化。

2. 诱导和阻遏表达　随环境信号变化，有一些基因表达水平可以出现升高或降低的现象。在特定环境信号刺激下，相应的基因被激活，基因表达产物增加，这类基因被称为可诱导基因（inducible gene），随环境条件变化基因表达水平增高的现象称为诱导（induction）。例如编码 DNA 修复酶的基因，在 DNA 损伤时，就会被诱导激活，表达增加。相反，随环境条件变化而基因表达水平降低的现象称为阻遏（repression），相应的基因被称为可阻遏基因（repressible gene）。例如。当培养基中色氨酸含量充足时，细菌中催化色氨酸合成代谢的酶类基因表达就会被阻遏。诱导和阻遏是同一事物的两种表现形式，在生物界普遍存在，也是生物体适应环境的基本途径。可诱导或可阻遏基因除受启动序列或启动子与 RNA 聚合酶相互作用的影响外，还受其他机制调节。此类基因的调控序列通常含有针对特异刺激的反应元件。

3. 协调表达　在生物体内，一个代谢途径通常是由一系列化学反应组成，需要多种酶参与，此外，还需要很多蛋白质参与作用物在细胞内、外区间的转运。这些酶及转运蛋白等编码基因被统一调节，使参与同一代谢途径的所有蛋白质分子比例适当，以确保代谢途径有条不紊地进行。在一定机制控制下，功能上相关的一组基因，无论其为何种表达方式，均需协调一致，共同表达，即为协调表达（coordinate expression）。这种调节称为协调调节。

二、基因表达调控的多层次和复杂性

从理论上讲，改变遗传信息传递过程的任何环节均会导致基因表达的变化。遗传信息以基因的形式储存于 DNA 分子中，基因拷贝数越多，其表达产物相应也会较多，因此基因组 DNA 的部分扩增可影响基因表达。在多细胞生物，某一特定类型细胞的选择性扩增可能就是通过这种机制使某种或某些蛋白质分子高表达。为适应某种特定需要而进行的 DNA 重排，以及 DNA 甲基化等均可在遗传信息水平上影响基因表达。

遗传信息经转录由 DNA 传向 RNA 过程中的许多环节，是基因表达调控最重要、最复杂的层次。在真核细胞，初始转录产物需经转录后加工修饰才能成为有功能的成熟 RNA，并由细胞核转运至胞浆，对这些转录后过程的控制也是调节某些基因表达的重要方式。近年来，微小 RNA（microRNA）对基因表达调控的作用也逐渐被认识，使我们在一个新的层面上理解基因表达调控。影响蛋白质生物合成即翻译的因素同样也能调节基因表达。并且，翻译与翻译后加工可直接、快速地改变蛋白质的结构与功能，因而对此过程的调控是细胞对外环境变化或某些特异刺激应答时的快速反应机制。总之，在遗传信息传递的各个水平上均可进行基因表达调控。而发生在转录水平，尤其是转录起始水平的调节，对基因表达起着至关重要的作用，即转录起始是基因表达的基本控制点。

三、基因转录起始调节的因素

基因表达的调节与基因的结构、性质、生物个体或细胞所处的内、外环境,以及细胞内所存在的转录调节蛋白有关。转录起始是基因表达的最主要的控制点,是生物体所采取的一种最普遍的基因表达调控方式。这是因为在基因表达的一系列连锁反应过程中第一步是转录,而对第一步进行调控是最有效和最经济的。转录起始(或激活)调节主要作用于RNA聚合酶与DNA的特异序列相结合形成转录起始复合物的过程。原核基因与真核基因表达调控涉及的基本要素都有以下几点。

(一) 特异DNA序列

一个基因特异的表达方式与基因结构有关,原核生物和真核生物基因都存在对转录的激活起着调节作用的特异DNA序列。原核生物大多数基因的表达调控是通过操纵子机制实现的。操纵子由数个编码序列、启动序列、操纵序列以及其他调节序列在染色质上成簇串联组成。启动序列的功用是与RNA聚合酶结合并启动转录。细菌的启动序列至少包括三个部分:转录起始点(+1bp),-10区序列,-35区序列。-10和-35区序列间隔约16~18bp。在-10及-35区域内存在一些高度保守性序列,称为共有序列(consensus sequence)。RNA聚合酶全酶中的σ因子识别并结合在-35区和-10区,全酶结合DNA后覆盖的区域是-40bp~+20bp。RNA聚合酶与启动序列的结合及转录起始的功能依赖于共有序列中核苷酸顺序的保守性。因此,共有序列直接影响启动序列的转录活性。

真核生物基因转录激活调节涉及的DNA序列更为复杂和多样化。大多数真核编码基因两侧的某些DNA序列参与基因表达的调控,这些具有调节功能的DNA序列称为顺式作用元件(cis-acting elements)(图7-1),即在同一DNA分子中,作用于自身分子并影响其基因表达活性的一段特异DNA序列,它们属于基因的非编码序列。不同基因具有各自特异的顺式作用元件,但在启动序列中存在一些一致序列,如TATA盒、CCAAT盒等。这些一致序列是顺式作用元件的核心序列,它们能与真核RNA聚合酶或特异转录调节因子相结合。根据在基因中的位置、转录激活作用的性质及发挥作用的方式,顺式作用元件可分为启动子、增强子及沉默子等不同类型。

(二) 转录调节蛋白

某些蛋白质可通过与DNA中调节序列的特异作用参与基因表达的调控。原核生物转录调节蛋白都属于DNA结合蛋白,分为特异因子、阻遏蛋白及激活蛋白三种。σ因子就是一个典型的特异因子,决定RNA聚合酶对一个或一套启动序列的特异性识别和结合的能力,介导RNA聚合酶全酶与特异的启动序列的结合。阻遏蛋白(repressors)可特异结合操纵序列,阻遏RNA聚合酶与启动序列的结合或移动,阻遏基因转录。激活蛋白(activators)可结合启动序列邻近的DNA序列,促进RNA聚合酶与启动序列的结合,增强RNA聚合酶活性。分解(代谢)物基因激活蛋白(catabolite gene activation protein,CAP)就是一种激活蛋白。某些基因在没有激活蛋白存在时,RNA聚合酶很少或全然不能结合启动序列,所以基因不能转录。

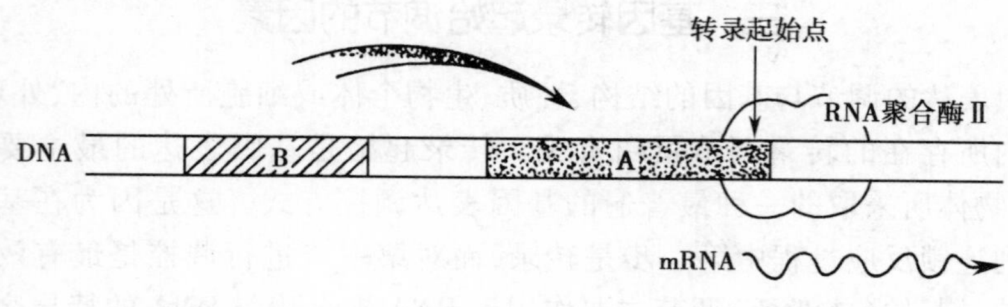

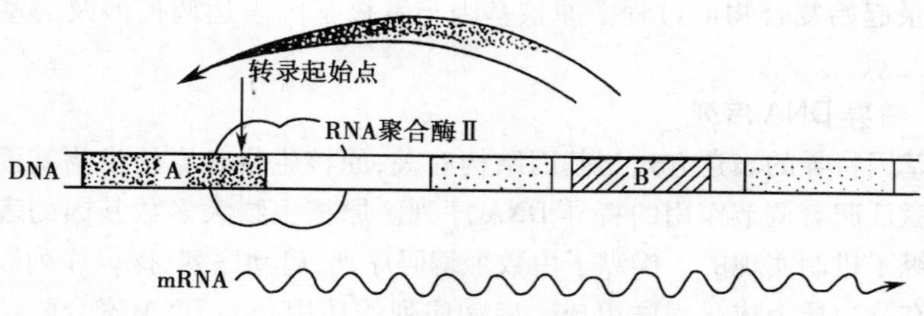

图7-1　顺式作用元件

真核生物基因调节蛋白又称转录调节因子或转录因子(transcription factors, TF),绝大多数转录因子由其编码基因表达后,通过DNA-蛋白质或蛋白质-蛋白质相互作用控制另一基因的转录,这些转录因子称为反式作用因子(trans-acting factors)或反式作用蛋白。有些基因产物可特异识别并结合自身基因的调节序列,调节自身基因的转录,表现顺式调节作用,这类调节蛋白称顺式作用蛋白(cis-acting proteins)。关于反式及顺式作用蛋白概括于图7-2。

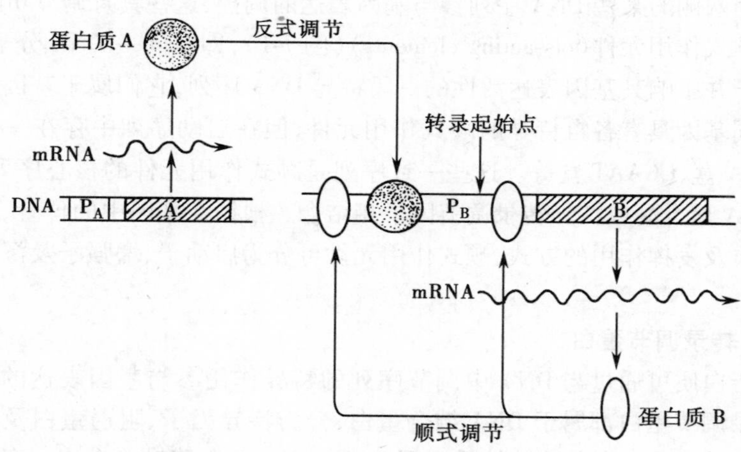

图7-2　反式与顺式作用蛋白

DNA-蛋白质相互作用是指反式作用因子与顺式作用元件之间的特异识别及结合。这种结合通常是非共价结合,被反式作用因子识别的DNA结合位点通常呈对称或不完全对称结构。有些调节蛋白在结合DNA前,需要通过蛋白质-蛋白质相互作用形成二聚体或多聚体,即二聚化或多聚化。调节蛋白的二聚化或多聚化在原核、真核生物都存在。还有一些调节蛋白不能直接结合DNA,而是通过蛋白质-蛋白质相互作用间接结合 DNA，调节相关基因转录，这在真核生物很常见。不同的真核细胞中所存在的转录调节因子不同，或者即使有相同的因子但其浓度也可不同，所以同一基因在不同细胞中的表达状态不同。

（三）RNA 聚合酶活性

DNA 上的特定调节序列以及调节蛋白对转录激活的调节作用，最终是通过改变 RNA 聚合酶的活性而体现的。启动序列或启动子的结构、调节蛋白的性质对 RNA 聚合酶活性影响很大。

1. 原核启动序列或真核启动子影响　其功能部位包括转录起始点、RNA 聚合酶结合位点及控制转录的调节组件。启动序列或启动子的核苷酸序列可通过影响其与 RNA 聚合酶的亲和力，而影响转录启动的频率。原核 RNA 聚合酶的转录活性，与启动子中共有序列密切相关。一般来说原核生物启动子保守序列与典型共有序列越一致，两个共有序列间距离越接近 17bp，RNA 聚合酶转录活性越强；相反如果细菌启动子序列突变，特别是保守的共有序列突变，或两个共有序列距离大于 17bp，基因转录水平则降低。而真核 RNA 聚合酶与原核 RNA 聚合酶不同的特点是其单独存在时与启动子的亲和力极低或无亲和力，某些基因的转录因子可与 RNA 聚合酶形成复合物促使其与启动子结合而启动转录。因此，真核 RNA 聚合酶的活性一方面与启动子序列相关，另外还与存在的转录调节因子作用有关。

2. 调节蛋白与 RNA 聚合酶活性　细胞许多适应性表达的基因，其表达强度往往随环境的变化而改变。这些基因都有一个由启动序列或启动子决定的基础转录频率，一些特异调节蛋白在适当环境信号刺激下表达，随后这些调节蛋白通过 DNA-蛋白质或蛋白质-蛋白质相互作用影响 RNA 聚合酶活性，从而使基础转录频率发生改变，出现表达水平变化。如原核特异性因子 σ 亚基通过识别特异启动序列而促进 RNA 聚合酶对不同基因转录，使细菌适应热应激等环境改变。诱导剂、阻遏剂等小分子信号所引起的基因表达都是通过使调节蛋白分子构象改变，直接（DNA-蛋白质相互作用）或间接（蛋白质-蛋白质相互作用）调节 RNA 聚合酶参与的转录起始过程。

第二节　原核基因转录的调节系统

原核生物是单细胞生物，基因组是由一条环状双链 DNA 组成，没有完整的核膜和核结构，其转录和翻译是偶联进行的。原核特异基因的表达也受多级调控，如转录起始、转录终止、翻译水平的调控及 RNA、蛋白质的稳定性等，但其关键机制主要发生在转录起始，特点为：①σ 因子决定 RNA 聚合酶识别特异性；不同的 σ 因子决定特异基因的转录激活，决定 mRNA、rRNA 和 tRNA 基因的转录。②操纵子模型的普遍性：原核生物的基因以多顺反子形式转录，即几个功能相关蛋白质（酶）的编码基因串联在一起，受其上游调控序列共同调节，构成一个转录单位——操纵子（operon）。一个操纵子只含一个启动序列（promoter）及数个可转录的编码基因。③原核基因普遍存在特异阻遏蛋白对基因转录的负性调控。当阻遏蛋白与操纵序列结合或解聚时，就会发生特异基因的阻遏或去阻遏。

操纵子学说的提出

法国科学家 F. Jacob 和 JL. Monod 1961 年在研究大肠杆菌乳糖代谢的调节机制时发现有些基因只是起调节或操纵作用，从而提出了操纵子学说。因此根据基因功能把基因分为结构基因、调节基因和操纵基因。1969 年，JR. Beckwith 从大肠杆菌中分离得到乳糖操纵子。

一、乳糖操纵子

操纵子是原核生物基因表达调控的基本方式。除个别基因外，大多数原核生物的多个功能相关基因串联在一起，依赖同一调控序列对它们的转录进行调节，使这些相关基因实现协调表达。

（一）乳糖操纵子的结构

E. coli 的乳糖操纵子（lac operon）含 Z、Y、A 三个结构基因，分别编码 β-半乳糖苷酶——催化乳糖水解生成半乳糖和葡萄糖、半乳糖苷通透酶和乙酰基转移酶——控制细胞对乳糖的摄取和代谢。此外还有一个操纵序列（operator，O）、一个启动序列（promotor，P）及一个调节基因 I（图 7-3）。I 基因编码一种阻遏蛋白，后者与 O 序列结合，使操纵子受阻遏而处于关闭状态。在启动序列 P 上游还有一个 CAP 结合位点。由 P 序列、O 序列和 CAP 结合位点共同构成 *lac* 操纵子的调控区，三个酶的编码基因即由同一调控区调节，实现基因产物的协调表达。

（二）阻遏蛋白的负性调节

在没有乳糖存在时，*lac* 操纵子处于阻遏状态。此时，I 序列在 P_I 启动序列操作下表达的 *lac* 阻遏蛋白与 O 序列结合，阻碍 RNA 聚合酶与 P 序列结合，抑制转录启动。阻遏蛋白的阻遏作用并非绝对，偶有阻遏蛋白与 O 序列解聚，使细胞中还有极低水平的 β-半乳糖苷酶及半乳糖苷通透酶生成。

当有乳糖存在时，*lac* 操纵子即可被诱导。在这个操纵子体系中，真正的诱导剂是半乳糖：乳糖经半乳糖苷通透酶催化、转运进入细胞，再经原先存在于细胞中的少数 β-半乳糖苷酶催化，转变为半乳糖，后者作为一种诱导剂分子结合阻遏蛋白，使蛋白构象变化，导致阻遏蛋白与 O 序列解离、发生转录，使 β-半乳糖苷酶分子增加 1000 倍。

一些化学合成的半乳糖类似物，如别乳糖、异丙基硫代半乳糖苷（isopropyl thiogalactoside，IPTG）等也能与阻遏蛋白特异性结合，诱导 *lac* 操纵子的开放。IPTG 不受 β-半乳糖苷酶的催化分解而十分稳定。5-溴-4-氯-3-吲哚-β-半乳糖苷（X-gal）是一种人工合成的半乳糖苷，可被 β-半乳糖苷酶催化水解产生深蓝色不溶性产物，因此可以用作 β-半乳糖苷酶活性的指示剂（图 7-3）。

（三）CAP 的正性调节

分解（代谢）物基因激活蛋白 CAP 是同二聚体，其分子内有 DNA 结合区及

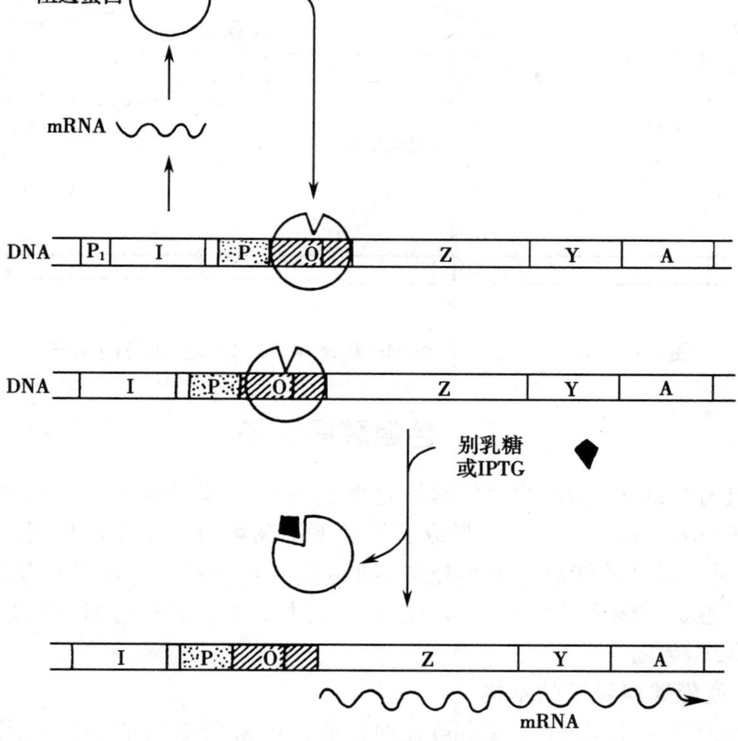

图 7-3 操纵子与阻遏蛋白的负性调控

cAMP 结合位点。当没有葡萄糖及 cAMP 浓度较高时，cAMP 与 CAP 结合，这时 CAP 结合在 *lac* 启动序列附近的 CAP 位点，可刺激 RNA 转录活性，使之提高 50 倍；当有葡萄糖存在时，cAMP 浓度降低，cAMP 与 CAP 结合受阻，*lac* 操纵子表达下降。

由此可见，对 *lac* 操纵子来说 CAP 是正性调节因素，*lac* 阻遏蛋白是负性调节因素。两种调节机制根据存在的碳源性质及水平协调调节 *lac* 操纵子的表达。

lac 操纵子中 cAMP-CAP 的正性调节与阻遏蛋白的负性调节两种机制双重调控且协调合作。当葡萄糖浓度高时，不论乳糖浓度高或低，阻遏蛋白结合于 *lac* 操纵子 O 区而阻遏转录，CAP 对该系统不发挥作用。但如果没有 CAP 与 CAP 结合位点的结合，即使 *lac* 操纵子阻遏蛋白从 O 序列解聚而脱离 O 区也不能启动转录。CAP 的结合是 *lac* 操纵子表达的必需条件。这是因为 *lac* 操纵子启动序列是一个较弱的启动序列，只有 cAMP-CAP 复合物与特异结合位点的结合同时进行，RNA 聚合酶和启动序列结合所形成的复合物才能进行高水平转录。这样使细菌可适应复杂的生长环境，只有当环境中无葡萄糖而又有高浓度乳糖时，通过半乳糖发生去阻遏使 *lac* 操纵子转录开放，同时再通过 CAP 来加强转录活性，从而使细胞合成足够的酶来利用乳糖（图 7-4）。

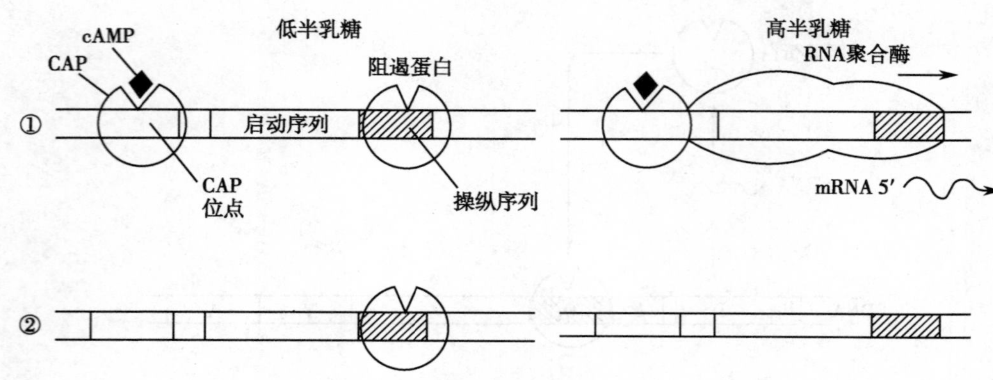

图 7-4　CAP、阻遏蛋白、cAMP 和诱导剂对 Lac 操纵子的调节

二、色氨酸操纵子

细菌具有合成色氨酸的酶系，编码这些酶的结构基因组成一个转录单位称色氨酸操纵子(trp operon)。在 *trp* 操纵子调控下细菌可以经多步酶促反应自身合成色氨酸，但是一旦环境能够提供色氨酸，细菌就会充分利用外源的色氨酸，而减少或停止合成色氨酸酶系的表达。*trp* 操纵子通过衰减作用的精细调节控制转录起始后是否继续转录。

（一）色氨酸操纵子的结构

trp 操纵子的结构基因包括编码五种合成色氨酸所必需的酶的基因，即 E、D、C、B 和 A。这五种酶在催化分支酸转变为 L-色氨酸过程中发挥催化作用。结构基因与其上游的启动序列(P)、操纵序列(O)、前导序列(leader sequence，L)及相距较远的调节基因(R)共同构成 *trp* 操纵子(图 7-5)。

（二）转录衰减

E. coli 的 *trp* 操纵子是一种阻遏型操纵子，参与该操纵子机制的阻遏蛋白有两

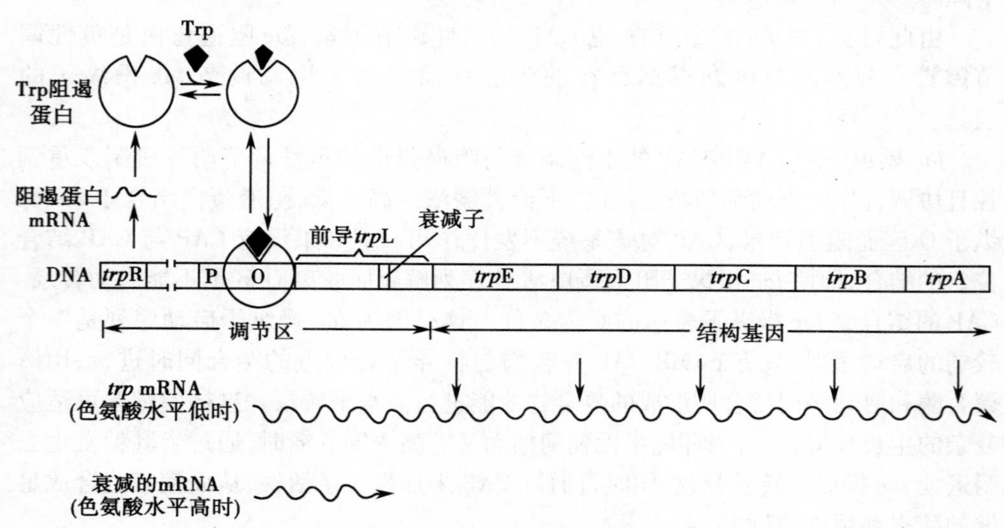

图 7-5　*trp* 操纵子

种分子构象。当有色氨酸结合阻遏蛋白 Trp 时,阻遏蛋白 Trp 构象改变可结合 O 序列,阻断基因转录(图 7-6);当没有色氨酸结合阻遏蛋白 Trp 时,阻遏蛋白不能结合 O 序列而开始转录,此后转录速率受转录衰减(attenuation)机制调节。*E. coli* 的 *trp* 操纵子中第一个结构基因与启动序列 P 之间有一衰减子区域(图 7-6)。当细菌细胞内色氨酸浓度很高时,*trp* 操纵子表达关闭。这是因为,*trp* 操纵子的序列 1 中有 2 个色氨酸密码子,当色氨酸浓度很高时,核糖体很快通过编码序列 1 并覆盖序列 2,这种与转录偶联进行的翻译过程导致序列 3、4 形成一个不依赖 ρ(rho)因子的终止结构——衰减子(attenuator),使前方的 RNA 聚合酶脱落,转录终止。当色氨酸缺乏、没有色氨酰-tRNA 供给时,核糖体翻译停止在序列 1 中的两个色氨酸密码子前,序列 2 与序列 3 形成发夹。阻止了序列 3、4 形成衰减子结构,RNA 转录继续进行。因此,转录衰减实质上是转录与一个前导肽翻译过程的偶联。转录衰减是原核生物特有的一种基因调控机制。

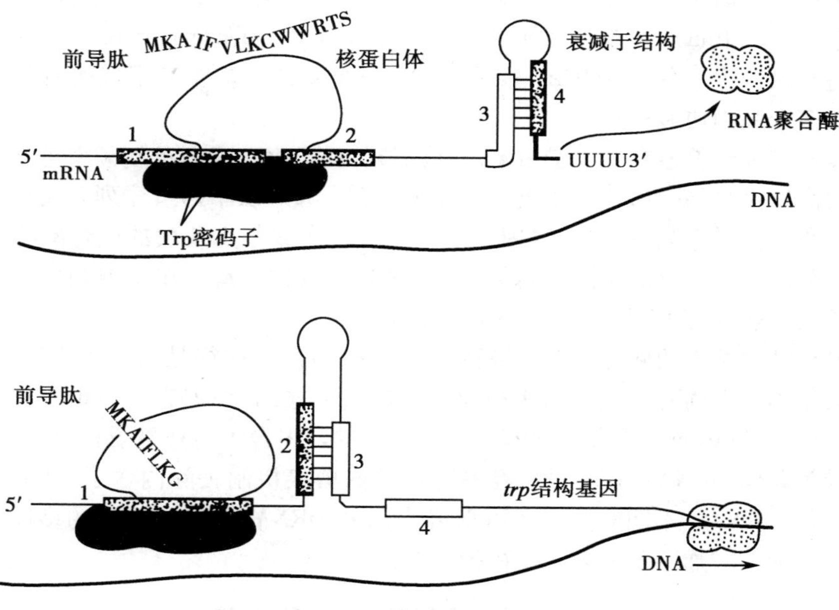

图 7-6　转录衰减机制

三、其他转录调控方式

原核生物基因除操纵子转录起始调节外,还有其他一些特异的转录调控方式。*E. coli* 经紫外线照射会发生染色体损伤或 DNA 复制抑制,诱发一系列表型变化,这一现象或过程称 SOS 反应(SOS recombination)。通常,分散在染色质上、与 DNA 损伤修复有关的酶和蛋白质编码基因(即 SOS 基因)操纵序列的 SOS 盒被 Lex A 阻遏蛋白封闭,SOS 基因处于阻遏状态;当有紫外线照射时,细菌内一种蛋白水解酶 Rec A 被激活,催化 Lex A 阻遏蛋白裂解、失活,SOS 去阻遏,修复酶及相关蛋白质表达,急救修复损伤的 DNA。SOS 反应是分散在染色体上的非连贯性基因协调表达的典型。

第三节　真核基因转录的调节系统

真核基因表达调控机制发生在染色质活化、基因转录激活、转录后加工、翻译及翻译后加工等水平。

一、真核生物基因组结构的特点

真核生物基因组十分庞大，人类基因组约 3×10^9bp，含 2 万～2.5 万个基因，其中 60% 的基因存在可变剪接，约 80% 的可变剪接能够导致蛋白质序列的变化。人类基因组中 1% 序列编码蛋白质，5%～10% 的重复基因，其余 80%～90% 的基因组为非编码序列——内含子、调控序列等。此外，真核细胞 DNA 与组蛋白等构成染色质被包裹在核膜内，增加了基因表达调控的层次和复杂性。

细菌由操纵子机制控制转录生成的 mRNA 可表达功能相关的数种蛋白，称多顺反子(polycistron)，真核基因转录产物为单顺反子(monocistron)，即一个编码基因通过转录产生一分子 mRNA，翻译产生一条多肽链。多亚基组成的真核蛋白质还需要多个基因协调表达。

真核基因组普遍存在大量重复出现的核苷酸顺序。根据重复频率可将重复序列分为高度重复序列(10^6)、中度重复序列(10^3～10^4)及单拷贝序列。高中度重复序列统称多拷贝序列，在整个基因组中只出现一次或很少几次的核苷酸序列称单拷贝序列。一般生物的基因组越大，重复序列含量越丰富。在基因调控区存在的重复序列可能参与 DNA 复制、转录的调控。

真核结构基因两侧存在有不被转录的非编码序列，往往是基因表达的调控区。在编码基因内部尚有一些不为蛋白质编码的间隔序列，称内含子(intron)，而编码序列称外显子(exon)，因此真核基因是不连续的。内含子与外显子相间排列，同时被转录为前体 mRNA。在转录后经一定规律的剪接机制去除内含子，使外显子连接为成熟 mRNA。不同剪接方式可形成不同的 mRNA，翻译出不同的多肽链。这种转录后加工增加了基因表达调控的复杂性。

二、真核基因表达调控特点

(一) 染色体结构和 DNA 的修饰对转录的影响

真核生物的基因组 DNA 以核小体为基本单位，经超螺旋化和折叠高度凝缩于细胞核内，因此基因要进行转录，染色体结构必须经过一系列的变化。实验证明，在常染色质上，结构比较疏松的 DNA 能活跃进行转录，而在高度凝缩的异染色质上很少出现 RNA 的合成。DNA 开放的松散结构使参与转录起始的 RNA 聚合酶和蛋白质因子能够接近该区域。这些区域对 DNA 酶 Ⅰ 敏感，因此称为 DNA 酶 Ⅰ 高敏感区(DNAase Ⅰ hypersensitive site)。高敏感区大多位于被转录基因的 5′旁侧 1000bp 范围内，长约 100～200bp，但是有些基因的高敏感区离 5′端较远，有些则位于基因的 3′端或位于基因中间。在转录活跃的区域，缺乏或完全没有核小体结构。

真核细胞 DNA 在 CpG 序列中的胞嘧啶通常会被甲基化，这种甲基化可以阻止某些基因的转录，但在转录活跃区则很少甲基化，而不表达的基因则高度甲基化。

管家基因富含 CpG 岛,其 CpG 的胞嘧啶残基均不发生甲基化。

转录活跃的染色质缺乏组蛋白 H1,其他核心组蛋白亦可被乙酰化修饰。每一种核心组蛋白(H2A、H2B、H3、H4)都有两个结构域:一是中心结构域,参与组蛋白和组蛋白的相互作用并帮助 DNA 缠绕形成核小体;二是富含赖氨酸的氨基端结构域,其位置靠近核小体的外侧,其中的赖氨酸残基在组蛋白转乙酰基酶的作用下被乙酰化。乙酰化能降低组蛋白对 DNA 的亲和力,还可使 DNA 对核酸酶的敏感性增高,有利于转录调控因子的结合。当某一个基因不再转录时,在组蛋白脱乙酰基酶的催化下使核小体的乙酰化降低,基因转录趋于静止。

(二) 正性调控占主导

真核 RNA 聚合酶对启动子的亲和力很低,仅靠 RNA 聚合酶与启动子序列结合不能启动基因转录,需要依赖多种激活蛋白的协同作用。真核基因调控中虽然也发现了负性调控元件,但其存在并不普遍;真核基因转录表达的调控蛋白主要是以激活蛋白作用为主,即多数真核基因在没有调控蛋白作用时是不转录的,表达时就需要有激活的蛋白质存在促进转录,因此真核基因表达以正性调节为主导。由于调节蛋白与 DNA 特异序列作用特异性强,而多种激活蛋白与 DNA 间同时特异相互作用,使非特异作用更加降低,可使数目巨大的真核基因的调控更特异更精确。另外正性调控方式避免合成对每个基因特异的大量阻遏蛋白,故正性调控是更经济有效的调控方式。

(三) RNA 聚合酶

真核生物不同类型的基因由 RNA pol Ⅰ、Ⅱ、Ⅲ分别负责转录,各类基因启动序列有不同特点,各种 RNA 聚合酶有共同亚基也有特有亚基。另外真核细胞有细胞核及胞浆等区域分布,转录和翻译在不同亚细胞结构中进行,这种差别使真核基因的调控更为复杂、有序。而由于真核基因结构特点,各种真核基因转录的 RNA 产物都需要经过剪接修饰等加工过程。

三、真核基因转录起始调节

真核生物基因表达调控十分复杂,但转录起始仍是真核基因表达调控的最基本环节。

(一) 参与转录调控的 DNA 序列——顺式作用元件

顺式作用元件是指位于基因前后,参与基因表达调控、可影响转录速率的 DNA 特异序列。主要有启动子(promoter)、增强子(enhancer)和沉默子(silencer)。

1. 启动子　是原核操纵子中启动序列的同义语。真核基因启动子是 RNA 聚合酶结合位点周围的一组转录控制组件,每一组件含 7～20bp 的 DNA 序列。启动子包括至少一个转录起始点以及一个以上的功能组件。在这些功能组件中最具典型意义的就是 TATA 盒,其共有序列是 TATAAAA。TATA 盒通常位于转录起始点上游-25～-30bp,控制转录起始的准确性及频率。TATA 盒是基本转录因子 TFⅡD 结合位点(见后述)。除 TATA 盒外,GC 盒(GGGCGG)和 CAAT 盒(GCCAAT)也是很多基因常见的,它们通常位于转录起始点上游-30～110bp 区域。此外,还发现很多其他类型的功能组件。典型的启动子由 TATA 盒及上游的 CAAT 盒和(或)GC 盒组成,这类启动子通常具有一个一个转录起始点及较高的转录活性;由 TATA

盒及转录起始点即可构成最简单的启动子。还有很多不含 TATA 盒的启动子,如很多管家基因启动子有长为 1～2kb 富含 GC 的 CpG 岛,称富含 GC 的启动子,这类启动子一般含数个分离的转录起始点。有的启动子既不含 TATA 盒,也没有 GC 富含区,这类启动子可有一个或多个转录起始点,大多转录活性很低或根本没有转录活性,而是在胚胎发育、组织分化或再生过程中受调节。

2. 增强子　指远离转录起始点(1～30kb),通过启动子增强转录效率的特异 DNA 序列。真核生物基因的增强子通常占 100～200bp 长度,也和启动子一样由若干组件构成,每个组件都和增强子总活性有关,都能和某种调节蛋白结合。每个核心组件常为 8～12bp,可以单拷贝或多拷贝串联形式存在。增强子的作用具有下列特性:可通过启动子提高同一条 DNA 链上同源或异源基因转录效率,其作用与靶基因的方向及距离无关。可增强远距离达 1～4kb 的上游或下游基因转录活性,其增强功能与其序列的正反方向无关。增强子对作用的启动子没有严格选择性,而且它与其他顺式调控元件一样,必须与特异的蛋白质因子结合后才能发挥增强转录的作用。增强子一般具有组织或细胞特异性,许多增强子只在某些细胞或组织中表现活性,是由这些细胞或组织中具有的特异性蛋白质因子所决定的。从功能上讲,没有增强子存在,启动子通常不能表现活性;没有启动子时,增强子也无法发挥作用。

3. 沉默子　为负性调节的 DNA 序列,当沉默子结合特异蛋白因子时,使其附近的启动子失去活性,基因不能表达。沉默子的作用可不受序列方向的影响,也能远距离发挥作用,并可对异源基因的表达起作用。在 T 淋巴细胞分化中,α 沉默子对于调节基因的选择性表达和基因重排有重要作用。

(二) 参与转录调控的蛋白质因子——反式作用因子

由一种基因表达的蛋白质因子,能结合并调节另外基因表达的称反式调节作用。反式作用因子是一类能分别特异识别并结合于 DNA 特定序列,激活或阻遏基因表达的蛋白质因子,通常把以反式作用影响转录的因子统称为转录因子。

1. 转录因子类型　按功能特性可将转录因子分为:①基本转录因子(general transcription factors):是 RNA 聚合酶结合启动子所必需的一组因子,大部分为所有 mRNA 转录启动所共有,故称基本转录因子,如 RNA pol Ⅱ的转录因子包括 TFⅡD、TFⅡA、TFⅡB、TFⅡE 及 TFⅡF 等,这些因子对 TATA 盒的识别及转录起始是必需的。②转录激活因子(transcription activators):凡是通过蛋白质-DNA、蛋白质-蛋白质相互作用起正性转录调节作用的因子均属此范畴。增强子结合因子就是典型的转录激活因子。③转录抑制因子(transcription inhibitors):包括所有通过蛋白质-DNA、蛋白质-蛋白质相互作用产生负性调节效应的因子,多数为沉默子结合蛋白。

2. 转录调节蛋白的结构特点及与 DNA 的结合　所有转录因子至少包括两个不同的结构域:DNA 结合域(DNA binding domain)和转录激活域(activation domain);此外,很多转录因子还包含一个介导蛋白质-蛋白质相互作用的结构域,最常见的是二聚化结构域。①DNA 结合域——通常由 60～100 个氨基酸残基组成,可识别结合特异的顺式作用元件。最常见的 DNA 结合域结构形式是锌指(zinc finger),通过顺序中 Cys 和 His 残基与 Zn 螯合而形成环状结构。其 N 端形成一对反向β-折叠，C端形成α-螺旋，后者促进锌指与DNA大沟结合。识别CAAT盒的转录因子CTF1 DNA结合域是碱性α-螺旋，类似的碱性DNA结合域还见于碱性亮氨酸拉链(basic leucine zipper, bZIP)和碱性螺旋-环-螺旋(basic helix-loop-helix, bHLH)结构。②转录激活域——由30～100个氨基酸残基组成。根据氨基酸组成特点，转录激活域又有酸性激活域、谷氨酰胺富含域及脯氨酸富含域。③二聚化结构域——转录因子常通过亮氨酸拉链，螺旋-环-螺旋等模体结构互相作用形成二聚体(图7-7)。

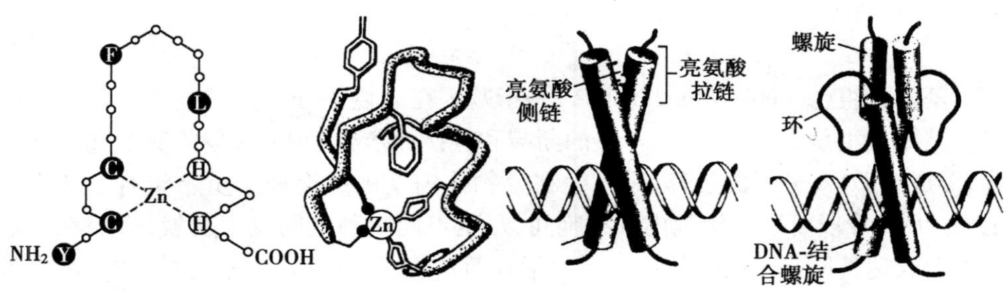

图7-7　锌指、亮氨酸拉链和螺旋-环-螺旋结构

真核RNA pol Ⅱ对前体mRNA的转录激活过程中，具上述结构功能特点的多种基本转录因子(TFⅡ类)，按一定次序相互作用，促进RNA pol Ⅱ结合于DNA启动子，形成多亚基的功能性前起始复合物，启动mRNA前体的转录(图7-8)。而转录的速率又可被转录激活因子或转录抑制因子进行正性或负性调节。由于多种类性质、功能不同的蛋白质因子之间，蛋白质-DNA之间相互作用影响转录激活过程，使真核基因转录激活调节表现高度复杂多样又高度特异精确。

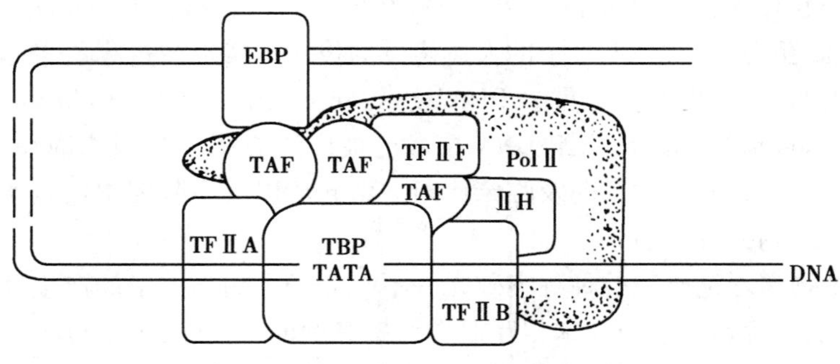

图7-8　转录起始复合物的形成

(陶　莎)

第八章

基因重组与分子生物学技术

基因重组(genetic recombination)是指基因在染色体分子内或分子间的重新排布。基因重组是由于不同DNA链的断裂和连接而产生DNA片段的交换和重新组合,形成新DNA分子的过程,是发生在生物体内基因的交换或重新组合。从广义上说,DNA片段可以在细胞内或细胞间,乃至不同物种之间发生交换,进而在新的位置上表达其所携带的遗传信息。包括同源重组、位点特异重组、转座作用和异常重组四大类,是生物遗传变异的一种机制。

1973年Stanley Cohen等人首次在体外按照人为的设计实施基因重组,并扩增形成无性繁殖系,该方法称为基因工程(genetic engineering)。基因工程是生物工程的一个重要分支,它和细胞工程、酶工程、蛋白质工程和微生物工程共同组成了生物工程。所谓基因工程是在分子水平上对基因进行操作的复杂技术。是将外源基因通过体外重组后导入受体细胞内,使这个基因能在受体细胞内复制、转录、翻译表达的操作。它是用人为的方法将所需要的某一供体生物的遗传物质DNA提取出来,在离体条件下用适当的工具酶进行切割后,与载体DNA分子连接起来,然后与载体一起导入受体细胞中,让外源DNA在其中"安家落户",进行正常的复制和表达,从而获得单一DNA分子的大量拷贝的技术。实现该过程所采用的方法以及与其相关的工作,也通称为重组DNA技术(recombinant DNA technology)或基因克隆(gene cloning)。如今,重组DNA技术已被广泛应用于基因修饰和改造、克隆动物、培育抗病植物、开发新药及临床诊断。由此可以看出基因重组技术的巨大的应用价值和广阔的发展前景。

分子生物学理论研究的种种突破无一不与分子生物学技术的产生和发展息息相关,可以说两者是科学与技术相互促进的最好例证。因此,了解分子生物学技术原理及其应用,对于加深理解现代分子生物学的基本理论和研究现状,深入认识疾病的发生和发展的机制,理解和应用不断出现的新的诊断和治疗方法极有帮助。本章将重点讲述重组DNA技术和概括介绍目前医学分子生物学中的一些常用技术。

第一节　基因重组技术——基因工程

基因工程始于20世纪70年代初。1973年美国斯坦福大学的科恩(Stanley Cohen)研究小组首次将大肠埃希菌中两个不同的抗药性的质粒(一种在细菌染色体以外的遗传单元,通常由环形双链 DNA 构成)结合在一起,构成一个杂合质粒,再引入大肠埃希菌。结果发现这种杂合质粒不但复制,而且能够同时表达出原来的两种抗药性。第二年科恩等人又用金黄色葡萄球菌中的抗药性质粒与大肠埃希菌的抗药性质粒结合,得到了同样结果。接着他们又进一步用高等动物非洲爪蛙的核糖体 RNA(rRNA)基因与大肠埃希菌的质粒重组到一起,并转化到大肠埃希菌中去,结果发现爪蛙的基因在细菌细胞中同样可以复制与表达,产生出与爪蛙核糖体 RNA 完全一样的 RNA。由此可见,人们可以根据自己的意愿、目的,通过对基因的直接改变而达到定向改造生物遗传特性,甚至创造新的生物类型。除了改造生物外,人类还可以利用该技术对疾病进行诊断和治疗。重组 DNA 技术为生命科学的理论研究提供了新的技术手段,并且为工农业生产和医学领域的发展开辟了广阔的前景。

一、基因重组基本过程

(一) 获得目的基因

目的基因指与重组 DNA 工作最终目的相关的基因,有时为获取某一感兴趣基因,有时则为获得某一基因表达的蛋白质。目的基因有基因组 DNA 和反转录合成的双链 cDNA 两大类。它们可以是同源的或异源的,原核的或真核的,天然的或人工合成的 DNA,又称外源 DNA。

(二) 目的基因与载体的切割连接

在体外将目的基因与适宜的载体 DNA 切割连接形成重组体,该重组体有自我复制的能力。

(三) 重组 DNA 导入宿主细胞

通过转化或转染等方法将重组 DNA 引入宿主细胞。

(四) 重组体的筛选

即筛选出成功转化带有重组体的阳性细胞克隆。转化后的细胞进行扩增、繁殖,获得大量带重组体 DNA 的细胞繁殖群体。这样通过无性繁殖获得的大量 DNA 分子都是同一祖先的相同拷贝,称 DNA 克隆(clone)。

(五) 克隆基因的表达

重组蛋白质在宿主细胞的表达(即目的基因的表达)。

大致上可归纳为三个基本步骤,即构建重组 DNA 分子、引入受体细胞和筛选克隆,见图 8-1。

二、基因载体

游离的外源 DNA 是不能复制的,需将外源基因连接到具有自我复制及表达能力的 DNA 分子上,实现外源基因的无性繁殖或表达。这种携带外源基因的复制子称基因载体或称克隆载体(cloning vector)。其中为使插入的外源 DNA 序列可转录,进而翻译成多肽或蛋白的克隆载体又称表达载体(expression vector),常用的载体有质粒、噬菌体、病毒等。

(一) 质粒

所谓质粒(plasmid)是存在于细菌染色体之外的共价、闭环、小分子双链 DNA,

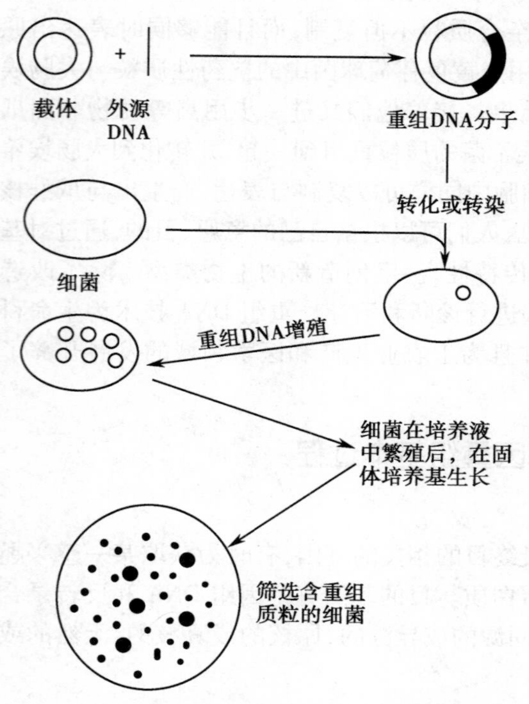

图 8-1 以质粒为载体的 DNA 克隆过程

质粒能在宿主细胞内独立进行复制，在细胞分裂时与染色体一起分配到子细胞。质粒携带某些遗传信息，所以会赋予宿主细胞一些遗传性状，如对青霉素或重金属的抗性以及代谢补偿能力等。根据质粒赋予细菌的额外遗传表型可以作为筛选标记识别质粒的存在。另外，有限制性内切酶切割位点用于插入外源基因。目前广泛使用的 pBR322 系列及 pGEM 系列等，都是人工改造过的质粒。如图 8-2A 所示，pBR322 具有复制起始点及调节 DNA 复制序列，有复制子特性，具有 *EcoR I* 等数种内切酶单一切点及编码抗氨苄西林(Amp^r)和抗四环素(Ter^r)基因等结构特性。

（二）噬菌体 DNA

常用作克隆载体的噬菌体 DNA 有 λ 噬菌体和 M13 噬菌体。重组噬菌体 DNA 可在体外被蛋白包裹成噬菌体颗粒才能转染宿主菌导入外源 DNA。噬菌体 λ 和 M13 都容易感染大肠埃希菌。改造后的 λ 噬菌体载体只保留同一种限制酶的单个或两个切点，作为插入型载体允许在切口处插入长 5～7kb 外源 DNA 片段，适用于 cDNA 的克隆。或作为置换型的载体，其两切点间的片段，可以用 5～20kb 的外源 DNA 替换，适用于基因组 DNA 克隆。M13 是环状单链 DNA，其在宿主内复制时形成双链 DNA，称为复制型。改造后的 M13 载体有 M13mp 和 pUC 系列(图 8-2B)。在它们的基因间隔区插入大肠埃希菌一段调节基因和 lacZ 的 N 端上游片段，该片段可编码 β-半乳糖苷酶的 α 链，作为筛选标志。突变型 lac *E. coli* 可表达该酶的 ω 片段(酶的 C 端区)。当宿主和转入载体同时表达 α、ω 两个片段时，显示 β-半乳糖苷酶活性，可使人工底物 X-gal 转变为蓝色。如果插入的外源基因是在载体 lacZ α 链基因内，则会干扰 lacZ 的表达，利用 lac *E. coli* 为转染或感染细胞，在含 X-gal 的培养基上生长时会出现白色菌落。这一现象称 α-互补，可用于重组体筛选，又称蓝白斑实验(图 8-3)。

（三）柯斯质粒载体(cosmid vector)

又称粘粒，是经改造过的质粒，是具有质粒和噬菌体载体双重特点的大容量载体，既含有质粒的复制位点、抗药标记及限制性内切酶位点，又含有为包装 DNA 进入噬菌体颗粒的 DNA 序列，即 cos 位点(cos site)。因此，能如对待质粒一样用常规的转化方法把它引入大肠埃希菌并在其中繁殖扩增。用柯斯质粒克隆时，35～45kb 的外源 DNA 连接到线性载体 DNA，形成柯斯位点作为外源 DNA 两侧翼的结

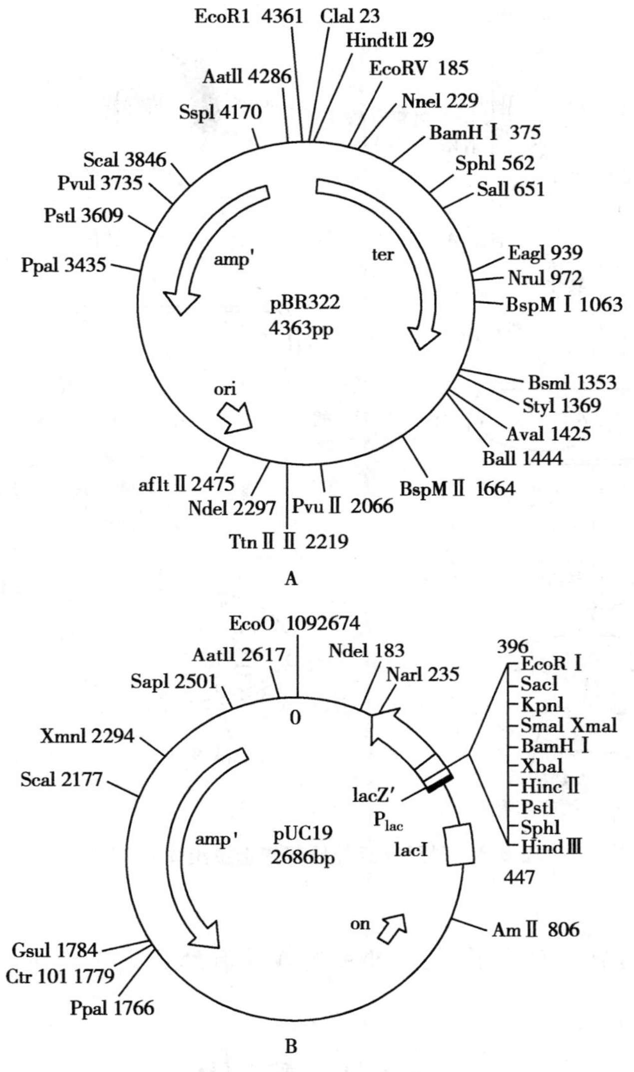

图 8-2 质粒 pBR322 和 pUC19

构，且两个黏性位点（cos site）的方向相同，即两个黏性位点之间是完整的质粒基因和外源 DNA。进行体外包装时，黏性位点被 λ 噬菌体的 A 蛋白切断，两个柯斯位点之间的 DNA 包装为成熟的 λ 噬菌体颗粒。转染大肠埃希菌时，线状的重组 DNA 被注入细胞内。在细胞内通过黏性末端而环化，环化后的分子含有完整的柯斯质粒载体，像质粒一样繁殖并使宿主菌表现抗药性，可用含抗生素的培养基进行培养。

（四）动物病毒载体

是高等生物基因表达的比较理想的载体体系。它具有一套在动物细胞中被识别的复制表达体系，可用于真核细胞的基因转移，尤其是以基因治疗为目的的系统，主要是因为病毒基因组的结构相对简单，分子背景清楚，易于改造和操作，且转染率高。现在较为常用的病毒载体有反转录病毒、腺病毒和痘苗

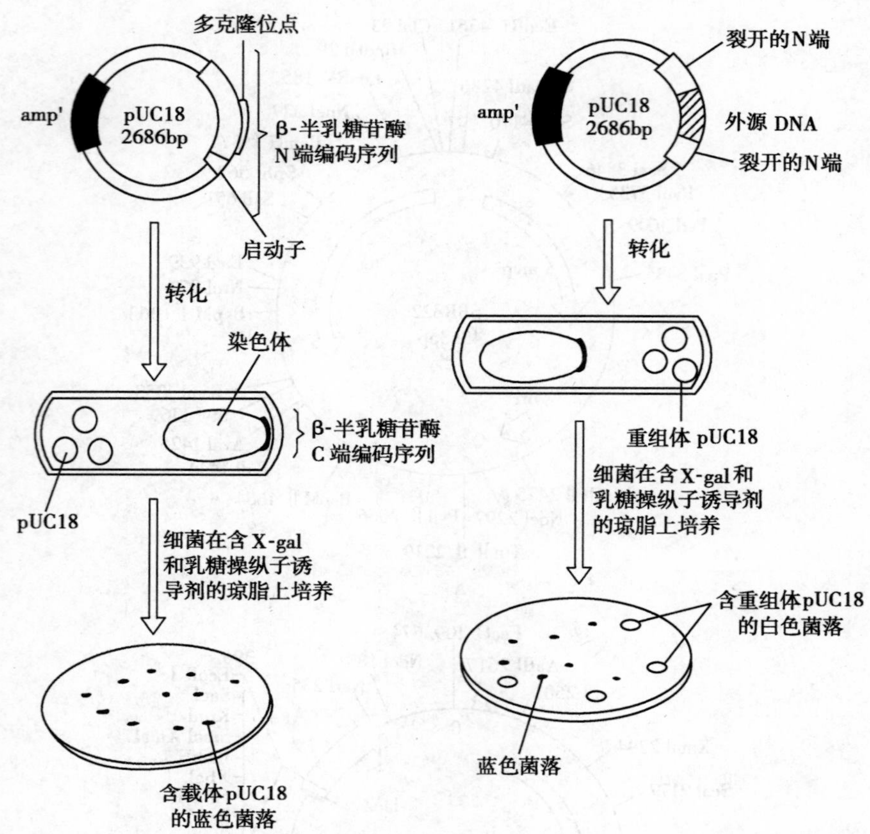

图 8-3 利用α互补原理筛选重组体 pUC18

病毒等。

另外，能携带更大分子外源 DNA 的载体有酵母人工染色体、细菌人工载体等。

三、工具酶

以 DNA 分子为工作对象，而对 DNA 分子进行切割、连接、聚合等各种操作都是酶促过程，常需要一些基本的工具酶。例如，对基因或 DNA 进行处理时需利用序列特异的限制性核酸内切酶在准确的位置切割 DNA，有时需在连接酶的催化下使目的基因与载体连接。此外，DNA 聚合酶、末端转移酶、反转录酶等也是 DNA 重组技术中常用的工具酶，见表 8-1。

限制性核酸内切酶（restriction endonuclease）可以识别 DNA 的特异序列，并在识别位点或其周围切割双链 DNA，被称为基因工程的手术刀，广泛使用。已发现多种细菌都含有这类限制——修饰酶体系。该体系通过限制酶降解外来 DNA 分子，"限制"其功能。而细菌自身的 DNA 以及留居的质粒 DNA 上的特异序列因甲基化酶的修饰，受到保护而免于切割。

现在发现的限制性核酸内切酶有 1800 种以上。根据其识别和切割序列的特性、催化条件及修饰活性等，一般将限制酶分为Ⅰ、Ⅱ、Ⅲ三大类。

表 8-1 重组 DNA 技术中常用的工具酶

工具酶	功能
限制性核酸内切酶	识别特异序列，切割 DNA
DNA 连接酶	催化 DNA 中相邻的 5′磷酸基和 3′羟基末端之间形成磷酸二酯键，使 DNA 切口封合或使两个 DNA 分子或片段连接
DNA 聚合酶Ⅰ	(1) 合成双链 cDNA 的第二条链 (2) 缺口平移制作高比活探针 (3) DNA 序列分析 (4) 填补 3′末端
反转录酶	(1) 合成 cDNA (2) 替代 DNA 聚合酶Ⅰ进行填补，标记或 DNA 序列分析
多聚核苷酸激酶	催化多聚核苷酸 5′羟基末端磷酸化，或标记探针
末端核苷酸转移酶	在 3′羟基末端进行同质多聚物加尾
碱性磷酸酶	切除末端磷酸基

Ⅱ类限制内切酶要求严格的识别序列和切割位点，大部分Ⅱ类酶识别 DNA 中 4～8bp 具有反转对称的序列，又称回文结构。它切割位点所要求的序列中有一个碱基的变异、缺失或修饰都不能被水解。其中的大多数Ⅱ类酶可用于分子克隆，使得分子生物学的实验结果具有高度的精确性。例如，*EcoR* Ⅰ、*BamH* Ⅰ就属于这类酶。有些酶在识别序列内的对称轴上切割，其切割产物的断端双股平齐称为钝端或平端(blunt end)。而很多限制酶切割后在断端形成一个短的单股突出的不齐末端，称为黏性末端(sticky end)。表 8-2 为几种常用的限制性内切酶的识别位点及切割方式。

表 8-2 几种常用的限制性内切核酸酶

名称	识别序列及切割位点
切割后产生 5′突出末端	
BamH Ⅰ	5′...G ▼ ATCC...3′
Bgl Ⅱ	5′...A ▼ GATCT...3′
EcoR Ⅰ	5′...G ▼ AATTC...3′
Hind Ⅲ	5′...A ▼ AGCTT...3′
Hpa Ⅱ	5′...C ▼ CGG...3′
Mbo Ⅰ	5′... ▼ GATC...3′
Nde Ⅰ	5′...CA ▼ TATC...3′
切割后产生 3′突出末端	
Apa Ⅰ	5′...GGGCC ▼ C...3′
Hae Ⅱ	5′...PuGCGC ▼ Py...3′
Kpn Ⅰ	5′...GGTAC ▼ C...3′
Pst Ⅰ	5′...CTGCA ▼ G...3′
Sph Ⅰ	5′...GCATG ▼ C...3′
切割后产生平末端	
Alu Ⅰ	5′...AG ▼ CT...3′

续表

名　　称	识别序列及切割位点
*Eco*RⅤ	5′... GAT ▼ ATC... 3′
Hae Ⅲ	5′... GG ▼ CC... 3′
Pvu Ⅱ	5′... CAG ▼ CTG... 3′
Sma Ⅰ	5′... CCC ▼ GGG... 3′

第二节　基因工程操作步骤

一、目的基因的获得

重组 DNA 需要有纯化的特定基因,即目的基因或靶基因。目前分离获取目的基因的方法大致有以下几种途径。

(一) 化学合成法

由于核酸的化学合成技术不断完善,DNA 的人工合成发挥着越来越重要的作用。如果已知某种基因的核苷酸序列,或根据某种基因产物的氨基酸序列推导出该多肽链编码的核苷酸序列,再利用 DNA 合成仪通过化学合成原理合成目的基因。对于特别长的基因,可以分成几段合成,然后连接在一起。

(二) 从基因组 DNA 分离

基因是包含了生物体某种蛋白质或 RNA 的完整遗传信息的一段特定的基因组 DNA 的核苷酸序列。基因组含有包括目的基因在内的所有基因,因此可以采用一定的方法,直接从基因组中获取基因。低等生物的基因组 DNA 比较简单,且有不少基因已知其准确定位,可从基因组中直接分离得到目的基因。对高等生物基因组,可用限制性内切酶将基因组 DNA 作不完全酶解,或超声波等机械法切割,将整个基因组 DNA 转变为许多较小的片段,经梯度离心或电泳回收适合于插入载体的片段构建基因文库。即将这些片段与克隆载体拼接成重组 DNA 分子,继而转入受体菌扩增,使每个细菌内都携带一种重组 DNA 分子的多个拷贝。这样由某种克隆载体携带的所有基因组 DNA 的集合称为基因组 DNA 文库(genome DNA library)。理论上包含了基因组全部遗传信息。建立基因组文库后,采用适当的筛选方法可从中选筛出含有感兴趣基因的菌株,再进行扩增,将重组 DNA 分离、回收、以获得目的基因克隆。

(三) 从 cDNA 文库中筛选

由于真核生物的基因常常是不连续基因,而转录加工后的 mRNA 只含有编码意义的核苷酸序列。用反转录酶可合成与 mRNA 互补的 DNA(即 cDNA),相当于只有编码序列的基因组 DNA。可以先从细胞中提取总 mRNA,然后通过反转录酶合成与其互补的一条 DNA 链(即 cDNA),再以此单链 cDNA 为模板合成第二链 cDNA,然后将得到的双链 cDNA 插入载体中并克隆化。这样得到的一套 DNA 片段的克隆称为 cDNA 文库。该文库包含细胞表达的各种 mRNA 信息。采用标记的目的基因探针,从 cDNA 文库中就可直接筛选到连续编码的目的基因,可用于生产某些蛋白质。

（四）聚合酶链反应（polymerase chain reaction，PCR）

PCR 是一种在体外利用酶促反应简便迅速扩增特异序列的基因组 DNA 或 cDNA的专门技术（详见本章第三节）。如果知道待扩增目的基因片段两侧或附近的 DNA 序列，据此合成互补引物，可进行目的基因扩增。可以直接从染色体 DNA 扩增，也可用 RNA 为起始模板，称反转录 PCR（RT-PCR）。其基本过程为：分离、纯化 mRNA，利用反转录酶合成单链 cDNA；杂合双链中的 RNA 用碱或 RNaseH 消化，剩下的 cDNA 为模板，由 DNA 聚合酶 Ⅰ 催化合成双链 cDNA。应用 PCR 技术可把极微量生物材料中的 DNA 扩增至足够使用量。

二、基因载体的选择和构建

目的不同，操作基因的性质不同，载体的选择和改建方法也不同。选择改建后的载体，通常应符合以下几个条件：①有多种限制性内切酶的单一酶切位点以便外源基因插入；②本身的分子量不宜太大，可容纳较大的外源 DNA 片段，拷贝数高、易与宿主 DNA 分离；③在宿主细胞中能独立地自我复制，并在传代时稳定地保存；④有遗传标记可用于重组体的筛选。此外，对克隆表达载体需要在载体的克隆位点上游加上强启动子序列，下游加上终止密码子等，使载体具有更高的表达克隆基因的能力，又不至于失去控制。还有一些不同类型的载体，用于克隆分子量范围不同、性质不同的 DNA 分子（详见本章第一节）。

三、目的基因和载体的连接

把所要研究的 DNA 片段（目的基因）与载体 DNA 依靠 DNA 连接酶催化共价接合形成一个完整的重组体分子的过程称为连接（ligation）。连接不同的 DNA 分子有很多方案可供选择，需要根据具体情况判断。DNA 连接酶有两种，一种是 T4 DNA 连接酶，是从噬菌体 T4 感染的大肠埃希菌中分离纯化获得的。另一种是大肠埃希菌 DNA 连接酶，是直接从大肠埃希菌中分离纯化的连接酶。这两种连接酶催化连接反应的机制是类似的，都能把双链 DNA 中一条单链上相邻两核苷酸断开的磷酸二酯键重新闭合。目的基因与载体在重组连接前，涉及限制酶的灵活使用。连接方式与切割载体 DNA 和目的 DNA 时产生末端的性质有关。黏端连接效率比平端连接高。

（一）黏性末端连接法

选用同一种或两种限制酶切割目的基因和载体，切开的线性 DNA 两侧产生黏性末端，由于黏性末端的单链间碱基配对，退火后两者互补黏合。然后在 DNA 连接酶催化作用下形成共价结合的重组 DNA 分子。

（二）平端连接

用相同和不同限制性核酸内切酶切割的平端 DNA，或将酶切产生不能互补的黏性末端，经特殊酶处理，使单链突出处被聚合酶补平，变为平端，可用 DNA 连接酶催化施行平端连接。

（三）同聚物加尾法

在上述方法产生的平端 DNA 用末端转移酶催化下分别在目的基因和载体 DNA 3′-OH 末端加上同聚核苷酸如 A 或 T，制造出相互配对的黏性末端，用连接酶连接。

（四）人工接头法

人工接头是含有 1～2 种限制酶切位点的人工合成的寡核苷酸链。将人工接头磷酸化后连接到目的基因或载体 DNA 平端，使之引入新的酶切位点，连上接头后，再用相应的限制酶切割及连接黏性末端。

四、重组 DNA 分子导入受体细胞

体外连接的重组 DNA 分子，需将其导入受体细胞使其随受体细胞生长、增殖而得以复制扩增或表达蛋白产物。以各种载体构建的重组 DNA 分子性质不同，引入受体细胞的方法也不尽相同。

经常使用的受体细胞是大肠埃希菌等原核细胞。在 0～4℃下用氯化钙处理增加细胞膜的通透性，称为感受态细胞。然后将重组质粒载体 DNA 分子与受体细胞一起温育，促进其导入。感受态细菌捕获质粒 DNA 的过程称为转化。携带外源 DNA 的噬菌体要引入受体菌，主要方式是在体外将重组 DNA 分子与噬菌体包装蛋白包装成为具有感染能力的完整噬菌体颗粒，完成重组 DNA 的导入，该过程称为转染。近年来发展的将重组 DNA 分子导入哺乳动物细胞的方法包括利用脂质体包装重组 DNA，效率高且不损伤受体细胞；电穿孔 DNA 转染技术；DNA-磷酸钙沉淀法；基因显微注射技术等。

五、重组体筛选

通过转化、转染或感染，外源重组 DNA 被导入受体细胞，经适当培养基培养得到大量转化菌落或转染噬菌斑。重组体的筛选是指从大量的菌落或菌斑中选择和鉴定出含有目的基因的阳性菌株。根据载体体系，受体细胞特性以及外源基因在受体细胞内表达情况的不同，可采取直接选择法和非直接选择法。

（一）直接选择法

针对载体携带某种或某些标志基因和目的基因而设计的筛选方法，称为直接选择法（direct selection），其特点是直接测定基因或基因表型。

1. 抗药性标志选择　是筛选重组质粒的最常用方法。如果重组质粒携带有某种抗药性标志基因，如 amp^r，tet^r或 kan^r，只有含这种抗药性基因转化的细菌才能在含有该抗生素的培养板上生存并形成菌落，据此可筛选出转化菌。相反如将外源基因插入以上抗药性基因，使标志基因失活，转化菌将失去抗药表型，只能在无此抗生素培养基中生存。

2. 标志补救　转化或转染的外源基因表达产物可弥补基因缺陷性宿主菌的性状，可以利用营养突变菌株进行筛选，即标志补救。例如改造后的 λ 噬菌体载体可表达酵母组氨酸合成的咪唑甘油磷酸脱水酶，携带外源目的基因的这种 λ 噬菌体重组子转染导入组氨酸缺陷型大肠埃希菌，在无组氨酸的培养基中培养。只有带有重组基因的菌株因含有咪唑甘油磷酸脱水酶才能在此培养基中生长，利用此特性可进行筛选。pUC 系列 λ 噬菌体载体重组子可用上述的 α-互补筛选。这也属于标志补救，见图 8-3。

3. 分子杂交法　用与外源 DNA 互补的核素标记探针与重组子 DNA 进行杂交

筛选。将待测核酸样品结合在硝酸纤维膜上，再与溶液中的标记探针杂交。含有目的基因的重组 DNA 与探针结合，而被放射性核素标记。利用这种方法可以直接选择并鉴定目的基因。根据反应条件的不同可以分为斑点杂交、Southern 印迹杂交、Northern 印迹杂交、原位杂交等多种方式。

（二）免疫学方法筛选

这是利用特异抗体与目的基因的表达产物（作为抗原）之间相互作用进行筛选，而不是直接去鉴定靶基因。免疫学方法又可分为酶免疫检测分析、放射免疫方法等。后者针对所要研究的蛋白质预先制备其相应的抗体，再用放射性核素标记该抗体。将转化细菌菌落转移至硝酸纤维素薄膜上，加入标记抗体进行结合反应，经放射自显影后，即可能得到显示抗体所结合的特异蛋白质的区带，从而选择出产生该蛋白质的菌落。免疫学方法特异性强、灵敏度高，尤其适宜于筛选无任何选择标志的基因。

以上所述的目的基因的分离、载体选择、重组 DNA 构建与导入、筛选重组体等即为基因克隆，是基本的重组 DNA 技术操作过程，也可形象地归纳为“分、切、接、转、筛”，即分离目的基因，限制酶切割目的基因与载体，拼接重组体，转入受体菌，筛选重组体。而作为基因工程的最终目的，是要利用重组 DNA 技术获得目的基因的表达产物，故还需进一步进行克隆基因的表达。

六、克隆基因表达

基因工程的最终目标是进行目的基因的表达，实现生命科学研究、医药或商业目的。克隆的目的基因在受体细胞表达生物活性蛋白质需要正确的基因转录、有效的蛋白质翻译和适当的转录、翻译后加工的过程。这些过程在不同的表达体系中是不一样的。基因工程根据宿主细胞性质的不同，分为原核表达体系与真核表达体系。

（一）原核表达体系

原核表达系统包括大肠埃希菌（*E. coli*）系统和枯草杆菌（Bacillus subtilis）系统，其中 *E. coli* 是当前采用最多的原核表达体系。运用 *E. coli* 表达有用的蛋白质必须使构建的表达载体符合下述标准：①含 *E. coli* 适宜的选择标志；②具有能调控转录、产生大量 mRNA 的强启动子，如 lac、tac 启动子或其他启动子序列，要表达的外源基因编码区不能含有插入序列，外源基因位于启动子下游；③含适当的翻译调控序列，如核糖体结合位点和翻译起始点等；④含有设计合理的多接头克隆位点（poly linker cloning sites），以确保目的基因按一定方向与载体正确衔接。将目的基因插入适当表达载体后，经过转化、筛选获得正确的转化子细菌即可直接用于蛋白质的表达。生产的蛋白质的目的不同，设计的表达策略也不尽相同。除考虑目的蛋白分离、纯化的方便，更重要的是考虑表达蛋白质的功能或生物学活性。

由于原核细胞和真核细胞的转录、翻译及翻译后加工体系的不同，用原核表达体系表达真核蛋白质时存在一些不足之处，例如由于缺乏适当的翻译后加工机制，*E. coli* 表达体系表达的真核蛋白质不能形成适当的折叠或进行糖基化修饰。因此，在实际操作中应充分考虑这些差别。

（二）真核表达体系

对表达真核细胞蛋白而言，真核表达体系如酵母、昆虫及哺乳动物细胞表达体系显示了比原核表达体系更大优越性。尤其是哺乳类动物细胞表达体系具有许多优点:①该体系能识别和除去外源基因的内含子,剪接加工成成熟的 mRNA;②该体系表达的蛋白在翻译后加工的机会较多(如糖基化修饰),可提高产品的生物学活性及免疫活性;③用作受体的动物细胞,都是用缺陷的病毒基因组如 SV40 等转化的细胞,能稳定传代;④使经转化的哺乳动物细胞将表达产物分泌到培养基中,其提纯工艺简单。但操作技术难、费时、不经济是哺乳类动物细胞表达体系的缺点。如何将克隆的重组 DNA 分子导入真核细胞是关键步骤。常用于细胞转染的方法有:磷酸钙转染(calcium phosphate transfection)、DEAE 葡聚糖介导转染(DEAE dextran-mediated transfection)、电穿孔(electroporation)、脂质体转染(lipofectin transfection)及显微注射(microinjection)等。

第三节　分子生物学常用技术

分子生物学是理论与技术并重的学科,两者的发展互相联系又相互促进,理论上发现为新技术的产生提供思路,而新技术产生又为证实原有理论和发展新的理论提供有力的工具。分子生物学技术和方法已经被广泛应用于生命科学各个领域,是医药学研究和临床实践不可缺少的工具和手段,同时这些技术和方法也已形成独立和完整的知识体系。因此,了解分子生物学常用技术的基本原理、应用及其研究进展对于完善医学生的知识结构、深入认识疾病的机制与新的诊治方法以及提高实践和研究水平是十分必要的。本章主要概括介绍目前医学分子生物学一些常用技术和方法,同时对前沿技术本章也略加介绍。

一、核酸分子杂交与探针技术

核酸分子杂交是分子生物学领域应用最为广泛的技术之一。其基本原理是:把异源的 DNA 分子,或者 DNA 与 RNA 放在一起,加热使 DNA 分子解开成单链后,在缓慢降温复性过程中,只要 DNA 或 RNA 的单链分子之间存在着一定程度的碱基配对关系,就可以在不同的分子间形成杂化双链(heteroduplex),这种现象称为核酸分子杂交(nucleic acid molecular hybridization)。核酸分子杂交主要应用于:①对特定 DNA 或 RNA 顺序进行定性和定量检测;②测定特定 DNA 序列的限制性内切酶图谱,以判断是否存在 DNA 序列缺失、插入等重排现象;③RNA 结构的初步分析;④特定基因克隆的筛选;⑤用末端标记人工合成寡核苷酸探针检查基因的特定点突变。图 8-4 是分子杂交的示意图。

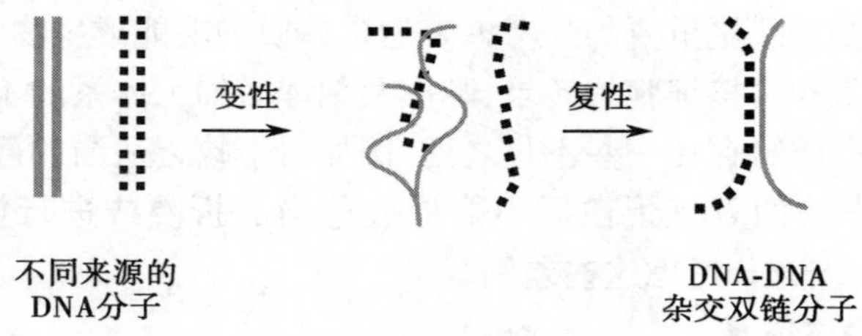

图 8-4　分子杂交示意图

探针(probe)是指经过特殊标记的核酸片段,它具有特定的序列,能够与待测的核酸片段互补结合,在研究和诊断中用于检测核酸样品中特定的基因。探针可以是人工合成的寡核苷酸片段,也可以是 DNA、cDNA 或 RNA 片段。常用放射性核素、生物素或荧光染料来标记探针。

在分子生物学的研究和应用中探针技术和核酸分子杂交技术是结合在一起的。进行核酸检测时,使待测核酸变性,成两条单链,变性 DNA 固定于支持物上,与含有标记探针溶液共温浴进行杂交,在碱基配对的前提下,探针与具有互补序列的 DNA 片段结合,使杂交链显示识别标记,而被检测确定,以此确定待测核酸是否与探针的序列具有同源性,从而达到鉴定靶核酸性质的目的。探针还可以用于基因工程中阳性克隆的筛选,遗传病的产前诊断,肿瘤的分子诊断、分类、分型和预后以及传染性流行病病原体的检测等。

二、分子印迹技术

印迹技术(blotting)是 20 世纪 70 年代后期出现的分子检测技术,是指将分离的生物大分子如核酸、蛋白质等转移到固相支持物并加以检测分析的技术,这个过程类似于用吸墨纸吸收纸张上的墨迹,因此称之为"blotting"。目前这种技术广泛应用于 DNA、RNA、蛋白质、抗原、受体糖蛋白等多种生物大分子的研究。印迹法基本过程包括:生物样品凝胶电泳分离、分离后的样品转移到固相支持物上、检测分析等三大部分组成。图 8-5 示意 blotting 的大致过程。

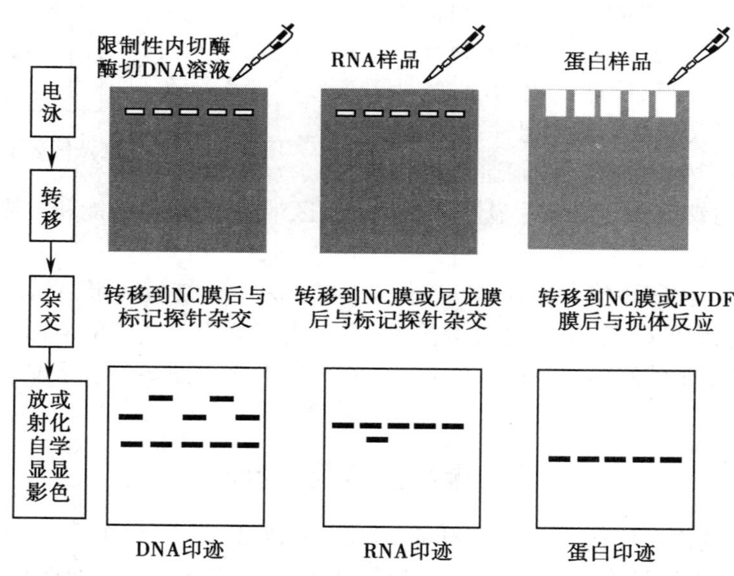

图 8-5 显示 blotting 的大致过程

(一) DNA 印迹技术

是由 Edwen Southern 1975 年创立,进行 DNA 片段的检测,被称为 Southern blotting,即 DNA 印迹。其基本过程是用某种限制性内切酶消化靶 DNA,经琼脂糖凝胶电泳后,放入碱性溶液中使 DNA 变性,然后将变性的单链 DNA 从凝胶中按原来的位置和顺序经过一定的方法吸印转移到硝酸纤维素(nitrocellulose,NC)薄膜上,固定后再与标记的核酸探针杂交,并显示杂交信号。DNA 印迹技术主要用于基因组中特异基因的定位与检测等。还可用于分析重组质粒和噬菌体。

(二) RNA 印迹技术

又称为 Northern blotting。其基本过程与 Southern 印迹技术相同,先用乙二醛等变性剂处理 RNA,消除 RNA 的二级结构,然后采用合适的条件凝胶电泳,再将 RNA 转移到 NC 膜上,固定后就可进行杂交显影。RNA 印迹技术目前主要用于检测某一组织或细胞中已知的特异 mRNA 的表达水平,也可以比较不同组织和细胞中的同一基因的表达情况,被认为是目前最可靠的 mRNA 水平分析方法之一。

(三) 蛋白质的印迹分析

蛋白质在电泳之后也可以固定于膜上,再与溶液中的其他蛋白分子相互结合,目的蛋白最常用的是用抗体来检测,因此也称为免疫印迹技术(immunoblotting),也被称为 Western bloting(蛋白质印迹)。蛋白质印迹技术用于检测样品中特异性蛋白质的存在,细胞中特异蛋白质的半定量分析以及蛋白质的相互作用的研究。将样品蛋白质用聚丙烯酰胺凝胶电泳按分子量大小分开,用电转移方法定向将蛋白质转移到 NC 膜或其他膜上。印迹在膜上的特异抗原的检出依赖于抗原抗体的结合反应。反应时能与特异性一抗结合的二抗常用辣根过氧化物酶、碱性磷酸酶、荧光素或放射性核素标记,后者催化某些底物反应后产生示踪信号,能通过放射自显影、底物显色或化学发光 X 片显影来检测蛋白区带的信号,找出能和抗体特异性结合的抗原蛋白。

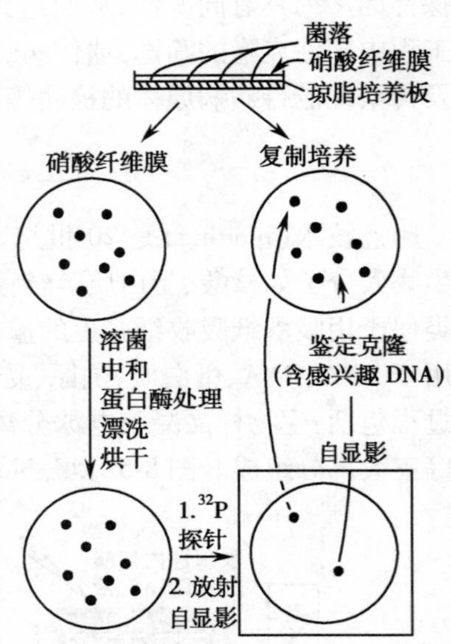

图 8-6 原位杂交法筛选阳性克隆

除了这三种印迹技术外,还有其他的一些方法用于核酸和蛋白质的分析。例如斑点印迹、原位杂交、DNA 芯片等技术,特别是 DNA 芯片技术的应用对核酸的研究工作以及未来的基因诊断技术将会产生重大的影响。图 8-6 示原位杂交法筛选阳性克隆。

三、聚合酶链反应技术

聚合酶链式反应(polymerase chain reaction,PCR)是 DNA 的体外酶促扩增反应,是指在体外通过 DNA 聚合酶反应模拟体内 DNA 复制来合成 DNA 的过程,该技术是由 Mullis K. 在 1985 年建立。PCR 技术能快速特异地扩增所希望的目的基因或 DNA 片段,能在实验室里的一支试管内,将所要研究的一个目的基因或某一 DNA 片段,在数小时内扩增至百万乃至千百万倍,使得皮克(pg)水平的起始物达到微克(μg)水平的量。只要一根毛发、一个精子、一滴血中的 DNA 样本,甚或甲醛溶液固定、石蜡包埋、冷冻数万年的组织,都可用于基因结构的分析。PCR 技术具有敏感性高、特异性强、重复性好、产率高以及快速简便等优点,使其迅速成为分子生物学研究中应用最为广泛的方法，被认为是分子生物学里程碑式的发现，其创建者 Mullis K. 也因此荣获 1993 年度诺贝尔化学奖。图 8-7 为 PCR 工作原理。

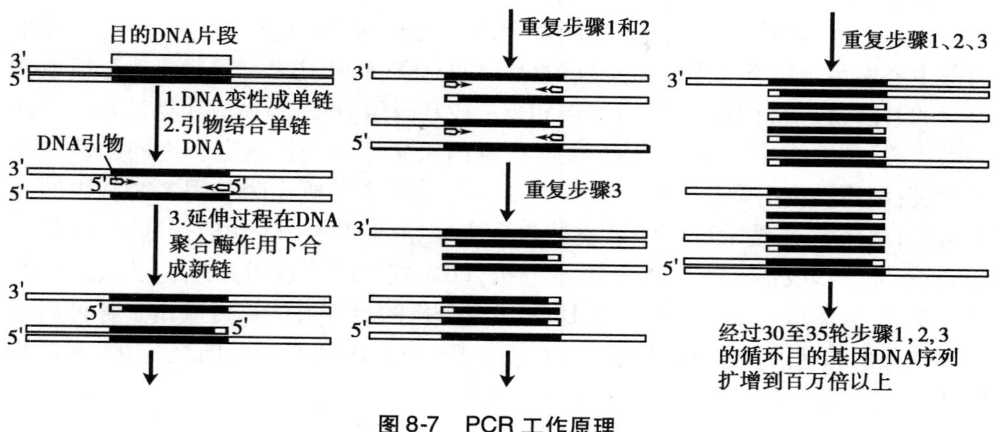

图 8-7　PCR 工作原理

（一）PCR 反应体系及过程

1. PCR 技术的反应体系　耐热 DNA 聚合酶，其中 Taq 酶应用最广泛；模板 DNA，通常小片段模板 DNA 的 PCR 效率要高于大分子 DNA；一对特异性引物，一般引物长 18～25 个碱基；dNTP，4 种 dNTP 的终浓度相等；含有 Mg^{2+} 的缓冲液。

2. PCR 反应的过程

（1）变性，将反应系统加热至 95℃，30～60 秒，使模板 DNA 完全变性成为单链，并消除引物自身和引物之间存在的局部双链。

（2）退火，将温度下降至适宜温度，约 50℃，30～60 秒，使引物与模板 DNA 退火结合。

（3）延伸，将温度升至 72℃，在此温度下，DNA 聚合酶以 dNTP 为底物催化 DNA 的合成反应。根据扩增片段长短，时间约 60～90 秒。

上述三个步骤为一个循环，新合成的 DNA 分子能继续作为下一轮循环的模板，经多次循环（30～35 次）后即可达到扩增 DNA 片段的目的。

（二）几种常见的 PCR 衍生技术

1. 反转录 PCR 技术　反转录 PCR 技术（reverse transcription-polymerase chain reaction，RT-PCR），是将 RNA 的反转录反应和 PCR 联合应用的一种技术，原理是：提取组织或细胞中的总 RNA，以其中的 mRNA 作为模板，在反转录酶作用下生成 cDNA，再以 cDNA 为模板进行 PCR 扩增，而获得目的基因或检测基因表达。RT-PCR 使 RNA 检测的灵敏性提高了几个数量级，使一些极为微量 RNA 样品分析成为可能，该技术是目前从组织或细胞中获得目的基因以及对已知序列的 RNA 进行定性定量分析的有效方法。

2. 原位 PCR 技术　原位 PCR 就是在组织细胞里进行 PCR 反应，它结合了具有细胞定位能力的原位杂交和高度特异敏感的 PCR 技术的优点。

3. 实时 PCR 技术（real time PCR）　又称为荧光定量 PCR。该技术在常规 PCR 基础上运用荧光能量传递技术，加入荧光标记探针，使得在 PCR 反应中产生的荧光信号与 PCR 产物量成正比，对每一时刻的荧光信号进行实时分析，计算出

PCR 产物量，根据动态变化数据，可以精确计算样品中原有模板的含量。

（三）PCR 的应用

由于 PCR 反应具有敏感性高、特异性强、操作简单等优点，广泛应用于分子生物学研究中许多领域包括分子克隆、基因诊断、肿瘤机制研究、法医等。PCR 技术目前主要应用于以下三个方面：①目的基因的克隆，PCR 技术可用于快速方便地获得目的基因，包括利用特异性引物以 cDNA 或基因组 DNA 为模板获得已知的目的基因片段；利用简并引物从 cDNA 文库或基因组文库中获得具有一定同源性的基因片段；利用随机引物从 cDNA 文库或基因组文库中随机克隆基因。②基因的体外突变，利用 PCR 技术可以随意设计包含突变序列引物在体外进行基因的嵌合、缺失、点突变等改造。③DNA 的微量分析，PCR 技术能快速敏感地扩增被测试的目的基因，只需微量 DNA 模板，是 DNA 微量分析的最好方法。可应用于各种病原微生物感染的基因检测、遗传病相关突变基因、癌基因的基因诊断、法医学鉴定及 DNA 序列分析。图 8-8 示实时 PCR 工作原理。

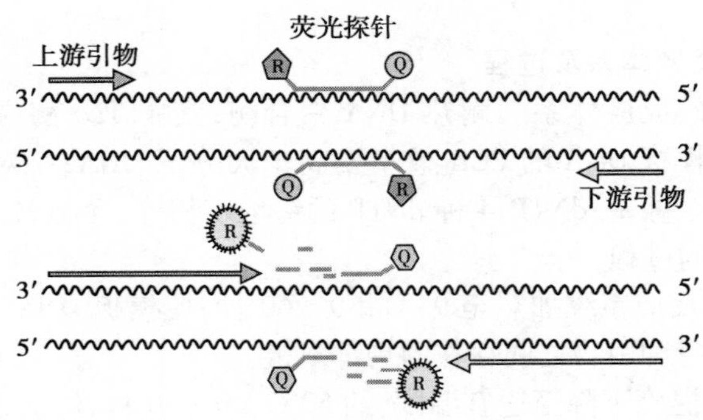

图 8-8 实时 PCR 工作原理

四、DNA 序列分析技术

DNA 序列分析技术是现代生命科学研究的核心技术之一，是分析生物体遗传信息和揭示生物体遗传本质的最根本手段和方法。1977 年，英国科学家 Sanger 首创了双脱氧链末端合成终止法进行 DNA 测序，同年美国的 Maxam 和 Gilbert 创立了化学裂解 DNA 测序法。此后，DNA 序列分析技术以此两种方法为基础，不断的改进和创新，使 DNA 测序可实现自动化，分析速度大大加快。这里主要介绍 DNA 链末端合成终止法测序的原理。

DNA 末端合成终止法也称 Sanger 双脱氧终止法。Sanger 在双脱氧链终止法中独创性地使用了特异引物，在 DNA 聚合酶的作用下进行延伸反应。正常的体外合成体系中，DNA 聚合酶在引物的引导下，沿模板链 3′→5′方向，利用 4 种 dNTP 聚合互补新链。如果在体系中加入 2′，3′-双脱氧核苷三磷酸（ddNTP），当它们掺入正在合成的新链 DNA 后，由于其缺少脱氧核糖的 3′位羟基，因而不能与后续 dNTP 形成磷酸二酯键，新链合成中断。图 8-9 为脱氧核糖与双脱氧核糖示意图。

一般在一次测序反应中，设置一套 4 组反应，每一组反应体系分别加入一种 ddNTP 和适当比例的四种 dNTP，其余成分与正常合成体系相同。dNTP 保证一部

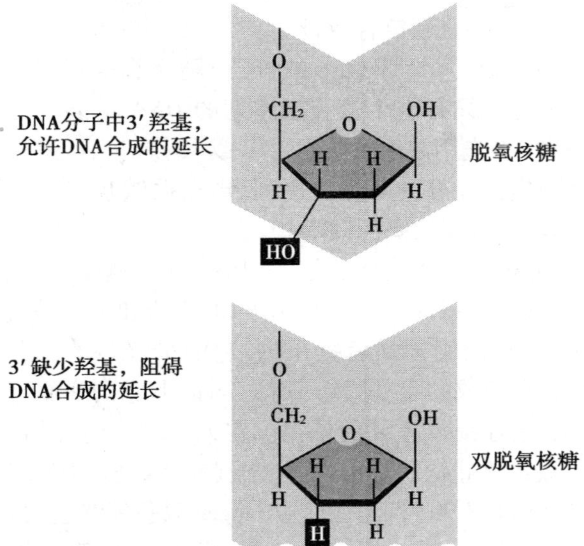

图 8-9 脱氧核糖与双脱氧核糖示意图

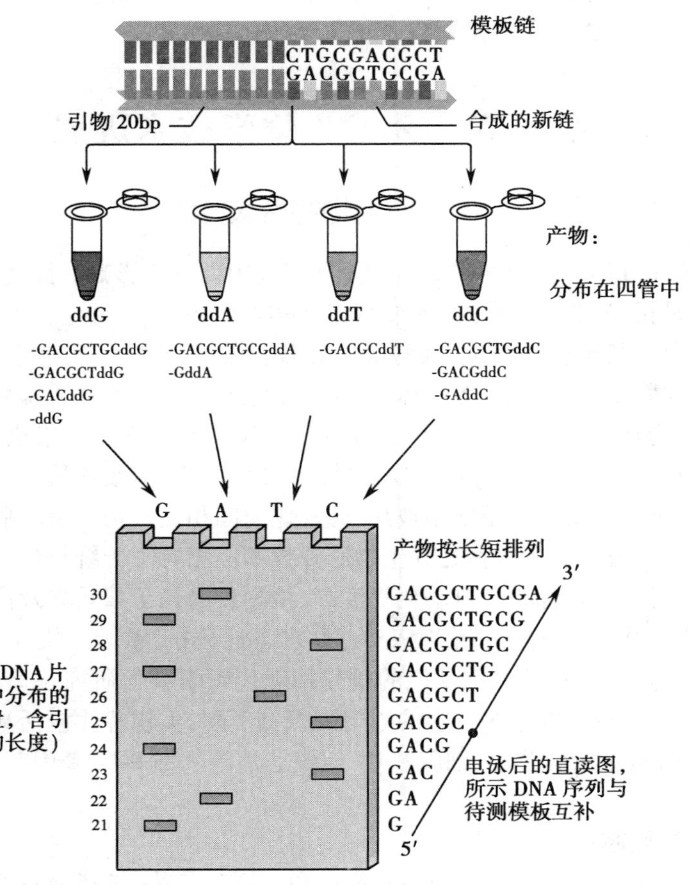

图 8-10 双脱氧法测序工作原理

分DNA链的连续合成，而各组中适量的一种ddNTP将分别在与模板链互补的每一个A，C，G或T的位置上终止新链合成，产生大小不同的DNA片段，这些片段的5′端引物端是固定的，而终点（ddNTP加入的位置）随模板链碱基序列而改变。经聚丙烯酰胺电泳可分离这些只有1个核苷酸差别的DNA单链。由于在反应体系中某些dNTP（其中一种）事先用放射性核素（^{32}P或^{35}S）标记，经过放射自显影就可在感光底片上判读出与模板互补的新生链序列，再根据碱基互补规则就可以反推出待测模板DNA序列。其过程简要如图8-10。

目前DNA序列分析基本实现自动化，使DNA测序速度大大加快，这一发展与人类基因组计划（Human Genome Project，HGP）的实施和需求是密不可分的。人类基因组计划是在1986年由美国学者提出的，它的最终目的是测定总长度约1.7米，由近30亿个核苷酸组成的人基因组DNA全序列，它的实施将会为认识疾病的分子机制以及诊断和治疗提供重要的依据。在人类基因组计划起步阶段，采用的还是传统Sanger双脱氧终止法和聚丙烯酰胺凝胶电泳进行DNA序列分析，基本上还是手工运作。在20世纪90年代中期对Sanger双脱氧终止法进行改进，采用荧光素代替放射性核素标记，被荧光标记的反应产物经毛细管电泳分离后，通过四种激光激发不同大小DNA片段上的荧光分子使之发射出四种不同波长荧光，检测器采集荧光信号，并依此确定DNA碱基排列顺序。这种方法使DNA测序速度大大加快，也促使了人类基因组计划的提前完成。

第四节　分子生物学技术进展

一、生物芯片技术

生物芯片（biochip）技术是20世纪90年代中期以来影响最深远的重大科技进展之一，它是指采用光导原位合成或微量点样等方法，将大量生物大分子比如核酸片段、多肽分子甚至组织切片、细胞等生物样品有序地固化于支持物（如玻片、硅片、聚丙烯酰胺凝胶、尼龙膜等载体）的表面，组成密集二维分子排列，然后与已标记的待测生物样品中靶分子杂交，通过特定的仪器比如激光共聚焦扫描或电荷偶联摄影像机（CCD）对杂交信号的强度进行快速、并行、高效地检测分析，从而判断样品中靶分子的数量。由于常用玻片/硅片作为固相支持物，且在制备过程模拟计算机芯片的制备技术，所以称之为生物芯片技术。相对于传统核酸/蛋白质印迹技术，生物芯片技术具有简便、自动化程度高、检测目的分子数量多及高通量等优点，能广泛应用于基因表达谱分析、突变检测、多态性分析、基因组文库作图及杂交测序等，为“后基因组时代”基因功能的研究及现代医学科学研究及诊断学的发展提供了强有力的工具。根据芯片上的固定的探针不同，生物芯片包括基因芯片（也称cDNA微阵列）、蛋白质芯片、细胞芯片、组织芯片等。图8-11基因芯片工作原理示意图。

（一）基因芯片

基因芯片（gene chip）包括DNA芯片和cDNA芯片，是指将许多特定的DNA片段或cDNA片段作为探针，有规律地紧密排列固定于单位面积的支持物上，然后

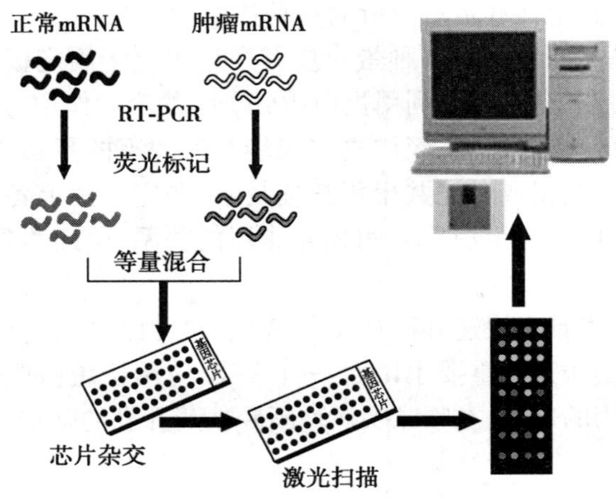

图 8-11　基因芯片工作原理示意图

与待检测的荧光标记样品进行杂交，杂交后用激光共聚焦荧光检测系统对芯片进行扫描，通过计算机系统对每一探针位点的荧光信号做出检测、比较和分析，从而迅速得出定性和定量的结果，该技术亦称为 DNA 微阵列（DNA microarray）。基因芯片可在同一时间内分析大量的基因，高密度基因芯片可在 $1cm^2$ 面积内排列 20 000个基因用于分析，实现基因信息的大规模检测。

基因芯片主要应用于：①DNA 序列分析，基因芯片利用固定探针与样品进行分子杂交产生的杂交图谱而排列出待测样品的序列。②基因表达水平的检测，基因芯片特别适用于分析不同组织细胞或同一细胞不同状态下的基因差异表达情况，其原理是基于双色荧光探针杂交系统的应用，该系统将两个不同来源样品的 mRNA 反转录合成 cDNA 时用不同的荧光分子（如正常用红色、肿瘤用绿色进行标记），两组分别标记的 cDNA 等量混合后与基因芯片杂交，在两组不同的激发光下检测，获得两个不同样品在芯片上的全部杂交信号，呈现绿色荧光的位点代表该基因只在肿瘤组织表达，呈现红色信号的位点代表该基因只在正常组织表达，呈现两种荧光混合后黄色位点则表明该基因在两种组织中均有表达。③基因诊断，从正常人的基因组中分离出 DNA 与 DNA 芯片杂交就可以得出标准图谱，从患者的基因组中分离出 DNA 与 DNA 芯片杂交就可以得出病变图谱。通过比较、分析这两种图谱，就可以得出病变的 DNA 信息。这种基因芯片诊断技术以其快速、高效、敏感、经济、平行化、自动化等特点，将成为一项现代化诊断新技术。④药物筛选，利用基因芯片分析用药前后机体的不同组织、器官基因表达的差异，可以从众多的药物成分中筛选到起作用的部分物质。⑤给药个性化，由于不同个体遗传学上存在差异，药物作用的效果和不良反应不同，如果利用基因芯片技术对患者先进行诊断，再开处方，就可对患者实施个体优化治疗，对指导治疗和预后有很大的意义。⑥此外，基因芯片在新基因发现、药物基因组图、中药物种鉴定、DNA 计算机研究等方面都有应用价值。

（二）蛋白质芯片

蛋白质芯片技术（protein chip）是将高度密集排列的蛋白质分子作为探针点阵固定在固相支持物上，当与待测蛋白质样品反应时，可捕获样品的靶蛋白，再经检测系统对靶蛋白进行定性和定量分析的一种技术。

蛋白质芯片基本原理是将各种蛋白质有序地固定于滴定板、滤膜和载玻片等各种载体上成为检测用的芯片，利用蛋白质分子间的亲和作用，用标记了荧光素的蛋白质或其他成分与芯片结合，经漂洗将未能与芯片上的蛋白质互补结合的成分洗去，再利用荧光扫描仪或激光共聚焦扫描技术，测定芯片上各点的荧光强度，通过荧光强度分析蛋白质与蛋白质之间相互作用的关系，由此达到测定各种蛋白质功能的目的。

蛋白质芯片技术具有快速和高通量等特点，它可以对上千种蛋白质同时进行分析，是蛋白质组学研究的重要手段之一，已广泛应用于蛋白质表达谱、蛋白质功能、蛋白质相互作用的研究，在临床疾病诊断和新药开发的筛选上也有很大的应用潜力。

二、基因组学相关技术

基因组（genome）是泛指一个生命体、病毒或细胞器的全部遗传信息，在真核生物，是指一套染色体（单倍体）DNA。1986 年美国科学家 Thomas Roderick 提出了基因组学（genomics）概念，是指对所有基因进行基因组作图（包括遗传图谱、物理图谱、转录本图谱），核苷酸序列分析，基因定位和基因功能分析的一门科学。因此，基因组研究应该包括两方面的内容：以全基因组测序为目标的结构基因组学（structural genomics）和以基因功能鉴定为目标的功能基因组学（functional genomics），又被称为后基因组（postgenome）研究。

（一）结构基因组学（structural genomics）

代表基因组分析的早期阶段，以建立生物体高分辨率遗传、物理、转录图谱和基因组 DNA 序列测定为主。结构基因组学是基因组学的一个重要组成部分和研究领域，它是一门通过基因作图、核苷酸序列分析确定基因组成、基因定位的科学，根据使用的标志和手段不同，作图有三种类型，即构建生物体基因组高分辨率的遗传图、物理图谱、序列图谱和转录本图：①遗传图谱，通过遗传重组所得到的基因线性排列图称为遗传连锁图。它是通过计算连锁的遗传标志之间的重组频率，确定他们的相对距离，一般用分摩尔根（centimorgan，cM）来表示。在人类，1cM 相当于 10^6 碱基对。由于微卫星多态性标志的应用，人类遗传图谱已经完成，确定了全部标志密度为 0.7cM、含 5826 个转座子、大小为 4000cM 的线性遗传图。②物理图谱，物理图谱是利用限制性内切酶将染色体切成片段，再根据重叠序列把片段连接成染色体，确定遗传标志之间物理距离［碱基对（bp）或千碱基（kb）或兆碱基（Mb）的图谱。③序列图谱，为人类基因组的全部核苷酸排列顺序。是最详细和最准确的物理图谱。2003 年 4 月 14 日，美、英、法等国共同宣布，人类基因组计划序列测定已经较原计划提前两年完成。④转录图谱，利用 EST 作为标记所构建的分子遗传图谱被称为转录图谱。通过从 cDNA 文库中随机调取的克隆进行测序所获得的部分 cDNA 的 5′或 3′端序列称为表达序列标签（EST），一般长 300～500bp。转录图谱即为基因图谱，是编码蛋白质的序列在基因组中的位置。转录图谱将为我们提供人类基因的准确数目、每一基因的序列和在基因组中的位置。

（二）功能基因组学（functional genomics）

代表基因分析的新阶段，又称为后基因组（postgenome）研究，它利用结构基因组所提供的信息和产物，通过在基因组或系统水平上全面分析所有基因的功能，包括研究基因的表达及其调控模式。研究内容包括：①鉴定DNA序列中的基因，即对基因组序列进行注释，包括鉴定和描述推测的基因、非基因序列及其功能；②同源搜索设计基因功能，通过核苷酸或氨基酸序列的同源性比较，可以推测基因组内相似功能的基因，同源基因在进化过程来自共同的祖先；③实验性设计基因功能，对基因进行缺失或剔除是采用最常用的实验方法，结合缺失或剔除后观察到的表型变化即可推测基因功能；④描述基因表达模式，这里涉及两个重要概念，转录组（transcriptome）和蛋白质组（proteome）。转录组是指一个细胞内的一套mRNA转录产物，包含了某一环境条件、某一生命阶段、某一生理或病理状态下，生命体的细胞或组织所表达的基因种类和水平；蛋白质组是指一个细胞内的全套蛋白质，反映了特殊阶段、环境、状态下细胞或组织在翻译水平的蛋白质表达谱。蛋白质表达模式的描述主要是通过基因转录组分析和蛋白质组分析进行的。

（三）基因组学相关技术

基因组学的研究涉及多种技术手段和方法，除了前面所述的聚合酶链反应、DNA测序技术、DNA/cDNA和蛋白质芯片技术、核酸分子杂交等方法外，还包括cDNA消减杂交（cDNA subtractive hybridization）；mRNA差异显示法（mRNA differential display，DD）；cDNA代表性差异分析法（representational difference analysis，cDNA-RDA）；差示筛选（differential screening，DS）；cDNA扩增片段长度多态性（cDNA amplified fragment length polymorphism，cDNA-AFLP）；基因表达序列分析（serial analysis of gene expression，SAGE）；单核苷酸多态性分析（Single Nucleotide Polymorphisms，SNPs）等技术。

三、蛋白质组学相关技术

人类基因组计划开始了由结构基因组学向功能基因组学的过渡、转化过程，生命科学已进入了后基因组时代，而功能基因组（functional genomics）的研究，则是这一时代的核心内容。功能基因组学采用一些新的技术，如微阵列、DNA芯片，可对成千上万的基因表达进行分析比较，并从基因整体水平上对基因的活动规律进行阐述。但是，生命现象的主要体现者是蛋白质，而蛋白质有其自身的特定活动规律，仅仅从基因的角度来研究是远远不够的。因此，产生了一门在整体水平上研究细胞内蛋白质的组成及其活动规律的新兴学科——蛋白质组学（proteomics）。

蛋白质组是指一个细胞内的全套蛋白质，包含了某一环境条件、某一生命阶段、某一生理或病理状态下，生命体的细胞或组织所表达的蛋白质种类和水平。蛋白质组学的研究包括蛋白质的表达模式、结构蛋白质组学、翻译后修饰、蛋白质胞内分布及移位、蛋白质与蛋白质相互作用等方面的研究，其中蛋白质翻译后修饰的研究已成为目前蛋白质组学研究工作中的重要部分。蛋白质组学研究的技术和手段包括以下几个方面：

（一）蛋白质组的分离技术

分离技术是蛋白质组学研究中的核心，双向凝胶电泳技术（two-dimensional gel

electrophoresis,2-DGE)是研究蛋白质组学的经典方法,其原理是第一向进行等电聚焦(IEF),根据蛋白质的等电点不同对蛋白质进行初次分离,蛋白质沿 pH 梯度移动至各自的等电点位置,随后再沿垂直方向按照分子量的不同进行分离,即进行 SDS-PAGE,对蛋白质进行再次分离。双向凝胶电泳的高分辨率和同时具备微量分析和制备的性能使双向凝胶电泳技术在蛋白质组研究中具有不可替代的地位。

(二)蛋白质组的鉴定技术

蛋白质组的鉴定技术是蛋白质组学技术的支柱。包括:①质谱技术(mass spectrometry):质谱技术是目前在鉴定蛋白质的多种方法中发展最快、最具潜力的技术,具有高灵敏度、高准确度、自动化等特点,近 10 年来,其灵敏度更是提高了 1000 多倍。它的原理是使样品分子离子化后,根据不同离子间的质荷比(m/z)的差异来分离并确定其相对分子质量。②蛋白质芯片技术:主要用于蛋白质间相互作用和差异显示蛋白质组的研究,是一种在高密度的方格上含有各种微量纯化的蛋白质,并能够高通量地测定这些蛋白质的生物活性,以及蛋白质与生物大分子之间地相互作用。③蛋白质信息组学:蛋白质信息组学在蛋白质组分析中起重要作用,是蛋白质组学研究水平的标志和基础。蛋白质组数据库被认为是蛋白质组学知识的储存库,包含所有鉴定的蛋白质信息,如蛋白质的顺序、核苷酸顺序、双向凝胶电泳、三维结构、翻译后的修饰、基因组及代谢数据库等。

四、酵母双杂交技术

随着分子生物学研究尤其是人类基因组计划的迅速发展,大量关于基因结构的信息不断涌现,对这些信息进行系统研究以了解新基因功能的要求也日益迫切。这不仅需要利用计算机进行生物信息学的分析和预测,而且必须结合生物学实验获取证据。为适应同时对多个基因或蛋白进行研究的发展趋势,已出现了很多新技术,其中酵母双杂交技术以其简便,灵敏,高效以及能反映不同蛋白质之间在活细胞内的相互作用等特点在基因功能的研究中得到了广泛的应用。

1989 年,Song 和 Field 建立了第一个基于酵母的细胞内检测蛋白间相互作用的遗传系统。很多真核生物的位点特异转录激活因子通常具有两个可分割开的结构域,即 DNA 特异结合域(DNA-binding domain,BD)与转录激活域(transcriptional activation domain,AD)。这两个结构域各具功能,互不影响。但一个完整的激活特定基因表达的激活因子必须同时含有这两个结构域,否则无法完成激活功能。不同来源激活因子的 BD 区与 AD 结合后则特异地激活被 BD 结合的基因表达。基于这个原理,可将两个待测蛋白分别与这两个结构域建成融合蛋白,并共表达于同一个酵母细胞内。如果两个待测蛋白间能发生相互作用,就会通过待测蛋白的桥梁作用使 AD 与 BD 形成一个完整的转录激活因子并激活相应的报告基因表达。通过对报告基因表型的测定可以很容易地知道待测蛋白分子间是否发生了相互作用。

酵母双杂交系统由三个部分组成:①与 BD 融合的蛋白表达载体,被表达的蛋白称诱饵蛋白(bait)。②与 AD 融合的蛋白表达载体,被其表达的蛋白称靶蛋白(prey)。③带有一个或多个报告基因的宿主菌株。常用的报告基因有 HIS3,URA3,LacZ 和 ADE2 等。而菌株则具有相应的缺陷型。双杂交质粒上分别带有不同的抗性基因和营养标记基因。这些有利于实验后期杂交质粒的鉴定与分离。根据目前通用的系统中 BD 来源的不同主要分为 GAL4 系统和 LexA 系统。后者因其 BD 来源于原核生物,在真核生物内缺少同源性,因此可以减少假阳性的出现。

酵母双杂交技术产生以来,它主要应用在以下几方面:①检验一对功能已知蛋白间的相互作用。②研究一对蛋白间发生相互作用所必需的结构域。通常需对待测蛋白做点突变或缺失突变的处理。其结果若与结构生物学研究结合则可以极大地促进后者的发展。③用已知功能的蛋白基因筛选双杂交 cDNA 文库,以研究蛋白质之间相互作用的传递途径。④分析新基因的生物学功能。即以功能未知的新基因去筛选文库。然后根据钓到的已知基因的功能推测该新基因的功能。

五、RNA 组学相关技术

传统观念认为:三类最重要的生物高分子化合物中,DNA 携带遗传信息,蛋白质是生物功能分子,而 RNA 在这两者间起传递遗传信息功能(即参与蛋白质的生物合成)。20 世纪 80 年代初,T. Cech 发现 RNA 也可成为生物催化剂,他称之为核酶(ribozyme)。在酶学领域,核酶的发现打破了多年来“酶的化学本质就是蛋白”的传统观念。在 RNA 领域这一发现对传统观念的冲击更大。它使人们认识到,RNA 的生物功能远非“传递遗传信息”那么简单。

人类基因组共有 2. 5 万个基因,其中蛋白质合成的有关基因只占整个基因组的 2%。由此产生疑问:①如果一个基因编码一个蛋白质的话,这么少的蛋白质如何维持人体那么复杂而多变的生命现象?②如果一个基因可以表达出多种蛋白,生物又是如何做到这一点的?③不编码蛋白质的 98% 的基因组有何功能?RNA 和 RNA 组学研究可以提供部分解答。

对细胞中全部 RNA 分子的结构与功能进行系统的研究,从整体水平阐明 RNA 的生物学意义即为 RNA 组学(RNomics)的主要任务。“RNA 组学”就是从基因组水平研究细胞中非编码 RNA 结构与功能的一门新的科学。“RNA 组学”是后基因组时代一个重要的科学前沿,因为它有可能揭示一个全新的由 RNA 介导的遗传信息表达调控网络,从而以不同于蛋白质编码基因的角度来注释和阐明人类基因组的结构与功能。同时,基于非编码 RNA 研究所获得的新发现,将为人类疾病的研究和治疗提供新的技术和思路。2001 年人类基因组计划完成,宣告了后基因组时代的开始,也掀起了从非编码 RNA 基因角度解读遗传信息的新组成及其表达调控的高潮,非编码 RNA 是不参与蛋白质编码的 RNA 的总称,除 rRNA、tRNA、snRNA、snoRNA 等 ncRNA 外,近年来还发现了 miRNA、endo-siRNA 和 piRNA 等调控型的小分子非编码 RNA,它们作为细胞的调控因子,在调控细胞活动方面有着巨大潜力,它们在基因的转录和翻译、细胞分化和个体发育、遗传和表观遗传等生命活动中发挥着重要的组织和调控作用,形成了细胞中高度复杂的 RNA 网络。

RNA 领域的新发现不断出现:①RNA 控制着蛋白质的生物合成;②RNA 具运输功能;③RNA 具调控功能;④RNA 调控遗传信息;⑤RNA 修饰;⑥RNA 携带遗传信息;⑦RNA 与疾病的关系;⑧基因组研究中的”垃圾”可能是 RNA 基因。

目前非编码 RNA 研究领域主要包括以下几个方面:①非编码 RNA 的系统识别与鉴定。在现代隐蔽的 RNA 世界中,已知的非编码 RNA 仅为冰山一角。采用计算机 RNA 组学和实验 RNA 组学等方法、系统地发现和注释各种模式生物中的非编码 RNA 基因并进一步阐明其生物学意义是 RNA 组学的首要任务。②细胞分化和发育中 miRNA 的结构与功能。miRNA 是一个巨大的小分子非编码 RNA 家族、广泛存在于各种动植物甚至单细胞真核生物中。miRNA 在转录后水平调控蛋白质基因的表达谱来决定细胞分化、胚胎发育等一系列重要生命活动的进程及多样性。目前在各种生物中已发现数千种 miRNA、大部分 miRNA 的功能尚有待阐明。③表观遗传中的 RNA 调控。许多非编码 RNA 都参与了基因组 DNA 转录水平的调控。研究这些 RNA,特别是内源 siRNA 参与的真核细胞核内异染色质的形成和基因组 DNA 修饰或加工过程,有可能揭示表观遗传控制发生的原因及调控机制。④RNA 与疾病发生。许多新发现的小分子非编码 RNA 不仅是细胞增殖、分化和凋亡的重要调控因子、而且与细胞的异常表型和人类重要疾病密切相关。在许多肿瘤中可检测到特有 miRNA 基因的异常表达或 mRNA 异常可变剪接体。一些动物病毒也编码用于逃逸宿主细胞免疫攻击的 miRNA。比较分析正常生理和疾病发生过程中的非编码 RNA 的表达及其作用、将从 RNA 调控的角度揭示疾病发生机制、并为疾病诊断和治疗提供新的基因靶点和分子标记。⑤mRNA 可变剪接的调控。大量的剪接调控蛋白与特异的 RNA 顺式作用元件和 RNA 反式因子在 mRNA 可变剪接调控中起着重要作用。发现和鉴定这些调控因子及其作用方式将阐明 RNA 调控蛋白质组复杂度的机制及其与细胞分化和个体发育的关系。⑥非编码 RNA 基因资源与 RNA 技术及其应用。非编码 RNA 基因是新发现的遗传资源和新的生物技术制高点。如 miRNA 和 RNA 干涉技术在干细胞维持、动植物品种选育及病害控制等方面有重要应用前景。miRNA 治疗干预作为人类重大疾病新的治疗技术正得到迅速的发展,miRNA 药物及靶点的研究前景十分广阔。

RNA 组学研究热点包括 RNA 干扰技术、RNAi(RNA 干扰)研究程序、合成 SiRNA(小干扰 RNA)及其基础理论和应用研究。和其他基因沉默技术相比,RNAi 是新兴的并日益被重视的反基因策略。RNAi 是指在特定因子作用下,导入或细胞内生成的双链 RNA(dsRNA)降解生成约 22 个核苷酸长度的 siRNA(small interference RNA),后者能通过碱基互补配对原则和靶 mRNA 结合,诱导靶 mRNA 降解,同时还可以利用体内转录系统生成下一代 siRNA,从而产生放大效应和长期效应。

RNAi 是一个依赖 ATP 的过程,由 dsRNA 介导的同源序列 RNA 的降解可分为两步:首先,较长的 dsRNA 裂解成长度为 21～23 核苷酸较小的干扰片段(siRNA),这一裂解过程需要 ATP 的参与。在 RNAi 过程中一种称为 Dicer 的核酸酶负责将 dsRNA 转化为 siRNA,它属于 RNaseⅢ家族;第 2 步,由 siRNA 与一系列特异性蛋白结合形成 siRNA 诱导沉默复合体(RNA-induced silencing complex,RISC),RISC 被激活后能依靠 siRNA 的反义链识别 mRNA 分子的互补区域(靶 mRNA)并使其降解,从而导致特定基因沉默,干扰基因表达(图 8-12)。

RNAi 主要特点包括:干扰因子前身为双链 RNA 不是单链 RNA,因而比较稳定,不易降解;是转录后水平的基因沉默机制,对 DNA 序列没有影响;能高度特异性抑制 mRNA 和蛋白质的表达;只作用于外显子,对内含子无影响;具有放大效应和长期作用;其效应可以穿过细胞界限,在不同细胞间长距离传递和维持。

RNA 组学研究将会在探索生命奥秘中和促进生物技术产业化中做出巨大贡

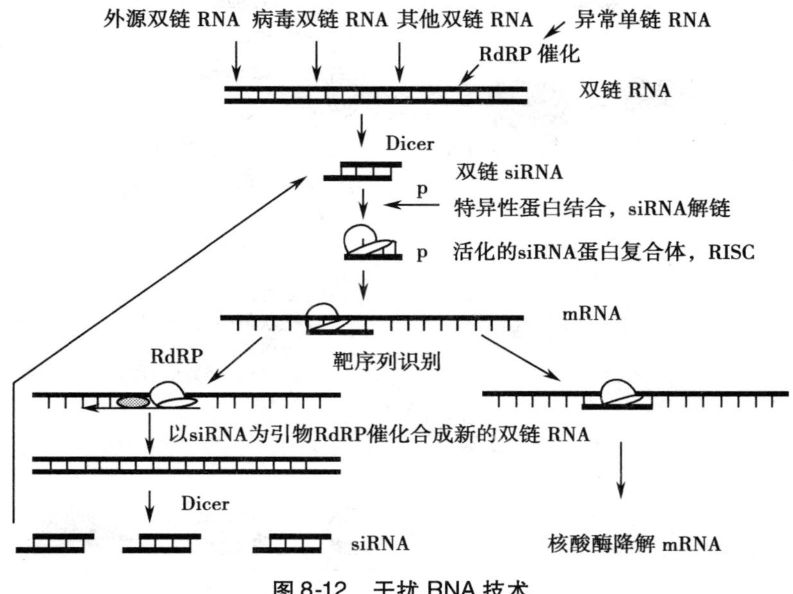

图 8-12　干扰 RNA 技术

献。如果说基因组学研究正全力构筑生命科学基石的话，那么 RNA 组学研究和蛋白质组学、生物信息学等都是它的不可缺少的同盟军。

六、转基因技术和核移植技术

（一）转基因技术

基因转移技术的发展使得人们不仅可以在细胞水平进行基因转移，而且可以使目的基因整合入受精卵或胚胎干细胞，然后将细胞导入动物子宫，使之发育成个体。这个个体能够把目的基因继续传给子代，该技术被称之为转基因技术。被导入的目的基因称为转基因（transgene），经转基因技术修饰的动物常被称为转基因动物（transgenic animal）。目前已经建成很多用于研究的转基因动物模型，如转基因小鼠（图 8-13）、转基因羊等。

一般而言，转基因动物建成可分为目的基因选择、制备载体、扩增目的基因、将目的基因导入胚胎干细胞或受精卵、转入母体子宫发育成个体和转基因动物的检测等阶段，这些过程涉及很多分子生物学和分子遗传学的技术和方法，如获取目的基因常用聚合酶链反应、基因组及 cDNA 文库筛选等；基因转染方法如精子载体法、脂质体转染法、反转录病毒载体法、显微注射法、细胞核移植法、细胞融合法等；转基因生物检测方法如 DNA 印迹技术、斑点杂交和 PCR 技术等。

（二）核移植技术

核移植（nuclear transplantation，NT）技术即所谓动物整体克隆技术，是指将动物早期胚胎或体细胞核移植到去核受精卵或成熟卵母细胞中，重新构建新的胚胎，重构胚胎发育成与供核细胞基因型完全相同后代的技术。这样产生的个体所携带的遗传性状仅来自一个父亲或母亲个体，是无性繁殖的方式，从遗传角度讲是一个个体的完全拷贝，即克隆（clone）。第一个核移植成功的动物是 1997 年诞生的克隆羊多莉（图 8-14）。

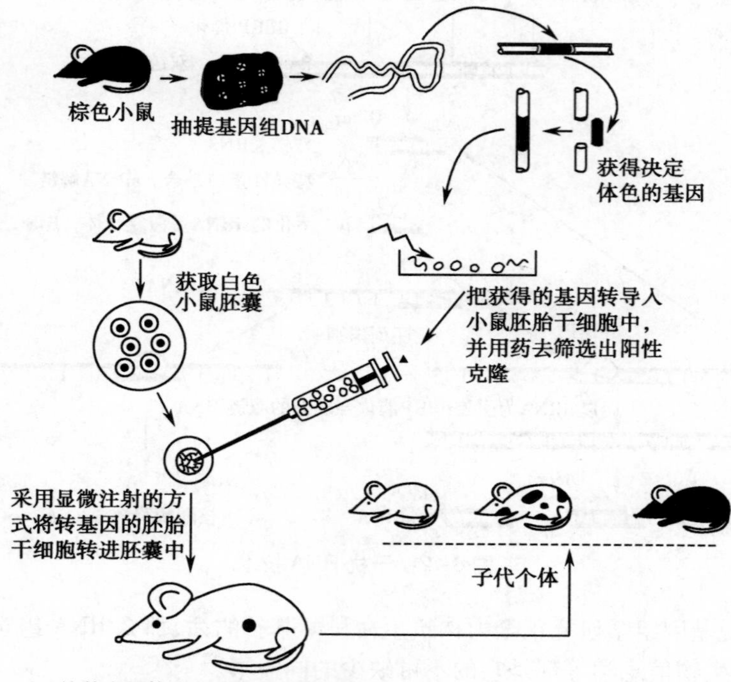

图 8-13　转基因小鼠

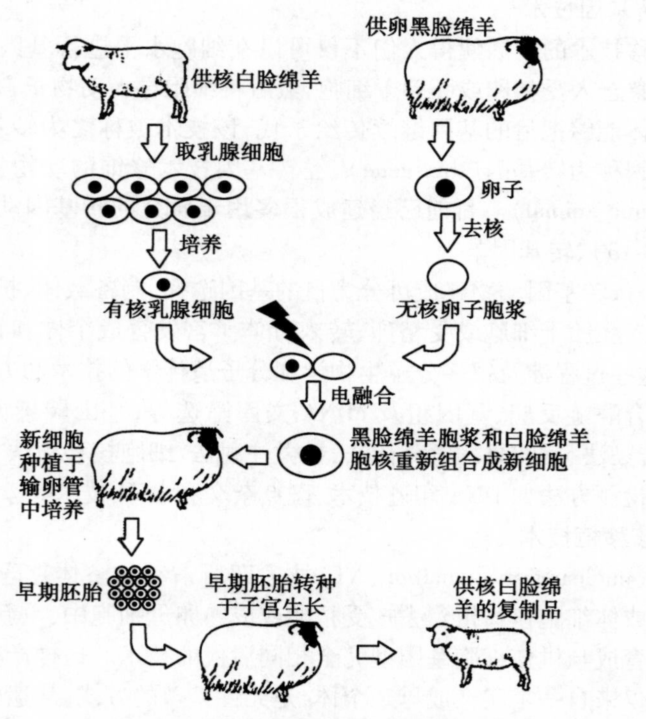

图 8-14　动物整体克隆技术

七、基因沉默技术

基因沉默(gene silencing)是指基因组中的基因由于受内在遗传因素或外源基因的影响而表达降低或完全不表达的现象。基因沉默是一种普遍存在的基因调控机制,广泛存在于真菌、植物和动物中。

对基因沉默的研究具有重要的生物学意义。基因沉默是基因表达调控的一种重要方式,是生物体的本能反应,基因沉默可使生物体在基因调控水平上限制外源核酸的入侵;基因沉默还与个体生长发育有关,它可能通过控制内源基因的表达来调控生长发育。在实际应用方面也有重要价值:如在基因工程中克服基因沉默,使外源基因能更好地进行表达;可以利用基因沉默使人们有意识地抑制某些有害基因的表达,对疾病的治疗具有重要意义;在功能基因组方面,通过有选择地使某些基因沉默,可以测知这些基因在生物体基因组中的功能;通过抑制生物代谢过程中的某个环节,可以获得特定的代谢产物等。

常见基因沉默技术包括反义 RNA 技术、核酶技术、三链 DNA 技术、肽核酸(peptide nucleic acid,PNA)、基因敲除(gene knock-out)技术和 RNA 干扰(interference RNA,RNAi)技术等。

第五节　基因工程与医学的关系

1990 年诞生的分子医学(molecular medicine)是重组 DNA 技术与医学实践相结合的结果。它是由基因克隆技术、基因转移技术、PCR 技术等应用于临床,产生了基因诊断、基因治疗和基因预防等新方法的基础上产生的。所包含的领域及内容概括如下。

一、疾病基因的发现与克隆

重组 DNA 技术的应用使分子遗传学家有可能根据基因定位,而不是它的功能来克隆一个基因。根据克隆基因的定位和性质研究所提供的线索,可进一步确定克隆的基因在分子遗传病中的作用。因此,一个疾病相关基因的发现不仅可导致新的遗传病的发现,而且对遗传病的诊断和治疗都是极有价值的。随着人类基因组计划(Human Genome Project,HGP)的完成,疾病基因的发现将越来越多。

二、生 物 制 药

利用基因工程生产有药用价值的蛋白质、多肽产品已成为当今世界一项重大产业,并将有望成为 21 世纪的支柱产业。2000 年我国基因工程药物和疫苗年销售额已达近 20 亿元。重组蛋白药物生产是在功能研究、基因克隆基础上,构建适当的表达体系表达有生物活性的蛋白质、多肽;再经过科学的动物实验、严格的临床试验和药物审查,发展为新药物。目前已经或正投入市场的主要产品已有 20 种左右。

三、基 因 诊 断

基因诊断又称 DNA 诊断,目前已发展成为一门独具特色的诊断学科。DNA 诊断是利用分子生物学及分子遗传学的技术和原理，在DNA水平分析、鉴定遗传性疾病所涉及基因的置换、缺失或插入等突变。目前用于DNA诊断的方法很多，但其基本过程相似。首先分离、扩增待测的DNA片段，然后利用适当分析手段，区分或鉴定DNA的异常。按现代遗传病诊断标准，一种可靠的DNA诊断学方法必须符合：①能正确扩增靶基因；②能准确区分单个碱基的差别；③本底或噪声低，不干扰DNA的鉴定；④便于完全自动化操作，适合大面积、大人群普查。随着人类基因组计划和重要病原体、微生物等基因组测序工作的相继完成，为我们提供了更多可供检测的基因，将促进基因诊断向临床应用快速发展。

（一）基因诊断概念和意义

基因诊断（genetic diagnosis）是指利用分子生物学及分子遗传学的技术和原理，直接检测基因结构及其表达水平是否正常，从而对疾病做出诊断的方法。通常以DNA和RNA为诊断材料，DNA能反映基因的存在状态（结构和数量），RNA反映了基因的表达状态（功能），检测这些分子的异常变化作为疾病确诊的依据。基因诊断不仅能对疾病做出早期、确切的诊断，而且也能确定个体对疾病的易感性及疾病的分期分型、疗效监测、预后判断等，应用广泛。

（二）基因诊断的常用技术

检测基因的基本方法归纳起来主要有四种：核酸分子杂交技术、聚合酶链反应、基因测序和基因芯片，这些方法已在前面的内容中述及。在基因诊断中常常是多种检测方法相结合，从而衍生出其他的诊断方法如：单链构象多态性分析法、DNA限制性片段长度多态性分析法、限制性内切酶酶谱分析法、等位基因特异寡核苷酸探针杂交法（ASO）等。在遗传病的基因诊断只是要检测出突变异常的致病基因，当利用DNA突变区域两侧3′和5′端互补的特异引物进行PCR扩增时，对扩增产物凝胶电泳，可根据片段大小检测缺失性突变。如扩增单链DNA存在单碱基突变时，将PCR产物变性后进行聚丙烯酰胺凝胶电泳，正常基因与单碱基突变基因形成不同空间构象而表现不同迁移率，可确定致病基因，称PCR/单链构象多态性分析（SSCP）。由于进化过程中基因产生中性突变，可使人类基因组核苷酸序列间存在个体差异，称DNA的多态性。除用DNA测序分析DNA序列差异外，由于不少DNA多态性发生在限制性内切酶位点，使酶切位点产生或消除，可用DNA酶切后电泳图谱改变检测，称DNA限制性片段长度多态性分析（RFLP）。而有些致病基因和特异的多态性片段紧密连锁，可作为该病的遗传标记，因此可用DNA限制性片段长度多态性分析进行基因诊断。另外，利用已知的遗传病相关基因突变位点序列制备相应探针，和正常该序列探针一起对受检者的基因组DNA进行分子杂交，可检测突变基因的存在及确定纯合子或杂合子个体。

（三）基因诊断的应用

目前基因诊断的应用主要在几个方面：①遗传病的产前诊断，自从分子生物学技术应用于疾病的诊断领域以来，严重的遗传性疾病的产前诊断已成为可能。采用PCR技术，胚胎组织、绒毛组织、羊水细胞都可以作为检查材料，可通过扩增致病基因诊断出有遗传病危险的胎儿，及早结束妊娠，杜绝患儿出生。镰形细胞贫血病、地中海贫血、抗凝血酶Ⅲ缺乏、甲型血友病、假肥大性肌营养不良、囊性纤维病等疾病都可按上述方法作产前诊断。②恶性肿瘤的基因诊断，恶性肿瘤是危害人类健康的主要疾病之一,其发生和发展是一个多因素、多步骤的过程。包括癌基因、抑癌基因在内的多基因结构和表达的异常是肿瘤病变的主要因素之一。RFLP技术、PCR-RFLP技术和寡核苷酸杂交法等都可以用于肿瘤相关基因诊断。③病原体的基因诊断,由某种病原体侵入人体引起的疾病占有相当数量,这些病原体包括病毒、细菌、衣原体等。使用PCR技术直接检测这些病原体特异基因的存在,以诊断各种感染性疾病,具有方法简便、结果可靠、快速等优点。④除了上述几个方面外,基因诊断在判定个体对重大疾病易感性、器官移植组织配型及在免疫学和法医学等多个领域都有着广泛的应用。

四、基因治疗

基因治疗(gene therapy)就是向有功能缺陷的细胞导入具有相应功能的外源基因,以纠正或补偿其基因缺陷,从而达到治疗的目的。基因治疗包括体细胞基因治疗和性细胞基因治疗。针对体细胞进行基因改良的基因治疗称体细胞基因治疗(somatic cell gene therapy),这类基因治疗仅单独治疗受累组织,类似于器官移植。性细胞基因治疗(germ line gene therapy)因对后代遗传性状有影响,目前仅限于动物实验(转基因动物),用于测试各种重组DNA在矫正遗传病方面是否有效。

所谓的基因治疗,初始概念可以理解为用正常有功能的基因置换或增补缺陷基因的方法。但目前也常利用基因转移技术使目的基因不整合进基因组,只在体内短暂表达,如纤溶酶基因治疗心血管疾病。因此,基因治疗广义地说是将某种遗传物质转移到患者细胞内,使其在体内发挥作用,以达到治疗疾病的目的。要实现基因治疗必须已知该病在DNA水平上的发病机制,并能获得用于弥补缺陷基因的外源正常基因(或称目的基因),然后通后选择基因表达载体和靶细胞使目的基因转移进入靶细胞并进行表达,将治疗性基因修饰细胞以不同方式输入患者体内,在体内有效地适度表达,产生目的基因的表达产物mRNA或蛋白质,以替代缺陷基因的表达产物,或调控缺陷基因的表达。因此,目的基因的制备、基因转移方式、目的基因表达的调控机制等都直接影响基因治疗的效果。

对某种基因结构改变或其调控机制缺陷导致表达异常的疾病,从基因上可进行基因矫正和基因调控两种类型的治疗。

(一)基因矫正治疗

基因矫正治疗是指将致病基因的异常碱基进行纠正,而正常部分予以保留。基因矫正治疗包括基因增补、基因替换和基因修复三种类型。①基因增补,不清除异常基因,将正常的目的基因输入患者体内以使其基因表达产物能补偿缺陷基因的功能或使原有的功能得以加强;②基因替换,就是用正常的基因通过体内同源重组的方式,原位替换病变细胞内的致病基因,使细胞内DNA的功能完全恢复正常。这一技术的困难在于体内同源重组的频率很低,尚待技术上的突破;③基因修复,是对异常基因在原位进行特异的修复,理论上是最为理想的治疗方法,但其技术尚待突破。

(二)基因调控治疗

基因调控治疗试图从基因水平调控细胞中某些缺陷基因的表达,以达到改善症状的目的。例如,在肿瘤的实验治疗上,采用具有抑制基因表达的siRNA、反义

RNA 以及能切割 RNA 的核酶(ribozyme),在基因转录水平阻断肿瘤细胞基因表达,抑制肿瘤细胞的恶性增殖和诱导肿瘤细胞逆转。另外,三链 DNA 技术、基因敲除技术也可使有害基因表达抑制或灭活。三链 DNA 技术也称为反基因策略,利用脱氧寡核苷酸能与双螺旋双链 DNA 专一性序列结合,形成三链 DNA,从而在转录水平或复制水平阻止基因转录或 DNA 复制。而基因敲除技术是将灭活的基因导入胚胎干细胞(embryonic stem cell),使这一灭活基因以同源重组方式取代原有目的基因,即有目的地去除动物细胞中某种基因。尚可将已定点灭活基因的细胞显微注射入小鼠囊胚,形成嵌合体小鼠并通过小鼠培育获得纯合子基因敲除小鼠。

基因治疗这一全新的技术,将成为医治人类疾病的重要手段。一旦基因治疗成为现实,对基因缺陷所致的遗传病、免疫缺陷或肿瘤的潜伏期患者,可在家系调查基因诊断明确的基础上,进行预防性治疗,达到预防的目的。目前,基因治疗在遗传性疾病如心血管疾病、肿瘤、感染性疾病等多种病种中都取得了突破性进展。对于一些发病机制较为复杂的疾病,研究者采用多种不同的策略进行基因治疗。例如,在肿瘤的基因治疗中常用策略包括:输入 IL-2、IL-4、肿瘤坏死因子等细胞因子基因用来增强机体免疫功能,输入白细胞表面抗原基因能引发强烈的免疫反应,使肿瘤消退;导入“自杀”基因,这种基因的表达产物能够把无毒性的药物前体转变成细胞毒性药物,从而达到对肿瘤的杀伤作用;输入重组的肿瘤相关抗原基因;使用多药抗药基因的抑制剂等。

像任何新技术一样,基因治疗会给人类带来福音也可能存在着目前尚未预见的风险,在实施过程中须格外留意。另外,基因治疗尚存在着许多理论和技术上的问题,有待在发展过程中进一步完善。

五、遗传病的预防

疾病基因克隆不仅为医学家提供了重要工具,使他们能深入地认识、理解一种遗传病的发生机制,为寻求可能的治疗途径、预测疗效提供了有力手段;更重要的是,利用这些成果进行极有意义的产前诊断和证候前诊断,而后通过诊断技巧与治疗、预防能力的结合,从根本上杜绝遗传性疾病的发生和流行。

(一)产前诊断

产前诊断可以通过胎儿组织活检、羊膜腔穿刺、羊膜绒毛样品及母体血液循环中的胎儿细胞进行。从安全角度考虑,无疑后者是最值得提倡的。从方法学考虑,尽管可进行染色体组型分析,发现染色体异常,但利用 PCR 技术结合 DNA 诊断学方法分析特异基因缺陷更易推广。由于有少量胎儿细胞运行到母体血液循环中,有可能利用细胞表面标志和荧光活化细胞分选仪(fluorescence activated cell sorter, FACS)分离母体血中的胎儿细胞。随后利用这些少量细胞进行 PCR 扩增,这样就不必破坏或干扰妊娠而进行产前诊断。这是近年产前诊断一大发展。

(二)携带者测试

基因测试常用于检出隐性遗传病携带者,包括隐性遗传病受累个体家庭的其他成员和有特殊遗传病死亡家庭中的危险人群。例如囊性纤维变性是白种人儿童中最常流行的常染色体隐性遗传病,发病率为 1/2500;携带者普查阳性的夫妇生育受累儿童的危险性为 1/4;双亲阴性者为 1/109 200;若配偶一方为阳性、另一方为阴性，其危险性为1/661。由此可见，如果能建立可行的携带者测试方法，并能检出其绝大多数携带者，这对指导婚姻和生育是很有价值的。

（三）证候前诊断

对于某些单基因紊乱所引起的综合征，仅至晚年才会有明显表现，如成年多囊性肾病和 Huntington 病。由于对某些成年发病有关基因已有所掌握，故可在综合征发生前作出预测，协助他们作生活方式的调节、工作调整及生育的选择等。

（四）遗传病易感性

很多遗传病并非限于单基因缺陷，而是由多基因受累或者是由遗传和环境因素综合作用引起的。在这种情况下，一个或多基因缺陷的存在会使个体对发病诱因极度敏感而易于发病。比如，有 LDL 受体基因缺陷的个体同时有高胆固醇血症，其冠状动脉患病率要比单纯高胆固醇血症者为高，这是不难理解的。一个发病个体的结局也依赖于其他基因缺陷和环境因素、生活习惯的影响。因此，根据 DNA 诊断，做好疾病的早期预防并注意环境卫生和个人生活方式，可以达到预防的目的。

（高国全　周偶）

第九章

糖代谢

糖(carbohydrates)在生命活动中的主要作用是提供能量和碳源。一般情况下，人体所需能量的50% ~70%来自于糖。1mol 葡萄糖(glucose)彻底氧化为CO_2和H_2O，可释放2840kJ 的能量，其中约34%可转化为ATP，以供应机体生理活动所需的能量。糖还是许多含碳物质分子的前体，在体内可转变成氨基酸、核苷、脂肪等多种非糖物质。此外，糖还是机体组织细胞的组成成分，参与机体组织细胞的构成。除葡萄糖外，其他单糖如果糖、半乳糖等所占比例很小，且主要是进入葡萄糖代谢途径中代谢，故本章主要介绍葡萄糖的代谢。

第一节　概　　述

糖是自然界的一大类有机化合物，其化学本质为多羟醛或多羟酮及其衍生物。如葡萄糖、蔗糖、淀粉、糖原、糖复合物等。糖是人类食物的主要成分，约占食物总量的50%以上。食物中糖类的主要成分是淀粉，经消化为其基本组成单位葡萄糖后吸收入血，并经主动转运入细胞进行代谢。体内糖主要以葡萄糖和糖原(glycogen)两种形式存在。糖原为多聚葡萄糖，是糖在体内的储存形式，而葡萄糖则是体内糖的功能和运输形式。

一、糖的生理功能

生命活动需要能量，人体获得能量的方式是物质的氧化分解。糖是人体最主要的供能物质，其主要生理功能就是为机体生理活动提供能量。一般情况下，人体所需能量的50% ~70%来自糖的氧化分解。1mol 葡萄糖完全氧化成为CO_2和H_2O，可释放2840kJ(679kcal)的能量。其中约34%可转化为ATP的化学能，以供机体生理活动所需。另一部分能量则以热能形式释放，用于维持体温。此外，糖还是机体重要的碳源。如糖代谢的某些中间产物可转变为氨基酸、脂肪酸、核苷等其他含碳化合物。糖也是机体组织细胞的组成成分，参与机体组织细胞的构成。如蛋白聚糖、糖蛋白构成结缔组织、软骨和骨的基质。糖蛋白和糖脂不仅是细胞膜的组成成分，而且其糖链部分还起着信息分子的作用，参与细胞识别、黏着等多种细胞生理活动。另外，糖的磷酸衍生物可以形成许多重要的生理活性物质，如ATP、NAD^+、FAD等，在物质代谢中发挥重要作用。

二、糖的消化吸收

人类从食物中摄取的糖主要是植物淀粉和少量的动物糖原，以及少量双糖（蔗糖、乳糖、麦芽糖）等。食物中含量最多的糖类是淀粉。由多个葡萄糖单位以 α-1，4-糖苷键聚合成直链以及少量 α-1，6-糖苷键形成分支。淀粉必须在消化道水解酶的作用下水解成葡萄糖才能在小肠被吸收。

唾液和胰液中都含有 α-淀粉酶（α-amylase），可水解直链淀粉分子内的 α-1，4-糖苷键。但食物在口腔中停留时间很短，所以淀粉的消化主要在小肠进行。在胰液 α-淀粉酶的作用下，淀粉被水解为麦芽糖、麦芽三糖及含有分支的异麦芽寡糖和含有 4～9 个葡萄糖残基的 α-临界糊精。寡糖的进一步消化在小肠黏膜细胞刷状缘进行，α-葡萄糖苷酶（包括麦芽糖酶）水解没有分支的麦芽糖和麦芽三糖，α-临界糊精酶（包括异麦芽糖酶）则可水解 α-1，4-糖苷键和 α-1，6-糖苷键，将 α-临界糊精和异麦芽糖水解为葡萄糖。肠黏膜细胞还有蔗糖酶、乳糖酶等，分别水解蔗糖、乳糖为相应的单糖。有些成人乳糖酶缺乏，在食用牛奶后发生乳糖消化吸收障碍，可引起腹胀、腹泻等症状。另外，食物中含有的大量纤维素，因人体内无 β-糖苷酶而不能对其分解利用，但却具有刺激肠蠕动等作用，也是维持健康所必需的糖类。

糖被消化为单糖（主要是葡萄糖）后，才能被小肠吸收，再经门静脉进入肝脏。小肠黏膜细胞对葡萄糖的吸收是一个依赖特异载体转运的主动耗能过程。在葡萄糖的吸收过程中同时伴有 Na^+ 的转运。此类葡萄糖转运体称为 Na^+ 依赖的葡萄糖转运体（Na^+-dependent glucose transporter，SGLT），主要存在于小肠黏膜细胞和肾小管上皮细胞。

三、糖代谢概况

人体消化吸收的单糖主要是葡萄糖。葡萄糖经门静脉入肝后，其中一部分在肝内贮存、转化和利用，另一部分经肝静脉进入体循环，供机体各个器官组织代谢利用。葡萄糖由血液进入组织细胞需要依赖细胞膜上的葡萄糖转运体（glucose transporter，GLUT）的转运才能进入细胞。现已发现有 5 种 GLUT，分别在不同的组织细胞中起作用。如 GLUT-1 主要存在于红细胞、脑、肌肉、脂肪等，GLUT-2 主要存在于肝和胰的 β-细胞中，而 GLUT-4 主要存在于肌肉和脂肪组织细胞，可限制葡萄糖进入细胞利用的速度。

糖代谢主要是指葡萄糖在体内的一系列复杂的化学反应。葡萄糖在体内的代谢途径取决于组织细胞的类型、机体的供氧状况及机体对物质和能量的需求。在供氧充足时，葡萄糖进行有氧氧化，彻底分解为 CO_2 和 H_2O；而在缺氧状况下，则进行糖酵解生成乳酸。此外，葡萄糖也可进入磷酸戊糖途径等进行代谢，发挥不同的生理作用。葡萄糖也可经合成代谢合成糖原，储存在肝或肌肉组织中。有些非糖物质如乳酸、丙氨酸等还可经糖异生途径转变为葡萄糖或糖原。

第二节　糖的无氧分解

糖的无氧分解即糖酵解（glycolysis）是指机体在缺氧条件下，葡萄糖经一系列酶促反应生成丙酮酸进而还原生成乳酸的过程，亦称糖的无氧氧化（anaerobic oxidation）。葡萄糖分解成丙酮酸（pyruvate）的过程称为糖酵解途径。组织细胞中有氧、无氧条件下均可进行糖酵解途径，生成的丙酮酸在无氧条件下转变为乳酸完成糖酵解，而在有氧条件下则进入线粒体彻底氧化分解成 CO_2 和 H_2O。因此，糖酵解途径是糖的有氧氧化和无氧氧化共有的过程。

一、糖酵解的反应过程

糖酵解的代谢反应过程可分为两大阶段：第一阶段是由葡萄糖分解为丙酮酸，即糖酵解途径；第二阶段是丙酮酸转变为乳酸。催化糖酵解的酶类存在于细胞液，所以糖酵解的全部反应在胞液中进行。

（一）葡萄糖经糖酵解途径分解成两分子丙酮酸

糖酵解途径包括 10 步反应，其整个反应过程如图 9-1 所示。

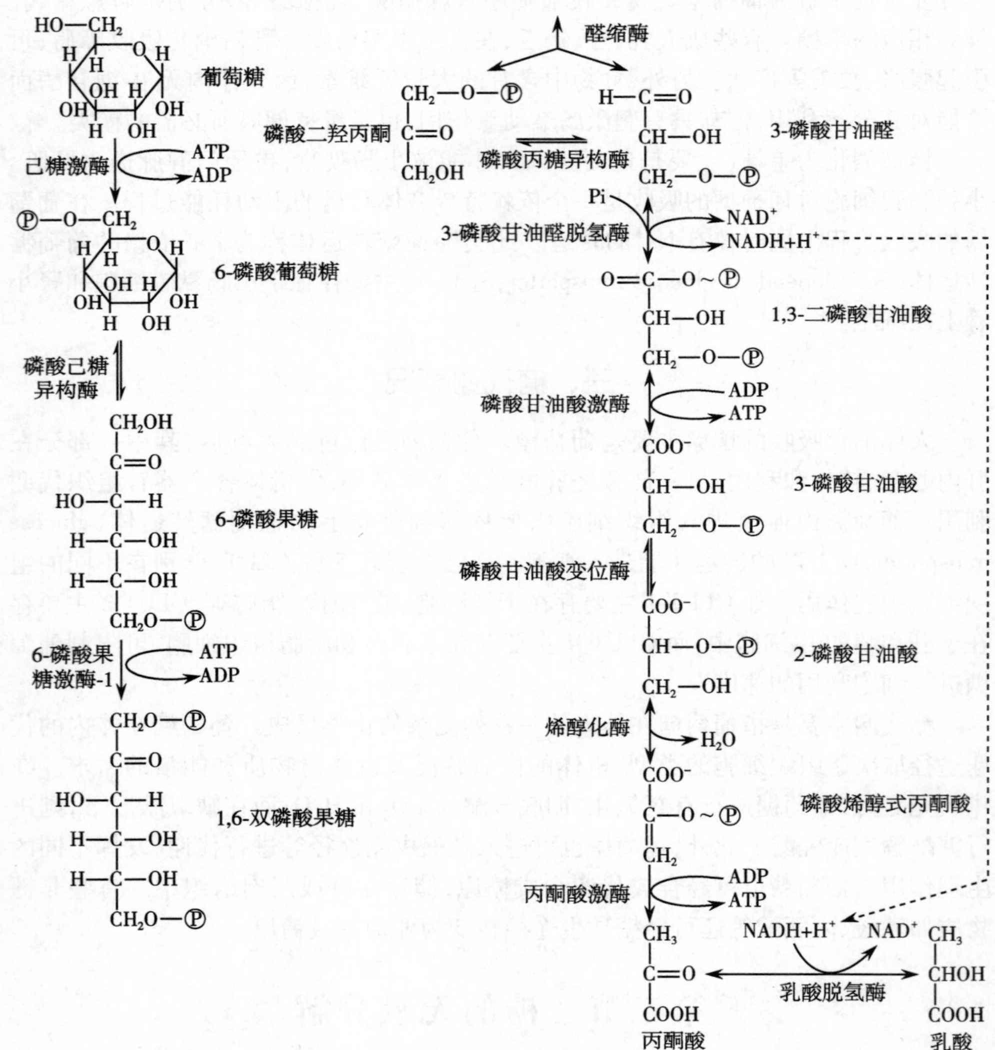

图 9-1 糖酵解的代谢途径

1. 葡萄糖磷酸化为6-磷酸葡萄糖(glucose-6-phosphate,G-6-P)　葡萄糖进入细胞后,在己糖激酶(hexokinase)催化下由ATP提供磷酸基和能量,并需要Mg^{2+},生成6-磷酸葡萄糖和ADP。因有较大自由能释放,所以此反应是不可逆的。葡萄糖经磷酸化后不能自由透出细胞膜,利于糖在细胞中代谢。若从糖原开始,需磷酸分解生成1-磷酸葡萄糖,再经变位酶作用生成6-磷酸葡萄糖。哺乳类动物体内已发现有4种己糖激酶同工酶(Ⅰ~Ⅳ型),分别有不同反应特性。肝细胞中是己糖激酶的Ⅳ型同工酶,称为葡萄糖激酶(glucokinase),其Km值为10mmol/L左右,对葡萄糖亲和力很低,即当餐后肝内葡萄糖浓度很高时,方可催化葡萄糖磷酸化。葡萄糖激酶的另一个特点是受激素调控。这些特性使葡萄糖激酶在维持血糖水平和糖代谢中起着重要的生理作用。而肝外组织的其他己糖激酶Km值为0.1mmol/L左右,对葡萄糖有较高的亲和力。

2. 6-磷酸葡萄糖转化为6-磷酸果糖(fructose-6-phosphate,F-6-P)　此反应为可逆反应,由磷酸己糖异构酶催化,需Mg^{2+}参与。

3. 6-磷酸果糖磷酸化成1,6-二磷酸果糖(fructose-1,6-phosphate,F-1,6-BP)　由6-磷酸果糖激酶-1(6-phosphofructokinase-1,PFK-1)催化的不可逆反应。是糖酵解中消耗ATP的第2个反应,需ATP提供磷酸基和能量,并需Mg^{2+}。

4. 1,6-二磷酸果糖裂解成磷酸丙糖　反应生成2分子磷酸丙糖,即3-磷酸甘油醛和磷酸二羟丙酮。是由醛缩酶(aldolase)催化的可逆反应,有利于己糖的生成。

5. 磷酸二羟丙酮转变为3-磷酸甘油醛　3-磷酸甘油醛和磷酸二羟丙酮是同分异构体,在磷酸丙糖异构酶(triose phosphate isomerase)的催化下可互相转变。由于3-磷酸甘油醛生成后,即被糖酵解的下一步反应利用移去,使磷酸二羟丙酮迅速转变为3-磷酸甘油醛。因此每分子葡萄糖实际上不断转化为2分子3-磷酸甘油醛沿糖酵解的后续反应继续进行分解。

上述的5步反应为糖酵解的耗能阶段,1分子葡萄糖的代谢共消耗了2分子ATP,产生了2分子3-磷酸甘油醛。而在后续的5步反应中,2分子3-磷酸甘油醛转变成2分子丙酮酸,共生成4分子ATP,为能量的释放与储存阶段。

6. 3-磷酸甘油醛氧化为1,3-二磷酸甘油酸　是糖酵解途径中唯一的脱氢(氧化)步骤,由3-磷酸甘油醛脱氢酶(glyceraldehyde-3-phosphate dehydrogenase)催化,以NAD^+为辅酶接受氢和电子,产生$NADH+H^+$。此反应需无机磷酸参加,当底物的醛基氧化成羧基后即与磷酸形成混合酸酐,该酸酐是一种高能磷酸化合物,其水解后释放的自由能很高,可转移至ADP生成ATP。

7. 1,3-二磷酸甘油酸转变成3-磷酸甘油酸　磷酸甘油酸激酶(phosphoglycerate kinase)催化1,3-二磷酸甘油酸的高能磷酸基转移到ADP生成ATP和3-磷酸甘油酸,反应需Mg^{2+}参加。这是糖酵解过程中第一个产生ATP的反应。这种与脱氢反应偶联,直接将高能磷酸化合物中的高能磷酸键转移至ADP,生成ATP的过程,称为底物水平磷酸化(substrate level phosphorylation)。

8. 3-磷酸甘油酸转变为2-磷酸甘油酸　为可逆的磷酸基转移过程。反应由磷酸甘油酸变位酶(phosphoglycerate mutase)催化,需Mg^{2+}参加。

9. 2-磷酸甘油酸转变成磷酸烯醇式丙酮酸　由烯醇化酶(enolase)催化2-磷

酸甘油酸脱水生成磷酸烯醇式丙酮酸(phosphoenolpyruvate,PEP)。此反应引起分子内部的电子重排和能量重新分布,形成了一个含高能磷酸键的PEP。

10. 磷酸烯醇式丙酮酸转变成丙酮酸　由丙酮酸激酶(pyruvate kinase)催化磷酸烯醇式丙酮酸生成ATP和丙酮酸,反应需K^+和Mg^{2+}。这是酵解过程中第二个底物水平磷酸化的反应。生理条件下该反应不可逆。

(二) 丙酮酸被还原为乳酸

无氧或缺氧情况下,由乳酸脱氢酶(lactate dehydrogenase,LDH)催化,3-磷酸甘油醛的脱氢反应生成的$NADH+H^+$提供氢原子,丙酮酸可作为受氢体还原生成乳酸。这使糖酵解途径中生成的$NADH+H^+$可不需氧参与重新转变成NAD^+,糖酵解过程得以继续运行。

除葡萄糖外,其他己糖也可转变成磷酸己糖而进入糖酵解途径进行代谢。

二、糖酵解的生理意义

糖酵解时1mol的磷酸丙糖经2次底物水平磷酸化,可生成2mol ATP。由于1mol葡萄糖可裂解为2mol磷酸丙糖,因此1mol葡萄糖经糖酵解共生成4mol ATP,扣除葡萄糖和6-磷酸果糖磷酸化时消耗的2mol ATP,净生成2mol ATP。

糖酵解最主要的生理意义在于能迅速提供能量,供机体急需,尤以骨骼肌收缩为甚。骨骼肌占人体干重的50%以上,且ATP含量很低,只要肌肉收缩几秒钟即可耗尽。当机体缺氧或剧烈运动使肌肉局部血流相对不足,主要通过糖酵解迅速获得能量,使骨骼肌在缺氧时保持功能。而心肌糖酵解较弱,只在有氧条件下收缩,不耐受缺氧。

葡萄糖是红细胞唯一能源,成熟红细胞因无线粒体而完全依赖糖酵解供能。人体红细胞每天约利用25~30g葡萄糖,其中约90%经糖酵解代谢。另外,少数代谢活跃的组织细胞,在有氧条件下也需要依赖糖酵解提供部分能量。如视网膜、睾丸、神经、白细胞、骨髓等组织。

某些病理情况,如各种原因的呼吸或循环功能障碍,糖酵解途径亦增强,使机体在缺氧时获得ATP供应。迅速生长的肿瘤组织糖酵解途径增强。酵解过度可能造成乳酸堆积引起酸中毒。

三、糖酵解的调节

在糖酵解途径中,多数反应是可逆的,而己糖激酶、6-磷酸果糖激酶-1、丙酮酸激酶催化的3个反应是不可逆的。这三个酶是糖酵解途径中的关键酶(key enzyme)。机体通过变构效应剂和激素调节这三个酶的活性,以影响糖酵解的进行速度。

(一) 6-磷酸果糖激酶-1

目前认为,改变6-磷酸果糖激酶-1(6-PFK-1)的活性是糖酵解途径最重要的控制步骤。该酶是四聚体的变构酶,受多种变构效应剂的影响。

ATP和枸橼酸可变构抑制6-PFK-1,ATP作为底物可结合酶的活性中心。当ATP浓度较高时,ATP与6-PFK-1的调节部位结合使酶活性丧失,糖酵解反应速度减慢。6-磷酸果糖激酶-1的变构激活剂有AMP、ADP、F-1,6-BP和2,6-二磷酸果糖(F-2,6-BP)。ADP、AMP增加时,糖酵解反应速度加快,ATP的生成增多,使糖酵解对细胞的能量需求得以应答。

F-2,6-BP 是 6-PFK-1 最强的变构激活剂,可与 AMP 一起取消上述 ATP、枸橼酸对 6-PFK-1 的变构抑制作用。6-磷酸果糖在 6-磷酸果糖激酶-2 的催化下,磷酸化生成 F-2,6-BP;而后者由果糖二磷酸酶-2(fructose biphosphatase-2)水解,再转变成 6-磷酸果糖(图 9-2)。研究发现:6-磷酸果糖激酶-2 和果糖二磷酸酶-2,两者的催化活性均在同一条多肽链上,是一个双功能酶。胰高血糖素通过 cAMP-蛋白激酶 A 级联过程,促进双功能酶 32 位丝氨酸残基磷酸化,使相应的激酶活性减弱而磷酸酶活性升高,降低 2,6-二磷酸果糖的水平并降低糖酵解的速度。磷蛋白磷酸酶催化其去磷酸后,则有相反的作用。H^+ 抑制 6-磷酸果糖激酶-1,当 pH 显著降低时,H^+ 离子浓度增高,糖酵解速度降低。由此可防止在缺氧状态下,产生过量的乳酸而加重酸中毒。

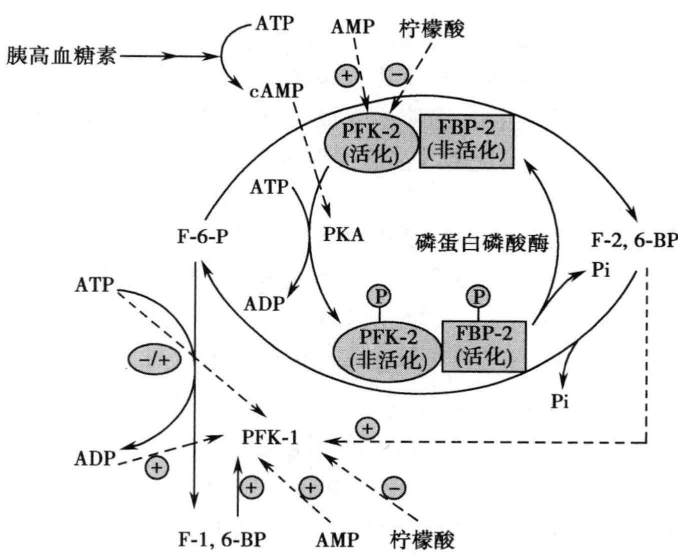

图 9-2 2,6-双磷酸果糖的合成与分解

(二) 丙酮酸激酶

丙酮酸激酶催化的不可逆步骤是另一个重要调节点。1,6-二磷酸果糖是此酶的变构激活剂;ATP 和丙氨酸为此酶的变构抑制剂。胰高血糖素可通过 cAMP-蛋白激酶 A 级联的共价修饰,使丙酮酸激酶磷酸化失去活性。

(三) 己糖激酶或葡萄糖激酶

己糖激酶可受反应产物 6-磷酸葡萄糖反馈抑制。饥饿时长链脂酰 CoA 对此酶变构抑制,减少肝组织摄取葡萄糖。葡萄糖激酶分子内部因不存在 6-磷酸葡萄糖的变构部位,因此,肝细胞中葡萄糖激酶不受产物 6-磷酸葡萄糖的影响。胰岛素可诱导葡萄糖激酶基因表达,促进酶的合成。

第三节 糖的有氧氧化

在有氧条件下,葡萄糖彻底氧化生成水和 CO_2 并产生能量的过程称为有氧氧化(aerobic oxidation)。在需氧的机体中,经糖的有氧氧化产生大量 ATP,供应机体生命活动所需,有氧氧化是糖分解供能的主要方式。糖有氧氧化的反应在胞液和线粒体进行。糖的有氧氧化可概括如图 9-3。

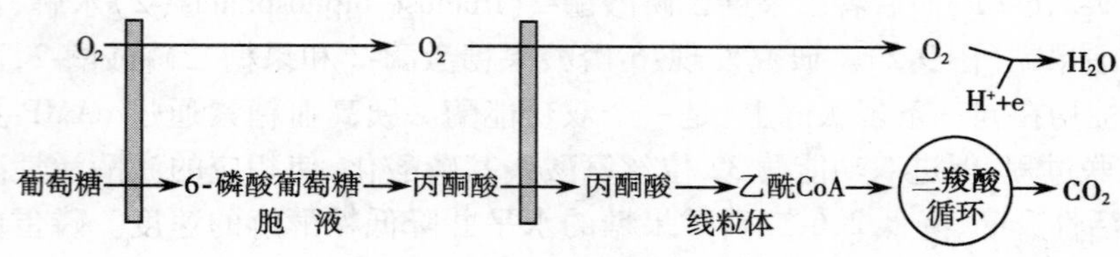

图 9-3　葡萄糖有氧氧化概况

一、糖的有氧氧化过程

糖的有氧氧化反应大致可分为三个阶段:

(一)葡萄糖经糖酵解途径分解为丙酮酸

有氧条件下,1mol 葡萄糖在胞液中生成 2mol 的丙酮酸被转运进入线粒体继续氧化。同时糖酵解途径中 3-磷酸甘油醛的脱氢反应生成的 $NADH+H^+$ 也可进入线粒体经呼吸链氧化成水,并生成 ATP。

(二)丙酮酸进入线粒体氧化脱羧生成乙酰辅酶 A

进入线粒体的丙酮酸,由丙酮酸脱氢酶复合体催化,氧化脱羧生成乙酰 CoA(acetyl CoA),反应是不可逆的。总反应为:

$$丙酮酸+NAD^+ +CoA\text{-}SH \rightarrow 乙酰\ CoA+NADH+H^+ +CO_2$$

丙酮酸脱氢酶复合体是糖有氧氧化的关键酶,催化的反应是不可逆的。真核细胞中,该复合体存在于线粒体,由丙酮酸脱氢酶(E_1)、二氢硫辛酰胺转乙酰酶(E_2)和二氢硫辛酰胺脱氢酶(E_3)三种酶按一定比例组合,以转乙酰酶为核心,排列形成有特定空间结构的多酶复合体。参与反应的辅酶有硫胺素焦磷酸酯(TPP)、硫辛酸、FAD、NAD^+和辅酶 A 五种。丙酮酸脱氢酶复合体中的三种酶紧密相连,其中 8 碳的硫辛酸与复合体核心的转乙酰酶赖氨酸 ε 残基以酰胺键共价结合,形成酶结合的硫辛酰胺长臂,在各酶活性部位间转移乙酰基,由于反应的中间产物一直与酶复合体结合,使反应过程连锁进行,极大地提高了催化总效率。反应过程中,因没有游离的中间产物生成而减少不良反应。

丙酮酸脱氢酶复合体催化的反应可分五步(图 9-4):①E_1催化丙酮酸脱羧释出 CO_2,余下部分与 E_1 的辅酶 TPP 结合,形成羟乙基-TPP-E_1;②在 E_2催化下,羟乙基-TPP-E_1 的羟乙基被氧化成乙酰基,并转移给硫辛酰胺形成乙酰硫辛酰胺-E_2;③E_2再催化乙酰硫辛酰胺-E_2上的乙酰基转移给辅酶 A,使硫辛酰胺上二硫键还原成为二氢硫辛酸,并形成含有高能硫酯键的乙酰 CoA 离开酶复合体;④在 E_3 作用下,二氢硫辛酸脱氢氧化重新生成硫辛酰胺,以进行下一轮反应;脱下的 2H 由 FAD 接受,生成 $FADH_2$;⑤E_3催化 $FADH_2$ 中的 2H 转移给 NAD^+,形成 $NADH+H^+$。

如维生素 B_1 缺乏,体内 TPP 不足可使丙酮酸氧化脱羧受阻。临床上对代谢旺盛的甲亢、发热患者或输入大量葡萄糖的患者,均应适当补充有关维生素,以维持糖的氧化分解。

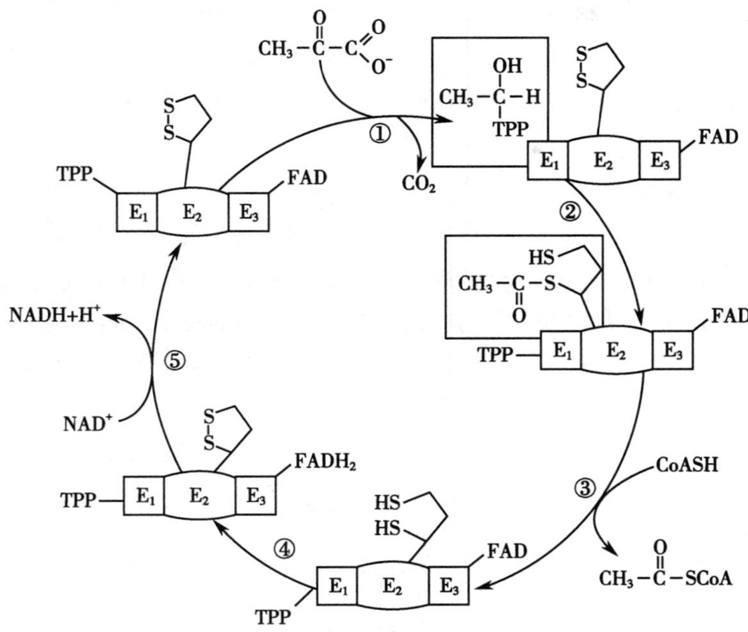

图 9-4　丙酮酸脱氢酶的作用机制

(三) 乙酰 CoA 的氧化——三羧酸循环

H. A. Krebs(1900—1981)于 20 世纪 30 年代末阐明了三羧酸循环代谢途径。他根据自己的实验结果及总结分析前人的研究的基础上,指出 6 个碳的柠檬酸经过一系列已知的变化可转变为 4 个碳的草酰乙酸,而草酰乙酸也可变为比它多 2 个碳的柠檬酸,从而提出柠檬酸循环的设想。

三羧酸循环(tricarboxylic acid cycle,TAC)是指乙酰 CoA 和草酰醋酸缩合生成含三个羧基的枸橼酸,反复的进行脱氢脱羧,又生成草酰醋酸,再重复循环反应的过程。催化三羧酸循环反应的酶系存在于线粒体中。

三羧酸循环亦称枸橼酸循环。这是因为该循环反应中的第一个中间产物是含有三个羧基的枸橼酸。该学说最早由 Krebs 提出,故又称 Krebs 循环。

1. 枸橼酸的生成　乙酰 CoA 与草酰醋酸在枸橼酸合酶(citrate synthase)的催化下缩合成枸橼酸(citrate),并释放出 HS-CoA。乙酰 CoA 的高能硫酯键水解时可释放较多的自由能,驱动反应呈单向不可逆进行。

$$\underset{\text{草酰乙酸}}{\begin{matrix}O=C-COOH\\ |\\ CH_2\\ |\\ COOH\end{matrix}} + \underset{\text{乙酰CoA}}{\begin{matrix}O\\ \|\\ C-CH_3\\ |\\ SCoA\end{matrix}} + H_2O \longrightarrow \underset{\text{柠檬酸}}{\begin{matrix}CH_2COOH\\ |\\ HO-C-COO^-\\ |\\ CH_2COOH\end{matrix}} + \underset{\text{辅酶A}}{HSCoA} + H^+$$

2. 异枸橼酸的形成　枸橼酸在顺乌头酸酶的催化下,经脱水及再加水,羟基转移异构化生成异枸橼酸(isocitrate)。

$$\underset{\text{柠檬酸}}{{}^{-}OOC-CH_2-C(OH)(COO^-)-CH_2-COO^-} \xrightarrow{\nearrow H_2O} \underset{\text{[酶-顺乌头酸]复合物}}{\left[{}^{-}OOC-C(CH_2COO^-)=CH-COO^-\right]} \xrightarrow{H_2O \searrow} \underset{\text{异柠檬酸}}{{}^{-}OOC-CH_2-CH(COO^-)-CH(OH)-COO^-}$$

3. 异枸橼酸氧化脱羧　在异枸橼酸脱氢酶(isocitrate dehydrogenase)的催化下,异枸橼酸氧化脱氢并脱羧生成 α-酮戊二酸(α-ketoglutatrate),脱下的 2H 由 NAD^+接受,转变成 $NADH+H^+$进入电子传递链氧化可产生 2.5mol ATP。

$$\underset{\text{异柠檬酸}}{{}^{-}OOC-CH(OH)-CH(COO^-)-CH_2-COO^-} \xrightarrow[Mg^{2+}]{NAD^+ \searrow \quad \nearrow NADH+H^+,\ \searrow CO_2} \underset{\alpha\text{-酮戊二酸}}{{}^{-}OOC-C(=O)-CH_2-CH_2-COO^-}$$

4. α-酮戊二酸氧化脱羧　α-酮戊二酸在 α-酮戊二酸脱氢酶复合体催化下,脱氢、脱羧生成琥珀酰 CoA(succinyl CoA)并生成 $NADH+H^+$,反应不可逆。α-酮戊二酸氧化(脱氢)脱羧时释放较多的自由能,一部分能量以高能硫酯键形式储存在琥珀酰 CoA 内。α-酮戊二酸脱氢酶复合体的组成和催化反应过程与丙酮酸脱氢酶复合体类似,使各步反应得以迅速完成。

$$\underset{\alpha\text{-酮戊二酸}}{{}^{-}OOC-C(=O)-CH_2-CH_2-COO^-} + NAD^+ + HS\text{-}CoA \longrightarrow \underset{\text{琥珀酰CoA}}{O=C(\sim SCoA)-CH_2-CH_2-COO^-} + NADH + H^+ + CO_2$$

5. 底物水平磷酸化反应　在琥珀酰 CoA 合成酶(succinyl-CoA synthetase)催化下,琥珀酰 CoA 高能硫酯键水解,将部分能量转移给 GDP,使 GDP 经底物水平磷酸化形成 GTP,释出 HSCoA,本身转变为琥珀酸。这是三羧酸循环中唯一直接生成高能磷酸键的反应。

$$\underset{\text{琥珀酰CoA}}{O=C(\sim SCoA)-CH_2-CH_2-COO^-} \underset{}{\xrightleftharpoons{GDP+Pi \searrow \quad \nearrow GTP}} \underset{\text{琥珀酸}}{{}^{-}OOC-CH_2-CH_2-COO^-} + HSCoA$$

6. 延胡索酸的生成　琥珀酸在琥珀酸脱氢酶(succinate dehydrogenase)催化下脱氢生成延胡索酸,该酶与线粒体内膜结合,是三羧酸循环中唯一与内膜结合的酶。辅酶是 FAD 及铁硫中心，脱下的 2H 由辅酶 FAD 接受，$FADH_2$ 直接进入电子传递链氧化只能产生 1.5mol ATP。

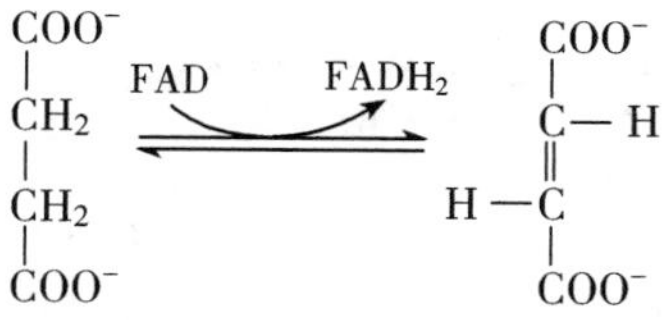

$$\begin{array}{c} COO^- \\ | \\ CH_2 \\ | \\ CH_2 \\ | \\ COO^- \end{array} \xrightleftharpoons{FAD \quad\quad FADH_2} \begin{array}{r} COO^- \\ | \quad\;\; \\ C-H \\ \| \quad\;\; \\ H-C \quad\;\; \\ | \quad\;\; \\ COO^- \end{array}$$

琥珀酸　　　　延胡索酸

7. 苹果酸的生成　延胡索酸在延胡索酸酶（fumarase）的催化下加水生成苹果酸。

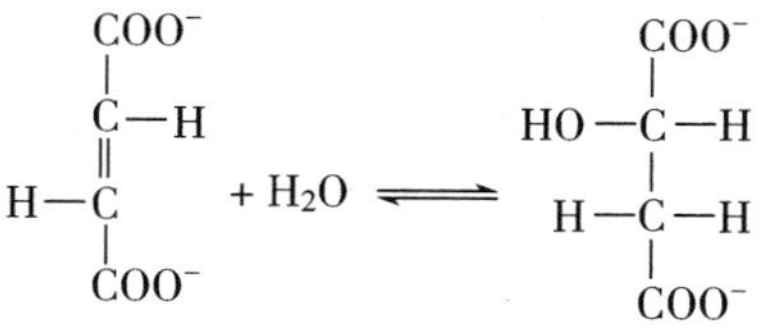

$$\begin{array}{r} COO^- \\ | \quad\;\; \\ C-H \\ \| \quad\;\; \\ H-C \quad\;\; \\ | \quad\;\; \\ COO^- \end{array} + H_2O \rightleftharpoons \begin{array}{c} COO^- \\ | \\ HO-C-H \\ | \\ H-C-H \\ | \\ COO^- \end{array}$$

延胡索酸　　　　苹果酸

8. 草酰醋酸的再生　苹果酸脱氢生成草酰醋酸是由苹果酸脱氢酶（malate dehydrogenase）催化的可逆反应，脱下的 2H 由 NAD^+ 接受生成 $NADH+H^+$。再生的草酰醋酸可再次进入三羧酸循环。由于草酰醋酸不断地被用于枸橼酸的合成而消耗，所以这一可逆反应向生成草酰醋酸的方向进行。

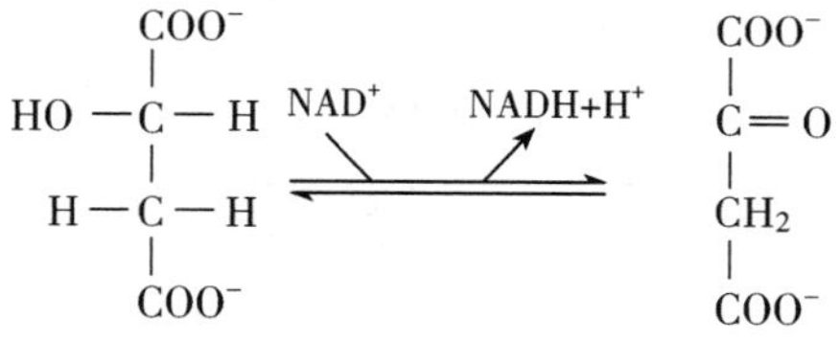

$$\begin{array}{c} COO^- \\ | \\ HO-C-H \\ | \\ H-C-H \\ | \\ COO^- \end{array} \xrightleftharpoons{NAD^+ \quad\quad NADH+H^+} \begin{array}{c} COO^- \\ | \\ C=O \\ | \\ CH_2 \\ | \\ COO^- \end{array}$$

苹果酸　　　　草酰乙酸

三羧酸循环反应过程总结于图 9-5。

三羧酸循环的总反应为：

$$CH_3CO\text{-}SCoA+3NAD^++FAD+GDP+Pi+2H_2O$$
$$\rightarrow 2CO_2+3NADH+3H^++FADH_2+GTP+CoA\text{-}SH$$

二、三羧酸循环的特点和生理意义

（一）三羧酸循环的特点

1. 三羧酸循环由草酰醋酸和乙酰 CoA 缩合成枸橼酸开始，以草酰醋酸的再生结束。三羧酸循环每进行一次，发生 2 次脱羧，生成 2 分子 CO_2，这是体内 CO_2 的主要来源。从量上来看，相当于消耗了乙酰 CoA 的乙酰基。同时发生 1 次底物水平磷酸化生成 1 个 GTP（相当于 1 个 ATP）。

2. 三羧酸循环每运转 1 次，共发生 4 次脱氢反应，生成 3 分子 $NADH+H^+$ 和 1 分子 $FADH_2$。所产生的还原当量 $NADH+H^+$ 和 $FADH_2$ 经电子传递链氧化为水时可生成 ATP。

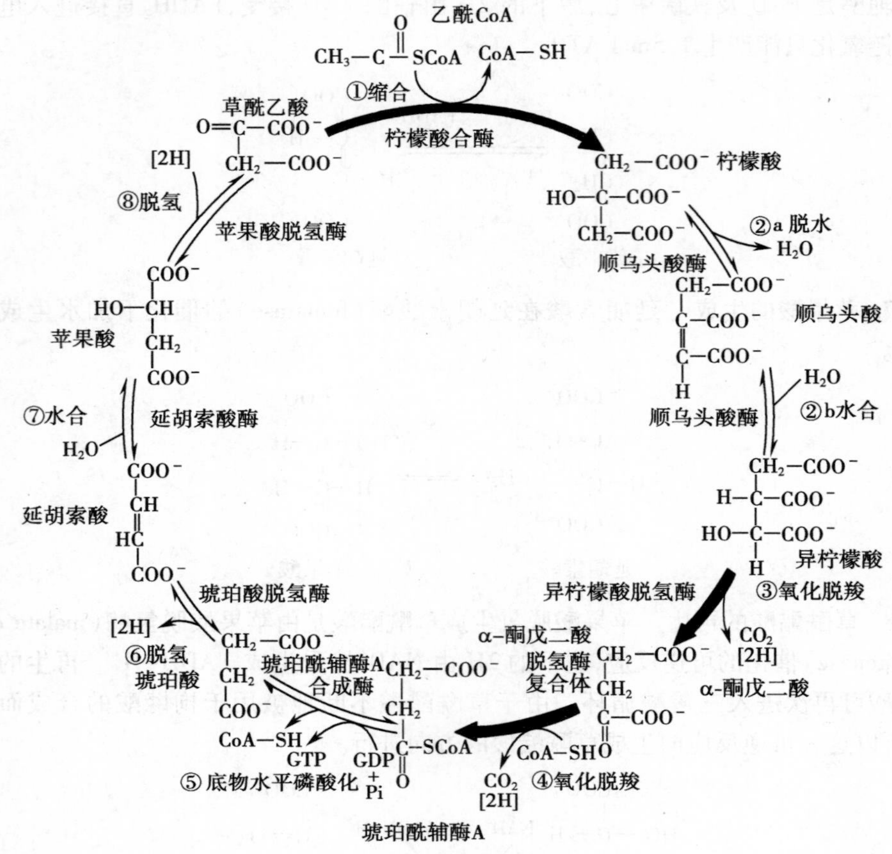

图 9-5 三羧酸循环

1 分子 $NADH+H^+$ 的氢传递给氧时可生成 2.5 个 ATP，而 1 分子 $FADH_2$ 的氢传递给氧时，只生成 1.5 个 ATP。加上底物水平磷酸化生成 1 个 ATP，1 分子乙酰 CoA 经三羧酸循环彻底氧化分解共生成 10 分子 ATP。

3. 三羧酸循环中的枸橼酸合酶、异枸橼酸脱氢酶、α-酮戊二酸脱氢酶复合体三个酶所催化的三步关键反应均是单向不可逆反应，所以三羧酸循环的反应过程不可逆。

4. 三羧酸循环中，草酰醋酸等中间产物起着类似催化剂的作用，本身无量的改变，各种中间物既不能在循环中合成，也不能在循环中氧化分解。有些三羧酸循环的中间产物可参与其他途径的代谢被消耗减少，需要补充。草酰醋酸的补充主要来自糖代谢中丙酮酸的直接羧化，也可由苹果酸脱氢生成。

（二）三羧酸循环的生理意义

1. 三羧酸循环是三大营养素的最终代谢通路及主要产能阶段。糖、脂肪、氨基酸在体内进行氧化分解时都将生成乙酰 CoA，然后再进入三羧酸循环氧化。三羧酸循环仅一次底物水平磷酸化生成 ATP，但通过 4 次脱氢反应产生的还原当量，经电子传递链氧化磷酸化生成大量 ATP。三大营养素彻底氧化约 2/3 的自由能可经三羧酸循环释出。

2. 三羧酸循环为糖、脂肪、氨基酸代谢联系的枢纽。如糖有氧氧化在线粒体内生成的乙酰 CoA,可以在能量供应充足的条件下,经特定过程转移至胞液中用于合成脂肪酸、胆固醇。此外,三羧酸循环又为一些物质生物合成代谢提供前体。如琥珀酰 CoA 是血红素合成的前体。多种氨基酸的碳链部分是三羧酸循环的中间产物,可通过草酰醋酸转变成葡萄糖,也可用于谷氨酸、天冬氨酸等非必需氨基酸合成。

(三) 糖有氧氧化的能量生成

糖有氧氧化是机体获得能量的主要方式。在糖有氧氧化的三个阶段中,第一阶段糖酵解途径中,3-磷酸甘油醛脱氢产生的 $NADH+H^+$ 可经不同方式进入线粒体经电子传递链氧化为水,产生 2.5 或 1.5mol ATP。第二阶段丙酮酸氧化为乙酰 CoA 产生的 $NADH+H^+$ 经电子传递链氧化为水,产生 2.5mol ATP。第三阶段乙酰 CoA 进入三羧酸循环彻底氧化,可产生 10mol ATP。所以,1mol 的葡萄糖经有氧氧化途径彻底氧化为 CO_2 和 H_2O,可净生成 30 或 32mol ATP(表 9-1)。

表 9-1 葡萄糖有氧氧化时 ATP 的生成与消耗

	反 应	辅酶	ATP 生成和消耗
第一阶段	葡萄糖→6-磷酸葡萄糖		-1
	6-磷酸果糖→1,6-二磷酸果糖		-1
	2×3-磷酸甘油醛→2×1,3-二磷酸甘油酸	NAD^+	3 或 5*
	2×1,3-二磷酸甘油酸→2×3-磷酸甘油酸		2
	2×磷酸烯醇式丙酮酸→2×丙酮酸		2
第二阶段	2×丙酮酸→2×乙酰 CoA	NAD^+	5
第三阶段	2×异枸橼酸→2×α-酮戊二酸	NAD^+	5
	2×α-酮戊二酸→2×琥珀酰 CoA	NAD^+	5
	2×琥珀酰 CoA→2×琥珀酸		2
	2×琥珀酸→2×延胡索酸	FAD	3
	2×苹果酸→2×草酰醋酸	NAD^+	5
			净生成 30 (或 32) ATP

* 获得的 ATP 数量取决于 $NADH+H^+$ 进入线粒体的穿梭机制

三、有氧氧化的调节

有氧氧化第一阶段的调节前已述及,这里主要讨论第二、三阶段的调节。因糖的有氧氧化为机体供能的重要过程,所以有氧氧化的速率主要受体内能量分子 ATP 水平的敏感调节,以适应机体对能量需求的变化。

1. 丙酮酸脱氢酶复合体 丙酮酸脱氢酶复合体催化丙酮酸脱氢生成乙酰 CoA 的反应,可通过变构效应和共价修饰两种方式进行快速调节。

复合体的丙酮酸脱氢酶组分可被丙酮酸脱氢酶激酶将其丝氨酸的羟基磷酸化,使酶蛋白变构而失去活性;经特异磷酸酶催化脱磷酸后此酶活性恢复。

[ATP]/[ADP]、[乙酰 CoA]/[HSCoA]及[NADH]/[NAD^+]浓度比值增加，使丙酮酸脱氢酶激酶激活，抑制糖的有氧氧化，胰岛素可激活磷酸酶活性。丙酮酸脱氢酶复合体的反应产物乙酰 CoA、NADH+H^+及 ATP 增加时对酶有反馈抑制作用。

2. 三羧酸循环的调节　三羧酸循环的速率和流量受多种因素的调控。在三个不可逆反应中，异构橼酸脱氢酶和α-酮戊二酸脱氢酶复合体所催化的反应是三羧酸循环的主要调节点。当 NADH/NAD^+和 ATP/ADP 比值升高时，异构橼酸脱氢酶、α-酮戊二酸脱氢酶复合体被反馈抑制，使三羧酸循环速率减慢。

线粒体中 Ca^{2+}浓度增高，可结合并激活上述两种关键酶及丙酮酸脱氢酶复合体(图 9-6)。推动有氧氧化和三羧酸循环的进行。氧化磷酸化的速率也对三羧酸循环有调节作用，三羧酸循环中 4 次脱氢生成的 NADH+H^+和 $FADH_2$，分子中的氢和电子需通过电子传递链进行氧化及磷酸化生成 ATP，释放辅基 NAD^+和 FAD。如机体不能有效地进行氧化磷酸化，三羧酸循环中的脱氢反应就无法进行。

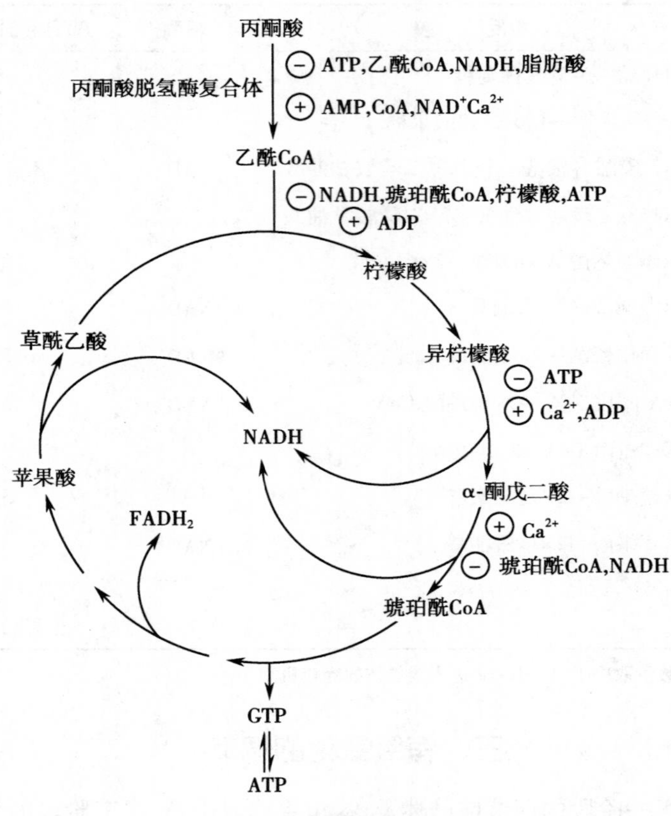

图 9-6　三羧酸循环的调控

3. 巴斯德效应　法国科学家巴斯德(Pasteur)发现酵母菌在无氧时进行生醇发酵。将其转移至有氧环境，生醇发酵即被抑制。这种有氧氧化抑制生醇发酵(或糖酵解)的现象称为巴斯德效应(Pasteur effect)。此现象在人体组织中同样存在。组织供氧充足时，丙酮酸进入三羧酸循环氧化，NADH+H^+可穿梭进入线粒体经电子传递链氧化，抑制乳酸的生成，所以有氧氧化抑制糖酵解。缺氧时，氧化磷酸化受阻，NADH+H^+累积。ADP 与 Pi 不能转变为 ATP，ADP/ATP 比值升高，促使 6-磷酸果糖激酶-1 和丙酮酸激酶活性增强，丙酮酸作为受氢体在胞液中还原为乳酸，加速葡萄糖沿糖酵解途径分解。

第四节　磷酸戊糖途径

糖分解代谢的主要途径是有氧氧化和糖酵解。磷酸戊糖途径（pentose phosphate pathway）是糖的另一氧化途径，此途径的重要功能不是生成 ATP 而是产生 NADPH+H^+和 5-磷酸核糖。

一、磷酸戊糖途径的主要反应过程

参与磷酸戊糖途径的各种酶均存在于胞液，此途径在胞浆中进行。其过程可分为两个阶段，第一阶段为氧化不可逆过程，产生 NADPH+H^+及 CO_2；第二阶段为非氧化可逆过程。

1. 6-磷酸葡萄糖氧化生成磷酸戊糖　6-磷酸葡萄糖由以 $NADP^+$为辅酶的 6-磷酸葡萄糖脱氢酶催化脱氢生成 6-磷酸葡萄糖酸内酯，产生 NADPH+H^+和 CO_2，然后在内酯酶（lactonase）作用下水解为 6-磷酸葡萄糖酸，后者再经以 $NADP^+$为辅酶的 6-磷酸葡萄糖酸脱氢酶催化，再次脱氢脱羧释出 NADPH+H^+和 CO_2，转变为 5-磷酸核酮糖。每分子 6-磷酸葡萄糖生成 5-磷酸核酮糖的过程中，同时生成 2 分子 NADPH+H^+及 1 分子 CO_2。

H—C—OH
H—C—OH
HO—C—H　O
H—C—OH
H—C
CH_2O—P
6-磷酸葡萄糖

$NADP^+$　NADPH+H^+　H_2O
6-磷酸葡萄糖脱氢酶

COO^-
H—C—OH
HO—C—H
H—C—OH
H—C—OH
CH_2O—Ⓟ
6-磷酸葡萄糖酸

$NADP^+$　NADPH+H^+　CO_2
6-磷酸葡萄糖酸脱氢酶

CH_2OH
C=O
H—C—OH
H—C—OH
CH_2O—Ⓟ
5-磷酸核酮糖

5-磷酸核酮糖在磷酸戊糖异构酶（phosphopentose isomerase）催化下可转变为 5-磷酸核糖，也可在差向酶作用下生成 5-磷酸木酮糖。

2. 基团转移反应　此阶段通过一系列可逆的基团转移反应，其意义在于将磷酸戊糖转变成 6-磷酸果糖和 3-磷酸甘油醛而进入糖酵解途径。可使此途径产生的多余核糖代谢清除。

为叙述方便，以 3 分子 6-磷酸葡萄糖为例概括：3 分子 6-磷酸葡萄糖经氧化阶段生成的 2 分子 5-磷酸木酮糖及 1 分子 5-磷酸核糖，通过一系列转酮基和转醛基反应，生成 2 分子 6-磷酸果糖和 1 分子 3-磷酸甘油醛，而进入糖酵解途径继续氧化分解（图 9-7）。总反应为：

3×6-磷酸葡萄糖+6 $NADP^+$→2×6-磷酸果糖+3-磷酸甘油醛+6NADPH+6H^++3CO_2。

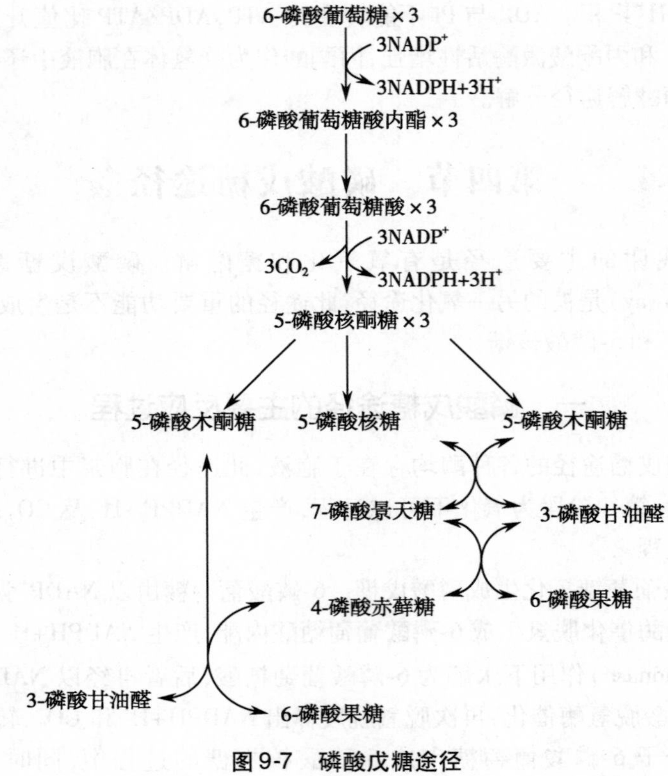

图 9-7　磷酸戊糖途径

二、磷酸戊糖途径的生理意义

（一）为核酸的生物合成提供核糖

核糖是核酸和游离核苷酸的组成成分。体内的核糖并不依赖从食物摄入，而是通过磷酸戊糖途径生成。人体多数组织中核糖可由6-磷酸葡萄糖经脱氢、脱羧等反应产生；肌肉组织6-磷酸葡萄糖脱氢酶活性较低，可利用糖酵解的中间产物3-磷酸甘油醛、6-磷酸果糖经可逆的基团转移反应生成。

（二）NADPH 作为多种物质代谢反应的供氢体

1. 是体内多种合成代谢中氢原子的来源　机体内脂肪酸、胆固醇等化合物的生物合成；非必需氨基酸的合成如α-酮戊二酸合成谷氨酸都需 $NADPH+H^+$ 作为供氢体。

2. NADPH 参与体内的羟化反应　从胆固醇合成胆汁酸、类固醇激素及药物和毒物在肝中的羟化反应都与生物转化过程有关，加单氧酶促进体内的羟化反应，而 NADPH 是加单氧酶的辅酶。

3. NADPH 是谷胱甘肽还原酶的辅酶　NADPH 对维持机体细胞中还原型谷胱甘肽（GSH）的正常含量起重要作用。在消除过氧化氢等氧化剂时，还原型谷胱甘肽被脱氢氧化成氧化型（GS-SG），谷胱甘肽还原酶以 NADPH 为供氢体，使氧化型谷胱甘肽重新还原成还原型。GSH 是体内重要的抗氧化剂，可以保护一些含—SH 基的蛋白质或酶免受氧化剂的损害。在红细胞中 GSH 可以保护膜上含-SH 基的酶和膜蛋白，维持红细胞膜的完整性。遗传性6-磷酸葡萄糖脱氢酶缺陷的患者，红细胞不能经磷酸戊糖途径得到充分的 NADPH，NADPH 缺乏，难以使谷胱甘肽保持还原状态。衰老红细胞易遭氧化剂的破坏而破裂，发生溶血。临床病例中发现，他们常在服用抗疟药伯氨奎宁等有氧化作用的药物及蚕豆等食物时，引起溶血及黄疸，故有“蚕豆病”之称。

第五节　糖原的合成与分解

糖原是以葡萄糖残基为基本单位通过 α-1，4-糖苷键和 α-1，6-糖苷键连接聚合而成的高度分支的大分子多糖，是体内糖的储存形式。糖原分子有许多非还原性分支末端，是糖原合成和分解作用的位点。肝脏和肌肉组织是糖原的主要贮存器官。糖原的贮存量不多，但代谢极活跃，既可以迅速被动用以供急需，又不断及时合成储备。人体肝糖原总量约 70 克，是血糖的重要来源，肌糖原总量为 120 ~ 400g，主要功能是分解时提供肌收缩时所急需能量。

一、糖原合成

由单糖（主要是葡萄糖）合成糖原的过程称糖原合成（glycogenesis）。

肝糖原合成反应步骤如下：葡萄糖可自由通过肝细胞膜。在肝细胞内，葡萄糖由葡萄糖激酶催化磷酸化为 6-磷酸葡萄糖；再经磷酸葡萄糖变位酶催化转变为 1-磷酸葡萄糖；1-磷酸葡萄糖在 UDPG 焦磷酸化酶（UDPG pyrophosphorylase）催化下与尿苷三磷酸反应生成尿苷二磷酸葡萄糖（uridine diphosphate glucose，UDPG），释放出焦磷酸。此反应是可逆的，由于焦磷酸在体内迅速被焦磷酸酶水解移出反应，使反应倾向合成糖原方向进行。每活化 1 分子葡萄糖实际消耗 2 个高能磷酸键。

1-磷酸葡萄糖 + Ⓟ~Ⓟ~Ⓟ—尿苷 ⇌ UDPG（葡萄糖—O—Ⓟ~Ⓟ—尿苷）+ PPi

UDPG 可看作“活性葡萄糖”，作为糖原合成的葡萄糖供体。在糖原合酶（glycogen synthase）的催化下，将 UDPG 的葡萄糖基以 α-1，4 糖苷键逐个连接于糖原引物的糖链末端，延长糖链释出 UDP。糖原引物是指原有的细胞内较小的糖原分子。现在认为糖原引物具有 37kD 的蛋白核心，蛋白的某些特异酪氨酸以糖苷键连接部分葡萄糖基短链，构成糖原引物。每反应 1 次，糖原引物即增加 1 个葡萄糖单位。

$$\text{糖原(Gn)} + \text{UDPG} \xrightarrow{\text{糖原合酶}} \text{UDP} + \text{糖原(Gn+1)}$$

糖原合酶催化形成 α-1，4 糖苷键，只能延长糖链而不能形成分支。当每条糖链延长到 11 ~ 18 个糖基的长度，由分支酶（branching enzyme）将一段糖链残基（通常 6 ~ 7 个葡萄糖单位）转移到邻近糖链上，以 α-1，6 糖苷键相连形成新分支。两种酶次序作用，形成高度分支的糖原分子，不仅增多非还原末端数目，利于糖原迅速合成分解，也增加糖原的水溶性（图 9-8）。从葡萄糖合成糖原是耗能过程，每增加1个葡萄糖单位由于葡萄糖磷酸化反应和焦磷酸水解反应，实际消耗2分子ATP。

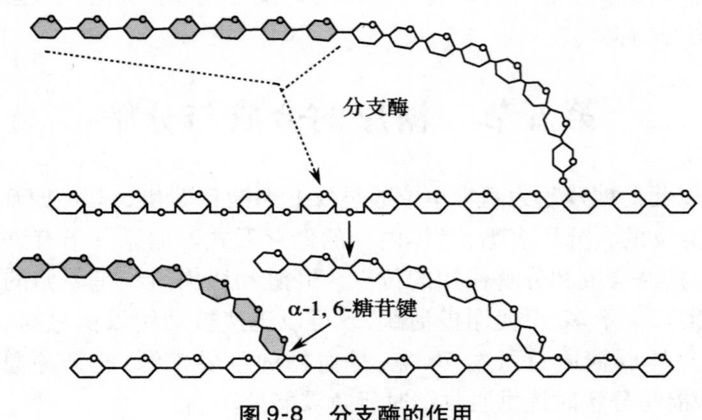

图9-8　分支酶的作用

二、糖原分解

肝糖原分解为葡萄糖以补充血糖的过程称糖原分解(glycogenolysis)。

肝糖原分解反应位点是糖链的非还原末端。在糖原磷酸化酶作用下，糖基逐个磷酸解生成1-磷酸葡萄糖，反应是可逆的。但细胞内高浓度无机磷酸盐浓度促进反应朝糖原分解方向进行。磷酸化酶的专一性，只能分解α-1,4糖苷键，对α-1,6糖苷键无作用。分支点1,6-糖苷键水解还需脱支酶作用。目前认为细胞中脱支酶为具有葡聚糖转移酶及α-1,6葡萄糖苷酶两种活性的多功能酶。当糖链上的葡萄糖基逐个磷酸解至分支点约4个糖基时，磷酸化酶由于位阻作用中止，由葡聚糖转移酶将3个葡萄糖基转移到邻近糖链末端以α-1,4糖苷键连接。剩下的一个以α-1,6糖苷键与糖链相连的葡萄糖基，被脱支酶的α-1,6糖苷酶水解为游离葡萄糖。在磷酸化酶和脱支酶次序作用下，使糖原分子渐渐变小(图9-9)。糖原分解的产物中1-磷酸葡萄糖约为85%，游离葡萄糖为15%。

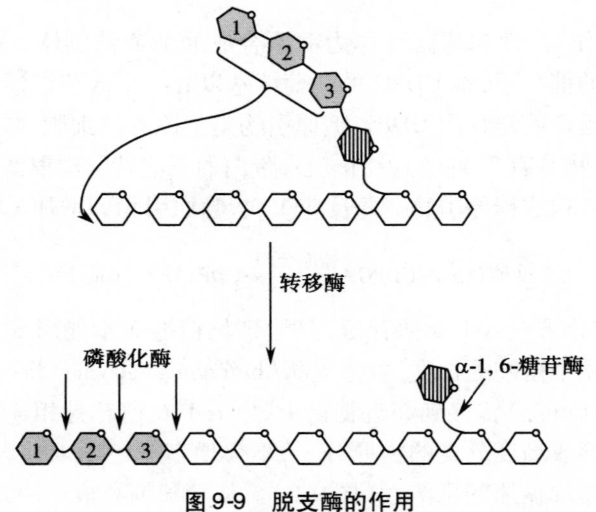

图9-9　脱支酶的作用

1-磷酸葡萄糖在变位酶作用下转变为6-磷酸葡萄糖后，葡萄糖-6-磷酸酶（glucose-6-phosphatase）可催化6-磷酸葡萄糖水解成葡萄糖而释放入血。葡萄糖-6-磷酸酶只存在于肝和肾组织中，所以只有肝糖原可直接补充血糖。肌肉中的此酶活性低，肌糖原不能直接分解成葡萄糖，只能进行糖酵解或有氧氧化，仅仅为肌肉活动提供能量。肌糖原的合成及分解过程与肝糖原基本相同。

$$1\text{-磷酸葡萄糖}\xrightarrow{\text{变位酶}}6\text{-磷酸葡萄糖}\xrightarrow[\text{（肝、肾）}]{\text{葡萄糖-6-磷酸酶}}\text{葡萄糖}$$

三、糖原合成与分解的调节

糖原合成与分解是两条不同的途径，有利于机体分别进行调节。糖原合成途径中的糖原合酶和分解途径中的磷酸化酶是限速酶。也分别是二条代谢途径的调节酶，其活性影响不同途径的代谢速率及糖原代谢方向。这两种酶的快速调节有共价修饰和变构调节两种方式。

（一）共价修饰调节

糖原合酶和磷酸化酶在体内有活性型（糖原合酶 a 和磷酸化酶 a）和无活性型（糖原合酶 b 和磷酸化酶 b）两种形式。两型之间通过磷酸化和去磷酸化共价修饰相互转变而改变酶的活性。活性型糖原合酶 a，在蛋白激酶 A 的催化下，磷酸化成无活性的糖原合酶 b，磷蛋白磷酸酶则使后者脱磷酸活化，调节糖原合成过程。而无活性的磷酸化酶 b 激酶在蛋白激酶 A 催化下磷酸化转变成有活性的磷酸化酶 b 激酶，后者催化无活性的磷酸化酶 b 磷酸化，转变为有活性的磷酸化酶 a，从而使糖原的分解加强。胰高血糖素可通过信号转导途径，增加细胞内 cAMP 而活化蛋白激酶 A，通过级联放大过程增加糖原分解，抑制糖原合成。通过一系列酶促反应将激素信息放大的连锁反应称为级联放大系统。糖原合酶去磷酸化后有活性，而磷酸化酶去磷酸化后则降低活性，实现了激素对糖原分解、合成代谢双向的精确调节（图 9-10）。

蛋白激酶 A 还可通过磷酸化使磷蛋白磷酸酶抑制物-1 转变为有活性的抑制物，抑制磷蛋白磷酸酶-1 的脱磷酸作用，维持蛋白激酶 A 磷酸化调节效果。肝糖原主要作用为调节血糖，主要受胰高血糖素调节。而肌糖原主要为肌肉活动提供能量，主要受肾上腺素调节。

（二）变构调节

对肌糖原磷酸化酶，AMP 是变构激活剂；而 ATP、6-磷酸葡萄糖为其变构抑制剂，又对糖原合酶有激活作用。肌肉收缩 ATP 消耗时，肌糖原加快分解。肌磷酸化酶 b 激酶的 δ 亚基是钙调蛋白，肌细胞 Ca^{2+} 升高，可使之激活促进糖原分解供能。在肝脏，葡萄糖作为变构效应剂可使磷酸化酶 a 变构，进而迅速脱磷酸化失活。变构调节可在几毫秒时间内迅速完成。

四、糖原累积病

由于患者先天性缺乏糖原代谢有关的酶类，引起糖原代谢发生障碍，使组织中正常或异常结构的糖原大量堆积，这类疾病统称为糖原累积病（glycogen storage disease）。不同类型疾病所缺陷的酶在糖原代谢中的作用、糖原累积的器官部位、糖原结构及对健康或生命的影响程度都各有特点（表 9-2）。

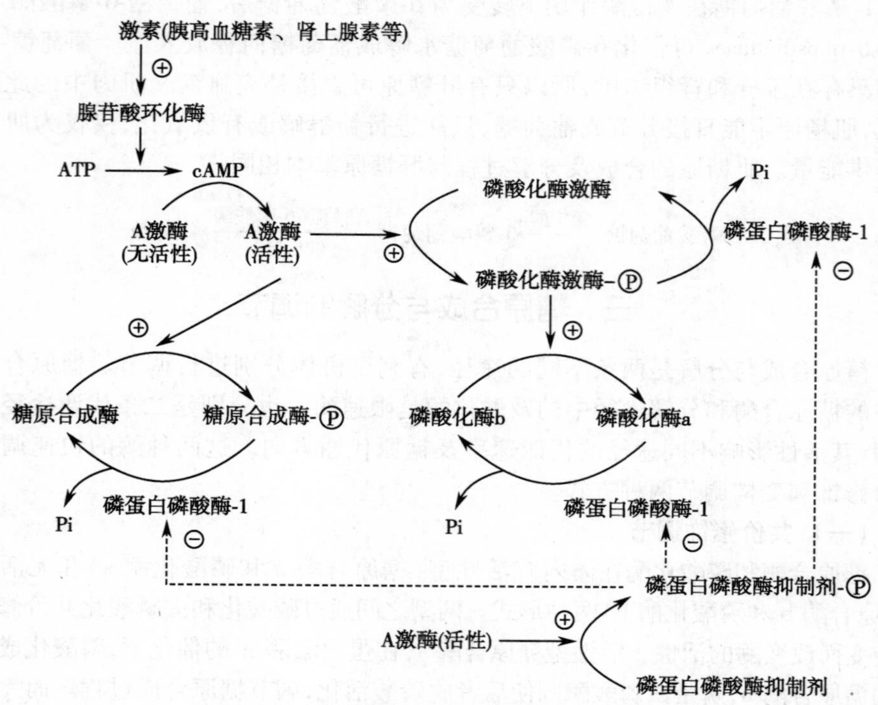

图 9-10 糖原合成、分解的共价修饰调节

表 9-2 各种类型糖原累积病

分型	酶的缺陷	受累器官	糖原结构	主要临床表现
Ⅰ型(Von Gierke 病)	G-6-P 酶	肝、肾	正常	肝、肾明显肿大,发育受阻、严重低血糖、酮症、高尿酸血症伴有痛风性关节炎、高脂血症
Ⅱ型(Pompe 病)	1,4-α-D 葡糖苷酶(溶酶体)	所有组织	正常	常在 2 岁前肌张力低、肌无力,心力、呼吸衰竭致死
Ⅲ型(Corri 病)	α-1,6-G 酶	肝、肌肉	分支多 外周糖链短	类似Ⅰ型,但程度较轻
Ⅳ型(Andersen 病)	分支酶	肝、脾	分支少 外周糖链长	进行性肝硬化,常在 2 岁前因肝功能衰竭死亡
Ⅴ型(McArdle 病)	磷酸化酶(肌)	肌	正常	由于疼痛,肌肉剧烈运动受限
Ⅵ型(Her 病)	磷酸化酶(肝)	肝	正常	类似Ⅰ型,但程度较轻
Ⅶ型	磷酸果糖激酶-1	肌	正常	与Ⅴ型类似
Ⅸ型	磷酸化酶激酶	肝	正常	轻度肝肿大和轻度低血糖
Ⅹ型	糖原合成酶	肝		糖原缺乏

第六节 糖异生作用

各种非糖化合物(乳酸、丙酮酸、甘油、生糖氨基酸等)转变为葡萄糖或糖原的过程称为糖异生作用(gluconeogenesis)。体内的糖原储备有限,通过肝糖原分解以补充血糖,如不能得到补充,仅10多小时后肝糖原将耗竭。事实上即使在较长时间(24小时以上)的禁食或饥饿状态下,血糖仍能保持在正常范围或仅略下降。说明机体除了使周围组织减少对葡萄糖的利用外,主要是肝脏可利用氨基酸、乳酸等非糖化合物转变为葡萄糖,不断补充血糖。肝脏是糖异生作用的主要器官,长期饥饿时,肾脏糖异生也起重要作用。

一、糖异生途径

糖异生基本上是糖酵解的逆过程,也包括部分三羧酸循环反应步骤。糖酵解途径多数反应是可逆的,但3种关键酶催化的反应是不可逆反应,有相当大的自由能释放,成为糖异生的"能障反应"。因此由丙酮酸生成葡萄糖不可能全部遵循糖酵解途径逆行。在糖异生途径中必须由另外的酶催化3个相应逆过程,这些酶即为糖异生作用的关键酶。

1. 丙酮酸转变为磷酸烯醇式丙酮酸　此过程需二步反应完成。第一步反应是丙酮酸羧化酶(pyruvate carboxylase)催化,辅酶为生物素。消耗ATP,将活化的CO_2转移给丙酮酸,使丙酮酸羧化生成草酰醋酸。第二步反应是草酰醋酸在磷酸烯醇式丙酮酸羧激酶(phosphoenolpyruvate carboxykinase)催化下,消耗GTP脱羧并磷酸化生成磷酸烯醇式丙酮酸,两步反应共消耗2mol ATP。

丙酮酸羧化酶存在线粒体中,因此胞液中的丙酮酸必须进入线粒体内才能完成丙酮酸羧化反应。磷酸烯醇式丙酮酸羧激酶存在于线粒体及胞液中,故草酰醋酸既可在线粒体内也可在胞液中被转变为磷酸烯醇式丙酮酸。但草酰醋酸不能直接透过线粒体膜转入胞液,必须借助转变为苹果酸方式转入胞液或转变为天冬氨酸方式转入胞液。如草酰醋酸加氢还原为苹果酸,透过线粒体膜进入胞液,经胞液中苹果酸脱氢酶催化生成草酰醋酸及还原当量$NADH+H^+$。

$$\underset{\text{丙酮酸}}{\begin{array}{c}COO^-\\|\\C{=}O\\|\\CH_3\end{array}} \xrightarrow[\text{ATP}\ \rightarrow\ \text{ADP+Pi}]{CO_2} \underset{\text{草酰乙酸}}{\begin{array}{c}COO^-\\|\\C{=}O\\|\\CH_2\\|\\COOH\end{array}} \xrightarrow[\text{GTP}\ \rightarrow\ \text{GDP}]{\rightarrow CO_2} \underset{\text{磷酸烯醇式丙酮酸}}{\begin{array}{c}COO^-\quad O\\|\qquad\ \|\\C{-}O{-}P{-}O^-\\\|\qquad\ |\\CH_2\qquad O^-\end{array}}$$

2. 1,6-二磷酸果糖转变为6-磷酸果糖　由果糖1,6-二磷酸酶-1催化此反应,该水解过程是放能反应,所以反应易于进行。

$$\text{1,6-二磷酸果糖} \xrightarrow[H_2O\ \rightarrow\ Pi]{\text{果糖1,6-二磷酸酶}} \text{6-磷酸果糖}$$

3. 6-磷酸葡萄糖水解为葡萄糖　此步反应由葡萄糖6-磷酸酶催化,完成己糖激酶催化反应的逆过程。

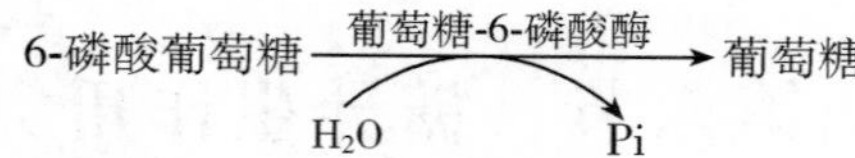

上述反应中,3个作用物分别由不同的酶催化正反两单向反应,构成的互变循环称为作用物循环或底物循环(substrate cycle)。细胞内两种酶的活性不完全相等,因此代谢反应仅向一个方向进行。在异生过程1,3-二磷酸甘油酸还原成3-磷酸甘油醛时需要$NADH+H^+$提供还原当量。当丙酮酸、生糖氨基酸为原料异生成糖时,胞液中$NADH+H^+$需由线粒体提供。经上述草酰醋酸-苹果酸途径由线粒体向胞液转移还原当量。

二、乳酸循环与糖异生作用

肌肉组织糖异生活性低,肌肉收缩通过糖酵解生成的乳酸,需通过细胞膜扩散入血液,经血液运输到肝,在肝内经糖异生生成葡萄糖。葡萄糖释入血液后又被肌肉组织摄取利用,这种循环过程称为乳酸循环亦称Cori循环(图9-11)。乳酸循环的形成是因为肝脏有葡萄糖-6-磷酸酶,糖异生活跃。肌肉糖异生活性低,又缺乏葡萄糖-6-磷酸酶,因此肌肉生成的乳酸不能异生成糖。乳酸循环的生理意义在于避免肌肉生成的乳酸损失,使之回收利用;防止乳酸堆积引起的酸中毒。1mol葡萄糖经酵解生成乳酸,产生2mol ATP;而2mol乳酸异生成1mol葡萄糖需消耗6mol ATP,乳酸循环是耗能过程。

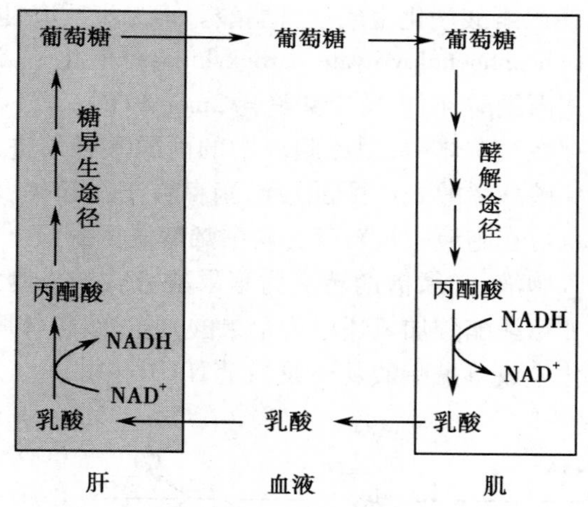

图9-11 乳酸循环

三、糖异生的生理意义

(一)维持血糖浓度稳定

糖异生作用在空腹和饥饿状态加强。实验证明,禁食12~24小时后,肝糖原耗尽,糖异生显著增强,成为血糖的主要来源,维持血糖水平正常。机体中部分组织如大脑不能利用脂酸,只能依赖葡萄糖供能;红细胞没有线粒体完全依赖糖酵解供能。即使在饥饿时,机体也需保持一定量葡萄糖消耗,维持生命活动,而此时的糖完全依赖糖异生生成。因此糖异生产生的葡萄糖对保证脑神经组织正常功能十分重要。

糖异生原料是非糖物质，乳酸、甘油、生糖氨基酸等。乳酸来自肌糖原分解，乳酸经血液运至肝异生成糖。而短期饥饿时，糖异生原料主要是大量组织蛋白分解生成的氨基酸、乳酸及脂肪分解生成的甘油。长期饥饿时，每天大量消耗蛋白质是无法维持生命的，脑每天减少葡萄糖消耗并依赖酮体供能，能减少蛋白质分解，来维持血糖的相对恒定，维持生命。

（二）恢复肝糖储备

机体需经常合成糖原补充和恢复肝糖原储备，特别在饥饿后再进餐更为重要。长期以来，在进食后肝糖原储备丰富被认为是肝直接利用葡萄糖合成糖原的结果。但近年的研究发现：一是与葡萄糖激酶活性有关，是决定肝细胞摄取、利用葡萄糖的主要因素；二是肝糖原合成除 UDPG 的直接途径外，还存在一种三碳途径（称间接途径），即摄入的葡萄糖先在肝外分解成丙酮酸、乳酸等三碳化合物，再到肝中异生成糖原。饥饿时恢复肝糖储备两种合成途径各占 50% 左右。

（三）调节酸碱平衡

肾脏是糖异生的重要器官。长期禁食后，代谢性酸中毒引起体液 pH 降低，可诱导肾小管上皮磷酸烯醇式丙酮酸羧激酶合成，使糖异生作用增强。促进谷氨酸和谷氨酰胺的脱氨反应，产生 α-酮戊二酸作为糖异生原料。同时，肾小管细胞将 NH_3 泌入肾小管腔，与原尿中的 H^+ 结合成 NH_4^+，促进泌氢保钠防止酸中毒。

四、糖异生作用的调节

糖异生作用和糖酵解途径是同样底物的两条方向相反的代谢途径，因此加强进行其中一条代谢途径，就必须抑制另一代谢途径。细胞中通过对 6-磷酸果糖和 1，6-二磷酸果糖之间以及磷酸烯醇式丙酮酸和丙酮酸之间的底物循环进行调节。

（一）代谢物的调节作用

第一个底物循环中，2，6-双磷酸果糖和 AMP 激活磷酸果糖激酶-1，同时又抑制果糖双磷酸激酶-1，结果加强糖的氧化，使反应向糖酵解方向进行，抑制糖异生。胰高血糖素通过 cAMP 和依赖 cAMP 的蛋白激酶 A，使 6-磷酸果糖激酶-2 磷酸化而失活，降低肝细胞内 2，6-双磷酸果糖含量，促进糖异生作用而抑制糖的分解。目前认为 2，6-双磷酸果糖水平，是调节肝脏糖分解或糖异生反应方向的主要信号。

第二个底物循环中，1，6-双磷酸果糖使丙酮酸激酶变构激活，胰高血糖素通过抑制 2，6-双磷酸果糖的合成，而减少 1，6-双磷酸果糖生成。并通过活化蛋白激酶 A 使丙酮酸激酶磷酸化失活，降低糖的氧化。累积的乙酰 CoA 可激活丙酮酸羧化酶，促进丙酮酸进入糖异生。饥饿时脂肪酸氧化产生大量乙酰 CoA，乙酰 CoA 可反馈抑制丙酮酸脱氢酶，抑制丙酮酸氧化，同时变构激活丙酮酸羧化酶，促进丙酮酸异生成糖途径。丙氨酸是饥饿时糖异生的主要原料，丙氨酸可抑制肝内丙酮酸激酶活性，有利于丙氨酸转变为丙酮酸后再异生成糖（图 9-12）。

（二）激素的调节作用

2，6-双磷酸果糖的水平是肝内调节糖的分解和异生反应方向的主要因素。胰高血糖素化学修饰相应酶降低肝细胞内 2，6-双磷酸果糖生成，促进糖异生而抑制

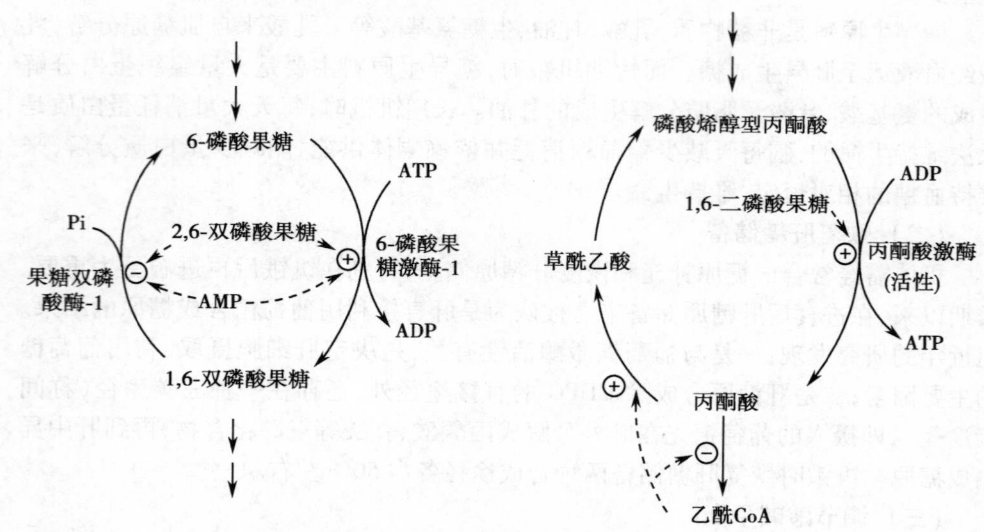

图 9-12 作用物对糖异生的调节

糖的分解，胰岛素的作用与此相反。如进食后胰高血糖素/胰岛素比例降低，2,6-双磷酸果糖水平增加，糖异生作用抑制，糖的分解增强。胰高血糖素还能通过cAMP快速诱导肝中磷酸烯醇式丙酮酸羧激酶的基因表达，增加酶的合成，促进糖异生；而胰岛素则有相反作用，对cAMP有对抗作用。

第七节 血糖及其调节

血糖(blood sugar)指血液中的葡萄糖。正常人血糖水平相当恒定，空腹血糖浓度维持在3.89~6.11mmol/L之间。这是机体对血糖的来源和去路进行调节，使之维持动态平衡的结果。

一、血糖的来源和去路

血糖主要来源为食物消化吸收的糖类和肝糖原分解或肝内糖异生作用生成的葡萄糖释放入血。血糖的去路则为在各组织器官中氧化分解供能，合成糖原或转化成甘油三酯及转变为某些氨基酸、糖的衍生物等(图9-13)。

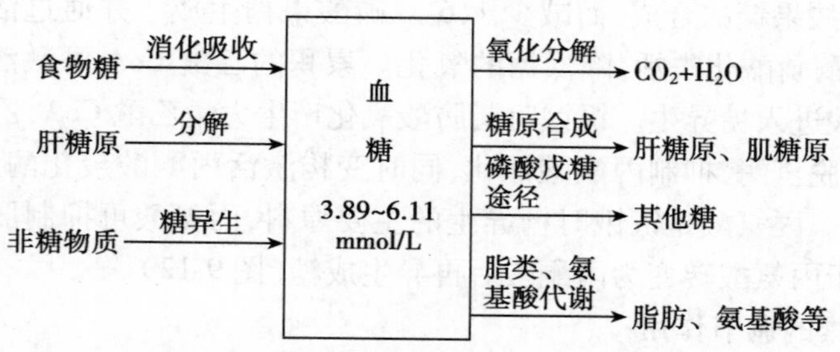

图 9-13 血糖的来源与去路

二、血糖水平的调节

（一）器官调节

血糖水平保持恒定，既涉及三大营养物质糖、脂肪、氨基酸代谢相互协调，又涉及各器官组织如肝脏、肌肉、脂肪组织等代谢协调作用的结果。肝脏是调节血糖水平的重要器官。主要通过肝糖原的合成、分解和糖异生作用来维持血糖浓度的相对恒定。进食后血糖浓度增高，肝糖原的合成储存增加，空腹时肝糖原能直接分解为葡萄糖补充血糖。饥饿状态下肝糖原耗尽，肝脏糖异生作用加强使非糖物质如甘油、生糖氨基酸、丙酮酸、乳酸等转变为糖。一些单糖如果糖、半乳糖也可在肝中转变成葡萄糖，维持血糖相对稳定。临床护理中，应注意严重肝功能障碍患者可出现一时性高血糖，饥饿时多发生低血糖。

（二）激素的调节

1. 降低血糖的激素　胰岛素（insulin）是体内唯一的降低血糖的激素，也是唯一同时促进糖原、脂肪、蛋白质合成的激素。胰岛素的分泌受血糖调节，血糖浓度增高可迅速引起胰岛素分泌；血糖降低，胰岛素分泌减少。

2. 升高血糖的激素　升高血糖的激素有胰高血糖素、糖皮质激素、肾上腺素。

胰高血糖素是体内主要拮抗胰岛素作用升高血糖的激素。血糖浓度降低或血氨基酸升高，均增加胰高血糖素的分泌，其分泌与胰岛素的分泌调节因素相反。在生理条件下，胰岛素和胰高血糖素是机体调节血糖水平最主要的两种激素。

糖皮质激素也引起血糖升高、肝糖原增加。肾上腺素可迅速升高血糖，是升血糖作用最强的激素，但主要在应急状态下发挥调节作用。降低或升高血糖，是通过两类激素相互协调、制约、共同作用来实现血糖的调节。各种激素调节血糖的主要作用机制见表 9-3。

表 9-3　激素对血糖水平的调节

降低血糖的激素	升高血糖的激素	
胰岛素	胰高血糖素	1. 促肝糖原分解，血糖升高
1. 促进肌肉、脂肪组织细胞膜葡萄糖载体 $GLUT_4$ 增加，促进将葡萄糖转运入细胞		2. 抑制糖酵解，促进糖异生 3. 激活激素敏感性脂肪酶，加速脂肪动员
2. 加速糖原合成，抑制糖原分解	糖皮质激素	1. 促进肌肉蛋白质分解，产生氨基酸转移到肝，进行糖异生
3. 促进葡萄糖的有氧氧化		2. 协助促进脂肪动员
4. 抑制肝内糖异生	肾上腺素	1. 加速肝糖原分解
5. 抑制激素敏感性脂肪酶，减少脂肪动员		2. 促进肌糖原酵解成乳酸，转入肝脏异生成糖

三、糖代谢异常

正常人体内存在一整套精细的调节糖代谢的机制，在一次性食入大量葡萄糖

之后，血糖水平不会出现大的波动和持续升高。人体对摄入的葡萄糖具有很大耐受能力的这种现象，被称为葡萄糖耐量(glucose tolerance)或耐糖现象。临床上因糖代谢障碍可发生血糖水平紊乱，常见有以下两种类型。

（一）低血糖

空腹血糖浓度低于3.0mmol/L时称为低血糖(hypoglycemia)。低血糖影响脑的正常功能，因为脑细胞所需要的能量主要来自葡萄糖的氧化。当血糖水平过低时，就会影响脑细胞的功能，患者常表现出头晕、心悸、出冷汗、手颤、倦怠无力等症状，严重时出现昏迷(低血糖休克)，如不及时给患者静脉补充葡萄糖，可导致死亡。出现低血糖的病因有：①胰岛β-细胞功能亢进或胰岛α-细胞功能低下等；②严重肝脏疾患(肝癌、糖原累积病等)；③内分泌异常(垂体功能低下、肾上腺皮质功能低下等)；④肿瘤(胃癌等)；⑤饥饿或不能进食者等。

在临床护理工作中，可根据上述临床表现，及早发现、及早处理低血糖。临床上对于低血糖患者，可给予口服葡萄糖或其他糖类，必要时静脉输入葡萄糖，以保证患者的基本能量供应，正常成人输注5%葡萄糖的速度以0.5～1.5g/(kg·h)为宜。若输入过快，可能导致葡萄糖从尿中丢失。静脉输注10%等高渗葡萄糖时，应小心操作，不能将液体漏出血管外，否则有可能发生静脉炎，在临床护理中应注意观察，适当处理。若不慎将高渗葡萄糖液输至血管外，应及时给予热敷或注射透明质酸酶，加速其扩散吸收，防止局部坏死。在输注高渗葡萄糖时，还应注意防止反跳性低血糖的发生。其发生原因是输注高渗葡萄糖时，可刺激胰岛素的大量分泌，使其比正常浓度高出4～6倍。若突然停输高渗葡萄糖，则由于胰岛素的持续作用而使血糖浓度迅速下降，出现低血糖。

（二）高血糖

空腹血糖浓度高于7.22～7.78mmol/L时称为高血糖(hyperglycemia)。血糖浓度高于8.89～10.00mmol/L，即超过了肾小管重吸收葡萄糖能力，尿中可测出葡萄糖，称为糖尿。这一血糖水平称为肾阈值。

高血糖性糖尿又有生理性和病理性两类。如摄食过多或输入大量葡萄糖，可引起饮食性高血糖。情绪激动或精神紧张，肾上腺素分泌增加，可出现情感性高血糖。如血糖升高超过肾阈值，出现糖尿，为生理性糖尿。而胰岛素分泌障碍或升高血糖激素分泌亢进所导致的高血糖，出现的糖尿属病理性糖尿。

肾性糖尿是指肾脏疾病引起肾对糖重吸收障碍、糖阈值降低所出现的糖尿，与血糖浓度无关。

（三）糖尿病

糖尿病(diabetes mellitus，DM)是一组因胰岛素分泌绝对或相对不足，或细胞胰岛素受体减少或受体敏感性降低导致的内分泌代谢性疾病，其特征为高血糖症和糖尿。它是除了肥胖症之外人类最常见的内分泌紊乱性疾病。

临床上将糖尿病分为两型，即1型糖尿病(type 1 diabetes)和2型糖尿病(type 2 diabetes)。在糖尿病患者中，90%～95%为2型糖尿病，5%～10%为1型糖尿病。1型多发生于青少年，主要是因为胰岛β-细胞的自身免疫损害导致胰岛素分泌绝对不足而引起，是自身免疫性疾病。1型糖尿病还与遗传有关，是一种多基因疾病。2型糖尿病和肥胖、年龄、缺乏锻炼等环境因素关系密切，主要表现为胰岛

素抵抗和胰岛 β 细胞功能减退，为早期胰岛素相对不足和晚期胰岛素绝对不足。2 型糖尿病有更强的遗传易感性，且机制更复杂。

糖尿病的典型症状为多食、多饮、多尿和体重减轻，有时伴有视力下降，并容易继发感染，青少年患者可出现生长发育迟缓。糖尿病常伴有多种并发症，长期的高血糖症将导致多种器官的损害、功能紊乱和衰竭，尤其是眼、肾、神经、心血管系统。这些并发症的严重程度与血糖水平升高的程度直接相关。糖尿病可并发危及生命的糖尿病酮症酸中毒昏迷和非酮症高渗性昏迷。糖尿病的治疗手段主要是进行饮食控制，限制糖的摄入量，或口服降糖药，或适量注射胰岛素。在临床护理中要注意胰岛素的使用剂量要根据患者的空腹血糖、尿糖水平及时进行调整，若不慎使用过量，则可能造成低血糖，甚至出现昏迷或休克。

（左绍远　林春榕）

笔记

第十章

脂类代谢

脂类(lipids)是存在于生物体内的一大类有机化合物,基本特点是不溶于水但能溶解于一种或一种以上的有机溶剂,分子中常含有脂酸或能与脂酸起酯化反应,能被生物体所利用。脂类是脂肪和类脂的总称,类脂包括固醇及其酯、磷脂和糖脂等。

脂肪即甘油三酯(triglyceride),也称作三脂酰甘油(triacylglycerol),是天然脂质中最丰富的一类,广泛分布于动植物组织中。在动物体内,脂肪作为储存能量的主要形式,主要分布在脂肪组织中,经氧化为机体提供能量。胆固醇多以非酯化的形式存在,但在肾上腺、血浆及肝脏,大部分胆固醇被酯化,以胆固醇酯的形式存在。胆固醇是细胞膜的基本组成成分之一,还可在体内转化为类固醇激素、胆汁酸及维生素 D_3,具有重要的生理功能。甘油可与脂酸、磷酸及含氮化合物结合,生成甘油磷脂(phosphoglycerides)。脂酸与鞘氨醇通过酰胺键结合,生成鞘脂。磷脂在体内的含量比较恒定,是生物膜的重要成分,与胆固醇一起构成生物膜的脂质双分子层骨架,还参与细胞识别及信息传递。

脂酸(fatty acid)是体内另一种重要的脂类物质,也称游离脂酸(free fatty acid),包括饱和脂酸和不饱和脂酸。不饱和脂酸又分单不饱和脂酸和多不饱和脂酸,人体自身不能合成多不饱和脂酸,必须由食物提供,所以又被称为营养必需脂酸。多不饱和脂酸的衍生物前列腺素(prostaglandins)、血栓噁烷(thromboxanes)及白三烯(leukotrienes)等,是人体重要的生物活性物质。

第一节　脂类的消化吸收及运输

一、脂类的消化

食物中的脂类物质主要是脂肪,也含有磷脂、胆固醇、胆固醇酯等。这些脂质不溶于水,不能与消化酶充分接触,也不能直接在水相中运输,所以不能直接被消化吸收。胆汁酸盐具有较强乳化作用,能降低油相与水相之间的界面张力,将脂肪、胆固醇酯等疏水的脂类物质乳化成细小的微团(micelles),使脂质消化酶吸附在乳化脂肪微团的水油界面上、与脂质充分接触,消化脂质。由于含胆汁酸盐的胆汁和含脂质消化酶的胰液经分泌后从十二指肠进入消化道,脂质消化的主要场所是小肠上段。

胰腺分泌的脂质消化酶包括胰脂酶(pancreatic lipase)、辅脂酶(colipase)、磷脂酶 A_2(phospholipase A_2)和胆固醇酯酶(cholesteryl esterase)。胰脂酶特异水解甘油三酯1位及3位酯键,生成2-甘油一酯(2-monoglyceride)及2分子脂酸。辅脂酶是胰脂酶发挥脂肪消化作用必不可少的蛋白质辅因子,它在胰腺泡中以酶原形式存在,随胰液分泌入十二指肠腔后,被胰蛋白酶从其N端切下一个五肽而被激活。辅脂酶本身不具脂肪酶活性,但具有与脂肪及胰脂酶结合的结构域。与胰脂酶结合的分子比为1∶1,通过氢键完成,解离常数Kd值为 5×10^{-7} mol/L;与脂肪的结合通过疏水键完成,Kd值为 1×10^{-7} mol/L。所以辅脂酶能将胰脂酶锚定在乳化微团的水油界面上,使胰脂酶与脂肪充分接触、发挥脂肪消化功能。辅脂酶还可防止胰脂酶在水油界面上变性失活。胰磷脂酶 A_2 催化磷脂2位酯键水解,生成脂酸和溶血磷脂。胆固醇酯酶水解胆固醇酯,生成胆固醇和脂酸。

二、脂类的吸收及吸收后的运输

由中链脂酸(6~10C)及短链脂酸(2~4C)构成的甘油三酯,经胆汁酸盐乳化后直接被吸收。进入肠黏膜细胞后,在细胞内的脂肪酶作用下,水解成脂酸及甘油,通过门静脉进入血液循环。脂类消化产生的长链脂酸(12~26C)、2-甘油一酯、胆固醇和溶血磷脂等,与胆汁酸盐一起,乳化成更小的混合微团(mixed micelles)。这种微团体积很小,直径约为20nm,极性更大,易于穿过小肠黏膜细胞表面的水屏障,被肠黏膜细胞吸收。这些被吸收的脂质消化产物不溶于水,不能直接进入血液中运输,需在肠黏膜细胞中加工成可以运输的形式才能进入血液循环。长链脂酸进入小肠黏膜细胞后,先被转化成脂酰CoA,再在光面内质网脂酰CoA转移酶(acyl CoA transferase)的催化下,由ATP供给能量,被转移至2-甘油一酯的羟基上,重新合成甘油三酯。最后与粗面内质网上合成的载脂蛋白(apolipoprotein,Apo)B48、C、AI、AIV等以及磷脂、胆固醇一起,组装成乳糜微粒(chylomicron,CM),被肠黏膜细胞分泌进入淋巴道。这样,食物脂肪、胆固醇及磷脂等就以乳糜微粒的形式经淋巴道进入血液循环,在血液中运输。

三、脂质消化吸收在维持机体脂质平衡中的作用

体内脂质过多,尤其是饱和脂酸、胆固醇过多,在肥胖(obesity)、高脂血症(hyperlipidemia)、动脉粥样硬化(atherosclerosis)、2型糖尿病(type 2 diabetes mellitus,T2DM)、高血压(hypertension)和癌(cancer)等发生中具有重要作用。小肠被认为是介于机体内、外脂质间的选择性屏障。脂质通过该屏障过多会导致其在体内堆积,促进上述疾病发生。小肠的脂质消化、吸收能力具有很大可塑性。脂质本身可刺激小肠、增强脂质消化吸收的能力,这不仅能促进摄入增多时脂质的消化吸收,保障体内能量、必需脂酸(essential fatty acids)、脂溶性维生素供应,也能增强机体对食物缺乏环境的适应能力。小肠脂质消化吸收能力调节的分子机制可能涉及小肠特殊的分泌物质或特异的基因表达产物,这是当前的研究热点,可能为预防体脂过多、治疗相关疾病、开发新药物、提出膳食干预措施提供新靶标。

第二节　甘油三酯的代谢

一、甘油三酯的分解代谢

(一) 脂肪动员

脂肪动员(fat mobilization)是指储存在脂肪细胞中的脂肪,被脂肪酶逐步水解成游离脂酸和甘油并释放入血,通过血液运输至其他组织氧化利用的过程。脂肪动员的第一步是使甘油三酯水解成甘油二酯及脂酸。催化该反应的酶是甘油三酯脂肪酶,为脂肪动员的限速酶,对多种激素敏感,其活性受多种激素调节,又被称为激素敏感性甘油三酯脂肪酶(hormone-sensitive triglyceride lipase,HSL)。

当禁食、饥饿或交感神经兴奋时,肾上腺素、去甲肾上腺素、胰高血糖等分泌增加,作用于脂肪细胞膜表面受体,激活腺苷酸环化酶,使腺苷酸环化生成 cAMP,激活 cAMP 依赖的蛋白激酶,使胞液内 HSL 磷酸化而活化,降解脂肪。这些能够激活 HSL,促进脂肪动员的激素被称为脂解激素。而胰岛素、前列腺素 E_2 等能够对抗脂解激素的作用,降低 HSL 活性,抑制脂肪动员,被称为抗脂解激素。

HSL 催化甘油三酯降解产生的甘油二酯被甘油二酯酶进一步水解成脂酸和甘油一酯,最终被甘油一酯酶水解成甘油和脂酸。这样,脂解作用将储存在脂肪细胞中的脂肪分解成游离脂酸(free fatty acid)和甘油,释放入血。游离脂酸不溶于水,不能直接在血浆中运输。血浆清蛋白具有结合游离脂酸的能力,每分子清蛋白可结合 10 分子游离脂酸。进入血浆后的脂酸与清蛋白结合后经血液运送至全身各组织,主要由心、肝、骨骼肌等摄取利用。甘油溶于水,可直接由血液运输。

(二) 甘油的分解代谢

脂肪动员产生的甘油由血液运输至肝、肾、肠等组织利用。先在甘油激酶(glycerokinase)作用下,转变为 3-磷酸甘油;然后脱氢生成磷酸二羟丙酮,最后循糖代谢途径进行分解或异生为糖。肝脏的甘油激酶活性最高,脂肪动员产生的甘油主要被肝脏摄取利用,而脂肪及骨骼肌等组织细胞,因甘油激酶活性很低,对甘油的摄取利用很有限。

$$\underset{\text{甘油}}{\begin{array}{c}CH_2OH\\ |\\ HO-CH\\ |\\ CH_2OH\end{array}} \xrightarrow[\text{甘油激酶}]{ATP\quad ADP} \begin{array}{c}CH_2OH\\ |\\ HO-CH\\ |\\ CH_2O-Ⓟ\end{array}$$

$$\xleftrightarrow[\text{磷酸甘油脱氢酶}]{NAD^+\quad NADH+H^+} \underset{\text{磷酸二羟丙酮}}{\begin{array}{c}CH_2OH\\ |\\ C=O\\ |\\ CH_2O-Ⓟ\end{array}} \longleftrightarrow \text{糖酵解途径}$$

（三）脂酸的β-氧化

脂酸是人及哺乳类动物的主要能源物质。除脑组织外，大多数组织均能氧化脂酸，但以肝脏和肌肉组织利用脂酸的能力最强。在 O_2 供给充足的条件下，脂酸可在体内氧化分解成 CO_2 及 H_2O 并释出大量能量，以 ATP 形式供机体利用。

1. 脂酸的活化　脂酸被氧化利用前必须先活化，转变成其活化形式脂酰 CoA。脂酸的活化在线粒体外进行，由内质网及线粒体外膜上的脂酰 CoA 合成酶（acyl-CoA synthetase）催化完成，需 ATP、CoA-SH 及 Mg^{2+} 参与。

$$\text{脂肪酸+CoA-SH} \xrightarrow[\text{ATP} \to \text{AMP}]{\text{脂酰CoA合成酶},\ Mg^{2+}} \text{脂酰CoA+PPi}$$

脂酸活化后生成的脂酰 CoA 含有高能硫酯键，大大提高了生化反应活性；同时脂酰 CoA 也使脂酸的水溶性增加。所以，脂酸被活化生成脂酰 CoA 后，提高了脂酸的代谢活性。脂酸活化反应生成的焦磷酸（PPi）立即被细胞内的焦磷酸酶水解，阻止了逆向反应的进行。可见，1 分子脂酸活化，实际上消耗了 2 个高能磷酸键。

2. 脂酰 CoA 进入线粒体　脂酸的活化在线粒体外进行，生成的脂酰 CoA 在胞液中，催化脂酸氧化的酶系却存在于线粒体基质，活化的脂酰 CoA 必须进入线粒体内才能被氧化利用。研究发现，长链脂酰 CoA 不能直接透过线粒体内膜，需要肉碱（carnitine，L-β 羟-γ-三甲氨基丁酸，L-$(CH_3)_3N^+CH_2CH(OH)CH_2COOH$）的转运，才能将其从胞液载入线粒体基质。

线粒体外膜存在肉碱脂酰转移酶Ⅰ（carnitine acyl transferase Ⅰ），能催化长链脂酰 CoA 与肉碱合成脂酰肉碱（acyl carnitine），后者在线粒体内膜的肉碱-脂酰肉碱转位酶（carnitine-acylcarnitine translocase）的作用下，通过内膜进入线粒体基质。此转位酶实际上是线粒体内膜转运肉碱及脂酰肉碱的载体，它在转运 1 分子脂酰肉碱进入线粒体基质的同时，将 1 分子肉碱转运出线粒体基质。进入线粒体内的脂酰肉碱，在位于线粒体内膜内侧的肉碱脂酰转移酶Ⅱ作用下，转变为脂酰 CoA 并释出肉碱。脂酰 CoA 即可在线粒体基质进行 β 氧化（图 10-1）。

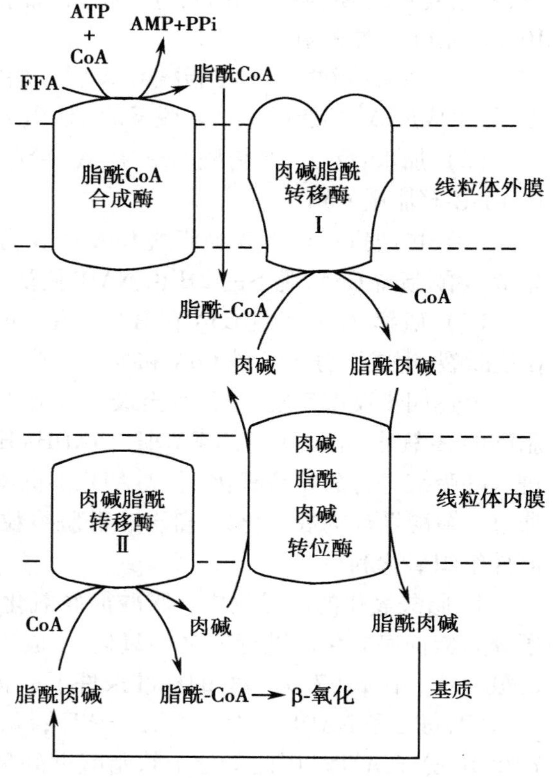

图 10-1　长链脂酰 CoA 从胞液载入线粒体基质的过程

脂酰 CoA 进入线粒体是脂酸β-氧化的主要限速步骤，肉碱脂酰转移酶Ⅰ是脂酸 β 氧化的限速酶。当饥饿、高脂低糖膳食或糖尿病时,机体没有充足的糖供应或不能有效利用糖,需脂酸供能,肉碱脂酰转移酶Ⅰ活性增加,脂酸氧化增强。相反,饱食后,脂酸合成加强使丙二酸单酰 CoA 含量增加,丙二酸单酰 CoA 抑制肉碱脂酰转移酶Ⅰ活性,使脂酸的氧化被抑制。

··· Knoop 实验与脂酸β-氧化学说 ···

1904 年 Franz Knoop 用不能被机体分解的苯基标记脂酸的ω-甲基,以此喂养犬或兔,然后检测其尿液中的代谢产物。发现不论碳链长短,如果标记脂酸的碳原子是偶数,尿中排出的代谢物为苯醋酸($C_6H_5CH_2COOH$);如果标记脂酸的碳原子是奇数,尿中排出的代谢物为苯甲酸(C_6H_5COOH)。据此,Franz Knoop 提出脂酸分解的"β-氧化学说"即脂酸在体内的氧化分解从羧基端β-碳原子开始,每次断裂 2 个碳原子。这是放射性核素示踪技术创立前颇有创造性的实验。

3. 脂酸的β-氧化　线粒体基质中存在由多个酶疏松结合在一起形成的脂酸β-氧化酶系,脂酰 CoA 进入线粒体基质后,在脂酸β-氧化酶系多个酶的顺序催化下,从脂酰基的β-碳原子开始,进行脱氢、加水、再脱氢及硫解等四步连续反应(图 10-2),完成一次β-氧化。

(1) 脱氢:脂酰 CoA 在脂酰 CoA 脱氢酶的催化下,α、β碳原子各脱下一个氢原子,生成反 Δ^2 烯脂酰 CoA。脱下的 2H 由 FAD 接受生成 $FADH_2$。

(2) 加水:反 Δ^2 烯脂酰 CoA 在 Δ^2 烯脂酰 CoA 水化酶的催化下,加水生成 L(+)-β-羟脂酰 CoA。

(3) 再脱氢:L(+)-β-羟脂酰 CoA 在β-羟脂酰 CoA 脱氢酶的催化下,脱下 2H 生成β-酮脂酰 CoA,脱下的 2H 由 NAD^+ 接受,生成 $NADH+H^+$。

(4) 硫解:β-酮脂酰 CoA 在β-酮脂酰 CoA 硫解酶催化下,加 CoASH 使碳链在β位断裂,生成 1 分子乙酰 CoA 和少 2 个碳原子的脂酰 CoA。

上述四步反应反复进行,直至最后生成丁酰 CoA,再进行一次β-氧化,即完成脂酸的β-氧化,生成大量的 $FADH_2$、$NADH+H^+$ 和乙酰 CoA。$FADH_2$、$NADH+H^+$ 可进入呼吸链进行氧化磷酸化,生成 ATP 供机体利用。乙酰 CoA 一部分在线粒体内通过三羧酸循环彻底氧化,一部分在肝脏线粒体中缩合生成酮体,通过血液运送至肝外组织氧化利用。

4. 脂酸氧化的能量生成　脂酸彻底氧化生成大量 ATP。以软脂酸为例,1 分子软脂酸彻底氧化需进行 7 次β-氧化,生成 7 分子 $FADH_2$、7 分子 NADH 及 8 分子乙酰 CoA。在 pH 7.0,25℃的标准条件下氧化磷酸化,每分子 $FADH_2$ 产生 1.5 分子 ATP,每分子 NADH 产生 2.5 分子 ATP;每分子乙酰 CoA 经三羧酸循环彻底氧化产生 10 分子 ATP。因此 1 分子软脂酸彻底氧化共生成 $(7\times1.5)+(7\times2.5)+(8\times10)=108$ 分子 ATP。因为脂酸活化消耗 2 个高能磷酸键,相当于 2 分子 ATP,所以 1 分子软脂酸彻底氧化净生成 106 分子 ATP($106\times30.5=3233$kJ/mol)。每 mol 软

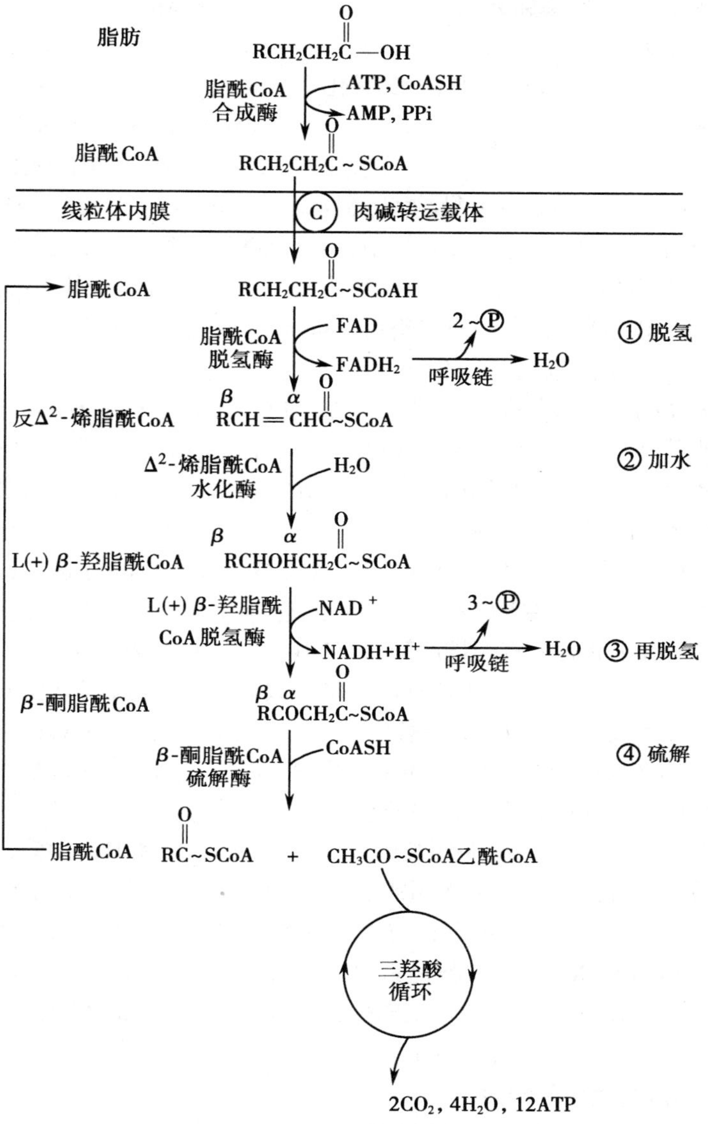

图 10-2　脂酸 β-氧化

脂酸在体外彻底氧化成 CO_2 和 H_2O、释放自由能为 9791kJ，故软脂酸在体内氧化的能量利用效率为 33%，其余以热能形式释放。可见，软脂酸产生的 ATP 比相同质量的葡萄糖多（表 10-1）。

表 10-1　软脂酸与葡萄糖在体内氧化产生的 ATP 比较

	软脂酸	葡萄糖
以 1mol 计	106 ATP	32 ATP
以 100g 计	41.4ATP	17.8ATP
能量利用效率	33%	33%

(四) 脂酸的其他氧化方式

1. 不饱和脂酸的氧化　机体中脂酸约一半以上是不饱和脂酸,也在线粒体内进行β-氧化。不同的是,饱和脂酸β-氧化产生的烯脂酰CoA是反式Δ^2烯脂酰CoA,而天然不饱和脂酸中的双键为顺式。因双键位置不同,不饱和脂酸β-氧化产生的顺式Δ^3烯脂酰CoA或顺式Δ^2烯脂酰CoA,不能继续进行β-氧化。线粒体特异的Δ^3顺→Δ^2反烯脂酰CoA异构酶(Δ^3-cis→Δ^2-trans enoyl-CoA isomerase)催化Δ^3顺式烯脂酰CoA转变为Δ^2反式构型,β-氧化继续进行。顺式Δ^2烯脂酰CoA可进行水化反应,但形成的产物D(-)-β-羟脂酰CoA不能被线粒体β-氧化酶系所识别,需在D(-)-β-羟脂酰CoA表构酶(epimerase)催化下,转变为L(+)-β-羟脂酰CoA,才能继续进行β-氧化。

2. 过氧化酶体脂酸氧化　除线粒体外,过氧化酶体(peroxisomes)中亦存在脂酸β-氧化酶系,能将超长碳链脂酸(如C_{20},C_{22})氧化成较短链脂酸,但对较短链脂酸没有氧化作用。过氧化酶体内超长碳链脂酸氧化的第一步反应在以FAD为辅基的脂酸氧化酶作用下脱氢,脱下的氢与O_2结合生成H_2O_2,而不是与呼吸链偶联进行氧化磷酸化,因而不产生ATP。H_2O_2最终被过氧化氢酶分解。过氧化酶体脂酸氧化途径的生理意义在于使不能在线粒体进行β-氧化的超长碳链脂酸如廿碳、廿二碳脂酸先氧化分解成较短链脂酸,以使其能在线粒体内氧化分解。

3. 丙酰CoA的氧化　人体含有极少量奇数碳原子脂酸,其氧化分解与偶数碳原子脂酸不同,偶数碳原子脂酸β-氧化的中间产物均为乙酰CoA,而奇数碳原子脂酸β-氧化后,除生成乙酰CoA外,还生成丙酰CoA。此外,支链氨基酸氧化分解亦可产生丙酰CoA。丙酰CoA的彻底氧化需先经β-羧化酶及异构酶的作用,转变为琥珀酰CoA,然后加入三羧酸循环被彻底氧化,生成CO_2和H_2O,释放出能量。

4. 脂酸的ω-氧化　脂酸的氧化分解不仅可以从羧基端进行,也能从远离羧基端的甲基端进行。机体细胞内存在与内质网紧密结合的脂酸ω-氧化酶系,由羧化酶、脱氢酶、NADPH、NAD^+和细胞色素P-450等组成。脂酸ω-甲基碳原子在脂酸ω-氧化酶系的作用下,经过ω-羟基脂酸、ω-醛基脂酸等中间产物,形成α,ω-二羧酸。这样,脂酸就能从任一端活化并进行β-氧化。

(五) 酮体的生成及利用

在肝外组织如骨骼肌、心肌等组织,脂酸β-氧化产生的乙酰CoA直接进入三羧酸循环被彻底氧化。在肝脏,脂酸β-氧化产生的大量乙酰CoA部分进入三羧酸循环被彻底氧化,生成ATP,满足肝脏自身的能量需要;其余乙酰CoA则被转变成酮体(ketone bodies),包括乙酰醋酸(acetoacetate)、β-羟丁酸(β-hydroxy-butyrate)和丙酮(acetone)。由于肝组织缺乏利用酮体的酶系,酮体通过血液运输至肝外组织氧化利用。

1. 酮体的生成　以脂酸β-氧化生成的大量乙酰CoA为原料,由酮体合成酶系催化,分四步在肝脏线粒体完成(图10-3)。

(1) 乙酰乙酰CoA的生成:有两种方式。一是由脂酸β-氧化生成的乙酰CoA缩合生成,2分子乙酰CoA在肝细胞线粒体乙酰乙酰CoA硫解酶(thiolase)的作用下,缩合成乙酰乙酰CoA,并释放出1分子CoASH。是肝脏乙酰乙酰CoA生成的主要方式。二是脂酸经过多轮β-氧化后生成的丁酰CoA,在进行最后一轮β-氧化

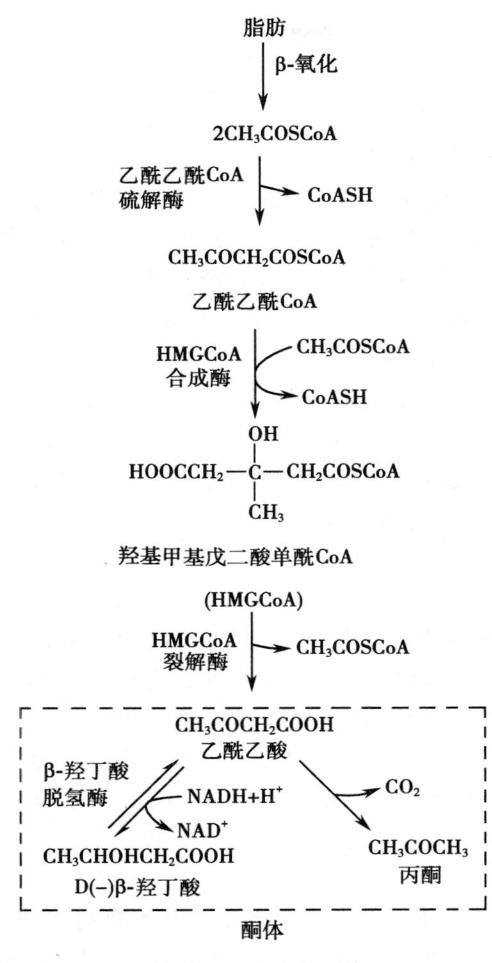

图 10-3 酮体的生成

时，如果不发生硫解反应，也可生成乙酰乙酰 CoA。

（2）羟甲基戊二酸单酰 CoA（3-hydroxy-3-methyl glutaryl CoA，HMG-CoA）的生成：乙酰乙酰 CoA 在羟甲基戊二酸单酰 CoA 合酶（HMG-CoA synthase）的催化下，再与 1 分子乙酰 CoA 缩合生成羟甲基戊二酸单酰 CoA，并释放出 1 分子 CoASH。

（3）乙酰醋酸的生成：羟基甲基戊二酸单酰 CoA 在 HMG CoA 裂解酶（HMG-CoA lyase）的作用下，裂解生成乙酰醋酸和乙酰 CoA。

（4）β-羟丁酸及丙酮的生成：乙酰醋酸在线粒体内膜 β-羟丁酸脱氢酶（β-hydroxybutyrate dehydrogenase）的催化下，被还原成 β-羟丁酸，所需的氢由 NADH+H$^+$ 提供，还原的速度由 NADH+H$^+$/NAD$^+$ 的比值决定。少量的乙酰醋酸可不需要酶的催化自然脱羧，生成丙酮。

2. 酮体的利用　肝外许多组织具有活性很强的利用酮体的酶，能将酮体重新裂解成乙酰 CoA，并通过三羧酸循环彻底分解氧化。

乙酰醋酸利用的基本过程是先活化，再裂解成乙酰 CoA。

（1）乙酰醋酸的活化：有两条途径，一条是在心、肾、脑及骨骼肌的线粒体，由于具有较高的琥珀酰 CoA 转硫酶活性，在有琥珀酰 CoA 存在时，此酶能使乙酰醋酸活化，生成乙酰乙酰 CoA。

$$\begin{array}{c}CH_3\\|\\CO\\|\\CH_2\\|\\COOH\\ \text{乙酰乙酸}\end{array} + \begin{array}{c}COOH\\|\\CH_2\\|\\CH_2\\|\\CO\sim SCoA\\ \text{琥珀酰 CoA}\end{array} \xrightleftharpoons{\text{琥珀酰 CoA 转硫酶}} \begin{array}{c}CH_3\\|\\CO\\|\\CH_2\\|\\CO\sim SCoA\\ \text{乙酰乙酰 CoA}\end{array} + \begin{array}{c}COOH\\|\\CH_2\\|\\CH_2\\|\\COOH\\ \text{琥珀酸}\end{array}$$

另一条途径由乙酰醋酸硫激酶催化完成，在肾、心和脑的线粒体中存在乙酰醋酸硫激酶，可直接活化乙酰醋酸生成乙酰乙酰 CoA。

（2）乙酰乙酰 CoA 硫解生成乙酰 CoA：心、肾、脑及骨骼肌线粒体中存在乙酰乙酰 CoA 硫解酶，能使乙酰乙酰 CoA 硫解，生成 2 分子乙酰 CoA，后者即可进入三羧酸循环彻底氧化。

$$CH_3COCH_2CO\sim SCoA \xrightarrow[CoASH]{乙酰乙酰CoA硫解酶} 2CH_3CO\sim SCoA$$

β-羟基丁酸的利用是先在β-羟丁酸脱氢酶的催化下，脱氢生成乙酰醋酸；然后再转变成乙酰 CoA 被氧化。部分丙酮可在一系列酶的催化下转变为丙酮酸或乳酸，进入糖分解代谢途径彻底氧化，或进入糖异生途径生成糖。虽然该途径可视为脂酸碳原子转变成糖的一个途径，但由于酮体生成过程产生的丙酮很少，经转化后生成的丙酮酸或乳酸更是有限，所以，脂酸碳原子转变成糖十分有限。

3. 酮体生成的生理意义　酮体溶于水，分子小，不仅能在血液中运输，还能通过血-脑屏障及肌肉组织的毛细血管壁，很容易被运输到肝外组织利用。脑组织虽然不能氧化分解脂酸，却能有效利用酮体。当葡萄糖供应充足时，脑组织优先利用葡萄糖氧化供能，但在葡萄糖供应不足或利用障碍时，酮体便可代替葡萄糖，成为脑组织的主要能源物质。可见，酮体是肝脏向肝外组织输送能源的一种形式，尤其是在长期饥饿、糖供应不足时，酮体可以代替葡萄糖成为脑组织及肌肉组织的主要能源。

正常情况下，血中仅含少量酮体，为0.03～0.5mmol/L(0.3～5mg/dl)。但在饥饿、高脂低糖膳食及糖尿病时，由于脂肪动员加强，酮体生成也增加。尤其是病情未得到很好控制的糖尿病患者，由于同时伴有葡萄糖利用障碍，脂肪动员增加，产生大量乙酰 CoA，并在肝脏迅速转化成大量酮体，超过肝外组织的利用能力，使其在体内蓄积，血液酮体含量升高，可高出正常人的数十倍，导致酮症酸中毒。血中酮体升高超过肾阈值，便可随尿排出，引起酮尿。此时，酮体中丙酮含量也大大增高，可占酮体总量的一半。丙酮为挥发性物质，能通过呼吸道排出。

4. 酮体生成的调节

(1) 饱食及饥饿的影响：饱食后，胰岛素分泌增加，脂解作用受抑制、脂肪动员减少，进入肝的脂酸减少，因而酮体生成减少。饥饿时，胰高血糖素等脂解激素分泌增多，脂肪动员加强，血中游离脂酸浓度升高而使肝脏摄取游离脂酸增多，有利于脂酸β-氧化及酮体生成。

(2) 肝细胞糖原含量及糖代谢的影响：进入肝细胞的游离脂酸主要有两条去路，一是在胞液中合成甘油三酯及磷脂；一是进入线粒体进行β-氧化，生成乙酰 CoA 及酮体。饱食及糖供给充足时，肝糖原丰富，糖代谢旺盛，此时进入肝细胞的脂酸主要与3-磷酸甘油反应，酯化3-磷酸甘油生成甘油三酯及磷脂。饥饿或糖供给不足时，糖代谢减弱，3-磷酸甘油及 ATP 不足，脂酸进入酯化途径大大减少，主要进入线粒体进行β氧化，使乙酰 CoA 生成增加，酮体生成增多。

(3) 丙二酸单酰 CoA 的影响：饱食后糖代谢生成的乙酰 CoA 及枸橼酸能别构激活乙酰 CoA 羧化酶，促进丙二酸单酰 CoA 合成。后者能竞争性抑制肉碱脂酰转移酶Ⅰ，阻止脂酰 CoA 进入线粒体，使β-氧化的原料供应不足，乙酰 CoA 生成减少，酮体生成被抑制。所以，丙二酸单酰 CoA 能够抑制酮体的生成。

二、甘油三酯的合成代谢

脂肪是机体能量的储存形式。机体从食物中摄入的糖、脂肪等营养物质，经消化吸收后均可在体内合成脂肪，储存在细胞、尤其是脂肪组织中，供禁食、饥饿时机体的能量需要。但机体从头合成的脂肪主要由糖转化而来。机体脂肪的合成由脂酸分步酯化磷酸甘油完成,脂酸是脂肪合成的基本原料。

(一) 脂酸的合成代谢

长链脂酸是以乙酰 CoA 为原料在体内合成的,很容易让人设想脂酸的合成是脂酸 β-氧化的逆反应。但目前已经证实,脂酸的合成主要在线粒体外,由不同于β-氧化酶系的脂酸合成酶等多功能酶系催化完成。

1. 软脂酸的合成

(1) 合成部位:脂酸合成由多个酶催化完成,这些酶组成了脂酸合成的酶体系,即脂酸合酶复合体(fatty acid synthase complex),存在于肝、肾、脑、肺、乳腺及脂肪等多种组织细胞的胞液中。这些组织都能合成脂酸,以肝脏的脂酸合成能力最大,较脂肪组织大 8 ~9 倍,因而肝脏是人体合成脂酸的主要场所。脂肪组织是储存脂肪的仓库,也能以葡萄糖为原料合成脂酸,并进一步合成脂肪,但脂肪组织中脂酸的来源主要是小肠消化吸收的食物脂酸和肝脏合成的脂酸。

(2) 合成原料:乙酰 CoA 是脂酸合成的主要原料,主要由葡萄糖分解供给。葡萄糖分解代谢的中间产物乙酰 CoA 在线粒体内产生,不能自由透过线粒体内膜扩散到胞液。而合成脂酸的酶系存在于胞液,线粒体内的乙酰 CoA 必须进入胞液才能成为合成脂酸的原料。实验证明,乙酰 CoA 的转运主要通过柠檬酸-丙酮酸循环(citrate pyruvate cycle)完成。在此循环中,乙酰 CoA 首先在线粒体内的柠檬酸合酶催化下,与草酰醋酸缩合生成柠檬酸,后者通过线粒体内膜上的载体转运进入胞液,在 ATP-柠檬酸裂解酶的作用下裂解,重新生成乙酰 CoA 及草酰醋酸。乙酰 CoA 即可作为脂酸合成原料。草酰醋酸则在苹果酸脱氢酶作用下,由 $NADH+H^+$ 提供氢,还原成苹果酸,再经线粒体内膜载体转运至线粒体内。苹果酸也可在苹果酸酶的作用下氧化脱羧产生 CO_2 和丙酮酸,同时脱下的氢将 $NADP^+$ 还原成 $NADPH+H^+$,丙酮酸可通过线粒体内膜上的载体转运至线粒体内,重新生成线粒体内的草酰醋酸。胞液中的草酰醋酸经过上述转运途径重新进入线粒体后,可继续与乙酰 CoA 缩合,将另一分子乙酰 CoA 运转至胞液。上述循环反复进行,就可以将乙酰 CoA 不断地从线粒体转运至胞液,用于脂酸的合成。

脂酸的合成除需乙酰 CoA 外,还需 ATP、$NADPH+H^+$、HCO_3^-(CO_2)及 Mn^{2+} 等原料。脂酸的合成为还原性合成,所需氢全部由 $NADPH+H^+$ 提供。$NADPH+H^+$ 主要来自戊糖磷酸途径(pentose phosphate pathway)。在上述乙酰 CoA 的转运过程中,胞液内苹果酸酶催化的苹果酸氧化脱羧反应也可提供少量 $NADPH+H^+$。

(3) 脂酸合成过程

1) 丙二酸单酰 CoA 的合成:脂酸合成的第一步反应是乙酰 CoA 羧化成丙二酸单酰 CoA,由乙酰 CoA 羧化酶(acetyl CoA carboxylase)催化。该酶是脂酸合成的限速酶,存在于胞液,Mn^{2+} 为激活剂,生物素是辅基,在羧化反应中起转移羧基的作用。该羧化反应为不可逆反应,过程如下:

酶-生物素+HCO_3^-+ATP→酶-生物素-CO_2+ADP+Pi

酶-生物素-CO_2+乙酰 CoA→酶-生物素+丙二酸单酰 CoA

总反应:ATP+HCO_3^-+乙酰 CoA→丙二酸单酰 CoA+ADP+Pi

乙酰 CoA 羧化酶受别构调节和化学修饰调节。该酶有两种形式，一种是无活性的单体形式，分子量约为 4 万，另一种是有活性的多聚体形式，通常由 10～20 个单体构成，分子量为 60 万～80 万，呈线状排列，催化活性增加 10～20 倍。枸橼酸、异枸橼酸可使此酶发生别构，由无活性的单体形式聚合成有活性的多聚体形式，而软脂酰 CoA 及其他长链脂酰 CoA 则能使多聚体解聚成单体，抑制乙酰 CoA 羧化酶的催化活性。乙酰 CoA 羧化酶可以在一种依赖于 AMP（而不是 cAMP）的蛋白激酶催化下，将酶蛋白 79 位、1200 位及 1215 位丝氨酸残基磷酸化而失活。胰高血糖素能激活该蛋白激酶，因而可以抑制乙酰 CoA 羧化酶活性，胰岛素则能使磷酸化的乙酰 CoA 羧化酶脱去磷酸而恢复活性。高糖膳食可促进乙酰 CoA 羧化酶蛋白的合成，增加乙酰 CoA 羧化酶活性，促进乙酰 CoA 羧化反应。

2）脂酸合成：各种生物合成脂酸的过程基本相似，均以丙二酸单酰 CoA 为基本原料，从乙酰 CoA 开始，经过连续重复加成反应完成，每次重复加成反应延长 2 个碳原子，16 碳软脂酸的生成，需经过连续的 7 次重复加成反应。

在大肠埃希菌，脂酸合成的加成反应由脂酸合酶复合体催化，其核心由 7 种独立的酶/多肽聚集而成，分别是酰基载体蛋白（acyl carrier protein，ACP）、乙酰 CoA-ACP 转酰基酶（acetyl-CoA-ACP transacylase，AT；以下简称乙酰基转移酶）、β-酮脂酰-ACP 合酶（β-ketoacyl-ACP synthase，KS；β-酮脂酰合酶）、丙二酸单酰 CoA-ACP 转酰基酶（malonyl-CoA-ACP transacylase，MT；丙二酸单酰转移酶）、β-酮脂酰-ACP 还原酶（β-ketoacyl-ACP reductase，KR；β-酮脂酰还原酶）、β-羟脂酰-ACP 脱水酶（β-hydroxyacyl-ACP dehydratase，HD；脱水酶）及烯脂酰-ACP 还原酶（Enoyl-ACP reductase，ER；烯脂酰还原酶）。酰基载体蛋白是一种小分子蛋白质（M_r，8860），以 4′-磷酸泛酰巯基乙胺（4’-phosphopantetheine）为辅基，是脂酰基载体，脂酸合成的各步反应均在该辅基上进行。

哺乳动物脂酸合酶是由两个相同亚基（M_r，240kD）首尾相连、组成的二聚体（M_r，480kD）。每个亚基含有 3 个结构域（domain）。结构域 1 含有乙酰基转移酶（AT）、丙二酸单酰转移酶（MT）及 β-酮脂酰合酶（KS），与底物的“进入”、缩合反应相关。结构域 2 含有 β-酮脂酰还原酶（KR）、β-羟脂酰脱水酶（HD）及烯脂酰还原酶（ER），催化还原反应；该结构域还含有一个肽段，为酰基载体蛋白（ACP）。结构域 3 含有硫酯酶（thioesterase，TE），与脂酸的释放有关。3 个结构域之间由柔性的区域连接，使结构域可以移动，利于几个酶之间的协调、连续作用。

脂酸的合成步骤（图 10-4）包括：①乙酰 CoA 在乙酰 CoA 转移酶作用下，其乙酰基被转移至 ACP 的-SH，再从 ACP 转移到 β-酮脂酰合酶的半胱氨酸-SH；②丙二酸单酰 CoA 在丙二酸单酰转移酶作用下，先脱去 HSCoA，再与 ACP 的-SH 缩合后，与 ACP 连接在一起；③缩合：β-酮脂酰合酶上连接的乙酰基与 ACP 上的丙二酸单酰缩合，生成 β-酮丁酰 ACP，释放出 CO_2；④加氢：由 NADPH+H^+ 提供氢，β-酮丁酰 ACP 在 β-酮脂酰还原酶的作用下，加氢还原生成 D-(－)-β-羟丁酰 ACP；⑤脱水：D-(－)-β-羟丁酰 ACP 在水化酶作用下，脱水生成反式 Δ^2 烯丁酰 ACP；⑥再加氢：由 NADPH+H^+ 提供氢，反式 Δ^2 烯丁酰 ACP 在烯酰还原酶作用下，再加氢还原生成丁酰 ACP。

丁酰-ACP 是脂酸合成的第一轮产物。通过这一轮反应，即酰基转移、缩合、还

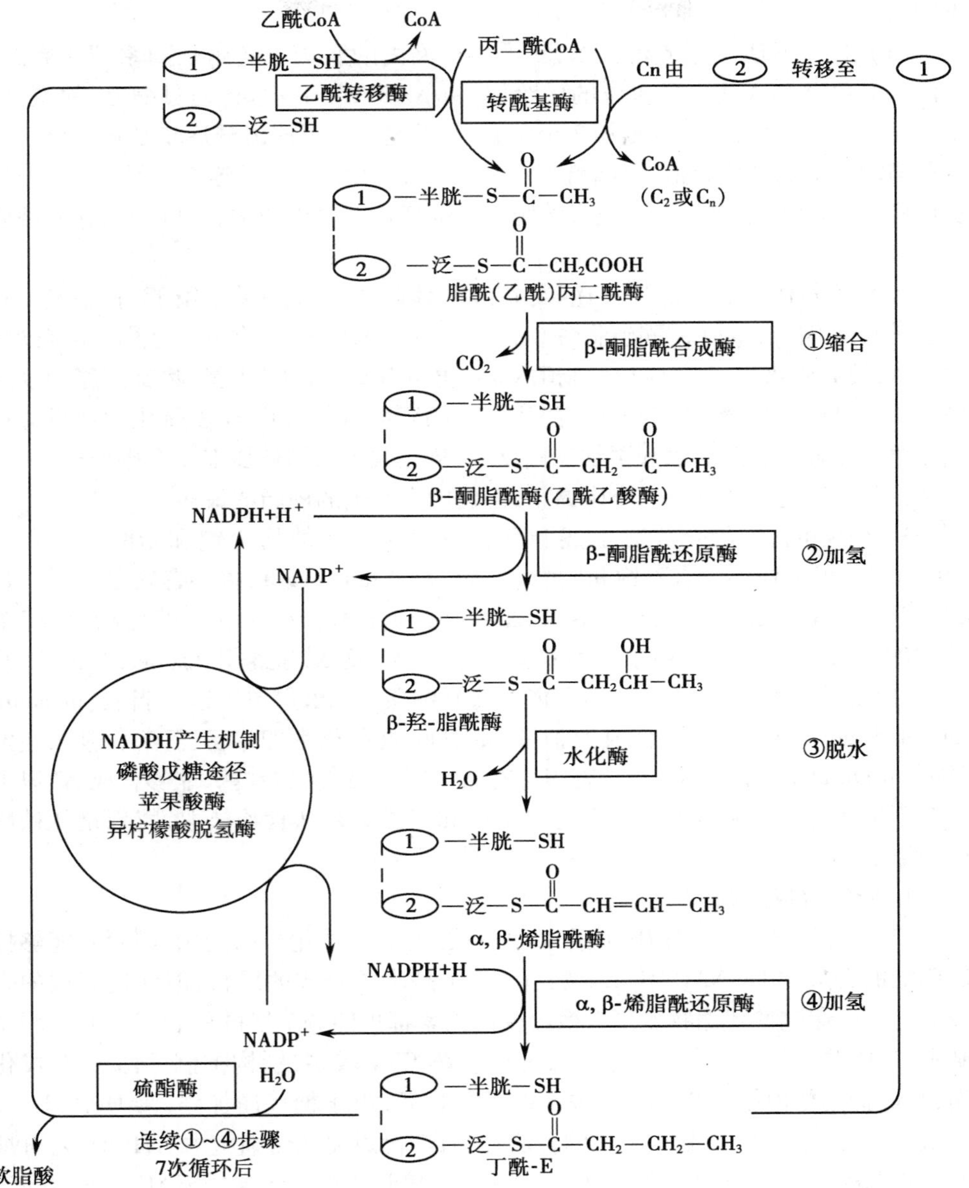

图 10-4 软脂酸的生物合成

原、脱水、再还原等步骤，碳原子由 2 个增加至 4 个。然后丁酰由 E_1-泛-SH(即 ACP 的 SH)转移至 E_2-半胱-SH 上，E_1-泛-SH 又可与一新的丙二酸单酰基结合，进行缩合、还原、脱水、再还原等步骤的第二轮反应。经过 7 次循环之后，生成 16 个碳原子的软脂酰-E_2，最后经硫酯酶水解，生成游离软脂酸。软脂酸合成的总反应式为：

$$CH_3COSCoA + 7HOOCCH_2COSCoA + 14NADPH + 14H^+ \longrightarrow$$
$$CH_3(CH_2)_{14}COOH + 7CO_2 + 6H_2O + 8HSCoA + 14NADP^+$$

2. 脂酸碳链的加长　脂酸合酶复合体催化合成的脂酸是软脂酸，更长碳链脂酸的合成则是通过对软脂酸的加工、使碳链延长来完成。脂酸碳链的延长有两条不同的途径，分别在肝细胞内质网和线粒体中进行。

（1）内质网脂酸碳链延长途径：由内质网内的脂酸碳链延长酶系催化完成。以丙二酸单酰 CoA 为二碳单位的供给体，由 $NADPH+H^+$ 供氢，通过缩合、加氢、脱水及再加氢等反应，每一轮增加 2 个碳原子，反复进行可使碳链逐步延长。该延长过程与软脂酸的合成相似，但脂酰基不是以 ACP 为载体，而是连接在 CoASH 上，延长反应在 CoASH 上进行。一般可将脂酸碳链延长至二十四碳，但以十八碳的硬脂酸最多。

（2）线粒体脂酸碳链延长途径：在线粒体脂酸延长酶系作用下，软脂酰 CoA 与乙酰 CoA 缩合，生成β-酮硬脂酰 CoA，然后由 $NADPH+H^+$ 供氢，还原为β-羟硬脂酰 CoA，接着脱水生成α，β-烯硬脂酰 CoA，再由 $NADPH+H^+$ 供氢，将其还原为硬脂酰 CoA。可见，由线粒体脂酸延长酶系催化的脂酸延长反应与β-氧化的逆反应相似。通过缩合、加氢、脱水和再加氢等反应，每完成一轮循环加上 2 个碳原子，一般可延长脂酸碳链至 24 或 26 个碳原子，但仍以十八碳的硬脂酸最多。

3. 不饱和脂酸的合成　上述脂酸合成途径合成的均为饱和脂酸（saturated fatty acid），但人体还含有不饱和脂酸（unsaturated fatty acid），主要有软油酸（16∶1，Δ^9）、油酸（18∶1，Δ^9）、亚油酸（18∶2，$\Delta^{9,12}$），α-亚麻酸（18∶3，$\Delta^{9,12,15}$）及花生四烯酸（20∶4，$\Delta^{5,8,11,14}$）等。由于人类只有 Δ^4，Δ^5，Δ^8 及 Δ^9 去饱和酶（desaturase），缺乏 Δ^9 以上的去饱和酶，人体自身只能合成软油酸和油酸等单不饱和脂酸（monounsaturated fatty acids），不能合成亚油酸、α-亚麻酸及花生四烯酸等多不饱和脂酸（polyunsaturated fatty acid）。植物因含有 Δ^9，Δ^{12} 及 Δ^{15} 去饱和酶，能够合成 Δ^9 以上的多不饱和脂酸。所以人体所含的多不饱和脂酸必须从食物摄取，特别是从植物油中摄取。

4. 脂酸合成的调节

（1）代谢物的调节作用：脂酰 CoA 是乙酰 CoA 羧化酶的变构抑制剂，能够抑制脂酸的合成；ATP、$NADPH+H^+$ 及乙酰 CoA 是脂酸合成的原料，能促进脂酸的合成。凡能引起这些代谢物水平有效改变的因素都可能调节脂酸的合成，如：高脂肪膳食后、脂肪动员加强等，都可使细胞内脂酰 CoA 增多，别构抑制乙酰 CoA 羧化酶，从而抑制体内脂酸合成。在进食糖类食物后，由于糖代谢加强，$NADPH+H^+$ 及乙酰 CoA 供应增多，有利于脂酸的合成；同时糖代谢加强使细胞内 ATP 增多，可抑制异枸橼酸脱氢酶，导致枸橼酸和异枸橼酸蓄积并从线粒体渗透至胞液，变构激活乙酰 CoA 羧化酶，使脂酸合成增加。

（2）激素的调节作用：调节脂酸合成的激素有胰岛素、胰高血糖素、肾上腺素、生长素等。胰岛素是调节脂酸合成的主要激素，能诱导乙酰 CoA 羧化酶、脂酸合成酶体系、ATP-枸橼酸裂解酶等的合成，使这些酶的活性增高，促进脂酸合成。胰岛素也能促进脂酸合成磷脂酸，增加脂肪的合成。胰岛素还能增加脂肪组织的脂蛋白脂酶活性，增加脂肪组织对血液甘油三酯的摄取，促使脂酸进入脂肪组织并合成脂肪贮存。该代谢过程长期持续，与脂肪动员之间失去平衡，则会导致肥胖。

胰高血糖素能增加蛋白激酶 A 活性，使乙酰 CoA 羧化酶磷酸化而降低其活性，抑制脂酸的合成。胰高血糖素也能抑制甘油三酯的合成，甚至减少肝细胞中的脂肪向血液释放。肾上腺素、生长素能抑制乙酰 CoA 羧化酶，调节脂酸合成。

（二）甘油三酯的合成代谢

1. 合成部位　肝脏、脂肪组织及小肠是甘油三酯（triglycerides，TG）合成的主要场所，以肝脏的合成能力最强。甘油三酯的合成在细胞的胞液中完成。肝细胞虽然能合成甘油三酯，但不能储存甘油三酯。甘油三酯在肝细胞内质网合成后，需与载脂蛋白 B100、C 等以及磷脂、胆固醇组装成极低密度脂蛋白（VLDL），由肝细胞分泌入血并经血液运输至肝外组织。如果因营养不良、中毒、必需脂酸缺乏、胆碱缺乏或蛋白质缺乏等原因造成肝细胞合成的甘油三酯不能形成 VLDL 分泌入血，则会使其在肝细胞中蓄积，造成脂肪肝。

脂肪组织可水解食物源性的乳糜微粒（CM）中的甘油三酯和肝脏合成的极低密度脂蛋白（VLDL）中的甘油三酯，利用水解释放的脂酸合成甘油三酯；也可以葡萄糖分解代谢的中间产物为原料合成甘油三酯。脂肪细胞可以大量储存甘油三酯，是机体合成及储存甘油三酯的“仓库”。当机体需要能量时，储存在脂肪细胞中的甘油三酯可以通过脂肪动员，分解释放游离脂酸及甘油入血，通过血液运输至全身利用。

小肠黏膜细胞则主要利用吸收后的甘油三酯消化产物重新合成甘油三酯，并与载脂蛋白、磷脂、胆固醇等组装成乳糜微粒，经淋巴进入血液循环，将食物脂肪从消化道运送至其他组织、器官利用。

2. 合成原料　合成甘油三酯所需的基本原料是甘油及脂酸。机体能分解葡萄糖产生 3’-磷酸甘油，也能大量利用葡萄糖分解代谢的中间产物乙酰 CoA 合成脂酸，所以人及动物即使完全不摄取甘油三酯，亦可由糖转化合成大量的甘油三酯。食物甘油三酯消化吸收后的脂酸可以直接作为原料在小肠黏膜细胞中再合成甘油三酯，当其以 CM 形式进入血液循环，运送至脂肪、肝脏等组织后，脂酸亦可作为这些组织细胞合成甘油三酯的原料。

3. 合成基本过程　机体内甘油三酯的合成有两条途径，即甘油一酯途径和甘油二酯途径。无论是通过哪条途径合成甘油三酯，其基本原料脂酸都需先活化成脂酰 CoA，才能参与甘油三酯的合成。

$$\text{脂肪酸} + \text{CoA-SH} \xrightarrow[\text{ATP} \curvearrowright \text{AMP},\ Mg^{2+}]{\text{脂酰CoA合成酶}} \text{脂酰CoA} + \text{PPi}$$

（1）甘油一酯途径：以脂酰 CoA 酯化甘油一酯合成甘油三酯的过程为脂肪合成的甘油一酯途径，在小肠黏膜细胞中进行，主要利用消化吸收的甘油一酯及脂酸再合成甘油三酯（具体过程已在第一节“脂类的消化吸收及运输”中阐述，这里不再重复）。

（2）甘油二酯途径：以脂酰 CoA 先后酯化 3-磷酸甘油及甘油二酯合成甘油三酯的过程为脂肪合成的甘油二酯途径，在肝细胞及脂肪细胞中进行。葡萄糖经糖酵解途径生成 3-磷酸甘油，在脂酰 CoA 转移酶的作用下，依次加上 2 分子脂酰基生成磷脂酸（phosphatidic acid）。后者在磷脂酸磷酸酶作用下，水解脱去磷酸生成 1,2-甘油二酯，然后在脂酰 CoA 转移酶的催化下，再加上 1 分子脂酰基即生成甘油三酯。

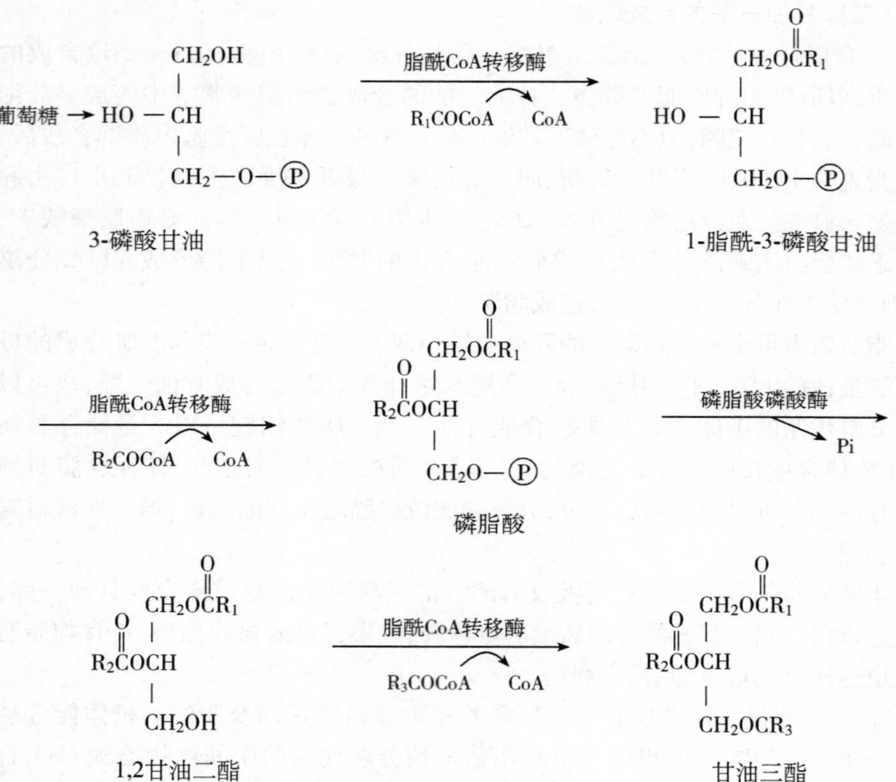

合成甘油三酯的三分子脂酸可是同一种脂酸，也可以是三种不同的脂酸。所需3-磷酸甘油主要由糖代谢提供。肝、肾等组织含有甘油激酶，能催化游离甘油磷酸化生成3-磷酸甘油，供甘油三酯合成。脂肪细胞缺乏甘油激酶，不能直接利用甘油合成甘油三酯。

$$\underset{\text{甘油}}{HO-\overset{\displaystyle CH_2OH}{\underset{\displaystyle CH_2OH}{C}}-H} \xrightarrow[\text{ATP} \curvearrowright \text{ADP}]{\text{肝、肾甘油激酶}} \underset{\text{3-磷酸甘油}}{HO-\overset{\displaystyle CH_2OH}{\underset{\displaystyle CH_2O-Ⓟ}{C}}-H}$$

三、必需脂肪酸及其生理功能

必需脂酸是指维持机体正常的生命活动必不可少、但机体自身又不能合成、必须靠食物提供的脂酸，为多不饱和脂酸，如亚油酸、亚麻酸。

（一）不饱和脂酸的分类及命名

自然界存在的不饱和脂酸可按其双键数目分为单不饱和脂酸及多不饱和脂酸。习惯上将含 2 个或 2 个以上双键的不饱和脂酸称为多不饱和脂酸（polyunsaturated fatty acid）。几乎所有天然不饱和脂酸的双键都是顺式构型。

不饱和脂酸的命名常用系统命名法，标示出脂酸的碳链长度（即碳原子数目）和双键位置。在标示双键位置时，如从脂酸的羧基碳起计算碳原子的顺序，其编码体系为Δ编码体系。如从脂酸的甲基碳起计算碳原子顺序，其编码体系为ω或n编码体系。按ω或n编码体系命名，哺乳动物体内的各种不饱和脂酸可分为四族：即ω7族、ω9族、ω6族和ω3族（表10-2，表10-3）。

表10-2　不饱和脂酸ω（或n）编码体系及分族

族	母体脂酸	族	母体脂酸
ω-7（n-7）	软油酸（16:1，ω-7）	ω-6（n-6）	亚油酸（18:2，ω-6，9）
ω-9（n-9）	油酸（18:1，ω-9）	ω-3（n-3）	α-亚麻酸（18:3，ω-3，6，9）

表10-3　常见不饱和脂酸

习惯名	系统名	碳原子及双键数	双键位置 Δ系	双键位置 n系	族	分布
软油酸	十六碳一烯酸	16:1	9	7	ω-7	广泛
油酸	十八碳一烯酸	18:1	9	9	ω-9	广泛
亚油酸	十八碳二烯酸	18:2	9,12	6,9	ω-6	植物油
α-亚麻酸	十八碳三烯酸	18:3	9,12,15	3,6,9	ω-3	植物油
γ-亚麻酸	十八碳三烯酸	18:3	6,9,12	6,9,12	ω-6	植物油
花生四烯酸	廿碳四烯酸	20:4	5,8,11,14	6,9,12,15	ω-6	植物油
Timnodonic	廿碳五烯酸（EPA）	20:5	5,8,11,14,17	3,6,9,12,15	ω-3	鱼油
Clupanodonic	廿二碳五烯酸（DPA）	22:5	7,10,13,16,19	3,6,9,12,15	ω-3	鱼油，脑
Cervonic	廿二碳六烯酸（DHA）	22:6	4,7,10,13,16,19	3,6,9,12,15,18	ω-3	鱼油

哺乳类动物体内的多不饱和脂酸均由相应的母体脂酸衍生而来。ω3、ω6及ω9三族多不饱和脂酸在体内彼此不能互相转化。例如动物能合成油酸（18:1，ω-9）及软油酸（16:1，ω-7），因此也能合成ω-9及ω-7系的多不饱和脂酸。再如花生四烯酸（arachidonic acid，20:4，ω6）属ω-6系，可由ω6族的亚油酸（linoleic acid，18:2，ω6）在体内转化合成。但动物体内缺乏在脂酸C9碳原子处引入双键的去饱和酶系，不能合成ω-6族的亚油酸（18:2，$\Delta^{9,12}$）及ω-3族的α-亚麻酸（α-linolenic acid，18:3，$\Delta^{9,12,15}$），这两种多不饱和脂酸必须由食物中的植物油提供。

（二）不饱和脂酸的生理功能

不饱和脂酸、尤其是多不饱和脂酸在维持人体正常生命活动中具有十分重要的作用，它们不仅是磷脂等物质的重要化学组分、能衍生成多种具有特异生物活性的衍生物，有些多不饱和脂酸本身就具有重要的生理功能。长链多不饱和脂酸如二十碳五烯酸（eicosapentaenoic acid，EPA），二十二碳六烯酸（ducosahexenoic acid，DHA）在脑及睾丸中含量丰富，是脑及精子正常生长发育不可缺少的组分。海水鱼油中含有丰富的EPA及DHA，具有降血脂、抗血小板聚集、延缓血栓形成、保护脑血管等特殊生物效应，对心脑血管疾病的防治具有重要价值；还具有抗癌作用。

（三）多不饱和脂酸衍生物及其生理功能

20 世纪 30 年代瑞典 Von Euler 等发现人精液中含有一种可使平滑肌收缩的物质，认为来自前列腺，故称之为前列腺素（prostaglandin，PG）。后来发现，前列腺素来源广泛，种类繁多，均为廿碳多不饱和脂酸的衍生物。1973 年 Hamberg 及 Samuelsson 从血小板中提取了生物活性物质血栓噁烷 A_2（thromboxane A_2，TX A_2），也被证明是廿碳多不饱和脂酸的衍生物。1979 年，Samuelsson 及 Borgreat 从白细胞分离出一类活性物质，具有三个共轭双键，称为白三烯（leukotrienes，LTs），也是从廿碳多不饱和脂酸衍生而来。近年来发现，PG、TXA_2 及 LTs 几乎参与了所有细胞代谢活动，并与炎症、免疫、过敏、心血管病等重要病理过程有关，在调节细胞代谢上具有重要作用。

1. 前列腺素、血栓噁烷、白三烯的化学结构及命名　前列腺素是一类具有二十个碳原子的多不饱和脂酸衍生物，以前列腺酸（prostanoic acid）为基本骨架，具有一个五碳环和两条侧链（R_1 及 R_2）。

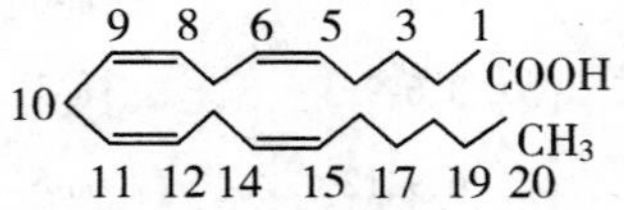

9 8 6 5 3 1 COOH 10 CH3 11 12 14 15 17 19 20

花生四烯酸

（$20:4\Delta^{5,8,11,14}$）

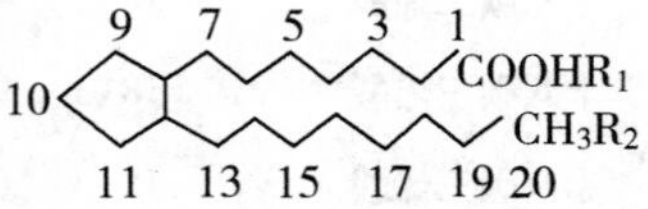

9 7 5 3 1 COOHR1 10 CH3R2 11 13 15 17 19 20

前列腺酸

根据五碳环上取代基团和双键位置不同，PG 分为 9 型，分别命名为 PGA、B、C、D、E、F、G、H 及 I，体内 PGA、E 及 F 较多，PGC_2 和 PGH_2 是 PG 合成过程中的中间物。PGI_2 是带双环的 PG，除五碳环外，还有一个含氧的五碳环，因此又称为前列腺环素（prostacyclin）。前列腺素 F 第 9 位碳原子上的羟基有两种立体构型。OH 基位于五碳环平面之下为 α-型，用虚线连接；位于平面之上为 β-型，用实线表示。天然前列腺素均为 α-型，不存在 β-型。

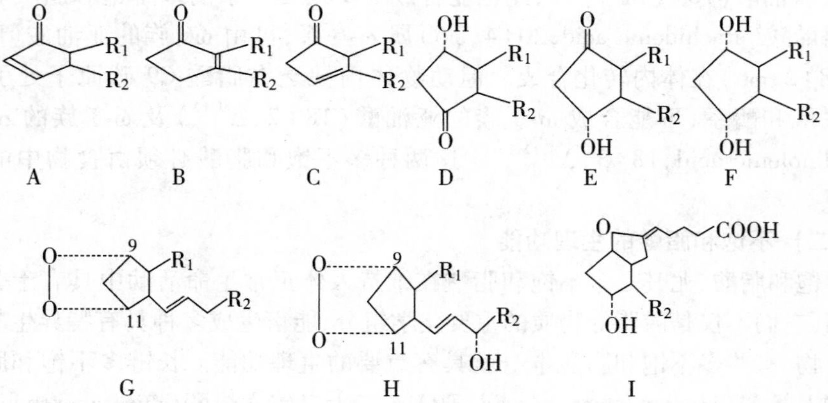

A　B　C　D　E　F

G　H　I

根据其 R_1 及 R_2 两条侧链中双键数目的多少，PG 又分为 1，2，3 类，在字母的右下角标示。

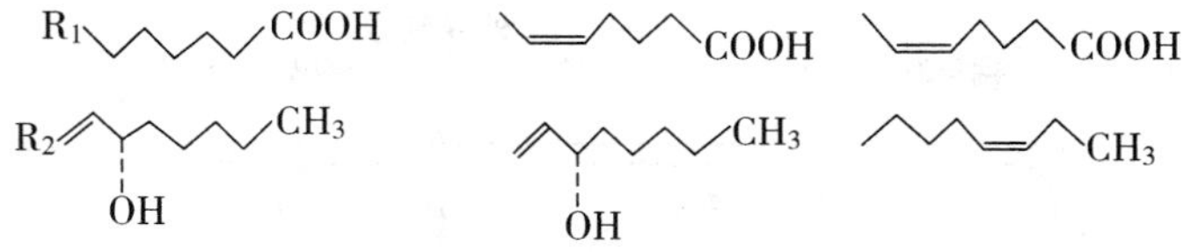

1类　　2类　　3类

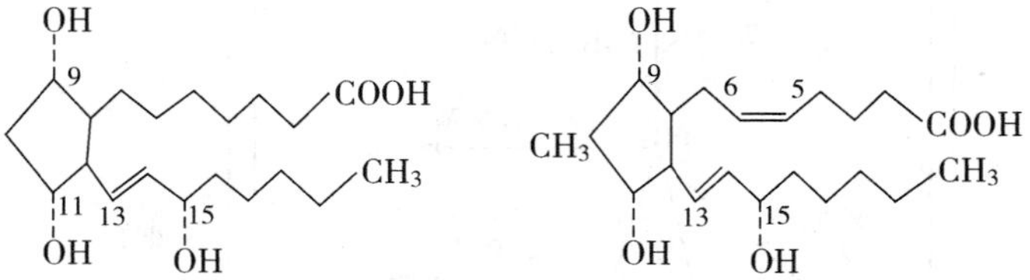

$PGF_{1}\alpha$　　$PGF_{2}\alpha$

血栓噁烷也是廿碳不饱和脂酸的衍生物，它有前列腺酸样骨架但又不相同，分子中的五碳环为含氧的噁烷所取代。

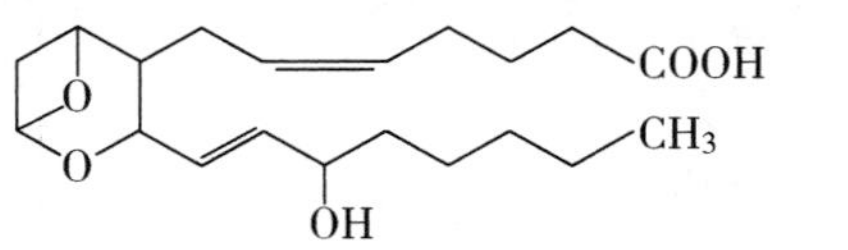

血栓噁烷 A_2

白三烯是不含前列腺酸骨架的廿碳多不饱和脂酸衍生物，有4个双键，所以在LT字母的右下方标以4。白三烯合成的初级产物为LTA_4，在5,6位上有一氧环。如在12位加水引入羟基，并将5,6位的环氧键断裂，则为LTB_4。如LTA_4的5,6环氧键打开，在6位与谷胱甘肽反应则可生成LTC_4、LTD_4及LTE_4等衍生物。现已证明过敏反应的慢反应物质（slow reacting substances of analphylaxis，SRS-A）就是这三种衍生物的混合物。

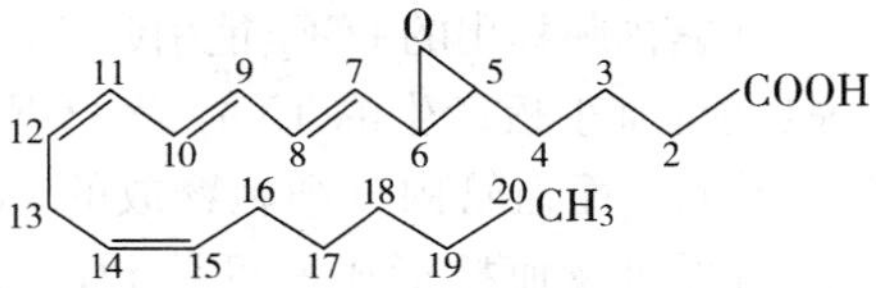

白三烯 A_4（LTA_4）

2. 前列腺素、血栓噁烷、白三烯的合成

（1）前列腺素及血栓噁烷的合成：除红细胞外，全身各组织均有合成PG的酶系，血小板尚有血栓噁烷合成酶。细胞膜中的磷脂含有丰富的花生四烯酸。当细胞受外界刺激，如在血管紧张素Ⅱ（angiotensin Ⅱ）、缓激肽（bradykinin）、肾上腺素、凝血酶及某些抗原抗体复合物或一些病理因子的作用下，细胞膜中的磷脂酶A_2被激活，使磷脂水解释放出花生四烯酸，然后在一系列酶作用下合成PG、TX（图10-5）。

（2）白三烯的合成：花生四烯酸在脂氧合酶（lipoxygenase）作用下生成氢过氧化廿碳四烯酸（5-hydroperoxy-eicotetraenoic acid，5-HPETE），然后在脱水酶作用下生成白三烯（LTA_4）。LTA_4在酶催化下转变成LTB_4、LTC_4、LTD_4及LTE_4等。

3. 前列腺素、血栓噁烷、白三烯的生理功能　前列腺素、血栓噁烷、白三烯在细胞内含量很低，仅10^{-11}mol/L水平，但具有很强的生理活性。

（1）前列腺素的生理功能：PGE_2能诱发炎症，促进局部血管扩张，使毛细血管

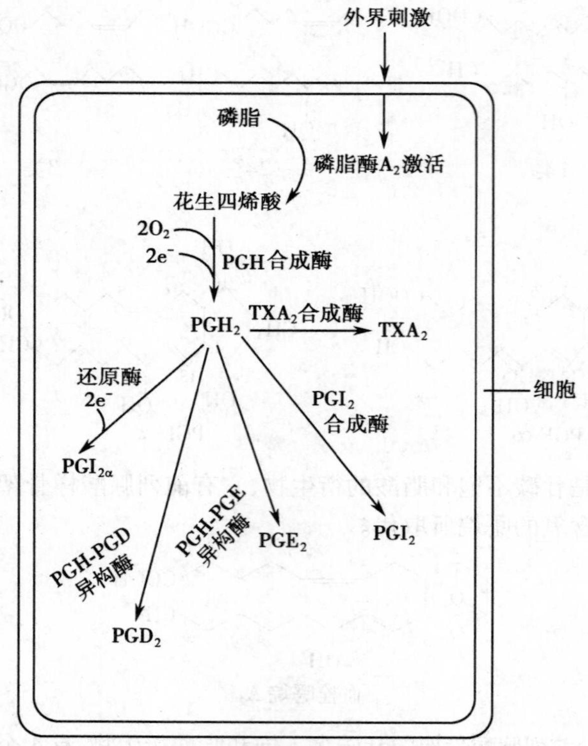

图 10-5　前列腺素及血栓噁烷的合成

通透性增加，引起红、肿、痛、热等症状。PGE_2、PGA_2 能使动脉平滑肌舒张，有降低血压的作用。PGE_2 及 PGI_2 能抑制胃酸分泌，促进胃肠平滑肌蠕动。卵泡产生的 PGE_2 及 $PGF_{2\alpha}$，在排卵过程中起重要作用。$PGF_{2\alpha}$ 可使卵巢平滑肌收缩，引起排卵。子宫释放的 $PGF_{2\alpha}$ 能使黄体溶解。分娩时子宫内膜释出的 $PGF_{2\alpha}$ 能引起子宫收缩加强，促进分娩。

（2）血栓噁烷的生理功能：血小板产生的 TXA_2 及 PGE_2 能促进血小板聚集和血管收缩，促进凝血及血栓形成。而血管内皮细胞释放的 PGI_2 则有很强的舒血管及抗血小板聚集作用，能抑制凝血及血栓形成。可见 PGI_2 有抗 TXA_2 的作用。北极地区爱斯基摩人摄食富含廿碳五烯酸（EPA）的海水鱼类食物，因而能在体内合成 PGE_3，PGI_3 及 TXA_3 等三类化合物。PGI_3 能抑制花生四烯酸从膜磷脂释放，因而能抑制 PGI_2 及 TXA_2 的合成。由于 PGI_3 的活性与 PGI_2 相同，而 TXA_3 的活性较 TXA_2 弱得多，因此爱斯基摩人抗血小板聚集及抗凝血作用较强，被认为是他们不易患心肌梗死的重要原因之一。

（3）白三烯的生理功能：已证实过敏反应的慢反应物质（SRS-A）是 LTC_4、LTD_4 及 LTE_4 的混合物，其使支气管平滑肌收缩的作用较组胺及 $PGF_{2\alpha}$ 强 100～1000 倍，作用缓慢而持久。此外，LTB_4 还能调节白细胞的功能，促进其游走及趋化作用，刺激腺苷酸环化酶，诱发多形核白细胞脱颗粒，使溶酶体释放水解酶类，促进炎症及过敏反应的发展。

IgE 与肥大细胞表面受体结合后，可引起肥大细胞释放 LTC_4、LTD_4 及 LTE_4，这三种物质能引起支气管及胃肠平滑肌剧烈收缩，LTD_4 还能使毛细血管通透性增加。LTB_4 促使中性及嗜酸性粒细胞游走，引起炎症浸润。

第三节 磷脂的代谢

磷脂是含有磷酸基团脂类物质的总称，根据其化学组成特征，磷脂可分为甘油磷脂和鞘磷脂两大类。由甘油构成的磷脂称为甘油磷脂（phosphoglyceride），由鞘氨醇（sphingosine）构成的磷脂称为鞘磷脂（sphingophospholipids）。体内含量最丰富的磷脂是甘油磷脂。根据与磷酸相连的取代基团的不同，甘油磷脂又可分为磷脂酰胆碱（卵磷脂）、磷脂酰乙醇胺（脑磷脂）、磷脂酰丝氨酸、磷脂酰甘油、二磷脂酰甘油（心磷脂）及磷脂酰肌醇等。

一、甘油磷脂的代谢

（一）甘油磷脂的组成、分类及结构

甘油磷脂由甘油、脂酸、磷酸及含氮化合物等组成，基本结构为：

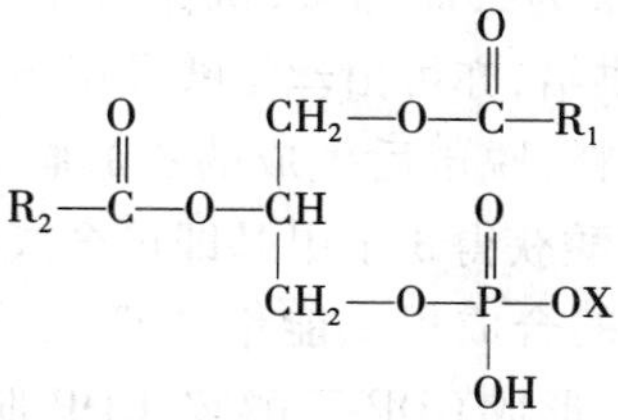

```
                              O
                              ‖
          O         CH2—O—C—R1
          ‖         |
R2—C—O—CH         O
                    |         ‖
                    CH2—O—P—OX
                              |
                              OH
```

甘油的 1 位和 2 位羟基分别被酯化与 1 分子脂酰结合。2 位上的脂酸一般为多不饱和脂酸，通常是花生四烯酸。3 位羟基与 1 分子磷酸结合，即形成最简单的甘油磷脂——磷脂酸。磷脂酸所含磷酸基团中-OH 上的 H 可被多种取代基团取代。根据与磷酸羟基相连的取代基团不同，即上述结构式中 X 的不同，可将甘油磷脂分为六类（表 10-4）。

表 10-4 机体几类重要的甘油磷脂

X-OH	X 取代基	甘油磷脂的名称
水	—H	磷脂酸
胆碱	$—CH_2CH_2N^+(CH_3)_3$	磷脂酰胆碱（卵磷脂）
乙醇胺	$—CH_2CH_2NH_3^+$	磷脂酰乙醇胺（脑磷脂）
丝氨酸	$—CH_2CH(NH_2)COOH$	磷脂酰丝氨酸
甘油	$—CH_2CHOHCH_2OH$	磷脂酰甘油
磷脂酰甘油	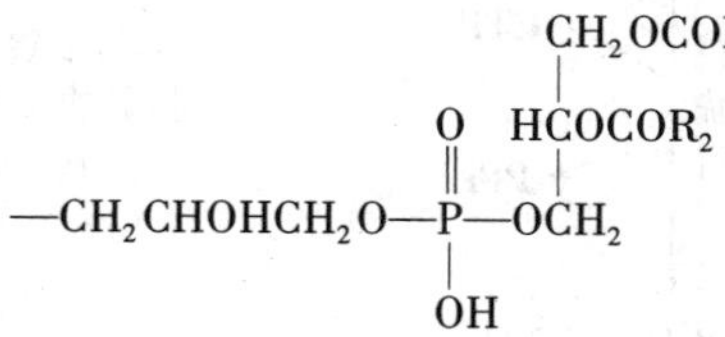 $—CH_2CHOHCH_2O—P(=O)(OH)—OCH_2—HCOCOR_2—CH_2OCOR_1$	二磷脂酰甘油（心磷脂）
肌醇	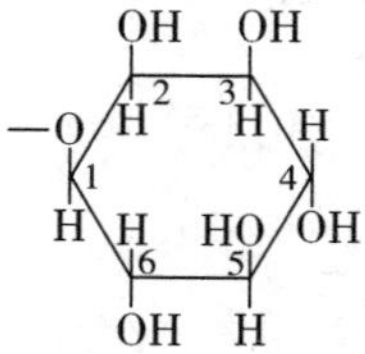 —O—肌醇环（C1～C6；OH、H 取代，见原图结构式）	磷脂酰肌醇

即使基本结构骨架、取代基团完全相同的磷脂，所含脂酰的碳链长度、不饱和双键的数目和位置还会不相同，因而还可分成若干种。红细胞就含有 100 种以上的不同磷脂。磷脂既含有 2 条疏水的脂酰基长链，又含有极性的磷酸基团及取代基团，因此它是双性化合物，疏水的脂酰基链称为疏水尾，极性的磷酸基团及取代基团称为极性头。当磷脂被分散在水溶液中时，其亲水的极性头趋向水相，而疏水尾则互相聚集，避免与水接触，形成稳定的微团或自动排列成双分子层。磷脂双分子层是生物膜的最基本结构。

（二）甘油磷脂的合成

1. 合成部位　人体全身各组织细胞均能合成甘油磷脂，以肝、肾及肠等组织细胞合成能力最强。合成反应在内质网进行。

2. 合成的原料　甘油磷脂合成的基本原料包括甘油、脂酸、磷酸盐、胆碱（choline）、丝氨酸、肌醇（inositol）等。甘油和脂酸主要由葡萄糖代谢转化而来，与甘油 2 位羟基缩合的多不饱和脂酸为必需脂酸，机体自身不能合成，必须从食物（植物油）中摄取。胆碱可由食物供给，亦可由丝氨酸及甲硫氨酸在体内合成。丝氨酸本身是合成磷脂酰丝氨酸的原料，脱羧后生成的乙醇胺又是合成磷脂酰乙醇胺的原料。乙醇胺从 S-腺苷甲硫氨酸获得 3 个甲基即可合成胆碱。甘油磷脂的合成还需 ATP、CTP。ATP 为甘油磷脂的合成提供能量，CTP 参与甘油磷脂合成过程中的乙醇胺、胆碱、甘油二酯的活化，形成 CDP-乙醇胺、CDP-胆碱、CDP-甘油二酯等甘油磷脂合成所必需的活化中间物。

$$HOCH_2CH(NH_2)COOH \xrightarrow{-CO_2} HOCH_2CH_2NH_2 \xrightarrow{3S\text{-腺苷甲硫氨酸}} HOCH_2CH_2N^+(CH_3)_3$$

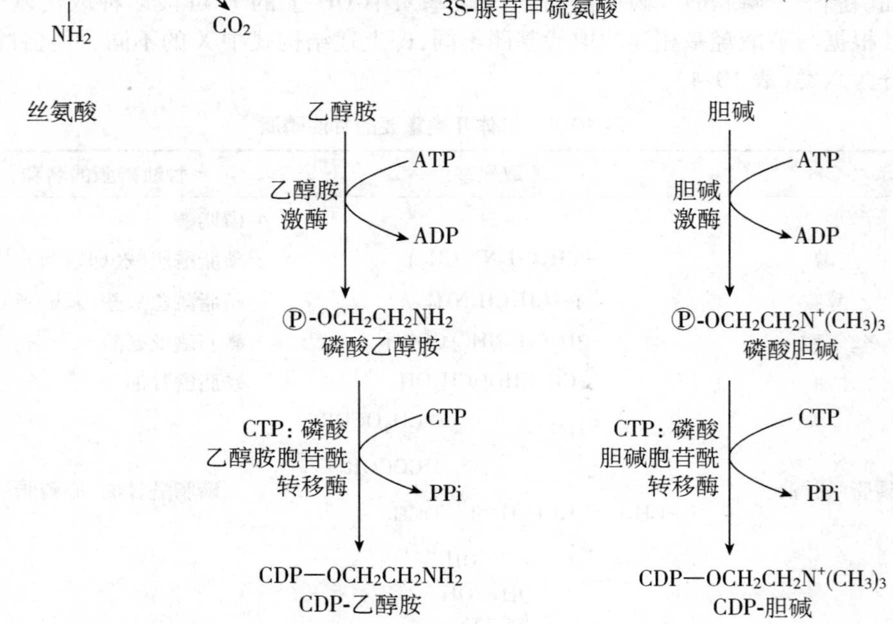

CDP-胆碱

CDP-甘油二酯

3. 合成基本过程　甘油磷脂的合成有两条途径，即甘油二酯途径和CDP-甘油二酯途径，不同的甘油磷脂采用不同的合成途径。

（1）甘油二酯途径：磷脂酰胆碱及磷脂酰乙醇胺主要通过此途径合成，这两类磷脂占组织及血液磷脂的75%以上。甘油二酯是该途径的重要中间物，胆碱（choline）和乙醇胺（ethanolamine）被活化成CDP-胆碱（CDP-choline）和CDP-乙醇胺（CDP-ethanolamine）后，分别与甘油二酯缩合，生成磷脂酰胆碱（phosphatidyl choline，PC）和磷脂酰乙醇胺（phosphatidyl ethanolamine，PE）。

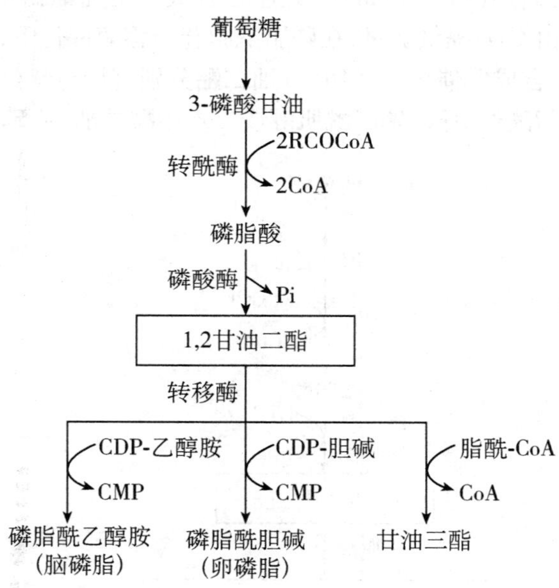

```
        O
        ‖
 O   CH2OCR1
 ‖    |
R2CO—CH     O
      |     ‖
     CH2O—P—O—CH2CH2NH2
            |
            OH
```

脑磷脂

```
        O
        ‖
 O   CH2OCR1
 ‖    |
R2CO—CH     O
      |     ‖
     CH2O—P—O—CH2CH2N+(CH3)3
            |
            OH
```

卵磷脂

PC 是真核生物细胞膜含量最丰富的磷脂，在细胞的增殖和分化过程中具有重要的作用。一些疾病如癌(cancer)、阿尔茨海默病(Alzheimer's disease)和脑卒中(stroke)等的发生与 PC 代谢异常密切相关。国内外科学家们正在努力探讨 PC 代谢在细胞增殖、分化和细胞周期中，如癌、阿兹海默症和脑卒中等疾病发生中的作用及其机制。一旦取得突破，将为相关疾病的预防、诊断和治疗提供新靶点。

尽管 PC 也可由 S-腺苷甲硫氨酸提供甲基，使 PE 甲基化生成，但这种方式合成量仅占人 PC 合成总量 10% ~15%。哺乳动物细胞 PC 的合成主要通过甘油二酯途径完成。由于在该途径中，胆碱需先活化成 CDP-胆碱，所以合成 PC 的甘油二酯途径也被称为 CDP-胆碱途径(CDP-choline pathway)。CTP：磷酸胆碱胞苷转移酶(CTP：phosphocholine cytidylyltransferase，CCT)是 CDP-胆碱途径合成 PC 的限速酶，它催化磷酸胆碱(phosphocholine)与 CTP 缩合成 CDP-胆碱。后者向甘油二酯提供磷酸胆碱，合成 PC。

(2) CDP-甘油二酯途径：肌醇磷脂(phosphatidyl inositol)、丝氨酸磷脂(phosphatidylserine)及心磷脂(cardiolipin)由此途径合成。由葡萄糖生成磷脂酸与上述途径相同。接着，由 CTP 提供能量，在磷脂酰胞苷转移酶催化下，生成活化的 CDP-甘油二酯。在相应合成酶催化下，CDP-甘油二酯分别直接与丝氨酸、肌醇或磷脂酰甘油缩合，生成磷脂酰丝氨酸、磷脂酰肌醇或二磷脂酰甘油(心磷脂)。

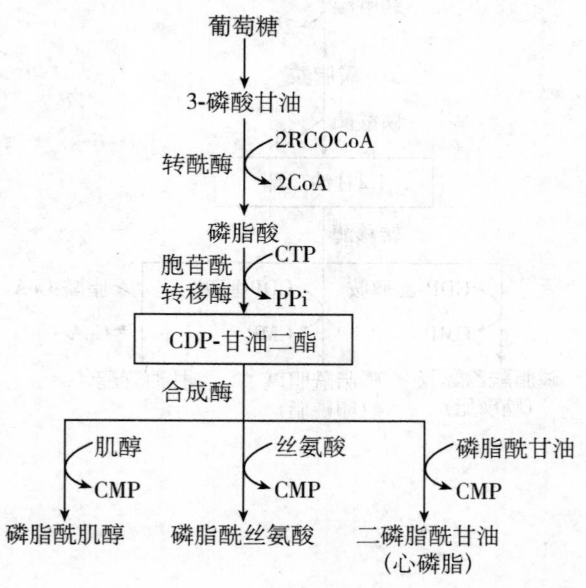

二磷脂酰甘油(心磷脂)

磷脂酰肌醇

磷脂酰丝氨酸

磷脂酰丝氨酸可由磷脂酰乙醇胺羧化或其乙醇胺与丝氨酸交换生成。

甘油磷脂的合成在内质网膜外侧面进行。胞液中存在一类能促进磷脂在细胞内膜之间交换的蛋白质,称磷脂交换蛋白(phospholipid exchange proteins),催化不同种类磷脂在膜之间进行交换,使新合成的磷脂转移至不同细胞器膜上,更新这些膜上的磷脂。例如在内质网合成的心磷脂可通过这种方式转至线粒体内膜,构成线粒体内膜特征性磷脂。

Ⅱ型肺泡上皮细胞可合成由 2 分子软脂酸构成的特殊磷脂酰胆碱,生成的二软脂酰胆碱是较强的乳化剂,能降低肺泡的表面张力,有利于肺泡的伸张。如新生儿肺泡上皮细胞合成二软脂酰胆碱障碍,则会引起肺不张。

(三) 甘油磷脂的降解

生物体内存在能使甘油磷脂水解的多种磷脂酶(phospholipase),包括磷脂酶 A_1、A_2、B_1、B_2、C 及 D,分别作用于甘油磷脂分子中不同的酯键,降解甘油磷脂(图 10-6)。磷脂酶 A_1 及 A_2 分别作用于甘油 1 和 2 位碳原子—OH 与脂酸形成的酯键,并将其水解释放出脂酸。磷脂酶 B_1 作用于溶血磷脂 1 中与甘油 1 位碳原子羟基缩合形成的酯键。磷脂酶 B_2 作用于溶血磷脂 2 中与甘油 2 位碳原子羟基缩合形成的酯键。磷脂酶 C 作用于甘油 3 位碳原子羟基与磷酸缩合形成的酯键。磷脂酶 D 作用于磷酸基团上的—OH 与取代基间形成的酯键。

溶血磷脂 1 具较强表面活性,能使红细胞膜或其他细胞膜破坏引起溶血或细胞坏死。溶血磷脂在细胞内还可进一步水解,如溶血磷脂 1 在溶血磷脂酶 1(即磷

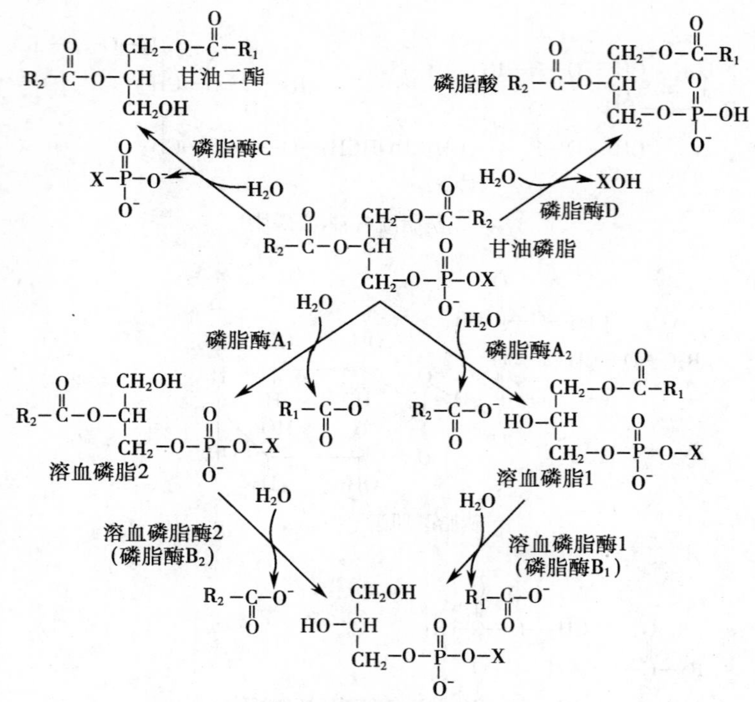

图 10-6 磷脂酶对甘油磷脂的水解作用

注:X 为含氮碱

脂酶 B_1)作用下,水解与甘油 1 位—OH 缩合形成的酯键,生成不含脂酸的甘油磷酸胆碱,溶血磷脂就失去对细胞膜结构的溶解作用。磷脂酶 A_1 主要存在于动物组织细胞的溶酶体中,蛇毒及某些微生物亦含有该酶。磷脂酶 C 存在于细胞膜及某些细菌中。

二、鞘磷脂的代谢

(一)鞘脂的化学组成及结构

鞘脂(sphingolipids)是一类含鞘氨醇(sphingosine)或二氢鞘氨醇的脂类物质,由一分子脂酸通过其羧基以酰胺键与鞘氨醇的氨基相连,可含磷酸基团或糖基,含磷酸基团的鞘脂称为鞘磷脂,含糖基的鞘脂称为鞘糖脂。

鞘氨醇或二氢鞘氨醇是具脂肪族长链的氨基二元醇,具有疏水的长链脂肪烃尾和 2 个羟基及 1 个氨基的极性头。其化学结构式为:

反式

$CH_3(CH_2)_{12}—CH═CH—CHOH$
$\qquad\qquad\qquad\qquad |$
$\qquad\qquad\qquad\quad CHNH_2$
$\qquad\qquad\qquad\qquad ‖$
$\qquad\qquad\qquad\quad CH_2OH$

鞘氨醇

$CH_2(CH_2)_{14}—CHOH$
$\qquad\qquad\quad |$
$\qquad\qquad CHNH_2$
$\qquad\qquad\quad ‖$
$\qquad\qquad CH_2OH$

二氢鞘氨醇

自然界以 18 碳(18C)鞘氨醇最多,但亦存在 16,17,19 及 20 碳鞘氨醇。由于分子中有双键,故鞘氨醇有顺反两种异构体,自然界存在的鞘氨醇为反式构型。鞘脂分子所含脂酸主要为16C,18C,22C或24C的饱和或单不饱和脂酸,有的还含α羟基。鞘脂的末端常被极性基团(X)取代,鞘磷脂的X为磷酸胆碱或磷酸乙醇胺,鞘糖脂的X为单糖基或寡糖链通过β-糖苷键与其末端羟基相连。

```
鞘氨醇
CH3(CH2)mCH═CH—CHOH
                  |        脂肪酸
                  CHNHCO(CH2)nCH3
                  |
                  CH2—O—X
                        取代基
```

鞘脂的化学结构通式

m多为12;n多在12~22之间

(二) 鞘磷脂的代谢

神经鞘磷脂(sphingomyelin)是人体含量最多的鞘磷脂,由鞘氨醇、脂酸及磷酸胆碱构成。鞘氨醇的氨基通过酰胺键与脂酸的羧基相连,生成N-脂酰鞘氨醇,又称神经酰胺(ceramide)。N-脂酰鞘氨醇末端羟基与磷酸胆碱的磷酸基团通过磷酸酯键相连,生成神经鞘磷脂。神经鞘磷脂是构成生物膜的重要组分,人红细胞膜中神经鞘磷脂所占的比例可达20%~30%,常与卵磷脂并存于细胞膜的外侧。神经髓鞘含有大量的脂类物质,占其干重的97%,其中11%为卵磷脂,5%为神经鞘磷脂。

1. 鞘氨醇的合成

(1) 合成部位:全身各组织细胞均可合成,以脑组织细胞最活跃。合成鞘氨醇的酶系存在于内质网,鞘氨醇的合成主要在此处进行。

(2) 合成原料:合成鞘氨醇的基本原料是软脂酰CoA、丝氨酸和胆碱,还需磷酸吡哆醛、NADPH+H^+及FAD等辅酶参加。

(3) 合成过程:在磷酸吡哆醛的参与下,由内质网3-酮二氢鞘氨醇合成酶催化,软脂酰CoA与L-丝氨酸缩合并脱羧生成3-酮基二氢鞘氨醇(3-ketodihydrosphingosine),再由NADPH+H^+供氢,由还原酶催化,加氢生成二氢鞘氨醇,然后在脱氢酶催化下,脱氢生成鞘氨醇,脱下的氢由FAD接受,生成FADH+H^+。

2. 神经鞘磷脂的合成　在脂酰转移酶催化下,鞘氨醇的氨基与脂酰CoA进行酰胺缩合,生成N-脂酰鞘氨醇,最后由CDP-胆碱提供磷酸胆碱,生成神经鞘磷脂。

```
CH3(CH2)12CH═CH—CHOH
                |
                CHNHCO(CH2)nCH3
                |
                |      O
                |      ‖
                CH2—P—O—CH2CH2N+(CH3)3
                       |
                       OH
```

神经鞘磷脂

3. 神经鞘磷脂的降解　需神经鞘磷脂酶(sphingomyelinase)催化,才能完成神经鞘磷脂降解,该酶存在于脑、肝、脾、肾等组织细胞的溶酶体中,属磷脂酶C类,能使磷酸酯键水解,产生磷酸胆碱及N-脂酰鞘氨醇。如先天性缺乏此酶,则鞘磷脂不能降解,在细胞内积存,引起肝、脾大及痴呆等鞘磷脂沉积病变。

（三）鞘糖脂的代谢

鞘糖脂是N-脂酰鞘氨醇的末端羟基与单糖如葡萄糖或寡糖以β-糖苷键结合而成的脂类，可分为葡萄糖脑苷脂、半乳糖脑苷脂以及含一个或多个唾液酸寡糖链的神经节苷脂。鞘糖脂普遍存在于细胞膜的外侧，以突触膜和肝细胞膜含量最丰富，在维持细胞膜的稳定中起着十分重要的作用。鞘糖脂在血细胞分型、免疫及细胞识别等方面也有重要的作用，可通过分子中的寡糖链与配体间的相互作用，发挥配体识别、配体结合及对细胞膜受体活性的调节作用。

1. 鞘糖脂的合成　由CDP-葡萄糖、CDP-半乳糖、CMP-唾液酸等提供糖基，在糖基转移酶催化下，将糖基转移至N-脂酰鞘氨醇的末端羟基，缩合成β-糖苷键，即生成鞘糖脂。含寡糖链鞘糖脂的合成则需要多种糖基转移酶的作用，将糖基逐个添加在N-脂酰鞘氨醇的末端羟基上。

2. 鞘糖脂的降解　鞘糖脂的降解是在多种糖基水解酶作用下，水解去除糖基，如鞘糖脂含有寡糖链，则需将糖基逐个去除。糖基水解酶的特异性很强，一种糖基水解酶不能代替另一种糖基水解酶，任何一种糖基水解酶的缺乏都会使鞘糖脂不能正常降解，导致相应鞘糖脂在细胞内蓄积，引起细胞功能障碍。

第四节　胆固醇代谢

胆固醇的得名源于它最先是从动物胆石中分离出的、具有羟基的固体醇类化合物，故称为胆固醇（cholesterol，chole 胆，sterol 固醇）。所有固醇（包括胆固醇）都具有环戊烷多氢菲的共同结构，不同固醇间的区别在于碳原子数目及取代基不同；当然，其生理功能也各异。植物不含胆固醇但含植物固醇，以β-谷固醇（β-sitosterol）最多；酵母含麦角固醇（ergosterol），细菌不含固醇类化合物。

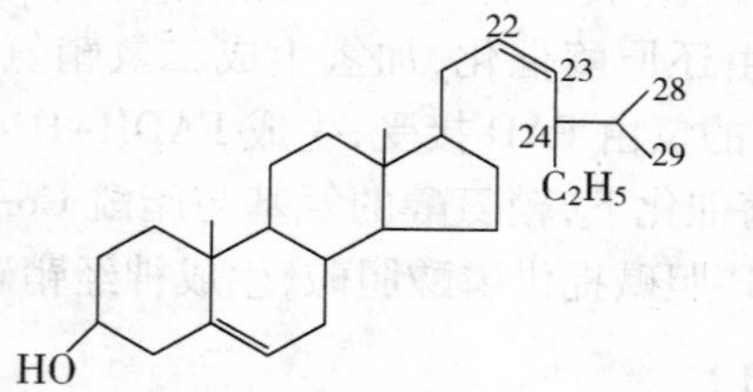

β-谷固醇 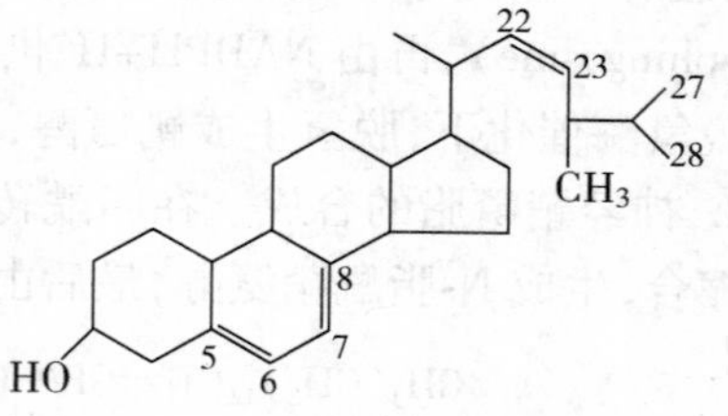　　　　麦角固醇

胆固醇在人体各组织分布不均匀，大约1/4分布在脑及神经组织，约占脑组织的20%。肾上腺、卵巢等具有类固醇激素合成功能的内分泌腺，胆固醇含量也很丰富，达1%～5%。肝、肾、肠等内脏及皮肤，脂肪组织亦含较多的胆固醇，每100g组织约含200～500mg，其中以肝最多。肌组织含量较低，每100g组织约含100～200mg。

人体胆固醇有两种存在形式，即游离胆固醇（unesterified cholesterol）和胆固醇酯（cholesteryl ester）。胆固醇不仅是细胞各种膜结构的主要成分，也是机体合成类固醇激素、胆汁酸及维生素D_3的前体。

一、胆固醇的合成

（一）合成部位

除成年动物脑组织及成熟红细胞外，几乎全身各组织均可合成胆固醇，每天的合成量为1g左右。肝脏是合成胆固醇的主要器官，机体自身合成胆固醇的70%～80%来自肝脏，其次是小肠，约占10%。胆固醇的合成主要在细胞胞液及内质网中完成。

（二）合成原料

乙酰CoA及NADPH+H^+是合成胆固醇的基本原料。乙酰CoA是葡萄糖、氨基酸及脂酸在线粒体内的分解代谢产物，不能自由通过线粒体内膜，需在线粒体内与草酰醋酸缩合生成枸橼酸，再通过线粒体内膜的载体进入胞液，然后在裂解酶催化下，将枸橼酸裂解成乙酰CoA，作为胆固醇合成原料。每转运1分子乙酰CoA，由枸橼酸裂解成乙酰CoA时消耗1分子ATP。胆固醇的合成还需NADPH+H^+供氢、ATP供能。每合成1分子胆固醇需18分子乙酰CoA、36分子ATP及16分子NADPH+H^+。

（三）合成基本过程

胆固醇合成过程复杂，有近30步酶促反应，大致可划分为三个阶段。

1. 甲羟戊酸的合成　2分子乙酰CoA在乙酰乙酰CoA硫解酶作用下，缩合生成乙酰乙酰CoA；再在羟甲基戊二酸单酰CoA合酶（3-hydroxy-3methyl glutaryl CoA synthase，HMG-CoA synthase）作用下，与1分子乙酰CoA缩合生成羟甲基戊二酸单酰CoA（3-hydroxy-3-methyl glutaryl CoA，HMG-CoA）。在线粒体中，HMG-CoA被裂解生成酮体；而在胞液中，HMG-CoA在内质网HMG-CoA还原酶（HMG-CoA reductase）作用下，由NADPH+H^+供氧，还原生成甲羟戊酸（mevalonic acid，MVA）。HMG-CoA还原酶是合成胆固醇的限速酶，HMG-CoA还原成甲羟戊酸是合成胆固醇的限速反应。

$$2CH_3COCoA \xrightarrow[\searrow HSCoA]{\text{硫解酶}} 2CH_3COCH_2COCoA \xrightarrow[CH_3COCoA \curvearrowright HSCoA]{\text{HMG CoA合酶}}$$

$$\underset{\text{羟基甲基戊二酸单酰 CoA}}{HOOC-CH_2-C(OH)(CH_3)-CH_2-COCoA} \xrightarrow[2NADPH+2H^+ \curvearrowright 2NADP \quad HSCoA]{\text{HMG CoA 还原酶}} \underset{\text{甲羟戊酸(MVA)}}{HOOC-CH_2-C(OH)(CH_3)-CH_2-CH_2OH}$$

2. 鲨烯的合成　由ATP提供能量，在胞液中一系列酶的作用下，MVA经脱羧、磷酸化生成活泼的异戊烯焦磷酸（Δ^3-isopentenyl pyrophosphate，IPP）和二甲基丙烯焦磷酸（3，3-dimethylallyl pyrophosphate，DPP）。3分子活泼的5碳焦磷酸化合物（IPP及DPP）缩合生成15碳的焦磷酸法尼酯（farnesyl pyrophosphate，FPP）。在内质网鲨烯合酶（squalene synthase）催化下，2分子15碳的焦磷酸法尼酯经再缩合、还原生成30碳的多烯烃——鲨烯（squalene）。

3. 胆固醇的合成　含 30 碳的鲨烯结合在胞液中的固醇载体蛋白（sterol carrier protein，SCP）上，经内质网单加氧酶、环化酶等多种酶的催化，环化生成羊毛固醇，再经氧化、脱羧、还原等反应，脱去 3 个甲基，生成含 27 碳的胆固醇（图 10-7）。

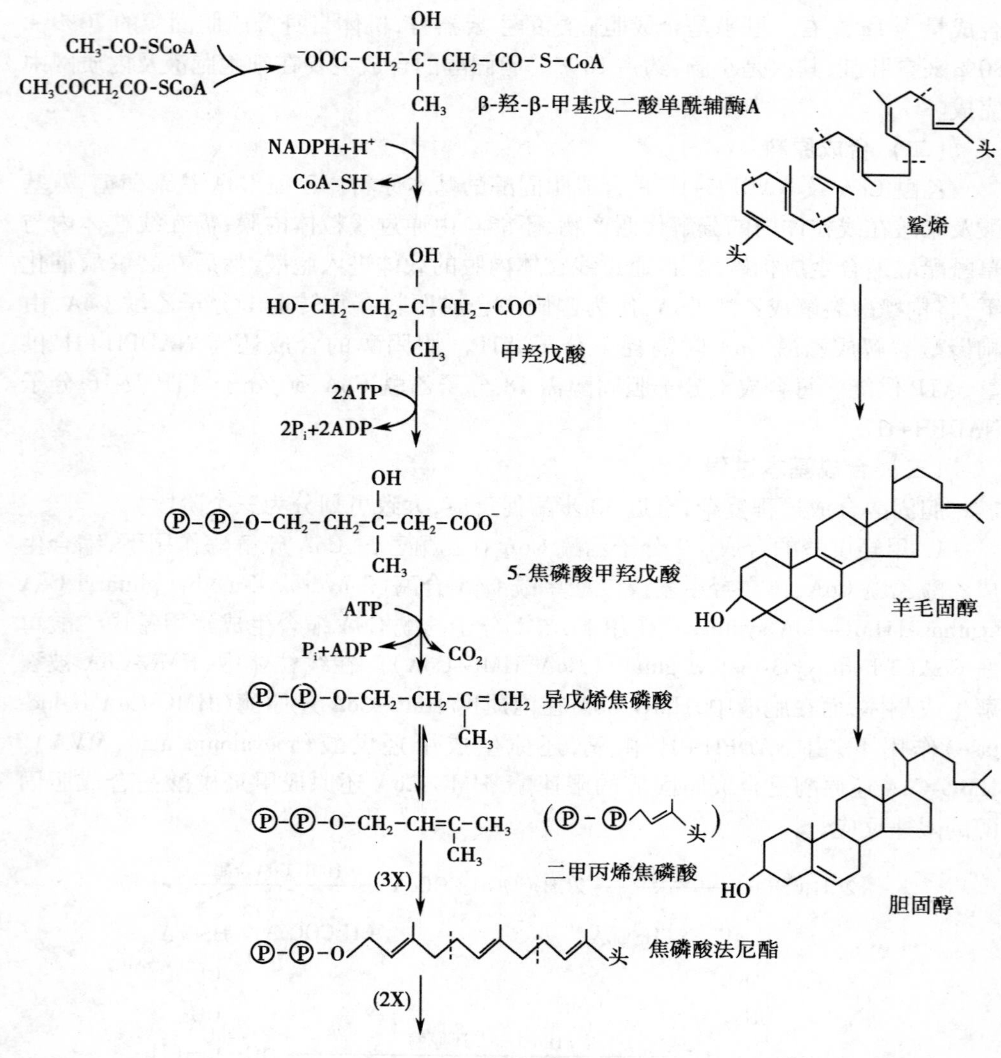

图 10-7　胆固醇的合成过程

4. 胆固醇酯的合成　在脂酰-CoA：胆固醇酯酰转移酶（acyl-CoA：cholesterol acyltransferase，ACAT）作用下，细胞内的游离胆固醇与脂酰 CoA 缩合，生成胆固醇酯储存。血浆中的游离胆固醇则在血浆卵磷脂-胆固醇酯酰转移酶（lecithin：cholesterol acyltransferase，LCAT）作用下，将卵磷脂甘油 2 位碳原子上的脂酰基（多为不饱和脂酰基）转移至胆固醇的 3 位羟基上，生成胆固醇酯和溶血卵磷脂。胆固醇酯是血浆胆固醇的主要运输形式。

（四）胆固醇合成的调节

1. 胆固醇合成有昼夜节律性　动物实验发现，大鼠肝脏的胆固醇合成有昼夜节律性，午夜时合成最高，中午合成最低。进一步研究发现，肝 HMG-CoA 还原酶活性也有相同的昼夜节律性。可见,胆固醇合成的周期节律性是 HMG-CoA 还原酶活性周期性改变的结果。

2. HMG-CoA 还原酶活性的调节方式　HMG-CoA 还原酶是胆固醇合成的限速酶,是体内外各种因素(包括药物)影响胆固醇合成的主要靶点。

(1) 变构调节:胆固醇合成的产物甲羟戊酸、胆固醇以及胆固醇的氧化产物 7β-羟胆固醇、25-羟胆固醇是 HMG-CoA 还原酶的变构抑制剂,当其细胞内含量升高时,HMG-CoA 还原酶活性降低,胆固醇合成减少。

(2) 化学修饰调节:HMG-CoA 还原酶活性随酶蛋白分子的磷酸化或去磷酸化状态改变而变化。在 ATP 存在的情况下,胞液中的 cAMP 依赖性蛋白激酶可使 HMG-CoA 还原酶磷酸化而丧失活性,胞液中的磷蛋白磷酸酶可催化磷酸化的 HMG-CoA 还原酶脱磷酸而恢复酶活性。

(3) 酶的含量调节:当细胞合成胆固醇增多或通过 LDL 受体途径摄入胆固醇增多,细胞内胆固醇含量增加,会抑制 HMG-CoA 还原酶基因的转录,使酶蛋白合成减少,活性降低,抑制胆固醇的合成。

3. 影响胆固醇合成的主要因素

(1) 饥饿与饱食:饥饿或禁食可抑制肝合成胆固醇。研究发现,大鼠禁食 48 小时后,胆固醇的合成减少 11 倍,禁食 96 小时减少 17 倍,而肝外组织的合成减少不多。禁食除使 HMG-CoA 还原酶活性降低外,乙酰 CoA、ATP、$NADPH+H^+$ 的不足也是胆固醇合成减少的重要原因。相反,摄取高糖、高饱和脂肪膳食,肝 HMG-CoA 还原酶活性增加,乙酰 CoA、ATP、$NADPH+H^+$ 充足,胆固醇合成增加。

(2) 胆固醇含量:细胞胆固醇含量是影响胆固醇合成的主要因素之一,升高可通过抑制 HMG-CoA 还原酶的合成来抑制胆固醇的合成。HMG-CoA 还原酶在肝细胞中的半寿期约为 4 小时,如酶蛋白的合成被阻断,肝细胞内酶蛋白的含量在几小时内便降低。反之,降低细胞胆固醇含量,可解除胆固醇对酶蛋白合成的抑制作用,胆固醇合成增加。胆固醇及其氧化产物如 7β-羟胆固醇、25 羟胆固醇也可以通过别构调节对 HMG-CoA 还原酶活性产生较强的抑制作用,减少胆固醇的合成。

(3) 激素:胰岛素及甲状腺素能诱导肝细胞 HMG-CoA 还原酶的合成,通过酶的含量调节增强其活性,增加胆固醇的合成。甲状腺素还能促进胆固醇在肝转变为胆汁酸,所以甲状腺功能亢进患者血清胆固醇的含量降低。胰高血糖素可使 HMG-CoA 还原酶磷酸化,快速降低其活性,抑制胆固醇合成。皮质醇能降低 HMG-CoA 还原酶活性,减少胆固醇合成。

二、胆固醇的转化

胆固醇的母核——环戊烷多氢菲在体内不能被降解,所以胆固醇不能像糖、脂肪那样在体内被彻底分解;但它的侧链可被氧化、还原或降解转变为其他具有环戊烷多氢菲母核的产物,或参与代谢调节,或排出体外。

(一) 转化为胆汁酸

是胆固醇在体内代谢的主要去路。正常人每天约合成 1~1.5g 胆固醇,其中 2/5(0.4~0.6g)在肝脏被转化成为胆汁酸(bile acid),随胆汁排入肠道。

（二）转化为类固醇激素

肾上腺皮质球状带、束状带及网状带细胞可以胆固醇为原料分别合成醛固酮、皮质醇及雄激素。睾丸间质细胞以胆固醇为原料合成睾酮，卵巢的卵泡内膜细胞及黄体以胆固醇为原料合成和分泌雌二醇及黄体酮。

（三）转化为7-脱氢胆固醇

胆固醇可以在皮肤被氧化为7-脱氢胆固醇，后者可经紫外线照射转变为维生素 D_3。

第五节　血浆脂蛋白代谢

一、血　　脂

血浆所含的脂类物质统称血脂，包括：甘油三酯、磷脂、胆固醇及其酯以及游离脂酸等。磷脂主要有卵磷脂（约70%）、神经鞘磷脂（约20%）及脑磷脂（约10%）。血脂有两种来源，外源性脂质是指从食物摄取、经消化吸收进入血液的脂质；内源性脂质则指由肝细胞、脂肪细胞以及其他组织细胞合成后释放入血的脂质。血脂不如血糖恒定，受膳食、年龄、性别、职业以及代谢等的影响，波动范围较大，通常所说的血脂水平是指空腹12～14小时的血脂含量。正常成人空腹12～14小时血脂的组成及含量见表10-5。

表10-5　正常成人空腹血脂的组成及含量

组　成	血浆含量		空腹时主要来源
	mg/ml	mmol/L	
总脂	400～700(500)*		
甘油三酯	10～150(100)	0.11～1.69(1.13)	肝
总胆固醇	100～250(200)	2.59～6.47(5.17)	肝
胆固醇酯	70～200(145)	1.81～5.17(3.75)	
游离胆固醇	40～70(55)	1.03～1.81(1.42)	
总磷脂	150～250(200)	48.44～80.73(64.58)	肝
卵磷脂	50～200(100)	16.1～64.6(32.3)	肝
神经磷脂	50～130(70)	16.1～42.0(22.6)	肝
脑磷脂	15～35(20)	4.8～13.0(6.4)	肝
游离脂酸	5～20(15)		脂肪组织

* 括号内为均值

二、血浆脂蛋白的分类、组成及结构

脂质不溶于水，即使将其充分混匀于水中，也呈乳浊液。在水环境的血浆中含有大量脂质（表10-5），但正常人血浆却是清澈透明，说明血脂在血浆中不是以游离状态存在。研究发现，脂质在血液中是与一些蛋白质结合在一起，以脂蛋白（lipoprotein）形式在血液中运输和代谢。

（一）脂蛋白的分类

不同脂蛋白中脂质、蛋白质的种类及其含量并不相同，其理化性质如密度、颗粒大小、表面电荷、电泳行为，免疫学性质以及生理功能均有不同。一般采用电泳法及超速离心法，将血浆脂蛋白分为四类。

1\. 电泳法　根据不同脂蛋白在电场中具有不同的迁移率分类（图 10-8）。α-脂蛋白（α-lipoprotein）泳动最快，相当于 α_1-球蛋白位置；β-脂蛋白（β-lipoprotein）相当于β-球蛋白位置；前β-脂蛋白（pre-β-lipoprotein）位于β-脂蛋白之前，相当于 α_2-球蛋白位置；乳糜微粒（chylomicron，CM）不泳动，留在原点（点样处）。

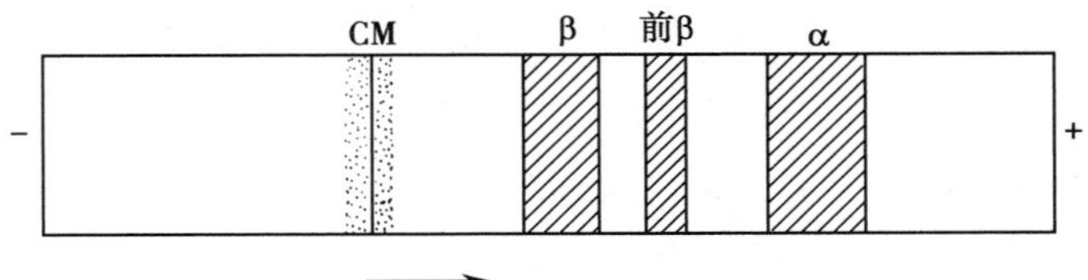

图 10-8　血浆脂蛋白的琼脂糖凝胶电泳图

2\. 超速离心法　根据不同脂蛋白在离心场中的漂浮或沉降特性分类。将血浆在一定密度盐溶液中超速离心，血浆脂蛋白会因密度不同而漂浮或沉降，通常用 Svedberg 漂浮率（S_f）表示脂蛋白的上浮或下沉特性。在 26℃、密度为 1.063 的 NaCl 溶液中、每秒每达因克离心力的力场中，每上浮 10^{-13}cm 为 $1S_f$单位，即 $1S_f = 10^{-13}$cm/（s·dyn·g）。根据 S_f不同，可将血浆脂蛋白分为四类：乳糜微粒含脂最多，密度小于 0.95，易于上浮；其余的脂蛋白按密度大小依次为极低密度脂蛋白（very low density lipoprotein，VLDL）、低密度脂蛋白（low density lipoprotein，LDL）和高密度脂蛋白（high density lipoprotein，HDL）；分别相当于电泳分类中的 CM、前β-脂蛋白、β-脂蛋白及α-脂蛋白等四类。

人血浆还有中密度脂蛋白（intermediate density lipoprotein，IDL）和脂蛋白（a）（lipoprotein（a），Lp（a））。IDL 是 VLDL 在血浆中向 LDL 转化过程中的中间产物，其组成及密度介于 VLDL 及 LDL 之间，密度为 1.006～1.019。Lp（a）的脂质成分与 LDL 类似，在其蛋白质成分中，除了含一分子载脂蛋白 B100 外，还含有一分子载脂蛋白（a），是一类独立的脂蛋白。因蛋白质及脂类的种类和含量不同，HDL 还可分成亚类，主要有 HDL_2 及 HDL_3，其密度分别为 1.063～1.125 及 1.125～1.210。从脂肪组织动员释放入血的游离脂酸，亦不溶于水，常与血浆中的清蛋白结合而运输，不列入血浆脂蛋白内。血浆脂蛋白的分类、性质、组成及功能见表 10-6。

（二）血浆脂蛋白的组成

各类血浆脂蛋白均由蛋白质、甘油三酯、磷脂、胆固醇及其酯组成，但其组呈比例及含量差别很大（表 10-6）。CM 颗粒最大，含甘油三酯最多，达 80%～95%，蛋白质最少，约 1%，故密度最小，<0.95，将血浆静置即可使其漂浮。VLDL 亦含较多的甘油三酯，达 50%～70%，但其蛋白质含量（约 10%）高于 CM，故密度较 CM 大，在 0.95～1.006 之间。LDL 含胆固醇及胆固醇酯最多，为 40%～50%，其蛋白质含量为 20%～25%，密度在 1.006～1.063 之间。HDL 蛋白质含量最多，约 50%，故密度最高，颗粒最小。

表 10-6 血浆脂蛋白的分类、性质、组成及功能

分类	密度法	乳糜微粒	极低密度脂蛋白	低密度脂蛋白	高密度脂蛋白
	电泳法		前β-脂蛋白	β-脂蛋白	α-脂蛋白
性质	密度	<0.95	0.95～1.006	1.006～1.063	1.063～1.210
	S_f值	>400	20～400	0～20	沉降
	电泳位置	原点	α_2-球蛋白	β-球蛋白	α_1-球蛋白
	颗粒直径(nm)	80～500	25～80	20～25	5～17
组成(%)	蛋白质	0.5～2	5～10	20～25	50
	脂质	98～99	90～95	75～80	50
	甘油三酯	80～95	50～70	10	5
	磷脂	5～7	15	20	25
	胆固醇	1～4	15	45～50	20
	游离胆固醇	1～2	5～7	8	5
	酯化胆固醇	3	10～12	40～42	15～17
载脂蛋白组成(%)	Apo AⅠ	7	<1	—	65～70
	Apo AⅡ	5	—	—	20～25
	Apo AⅣ	10	—	—	—
	Apo B100	—	20～60	95	—
	Apo B48	9	—	—	—
	Apo CⅠ	11	3	—	6
	Apo CⅡ	15	6	微量	1
	Apo CⅢ0～2	41	40	—	4
	Apo E	微量	7～15	<5	2
	Apo D	—	—	—	3
合成部位		小肠黏膜细胞	肝细胞	血浆	肝、肠、血浆
功能		转运外源性甘油三酯及胆固醇	转运内源性甘油三酯及胆固醇	转运内源性胆固醇	逆向转运胆固醇

（三）脂蛋白的结构

脂蛋白一般呈球状。疏水性较强的甘油三酯及胆固醇酯位于脂蛋白的内核，载脂蛋白（apolipoprotein，Apo）、磷脂及游离胆固醇以单分子层覆盖于脂蛋白表面。大多数载脂蛋白如 Apo AⅠ、AⅡ、CⅠ、CⅡ、CⅢ及 E 等均具双性 α-螺旋（amphipathic α helix）结构，疏水氨基酸残基构成 α-螺旋的非极性面，亲水氨基酸残基构成 α-螺旋的极性面。在脂蛋白表面，非极性面借其非极性氨基酸残基与脂蛋白内核甘油三酯及胆固醇酯以疏水键相连，极性面朝外，与血浆的水相接

触。磷脂及游离胆固醇同时具有极性及非极性基团,也可借其非极性疏水基团与脂蛋白内核甘油三酯及胆固醇酯以疏水键相连,极性基团朝外,与血浆的水相接触。CM 及 VLDL 主要以甘油三酯为内核,LDL 及 HDL 主要以胆固醇酯为内核。

三、载脂蛋白

载脂蛋白(apolipoprotein,Apo)指血浆脂蛋白中的蛋白质,主要有 Apo A、B、C、D 及 E 等五类(表 10-7)。载脂蛋白在不同脂蛋白中的分布及含量各不相同。CM 含有 Apo B48、AⅠ、AⅡ、AⅣ、CⅠ、CⅡ、CⅢ,Apo B48 是其特征载脂蛋白;VLDL 除含 Apo B100 外,还含有 Apo CⅠ、CⅡ、CⅢ及 E;LDL 几乎只含 Apo B100;HDL 主要含 Apo AⅠ及 Apo AⅡ。

表 10-7 人血浆载蛋白的结构、功能及含量

载脂蛋白	分子量	氨基酸数	分布	功能	血浆含量*(mg/dl)
AⅠ	28 300	243	HDL	激活 LCAT,识别 HDL 受体	123.8±4.7
AⅡ	17 500	77X2	HDL	稳定 HDL 结构,激活 HL	33±5
AⅣ	46 000	371	HDL,CM	辅助激活 LPL	17±2△
B100	512 723	4536	VLDL,LDL	识别 LDL 受体	87.3±14.3
B48	264 000	2152	CM	促进 CM 合成	?
CⅠ	6500	57	CM,VLDL,HDL	激活 LCAT?	7.8±2.4
CⅡ	8800	79	CM,VLDL,HDL	激活 LPL	5.0±1.8
CⅢ	8900	79	CM,VLDL,HDL	抑制 LPL,抑制肝 Apo E 受体	11.8±3.6
D	22 000	169	HDL	转运胆固醇酯	10±4△
E	34 000	299	CM,VLDL,HDL	识别 LDL 受体	3.5±1.2
J	70 000	427	HDL	结合转运脂质,补体激活	10△
(a)	500 000	4529	LP(a)	抑制纤溶酶活性	0~120△
CETP	64 000	493	HDL,d>1.21	转运胆固醇酯	0.19±0.05△
PTP	69 000	?	HDL,d>1.21	转运磷脂	?

* 四川大学华西基础医学与法医学院生物化学与分子生物学教研室、载脂蛋白研究室对 625 例成都地区正常成人的测定结果

△ 国外报道参考值

CETP:胆固醇酯转运蛋白;LPL:脂蛋白脂肪酶;PTP:磷脂转运蛋白;HL:肝脂肪酶

四、血浆脂蛋白代谢

(一) 乳糜微粒的代谢

乳糜微粒(chylomicron,CM)代谢途径又被称为外源性脂质转运途径或外源性脂质代谢途径(图 10-9A)。食物脂肪消化后,小肠黏膜细胞将吸收的长链脂酸再合成甘油三酯,并与合成及吸收的磷脂及胆固醇,加上 Apo B48、AⅠ、AⅡ、AⅣ等组装成新生 CM,经淋巴道进入血液,从 HDL 获得 Apo C 及 E,并将部分 Apo AⅠ、AⅡ、AⅣ转移给 HDL,形成成熟 CM。Apo CⅡ可激活骨骼肌、心肌及脂肪等组织毛细血管内皮细胞表面的脂蛋白脂肪酶(lipoprotein lipase,LPL),使 CM 中的甘油三酯及磷脂逐步水解,产生甘油、脂酸及溶血磷脂等。在 LPL 反复作用下,CM 内核中的甘油三酯 90% 以上被水解,释出的脂酸为心肌、骨骼肌、脂肪组织及肝组织所

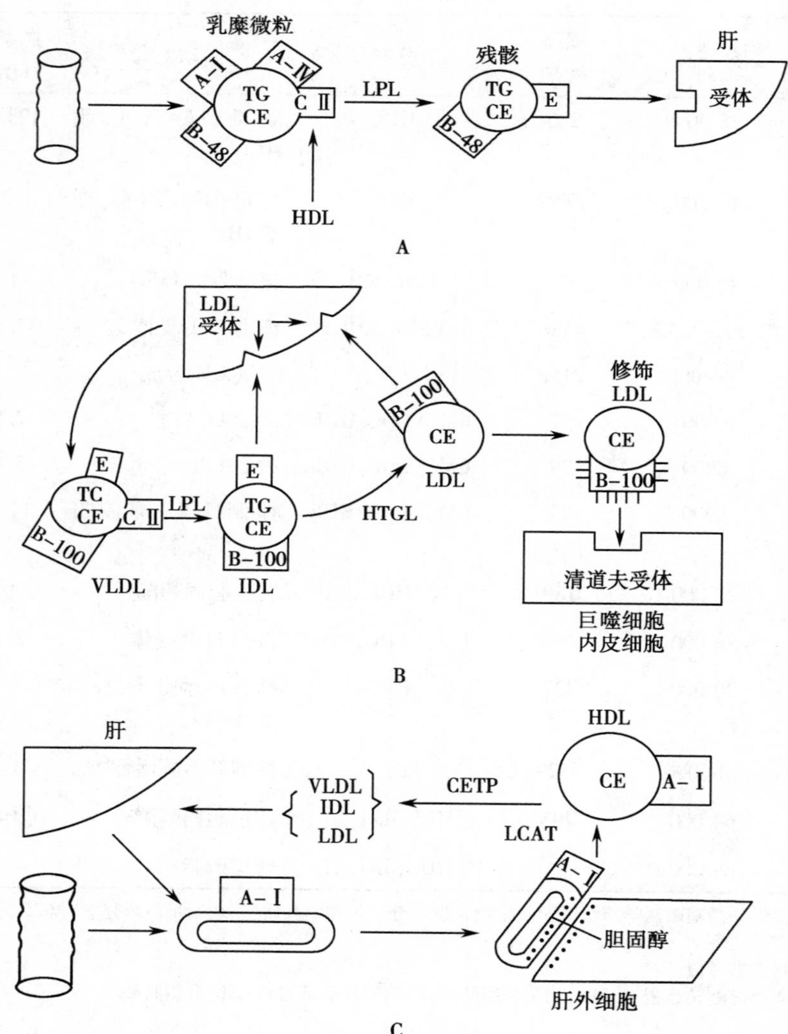

图 10-9 血脂转运及脂蛋白代谢

A. 外源性脂质转运途径;B. 内源性脂质转运途径;C. 胆固醇逆向转运途径

摄取利用;表面的 Apo AⅠ、AⅡ、AⅣ、C 等连同磷脂及胆固醇离开 CM 颗粒,形成新生 HDL;CM 颗粒逐步变小,最后转变成为富含胆固醇酯、Apo B48 及 Apo E 的 CM 残粒(remnant),被细胞膜 LDL 受体相关蛋白(LDL receptor related protein, LRP)识别、结合并被肝细胞摄取后彻底降解。正常人 CM 在血浆中代谢迅速,半寿期为 5～15 分钟,空腹 12～14 小时血浆不含 CM。

(二) 极低密度脂蛋白的代谢

极低密度脂蛋白(VLDL)是运输内源性甘油三酯的主要形式,在血浆中的代谢中间产物 LDL 是运输内源性胆固醇的主要形式,VLDL 及 LDL 代谢途径又被称为内源性脂质转运途径或内源性脂质代谢途径(图 10-9B)。肝细胞以葡萄糖分解代谢的中间产物为原料合成甘油三酯,也可利用食物来源的脂酸和机体脂酸库中的脂酸合成脂肪,再与 Apo B100、E 以及磷脂、胆固醇等一起组装成 VLDL,分泌入血液。小肠黏膜细胞亦可合成少量 VLDL。VLDL 进入血液后,从 HDL 获得 Apo C,其中的 Apo CⅡ激活肝外组织毛细血管内皮细胞表面的 LPL。和 CM 代谢一样,VLDL 的甘油三酯在 LPL 作用下,逐步水解,释放出脂酸和甘油供肝外组织利用。与此同时,VLDL 表面的 Apo C、磷脂及胆固醇向 HDL 转移,HDL 的胆固醇酯转移到 VLDL。该过程不断进行,VLDL 中甘油三酯不断减少,胆固醇含量逐渐增加,Apo B100 及 E 的含量相对增加,颗粒逐渐变小,密度逐渐增加,转变为中间密度脂蛋白(IDL)。IDL 中胆固醇及甘油三酯含量大致相等,载脂蛋白主要是 Apo B100 及 E。肝细胞膜上的 LRP 可识别和结合 IDL,因此部分 IDL 为肝细胞摄取、降解。未被肝细胞摄取的 IDL(在人约占总 IDL 的 50%,在大鼠约占总 IDL 的 10%),其甘油三酯被 LPL 及肝脂肪酶(hepatic lipase, HL)进一步水解,表面的 Apo E 转移至 HDL。这样,脂蛋白中剩下的脂质主要是胆固醇酯,剩下的载脂蛋白只有 Apo B100, IDL 就被转变为 LDL。VLDL 在血液中的半寿期为 6～12 小时。

··· LDL 受体的发现 ···

20 世纪 70 年代,Brown 及 Goldstein 采用组织培养发现,LDL 能抑制人成纤维细胞 HMG-CoA 还原酶活性,但 HDL 不能,怀疑是一种受体介导了 HMG-CoA 还原酶活性的调控。接着,他们采用 ^{125}I-LDL 证实了 LDL 受体的存在,纯化了该受体,并阐明了 LDL 降解的受体途径。

(三) 低密度脂蛋白的代谢

人体有多种组织器官能摄取、降解 LDL,肝脏是主要器官,约 50% 的 LDL 在肝降解。肾上腺皮质、卵巢,睾丸等组织摄取及降解 LDL 的能力亦较强。正常人血浆中的 LDL,每天约有 45% 被降解清除,其中 2/3 由 LDL 受体(LDL receptor)途径降解,1/3 由单核-吞噬细胞系统清除。LDL 在血浆中的半寿期为 2～4 天。

LDL 受体广泛分布于全身各组织,特别是肝脏、肾上腺皮质、卵巢、睾丸、动脉壁等组织的细胞膜表面,能特异识别与结合含 Apo E 或 Apo B100 的脂蛋白,故又称 Apo B/E 受体。当 LDL 与 LDL 受体结合后,形成的受体-配体复合物在细胞膜表面聚集成簇,内吞进入细胞,与溶酶体融合。在溶酶体蛋白水解酶作用下,LDL中的 Apo B100 被水解成氨基酸,胆固醇酯被胆固醇酯酶水解成游离胆固醇和脂酸。游离胆固醇在调节细胞胆固醇代谢上具有重要作用:抑制内质网 HMG-CoA 还原酶,抑制细胞自身的胆固醇合成;从转录水平抑制 LDL 受体基因转录,抑制 LDL 受体蛋白质的合成,减少细胞对 LDL 摄取;激活内质网脂酰 CoA:胆固醇脂酰转移酶(acyl CoA:cholesterol acyl transferase,ACAT)活性,使游离胆固醇酯化成胆固醇酯在胞液中贮存。同时,游离胆固醇还有重要的生理功能:构成细胞膜的重要成分;在肾上腺、卵巢及睾丸等细胞中,可以作为类固醇激素合成原料。这就是 LDL 受体代谢途径(图 10-10)。LDL 被该途径摄取、代谢量的多少,取决于细胞膜上受体的多少。肝、肾上腺皮质、性腺等组织 LDL 受体数目较多,故摄取 LDL 亦较多。

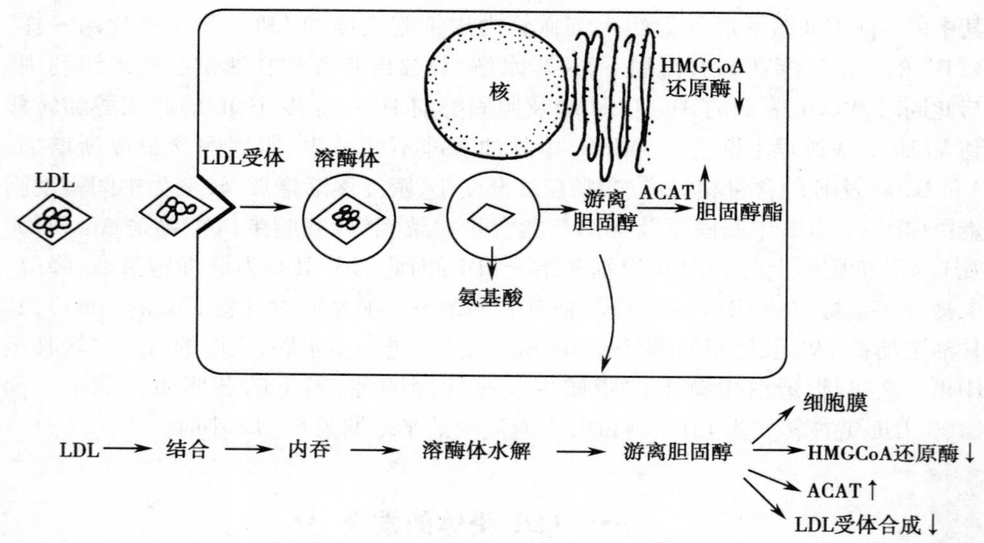

图 10-10 低密度脂蛋白受体代谢途径

血浆 LDL 还可被修饰。氧化修饰 LDL(oxidized LDL,Ox-LDL)可被单核-吞噬细胞系统中的巨噬细胞及血管内皮细胞清除。这两类细胞膜表面有清道夫受体(scavenger receptor,SR),可与修饰 LDL 结合而摄取清除血浆中的修饰 LDL。

(四) 高密度脂蛋白的代谢

HDL 主要由肝脏合成,小肠亦可合成部分 HDL。CM 及 VLDL 代谢过程中,亦可形成新生 HDL。HDL 可按密度大小分为 HDL_1、HDL_2 及 HDL_3。HDL_1 也被称作 HDL_c,仅存在于摄取高胆固醇膳食后的血浆中,正常人血浆中主要含 HDL_2 及 HDL_3。新生 HDL 代谢过程实际上是胆固醇逆向转运(reverse cholesterol transport,RCT)过程,它将肝外组织细胞的胆固醇,通过血液循环转运到肝脏,转化为胆汁酸后排入肠腔,部分胆固醇也可直接随胆汁排入肠腔(图 10-9C)。

RCT 的第一步是胆固醇自肝外细胞包括动脉平滑肌细胞及巨噬细胞等移出至 HDL。新生 HDL 呈盘状,富含磷脂、Apo AⅠ及少量游离胆固醇(free cholesterol,FC),根据其电泳位置将其称为前 $β_1$-HDL,是胆固醇从细胞内移出后不可缺少的接受体(acceptor)。巨噬细胞、脑、肾、肠及胎盘等组织的细胞膜存在 ATP 结合盒转运蛋白 AⅠ(ATP-binding cassette transporter A1,ABCA1),又称为胆固醇流出调节蛋白(cholesterol-efflux regulatory protein,CERP),可介导细胞内胆固醇及磷脂转运至细胞外,在 RCT 中发挥重要作用。

RCT 的第二步是 HDL 所运载胆固醇的酯化及胆固醇酯(CE)的转运。新生 HDL 从肝外细胞接受的 FC 分布在 HDL 表面,HDL 中的 Apo AⅠ激活血浆卵磷脂:胆固醇酯酰转移酶(LCAT),将 HDL 表面卵磷脂 2 位脂酰基转移至胆固醇 3 位羟基生成溶血卵磷脂及胆固醇酯,后者能被 Apo D(一种转脂蛋白)转入 HDL 内核,表面则可继续接受 FC(消耗的卵磷脂也从肝外细胞得到补充)。这样,新生 HDL 先转变为密度较大、颗粒较小的 HDL_3,并继续接受 FC,也接受 CM 及 VLDL 水解过程中释出 Apo AⅠ、AⅡ等。血浆中的胆固醇酯转运蛋白(cholesteryl ester transfer protein,CETP)能将 CE 由 HDL 转移至 VLDL、将 TG 由 VLDL 转移至 HDL。血浆磷脂转运蛋白(phospholipid transfer protein,PTP),能促进磷脂由 HDL 向 VLDL 转移。在血浆 Apo AⅠ、LCAT、Apo D 以及 CETP 和 PTP 共同作用下,HDL 将从肝外细胞接受的 FC 不断酯化,酯化胆固醇约 80% 转移至 VLDL 和 LDL,20% 进入 HDL 内核;HDL 表面的 Apo E 及 C 转移到 VLDL,TG 又由 VLDL 转移至 HDL。由于 HDL 内核的 CE 及 TG 不断增加,双脂层的盘状新生 HDL 逐步膨胀为单脂层球状成熟 HDL,颗粒逐步增大、密度逐步降低,由 HDL_3 转变为密度较小、颗粒较大的 HDL_2。在高胆固醇膳食后的血浆中,HDL_2 还可大量地进一步转变为 HDL_1。

RCT 最后一步在肝脏进行。肝细胞膜存在 HDL 受体(HDL recepter)、LDL 受体(LDL recepter)及特异的 Apo E 受体,能特异地识别和结合 HDL、LDL,并将其从血浆中清除。HDL 从肝外组织接受的 FC 在经 LCAT 酯化后,绝大部分被 CETP 转移至 VLDL,后者再转变成 LDL,通过 LDL 受体在肝脏被摄取。其余酯化胆固醇被转移至 HDL 内核,通过血液运输至肝脏,2/3 经 HDL 受体、1/3 经特异的 Apo E 受体在肝脏被摄取。机体不能将胆固醇彻底分解,只能在肝脏转化成胆汁酸排出或直接以 FC 的形式通过胆汁排出。HDL 在血浆中的半寿期为 3~5 天。

五、血浆脂蛋白代谢异常

(一)脂蛋白异常血症

血浆脂质水平异常升高,高于其正常范围的上限即为高脂血症(hyperlipidemia)。在临床实践中,一般以成人空腹 12~14 小时血浆甘油三酯超过 2.26mmol/L(200mg/dl),胆固醇超过 6.21mmol/L(240mg/dl),儿童胆固醇超过 4.14mmol/L(160mg/dl)为高脂血症诊断标准。事实上,在高脂血症血浆中,一些脂蛋白脂质的含量升高,而另外的脂蛋白脂质含量可能降低,因此将高脂血症称为脂蛋白异常血症(dyslipoproteinemia)更为合理。1970 年世界卫生组织(WHO)建议,将脂蛋白异常血症分为六型(表 10-8)。

高脂血症还可分为原发性和继发性两大类。原发性高脂血症的发病原因不明,已证明有些是遗传性缺陷。继发性高脂血症是继发于其他疾病如糖尿病、肾病和甲状腺功能减退等。

表 10-8 脂蛋白异常血症分型

分型	血浆脂蛋白变化	血脂变化
Ⅰ	乳糜微粒升高	甘油三酯↑↑↑ 胆固醇↑
Ⅱa	低密度脂蛋白升高	胆固醇↑↑
Ⅱb	低密度及极低密度脂蛋白同时升高	胆固醇↑↑ 甘油三酯↑↑
Ⅲ	中间密度脂蛋白升高(电泳出现宽β带)	胆固醇↑↑ 甘油三酯↑↑
Ⅳ	极低密度脂蛋白升高	甘油三酯↑↑
Ⅴ	极低密度脂蛋白及乳糜微粒同时升高	甘油三酯↑↑↑ 胆固醇↑

(二)血浆脂蛋白代谢相关基因的遗传性缺陷

现已发现,参与脂蛋白代谢的关键酶如 LPL 及 LCAT,载脂蛋白如 AⅠ、B、Apo CⅡ、CⅢ和 E,以及脂蛋白受体如 LDL 受体等的遗传性缺陷,都能导致血浆脂蛋白代谢异常,引起脂蛋白异常血症。在这些已经阐明了发病分子机制的遗传性缺陷中,Brown 及 Goldstein 对 LDL 受体研究取得的成就最为重大,他们不仅阐明了 LDL 受体的结构和功能,而且证明了 LDL 受体缺陷是引起家族性高胆固醇血症的重要原因。LDL 受体缺陷是常染色体显性遗传,纯合子携带者细胞膜 LDL 受体完全缺乏,杂合子携带者 LDL 受体数目减少一半,其 LDL 都不能正常代谢,血浆胆固醇分别高达 15.6 ~ 20.8mmol/L(600 ~ 800mg/dl)及 7.8 ~ 10.4mmol/L(300 ~ 400mg/dl),携带者在 20 岁前就发生典型的冠心病症状。

(方定志)

第十一章

生 物 氧 化

物质在生物体内进行氧化称为生物氧化(biological oxidation)。主要是指糖、脂肪、蛋白质等物质在体内分解时逐步释放能量,最终生成二氧化碳和水的过程。这些能量的大部分转化为ATP的化学能,供生命活动需要,其余能量以热能形式释放。

生物氧化遵循氧化还原反应的一般规律,氧化方式有加氧、脱氢及失去电子。同一物质在体内、体外氧化时,耗氧、终产物(CO_2、H_2O)和释放能量均相同。但体内氧化和体外氧化比较有显著不同:①生物氧化是在细胞内温和的环境中(37℃、pH近中性),由一系列酶催化而逐步进行的过程,体外氧化则需要高温和干燥的环境,不需要酶催化,反应剧烈;②生物氧化中生成的水是由脱氢与氧结合产生的,体内CO_2来自有机酸脱羧反应;而体外氧化(燃烧)产生的CO_2和H_2O是由物质中的碳和氢直接与氧结合生成;③生物氧化时能量逐步释放,部分以化学能的形式储存,部分以热能释放;体外氧化时能量以热和光的形式突然释放。

第一节　生成ATP的氧化体系

一、呼 吸 链

生物氧化过程中,营养物质代谢脱下的氢原子通过多种酶和辅酶催化的氧化还原连锁反应逐步传递,最终与氧结合生成水。逐步释放的能量可驱动ATP的生成。参与氧化还原的酶及辅酶按一定顺序排列在线粒体内膜上,其中传递氢的酶或辅酶称为递氢体,传递电子的酶或辅酶称为递电子体。这种由递氢体和递电子体按一定顺序排列构成的连锁反应与细胞摄取氧的呼吸过程密切相关,所以又称为氧化呼吸链(oxidative respiratory chain)或电子传递链(electron transfer chain)。

(一) 呼吸链的组成及电子传递过程

用胆汁酸盐反复处理线粒体内膜,可将呼吸链分离得到四种具有传递电子功能的酶复合体(表11-1)。其中复合体Ⅰ、Ⅲ和Ⅳ完全镶嵌在线粒体内膜中,复合体Ⅱ镶嵌在内膜的内侧(图11-1)。复合体与电子传递过程如下:

1. 复合体Ⅰ(NADH-泛醌还原酶)　代谢物脱下的2H由氧化型烟酰胺腺嘌呤二核苷酸(nicotinamide adenine dinucleotide,NAD^+)接受,形成还原型烟酰胺腺嘌呤二核苷酸($NADH+H^+$)。复合体Ⅰ中含有黄素蛋白(flavoprotein,FP)和铁硫蛋白(iron-sulfur protein)。其中黄素蛋白的辅基为黄素单核苷酸(flavin mononucleotide,

表 11-1　人线粒体呼吸链复合体

复合体	酶 名 称	多肽链数	辅 基
复合体 Ⅰ	NADH-泛醌还原酶	39	FMN，Fe-S
复合体 Ⅱ	琥珀酸-泛醌还原酶	4	FAD，Fe-S
复合体 Ⅲ	泛醌-细胞色素 C 还原酶	11	血红素 b_L，b_H，c_1，Fe-S
复合体 Ⅳ	细胞色素 C 氧化酶	13	血红素 a，血红素 a_3，Cu_A，Cu_B

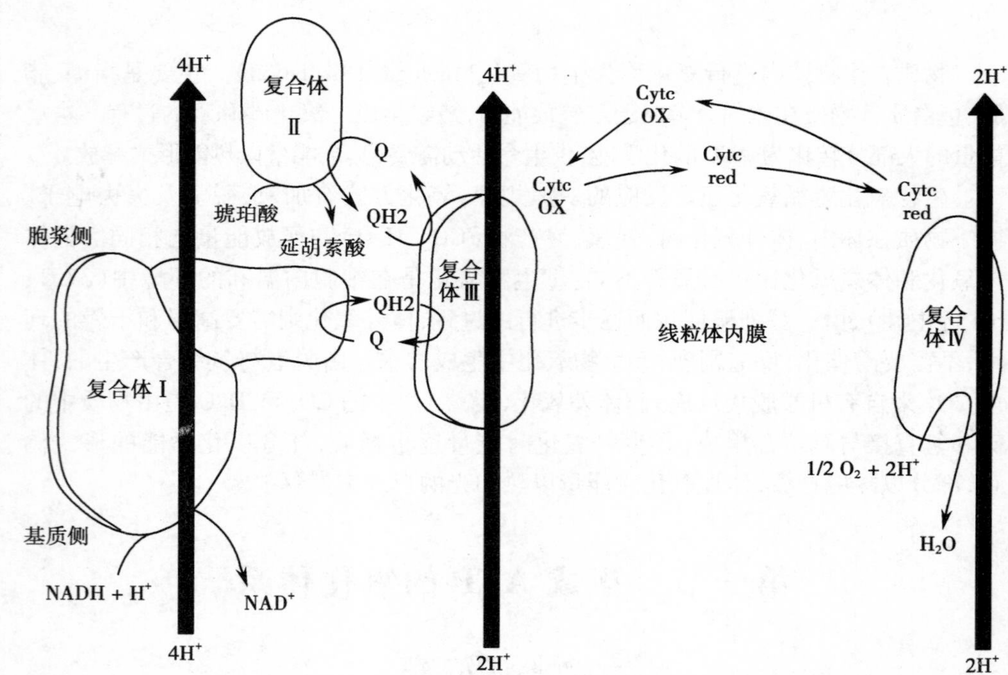

图 11-1　电子传递链各复合体位置示意图

FMN)；铁硫蛋白的辅基为铁硫聚簇(iron-sulfur cluster，Fe-S)。

复合体Ⅰ由基质接受还原型 NADH 中的 2H 和 2 个电子传递给 FMN，FMN 再经过一系列铁硫中心，将电子传递到泛醌(ubiquinone)。泛醌又称辅酶 Q(coenzyme Q，CoQ 或 Q)。每次传递电子过程同时可偶联将 4 个 H^+ 从内膜基质侧泵到内膜胞质侧，复合体Ⅰ有质子泵功能。

NAD^+(辅酶Ⅰ，coenzyme Ⅰ，CoⅠ)是烟酰胺脱氢酶的辅酶，其结构式如图 11-2。NAD^+分子中烟酰胺的氮为五价，能接受电子成为三价氮，其对侧的碳原子可进行加氢反应。烟酰胺在加氢反应时只能接受一个氢原子和一个电子，将另一个 H^+ 游离出来，转变为还原型 $NADH+H^+$，此过程可逆行(图 11-3)。

FMN 含有核黄素(维生素 B_2)，其发挥功能的结构是异咯嗪环。氧化型 FMN 接受 1 个 H^+ 和 1 个电子形成不稳定的 FMNH·，再接受 1 个 H^+ 和 1 个电子转变为还原型 $FMNH_2$。氧化时反应逐步逆行，因此，可在双、单电子传递体间进行电子传递(图 11-4)。

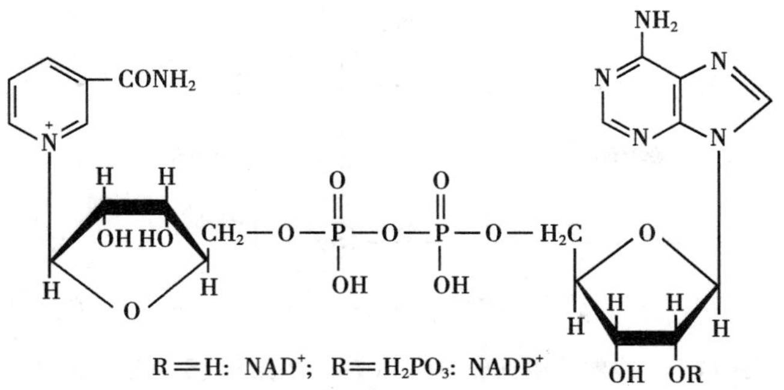

R=H: NAD⁺; R=H_2PO_3: NADP⁺

图 11-2 NAD⁺的结构式

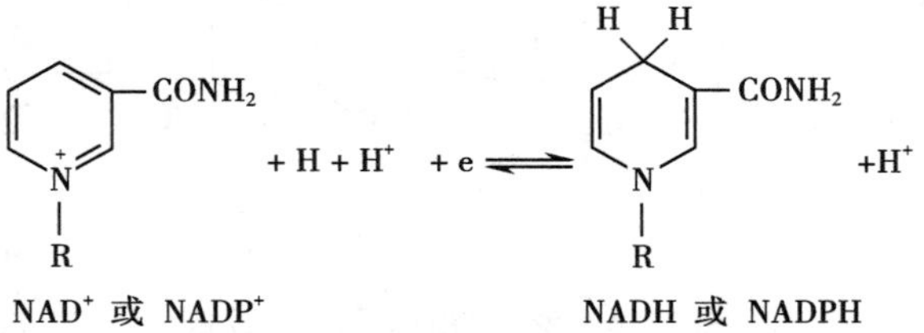

NAD⁺ 或 NADP⁺ + H + H⁺ + e ⇌ NADH 或 NADPH + H⁺

图 11-3 NAD⁺的加氢和脱氢反应

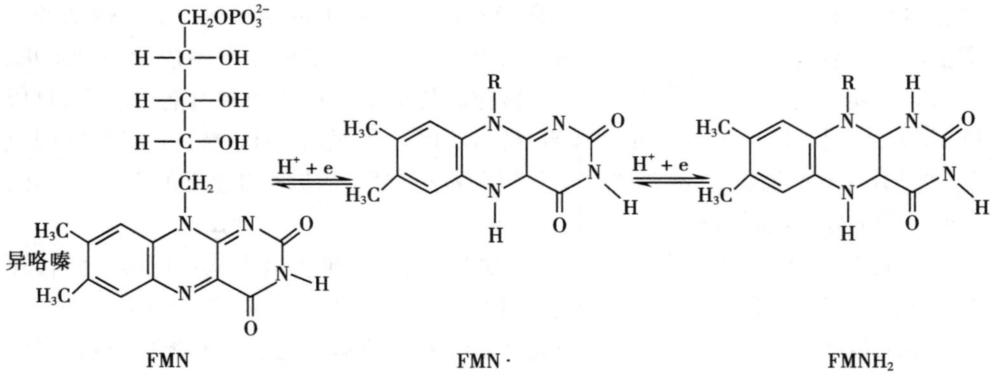

FMN ⇌(H⁺ + e) FMN· ⇌(H⁺ + e) $FMNH_2$

图 11-4 FMN 的加氢和脱氢反应

氧化呼吸链有多种铁硫蛋白，其 Fe-S 辅基含有等量的铁原子和硫原子（如 Fe_2S_2，Fe_4S_4），通过其中的铁原子与无机硫或铁硫蛋白中蛋白部分的半胱氨酸残基的硫相连接（图 11-5）。

在电子传递链中 Fe-S 作为单电子传递体，分子中的铁原子可通过可逆的 $Fe^{2+} \leftrightarrow Fe^{3+} + e$ 反应，每次传递 1 个电子。在复合体 I 中铁硫中心的铁原子是将 $FMNH_2$ 的电子传递给泛醌。

泛醌是一种小分子脂溶性醌类化合物，有多个异戊二烯相互连接形成较长的的侧链。因侧链的疏水作用，它能在线粒体内膜中自由扩散，泛醌不包含在上述复合体中。泛醌和 FMN 类似，能进行可逆的氧化还原反应传递电子。泛醌接受 1 个电子和 1 个 H^+ 还原成半醌型泛醌，再接受 1 个电子和 1 个 H^+ 还原成二氢泛醌，后者也可逆向反应再被氧化为泛醌（图 11-6）。

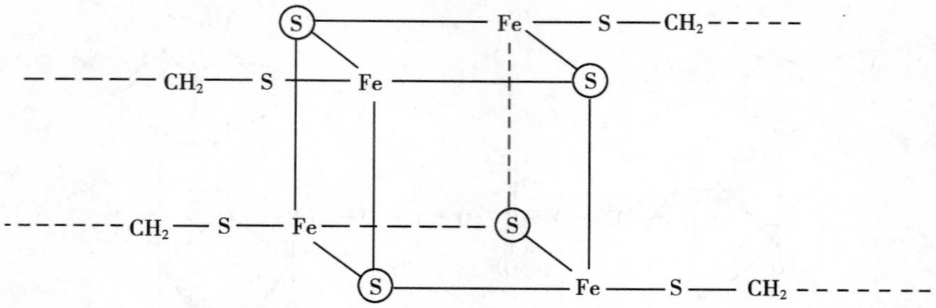

图 11-5 线粒体中铁硫中心 Fe_4-S_4 的结构（S 表示无机硫）

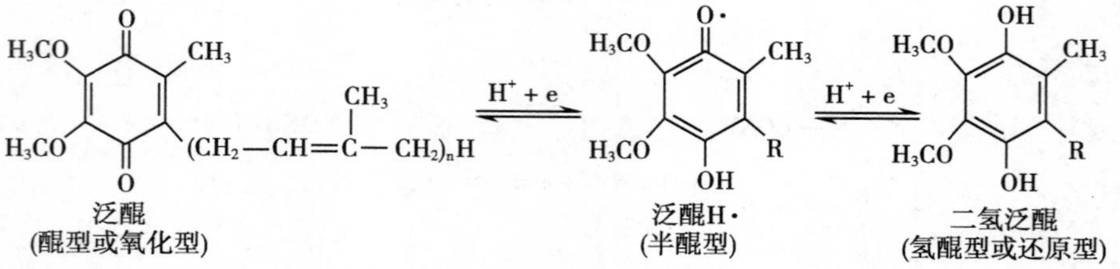

图 11-6 泛醌的加氢和脱氢反应

2. 复合体Ⅱ（琥珀酸-泛醌还原酶） 复合体Ⅱ将电子从琥珀酸传递给泛醌。复合体Ⅱ含有以黄素腺嘌呤二核苷酸（flavin adenine dinucleotide，FAD）辅基的黄素蛋白、铁硫蛋白。琥珀酸脱氢生成还原型 $FADH_2$，电子传递顺序依次为：$FADH_2$ 传递电子到铁硫中心，再传递到泛醌。该过程传递电子释放的自由能较小，不足以将 H^+ 泵出内膜，因此复合体Ⅱ没有 H^+ 泵的功能。代谢途径中一些含 FAD 的脱氢酶，如脂酰 Co A 脱氢酶、α-磷酸甘油脱氢酶也可以将相应底物脱下的 2 个 H^+ 和 2 个电子经 FAD 传递给泛醌，进入氧化呼吸链。

3. 复合体Ⅲ（泛醌-细胞色素 C 还原酶） 复合体Ⅲ将电子从还原型泛醌传递给细胞色素 C。复合体Ⅲ含有细胞色素 b（b_{562}，b_{566}）、细胞色素 C_1 和铁硫蛋白。

细胞色素（cytochrome，Cyt）是一类含血红素样辅基的电子传递蛋白，血红素中的铁原子可进行 $Fe^{2+} \leftrightarrow Fe^{3+} + e$ 反应传递电子，为单电子传递体。还原型的细胞色素均有特征可见吸收峰，而氧化型细胞色素吸收峰较还原型有明显的变化，可作为分析细胞色素种类和状态的重要指标。根据其吸收光谱的不同，可将线粒体的细胞色素分为细胞色素 a、b、c（Cyt a、Cyt b、Cyt c）。每类又因其最大吸收峰的差别分为几种亚类。各种细胞色素的差别在于铁卟啉辅基的侧链以及血红素与蛋白质部分的连接方式（图 11-7，图 11-8）。

复合体Ⅲ电子传递过程是通过“Q 循环”（Q cycle）实现的。“Q 循环”是一个复杂的电子传递过程，最终电子从泛醌经铁硫蛋白传递给 Cyt c_1。每 2 分子 QH_2 通过 Q 循环生成 1 分子 QH_2，将 2 个电子传递给 Cyt c_1，并向膜间隙释放 $4H^+$。

Cyt c 呈水溶性，与线粒体内膜外表面结合疏松，易与内膜分离，因此不包含在上述复合体内。Cyt c 可将从 Cyt c_1 获得的电子传递到复合体Ⅳ。

4. 复合体Ⅳ（细胞色素 C 氧化酶） 复合体Ⅳ将电子从 Cyt c 传递给氧。复合体Ⅳ包含 13 个亚基，其中亚基Ⅰ～Ⅲ含所有必需的 Fe、Cu 离子位点，其他 10 个亚

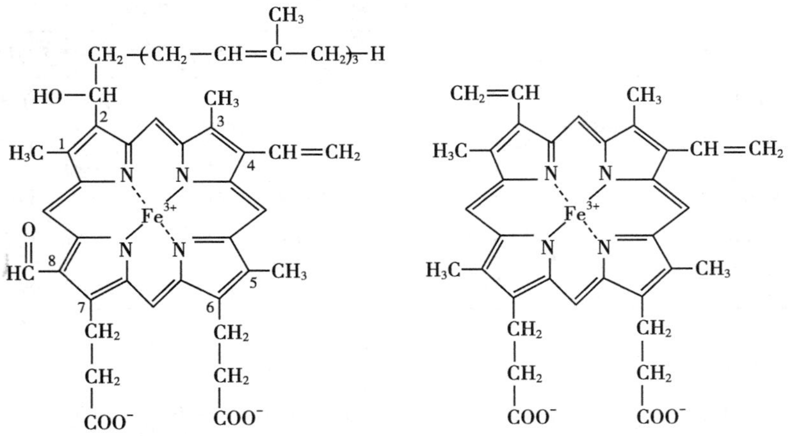

细胞色素a辅基　　细胞色素b辅基

图 11-7　细胞色素的血红素 a 辅基（左）和血红素 b 辅基（右）结构

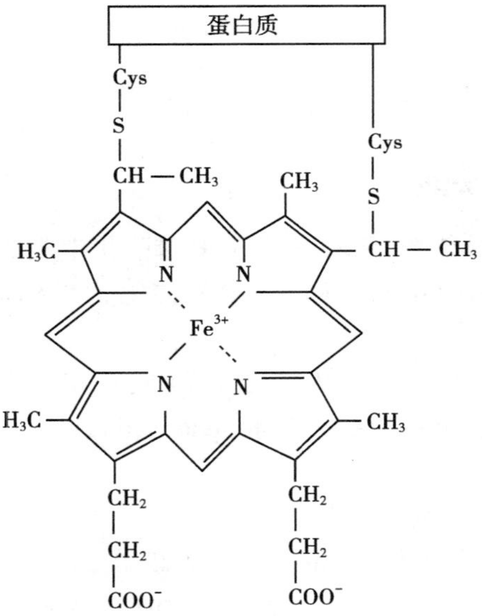

细胞色素c辅基

图 11-8　细胞色素的血红素 c 辅基结构

基起调节作用。复合体Ⅳ含有 4 个氧化还原中心，即 2 个血红素中心（Cyt a，Cyt a_3），2 个 Cu 位点（Cu_A，Cu_B），组成 Cyt a-CuA 和 Cyt a3-CuB 两组传递电子功能单元。这种蛋白结合 Cu 可发生 $Cu^+ \leftrightarrow Cu2^+ + e$ 可逆反应，也属于单电子传递体。电子传递过程如下，Cyt c 供出的电子经 CuA 传递到 Cyt a，再到 CuB 和 Cyt a_3。由于 Cyt a 和 Cyt a_3 结合紧密，很难分离，故称之为 Cyt aa_3。Cyt aa_3 是唯一能将电子传递给氧的细胞色素，故又称细胞色素氧化酶。复合体Ⅳ也有质子泵功能，相当每 2 个电子传递过程使 2 个 H^+ 跨内膜向胞质侧转移。

（二）呼吸链组分的排列顺序

呼吸链组分的排列顺序可通过下列实验确定：①呼吸链各组分的标准氧化还原电位由低到高的顺序（电位低容易失去电子）（表 11-2）；②利用呼吸链各组分特有的吸收光谱的不同；③利用呼吸链特异的抑制剂阻断不同环节，在阻断部位以前的组分处于还原状态，之后的组分处于氧化状态；④用去垢剂从线粒体内膜提取四种电子传递复合体，通过拆离或重组各复合体，分析各自独特的组成和排列。

（三）主要的呼吸链

1. NADH 氧化呼吸链　代谢物如苹果酸、乳酸等脱氢时，辅酶 NAD^+ 接受氢生成 $NADH+H^+$，通过复合体Ⅰ传递给辅酶 Q，生成还原型的辅酶 Q，后者把 2H 中的 $2H^+$ 释放于介质中，而将 2 个电子经复合体Ⅲ传至 Cyt c，然后传至复合体Ⅳ，最终将 2 个电子交给 O_2，再与介质中的 $2H^+$ 结合生成水。

表 11-2　呼吸链中各种氧化还原对的标准氧化还原电位

氧化还原对	EΘ(V)	氧化还原对	EΘ(V)
$NAD^+/NADH+H^+$	-0.32	Cyt c_1 Fe^{3+}/Fe^{2+}	0.22
$FMN/FMNH_2$	-0.219	Cyt c Fe^{3+}/Fe^{2+}	0.254
$FAD/FADH_2$	-0.219	Cyt a Fe^{3+}/Fe^{2+}	0.29
Cyt $b_L(b_H)$ Fe^{3+}/Fe^{2+}	0.05(0.10)	Cyt a_3 Fe^{3+}/Fe^{2+}	0.35
$Q_{10}/Q_{10}H_2$	0.06	$1/2O_2/H_2O$	0.816

电子传递顺序如下：

NADH ⟶复合体Ⅰ⟶CoQ ⟶复合体Ⅲ⟶复合体Ⅳ⟶O_2

2. 琥珀酸氧化呼吸链　琥珀酸、脂酰 CoA 和 α-磷酸甘油等脱下的 2H 经复合体Ⅱ传递给辅酶 Q，生成还原型的辅酶 Q，以后传递与 NADH 氧化呼吸链相同，最终将 2 个电子传递给 O_2，生成 H_2O。

电子传递顺序如下：

琥珀酸⟶复合体Ⅱ⟶CoQ ⟶复合体Ⅲ⟶复合体Ⅳ⟶O_2

二、氧化磷酸化

代谢物脱下的氢经呼吸链电子传递释放能量，偶联驱动 ADP 磷酸化生成 ATP 的过程，称为氧化磷酸化(oxidative phosphorylation)，又称为偶联磷酸化。是体内生成 ATP 的主要方式。

细胞内还有一种直接将高能代谢物分子中的能量转移至 ADP(或 GDP)，生成 ATP(或 GTP)的过程，称为底物水平磷酸化(substrate level phosphorylation)。

(一) 氧化磷酸化偶联部位

氧化磷酸化的偶联部位可通过以下实验方法来确定：

1. P/O 比值　P/O 比值是指氧化磷酸化过程中，每消耗 1/2 摩尔 O_2 所生成 ATP 的摩尔数。丙酮酸等底物脱氢反应产生 $NADH+H^+$，通过 NADH 氧化呼吸链传递，P/O 比值接近 3，说明 NADH 氧化呼吸链存在 3 个 ATP 生成部位。而琥珀酸脱氢时，P/O 比值接近 2，说明琥珀酸氧化呼吸链存在 2 个 ATP 生成部位。提示一个 ATP 生成部位应在 NADH 和泛醌之间。维生素 C 底物直接通过 Cyt C 传递电子进行氧化，P/O 比值接近 1，推测 Cyt C 和 O_2 之间存在 ATP 生成部位，而另一 ATP 生成部位在泛醌和 Cyt C 之间。

实验证实一对电子经 NADH 氧化呼吸链传递，P/O 比值约为 2.5，一对电子经琥珀酸氧化呼吸链传递，P/O 比值约为 1.5。

2. 计算自由能变化　从 NAD^+ 到辅酶 Q 段测得电位差约 0.36V，从 CoQ 到 Cyt c 电位差为 0.19V，从 Cyt aa_3 到 O_2 为 0.58V，分别对应复合体Ⅰ、Ⅲ、Ⅳ的电子传递。自由能变化($\Delta G^{0'}$)与电位变化($\Delta E'$)之间存在以下关系：

$$\Delta G^{0'} = -nF\Delta E'$$

$\Delta G^{0'}$表示 pH7.0 时的标准自由能变化；n 为传递电子数；F 为法拉第常数(96.5kJ/mol·V)；$\Delta E'$为还原电位差。测定以上三处相应的 $\Delta G^{0'}$ 分别为-69.5、-36.7、-112kJ/mol，而生成每摩尔 ATP 需能约为 30.5kJ(7.3kcal)，以上三部位均提供生成 ATP 所需的能量，说明在复合体Ⅰ、Ⅲ、Ⅳ内各存在一个 ATP 生成部位。

(二) 氧化磷酸化偶联机制

1. 化学渗透假说　化学渗透假说(chemiosmotic hypothesis)基本要点是电子经呼吸链传递时，可将质子(H^+)从线粒体内膜的基质侧泵到胞质侧，造成跨线粒体内膜的质子电化学梯度(H^+浓度梯度和跨膜电位差)，以此储存电子传递释放的能量。当质子顺浓度梯度回流基质时驱动 ADP 与 Pi 生成 ATP(图 11-9)。

··· P. Mitchell 提出化学渗透假说 ···

化学渗透假说是由英国生物化学家 P. Mitchell 在 1961 年提出，并于 1978 年获诺贝尔化学奖。该理论解释了氧化磷酸化中电子传递能量驱动质子从线粒体基质转移到内膜外，形成跨膜质子梯度、储存能量、质子再通过 ATP 合酶内流释放能量以催化 ATP 生成。

2. ATP 合酶(ATP Synthase)　ATP 合酶是线粒体内膜蛋白复合体Ⅴ。由嵌入内膜中疏水的 F_0部分和突出于线粒体基质中亲水的 F_1 部分组成。F_1 主要由 $\alpha_3\beta_3\gamma\delta\varepsilon$ 亚基构成，其功能是催化 ATP 生成；β 亚基为催化亚基，但 β 亚基只有与 α 亚基结合才有催化活性。F_0镶嵌在线粒体内膜中。它由 $a_1b_2c_{9\sim12}$亚基组成(图 11-10)。当 H^+ 质子顺梯度经 F_0中 a 亚基和 c 亚基之间回流时，F_1 的 γ 亚基发生旋转，3 个 β 亚基的构象发生改变，使 ATP 释放生成。

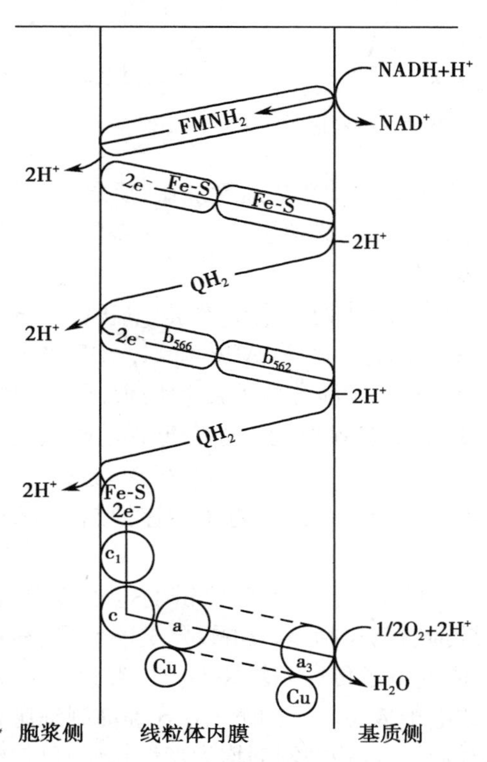

图 11-9　化学渗透学说

β 亚基有 3 型构象：开放型(O)无活性，与配体亲和力低；疏松型(L)无活性，与 ADP 和 Pi 底物疏松结合；紧密型(T)有 ATP 合成活性。ATP 合酶 αβ 亚基在 γ 亚基转动时构象循环变化。ADP 和 Pi 底物结合于 L 型 β 亚基，质子流能量驱动该 β 亚基变构为 T 型，则合成 ATP，再到 O 型，该 β 亚基释放出 ATP(图 11-11)。

(三) 影响氧化磷酸化的因素

1. ADP　ADP 为氧化磷酸化的底

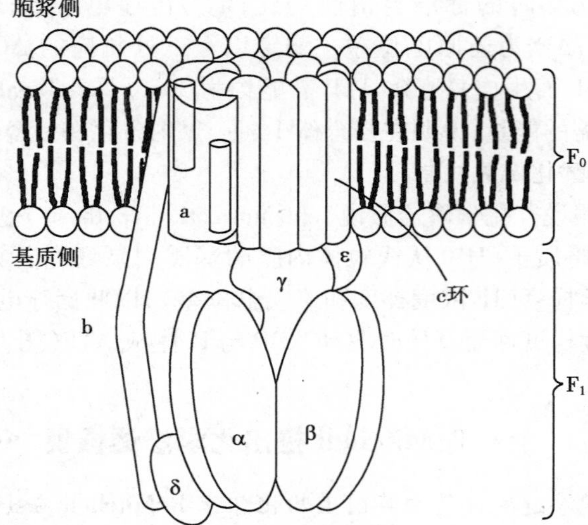

图 11-10　ATP 合酶结构模式图

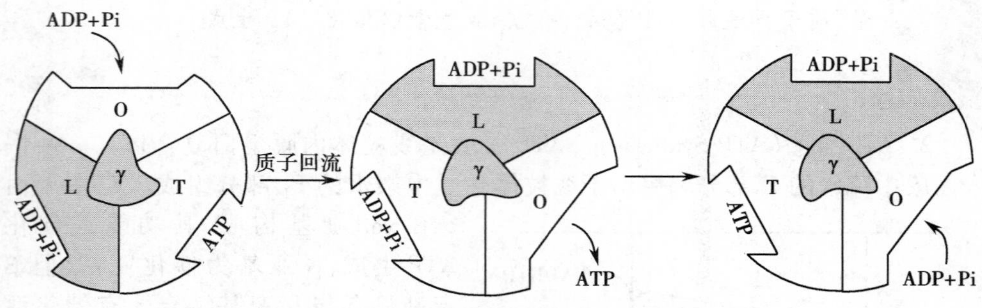

图 11-11　ATP 合酶的工作机制

物，当机体利用 ATP 增多时，ADP 浓度增高，使氧化酸酸化速度加快；反之，ADP 不足，氧化磷酸化速度减慢，这种调节作用使 ATP 的生成速度适应生理需要，防止能源浪费。

2. 甲状腺激素　甲状腺激素是调节机体能量代谢的重要激素，甲状腺激素可诱导细胞膜上 Na^+-K^+-ATP 酶的生成，使 ATP 加速分解为 ADP 和 Pi，ADP 进入线粒体数量增多，促进氧化磷酸化反应。因 ATP 合成和分解速度均增加，引起机体耗氧量和产热量增加，基础代谢率增加。所以甲状腺功能亢进症患者基础代谢率增高，产热量也增加。

3. 抑制剂　抑制剂据其作用部位的不同，可分为三类：电子传递抑制剂、氧化磷酸化抑制剂及解偶联剂（图 11-12）。

（1）电子传递抑制剂：此类抑制剂可在特异部位阻断呼吸链的电子传递，也称呼吸链抑制剂。目前已知的电子传递链抑制剂包括：鱼藤酮、异戊巴比妥、粉蝶霉素 A 等，可与复合体Ⅰ中的 Fe-S 结合，阻断电子传递到辅酶 Q。抗霉素 A、二巯丙醇等，抑制复合体Ⅲ中 Cyt b 到 Cyt c_1 的电子传递。CO、CN^-、H_2S 等抑制细胞色素 C 氧化酶，阻断电子由 Cyt aa_3 到 O_2 的传递。这些抑制剂均为毒性物质，可使细胞内呼吸停止，严重时导致细胞活动停止，机体死亡。

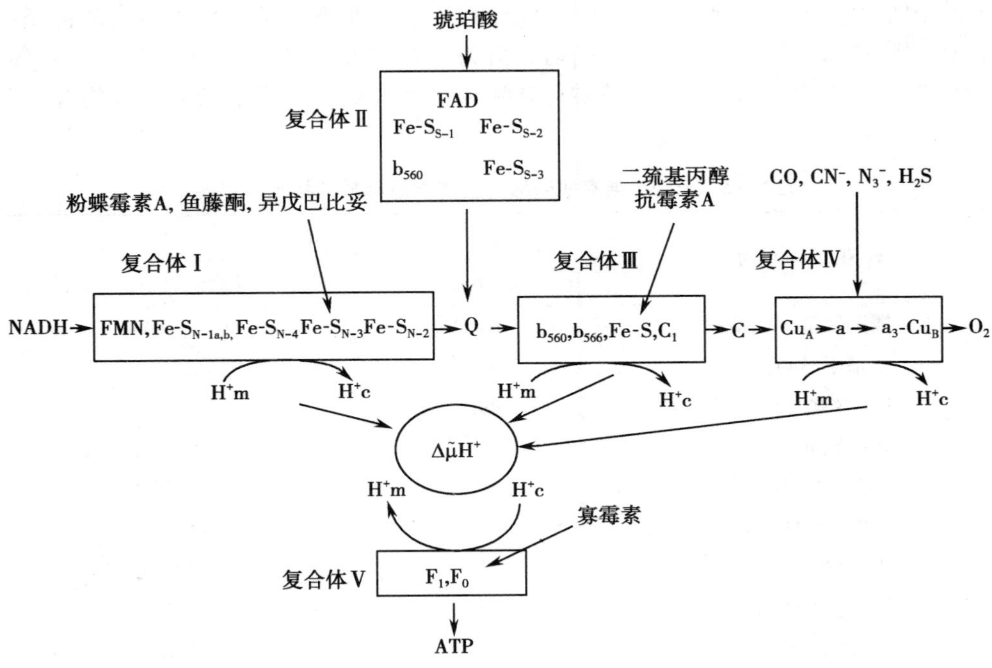

图 11-12　电子传递链与抑制剂

（2）氧化磷酸化抑制剂：此类抑制剂可同时抑制电子传递和 ADP 磷酸化。如寡霉素可阻断质子从 F_0 通道回流，抑制 ATP 合酶活性。

（3）解偶联剂：解偶联剂使氧化与磷酸化偶联脱离。最常见的解偶联剂是二硝基苯酚。二硝基苯酚为脂溶性分子，通过在线粒体内膜中自由移动，由胞液向内膜基质侧转移 H^+，从而破坏了质子电化学梯度，ATP 不能生成，使氧化磷酸化解偶联。哺乳动物和人（尤其是新生儿）的棕色脂肪组织、骨骼肌和心肌等组织的线粒体内膜中存在有解偶联蛋白，可破坏内膜 H^+ 梯度使氧化与磷酸化解除偶联，使呼吸链释放的能量以热能形式散发而维持体温，产热御寒。新生儿硬肿症患儿因缺乏棕色脂肪组织，不能维持正常体温而引起皮下脂肪凝固。

（4）线粒体 DNA 突变：线粒体 DNA 呈裸露的环状双螺旋结构，缺乏蛋白质保护和损伤修复系统，易受多种因素的影响发生突变。线粒体 DNA 编码呼吸链复合体中 13 个亚基以及线粒体内 22 种 tRNA 和 2 种 rRNA。因此，线粒体 DNA 突变可影响氧化磷酸化，使 ATP 生成减少而引起线粒体 DNA 病。

三、ATP 与能量代谢

生物体不直接利用营养物质所蕴藏的能量，而需要使之转移成细胞可以利用的能量形式，即 ATP 等高能有机磷酸化合物的化学能，当机体需要时，再由这些高能磷酸化合物直接为生理活动供能。

糖、脂肪及蛋白质在生物体氧化分解释放能量，很大部分能量以化学能形式贮存于一些特殊的有机磷酸化合物中，形成磷酸酯（磷酸酐）。磷酸酯键水解时释放大于 21kJ/mol 的能量，通常称为高能磷酸键。高能磷酸键常用“～P”号表示。含有高能磷酸键的化合物称为高能化合物。实际上高能键水解释放的能量取决于该化合物整个分子发生化学变化时自由能的释放量，而不是某一化学键中的能量。因此，“高能磷酸键”的名称不够确切。但为了叙述方便，目前仍被采用。生物体内常见的高能化合物包括高能磷酸化合物和含有辅酶A的高能硫酯化合物等（表11-3）。

表11-3　一些重要有机磷酸化合物水解释放的标准自由能

化合物	$\Delta G^{0'}$	
	kJ/mol	(kcal/mol)
磷酸烯醇式丙酮酸	-61.9	(-14.8)
氨基甲酰磷酸	-51.4	(-12.3)
1,3-二磷酸甘油酸	-49.3	(-11.8)
磷酸肌酸	-43.1	(-10.3)
ATP→ADP+Pi	-30.5	(-7.3)
ADP→AMP+Pi	-27.6	(-6.6)
焦磷酸	-27.6	(-6.6)
1-磷酸葡萄糖	-20.9	(-5.0)
6-磷酸果糖	-15.9	(-3.8)
AMP	-14.2	(-3.4)
6-磷酸葡萄糖	-13.8	(-3.3)
3-磷酸甘油醛	-9.2	(-2.2)

体内的高能化合物中，ATP是最重要的高能磷酸化合物，是细胞可以直接利用的最主要能量形式。营养物分解产生能量的大约40%被转化为ATP的化学能。在体内能量代谢中，以ATP末端的磷酸键最为重要，该键水解释放的能量处于各种磷酸化合物磷酸键释放能量的中间位置。有利于ATP在能量转移时发挥重要作用。既可以从其他更高能化合物中转移能量生成ATP，又可直接利用ATP水解反应偶联以驱动那些需要输入自由能的反应。ATP的末端磷酸基及相应自由能可被分解或转移，生成ADP；或利用ATP的另一个高能磷酸键，生成AMP和PPi。在标准状态下，ATP水解自由能释放为-30.5kJ/mol（-7.3kcal/mol）。但在活细胞中，ATP、ADP和无机磷浓度比标准状态低得多，而pH比标准状态7.0高，在各种因素影响下，ATP水解释放自由能可能达到-52.3kJ/mol（-12.5kcal/mol）。

ATP在体内能量捕获、转移、储存和利用过程中处于中心位置。细胞中存在的腺苷酸激酶（adenylate kinase）可催化ATP、ADP和AMP间互变。

$$\text{ATP+AMP} \xleftrightarrow{\text{腺苷酸激酶}} \text{2ADP}$$

当体内ATP消耗过多（如肌肉剧烈收缩）时，ADP累积，在腺苷酸激酶催化下由ADP转变成ATP被利用。当ATP需要量降低时，AMP从ATP中获得～P，生成ADP。

UTP、CTP、GTP可为糖原、磷脂及蛋白质等合成提供能量，但它们一般不能从物质氧化过程中直接生成，而是在核苷二磷酸激酶的催化下，从ATP中转移～P而生成，反应如下：

$$ATP+UDP \xleftrightarrow{\text{核苷二磷酸激酶}} ADP+UTP$$

$$ATP+CDP \xleftrightarrow{\text{核苷二磷酸激酶}} ADP+CTP$$

$$ATP+GDP \xleftrightarrow{\text{核苷二磷酸激酶}} ADP+GTP$$

肌肉和大脑组织中富含肌酸，当 ATP/ADP 比值增高时，受肌酸激酶催化 ATP 的～P 转移给肌酸生成磷酸肌酸（creatine phosphate，CP）。磷酸肌酸中的～P 又可转移给 ADP 重新生成 ATP。心肌组织梗死时立即补充 ATP，对心肌有保护作用。

$$\begin{array}{c} \begin{array}{r} NH_2 \\ | \\ C{=}NH \\ | \\ CH_3-N \\ | \\ CH_3 \\ | \\ COOH \end{array} \\ \text{肌酸} \end{array} + ATP \xleftrightarrow{\text{肌酸激酶}} \begin{array}{c} \begin{array}{r} H \\ | \\ N{\sim}P \\ | \\ C{=}NH \\ | \\ CH_3-N \\ | \\ CH_2 \end{array} \\ \text{磷酸肌酸} \end{array} + ADP$$

体内能量的产生、储存和利用都以 ATP 为中心。糖、脂肪等物质分解代谢中产生的能量很大部分用来合成 ATP。ATP 是机体所需能量的直接供给者，ATP 含有的高能磷酸键，分解时可释放出能量，可与体内各种吸能反应相偶联，从而完成各种生理活动，如生物合成反应、肌肉收缩、信息传递、离子转运等（图 11-13）。

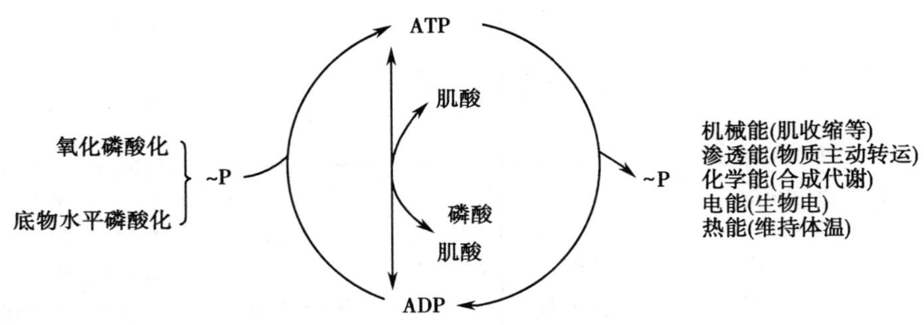

图 11-13　ATP 的生成和利用

四、胞液中 NADH 的氧化

线粒体内生成的 NADH 可直接进入呼吸链的氧化磷酸化过程，但在胞液中产生的 NADH 不能自由透过线粒体内膜。在胞液中生成的 NADH 必须经过某种转运机制才能进入线粒体，然后再经呼吸链进行氧化磷酸化过程。这种转运机制主要有 α-磷酸甘油穿梭（α-glycerophosphate shuttle）和苹果酸-天冬氨酸穿梭（malate-aspartate shuttle）。

1. α-磷酸甘油穿梭作用　α-磷酸甘油穿梭主要存在脑、骨骼肌中。线粒体外的 $NADH+H^+$ 通过胞质磷酸甘油脱氢酶（辅酶为 NAD^+）催化，使磷酸二羟基丙酮还

原成 α-磷酸甘油，后者通过线粒体外膜，再经位于线粒体内膜近胞质侧的含 FAD 辅基的磷酸甘油脱氢酶催化氧化生成磷酸二羟基丙酮和 $FADH_2$。$FADH_2$ 将 2H 传递给泛醌进入氧化呼吸链被氧化（图 11-14），并产生 1.5 分子 ATP。

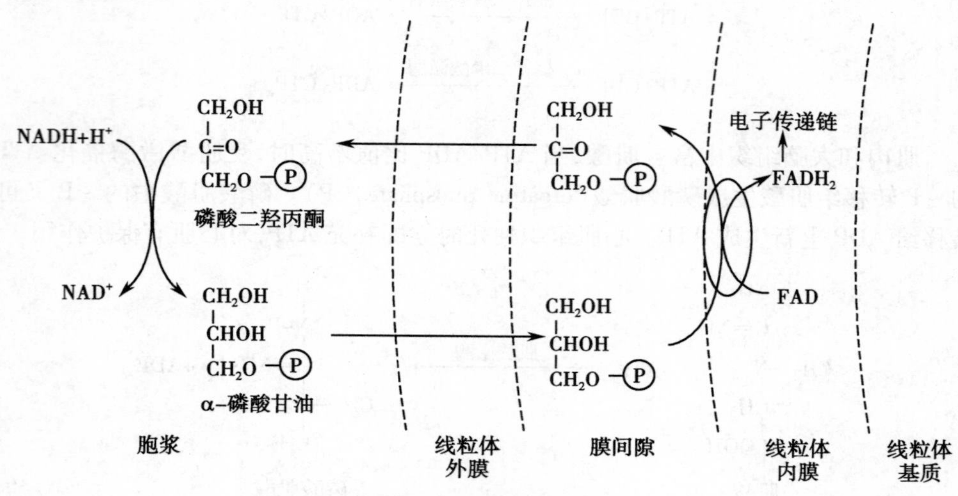

图 11-14 α-甘油磷酸穿梭

2. 苹果酸-天冬氨酸穿梭 苹果酸-天冬氨酸穿梭主要存在肝和心肌中。胞质中 $NADH+H^+$ 在苹果酸脱氢酶的作用下，使草酰醋酸还原成苹果酸，后者进入线粒体重新生成草酰醋酸和 $NADH+H^+$。$NADH+H^+$ 进入 NADH 氧化呼吸链（图 11-15），生成 2.5 分子 ATP。

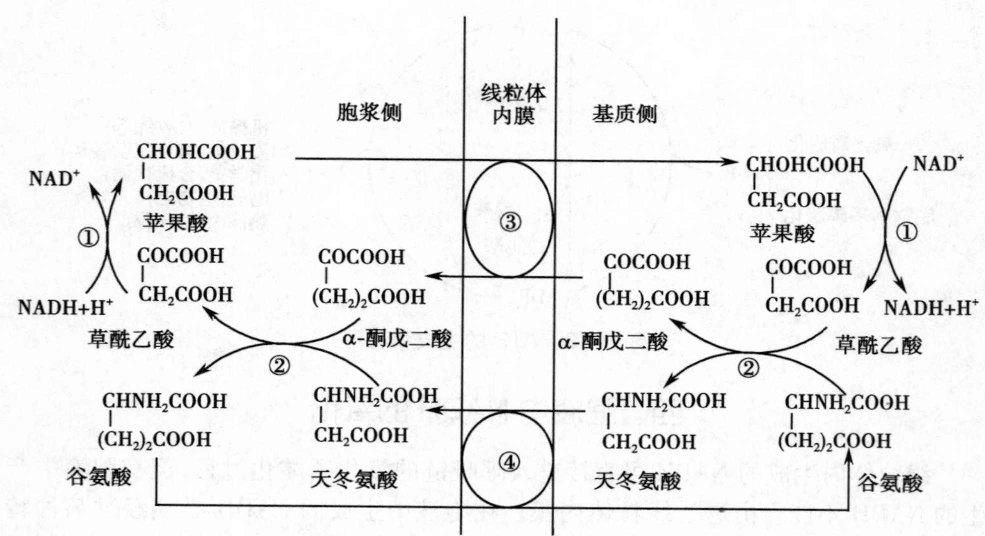

图 11-15 苹果酸-天冬氨酸穿梭

①苹果酸脱氢酶 ②谷草转氨酶 ③α-酮戊二酸转运蛋白

④天冬氨酸-谷氨酸转运蛋白

第二节　其他不生成 ATP 的氧化体系

除线粒体的氧化体系外，在微粒体、过氧化物酶体以及细胞其他部位还存在其他氧化体系，参与呼吸链以外的氧化过程。其特点是不伴磷酸化，不能生成 ATP，主要与体内代谢物、药物和毒物的生物转化有关。

一、抗氧化酶体系

O_2 得到单个电子产生超氧阴离子。超氧离子可被还原生成过氧化氢（H_2O_2）和羟自由基，这类强氧化成分合称反应活性氧类。

线粒体氧化呼吸链电子传递过程中漏出的电子与 O_2 结合可产生超氧阴离子，是体内超氧阴离子的主要来源。

细胞过氧化物酶体中，FAD 将从脂肪等底物获得的电子交给 O_2 生成 H_2O_2 和羟自由基，胞质需氧脱氢酶（如黄嘌呤氧化酶等）也可催化生成超氧阴离子。细菌感染、组织缺氧等病理过程，环境、药物等外源因素也可导致细胞产生活性氧类。

活性氧类可引起蛋白质、DNA 氧化损伤。线粒体是细胞产生活性氧的主要部位。因此线粒体 DNA 容易受到自由基攻击而损伤或突变，引起相应疾病。机体可以通过抗氧化酶类及时清除活性氧，防止其累积造成有害影响。

抗氧化酶体系有清除反应活性氧类的功能。正常机体存在以下抗氧化酶体系：过氧化氢酶（catalase）主要存在于过氧化酶体中，其辅基含有 4 个血红素，酶催化反应如下：

$$2H_2O_2 \longrightarrow 2H_2O + O_2$$

H_2O_2 有一定的生理作用，如在粒细胞和吞噬细胞中，H_2O_2 可氧化杀死入侵的细菌，甲状腺细胞产生的 H_2O_2 可使 $2I^-$ 氧化为 I_2，进而使酪氨酸碘化生成甲状腺激素。

谷胱甘肽过氧化物酶（glutathione peroxidase，GPx）可去除在有氧条件下正常细胞生长和代谢产生的 H_2O_2 和过氧化物，是体内防止活性氧类损伤的主要酶，它催化的反应如下：

$$2H_2O_2 + 2GSH \longrightarrow 2H_2O + GS\text{-}SG$$
$$2GSH + R\text{-}O\text{-}OH \longrightarrow GS\text{-}SG + H_2O + R\text{-}OH$$

超氧化物歧化酶（superoxide dismutase，SOD）可催化一分子超氧阴离子氧化成 O_2，另一分子超氧阴离子还原生成 H_2O_2。SOD 也是人体防御内、外环境中超氧离子损伤的重要酶。

体内其他小分子自由基清除剂还有维生素 C、维生素 E、β-胡萝卜素等共同组成人体抗氧化体系。

二、微粒体细胞色素 P_{450} 单加氧酶体系

人微粒体细胞色素 P_{450} 单加氧酶（cytochrome P_{450} monooxygenase）催化氧分子

中的一个氧原子加到底物分子上(羟化),另一个氧原子被氢(来自底物 NADPH+H^+)还原成水,故又称混合功能氧化酶(mixed function oxidase)或羟化酶(hydroxylase)。参与类固醇激素、胆汁酸及胆色素等的生成以及药物、毒物的生物转化过程。

$$RH+NADPH+H^++O_2 \longrightarrow ROH+NADP^++H_2O$$

上述反应需细胞色素 P_{450}(cytochrome P_{450}, Cyt P_{450})参与。Cyt P_{450} 属于 Cyt b 类,还原型细胞色素 P_{450} 与 CO 结合后在波长 450nm 处出现最大吸收峰。

单加氧酶催化反应过程如下:NADPH 首先将电子交给黄素蛋白。黄素蛋白再将电子递给以 Fe-S 为辅基的铁氧还蛋白。与底物结合的氧化型 Cyt P_{450} 接受铁氧还蛋白的 1 个电子后,转变成还原型 P_{450},与 O_2 结合形成 $RH \cdot P_{450} \cdot Fe^{2+} \cdot O_2$,Cyt P_{450} 铁卟啉中 Fe^{2+} 将电子交给 O_2,形成 $RH \cdot P_{450} \cdot Fe^{3+} \cdot O_2^-$,再接受铁氧还蛋白的第 2 个电子,使氧活化($O_2^{2-}$)。此时 1 个氧原子使底物(RH)羟化(ROH),另 1 个氧原子与来自 NADPH 的质子结合生成 H_2O(图 11-16)。

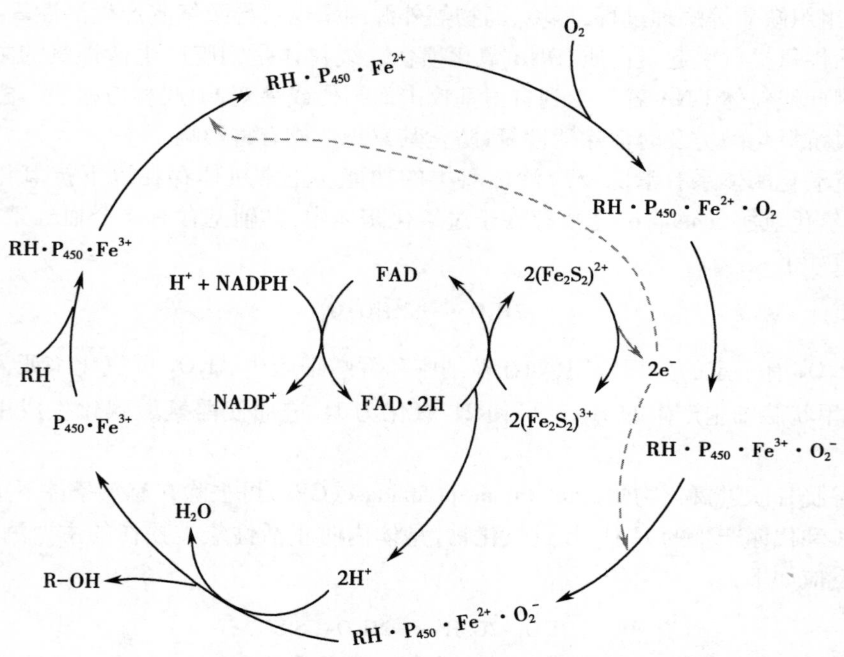

图 11-16 微粒体细胞色素 P_{450} 单加氧酶反应机制

(高 颖)

第十二章

氨基酸代谢

蛋白质(protein)是人体内种类、数量最多,功能最复杂的一类重要生物大分子,每日必须摄入一定量的蛋白质以维持机体的生长和各种组织蛋白质的更新。蛋白质的合成、降解均需经过氨基酸(amino acid)来进行。氨基酸代谢包括合成代谢和分解代谢。为适应体内蛋白质合成的需要,通过体外摄入或体内合成或氨基酸在体内相互转变,保证各种氨基酸质与量的供应。氨基酸的氨基通过代谢可转变为尿素,羧基可转变为胺类。另外,氨基酸也可转变成糖、一些生理活性物质、某些含氮化合物和作为体内能量的来源。

第一节　蛋白质的营养作用

一、蛋白质营养的重要性

蛋白质是机体细胞和细胞外间质的基本构成成分。参与维持组织细胞的生长、更新和修补,是蛋白质最重要的功能。食物蛋白分解的氨基酸参与体内蛋白质合成,这一作用是糖、脂类等营养物质不能替代的。正常人体,尤其对于生长发育的儿童和康复期患者,供应足量、优质的蛋白质尤为重要。体内多种蛋白质类生理活性物质如酶、多肽类激素、抗体等和以氨基酸为前体的一些具有生理活性的含氮代谢产物如胺类、神经递质等参与多种重要的生理活动及其调控。体内蛋白质降解成氨基酸后,经脱氨基作用产生的碳链可直接或间接进入三羧酸循环而氧化分解供能。每克蛋白质在体内氧化分解可产生 17.19kJ(4.1kcal)能量。一般来说,成人每日约 18% 的能量来自蛋白质的分解代谢,但可由糖和脂肪代替。因此,供能是蛋白质的次要生理功能。

二、氮平衡的概念

氮平衡(nitrogen balance)指机体氮的摄入量与排出量的对比关系,反映体内蛋白质合成与分解代谢概况。直接测定食物和体内分解代谢的蛋白质含量较困难,但可根据蛋白质元素组成中氮含量比较恒定(约 16%)且食物和排泄物中含氮物质大部分来源于蛋白质分解代谢的特点,用测定摄入食物的含氮量(摄入氮)和尿与粪便中的氮含量(排出氮)的方法,间接了解蛋白质的平衡关系,即氮平衡试验。

氮平衡试验是研究蛋白质的营养价值和需要量以及判断组织蛋白质消长情况

的重要方法之一。氮平衡有三种情况：

1. 总氮平衡　$N_{摄入}=N_{排出}$，指机体氮的摄入量等于排出量，反映机体蛋白质的分解与合成处于平衡状态。正常成人每天摄入的蛋白质主要用于维持组织蛋白质的更新和修复，食物蛋白质供应适宜时应为总氮平衡。

2. 正氮平衡　$N_{摄入}>N_{排出}$，指机体氮的摄入量大于排出量，表示机体蛋白质的合成量多于分解量，组织有所增长，即部分摄入的氮用于合成体内蛋白质。儿童、妊娠妇女以及消耗性疾病恢复期患者等在食物蛋白质供应适宜时应为正氮平衡。

3. 负氮平衡　$N_{摄入}<N_{排出}$，指机体氮的摄入量小于排出量，表示机体蛋白质的分解量多于合成量，组织有所消耗。饥饿、食物蛋白质含量少和营养价值低及其消耗性疾病患者等均可出现负氮平衡。

临床护理过程中，留取24小时尿液，测定其中尿素氮的含量，加常数2～3g（经粪便、皮肤排出的氮和以非尿素氮形式排出的含氮物），即可得出24小时排出氮量。根据蛋白质的摄入和静脉蛋白质、氨基酸的输入量可计算出24小时的摄入氮量，通过比对24小时出入氮量可判断机体的氮平衡状态，指导营养支持治疗。

三、人体对蛋白质的需要量

根据测定，体重60kg的正常成人在食用不含蛋白质膳食时，每天排氮量约3.18g，相当于20g蛋白质。这个数据不代表进食蛋白质时体内蛋白质的分解量。由于食物蛋白质与人体蛋白质组成的差异，不可能被全部吸收利用，故每天至少需要食入一般食物蛋白质30～45g才能维持蛋白质总氮平衡。这个量代表正常成人每天蛋白质的最少生理需要量。我国营养学会推荐成人每日蛋白质的需要量为80g。儿童、妊娠四个月以后和哺乳期妇女、恢复期、消耗性疾病和术后患者等，蛋白质需要量应按体重计算高于正常成人，婴儿应高于成人的三倍。

四、蛋白质的营养价值

氨基酸被分为营养必需氨基酸（essential amino acid）和非必需氨基酸（non-essential amino acid）两类。外源性蛋白质被人体利用的程度取决于所含营养必需氨基酸的种类和数量。必需氨基酸是指体内不能自身合成、必须由食物提供的氨基酸。主要有异亮氨酸、亮氨酸、赖氨酸、蛋氨酸、苯丙氨酸、苏氨酸、色氨酸和缬氨酸8种。其余12种在体内可合成、不一定需要食物供应的氨基酸，称为非必需氨基酸。其中，组氨酸和精氨酸虽能在体内合成，但合成量较小，若长期缺乏，特别在婴儿期可造成负氮平衡，因此有人也将其归纳为营养必需氨基酸或称为半必需氨基酸。凡必需氨基酸的种类齐全，数量、比例与人体组织蛋白质接近的外源性蛋白质，因其被人体利用率高，营养价值（nutrition value）也高。就人体的需要来讲，动物蛋白质的营养价值高于植物蛋白质。若将营养价值较低的蛋白质混合食用，则营养必需氨基酸可以互相补充从而提高其营养价值，称为食物蛋白质的互补作用（supplementary effect）。如豆类蛋白质中赖氨酸含量较多而色氨酸含量较少，谷类蛋白质赖氨酸含量较少而色氨酸含量较多，两者混合食用可在氨基酸组成上起到互补作用，提高蛋白质的营养价值。

在某些消耗性疾病和危重患者的护理中,为保证体内氨基酸的需要和维持患者体内氮平衡,可用比例适当、营养价值高的混合氨基酸或营养必需氨基酸进行输液。

第二节　蛋白质的消化、吸收与腐败

一、蛋白质的消化

食物蛋白质因其结构复杂、分子量大,若不经消化,一则不易吸收,二则未消化的外源性蛋白质被吸收入体内,可引起过敏反应等。食物蛋白质在胃、小肠和肠黏膜细胞中经一系列酶促水解反应分解成小分子肽及氨基酸的过程,称为蛋白质的消化。

(一) 蛋白质在胃中的消化

唾液中无水解蛋白质的酶,所以食物蛋白质的消化从胃中开始。胃液中的胃蛋白酶(pepsin)在胃液的酸性条件下非特异性地水解各种水溶性蛋白质,产物为寡肽和少量氨基酸。因食物在胃中停留时间短、蛋白质在胃中的消化是不完全的。胃蛋白酶对乳汁中的酪蛋白有凝乳作用,可使乳儿胃中的乳液凝为乳块后,在胃中停留的时间延长,消化过程能较充分地进行。

胃蛋白酶是由胃黏膜主细胞合成和分泌的一种蛋白水解酶。分泌时无活性,称为胃蛋白酶原。胃蛋白酶原在酸的作用下,释放出氨基端的 42 个氨基酸残基的肽,转变为有活性的胃蛋白酶。胃蛋白酶原也可通过自身激活作用转变为胃蛋白酶。其最适 pH 为 1.5 ~2.5,特异性较差,酶解部位主要为苯丙氨酸、酪氨酸、蛋氨酸或异亮氨酸残基组成的肽键,对谷氨酸残基组成的肽键也有水解作用。

(二) 蛋白质在肠中的消化

胃中蛋白质的消化产物和一部分未消化的蛋白质进入肠道后,在胰液和肠黏黏膜细胞的蛋白酶及肽酶的作用下,进一步水解为氨基酸。因此,肠道是蛋白质消化的主要场所。

1. 胰液中的蛋白酶及其作用　蛋白质的消化主要依靠胰酶来完成。胰液中的蛋白酶基本上分为两类,即内肽酶(endopeptidase)和外肽酶(exopeptidase)。内肽酶主要包括胰蛋白酶(trypsin)、糜蛋白酶(chymotrypsin)和弹性蛋白酶(elastase)等,可水解蛋白质肽链内部的一些肽键,这些酶对不同氨基酸残基组成的肽键有特异性。如胰蛋白酶主要水解赖氨酸及精氨酸等碱性氨基酸残基的羧基组成的肽键,产生具有碱性氨基酸作为羧基末端的肽。糜蛋白酶主要水解苯丙氨酸、酪氨酸或色氨酸等芳香族氨基酸残基的羧基组成的肽键,产生具有芳香族氨基酸作为羧基末端的肽,也可作用于亮氨酸、谷氨酸、谷氨酰胺及蛋氨酸等残基的羧基组成的肽键。弹性蛋白酶的特异性较差,可水解缬氨酸、亮氨酸、丝氨酸或丙氨酸等脂肪族氨基酸残基组成的肽键。外肽酶主要有羧基肽酶 A 和羧基肽酶 B。前者主要水解各种中性氨基酸残基的羧基末端的肽键,后者主要水解赖氨酸、精氨酸等碱性氨基酸残基的羧基末端肽键。因此,胰蛋白酶作用所产生的肽可被羧基肽酶 B 进一步水解;而糜蛋白酶及弹性蛋白酶水解产生的肽则可被羧基肽酶 A 进一步水解。

蛋白质在胰酶的作用下，最终产物为氨基酸和一些寡肽。

由胰腺细胞分泌的各种蛋白酶，最初均为无活性的酶原，在十二指肠内迅速被激活成为有活性的蛋白水解酶。在激活过程中，肠激酶（enterokinase）发挥着重要作用。肠激酶主要存在于肠上皮细胞刷状缘表面，在胆汁酸或其他蛋白酶的作用下，可大量释放到肠液中。肠激酶对胰蛋白酶原进行局部水解，释放出氨基末端六肽，使其活化为胰蛋白酶。在人体，胰蛋白酶对胰蛋白酶原的自身激活作用很弱，但能迅速激活糜蛋白酶原、弹性蛋白酶原和羧基肽酶原。胰液中的蛋白水解酶的酶原激活形式及其存在的胰蛋白酶抑制剂，对保护胰腺组织免受蛋白酶的作用有着十分重要的生理意义。若胰腺蛋白酶原在胰腺中被激活，可水解胰腺组织，产生胰腺的自溶现象。如在急性胰腺炎时可产生上述现象。临床上用牛胰腺提取制得的胰蛋白酶抑制剂治疗急性胰腺炎，能获得较好的疗效。

2. 肠黏膜细胞对蛋白质的消化作用　胰酶水解蛋白质的产物中仅1/3为氨基酸，2/3为寡肽。肠内消化液中水解寡肽的酶较少，但在肠黏膜细胞刷状缘及胞液中存在寡肽酶，主要为氨基肽酶，可从氨基端逐步水解肽链，产物为氨基酸和二肽。二肽经二肽酶作用生成氨基酸，最终完全将蛋白质水解为氨基酸。

除食物蛋白质外，消化液和脱落的肠上皮细胞中也含有蛋白质，部分可被水解为氨基酸被吸收利用。

二、氨基酸的吸收

正常情况下，只有氨基酸和少量的二肽、三肽才能被吸收。在肠黏膜细胞上存在着二肽、三肽的主动转运载体，肽被吸收后大部分在肠黏膜细胞中进一步被水解为氨基酸，小部分也可直接吸收入血。

氨基酸的吸收，主要在小肠内通过需钠耗能的主动转运方式而吸收。实验证明，肠黏膜细胞膜上具有转运氨基酸的载体，能与氨基酸和 Na^+ 形成三联体，将氨基酸和 Na^+ 转入细胞内，Na^+ 则借钠泵主动排出细胞，并消耗 ATP。由于氨基酸侧链的差异，主动转运氨基酸的载体也不同，分别吸收不同的氨基酸。这些载体主要包括中性氨基酸转运载体、碱性氨基酸转运载体、酸性氨基酸转运载体、亚氨基酸及甘氨酸转运载体等。在肾小管细胞和肌肉细胞等细胞膜上可能存在类似上述氨基酸主动转运的载体，这对于细胞内富集氨基酸的作用具有普遍意义。

氨基酸由细胞外进入细胞内的机制主要为γ-谷氨酰基循环（γ-glutamyl cycle）。此循环可看成两个阶段，第一阶段为谷胱甘肽对氨基酸的转运，即首先谷胱甘肽出细胞，氨基酸与谷胱甘肽在细胞膜的γ-谷氨酰转肽酶催化下产生γ-谷氨酰-氨基酸及半胱氨酰甘氨酸进入细胞内；第二阶段为谷胱甘肽的再生，即半胱氨酰甘氨酸被肽酶水解成半胱氨酸和甘氨酸，可供再合成谷胱甘肽之用。在γ-谷氨酰环化转移酶的催化下，γ-谷氨酰-氨基酸转变为5-氧脯氨酸和氨基酸，完成了氨基酸进入细胞内的过程。5-氧脯氨酸在5-氧脯氨酸酶的作用下转变为谷氨酸，而谷氨酸与半胱氨酸在γ-谷氨酰半胱氨酸合成酶的作用下，生成γ-谷氨酰半胱氨酸。最后，在谷胱甘肽合成酶的催化下，γ-谷氨酰半胱氨酸和甘氨酸合成谷胱甘肽，重复进入循环（图12-1）。

当γ-谷氨酰半胱氨酸合成酶缺陷时，因谷胱甘肽生成减少，红细胞膜完整性下

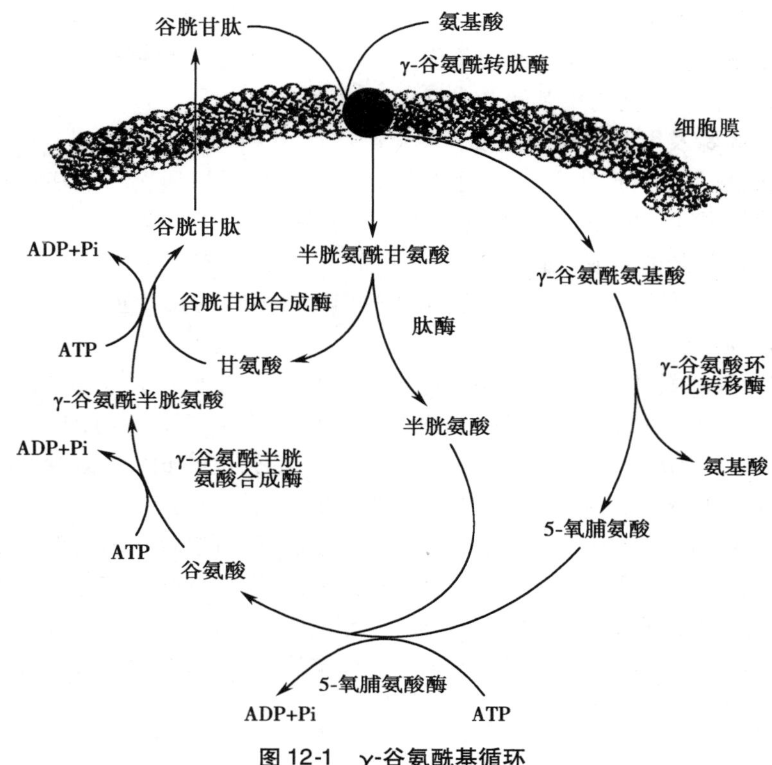

图 12-1 γ-谷氨酰基循环

降而出现溶血性贫血症状;谷胱甘肽合成酶缺陷时可引起 5-羟脯氨酸尿症;γ-谷氨酰转移酶缺陷时,尿中排出过量谷胱甘肽。

Hartnup 病是一种氨基酸尿症。此病的遗传缺陷是降低几种中性和芳香族氨基酸通过细胞膜的转运能力,全部症状可能由于该组氨基酸的膜转运系统内的必需部分有一种蛋白质出现缺陷而引起。

三、氨基酸在肠中的腐败

肠道中的蛋白质一小部分不被消化,一小部分消化产物不被吸收,这两部分物质在大肠下部受到细菌的作用。肠道细菌对未消化的蛋白质或蛋白质消化产物所引起的作用,称为腐败作用(putrefaction)。腐败作用可产生胺、脂肪酸、醇、酚、吲哚、甲基吲哚、硫化氢、甲烷、氨、二氧化碳和某些维生素等物质。

(一) 胺类的生成

在大肠下部,未经消化的蛋白质被细菌蛋白酶水解产生氨基酸。氨基酸在细菌氨基酸脱羧酶的作用下,脱羧基生成胺类(amines)。如组氨酸脱羧生成组胺、精氨酸和鸟氨酸脱羧生成腐胺、赖氨酸脱羧生成尸胺、酪氨酸脱羧生成酪胺、色氨酸脱羧生成色胺、苯丙氨酸脱羧生成苯乙胺等。对于人体,胺是有毒的。如组胺具有降低血压作用;酪胺及色胺则有升高血压的作用等。酪胺和苯乙胺若不能在肝细胞内分解而进入脑组织,则可经 β-氧化而形成 β-羟酪胺(鱆胺,octopamine)和苯乙醇胺。它们的化学结构与儿茶酚胺类似,称为假神经递质。假神经递质增多,干扰正常神经递质作用,而使大脑发生异常抑制,这可能与肝性脑病的症状有关。

（二）苯酚的生成

酪氨酸经脱氨基、氧化及脱羧等作用，最后生成苯酚。酪氨酸也可先脱羧生成酪胺，再经氧化等转变为甲苯酚及苯酚。

（三）吲哚及甲基吲哚的生成

由色氨酸脱羧酶产生的色胺可被分解为吲哚和甲基吲哚。甲基吲哚具有臭味，主要随粪便排出体外，是粪便臭味的主要来源。

（四）硫化氢的生成

半胱氨酸在肠道细菌脱硫化氢酶的作用下，直接产生硫化氢。

（五）氨的生成

未被吸收的氨基酸在肠道细菌的作用下脱氨基生成氨。血液中的尿素可透过肠黏膜进入肠道，在肠黏膜及细菌脲酶的作用下被分解为氨，是肠道氨的另一来源。这些氨均可被吸收入血在肝脏合成尿素。降低肠道的pH，可减少氨的吸收。

除少量脂肪酸和维生素外，大部分腐败产物对人体有毒性。正常情况下，上述腐败产物大部分随粪便排出，少量被肠黏膜吸收后，经肝脏代谢转变解毒而不会发生中毒现象。当肠梗阻时，由于肠内容物在肠腔内停留时间长，产生的腐败产物增加，吸收入血增加，在肝脏内解毒不完全，可导致机体中毒，表现为头痛、头晕，甚至血压变化等全身中毒症状。因此，在临床肝性脑病等患者护理中，通过灌肠清除肠中腐败产物等方法可到达辅助治疗的功效。

第三节　氨基酸的一般代谢

一、氨基酸代谢的概况

食物蛋白质经消化吸收后，以氨基酸的形式通过血液运送到全身各组织。这种来源的氨基酸被称为外源性氨基酸。机体各组织的蛋白质在组织蛋白酶的作用下以每天1% ~2%的比例被分解成为氨基酸；机体还能合成部分非必需氨基酸，这两种来源的氨基酸被称为内源性氨基酸。血液和组织中分布的游离氨基酸称为氨基酸代谢库（amino acid metabolic pool）。机体没有专门的组织器官储存氨基酸，氨基酸代谢库实际上包括细胞内液、细胞间液和血液中的氨基酸。

氨基酸的主要功能是合成蛋白质，也参与合成多肽及其他含氮的生理活性物质。除维生素外，体内的各种含氮物质几乎都可由氨基酸转变而来，包括蛋白质及肽类激素、氨基酸衍生物、黑色素、嘌呤碱、嘧啶碱、肌酸、胺类、辅酶或辅基等。

氨基酸在体内的分解代谢实际上就是氨基、羧基和侧链R基团的代谢。氨基酸分解代谢的主要途径是脱氨基生成氨和相应的α-酮酸；氨对人体来说是有毒的物质，在体内主要合成尿素排出体外，还可以合成其他含氮物质，少量的氨可直接经尿排出。另一条分解途径是脱羧基生成CO_2和胺。胺在体内主要经胺氧化酶作用进一步分解生成氨和相应的醛或酸。侧链R基团部分生成的酮酸可进一步氧化分解生成CO_2和水、并提供能量，也可经一定的代谢转变生成糖或脂在体内储存。

体内氨基酸的合成代谢和分解代谢处于动态平衡，从而维持着血液氨基酸水平的恒定。血中氨基酸水平过高时，部分氨基酸可直接从尿中排出（多见于病理状况）。与糖、脂代谢不同的是，氨基酸、蛋白质不能在体内储存，每日摄入的多余氨基酸迅速在肝脏等组织中转变，或氧化或转变生成糖、脂肪储存。氨基酸在体内代谢的基本情况概括如图 12-2。

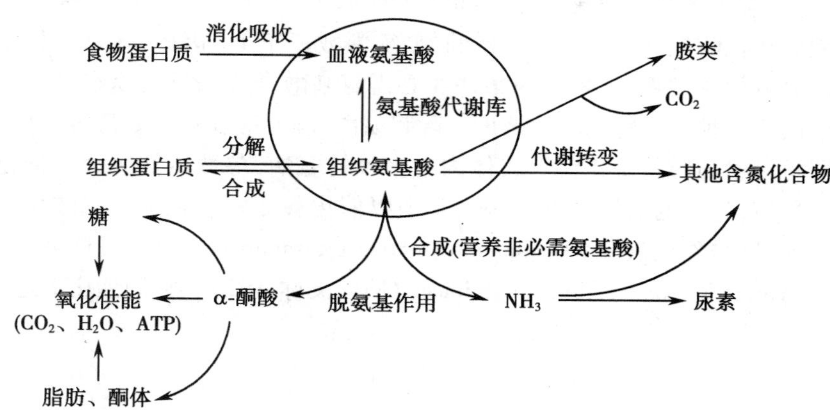

图 12-2　氨基酸代谢概况

肝脏是氨基酸代谢最重要的器官。肝脏蛋白质的更新速度快，氨基酸代谢活跃，大部分氨基酸的分解代谢在肝脏进行，氨和胺的解毒过程也主要在肝脏进行（详见第 15 章）。

二、氨基酸的脱氨基作用

氨基酸的脱氨基作用是指氨基酸在酶的催化下脱去氨基生成 α-酮酸的过程，是体内氨基酸分解代谢的主要途径。脱氨基作用主要有氧化脱氨基、转氨基、联合脱氨基、嘌呤核苷酸循环和非氧化脱氨基作用。

（一）氧化脱氨基作用

氧化脱氨基作用是指在酶的催化下氨基酸在氧化的同时脱去氨基的过程。组织中有几种催化氨基酸氧化脱氨的酶，其中以谷氨酸脱氢酶最重要。L-谷氨酸脱氢酶（L-glutamate dehydrogenase）催化谷氨酸氧化脱氨。反应分两步进行，首先谷氨酸脱氢生成亚氨基酸，然后亚氨基酸自行水解生成 α-酮戊二酸。谷氨酸脱氢酶的辅酶为 NAD^+。NAD^+ 接受反应中脱下的氢生成 $NADH+H^+$，再经 NADH 氧化呼吸链氧化。

$$\underset{\text{谷氨酸}}{\begin{array}{l}NH_2\\ |\\ CH{-}COOH\\ |\\ (CH_2)_2{-}COOH\end{array}} \xrightleftharpoons[\text{L-谷氨酸脱氢酶}]{NAD^+\ \ \ NADH+H^+} \begin{array}{l}NH\\ \|\\ C{-}COOH\\ |\\ (CH_2)_2{-}COOH\end{array} \xrightleftharpoons{H_2O\ \ \ NH_3} \underset{\text{α-酮戊二酸}}{\begin{array}{l}O\\ \|\\ C{-}COOH\\ |\\ (CH_2)_2{-}COOH\end{array}}$$

谷氨酸脱氢酶广泛分布于肝、肾、脑等多种细胞线粒体中。此酶活性高、特异性强，是一种不需氧的脱氢酶；催化可逆反应，其逆反应为还原加氨，在体内非必需氨基酸合成过程中起着十分重要的作用。一般情况下，反应偏向于谷氨酸的合成，但当谷氨酸浓度高而 NH_3 浓度低时，则有利于 α-酮戊二酸的生成。

体内存在的 L-氨基酸氧化酶与 D-氨基酸氧化酶虽也能催化氨基酸氧化脱氨，

但对人体内氨基酸脱氨的意义不大。

（二）转氨基作用

转氨基作用是指在氨基转移酶（aminotransferase）或转氨酶（transaminase）的催化下，将α-氨基酸的氨基转移至α-酮酸的酮基上，生成相应的α-酮酸和α-氨基酸的过程。转氨酶催化的反应是可逆的，平衡常数近于1。因此，转氨基作用既是氨基酸的分解代谢过程，也是体内某些非必需氨基酸合成的重要途径。反应的实际方向取决于四种反应物的相对浓度。除赖氨酸、脯氨酸和羟脯氨酸外，体内大多数氨基酸可以参与转氨基作用。人体内有多种转氨酶，各种转氨酶分别催化特异的转氨基反应，它们的活性高低不一。其中以催化谷氨酸和a-酮戊二酸反应的酶活性最强，特别是谷丙转氨酶（glutamic pyruvic transaminase，GPT，又称 ALT）和谷草转氨酶（glutamic oxaloacetic transaminase，GOT，又称 AST）。它们催化下述反应。

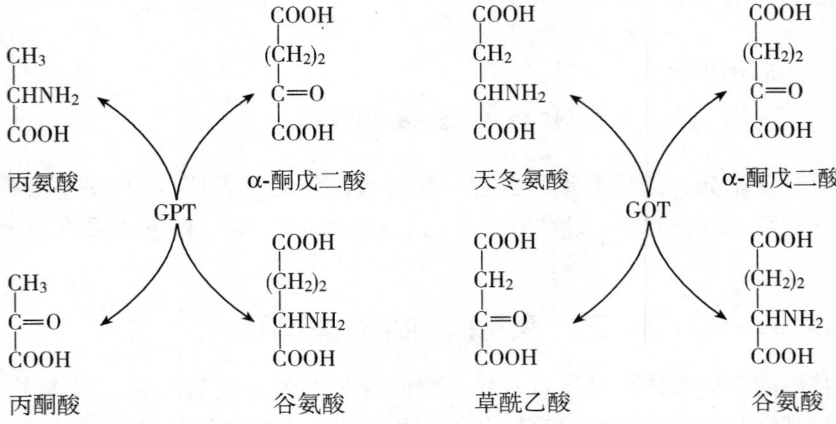

转氨酶的分布很广，不同的组织器官中转氨酶活性高低不同。心肌、肝脏、骨骼肌和肾脏等组织中转氨酶活性较高。

各种转氨酶的辅酶均为磷酸吡哆醛（phosphopyridoxal，PL-P）或磷酸吡哆胺（phosphopyridoxamine，PM-P）。它们在转氨基反应中起着氨基载体的作用，因此，转氨基反应中并无游离氨的生成。在转氨酶的催化下，α-氨基酸的氨基转移到磷酸吡哆醛分子上，生成磷酸吡哆胺和相应的α-酮酸；而磷酸吡哆胺又可将其氨基转移到另一α-酮酸分子上，生成磷酸吡哆醛和相应的α-氨基酸（图12-3）。如此周而

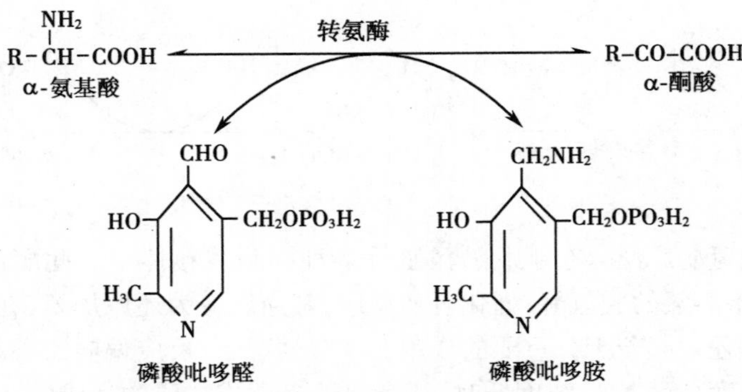

图12-3 转氨基作用的机制

复始就可使转氨基反应不断进行。如糖代谢中生成的丙酮酸、草酰醋酸和 α-酮戊二酸经转氨基反应可生成丙氨酸、天冬氨酸和谷氨酸。因此转氨基反应可以调节体内非必需氨基酸的构呈比例，以满足体内蛋白质合成对非必需氨基酸的需求。转氨基作用还是联合脱氨基作用的重要组成部分。

血清氨基酸代谢酶活性变化与组织损伤

转氨酶为细胞内酶，血清中转氨酶活性极低。当细胞膜通透性增高、组织坏死或细胞破裂时，转氨酶大量入血，血清转氨酶活性明显增高。如急性肝炎病人血清 GPT 活性明显升高，心肌梗塞病人血清 GOT 活性明显升高。这些检验结果可协助临床诊断，也可作为观察疗效和预后的指标。

四氯化碳、氯仿、四氯乙烯等干洗剂和一些有机化工原料等可引起肝细胞损伤而导致血清 GOT 升高。

血清 CK 和同工酶活性测定可作为临床某些疾病的辅助诊断指标，如急性心肌梗塞后 5～10 小时，约 78% 的患者血清中 CK-MB 活性升高；18～33 小时后，100% 的患者 CK-MB 活性达到高峰；3～4 天后恢复正常，升高幅度约为正常人的 2～20 倍。因此，可用于该疾病的辅助诊断。

（三）联合脱氨基作用

许多氨基酸不能直接进行氧化脱氨基，但可在转氨酶作用下将其 α-氨基转移到 α-酮戊二酸上生成相应的 α-酮酸和谷氨酸。然后在谷氨酸脱氢酶的作用下，谷氨酸氧化脱氨基生成 α-酮戊二酸，这样 α-氨基酸就生成了相应的 α-酮酸和氨。氨基酸的这种脱氨方式称为联合脱氨基作用（图 12-4）。联合脱氨基作用是由转氨酶和谷氨酸脱氢酶联合催化的。

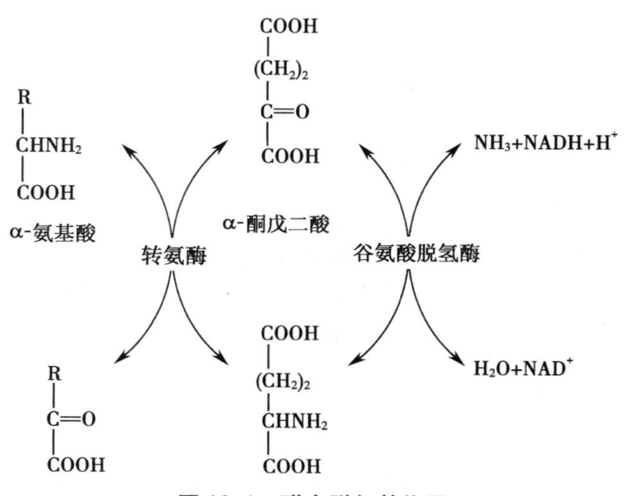

图 12-4　联合脱氨基作用

联合脱氨基作用是体内氨基酸脱氨的主要方式，尤以肝、肾等组织最为活跃。凡能与α-酮戊二酸进行转氨基反应的氨基酸都可以经联合脱氨基作用脱氨。

联合脱氨基反应是可逆的，其逆过程称为联合加氨，这是体内合成非必需氨基酸的重要途径。由于联合脱（加）氨基反应中有α-酮酸的参加，所以联合脱氨基反应将体内的氨基酸代谢与糖代谢、脂代谢紧密地联系在一起。

（四）嘌呤核苷酸循环

上述联合脱氨基作用并非是机体所有组织器官脱氨基的主要方式。如骨骼肌和心肌 L-谷氨酸脱氢酶活性较低，氨基酸不易借此方式脱氨基，但可通过嘌呤核苷酸循环（purine nucleotide cycle）脱去氨基。

在肌肉等组织中，氨基酸通过转氨基作用将氨基转移到草酰醋酸上形成的天冬氨酸能与次黄嘌呤核苷酸（IMP）作用，生成腺苷酸代琥珀酸，后者经裂解生成腺嘌呤核苷酸（AMP）并释放出延胡索酸。AMP 在腺苷酸脱氢酶（此酶在肌肉组织中活性最强）的作用下脱氨基，生成的 IMP 可再参加循环（图 12-5）。由此可见，嘌呤核苷酸循环实际上也可看成是另一种形式的联合脱氨基作用。除肌肉外，脑、肝脏中的某些氨基酸也可通过此循环脱氨基。

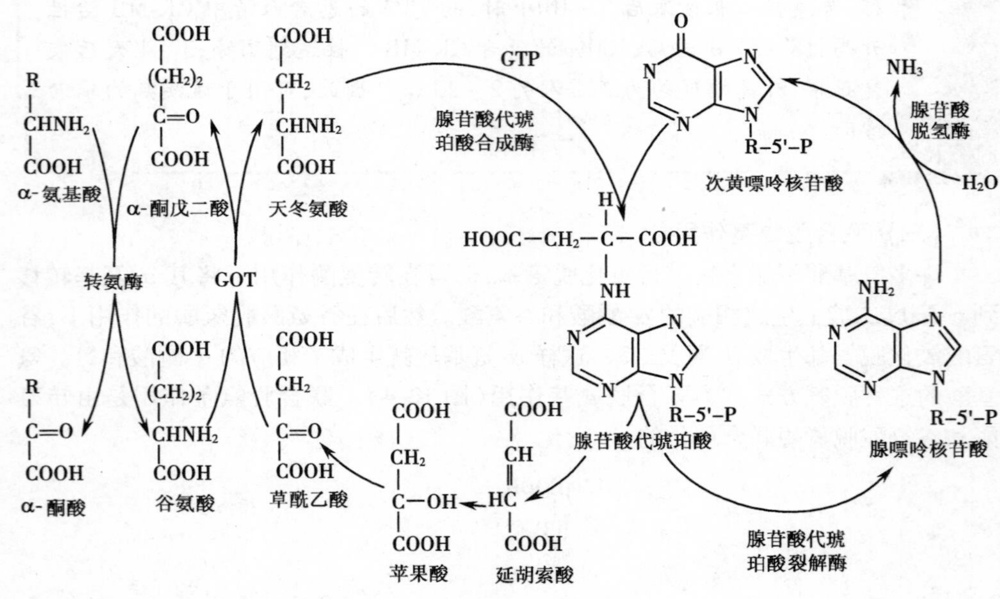

图 12-5 嘌呤核苷酸循环

（五）非氧化脱氨基作用

某些氨基酸还可以通过非氧化脱氨基作用脱去氨基，但不是体内氨基酸脱氨的主要方式。如丝氨酸可在丝氨酸脱水酶的催化下生成氨和丙酮酸。

$$\underset{\text{丝氨酸}}{HOCH_2-CHNH_2-COOH} \xrightarrow[-H_2O]{\text{丝氨酸脱水酶}} CH_2=CNH_2-COOH \rightleftharpoons CH_3-C(=NH)-COOH \xrightarrow[-NH_3]{+H_2O} \underset{\text{丙酮酸}}{CH_3-C(=O)-COOH}$$

三、氨的代谢

（一）氨的来源

人体内氨的主要来源有：组织中氨基酸的脱氨基作用、肾脏来源的氨和肠道来源的氨。

1. 氨基酸脱氨基作用生成的氨　氨基酸可经联合脱氨基作用和其他脱氨基反应脱氨，可先脱羧基生成胺，再经胺氧化酶作用生成醛和氨。组织中氨基酸分解生成的氨是体内氨的主要来源。食物中蛋白质含量高时，氨的生成也增多。此外，体内一些胺类物质，如肾上腺素、去甲肾上腺素及多巴胺等在单胺氧化酶及二胺氧化酶的作用下，也可分解释放出氨。

2. 肾脏来源的氨　氨基酸在肾脏分解过程中可产生氨。其中谷氨酰胺在肾远曲小管上皮细胞中分解产生的氨占肾脏产氨量的一半以上。肾脏产生的氨有两条去路：一为排入原尿中，随原尿排出体外；另一为被重吸收入血成为血氨。氨易透过生物膜，而 NH_4^+ 不易透过生物膜。当原尿 pH 值偏酸时，原尿中的 NH_3 与 H^+ 结合生成 NH_4^+，随尿排出；原尿 pH 值偏碱时，NH_3 易被重吸收。因此，临床上血氨升高的患者不能使用碱性利尿药。

3. 肠道来源的氨　肠道每天可产生 4g 氨。蛋白质和氨基酸在肠道细菌作用下产生氨。肝脏生成的尿素可排入肠腔，经肠道细菌脲酶水解生成 CO_2 和 NH_3。氨可被吸收入血，经门静脉入肝重新合成尿素。这个过程被称为尿素的肠肝循环。肠道内 pH 值低于 6 时，肠道内氨生成 NH_4^+，随粪便排出；肠道 pH 值较高时，肠道内的氨吸收入血。临床上给高血氨患者灌肠治疗时，应禁忌使用肥皂水等碱性溶液灌肠，以免加重病情。

（二）氨的去路

氨是有毒的物质，必须及时将氨转变为无毒或毒性小的物质排出体外。主要去路是肝脏合成尿素，随尿排出，约占排出氮的 80% 以上。一部分氨可合成谷氨酰胺，也可合成其他非必需氨基酸，少量的氨可直接随尿排出体外（图 12-6）。

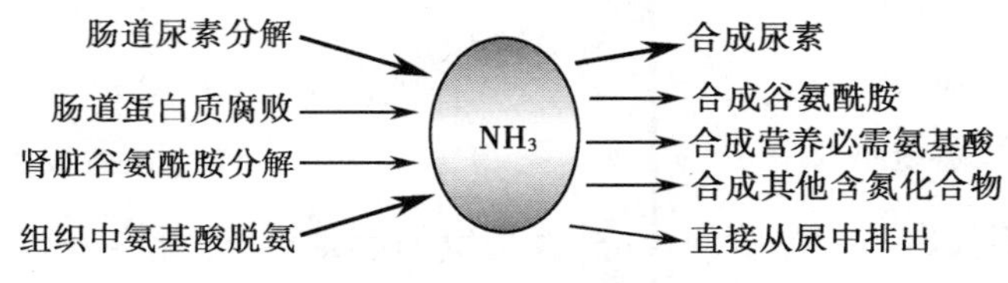

图 12-6　氨的来路与去路

正常人血氨浓度不超过 0. 1mg%，表明正常情况下血氨的来源与去路保持动态平衡。

（三）氨的转运

解氨毒的主要方式为合成尿素。组织在代谢过程中产生的氨必须经过转运才能到达肝脏或肾脏。氨在体内的运输主要有丙氨酸和谷氨酰胺两种形式。

1. 丙氨酸-葡萄糖循环　肌肉蛋白质分解的氨基酸占体内氨基酸代谢池的一半以上，经转氨基作用将氨基转给由葡萄糖分解代谢产生的丙酮酸生成丙氨酸，亦可通过氨基化作用使丙酮酸氨基化成丙氨酸；丙氨酸经血液运至肝脏。在肝细胞中，丙氨酸通过联合脱氨基作用脱下的氨用于尿素的合成。转氨基生成的丙酮酸作为糖异生原料用于合成葡萄糖。葡萄糖由血液运至肝脏，通过葡萄糖分解代谢生成丙酮酸，再通过转氨基作用生成丙氨酸。丙氨酸和葡萄糖借丙酮酸为中间产物在肌肉和肝脏之间进行氨的转运的过程，称为丙氨酸-葡萄糖循环（alanine-glucose cycle）。此循环的作用在于将肌肉中脱下的氨以无毒的丙氨酸形式运输到肝脏合成尿素，也为肝细胞提供糖异生的原料（图 12-7）。

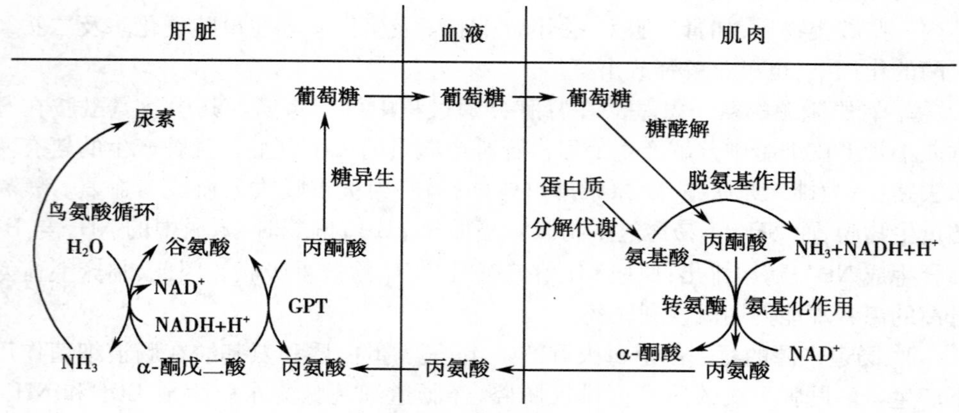

图 12-7　丙氨酸-葡萄糖循环

2. 谷氨酰胺的合成与运氨作用　谷氨酰胺是体内另一种转运氨的形式，它主要从脑、肌肉等组织向肝或肾运氨。氨与谷氨酸在谷氨酰胺合成酶的作用下生成谷氨酰胺，并由血液输送到肝或肾，再经谷氨酰胺酶水解成谷氨酸和氨。谷氨酰胺的合成与分解是由不同酶催化的不可逆反应，其合成需 ATP。

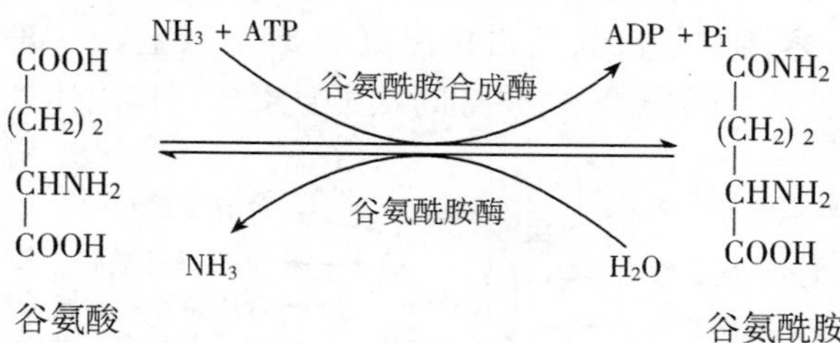

谷氨酰胺不仅参与蛋白质的合成，也是氨的解毒产物、储存及运输形式，还是尿氨的重要来源。谷氨酰胺在脑中固定和转运氨的过程中起着十分重要的作用。谷氨酰胺无毒，脑组织中产生的氨可转变为谷氨酰胺并以谷氨酰胺的形式运到脑外，因此合成谷氨酰胺是脑组织解氨毒的主要方式。临床上对氨中毒患者可服用或输入谷氨酸盐，以降低氨的浓度。谷氨酰胺在肾脏分解生成谷氨酸和氨，氨随尿排出有利于排酸、调节酸碱平衡。

谷氨酰胺可将其酰胺基转移至天冬氨酸 γ-羧基上形成天冬酰胺。天冬酰胺在天冬酰胺酶的作用下水解成为天冬氨酸。体内天冬酰胺的足量生成可满足蛋白质合成的需要，但白血病病理性白细胞却不能或很少合成天冬酰胺，必须依靠血液从其他器官运输而来。因此，临床上常用天冬酰胺酶以减少血中天冬酰胺浓度，达到治疗白血病的目的。

$$\begin{array}{c} CONH_2 \\ | \\ CH_2 \\ | \\ CHNH_2 \\ | \\ COOH \end{array} \xrightarrow[H_2O \quad\quad NH_3]{\text{天冬酰胺酶}} \begin{array}{c} COOH \\ | \\ CH_2 \\ | \\ CHNH_2 \\ | \\ COOH \end{array}$$

天冬酰胺　　　　　　天冬氨酸

（四）尿素的生成

肝脏是合成尿素的主要器官。尿素主要在肝细胞线粒体和胞液中合成，肾和脑组织也可少量合成。1932 年，德国科学家 H. Krebs 和 H. Henseleit 通过鼠肝切片体外试验等一系列实验结果，提出尿素生成的鸟氨酸循环（ornithine cycle）学说，又称尿素循环（urea cycle）。其基本反应为：

$$2NH_3 + CO_2 + 3ATP + 3H_2O \longrightarrow \begin{array}{c} NH_2 \\ / \\ C{=}O \\ \backslash \\ NH_2 \end{array} + 2ADP + AMP + 4Pi$$

鸟氨酸循环的实验依据

20 世纪 40 年代，通过以下一系列实验说明尿素是通过鸟氨酸循环合成的。

1. 用含 ^{15}N 标记的 NH_4^+ 喂养大鼠，发现大部分 ^{15}N 以 ^{15}N 尿素的形式随尿排出，用 ^{15}N 标记的氨基酸喂饲大鼠也获得相同的结果。证实了氨基酸分解代谢的终产物是尿素，氨是氨基酸分解代谢生成尿素的中间产物。

2. 用 ^{15}N 标记的氨基酸喂饲大鼠，从其肝脏中分离的精氨酸含 ^{15}N。用分离获得的含 ^{15}N 的精氨酸与精氨酸酶温育，生成两个氮原子均被 ^{15}N 标记的尿素，而鸟氨酸不含 ^{15}N。

3. 用 ^{14}C 标记的 HCO_3^- 盐和鸟氨酸与大鼠肝匀浆同温育，生成的尿素和瓜氨酸的 $C{=}O$ 基均含 ^{14}C，且含量相同。

4. 用 3、4、5 位均含有重氮的鸟氨酸喂饲小鼠，从其肝脏中分离的精氨酸含有重氮，且分布的位置和量均与鸟氨酸相同。

根据鸟氨酸循环学说，尿素的生成分为三个阶段（图 12-8）。首先是鸟氨酸与 CO_2 和氨结合生成瓜氨酸，然后瓜氨酸再与氨结合生成精氨酸，最后在精氨酸酶的作用下，精氨酸水解生成尿素和鸟氨酸。鸟氨酸再重复上述循环过程。每经过一次循环，一分子 CO_2 和两分子氨合成一分子尿素。

尿素生成的实际过程十分复杂，具体如下：

1. 氨基甲酰磷酸的合成　氨基甲酰磷酸合成酶Ⅰ（carbamoyl phosphate synthetase

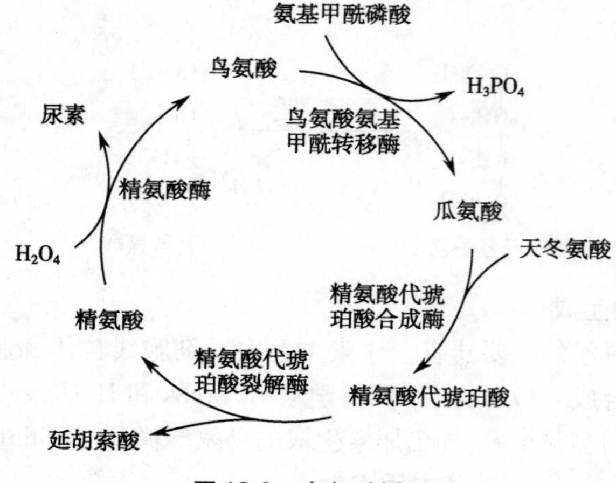

图 12-8　鸟氨酸循环

I，CPS-I）催化氨和 CO_2 在肝脏线粒体中合成氨基甲酰磷酸。此为耗能反应，Mg^{2+} 和 N-乙酰谷氨酸（N-acetyl glutamatic acid，AGA）起辅因子作用。

$$NH_3 + CO_2 \xrightarrow[\text{N-乙酰谷氨酸},\ Mg^{2+}]{2ATP,\ H_2O\ \ \text{氨基甲酰磷酸合成酶 I}\ \ 2ADP,\ H_3PO_4} NH_2-\underset{\underset{O}{\|}}{C}-O-\overset{\overset{OH}{|}}{\underset{\underset{O}{\|}}{P}}-OH$$

氨基甲酰磷酸

2. 瓜氨酸的合成　线粒体中的鸟氨酸氨基甲酰转移酶（ornithine carbamoyl transferase，OCT）催化氨基甲酰磷酸与鸟氨酸缩合生成瓜氨酸，此反应需生物素参加。

$$\underset{\text{氨基甲酰磷酸}}{NH_2-\underset{\underset{O}{\|}}{C}-O-\overset{\overset{OH}{|}}{\underset{\underset{O}{\|}}{P}}-OH} + \underset{\text{鸟氨酸}}{NH_2-(CH_2)_3-CHNH_2-COOH} \xrightarrow[\text{生物素}\ \ H_3PO_4]{\text{鸟氨酸氨基甲酰转移酶}} \underset{\text{瓜氨酸}}{NH_2-C(=O)-NH-(CH_2)_3-CHNH_2-COOH}$$

3. 精氨酸的合成　瓜氨酸穿过线粒体膜进入细胞浆，在精氨酸代琥珀酸合成酶（argininosuccinate synthetase）催化下与天冬氨酸缩合生成精氨酸代琥珀酸，反应中消耗能量。后者经精氨酸代琥珀酸裂解酶（argininosuccinate lyase）裂解成精氨酸和延胡索酸。

$$\underset{\text{瓜氨酸}}{NH_2-C(=O)-NH-(CH_2)_3-CHNH_2-COOH} + \underset{\text{天冬氨酸}}{HOOC-HC(NH_2)-CH_2-COOH} \xrightarrow{\text{精氨酸代琥珀酸合成酶}} \underset{\text{精氨酸代琥珀酸}}{NH_2-C(=N-CH(COOH)-CH_2-COOH)-NH-(CH_2)_3-CHNH_2-COOH} \xrightarrow{\text{精氨酸代琥珀酸裂解酶}} \underset{\text{精氨酸}}{NH_2-C(=N)-NH-(CH_2)_3-CHNH_2-COOH} + \underset{\text{延胡索酸}}{HOOC-CH=CH-COOH}$$

4. 精氨酸水解及尿素的生成　肝细胞中的精氨酸酶催化精氨酸水解生成尿素和鸟氨酸。生成的鸟氨酸可经线粒体膜上特异转运体系进入线粒体，重复上述过程。

$$\underset{\text{精氨酸}}{NH_2-C(=NH)-NH-(CH_2)_3-CHNH_2-COOH} \xrightarrow[H_2O]{\text{精氨酸酶}} \underset{\text{鸟氨酸}}{NH_2-(CH_2)_3-CHNH_2-COOH} + \underset{\text{尿素}}{NH_2-C(=O)-NH_2}$$

尿素合成的全过程可用图 12-9 表示。可以看出，合成尿素时一分子氨来源于氨基酸的联合脱氨基作用，另一分子氨来自转氨基作用，说明转氨基作用在尿素合成中起十分重要的作用。

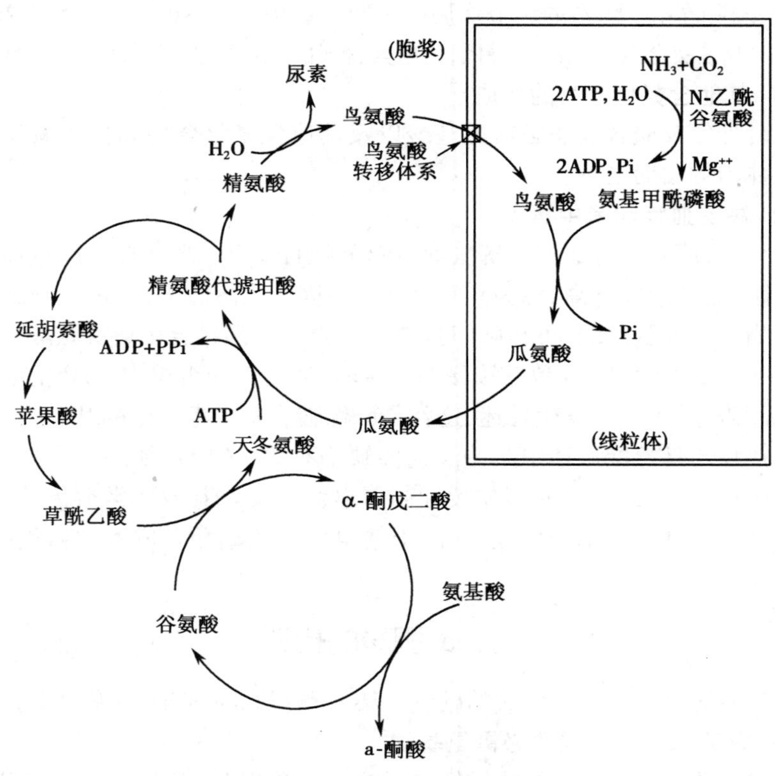

图 12-9　尿素生成的过程

肝功能严重损害时，尿素合成障碍，血氨增高。增高的血氨经血-脑屏障进入脑细胞将引起脑细胞损害和功能障碍。临床上将肝功能严重损害引起的脑功能障碍称为肝性脑病或肝昏迷。降低血氨有助于肝性脑病的治疗。常用的降低血氨的方法：减少氨的来源如限制蛋白质摄入量、口服抗生素药物抑制肠道尿素的分解等；增加氨的去路如使用酸性利尿药利尿；使用酸性灌肠液以促进氨生成铵盐排出体外,给予谷氨酸以结合氨生成谷氨酰胺等。

尿素的合成受多种因素的调控,主要影响因素如下:

1. 食物的影响　高蛋白膳食者尿素合成速度加快,排泄的含氮物中尿素占80% ~90%;低蛋白膳食者尿素合成速度减慢,排泄的含氮物中尿素占60%或更低。另外,当极度饥饿时,因肌肉蛋白质分解增加,尿素合成量增加。

2. CSP-I对尿素合成的调控　CSP-I与存在于线粒体基质的谷氨酸脱氢酶相互偶联,以调节氨基甲酰磷酸的合成。由谷氨酸脱氢酶催化生成的氨是尿素的主要氮源。虽然谷氨酸脱氢酶所催化的反应平衡常数有利于谷氨酸的合成,但由于线粒体基质中的三羧酸循环酶系有利于催化α-酮戊二酸的氧化,致使谷氨酸倾向于分解代谢,从而提供氮,有利于氨基甲酰磷酸的形成。此外,α-酮戊二酸氧化所产生的ATP既是CSP-I的底物,又是其激动剂。另外,存在于线粒体内的N-乙酰谷氨酸是此酶的变构剂,对尿素的合成也起重要的调控作用。N-乙酰谷氨酸可由乙酰辅酶A和谷氨酸通过N-乙酰谷氨酸合成酶的催化而生成。精氨酸是此酶的激活剂,肝脏中精氨酸浓度增高时,N-乙酰谷氨酸的生成加速。

3. 鸟氨酸循环中酶系的调节作用　参与尿素合成的各种酶的活性相差很大,其中精氨酸代琥珀酸合成酶的活性最低,为尿素合成的限速酶,可调节尿素的合成速度。

(五) 其他含氮化合物的生成

经联合加氨反应合成非必需氨基酸以及其他含氮化合物如嘌呤碱和嘧啶碱,也是氨在体内的去路之一。

(六) 高氨血症和氨中毒

由上可见,肝脏在合成尿素解氨毒中起重要的作用。当肝功能严重损伤时,尿素合成受阻,血氨浓度升高,称为高氨血症。氨因其脂溶性强,易进入脑组织,引起氨中毒。当氨进入脑组织,可与脑细胞中的α-酮戊二酸结合生成谷氨酸,以致脑细胞中的α-酮戊二酸减少,导致三羧酸循环减弱,从而使脑组织中ATP生成减少,引起脑功能障碍,严重时可发生昏迷,这就是肝性脑病氨中毒学说的基础。

高氨血症与鸟氨酸循环中某些酶遗传缺陷有关。CPS-I缺陷与Ⅰ型先天性高氨血症有关;OCT的缺陷与Ⅱ型先天性高氨血症有关。其他两类遗传性疾病为瓜氨酸尿症和精氨酸代琥珀酸血症,则由于精氨酸代琥珀酸合成酶和精氨酸代琥珀酸裂解酶缺陷所致。

四、α-酮酸的代谢

α-氨基酸通过脱氨基后生成的碳链骨架α-酮酸(α-ketoacid)有以下去路。

(一) 重新氨基化生成非必需氨基酸

α-酮戊二酸可经还原加氨或转氨基反应生成谷氨酸,其他α-酮酸经联合加氨反应生成相应的非必需氨基酸。

(二) 氧化生成 CO_2 和水

这是α-酮酸的重要去路之一。α-酮酸先转变成丙酮酸、乙酰辅酶A或三羧酸循环的中间产物,再经过三羧酸循环彻底氧化分解。

(三) 转变生成糖和脂肪

多数氨基酸能生成丙酮酸或三羧酸循环的中间产物,再经糖异生途径生成葡萄糖,这些氨基酸称为生糖氨基酸,为甘氨酸、丝氨酸、缬氨酸、组氨酸、精氨酸、半胱氨酸、脯氨酸、丙氨酸、谷氨酸、天冬氨酸、天冬酰胺和甲硫氨酸。亮氨酸和赖氨酸能生成乙酰辅酶 A 转变为酮体,称为生酮氨基酸。少数氨基酸既能生成丙酮酸或三羧酸循环的中间产物,也能生成乙酰辅酶 A,这些氨基酸称为生糖兼生酮氨基酸,有异亮氨酸、苯丙氨酸、酪氨酸、苏氨酸和色氨酸。凡能生成乙酰辅酶 A 的氨基酸均能参与脂肪酸和脂肪的合成。

(四) 糖、脂肪和蛋白质代谢的相互关系

糖在体内可以生成脂肪。糖在体内能参与合成非必需氨基酸;但只是提供其碳源部分,氨基仍由蛋白质的分解产物氨基酸提供,而且必需氨基酸也要由食物提供,因此糖不能转变为蛋白质。脂肪分解生成的甘油可以氧化分解供能,也可作为糖异生的原料转变为糖。脂肪酸不能转变为糖,也不能转变成蛋白质。蛋白质在体内的主要功能是作为细胞的基本组成成分、补充组织蛋白质的消耗、更新组织蛋白质。剩余部分可转变为糖或脂肪在体内储存。蛋白质转变生成的甘油、脂肪酸可参与磷脂的合成。糖、脂肪和蛋白质之间的相互转变见图 13-1。

由于氨基酸不能在体内储存,食物中过多部分的氨基酸就转变成糖和脂肪。动物实验表明,多进食 100g 蛋白质可转变成 58g 糖,同时还要生成 16g 氮。从经济角度考虑过多食用蛋白质不可取,因为蛋白类食物价格较高;从机体健康角度考虑亦不可取,因为肝脏要将多余产生的氮合成为尿素,排出体外,加重了肝脏和肾脏的负担。

第四节　个别氨基酸代谢

一、氨基酸的脱羧基反应

氨基酸除经脱氨基反应分解外,还可通过脱羧基反应分解。脱羧基反应与体内许多重要化合物的生成有关。这类反应由氨基酸脱羧酶催化,辅酶是磷酸吡哆醛。

$$\underset{\alpha\text{-氨基酸}}{R-\underset{\displaystyle NH_2}{\underset{|}{CH}}-COOH} \xrightarrow[\text{磷酸吡哆醛}]{\text{氨基酸脱羧酶}} \underset{\text{胺}}{R-CH_2-NH_2} + CO_2$$

(一) γ-氨基丁酸

谷氨酸脱羧酶催化谷氨酸脱去 α-羧基生成 γ-氨基丁酸(γ-aminobutyric acid, GABA)。

$$\underset{\text{谷氨酸}}{\begin{array}{c} COOH \\ | \\ (CH_2)_2 \\ | \\ CHNH_2 \\ | \\ COOH \end{array}} \xrightarrow[\searrow CO_2]{\text{L-谷氨酸脱羧酶}} \underset{\gamma\text{-氨基丁酸}}{\begin{array}{c} COOH \\ | \\ (CH_2)_2 \\ | \\ CH_2 \\ | \\ NH_2 \end{array}}$$

GABA是一种仅见于中枢神经系统的抑制性神经递质，对中枢神经有普遍性抑制作用。

（二）组胺

组氨酸脱羧酶催化组氨酸脱去羧基生成组胺（histamine）。

$$\underset{\text{组氨酸}}{\text{咪唑环}-CH_2-CH(NH_2)-COOH} \xrightarrow[\quad]{\text{组氨酸脱羧酶}} \underset{\text{组胺}}{\text{咪唑环}-CH_2-CH_2-NH_2} + CO_2$$

组胺主要由肥大细胞产生并储存；是一种强烈的血管舒张剂，能使毛细血管舒张，引起局部水肿、血压下降；还可刺激胃黏膜细胞分泌胃蛋白酶和胃酸。

（三）5-羟色胺

在色氨酸羟化酶的作用下，色氨酸羟化生成5-羟色氨酸，再经5-羟色氨酸脱羧酶催化脱羧生成5-羟色胺（5-hydroxytryptamine，5-HT）。

$$\underset{\text{色氨酸}}{\text{吲哚环}-CH_2-CH(NH_2)-COOH} \xrightarrow[\text{色氨酸羟化酶}]{+O_2} \underset{\text{5-羟色氨酸}}{HO-\text{吲哚环}-CH_2-CH(NH_2)-COOH}$$

$$\xrightarrow[\text{5-羟色氨酸脱羧酶}]{-CO_2} \underset{\text{5-羟色胺}}{HO-\text{吲哚环}-CH_2-CH_2-NH_2}$$

5-羟色胺是一种神经递质，现已知中枢神经系统有5-羟色胺能神经元。5-羟色胺具有强烈的血管收缩作用，但能扩张骨骼肌血管。

（四）多胺

某些氨基酸经脱羧作用可产生多胺（polyamines）。如鸟氨酸脱羧酶催化鸟氨酸脱羧产生腐胺（putrescine）；S-腺苷蛋氨酸脱羧酶催化S-腺苷蛋氨酸脱羧产生S-腺苷-3-甲基巯基丙胺，当它的分子中丙胺基转移到腐胺分子上即可形成精脒（spermidine）；在精脒分子上再加上一个丙胺基即可生成精胺（spermine）。鸟氨酸脱羧酶是多胺合成的关键酶。

精脒和精胺是细胞内调节代谢的重要物质。实验证明，凡生长旺盛的组织，如胚胎、再生肝、肿瘤组织或动物给予生长激素后，鸟氨酸脱羧酶的活性和多胺含量均增加。多胺化合物促进细胞增殖的机制可能是稳定核酸及细胞结构，促进核酸和蛋白质的生物合成。

（五）牛磺酸

半胱氨酸氧化生成磺酸丙氨酸，再由磺酸丙氨酸脱羧酶催化脱去羧基生成牛磺酸。牛磺酸是结合胆汁酸的重要组成成分（见第15章）。

二、一碳单位代谢

一碳单位(one carbon unit)是指某些氨基酸在分解代谢过程中产生、经过转移参与体内某些化合物生物合成的含一个碳原子的基团。一碳单位包括甲酰基(—CHO)、亚氨甲基(—CH ═NH)、甲炔基(—CH ═)、甲烯基($—CH_2—$)和甲基($—CH_3$)。CO_2 不是一碳单位。

一碳单位不能游离存在,而是与四氢叶酸(tetrahydrofolic acid,FH_4)结合而转运。因此,FH_4 被称为一碳单位的载体。FH_4 是由叶酸转变而来的。叶酸在二氢叶酸还原酶的催化下,由 $NADPH+H^+$ 作供氢体,还原生成 7,8-二氢叶酸(FH_2),进一步还原生成 5,6,7,8-四氢叶酸。一碳单位通常结合在 FH_4 分子的第 5 和第 10 位氮原子上,以 N^5 和 N^{10} 表示。

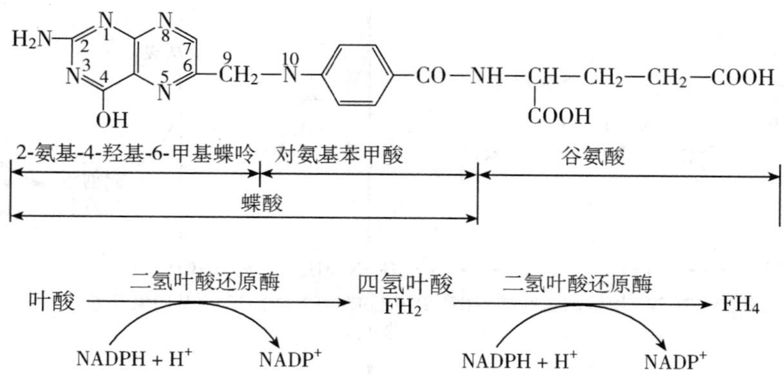

(一) 一碳单位的生成

1. N^{10}-甲酰四氢叶酸(N^{10}-$CHOFH_4$)的生成　甘氨酸、色氨酸在分解代谢过程中生成的甲酸与 FH_4 反应,生成 N^{10}-$CHOFH_4$。

$$HCOOH+FH_4+ATP \xrightarrow{N_{10}—CHOF_4\ 合成酶} N^{10}—CHOFH_4+ADP+H_3PO_4$$

2. N^5,N^{10}-甲炔四氢叶酸(N^5 ═$CH—N^{10}FH_4$)的生成　组氨酸可在体内分解生成亚氨甲基谷氨酸。亚氨甲基谷氨酸的亚氨甲基转移至 FH_4 上再脱氨生成 N^5 ═$CH—N^{10}FH_4$。

$$\underset{组氨酸}{HC═C—CH_2—CH(NH_2)—COOH\ (咪唑环)} \xrightarrow[H_2O\quad NH_3]{} \underset{亚氨甲基谷氨酸}{HOOC—(CH_2)_2—CH(COOH)—NH—CH═NH} \xrightarrow[FH_4\quad NH_3]{} \underset{谷氨酸}{HOOC—(CH_2)_2—CHNH_2—COOH} + N^5═CH—N^{10}FH_4$$

3. N^5,N^{10}-甲烯四氢叶酸($N^5—CH_2—N^{10}FH_4$)的生成　丝氨酸的 β-碳原子可转移至 FH_4 上生成 $N^5—CH_2—N^{10}FH_4$。

$$\underset{\text{丝氨酸}}{\begin{array}{l}CH_2OH\\ |\\ CHNH_2\\ |\\ COOH\end{array}} \xrightarrow[FH_4\ \ \ \ H_2O]{} \underset{\text{甘氨酸}}{\begin{array}{l}CH_2NH_2\\ |\\ COOH\end{array}} + N^5—CH_2—N^{10}FH_4$$

（二）一碳单位的相互转变

不同形式的与 FH_4 结合的一碳单位之间可通过氧化还原反应彼此转化。氨基酸在体内不能直接生成 $N^5—CH_3—FH_4$，但可由 $N^5—CH_2—N^{10}FH_4$ 还原生成，这一反应不可逆。一碳单位代谢可总结如图 12-10。

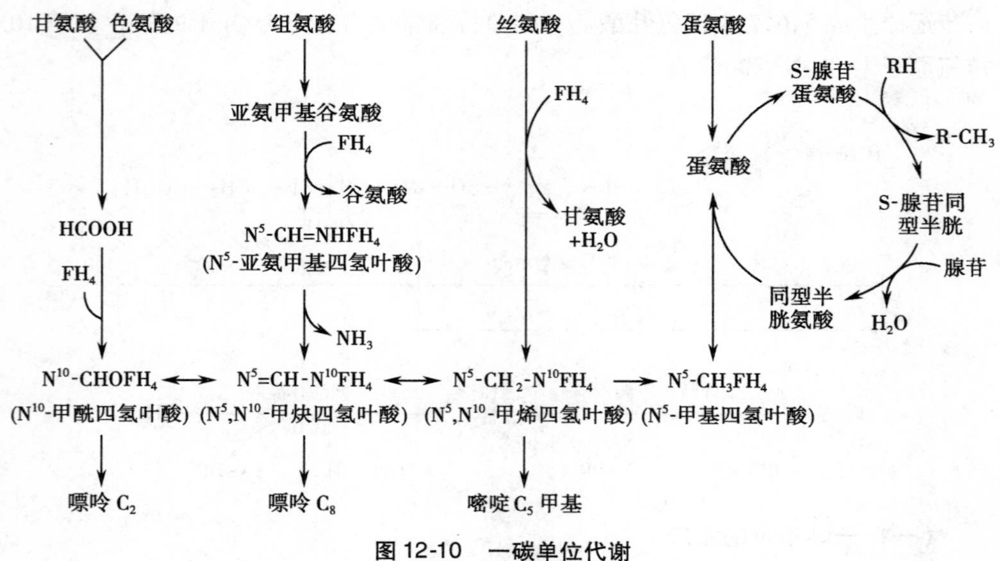

图 12-10　一碳单位代谢

（三）一碳单位的功能

一碳单位参与体内许多重要化合物的合成，如一碳单位是合成 DNA 和 RNA 的原料。嘌呤碱 C_2 原子来源于 $N^5—CHOFH_4$，嘌呤碱 C_8 原子来源于 $N^5,N^{10}═CH—FH_4$，胸腺嘧啶原子来源于 $C_5N^5—CH_2—N^{10}FH_4$ 上的甲基。叶酸缺乏会引起一碳单位的生成和转移障碍，导致核酸合成受阻，妨碍细胞增殖，除导致巨幼红细胞贫血的发生外，还与核苷酸代谢以及一些重要化合物的合成密切相关。根据这一原理，可设计通过影响一碳单位代谢、干扰核酸合成而发挥作用的药物，如磺胺药阻断细菌叶酸的合成而抑菌，甲氨蝶呤等叶酸类似药物阻断叶酸的作用而抑制肿瘤细胞的增殖。

三、含硫氨基酸的代谢

（一）甲硫氨酸代谢

甲硫氨酸除参与一碳单位代谢外，还能生成半胱氨酸。因此，半胱氨酸为半必需氨基酸，保证食物中半胱氨酸的供应可以减少甲硫氨酸的消耗。

1. S-腺苷甲硫氨酸的生成　甲硫氨酸在 ATP 参与下可转变成 S-腺苷甲硫氨

酸(S-adenosyl methionine,SAM),又称活性甲硫氨酸,其甲基被称为活性甲基,是体内转甲基作用的甲基直接供体。体内约 50 余种物质合成时需 SAM 提供甲基,如肌酸、磷脂酰胆碱等。

COOH—CHNH$_2$—CH$_2$—CH$_2$—S—CH$_3$ + Ⓟ~Ⓟ~Ⓟ—CH$_2$—(核糖,OH OH)—腺嘌呤 → (Pi + PPi) COOH—CHNH$_2$—CH$_2$—CH$_2$—S(H)—CH$_2$—(核糖,OH OH)—腺嘌呤

甲硫氨酸　　ATP　　S-腺苷甲硫氨酸

2. 甲硫氨酸循环　在甲基转移酶作用下,S-腺苷甲硫氨酸可将甲基转移至作为甲基受体的化合物,生成 S-腺苷同型半胱氨酸,再脱去腺苷生成同型半胱氨酸。同型半胱氨酸可接受 N^5-CH_3FH_4 的甲基转变成甲硫氨酸。这样就构成甲硫氨酸循环(methionine cycle),见图 12-11。该循环的意义在于甲硫氨酸的循环防止了甲硫氨酸的大量消耗,保证甲硫氨酸用于蛋白质合成。

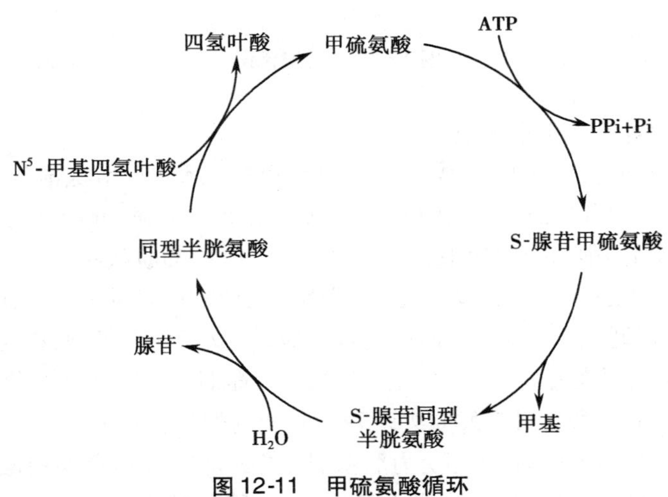

图 12-11　甲硫氨酸循环

叶酸在体内主要以 N^5-CH_3FH_4 的形式储存。N^5-CH_3FH_4 只能与同型半胱氨酸反应生成甲硫氨酸和 FH_4,生成的 FH_4 可再参与一碳单位的代谢。催化 N^5-CH_3FH_4 生成 FH_4 的甲基转移酶的辅酶是维生素 B_{12}的衍生物。维生素 B_{12}缺乏将导致 N^5-CH_3FH_4 的堆积,不能生成 FH_4 再用于其他形式一碳单位的生成。因此,维生素 B_{12}缺乏症往往有叶酸缺乏症的临床表现,也可导致巨幼红细胞贫血。

3. 肌酸的合成　肌酸(creatine)是由甘氨酸、精氨酸和甲硫氨酸在体内合成的一种物质。肌酸可与 ATP 作用生成磷酸肌酸(creatine phosphate)。磷酸肌酸含高能键,是能量储存、利用的重要化合物,其分布与能量的供应有关。肌肉活动耗能多,所以肌酸和磷酸肌酸的含量也多,约占全身总含量的 93%;骨骼肌的活动较为

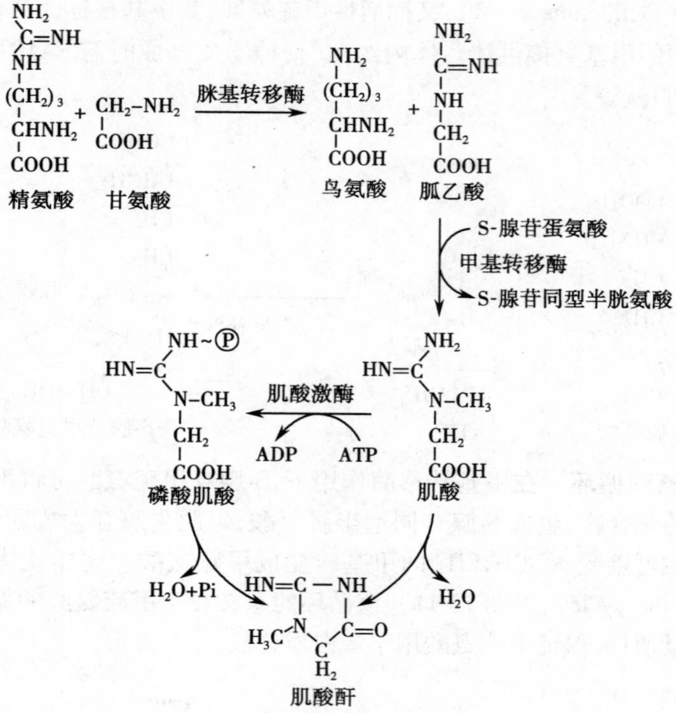

精氨酸 + 甘氨酸 $\xrightarrow{\text{胍基转移酶}}$ 鸟氨酸 + 胍乙酸

胍乙酸 $\xrightarrow[\text{甲基转移酶}]{\text{S-腺苷蛋氨酸} \to \text{S-腺苷同型半胱氨酸}}$ 肌酸

肌酸 $\xrightarrow[\text{ATP} \to \text{ADP}]{\text{肌酸激酶}}$ 磷酸肌酸

磷酸肌酸 $\xrightarrow{-H_2O+Pi}$ 肌酸酐；肌酸 $\xrightarrow{-H_2O}$ 肌酸酐

图 12-12　肌酸代谢

剧烈，故肌酸的含量多于平滑肌。

人体内的肌酸在肝脏中合成。肌酸以甘氨酸为骨架，精氨酸提供胨基，SAM 提供甲基。肌酸的合成过程如图 12-12。肌酸在肌酸激酶（creatine kinase，CK）的催化下，与 ATP 作用生成磷酸肌酸和 ADP。肌肉所含的肌酸主要是以磷酸肌酸的形式存在，磷酸肌酸含有高能磷酸键，是肌肉收缩所需能量的一种来源。

CK 由 B（脑型）和 M（肌型）两种亚基组成，构成三种同工酶：BB 型（主要存在于脑）、MB 型（主要在心肌）和 MM 型（主要在骨骼肌）。在动物体内，肌酸可脱水生成肌酸酐，磷酸肌酸也可自发脱去磷酸而转变为肌酸酐（图 12-12），经肾随尿排出体外，但肌酸酐不能在体内转变为肌酸，肌酸酐是肌酸和磷酸肌酸代谢的终产物。严重肾病可导致肌酸酐排泄能力降低，血中肌酸酐浓度升高，因此，血肌酸酐分析可作为肾功能指标。

（二）半胱氨酸代谢

1. 半胱氨酸与胱氨酸的互变　此为氧化还原反应。蛋白质中的胱氨酸是由两个半胱氨酸残基氧化脱氢而来，生成的二硫键对维持蛋白质的空间结构至关重要。如胰岛素和核糖核酸酶分子中的二硫键被破坏，其活性会发生变化或丧失。

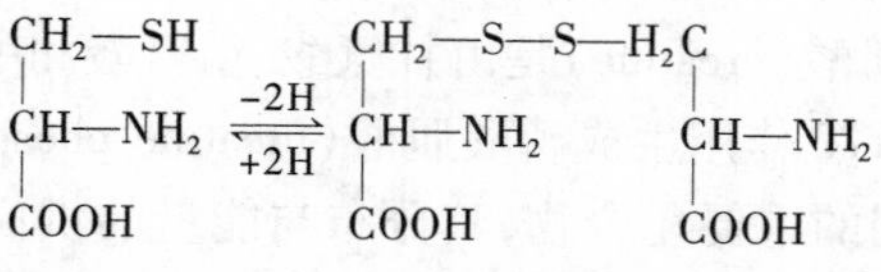

$$2\ \begin{matrix} CH_2—SH \\ | \\ CH—NH_2 \\ | \\ COOH \end{matrix} \underset{+2H}{\overset{-2H}{\rightleftharpoons}} \begin{matrix} CH_2—S—S—H_2C \\ | \qquad\qquad\quad | \\ CH—NH_2 \qquad CH—NH_2 \\ | \qquad\qquad\quad | \\ COOH \qquad\quad COOH \end{matrix}$$

半胱氨酸　　　胱氨酸

2. 谷胱甘肽　半胱氨酸是谷胱甘肽(glutathione)的组成成分之一。

人体内的谷胱甘肽大多以还原型存在,对于维护体内巯基酶如乳酸脱氢酶等的活性、维护红细胞膜的正常结构与功能、氨基酸的跨膜转运等都十分重要。谷胱甘肽也有还原型和氧化型的互变。

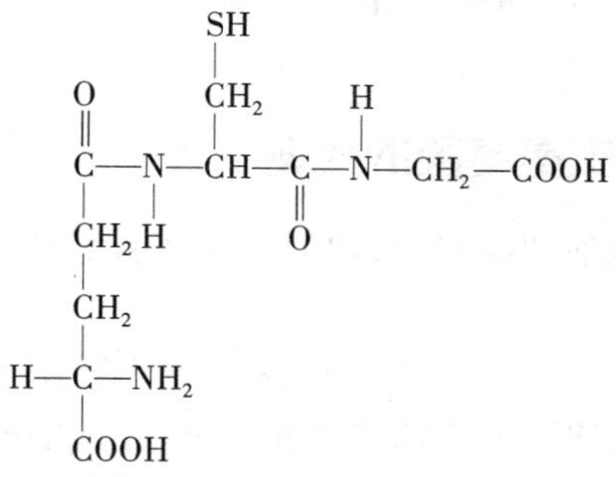

```
                  SH
                  |
      O           CH2        H
      ‖           |          |
      C — N — CH — C — N — CH2 — COOH
      |   |        ‖
      CH2 H        O
      |
      CH2
      |
  H — C — NH2
      |
      COOH
```

$$2G—SH \underset{+2H}{\overset{-2H}{\rightleftharpoons}} G—S—S—G$$

谷氨酸　半胱氨酸　甘氨酸

谷胱甘肽(GSH)

3. 活性硫酸根的代谢　含硫氨基酸经分解代谢可生成硫酸。部分硫酸以硫酸盐形式从尿中排出,部分硫酸活化成3′-磷酸腺苷-5′磷酸硫酸(3′-phospho-adenosine-5′phospho-sulfate,PAPS),即活性硫酸根。

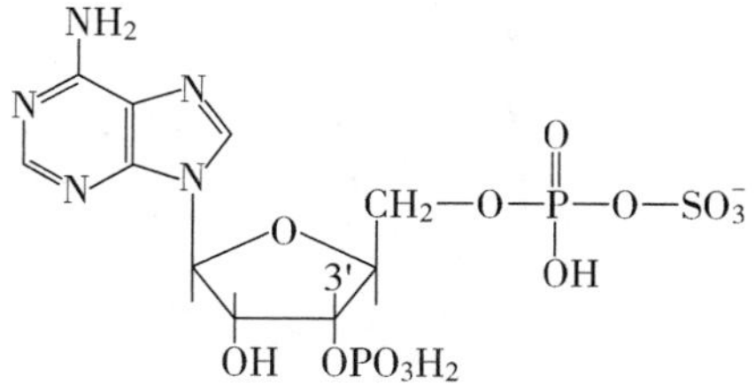

```
        NH2
     N ⟋  ⟍ N
     |  腺嘌呤 ⟩
      ⟍N     N
              |
              |          CH2—O—P(=O)(OH)—O—SO3⁻
           ⟨ 核糖 (O) 3′ ⟩
              |      |
             OH    OPO3H2
```

活性硫酸根的结构

活性硫酸根的性质比较活泼,可以和一些物质反应生成硫酸酯,如结缔组织基质中的硫酸软骨素、硫酸角质素、肝素等。体内的固醇类激素可生成硫酸酯而灭活。

四、芳香族氨基酸的代谢

苯丙氨酸在苯丙氨酸羟化酶作用下转变为酪氨酸。它们除参与蛋白质合成外,还能转变成许多具有重要生理功能的化合物。如酪氨酸的苯环再羟化生成多巴(dioxyphenylalanine,DOPA)。多巴脱羧酶催化多巴转变为多巴胺(dopamine),多巴胺是脑中的一种神经递质,帕金森病(Parkinson disease)患者,多巴胺生成减少。多巴胺是肾上腺素和去甲肾上腺素的前体。多巴也是合成黑色素的原料,白化病(albinism)患者因缺乏酪氨酸酶,黑色素生成障碍,故皮肤、毛发等发白。甲状腺球蛋白富含的酪氨酸是甲状腺素的合成原料。

当苯丙氨酸羟化酶先天性缺陷时,体内的苯丙氨酸因不能正常转变为酪氨酸而蓄积,并经转氨酶作用转变成苯丙酮酸而出现苯丙酮酸尿症(phenyl ketonuria,PKU)。苯丙酮酸的蓄积对中枢神经系统有毒性作用,导致患儿的智力发育障碍。

给苯丙酮酸尿症的患儿进食低苯丙氨酸的膳食可减轻此病伴有的神经发育迟缓。

酪氨酸经转氨基反应生成对羟基苯丙酮酸，进一步分解则生成乙酰醋酸和延胡索酸，所以苯丙氨酸和酪氨酸是生糖兼生酮氨基酸。

色氨酸除脱羧生成5-羟色胺外，还可生成烟酸，是体内氨基酸生成维生素的唯一途径。因60mg色氨酸只能生成1mg烟酸，保证食物烟酸的供应可防止色氨酸过多消耗。

五、分支氨基酸的代谢

分支氨基酸包括亮氨酸、异亮氨酸和缬氨酸，均为营养必需氨基酸。分支氨基酸的分解代谢主要在肌肉中进行。

近年来，人们认识到氨基酸代谢不平衡与肝性脑病的发生密切相关。正常人血浆中分支氨基酸与芳香族氨基酸的克分子浓度比值为4，肝性脑病时血浆中分支氨基酸含量减少、芳香族氨基酸含量增多，使两者的克分子比值严重降低（<1）。使用含分支氨基酸较多的特殊组成的氨基酸混合液治疗肝性脑病，能使症状得到迅速改善。

（汪渊　朱华庆）

第十三章

物质代谢调节与细胞信号转导

第一节　物质代谢调节

物质代谢是生命现象的基本特征，是生命活动的物质基础。人体物质代谢是由许多相对独立又相互联系的代谢途径所组成，代谢途径是一系列的酶促化学反应。在正常情况下，人体内各种物质代谢途径按照生理需求有规律地进行，同时随着人体内外环境因素的变化，及时地调整代谢反应的速度及方向，保持机体的动态平衡。可见，体内物质代谢是在严密的调控下进行。

一、物质代谢调节的层次

代谢调节机制普遍存在于生物界，是生物长期进化过程中逐步形成的一种适应能力。进化程度越高的生物，其代谢调节的机制越复杂。单细胞生物通过细胞内代谢物浓度的变化，来影响代谢途径中相关酶的活性和酶的含量，从而调节物质代谢的速度及方向，这种调节方式称为细胞水平的代谢调节，是生物体在进化上较为原始的调节方式。较复杂的多细胞生物，为了适应细胞间的协同合作，出现了内分泌细胞，进行细胞间通讯。高等动物则出现了专门的内分泌器官，这些器官所分泌的激素可以对其他细胞发挥代谢调节作用。激素可以改变某些酶的催化活性或含量，从而改变细胞内代谢物的浓度，影响代谢反应的速度及方向，这称为激素水平的调节。高等动物不仅有完整的内分泌系统，而且还有功能更复杂的神经系统。在中枢神经的控制下，或者通过神经递质对效应器直接发生影响，或者通过改变某些激素的分泌，来调节某些细胞的功能状态，并通过各种激素的互相协调而对整体代谢进行综合调节，这种调节称为整体水平的调节。

细胞水平代谢调节、激素水平代谢调节和整体水平代谢调节这三级水平代谢调节中，激素和整体的代谢调节都是通过细胞水平的代谢调节实现，因此细胞水平代谢调节是物质代谢调节的基础。

（一）细胞水平的调节

细胞水平代谢调节主要通过细胞内酶差异分布、关键酶活性及其含量的调控来实现。关键酶活性及其含量的调控后面专门论述，首先看细胞内酶差异分布对物质代谢反应的调节作用。

从前面物质代谢反应的学习中可知，酶在细胞内是隔离分布的。特定代谢反应中的有关酶，常常组成一个酶体系，分布在细胞的某一区域或亚细胞结构中。例如，糖酵解酶系、糖原合成和分解酶系存在于胞浆中；三羧酸循环酶系和脂肪酸β-氧化酶系定位于线粒体；核酸合成的酶系则绝大部分集中在细胞核内（表13-1）。酶的隔离分布存在方式为代谢调节创造了有利条件，使某些调节因素可以较为专一地影响某一细胞组分中酶的活性，而不致影响其他组分中酶的活性，使各种代谢途径互不干扰，又利于相互协调，从而保证了整体反应的有序性。酶的隔离分布使得代谢物也相应地存在于细胞不同区域或亚细胞结构中，直接影响相关代谢的速率。

表13-1　主要代谢途径酶系在细胞内的隔离分布

代谢酶系	分布区域	代谢酶系	分布区域
糖酵解	胞浆	呼吸链	线粒体
糖异生	胞浆、线粒体	蛋白质合成	核糖体
糖原合成、分解	胞浆	尿素合成	胞浆、线粒体
磷酸戊糖途径	胞浆	三羧酸循环	线粒体
脂肪酸合成	胞浆	氧化磷酸化	线粒体
胆固醇合成	胞浆、内质网	血红素合成	胞浆、线粒体
磷脂合成	内质网	蛋白质降解	溶酶体、蛋白酶体
脂肪酸β-氧化	线粒体	核酸合成	细胞核

（二）激素水平的调节

高等动物通过专门的内分泌细胞、器官分泌激素，对其他细胞发挥代谢调节作用，改变某些酶的催化活性或含量，从而改变细胞内代谢物的浓度，影响代谢反应的速度及方向，这种调控体内物质代谢的方式称为激素水平的调节。激素作用的一个重要特点是，不同激素作用于不同的组织产生不同的生物效应，表现较高的组织特异性和效应特异性。激素作用的特定组织或细胞存在有能特异识别和结合相应激素的受体。当激素与靶细胞受体结合后，能将激素的调节信号传递入细胞内，并触发细胞内一系列信号转导反应过程，最终表现出激素的生物学功能。按激素受体在细胞的定位不同，可将激素分为两大类：膜受体激素和胞内受体激素。

1. 膜受体激素　膜受体即定位于细胞膜上的受体，多数是跨膜糖蛋白。能与膜受体特异结合的激素称为膜受体激素。这类激素包括胰岛素、生长激素、促性腺激素、促甲状腺激素和甲状旁腺激素等蛋白质类激素，生长因子等肽类及肾上腺素等儿茶酚胺类激素。这些亲水性激素分子不能直接透过脂双层的细胞膜传递信号，而是作为第一信使分子与相应的靶细胞膜受体结合后，由受体将激素的调节信号跨膜传递到细胞内。可以通过第二信使及信号蛋白的级联放大，产生显著的细胞代谢效应。

2. 胞内受体激素　胞内受体即定位于细胞内的受体，能够透过脂质双层细胞膜进入细胞与胞内受体结合的激素称为胞内受体激素。类固醇激素、甲状腺素、维生素D及视黄酸等脂溶性激素，可透过细胞膜进入细胞，与相应的胞内受体结合。大部分该类激素与位于细胞核内的受体结合，有的激素与细胞液中受体结合后再进入核内，引起受体构象改变，然后激素受体复合物再与DNA上的激素反应元件

(hormone response element, HRE)结合,促进或抑制靶基因转录,进而影响蛋白质的合成,改变细胞内蛋白质含量,从而对细胞代谢进行调节。

(三)整体水平的调节

整体水平的代谢调节是指在中枢神经系统的主导下,通过神经递质对效应器直接发生影响,或者通过改变某些激素的分泌来调节细胞的功能状态,并通过激素对机体组织器官中物质代谢途径进行协调和整合,以适应环境的变化,维持自身的稳定。一方面在人体内糖、脂、蛋白质等物质代谢既相对独立又相互联系(图 13-1),另一方面组织器官物质代谢各具特点,如肝脏是人体最重要的物质代谢中心和枢纽,能调节血糖,进行糖异生,肝脏几乎是体内合成酮体的唯一器官,也是合成内

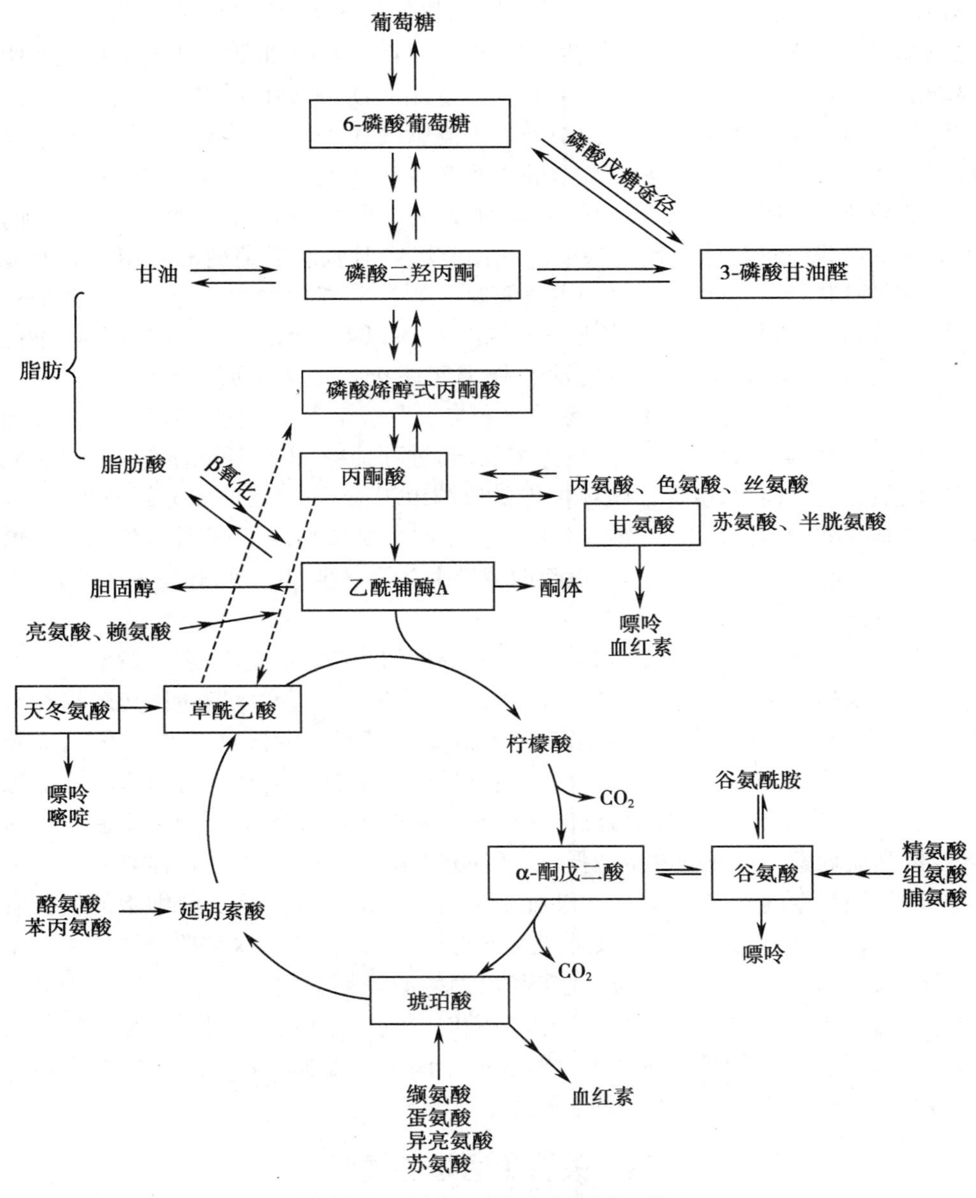

图 13-1 糖、脂、氨基酸代谢相互联系

源性脂肪、胆固醇和蛋白质最多最活跃的器官,氨基酸代谢生成的氨主要通过肝脏合成尿素排出体外。心脏可利用脂酸、葡萄糖、酮体等多种能源,以有氧氧化为主。脑主要利用葡萄糖供能。但各组织代谢不是孤立地进行,在神经系统的主导下协调物质代谢,联系各组织器官形成统一的整体,使机体更好的适应环境。现以饥饿及应激为实例说明整体物质代谢的调节。

1. 短期饥饿　在病理状态(如昏迷、食管及幽门梗阻等)或特殊情况下不能进食时若不能及时治疗或补充食物,则机体物质代谢在整体调节下发生一系列的变化。在不能进食 1 ~3 天后,肝糖原显著减少。血糖趋于降低,引起胰岛素分泌减少和胰高血糖素分泌增加。这两种激素的增减可引起一系列的代谢改变。①肌肉蛋白质分解加强:释放入血的氨基酸量增加,饥饿第 3 天,肌肉释出丙氨酸占输出总氨基酸的 30% ~40% 。②糖异生作用增强:饥饿 2 天后,肝糖异生和酮体生成明显增加,肝是饥饿初期糖异生的主要场所。③脂肪动员加强,酮体生成增多:血浆甘油和游离脂酸含量升高,脂肪组织动员出的脂酸约 25% 在肝生成酮体。此时脂酸和酮体成为心肌、骨骼肌和肾皮质的重要燃料,一部分酮体可被大脑利用。④组织对葡萄糖的利用降低:由于心脏,骨骼肌及肾皮质摄取和氧化脂酸及酮体增加,因而减少这些组织对葡萄糖的摄取及利用。饥饿时脑对葡萄糖的利用亦有所减少,但饥饿初期大脑仍以葡萄糖为主要能源。总之,饥饿时的主要能量来源是储存的蛋白质和脂肪,其中脂肪约占能量来源的 85% 以上。如此时输入葡萄糖,不但可减少酮体的生成,降低酸中毒的发生率,且可防止体内蛋白质的消耗。

2. 长期饥饿　长期饥饿时代谢的改变与短期饥饿不同:①脂肪动员进一步加强,肝生成大量酮体,脑组织利用酮体增加,超过葡萄糖,占总耗氧量的 60%;②肌肉以脂酸为主要能源,以保证酮体优先供应脑组织;③肌肉蛋白质分解减少,肌肉释出氨基酸减少,乳酸和丙酮酸成为肝糖异生的主要来源;④肾糖异生作用明显增强,每天生成约 40g 葡萄糖,占饥饿晚期糖异生总量一半,几乎和肝相等;⑤因肌肉蛋白分解减少,负氮平衡有所改善。

3. 应激(stress)　应激是人体受到一些强烈的刺激,如创伤、剧痛、缺氧、中毒、感染以及剧烈情绪激动时,机体所作出的一系列反应。应激状态时,交感神经兴奋,肾上腺髓质及皮质激素分泌增多,血浆胰高血糖素及生长激素水平增加,而胰岛素分泌减少,引起一系列代谢改变。①血糖升高:交感神经兴奋引起的肾上腺素,及胰高血糖素分泌增加均可激活磷酸化酶促进肝糖原分解,同时肾上腺皮质激素及胰高血糖素又可使糖异生加强,不断补充血糖,加上肾上腺皮质激素及生长素使周围组织对糖的利用降低,均可使血糖升高。这对保证大脑及红细胞的供能有重要意义;②脂肪动员增强:血浆游离脂肪酸升高,成为心肌、骨骼肌及肾等组织主要能量来源;③蛋白质分解加强:肌肉释出丙氨酸等氨基酸增加,同时尿素生成及尿氮排出增加,呈负氮平衡。由上可见应激时糖、脂、蛋白质代谢特点是分解代谢增强,合成代谢受到抑制,血液中分解代谢中间产物如葡萄糖、氨基酸、游离脂肪酸、甘油、乳酸、酮体、尿素等含量增加。

二、关键酶活性的调节

物质代谢实质上是一系列的酶促反应,代谢反应的速度或方向改变并不是由

代谢途径中全部酶的活性改变来实现,而常常只取决于一个或几个关键酶的活性变化,这些能调控代谢速率及方向的酶称为调节酶或关键酶。关键酶催化的反应通常是整条途径中反应最慢的,因此又称限速酶,它的活性决定了反应的总速度。同时关键酶催化的反应往往是单向反应,所以其活性还决定着代谢反应的方向。如细胞中 ATP/AMP 的比值增加,可以抑制磷酸果糖激酶和丙酮酸激酶的活性,这不但减慢了糖酵解的速度,还可以通过激活果糖-1,6-二磷酸酶而使糖代谢方向倾向于糖异生。调节关键酶的活性是体内细胞代谢调节的一种重要方式。重要代谢途径的关键酶见表 13-2。

表 13-2　重要代谢途径的关键酶

代谢途径	关　键　酶
糖酵解	己糖激酶、6-磷酸果糖激酶-1、丙酮酸激酶
三羧酸循环	枸橼酸合酶、异枸橼酸脱氢酶、α-酮戊二酸脱氢酶复合体
糖异生	丙酮酸羧化酶、磷酸烯醇式丙酮酸羧激酶、果糖双磷酸酶-1、葡萄糖-6-磷酸酶
糖原合成	糖原合酶
糖原分解	糖原磷酸化酶
脂酸合成	乙酰辅酶 A 羧化酶
胆固醇合成	羟甲基戊二酸单酰辅酶 A 还原酶

通过对关键酶活性的影响来调节代谢反应,从速度方面来说是一种快速调节,一般在数秒或数分钟内即可发生。这种调节是在温度、pH、作用物和辅酶等因素不变的情况下,通过酶的变构调节和化学修饰调节来实现的。

(一) 变构调节

变构调节在生物界普遍存在,它是体内快速调节酶活性的一种重要方式。变构酶及变构调节的概念见第三章。

1. 变构调节机制　变构酶通常是由两个以上亚基组成的聚合体,有的亚基与底物结合起催化作用,称为催化亚基;有的亚基与变构剂结合,发挥调节作用,称调节亚基。但也可在同一亚基上既存在催化部位又存在调节部位。变构剂与调节亚基或部位间是非共价键的结合,结合后改变酶的构象,从而使酶活性被抑制或激活。变构酶动力学不符合米-曼方程式,酶促反应速度和作用物浓度的关系不呈矩形双曲线而常常呈 S 形(图 13-2)。变构激活剂能使上述 S 型曲线左移,饱和量的变构激活剂可将 S 形曲线转变为矩形双曲线。变构抑制剂能使 S 形曲线右移。

当底物与变构酶一个亚基上的活性中心结合后,通过构象的改变,可增强其他亚基的活性中心与底物的结合,出现正协同效应(positive cooperative effect)。从其底物-浓度 S 形曲线看出:即底物浓度低时,酶活性的增加较慢,底物浓度高到一定程度后,酶活性显著加强,最终达到最大值 V_{max}。如大肠埃希菌的天冬氨酸转甲酰基酶(ATCase)对底物天冬氨酸的结合表现为正协同效应。多数情况下,底物对其变构酶的作用都表现正协同效应,但有时一个底物与一个亚基的活性中心结合后,可降低其他亚基的活性中心与底物的结合,表现负协同效应(negative cooperative effect),速度-底物浓度曲线为类似双曲线,底物浓度较低时,酶表现出较大活性,但

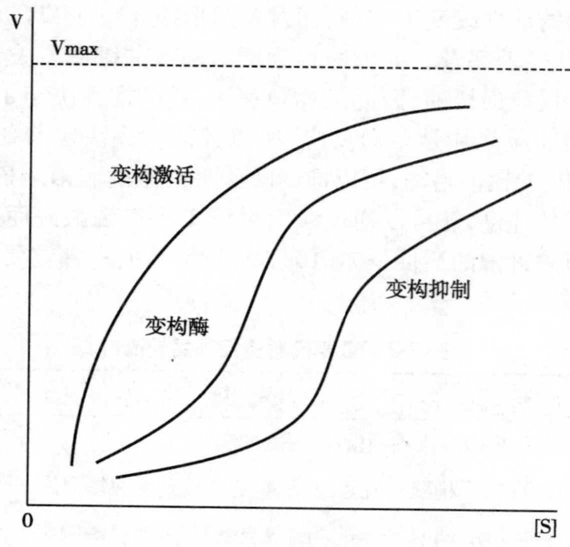

图 13-2 变构酶的 S 形曲线

底物浓度明显增加时，其反应速度无明显变化。如3-磷酸甘油醛脱氢酶对 NAD^+ 的结合为负协同效应，其意义在于无论细胞内酶的底物浓度如何变化，酶促反应始终能以一个较恒定的速度进行以满足细胞的基本需要。

2. 变构调节的生理意义　变构效应在酶的快速调节中占有特别重要的地位。代谢速度的改变，常常是由于影响了整条代谢通路中催化第一步反应的酶或整条代谢反应中限速酶的活性而引起的。这些酶对底物不遵守米-曼动力学原则。它们往往受到一些代谢物的抑制或激活，这些抑制或激活作用大多是通过变构效应来实现的。因而，这些酶的活性可以极灵敏地受到代谢产物浓度的调节，这对机体的自身代谢调控具有重要的意义。

在变构酶的 S 形曲线中段，底物浓度稍有降低，酶的活性明显下降，多酶体系催化的代谢通路可因此而被关闭；反之，底物浓度稍有升高，则酶活性迅速上升，代谢通路又被打开，因此可以快速调节细胞内底物浓度和代谢速度。另外变构抑制剂常是代谢通路的终产物，变构酶常处于代谢通路的开端，通过反馈抑制，可以及早地调节整个代谢通路，减少不必要的底物消耗。例如葡萄糖的氧化分解可提供能量使 AMP、ADP 转变成 ATP，当 ATP 过多时，通过变构调节酶的活性，可限制葡萄糖的分解，而 ADP、AMP 增多时，则可促进糖的分解。随时调节 ATP/ADP 的水平，可以维持细胞内能量的正常供应。

（二）共价修饰调节

酶的共价修饰调节和变构调节一样，也是机体物质代谢中快速调节的一种重要方式。

1. 共价修饰的机制　酶分子肽链上的某些氨基酸残基可在另一种酶的催化下发生可逆的共价修饰，从而引起酶活性的改变，这个过程称为酶的共价修饰调节。如磷酸化和脱磷酸，乙酰化和去乙酰化，腺苷化和去腺苷化，甲基化和去甲基化以及—SH 基和—S—S—基互变等，其中磷酸化和脱磷酸作用在物质代谢调节中最为常见。细胞内存在着多种蛋白激酶(protein kinase,PK),它们可以将ATP分子中的磷酸基团转移至特定的蛋白分子底物上,使后者磷酸化。磷酸化反应可以发生在丝氨酸、苏氨酸或酪氨酸残基上。催化丝氨酸或苏氨酸残基磷酸化的酶统称为丝氨酸/苏氨酸蛋白激酶(protein serine/threonine kinase)。催化酪氨酸残基磷酸化的酶统称为酪氨酸蛋白激酶(protein tyrosine kinase)。与此相对应的,细胞内亦存在着多种丝氨酸/苏氨酸蛋白磷酸酶(protein serine/threonine phosphotase)和酪氨酸蛋白磷酸酶(protein tyrosine phosphotase),它们可将相应的磷酸基团移去。

2. 共价修饰调节的生理意义　绝大多数共价修饰的酶都具有无活性(或低活性)与有活性(或高活性)两种形式。它们之间的互变反应,正、逆两向都有共价变化,由不同的酶进行催化,而催化这互变反应的酶又受机体调节物质(如激素)的控制。共价修饰调节存在级联放大效应,由于共价修饰是酶所催化的反应,少量的调节因素就可通过加速这种酶促反应,使大量的另一种酶发生化学修饰。因此,这类反应的催化效率常较变构调节为高。磷酸化与脱磷酸是常见的酶促化学修饰反应。一分子亚基发生磷酸化常需消耗一分子ATP,这与合成酶蛋白所消耗的ATP相比,显然要少得多;因此,这种调节方式更为经济有效。此种调节同变构调节一样,可以按着生理的需要来进行。如肌肉糖原磷酸化酶的化学修饰过程中,若细胞要减弱或停止糖原分解,则磷酸化酶a在磷酸酶的催化下脱去磷酸基而转变成无活性的磷酸化酶b,从而减弱或停止糖原的分解。

化学修饰与变构调节是两种主要的调节方式。对某一种酶来说,它可以同时受这两种方式的调节。如糖原磷酸化酶受化学修饰的同时,也是一种变构酶,其二聚体的每个亚基都有催化部位和调节部位。它可由AMP激活,并受ATP抑制,这属于变构调节。细胞中同一种酶受双重调节的意义可能在于:变构调节是细胞的一种基本调节机制,它对于维持代谢物和能量平衡具有重要作用。但当效应剂浓度过低,不足以与全部酶分子的调节部位结合时,就不能动员所有的酶发挥作用,故难以应急。当在应激等情况下,若有少量肾上腺素释放,即可通过cAMP,启动一系列的瀑布式的酶促化学修饰反应,快速转变磷酸化酶b成为有活性的磷酸化酶a,加速糖原的分解,迅速有效地满足机体的急需。

三、酶含量的调节

除了通过改变酶活性对代谢进行快速的调节外,生物体还可通过改变酶的合成或降解速度,从而影响酶的绝对含量来调节代谢。要升高或降低某种酶的浓度,一方面利用诱导和阻遏作用影响酶的生成,另一方面控制酶降解的速度。通过改变关键酶的含量来调节代谢,较通过酶活性的改变来调节代谢反应速度缓慢,一般经数小时后才能实现。

(一) 酶蛋白合成的诱导与阻遏

酶的底物或产物、激素以及药物等都可以影响酶的合成。一般将加强酶合成的化合物称为诱导剂(inducer),减少酶合成的化合物称为阻遏剂(repressor)。诱导剂和阻遏剂可在转录水平或翻译水平影响蛋白质的合成,但以影响转录过程较为常见。这种调节作用要通过一系列蛋白质生物合成的环节,故调节效应出现较迟缓。但一旦酶被诱导合成,即使除去诱导剂,酶仍能保持活性,直至酶蛋白降解完毕。因此,这种调节的效应持续时间较长。

1. 底物对酶合成的诱导作用　受酶催化的底物常常可以诱导该酶的合成,此现象在生物界普遍存在。高等动物体内,因有激素的调节作用,底物诱导作用不如微生物体内重要,但是,某些代谢途径中的关键酶也受底物的诱导调节。例如在食物消化吸收后,血中多种氨基酸的浓度增加,氨基酸浓度的增加又可以诱导氨基酸分解酶体系中的关键酶,如苏氨酸脱水酶和酪氨酸转氨酶等酶的合成。这种诱导作用对于维持体内游离氨基酸浓度的相对恒定有一定的生理意义。

2. 激素对酶合成的诱导作用　激素是高等动物体内影响酶合成的最重要的调节因素。糖皮质激素能诱导一些氨基酸分解代谢中起催化起始反应作用的酶和糖异生途径关键酶的合成,而胰岛素则能诱导糖酵解和脂肪酸合成途径中的关键酶的合成。

3. 药物对酶合成的诱导作用　很多药物和毒物可促进肝细胞微粒体中单加氧酶或其他一些药物代谢酶的诱导合成,从而促进药物本身或其他药物的氧化失活,这对防止药物或毒物的中毒和累积有着重要的意义。其作用的本质,也属于底物对酶合成的诱导作用。另一方面,它也会因此而导致出现耐药现象。如长期服用苯巴比妥的患者,会因苯巴比妥诱导生成过多的单加氧酶而使苯巴比妥药效降低。甲氨蝶呤治疗肿瘤时,也可因诱导叶酸还原酶的合成而使原来剂量的甲氨蝶呤不足而出现药物失效现象。

4. 产物对酶合成的阻遏　代谢反应终产物不但可通过变构调节直接抑制反应体系中的关键酶或催化起始反应的酶,有时还可阻遏这些酶的合成。例如,在胆固醇的生物合成中,羟甲基戊二酰辅酶 A(HMG CoA)还原酶是关键酶,它受胆固醇的反馈阻遏。但这种反馈阻遏只在肝脏和骨髓中发生,肠黏膜中胆固醇的合成似乎不受这种反馈调节的影响。因此摄食大量胆固醇,血浆胆固醇仍有升高的危险。此外,如 δ-氨基-γ-酮戊酸(ALA)合成酶,它是血红素合成酶系中的起始反应酶,它受血红素的反馈阻遏。

(二)酶蛋白降解的调节

细胞内酶的含量也可通过改变酶分子的降解速度来调节。饥饿情况下,精氨酸酶的活性增加,主要是由于酶蛋白降解的速度减慢所致。饥饿也可使乙酰辅酶A羧化酶浓度降低,这除了与酶蛋白合成减少有关外,还与酶分子的降解速度加强有关。苯巴比妥等药物可使细胞色素 b_5 和 NADPH-细胞色素 P_{450} 还原酶降解减少,这也是这类药物使单加氧酶活性增强的一个原因。

酶蛋白受细胞内溶酶体中蛋白水解酶的催化而降解,因此,凡能改变蛋白水解酶活性或蛋白水解酶在溶酶体内分布的因素,都可间接地影响酶蛋白的降解速度。通过酶降解以调节酶含量的重要性不如酶的诱导和阻遏作用。

第二节　细胞信号转导

细胞通讯和细胞信号转导是高等生物生命活动的基本机制。细胞间通讯途径多样,直接接触的细胞可通过间隙连接或膜结合蛋白介导联系,作用速度快,细胞同步性高。相距较近的细胞主要通过旁分泌(paracrine)形式联系,如局部细胞和神经突触，作用时间较短，信号分子与受体亲和力低。相距较远的细胞间通讯主要通过血液运输激素的内分泌（endocrine）形式进行，作用持久，激素与相应受体的亲和力高。另外某些细胞还可以通过自分泌（autocrine）形式调节自身功能，即细胞产生信号分子作用于自身受体，从而产生相应的生物学功能。细胞接受外界信号的刺激后转化为其相应的生物学功能应答是细胞内信号转导的过程，细胞信号转导过程涉及细胞外信号与受体作用、细胞内信号转导相关分子浓度、活性及位置变化，最终引起细胞应答反应。随着研究手段和技术水平的不断提高，人们对信号转导机制的认识不断深入，并证实细胞内存在多种信号转导途径，而且彼此之间相互交叉构成错综复杂的网络。信号转导机制的阐明不仅能加深对生命活动本质的认识，同时也有助于深入研究肿瘤、内分泌及代谢性疾病、心血管疾病及药物中毒等的发病机制，从而提高临床诊疗水平。

一、信号转导的相关概念

细胞信号转导过程包括了信号分子作用的多个环节，随着研究的不断深入产生了很多理论及概念，下面主要介绍胞内、外信号及受体。

（一）细胞外信号分子

依据细胞间通讯途径的多样性及差异，细胞外信号分子分为以下几类：

1. 内分泌激素　内分泌激素又称内分泌信号，是由特殊分化的内分泌细胞合成并释放的化学信号分子。这些激素包括氨基酸衍生物类，如甲状腺激素、儿茶酚胺类激素；蛋白质和多肽类，如胰岛素、下丘脑激素、垂体激素等；儿茶酚胺类激素、蛋白质和多肽类激素。它们都是水溶性的，很难直接通过细胞膜的脂质双层进入细胞，必须与靶细胞表面的受体结合而引发细胞的应答反应。脂溶性信号分子主要有类固醇衍生物类，如肾上腺皮质激素、性激素等；脂肪酸衍生物类，如前列腺素。脂溶性化学信号分子的主要受体位于胞浆或细胞核内。

2. 局部化学介质　局部化学介质又称旁分泌信号。由某些细胞产生并分泌的生理活性物质，如组胺、前列腺素、绝大部分的生长因子和细胞因子等。此类信息物质不进入血液，而是通过扩散及细胞外液的介导作用于附近的靶细胞。局部化学介质也需与细胞膜受体结合而引发细胞的应答反应，除生长因子外，局部化学介质的作用时间均较短。

3. 神经递质　神经递质是神经突触所释放的化学信号分子，它们只在突触间隙将信号传递给突触后的靶细胞，其作用时间较短。目前已发现的神经递质有30余种，以脑中最多。按化学本质的不同，神经递质可分为：氨基酸类，如甘氨酸、谷氨酸等；有机胺类，如多巴胺、5-羟色胺等；神经肽类，如脑啡肽、内啡肽等。各种神经递质的分布及作用有较高的组织特异性，如甘氨酸主要在脑干和脊髓，γ-氨基丁酸几乎分布于所有的神经元，两者都起抑制作用，谷氨酸及天冬氨酸则有兴奋作用。

4. 气体信号分子　气体信号分子包括一氧化氮和一氧化碳。一氧化氮是由一氧化氮合酶（NO synthase，NOS）通过氧化L-精氨酸的胍基而产生的，它是一种结构简单、半衰期短、化学性质活泼的气体信号分子。一氧化碳是最近发现的另一种与一氧化氮相似的气体信息分子，它是在血红素加单氧酶氧化血红素的过程中产生的。

5. 自分泌信号分子　自分泌信号分子多见于胚胎、新生儿组织和器官发育中以及成人的免疫和炎症应答系统中。一些肿瘤细胞存在着生长因子的自分泌作用以保证持续增殖。

6. 细胞膜表面结合的信号分子　每个细胞都有众多的蛋白质、糖蛋白、蛋白聚糖等各类分子分布于细胞膜的外表面,这些表面分子可以作为细胞的"触角"与相邻细胞的膜表面分子特异性地识别和相互作用,达到功能上的相互协调。这种细胞通讯方式称为膜表面分子接触通讯,属于这一类通讯的有相邻细胞间黏附因子的相互作用、T淋巴细胞与B淋巴细胞表面分子的相互作用等。

(二) 细胞内信号分子

1. 第二信使　在细胞内传递细胞信号转导通路的化学物质称为细胞内信号转导相关分子。细胞内信号转导相关分子主要包括无机离子,如Ca^{2+};核苷酸,如cAMP、cGMP;脂类衍生物,如甘油二酯(diacylglycerol,DG)、神经酰胺;糖类衍生物,如三磷酸肌醇(inositol triphosphate,IP_3)等。通常将Ca^{2+}、cAMP、cGMP、DG、IP_3等在细胞内传递信息的小分子化合物称为第二信使(secondary messenger)。此外,近年发现一些气体如NO、CO、H_2S也具有第二信使的作用。细胞内小分子第二信使具有以下共同特点:①在完整细胞中,该分子的浓度或分布,在细胞外信号的作用下发生迅速改变;②该分子类似物可模拟细胞外信号的作用;③阻断该分子的变化可阻断细胞外源信号的反应;④作为别位效应剂在细胞内有特定的靶蛋白分子。

第二信使在信号转导过程中的主要变化是浓度变化,其浓度在细胞接收信号后变化非常迅速,可以在几分钟内被检测出来,并且在细胞内会很快被水解它们的酶清除,使信号迅速终止,细胞回到初始状态,再接收新的信号。

2. 信使作用主要靶分子　一些调控细胞生长增殖的信号转导到细胞内后,还需向细胞核传递。负责细胞核内外信息传递的物质有人也称为第三信使。第三信使是一类可与靶基因特异序列结合并能调节基因转录的核蛋白,因此又称为DNA结合蛋白。细胞内信息物质在传递信号时绝大部分通过酶促级联反应方式进行,它们最终通过改变细胞内有关酶的活性、开启或关闭细胞膜离子通道及细胞核内基因的转录等,达到调节细胞代谢和控制细胞生长、繁殖与分化的功能。

二、信号转导受体

受体(receptor)是指存在于靶细胞膜上或细胞内能识别外源化学信号并与之结合的成分,它能识别和接受相应的化学信号,并准确无误地放大传递到细胞内部,进而触发靶细胞产生特异的生物学效应。已经证明,受体的化学本质是蛋白质,个别为糖脂。特定的信号分子与其相应受体的结合,是触发靶细胞产生特异生理效应的必要条件。能与受体呈特异性结合的信号分子称为配体(ligand),激素、生长因子、神经递质等是常见的配体,此外,某些药物、维生素和毒物也可作为配体对细胞产生作用。

受体在信号转导系统中的作用非常关键,其作用有两个方面:一是识别外源信号分子并与之结合;二是转换配体信号,使之成为细胞内分子可识别的信号,并传递至其他分子引起细胞应答。根据受体在细胞中的位置可分细胞表面受体和细胞内受体两种。存在于细胞膜上的受体则称为膜受体,它们绝大部分是镶嵌糖蛋白;细胞内受体位于胞液或细胞核,它们全部为DNA结合蛋白。膜受体根据其分子结构和功能的不同又可分为离子通道型受体、G蛋白偶联受体和酶偶联受体(图13-3)。

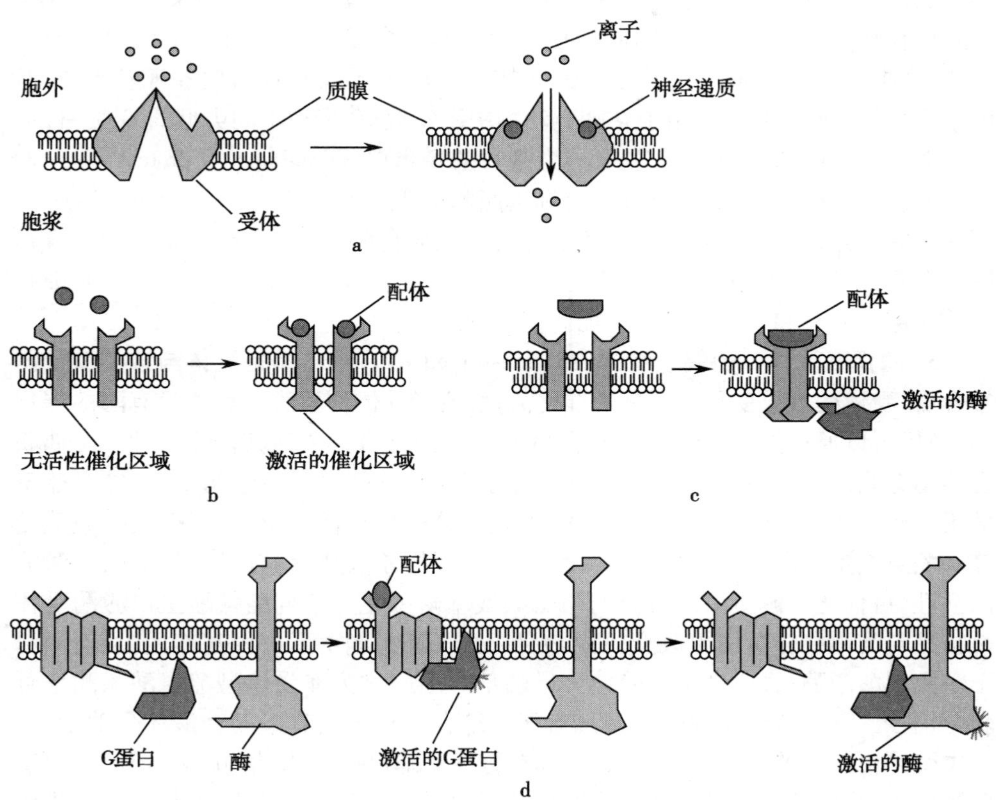

图13-3 膜受体的种类

a. 离子通道受体 b. 酶偶联受体 c. 结合型酶偶联受体 d. G蛋白偶联受体

(一) 膜受体

1. 离子通道受体 离子通道受体(ion channel-linked receptor)本身就是位于细胞膜上的配体依赖性离子通道,其共同特点是由均一的或非均一的亚基构成寡聚体,并由这些亚基围成一跨膜通道,因此也称为环状受体。它们主要受神经递质等信息物质的调节,当神经递质与这类受体结合后,可使离子通道打开或关闭,从而改变膜的通透性,选择性地允许离子进出细胞,引起细胞内某种离子浓度的改变,进而触发各种生理效应。这类受体主要在神经冲动的快速传递中起作用。

2. G蛋白偶联受体 G蛋白偶联受体(G-protein coupled receptor,GPCR)又称七跨膜α-螺旋受体,此型受体由一条多肽链组成,其N-端位于细胞外侧,带有多个糖基化位点,C-端形成细胞内的尾巴,中段细胞膜结构区由七个跨膜的α-螺旋结构和三个细胞外环与三个细胞内环组成。每个α-螺旋结构分别由20~25个疏水氨基酸残基组成。这类受体的特点是其胞内的第二和第三个环能与鸟苷酸结合蛋白(guanylate binding protein,G蛋白)相偶联,并通过G蛋白传递信号。胞外部分能结合配体,配体包括生物胺、感觉刺激、脂类衍生物、肽类等。该类受体对多种激素和神经递质作出应答。

G蛋白是一类鸟苷酸结合蛋白，位于细胞膜的胞浆面，为可溶性膜外周蛋白，由α、β和γ三个亚基组成。G蛋白的α亚基上存在GTP和GDP结合位点，具有GTP酶活性，能促进与其结合的GTP分解为GDP。G蛋白有两种构象，一种以αβγ三聚体存在并与GDP结合，为非活化型；另一种构象是α亚基与GTP结合并导致βγ二聚体的脱落，此型为活化型。G蛋白有许多种，不同的G蛋白α亚基不同，但β、γ亚基却相同或相似。目前在哺乳动物中已发现20多种不同类型的G蛋白，根据其对效应蛋白的作用不同，主要分为激动型G蛋白（stimulatory G protein，Gs）、抑制性G蛋白（inhibitory G protein，Gi）和磷脂酶C型G蛋白（PLC G protein，Gp）。G蛋白偶联受体通过不同的G蛋白而影响腺苷酸环化酶（adenylate cyclase，AC）或磷脂酶C等的活性，再引起细胞内产生第二信使。这类受体分布极广，主要参与细胞物质代谢的调节和基因转录的调控。

3. 酶偶联受体　酶偶联受体（enzyme-linked receptors）是指配体与该类型受体结合后，受体构象改变具有了酶的催化活性，或者受体构象改变后虽没有酶的催化功能，但可以通过蛋白-蛋白相互作用的介导与酶结合并激活其催化活性。酶偶联受体是跨膜螺旋蛋白，目前发现有5种主要类型：酪氨酸蛋白激酶受体、结合酪氨酸蛋白激酶受体、鸟苷酸环化酶受体、酪氨酸磷酸酶受体及丝/苏氨酸蛋白激酶受体。酪氨酸蛋白激酶受体是指其与配体结合后构象改变，具有了酪氨酸蛋白激酶的活性，可催化下游蛋白或自身的酪氨酸残基磷酸化。结合酪氨酸蛋白激酶受体是指其与配体结合后构象改变，可与介导分子通过蛋白-蛋白相互作用，从而激活下游酪氨酸激酶活性，由该类受体介导的信号通路称为非受体型酪氨酸激酶信号转导途径。鸟苷酸环化酶受体即其与配体结合后自身具有了鸟苷酸环化酶活性，该类受体由同源的三聚体或四聚体组成，每一亚基包括N末端的胞外受体结构域、跨膜区域、膜内的蛋白激酶样结构域和C末端的鸟苷酸环化酶催化结构域，其配体为心钠素（atrial natriuretic peptide，ANP）和鸟苷蛋白。也有报道发现胞内可溶性鸟苷酸环化酶受体，其配体为一氧化氮和一氧化碳气体信号分子。在脑、肺、肝及肾等组织中大部分具鸟苷酸环化酶活性的受体是胞液可溶性受体，而在心血管、小肠、精子及视网膜杆状细胞则大多数为膜结合型受体。酪氨酸磷酸酶受体即其与配体结合后构象改变自身具有了磷酸酶活性，催化磷酸化的酪氨酸去磷酸化。丝/苏氨酸蛋白激酶受体是指其与配体结合后构象改变，具有了丝/苏氨酸蛋白激酶的活性，可催化下游蛋白或自身的丝/苏氨酸残基磷酸化。

酪氨酸蛋白激酶受体和结合酪氨酸蛋白激酶受体是酶偶联受体中两个重要的代表。酪氨酸蛋白激酶受体家族包括胰岛素受体和多种生长因子受体，如表皮生长因子（EGF）受体、成纤维细胞生长因子（FGF）受体、血小板衍生生长因子（PDGF）受体等。此型受体全部为跨膜糖蛋白，主要包括胞外结构域、跨膜区域、胞内近膜结构域、酪氨酸蛋白激酶结构域和羧基末端序列等。细胞外区一般由500～850个氨基酸残基组成，有的含有与免疫球蛋白（Ig）同源的结构，有的富含半胱氨酸区段，该区为配体结合部位；跨膜区是由22～26个氨基酸残基构成的一个α-螺旋高度疏水区；胞内近膜结构域将跨膜区域与激酶结构域分隔；酪氨酸蛋白激酶结构域是所有该类受体中最保守的部分，该结构域包括ATP结合和底物结合两个功能区。酪氨酸蛋白激酶受体与配体结合后即有酪氨酸蛋白激酶(tyrosine-protein kinase,TPK)活性,既可导致受体自身磷酸化,又可催化底物蛋白的特定酪氨酸残基磷酸化,进而引发细胞内的信息传递。该型受体与细胞的生长增殖、分化、分裂及癌变有关。结合酪氨酸蛋白激酶受体属于非催化型受体,如生长激素受体和干扰素受体等。该类受体在氨基和羧基末端都有特征性的半胱氨酸对,但没有激酶结构域,即受体分子本身缺乏 TPK 活性,而在近膜区有与酪氨酸蛋白激酶相结合的结构域。当结合酪氨酸蛋白激酶受体与配体结合后,可与胞液中的酪氨酸蛋白激酶相偶联,使激酶活化,从而催化底物蛋白酪氨酸残基磷酸化,触发细胞信号转导过程。

(二) 胞内受体

胞内受体分布于胞浆或胞核,此型受体多为反式作用因子,当与相应配体结合后,能与 DNA 的顺式作用元件结合,调节基因转录。可与该型受体结合的信息物质有类固醇激素、甲状腺素和维生素 D 等。胞内受体通常为 400~1000 个氨基酸残基组成的单体蛋白质,从 N 端到 C 端包括四个区域:高度可变区、DNA 结合区、铰链区和激素结合区。

高度可变区的氨基酸序列和长度均高度可变,具有转录激活作用。多数受体的这一区域还是抗体结合部位。DNA 结合区位于受体分子的中部,由 66~68 个氨基酸残基组成,富含半胱氨酸残基,具有两个锌指模体,它能顺 DNA 螺旋旋转并与之结合使受体二聚化。铰链区为一短序列,该区域可使受体蛋白弯曲或发生构象改变,它通常有助于配体-受体复合物的核定位。可能有与转录因子相互作用和触发受体向核内移动的功能。激素结合区位于铰链区的 C 端,较大,约 250 个氨基酸残基。其作用包括:与配体结合、与热休克蛋白结合、具有核定位信号、使受体二聚化以及激活转录。能够与激素-受体复合物结合的特异 DNA 序列称为激素反应元件(hormone response element,HRE),也是一种顺式作用元件,通常具有回文顺序。激素结合区在不同的受体有所差异,能选择性地与不同的激素相结合。

(三) 受体的作用特点

1. 亲和性　受体与配体间的亲和力极强,体内信息物质的浓度非常低,通常 $\leq 10^{-8}$ mol/L,但却具有显著的生物学效应,足见两者间的亲和力之高。通常用其解离常数(Kd)来表示亲和力的大小,大多数受体的解离常数为 $10^{-11} \sim 10^{-9}$ mol/L,解离常数越小,则受体与配体结合时所需浓度越低,两者的亲和力越高。

2. 特异性　高度专一性指受体只能选择性与相应配体结合的性质,这种选择性是由受体与配体分子的几何形状决定的,即通过两者反应基团的定位和分子构象的相互契合来实现,这一性质使靶细胞只能对其周围环境中的特定信号分子产生反应。

3. 可逆性　受体与配体通过非共价键可逆地结合在一起,这些化学键的键能均较低,当生物效应发生后,配体即与受体解离,从而导致信号转导的终止。

4. 饱和性　在一定条件下,存在于靶细胞表面或细胞内的受体数目是一定的。因此,受体与其配体的结合反应也是可饱和的,即随着配体浓度的增高,结合了配体的受体数目也会增多,当全部受体被配体占据以后,就可使其生理效应达到最大。

5. 调节性　存在于靶细胞表面或细胞内的受体数目以及受体对配体的亲和力是受调节的。某种因素引起靶细胞受体数目增加或对配体的亲和力增高的变化，称为受体上调（up regulation）；反之则称为受体下调（down regulation）。受体上调可增强靶细胞对信号分子的反应敏感性，而受体下调则降低靶细胞对信号分子的反应敏感性。受体活性调节的主要机制有以下方面：①磷酸化和脱磷酸化作用：受体磷酸化和脱磷酸化在许多受体的功能调节上起重要作用。如表皮生长因子受体分子的酪氨酸残基被磷酸化后，能促进受体与相应配体的结合；而类固醇激素受体磷酸化后则无力与其配体结合。②膜磷脂代谢的影响：膜磷脂在维持膜流动性和膜受体蛋白活性中起重要作用。膜磷脂的成分与受体的活性密切相关，如质膜的磷脂酰乙醇胺被甲基化转变成磷脂酰胆碱后，可明显增强肾上腺素β受体激活腺苷酸环化酶的能力。③G蛋白的调节：G蛋白可在多种活化受体与腺苷酸环化酶之间起偶联作用，当某个受体系统被激活而使cAMP水平升高时，就会降低同一细胞受体对配体的亲和力。

三、环核苷酸依赖的蛋白激酶信号通路

环核苷酸依赖的蛋白激酶信号转导途径是细胞信号转导的重要方式，该类信号通路的特征是以小分子环核苷酸cAMP或cGMP作为第二信使，通过其在细胞内的浓度变化来进行信号转导。

（一）cAMP-蛋白激酶信号转导途径

许多激素和神经递质引起的靶细胞内信号转导都是由cAMP所介导。cAMP是最早发现的第二信使之一，主要与G蛋白偶联受体相关。该途径以靶细胞内cAMP浓度改变和激活蛋白激酶A（protein kinase A，PKA）为主要特征，是激素调节物质代谢的主要途径之一。cAMP-蛋白激酶信号转导途径的级联反应如图13-4。

信号分子与靶细胞膜上的特异性G蛋白偶联受体结合，形成信号分子-受

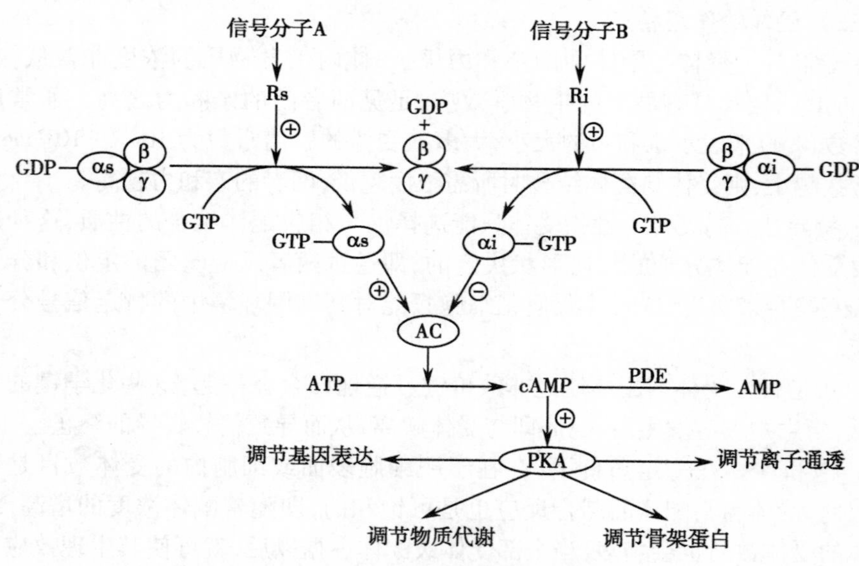

图13-4　cAMP-蛋白激酶信号转导途径

体复合物从而导致受体的构象发生改变激活，激活受体的G蛋白偶联结构域与质膜上的G蛋白相互作用，使G蛋白的α亚基与βγ亚基解离，α亚基发生鸟苷酸交换失去GDP而与1分子GTP相结合，转变为激活状态αs-GTP。αs-GTP能激活腺苷酸环化酶，催化ATP转化成cAMP，使细胞内cAMP浓度升高。cAMP的降解由磷酸二酯酶（phosphodiesterase，PDE）所催化，水解环状二酯键生成AMP。胞浆中cAMP的浓度受腺苷酸环化酶活性和磷酸二酯酶活性的双重调节。一些激素，如胰岛素能激活磷酸二酯酶活性，可将cAMP水解成AMP，使胞浆中cAMP的浓度降低，从而终止信号的转导。某些药物，如茶碱则抑制磷酸二酯酶，促使细胞内cAMP浓度升高。另外，少数激素如生长激素抑制素的受体活化后可催化抑制性G蛋白解离，导致细胞内腺苷酸环化酶活性下降，从而降低细胞内cAMP水平。

第二信使cAMP对细胞的调节作用，主要是通过激活cAMP依赖性蛋白激酶系统来实现的。PKA是一种变构酶，由两个催化亚基（C）和两个调节亚基（R）构成的四聚体，每个调节亚基上有两个cAMP的结合位点。当PKA分子中的两个调节亚基与4分子cAMP结合后，调节亚基即发生变构并与催化亚基解离。游离的催化亚基二聚体具有Ser/Thr蛋白激酶活性，可催化特异的底物蛋白或酶的磷酸化修饰，从而产生特定的生理效应。

PKA是消耗ATP使多种蛋白质磷酸化的酶，其生理作用主要包括：对物质代谢、基因表达、细胞膜离子通透性以及细胞骨架蛋白功能的调节。PKA通过对代谢途径中各种关键酶的磷酸化修饰，使酶活性增高或降低，从而调节物质代谢的速度和方向以及能量的生成；在基因的转录调控区中有一类cAMP应答元件（cAMP response element，CRE），它可与cAMP应答元件结合蛋白（cAMP response element bound protein，CREB）相互作用而调节此基因的转录。当PKA的催化亚基进入细胞核后，可催化CREB中特定的丝氨酸/苏氨酸残基磷酸化。磷酸化的CREB形成同二聚体，再与DNA上的CRE结合，从而激活受CRE调控的基因转录；PKA可催化Ca^{2+}通道蛋白的磷酸化修饰，从而增加其对Ca^{2+}的通透性，使Ca^{2+}内流增加；PKA也可催化微管蛋白、微丝蛋白等细胞骨架蛋白的磷酸化修饰，引发细胞收缩反应。

（二）cGMP-蛋白激酶信号转导途径

cGMP-蛋白激酶信号转导途径以鸟苷酸环化酶（guanylate cyclase，GC）催化GTP生成第二信使cGMP，并激活cGMP依赖性蛋白激酶（cGMP-dependent protein kinase，PKG）为主要特征，其信号转导的级联反应一般过程是：信号分子与膜结合鸟苷酸环化酶受体作用，或脂溶性信号分子进入胞内与可溶性鸟苷酸环化酶受体作用，受体构象改变具有催化活性，催化GTP生成cGMP，进一步激活PKG催化底物蛋白磷酸化产生生理效应。例如当心钠素（ANP）或鸟苷蛋白与具有鸟苷酸环化酶活性的膜受体结合后，引起受体构象的改变，两条多肽链的催化结构域二聚化，进而激活鸟苷酸环化酶，使GTP环化生成cGMP。NO或CO分子可透过质膜的脂双层，激活胞液内具有鸟苷酸环化酶活性的可溶性受体，后者催化GTP生成cGMP。cGMP经磷酸二酯酶催化而降解。

cGMP的生理效应几乎都是通过激活PKG来实现的，该酶也是一种Ser/Thr蛋白激酶,可催化有关蛋白或有关酶类的 Ser/Thr 残基磷酸化修饰,产生各种生物学效应。PKG 的结构与 PKA 完全不同,它为一单体酶,分子中有一个 cGMP 结合位点。PKG 的高度选择性底物包括磷酸化酶激酶 α 亚基、激素敏感性脂肪酶、钙泵(Ca^{2+}-ATP 酶)、Ca^{2+}通道蛋白等。已知 PKG 可引起血管平滑肌细胞质膜和肌浆网膜的有关蛋白磷酸化,使 Ca^{2+}与 Ca^{2+}泵的亲和力增高,导致质膜和肌浆网膜 Ca^{2+}泵的活性升高,摄取 Ca^{2+}增多,引起胞浆 Ca^{2+}浓度降低而致平滑肌舒张。心钠素、NO 及硝基扩血管药物正是通过 cGMP 信号转导途径激活 PKG 而致血管平滑肌舒张。

四、肌醇磷脂信号分子介导的信号通路

肌醇磷脂信号通路以生成脂类衍生物甘油二酯(DG)和三磷酸肌醇(IP3)两个第二信使为特征,当外界信息分子(如抗利尿激素、去甲肾上腺素等)作用于靶细胞膜上特异性受体后,通过特定 G 蛋白介导激活磷脂酰肌醇特异性磷脂酶 C(phosphatidylinositol phospholipase C,PI-PLC),后者水解膜组分磷脂酰肌醇-4,5-二磷酸(phosphatidylinositol 4,5-biphosphate,PIP_2)生成 DG 和 IP_3 两种第二信使。DG 生成后仍然嵌于质膜上,在磷脂酰丝氨酸和 Ca^{2+}的参与下激活蛋白激酶 C(protein kinase C,PKC);而水溶性的 IP_3 则释放到胞浆中,通过扩散作用于内质网和肌浆网上的 IP_3 受体,促使钙储库内的 Ca^{2+}迅速释放,导致胞浆内的 Ca^{2+}浓度升高。Ca^{2+}能与胞浆内的 PKC 结合并聚集至质膜,在 DG 和膜磷脂共同诱导下,激活 PKC(图 13-5)。

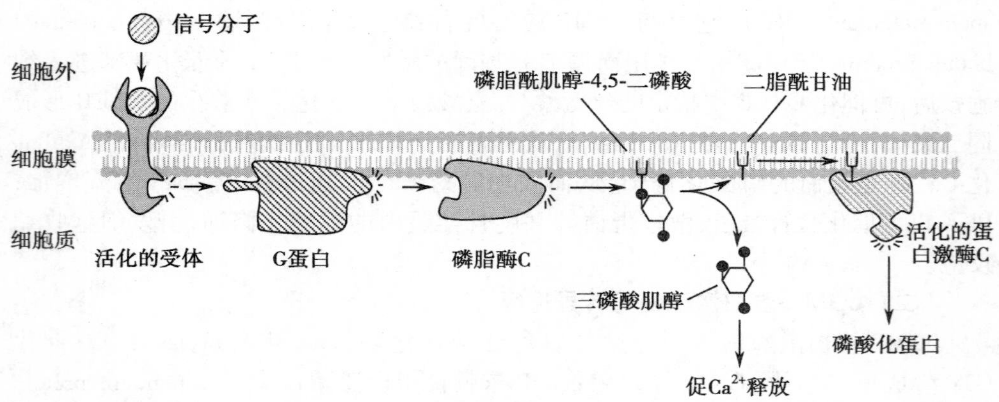

图 13-5 肌醇磷脂信号分子介导的信号通路

蛋白激酶 C 的分子量为 80kD,是一种单链多肽,有两个功能区,一个是亲水的催化活性中心,另一个是疏水的膜结合区。当细胞未受到外界信号刺激时,催化活性中心结构域部分嵌合于疏水的膜结合区处于无活性状态,当细胞膜受体与外界信号结合时 PIP_2 水解,质膜上 DG 积累并作用于 PKC 疏水的膜结合结构域,导致 PKC 的构象变化而暴露出活性中心,PKC 由此被激活。PKC 是一种 Ser/Thr 蛋白激酶,广泛存在于哺乳动物的组织细胞中,可分布于胞膜或胞质中。PKC 可以催化几十种特异的底物蛋白/酶的磷酸化修饰,包括信号转导受体、膜

蛋白和核蛋白、细胞收缩或骨架蛋白、代谢酶或其他蛋白等。总之,PKC 通过对靶蛋白的磷酸化修饰而改变功能蛋白的活性和性质,影响细胞内信息的传递,启动一系列生理、生化反应。由于 PKC 可作用于各信号途径中若干参与信号转导的受体或酶,使 DG/IP_3 信号转导途径与其他信号途径之间产生广泛的信号交流,因此 PKC 除了可以通过磷酸化底物蛋白或酶而产生短暂的早期反应以外,还可以通过信号途径之间的相互交流,使 PKC 持续激活,从而产生基因表达、细胞增殖和分化等晚期反应。

五、酪氨酸蛋白激酶信号通路

酪氨酸蛋白激酶信号转导途径是指信息分子与受体结合后,通过激活酪氨酸蛋白激酶引发的一系列细胞内信息传递的级联反应,从而产生各种生物学效应,包括细胞的生长、增殖、分化及代谢调节等,该途径与肿瘤的发生有密切关系。细胞中的酪氨酸蛋白激酶信号转导途径包括受体型酪氨酸蛋白激酶和非受体型酪氨酸蛋白激酶信号转导通路两大类,前者如胰岛素受体、表皮生长因子受体及某些原癌基因(erb-B、kit、fms 等)编码的受体,它们均属于催化型受体;非受体型酪氨酸蛋白激酶信号转导通路,典型的如底物酶 JAK 和某些原癌基因(src、yes 等)编码的 TPK。受体型 TPK 和非受体型 TPK 虽都能使底物蛋白的酪氨酸残基磷酸化,但它们的信息传递途径有所不同。

(一)受体型酪氨酸蛋白激酶信号转导通路

当信息分子与受体结合后,受体多形成二聚体并发生自身磷酸化而被激活,进而通过 Sos 蛋白激活 Ras 蛋白。Ras 蛋白是由一条多肽链组成的单体蛋白,由原癌基因 ras 编码而得名。Ras 蛋白的相对分子量为 21kD,故又名 p21 蛋白,因其性质类似于 G 蛋白且分子量小于 G 蛋白,故被称作小 G 蛋白。活化的 Ras 蛋白可进一步活化 Raf 蛋白,Raf 蛋白具有丝氨酸/苏氨酸蛋白激酶活性,可激活有丝分裂原激活蛋白激酶(mitogen-activated protein kinase,MAPK)系统(图 13-6)。该系统包括 MAPK、MAPK 激酶(MAPKK)、MAPKK 激活因子(MAPKKK),其中 MAPK 最为重要,它既能催化丝氨酸/苏氨酸残基又能催化酪氨酸残基磷酸化,故是一种具有双

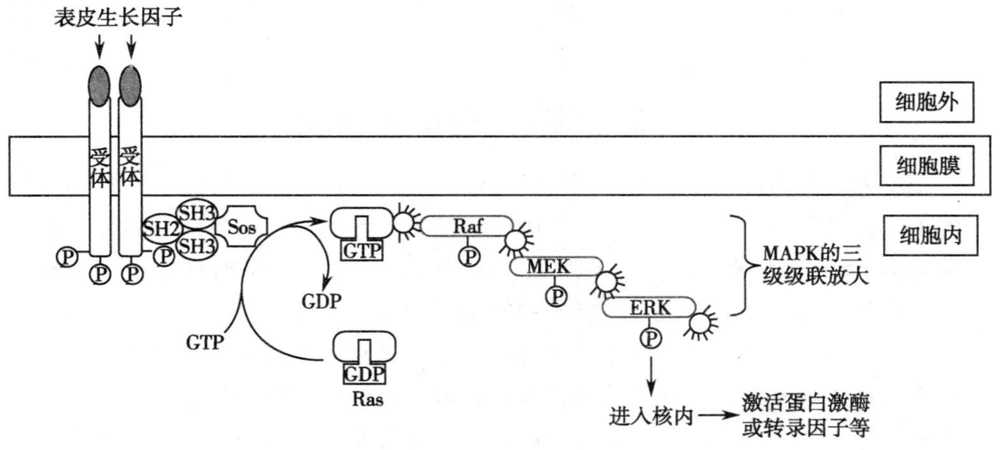

图 13-6 受体型酪氨酸蛋白激酶信号转导通路

重催化活性的蛋白激酶。MAPK 系统各组分属于酶兼底物的蛋白分子,故称底物酶。MAPK 激酶具有广泛的催化活性,但最重要的是催化细胞核内许多反式作用因子的丝氨酸/苏氨酸残基磷酸化,调节基因转录的开放或关闭。另外,受体型 TPK 活化后还可激活腺苷酸环化酶、多种磷脂酶等发挥调控基因表达的作用。胰岛素及大部分细胞生长因子都通过这种途径发挥作用。

(二)非受体型酪氨酸蛋白激酶信号转导通路

干扰素、生长激素、红细胞生成素和一些白细胞介素等细胞外信号分子受体,它们的胞内结构域中没有酪氨酸蛋白激酶活性区域,本身缺乏酪氨酸蛋白激酶活性,但在胞内近膜区存在 Janus 激酶(JAKs)的结合位点。JAKs 是非受体酪氨酸激酶,是可溶性蛋白或微弱膜结合蛋白。JAKs 与结合了配体的受体相互作用而被激活,JAKs 活化后可催化信号转导子和转录激动子(signal transductors and activator of transcription,STAT)的酪氨酸残基磷酸化,磷酸化的 STAT 分子形成二聚体进入细胞核,作为转录因子影响相关基因的表达,改变细胞的增殖与分化。故将此途径又称为 JAKs-STAT 信号传递通路。

六、细胞内受体信号传递途径

通过胞内受体起调节作用的激素有糖皮质激素、盐皮质激素、雄激素、雌激素、孕激素、维生素 D 和甲状腺素等,除甲状腺素外其余均为类固醇化合物。这些信号分子可直接以简单扩散的方式或借助于某些载体蛋白透过靶细胞膜,与位于胞浆或胞核中的胞内受体结合。不同的胞内受体在细胞中的分布不同,糖皮质激素和盐皮质激素的受体位于胞浆中,维生素 D 及维 A 酸的受体存在于胞核内,而雄激素、雌激素、孕激素、甲状腺素的受体则同时存在于胞浆及胞核中。

类固醇激素与其受体结合后,可引起受体构象发生改变,暴露出 DNA 结合区。在胞浆中形成的激素-受体复合物以二聚体形式穿过核孔进入细胞核。在核内激素-受体复合物作为反式作用因子与 DNA 特异基因的激素反应元件结合,调控基因表达。甲状腺素进入靶细胞后,与胞内的核受体结合,形成甲状腺素-受体复合物,进一步与特定基因表达调控序列上的甲状腺素反应元件作用,调节基因的表达。

七、信号转导途径间相互联系

细胞内信号转导的复杂性,主要体现在众多信号转导途径的相互联系,通过特定的中间信息分子介导形成错综复杂的网络信息交互结构。即各信号转导途径不是独立的,而是存在相互间的交联对话(cross talk)。这种交联对话能使细胞整合多种细胞外刺激信号并形成唯一特定的细胞生物学应答效应。

信号转导途径的交联对话主要体现在一条信号途径的信息分子可参与作用于另一条信号转导途径。不同的信号转导途径可共同作用于同一效应蛋白或同一基因调控位点而协同发挥作用。如不同的第二信使激酶可以磷酸化同一靶蛋白的不同残基,在基因表达过程中可具有相同或相异的改变。现在确定单一信号转导途径的基本组件和连续步骤中取得了很大的进展，但是关于这些独立的信号通路如何整合为信号转导网络仍是一项艰巨的挑战。

膜受体介导的信号转导途径是通过存在于细胞外的信号分子与靶细胞膜表面受体的特异结合来触发细胞内的信号转导过程，信号分子本身并不进入细胞。一种信号分子作用于细胞膜受体后并非仅激活一条通路，也可激活多条通路，且各条通路之间可以联网相互作用，最终产生生理效应。

八、信号转导与疾病

细胞信号转导是靶细胞对特异信号分子作出相应生物学效应的过程，信号转导过程中涉及许多信号分子和作用环节，其中某个环节的信号分子结构或数量异常均可导致正常的信号转导紊乱，引起疾病的发生。临床上也正是依据信号转导的理论，通过对信号转导途径中的信息分子的结构、活性及含量的检查来诊断疾病。并研发针对性药物对导致疾病发生的异常信号转导分子的活性进行调节，达到治疗疾病的目的。

（一）信号转导异常与疾病的发生

物理、化学、病源微生物以及遗传等多种因素都可导致机体内细胞信号转导异常疾病发生。通常细胞信号转导异常的环节主要有：胞外信息分子、受体、G 蛋白及细胞内信号分子异常，或多个信号转导环节异常。

胞外信息分子异常通常是细胞信息分子过量或不足。如胰岛素生成减少，体内产生抗胰岛素抗体或胰岛素拮抗因子等，均可导致胰岛素的相对或绝对不足，引起高血糖。受体分子异常指因受体的数量、结构或调节功能变化，使受体不足或不能与配体识别、结合从而引发靶细胞应有的功能效应。由此所引起的疾病称为受体病（receptor disease）。如家族性肾性尿崩症就是 ADH 受体基因突变，导致 ADH 受体合成减少或结构异常，使 ADH 对肾小管和集合管上皮细胞的刺激作用减弱或上皮细胞膜对 ADH 的反应性降低，对水的重吸收降低，引起尿崩症。自身免疫性甲状腺病是因抗促甲状腺激素受体的自身抗体引起的甲状腺功能紊乱。假性甲状旁腺功能减退症（PHP）是因 G 蛋白信号转导异常，使靶器官对甲状旁腺激素（PTH）的反应性降低而引起的遗传性疾病。PTH 受体与 Gs 耦联。PHP1A 型的发病机制是由于编码 Gs α 等位基因的单个基因突变，患者 Gs α mRNA 可比正常人降低 50%，导致 PTH 受体与腺苷酸环化酶（AC）之间信号转导脱偶联。

细胞内信号转导涉及大量信号分子和信号蛋白，任一环节异常均可通过级联反应引起疾病。并且在疾病的发生和发展过程中，可涉及多个信息分子影响多个信号转导途径，导致复杂的网络调节失衡。如 Ca^{2+} 是细胞内重要的信使分子之一。在组织缺血-再灌注损伤过程中，胞浆 Ca^{2+} 浓度升高，通过下游的信号转导途径引起组织损伤。

（二）信号转导与疾病的诊断治疗

依据信号转导的理论，临床上通过对信号转导途径中的信息分子的结构、活性及含量的检查来诊断疾病。开发针对性药物,对导致疾病发生的异常信号转导分子的活性进行调节,达到治疗疾病的目的。例如:一氧化氮-cGMP 信号通路是临床上作为治疗心血管疾病的靶点,在血管平滑肌细胞中,可溶的鸟苷酸环化酶被邻近的血管上皮细胞生成的 NO 激活,从而催化 cGMP 生成,它可诱导血管平滑肌松弛,进而血管舒张,某些药物可通过增加 NO 的含量来而增加 cGMP 的含量。cGMP 的水平还可被磷酸二酯酶调控,因此用于抑制血管磷酸二酯酶的药物也可用来增加特定组织血流量。

(解　军)

第十四章

血液的生物化学

血液由血浆(plasma)、红细胞、白细胞和血小板组成。血浆占血液体积的55% ~60%。血液凝固后有透明淡黄色液体析出,称作血清(serum)。在凝血过程中,血浆中的纤维蛋白原转变成纤维蛋白析出,所以血清中无纤维蛋白原。

血小板的命名

哺乳动物血液中存在一种没有细胞核的结构,有质膜,能运动和变形,一般呈圆形,体积小于红细胞和白细胞,长期被看作是血液中无功能的细胞碎片。直到1882年,意大利医师J. B. 比佐泽罗发现它在血管损伤后的止血过程中有着重要的作用,首次将其命名为血小板(platelet)。

血液除含有有形的血细胞外,血浆中还含有 Na^{+}、K^{+}、Ca^{2+}、Mg^{2+}、Cl^{-}、HCO_3^{-}、HPO_4^{2-} 等无机离子,它们主要在维持血浆晶体渗透压、酸碱平衡以及神经肌肉的正常兴奋性等方面起重要作用。血浆中还含有蛋白质、非蛋白质类含氮化合物、糖类和脂类等有机物。非蛋白质含氮化合物主要有尿素、肌酸、肌酸酐、尿酸、胆红素和氨等,它们中的氮总称为非蛋白氮(non-protein nitrogen, NPN)。正常人血中NPN含量为14.28 ~24.99mmol/L。其中血尿素氮(blood urea nitrogen, BUN)约占NPN的1/2。

第一节 血浆蛋白

一、血浆蛋白质的分类与性质

(一) 血浆蛋白质的分类

人血浆内所含有的蛋白质总浓度为60 ~85g/L。血浆内蛋白质的种类繁多,大约有200多种,其中既有单纯蛋白,如清蛋白,又有结合蛋白如糖蛋白、脂蛋白,各种蛋白质的含量相差很大,从每升数十克到数毫克不等。

血浆蛋白质可按来源、分离方法和生理功能将其分类。分离血浆蛋白质常用的方法有电泳法（electrophoresis）和超速离心法（ultra-centrifuge）。

电泳是分离蛋白质最常用的方法。根据电泳的支持物和电泳的装置不同，电泳的方法很多，其分辨率相差很大。临床上常采用醋酸纤维素薄膜电泳，该方法简单快速，可将血清蛋白质分成五条区带：清蛋白（albumin）、α_1 球蛋白、α_2 球蛋白、β 球蛋白和 γ 球蛋白（图 14-1）。其中清蛋白是血浆中含量最多的蛋白质，浓度达 38～48g/L。清蛋白主要由肝脏合成，人的肝脏每天约合成 12g 清蛋白。清蛋白以前清蛋白的形式合成，成熟的清蛋白是含 585 个氨基酸残基的单一多肽链，分子形状呈椭圆形。正常清蛋白与球蛋白的浓度比值（A/G）为 1.5～2.5∶1。球蛋白的浓度为 15～30g/L。

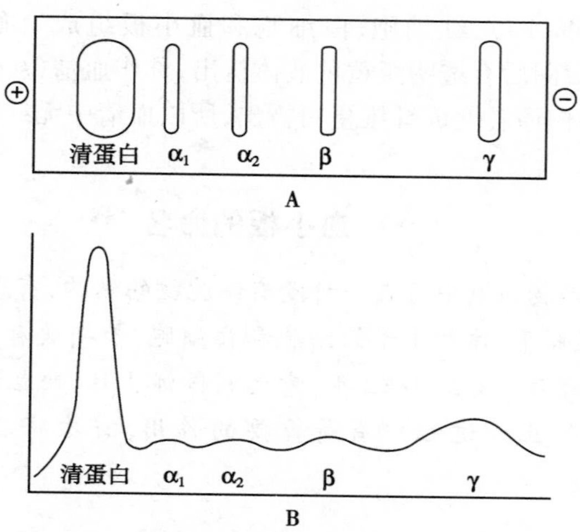

图 14-1　血清蛋白的醋酸纤维素膜电泳图谱

A. 染色后的图谱　B. 光密度扫描后的电泳峰

按生理功能可将血浆蛋白分为载体蛋白、免疫防御系统蛋白、凝血和纤溶蛋白、蛋白酶抑制剂等。血浆蛋白分类如表 14-1。

表 14-1　人类血浆蛋白质的分类

种　类	血浆蛋白
1. 结合蛋白或载体	清蛋白、载脂蛋白、运铁蛋白、铜蓝蛋白
2. 免疫防御系统蛋白	IgG、IgM、IgA、IgE 和补体 C1～C9 等
3. 凝血和纤溶蛋白	凝血因子Ⅶ、Ⅷ、凝血酶原、纤溶酶原等
4. 酶	卵磷脂：胆固醇酰基转移酶等
5. 蛋白酶抑制剂	α_1 抗胰蛋白酶、α_2 巨球蛋白等
6. 激素	促红细胞生成素、胰岛素等
7. 参与炎症应答的蛋白质	C-反应蛋白、α_2 酸性糖蛋白等

（二）血浆蛋白质的性质

1. 绝大多数血浆蛋白质在肝合成，如清蛋白、纤维蛋白原和纤粘连蛋白等。还有少量的血浆蛋白质是由其他组织细胞合成的，如 γ 球蛋白是由浆细胞合成。

2. 血浆蛋白质一般在多聚核糖体（polyribosome）上合成，先以蛋白前体形式出现，经翻译后修饰加工，如去信号肽、糖基化、磷酸化后进入血浆，血浆蛋白质自肝细胞内合成部位到血浆的时间为30分钟至数小时不等。

3. 血浆蛋白质大多是糖蛋白，它们含有N—或O—连接的寡糖链，清蛋白例外。血浆蛋白质合成后须定向转移，此过程需要寡糖链。寡糖链可起识别作用，如红细胞的血型物质含糖达80%～90%，ABO系统中血型物质A、B均是在血型物质O的糖链非还原端各加上N-乙酰氨基半乳糖（GalNAc）或半乳糖（Gal）。正是一个糖基的差别，使红细胞能识别不同的抗体。再如用唾液酸苷酶（neuraminidase）切除寡糖链末端唾液酸残基，常可使一些血浆蛋白的半衰期缩短。

4. 许多血浆蛋白质具有多态性。最典型的是ABO血型物质，另外α_1抗胰蛋白酶、结合珠蛋白、运铁蛋白、铜蓝蛋白和免疫球蛋白等均具多态性。研究血浆蛋白的多态性对遗传学、人类学和临床医学均有重要意义。

5. 各种血浆蛋白质都有其特有的循环半衰期。正常成人的清蛋白和结合珠蛋白的半衰期分别为20天和5天左右。此外，在急性炎症或某种类型组织损伤时，有些血浆蛋白的水平会发生变化，这些蛋白质被称为急性时相蛋白（acute phase protein，APP）。如C-反应蛋白（CRP，由于同肺炎球菌的C多糖反应而得名）、α_1抗胰蛋白酶、结合珠蛋白、α_1酸性蛋白和纤维蛋白原等蛋白质的浓度会增加，增加幅度50%至1000倍不等。而清蛋白和转铁蛋白等的浓度会降低。

二、血浆蛋白质的功能

血浆蛋白质种类颇多，执行着非常重要的功能，现将血浆蛋白质的一些重要的功能概述如下：

（一）维持血浆胶体渗透压

正常人血浆胶体渗透压的大小，取决于血浆中蛋白质的摩尔浓度。而血浆中含量最多的蛋白质是清蛋白，并且清蛋白的分子量小（69kDa）、在血浆内的总含量大、摩尔浓度高，所以清蛋白在维持血浆胶体渗透压方面起着非常大的作用，清蛋白所产生的胶体渗透压占血浆胶体总渗透压的75%～80%。当血浆蛋白质浓度，特别是清蛋白浓度降低时，血浆胶体渗透压下降，导致水分在组织间隙潴留，出现组织水肿。

（二）维持血浆正常的pH

正常人血浆的pH在7.35～7.45之间。血浆蛋白质的等电点大部分在pH 4.0～7.3之间，血浆蛋白盐与相应蛋白质形成缓冲对，参与血浆正常pH的维持。

（三）运输作用

血浆中含有20多种载脂蛋白，其分子表面具有许多亲脂性结合位点，可与血脂结合成脂蛋白的形式对脂类物质进行运输；血浆蛋白质还能与易被细胞摄取和易随尿液排除的一些小分子物质结合，防止它们从肾丢失；血浆中的清蛋白能与脂肪酸、Ca^{2+}、胆红素、磺胺等多种物质结合；此外血浆中还有皮质激素传递蛋白、运铁蛋白、铜蓝蛋白等。

（四）免疫作用

抗体（antibody，Ab）又称免疫球蛋白（immunoglobulin，Ig），主要存在于血浆等体液中，能与相应抗原特异性结合，具有免疫功能。此外，血浆中还存在一种不耐热的具有酶活性的蛋白质——补体，补体可辅助特异性抗体介导的溶菌作用。

（五）催化作用

血浆中的酶称作血清酶。根据其来源和功能，血清酶可分为以下三类：

1. 血浆功能酶　血浆功能酶主要由肝合成后分泌入血，并在血浆中发挥催化作用。如凝血及纤溶系统的多种蛋白水解酶，它们都以酶原的形式存在于血浆内，在一定条件下被激活后发挥作用。此外血浆中还有生理性抗凝物质、假胆碱酯酶、卵磷脂、脂蛋白脂肪酶和肾素等。

2. 外分泌酶　由外分泌腺分泌的酶类统称外分泌酶，如胃蛋白酶、胰蛋白酶、胰淀粉酶、胰脂肪酶和唾液淀粉酶等。在正常生理条件下这些酶少量溢入血浆，虽然它们的催化活性与血浆的正常生理功能无直接的关系，但当这些脏器受损时，细胞膜的通透性增高或细胞被破坏，细胞内的酶大量释放入血，造成血浆中外分泌酶的量增加，在临床上可作为相关脏器疾病的诊断指标。

3. 细胞酶　存在于细胞和组织内，参与糖、脂、蛋白质等物质代谢的酶类。随着细胞的不断更新，这些酶可释放入血。正常生理状态下它们在血浆中含量甚微。有些酶具有组织、器官特异性，当特定的组织、器官有病变时，血浆内相应的酶活性增高，有助于相关疾病的诊断。例如，急性肝炎患者血清中谷丙转氨酶的活性明显升高，心肌梗死患者血清中谷草转氨酶的活性明显上升。

（六）营养作用

血浆中含有多种人体所需的营养物质，如糖、脂、蛋白质、维生素、各种微量元素等，成人每 3L 左右的血浆中约有 200g 蛋白质。

（七）凝血、抗凝血和纤溶作用

正常血浆中存在各种凝血因子、抗凝血因子和纤溶物质，它们相互作用、相互制约，保持血液循环通畅。但当血管损伤，血液流出人体时，液态的血液即转变成凝胶状态的血块，即发生凝血，凝血可防止机体流血不止，是机体的一种自身保护机制。

第二节　血液凝固

血液离开血管数分钟后，血液就由流动的液态变成不能流动的胶冻状凝块，这一过程称为血液凝固。血液凝固常发生在外伤出血或血管内膜受损时，是机体的一种自我保护机制。血液凝固是因血浆中发生了一系列酶促级联反应，其最后阶段是由原来溶解于血浆中的纤维蛋白原转变为不溶性的纤维蛋白，由不溶解的纤维蛋白网罗红细胞形成凝血块，使血液由液体状态转为凝胶状态，它是止血过程的重要组成部分。

一、凝血因子与抗凝血成分

（一）凝血因子

凝血因子是血浆与组织中直接参与凝血的物质的统称。其中已按国际命名法，用罗马数字按发现的次序编号的凝血因子有 13 种，即凝血因子Ⅰ～XIII（从Ⅰ～

ⅩⅢ,其中因子Ⅵ不存在,它是血清中活化的凝血因子Ⅴ)。此外,还有前激肽释放酶、激肽释放酶,以及来自血小板的磷脂等。凝血因子及其部分特征见表14-2。

表14-2 凝血因子及其特征

因子	别名	氨基酸残基数	碳水化合物含量(%)	电泳部位(球蛋白)	生成部位(是否需维生素K)	血浆中浓度(mg/L)	血清中	功能
Ⅰ	纤维蛋白原	2964	4.5	γ	肝(否)	2000~4000	无	结构蛋白
Ⅱ	凝血酶原	579	8.0	α_2/β	肝(需)	150~200	无	蛋白酶原
Ⅲ	组织因子	263		α/β	组织、内皮、单核细胞(否)	0	-	辅因子/启动物
Ⅳ	Ca^{2+}					90~110	有	辅因子
Ⅴ	易变因子(前加速因子)	2196		清蛋白	肝(否)	5~10	无	辅因子
Ⅶ	稳定因子	406	13	α/β	肝(需)	0.5~2	有	蛋白酶原
Ⅷ	抗血友病球蛋白	2332	5.8	α_2/β	肝、内皮细胞(否)	0.1	无	辅因子
Ⅸ	Christmas因子、血浆凝血活酶成分	415	17	β	肝(需)	3~4	有	蛋白酶原
Ⅹ	Stuart-Prower因子	448	15	α	肝(需)	6~8	有	蛋白酶原
Ⅺ	血浆凝血活酶前质	1214	5.0	β/γ	肝(否)	4~6	有	蛋白酶原
Ⅻ	Hageman因子	596	13.5	β	肝(否)	2.9	有	蛋白酶原
ⅩⅢ	纤维蛋白稳定因子	2744	4.9	α_2/β	骨髓(否)	25	无	转谷氨酰胺酶原
	前激肽释放酶	619	12.9	γ	肝(否)	1.5~5	有	蛋白酶原
	高分子量激肽原	626	12.6	α	肝(否)	7.0	有	辅因子

凝血因子Ⅰ、Ⅱ、Ⅴ、Ⅶ、Ⅹ主要由肝脏合成,凝血因子Ⅰ即纤维蛋白原是凝血酶的作用底物。因子Ⅱ、Ⅶ、Ⅸ和Ⅹ是依赖维生素K的凝血因子。因子Ⅴ是因子Ⅹ的辅因子,加速Ⅹ因子对凝血酶原的激活。

凝血因子Ⅷ作为因子Ⅸ的辅助因子,在Ca^{2+}和磷脂存在下,参与因子Ⅸ对因子Ⅹ的激活成为$Ⅹ_a$,而因子$Ⅹ_a$可激活凝血酶原,形成凝血酶,从而使凝血过程正常进行,凝血因子Ⅷ和Ⅸ是维持A型和B型血友患者生命不可或缺的重要蛋白质,患者必须终生注射才能维持生命。

$ⅩⅢ_a$是一种转谷氨酰胺酶,能使可溶性纤维蛋白变成不溶性的纤维蛋白多聚体,从而稳固纤维蛋白凝块。

因子Ⅲ是唯一不存在于正常人血浆中的凝血因子,它分布于各种不同的组织细胞中,又称组织因子(tissue factor,TF)。TF的氨基末端伸展在细胞外,作为因子Ⅶ的受体起作用。

因子Ⅻ、Ⅺ、激肽释放酶原和高分子激肽原等参与接触活化。当血浆暴露在带负电荷物质表面时，这些凝血因子在其表面发生一系列水解反应，除去一些小肽段而转变成有活性的Ⅻa、Ⅺa、激肽释放酶和高分子激肽，启动血液凝固。其他的凝血因子激活的过程也与此相似，故凝血过程是一系列酶促级联反应，具放大作用。

（二）抗凝血成分

在血液内，同时存在凝血和抗凝血两种机制。血液在体内保持流动状态是凝血与抗凝血和纤溶两个系统相互制约，保持动态平衡的结果，如果有一个或多个因素发生改变，平衡被打破，就会发生出血或形成血栓。抗凝血机制由抗凝血成分和纤溶系统来完成。机体内的抗凝血成分主要有三种：抗凝血酶-Ⅲ（AT-Ⅲ）、蛋白C系统和组织因子途径抑制物。

1. 抗凝血酶-Ⅲ　AT-Ⅲ主要是由肝细胞合成的一种单链糖蛋白，是一种广谱的丝氨酸蛋白酶抑制物，与肝素结合可使酶活性增强2000倍以上，与凝血酶以1∶1方式形成凝血酶抗凝血酶复合物（TAT），被肝清除。其主要作用是：①与凝血酶结合成复合物，使凝血酶灭活，起到抗凝的作用；②抑制凝血因子$Ⅸ_a$、$Ⅹ_a$、$Ⅺ_a$、$Ⅻ_a$和$Ⅶ_a$和纤溶酶、胰蛋白酶、激肽释放酶的活性，抑制血液凝固即抗凝；③能抑制因子$Ⅹ_a$所致的血小板聚集反应。

2. 蛋白C系统　该系统主要包括蛋白C（PC）、蛋白S（PS）、血栓调节蛋白（TM）和蛋白C抑制物。前两者是依赖维生素K且由肝合成的糖蛋白，PC是丝氨酸蛋白酶、PS为辅因子，TM由内皮细胞合成。

血浆内的凝血酶、胰蛋白酶和高浓度的$Ⅴ_a$均可激活PC，一旦血浆内有凝血酶（$Ⅱ_a$）生成，则TM就与$Ⅱ_a$结合，激活PC使成为有活性的APC，APC具有丝氨酸蛋白酶活性，通过蛋白水解作用可使$Ⅴ_a$和$Ⅷ_a$灭活。此过程需要磷脂和Ca^{2+}参与。APC灭活$Ⅴ_a$后，阻碍了$Ⅹ_a$与血小板结合，大大降低$Ⅹ_a$的凝血活性。APC还能促进纤维蛋白溶解。AT-Ⅲ、PC、PS缺乏，或因子Ⅴ、Ⅷ基因突变，导致因子Ⅴ、Ⅷ分子上丧失了APC的切割点，则有可能形成血栓。蛋白C抑制物能与PC结合形成复合物而灭活APC。

3. 组织因子途径抑制物（TFPI）　TFPI是主要由内皮细胞也可由巨核细胞合成的一种单链糖蛋白，是丝氨酸蛋白酶抑制物，可形成$Ⅹ_a$-TFPI复合物抑制$Ⅹ_a$，凝血因子Ⅲ能与因子Ⅶ（或$Ⅶ_a$）形成复合物，$Ⅹ_a$-TFPI在Ca^{2+}存在下再与TF-$Ⅶ_a$形成四元复合物使之灭活而抑制凝血。

二、两条凝血途径

凝血因子的活化是导致血液凝固的触发机制。而凝血因子Ⅹ被激活成$Ⅹ_a$是激活凝血酶原（thrombogen）的关键步骤。根据凝血过程的方式不同，可分为内源性（intrinsic）与外源性（extrinsic）两条途径（图14-2）：

（一）内源性途径

内源性凝血途径是指参加凝血的凝血因子全部来自血液内（内源性）。该凝血途径具体是指从因子Ⅻ激活，到因子Ⅹ激活的过程。在血管壁发生损伤，内皮下组织暴露时，内皮胶原纤维与凝血因子接触，因子Ⅻ即与之结合，在激肽释放酶等参与下被活化为$Ⅻ_a$，因子$Ⅻ_a$又将因子Ⅺ激活。在钙离子的存在下，被活化的$Ⅺ_a$又激活因子Ⅸ。单独的$Ⅸ_a$激活因子Ⅹ的效力很低，当它与$Ⅷ_a$结合形成1∶1的复合物

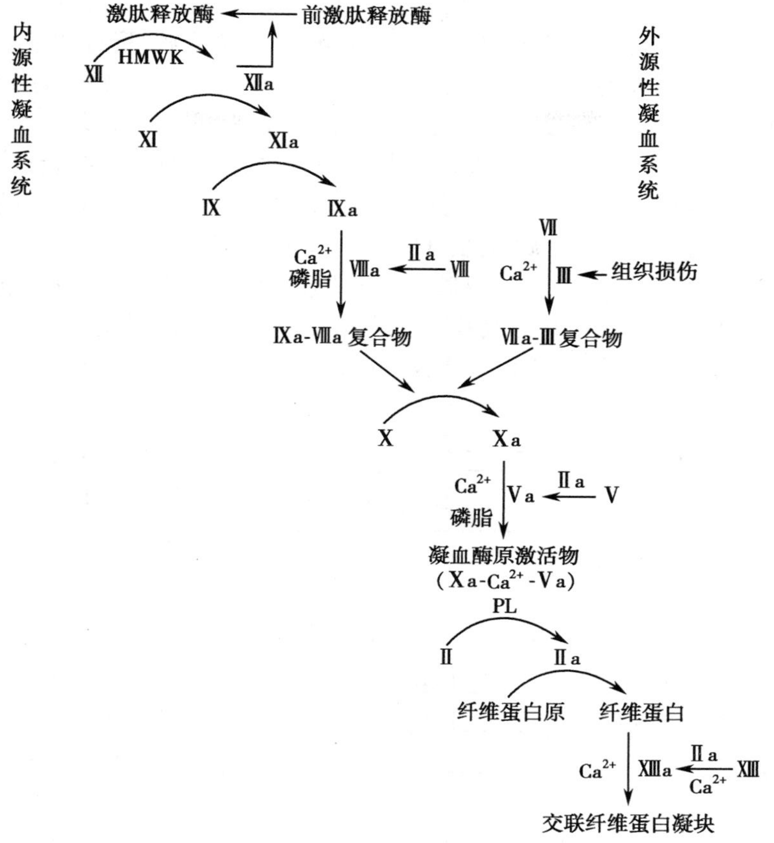

图 14-2　内源性、外源性及共同凝血途径

时，该复合物对因子Ⅹ激活的效力增强。这一反应还必须有 Ca^{2+} 和 PL 的参与。

（二）外源性途径

是指参加的凝血因子并非全部存在于血液中，还有外来的凝血因子即组织因子（因子Ⅲ）的参与。该过程是从组织因子暴露于血液开始，到因子Ⅹ被激活为止。组织因子是存在于多种细胞质膜中的一种跨膜蛋白，在正常情况下，组织因子并不与血液接触，但在血管损伤或血管内皮细胞及单核细胞受到细菌内毒素、补体 C_{5a}、免疫复合物、白介素-1 和肿瘤坏死因子等因子刺激时，释放该因子，使其得以与血液接触并在钙离子的参与下，与因子Ⅶ一起形成复合物。单独的因子Ⅶ或组织因子均无促凝活性，但因子Ⅶ与Ⅲ结合后很快被活化的因子Ⅹ激活为 $Ⅶ_a$，从而形成 $Ⅶ_a$-Ⅲ复合物，后者比单独的 $Ⅶ_a$ 激活因子Ⅹ的能力强上万倍。

一旦形成 $Ⅹ_a$，不管内源性凝血途径还是外源性凝血途径都进入凝血的共同途径，即凝血酶（thrombin）的生成和纤维蛋白（fibrin）的形成。因子 $Ⅹ_a$、因子 $Ⅴ_a$ 在钙离子和磷脂的存在下组成凝血酶原激活物，将凝血酶原激活为凝血酶，凝血酶酶解纤维蛋白原成为纤维蛋白单体，并交联形成纤维蛋白凝块。整个凝血过程见图 14-3。

由纤维蛋白原至形成纤维蛋白凝块需经过三个阶段，即纤维蛋白单体的生成，纤维蛋白单体的聚合，纤维蛋白的交联。纤维蛋白在血浆中以纤维蛋白原（fibrinogen)形式存在，纤维蛋白原溶于水且不会聚合，纤维蛋白原分子由两条α链、两条β链和两条γ链组成，每三条肽链（α、β、γ肽链）绞合成索状，形成两条索状肽链，两者的N-端通过二硫键相连，整个分子成纤维状（图14-3）。α及β链的N-端分别有一段16个和14个氨基酸残基组成的一段小肽，称为纤维肽A及B，A及B带较多负电荷，凝血酶将带负电荷多的纤维肽A和B水解除去后，纤维蛋白原就转变成纤维蛋白，纤维蛋白生成后，促使凝血酶激活因子Ⅻ，在$Ⅻ_a$与钙离子的参与下，由于切除了纤维肽A及B后暴露出纤维蛋白单体间的黏合位点，相邻的纤维蛋白发生快速共价交联，$Ⅻ_a$是一个转酰胺酶，它催化γ肽链C-端上的谷氨酰胺残基与邻近γ肽链上的赖氨酸残基的氨基共价结合，α链之间也同样发生交联。经过共价交联的纤维蛋白网非常牢固，形成不溶的稳定的纤维蛋白凝块（图14-3）。

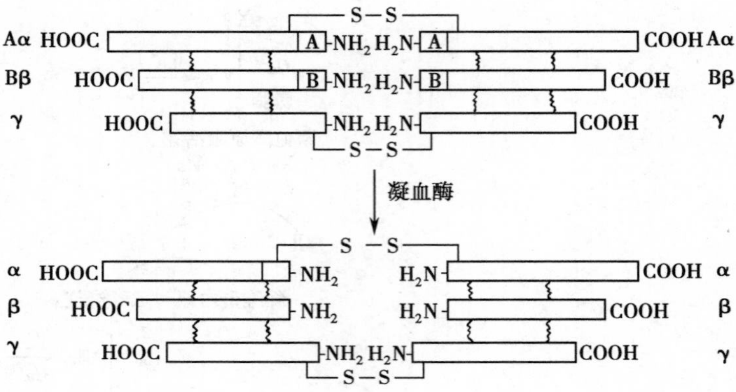

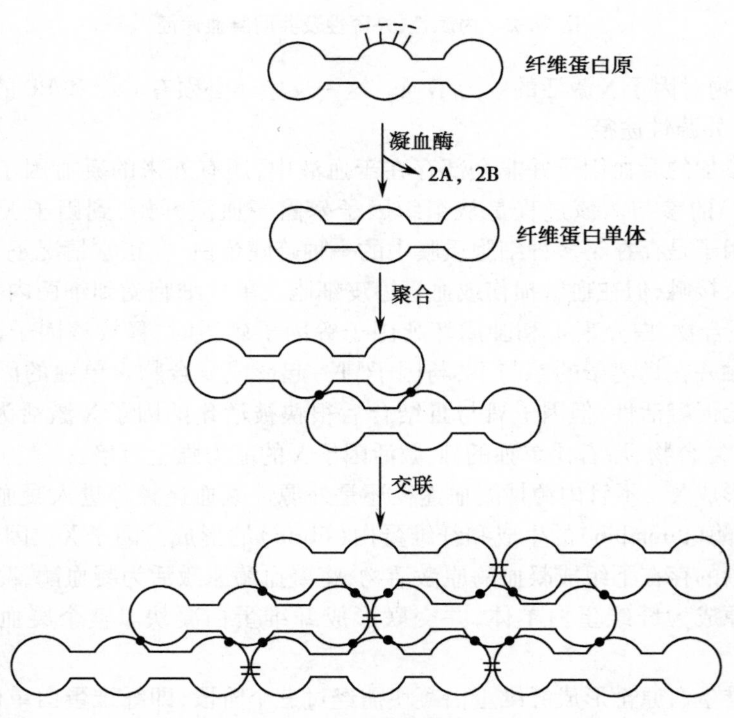

图14-3 纤维蛋白的生成及聚合

三、凝血块的溶解

在出血停止、血管创伤愈合后形成的凝血块要被溶解和清除。溶解和清除沉积在血管内外的纤维蛋白以保证血流通畅的工作，主要由纤维蛋白溶解系统，简称为纤溶系统来完成。该系统由纤溶酶原、组织纤溶酶原激活物（t-PA）等多种因子组成。纤维蛋白溶解包括纤溶酶原（plasminogen）激活和纤维蛋白溶解两个阶段。纤溶酶原可在内源性因子$Ⅻ_a$、前激肽释放酶、因子$Ⅺ_a$、外源性因子组织型纤溶酶原激活物（t-PA）、尿激酶型PA（u-PA）和链激酶（SK）的作用下，转变为纤溶酶。后者特异地催化纤维蛋白或纤维蛋白原中由精氨酸或赖氨酸残基的羧基构成的肽键水解，产生一系列纤维蛋白降解产物。纤溶酶不仅能降解纤维蛋白和纤维蛋白原，还能分解凝血因子、血浆蛋白和补体（图14-4）。

凝血和纤溶两个过程在正常机体内相互制约，处于动态平衡，如果这种动态平衡被破坏，将会发生血栓形成或出血现象。

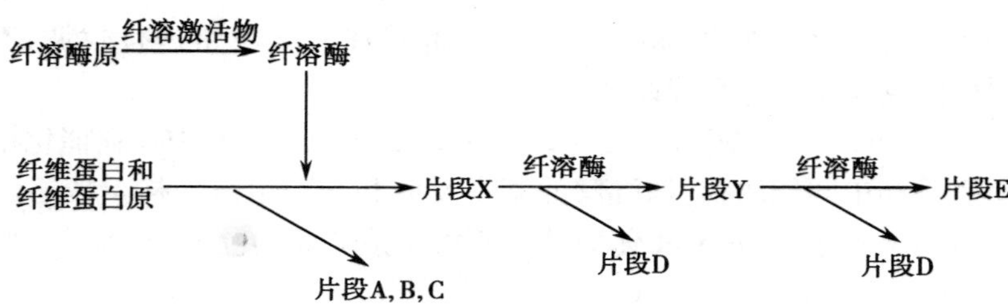

图14-4　纤维蛋白的降解过程及产物

第三节　血细胞代谢

一、红细胞的代谢

红细胞是血液中最主要的细胞，它是在骨髓中由造血干细胞定向分化而成的红系细胞。在红系细胞发育过程中，经历了原始红细胞、早幼红细胞、中幼红细胞、晚幼红细胞、网状红细胞、成熟红细胞等一系列形态及代谢的改变。成熟红细胞除细胞膜及胞浆外无其他细胞器，因而与有核红细胞的代谢方式不同。不同阶段红细胞的代谢变化见表14-3。

表14-3　红细胞成熟过程中的代谢变化

代谢能力	有核红细胞	网织红细胞	成熟红细胞
分裂增殖能力	+	−	−
DNA合成	+*	−	−
RNA合成	+	−	−
RNA存在	+	+	−
蛋白质合成	+	+	−
血红素合成	+	+	−

笔记

续表

代谢能力	有核红细胞	网织红细胞	成熟红细胞
脂类合成	+	+	-
三羧酸循环	+	+	-
氧化磷酸化	+	+	-
糖酵解	+	+	+
磷酸戊糖途径	+	+	+

注:"+"、"-"分别表示该途径有或无

(一) 糖代谢

葡萄糖是成熟红细胞的主要能量物质。血液循环中的红细胞每天大约从血浆摄取30g葡萄糖,成熟红细胞保留的糖代谢通路主要是糖酵解、磷酸戊糖途径以及2,3-二磷酸甘油酸(2,3-diphosphoglycerate,2,3-BPG)支路,通过这些代谢提供能量和还原当量(NADH,NADPH),以及一些重要的代谢物(2,3-BPG)。红细胞所摄取的葡萄糖绝大部分经糖酵解途径和2,3-二磷酸甘油酸支路进行代谢,有5%~10%通过磷酸戊糖途径进行代谢。

1. 糖酵解和2,3-二磷酸甘油酸(2,3-BPG)支路　红细胞中存在催化糖酵解所需要的所有酶和中间代谢物,糖酵解的基本反应和其他组织一样。糖酵解是红细胞获得能量的唯一途径,每mol葡萄糖经酵解生成2mol乳酸的过程中,产生2mol ATP和2mol NADH+H^+。

红细胞内的糖酵解途径还存在旁支循环——2,3-二磷酸甘油酸支路(图14-5)。2,3-二磷酸甘油酸支路的分支点是1,3-二磷酸甘油酸(1,3-BPG)。2,3-二磷酸甘油酸支路仅占糖酵解的15%~50%。2,3-BPG的主要功能是调节血红蛋白的运氧功能。

2. 磷酸戊糖途径　红细胞内磷酸戊糖途径的代谢过程与其他细胞相同,主要功能是产生还原当量NADPH+H^+。

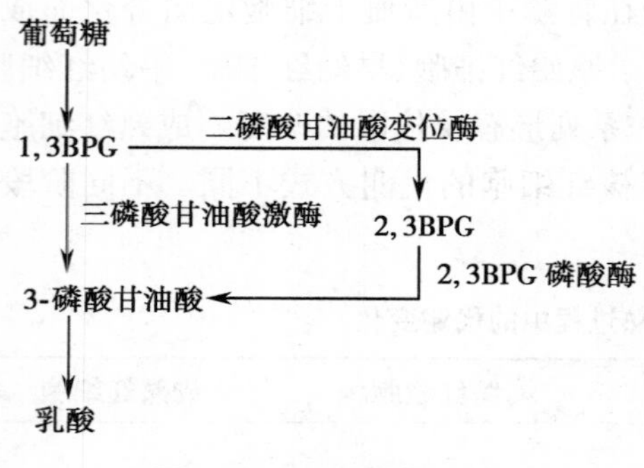

图14-5　2,3-BPG旁路

3. 红细胞内糖代谢的生理意义　红细胞内经糖酵解和2,3-二磷酸甘油酸(2,3-BPG)支路产生的ATP可用于维持红细胞膜上钠泵(Na^+-K^+-ATPase)的运转。钠泵通过消耗ATP,将Na^+泵出、K^+泵入红细胞以维持红细胞的离子平衡、细胞容积和双凹盘状形态。可用于维持红细胞膜上钙泵(Ca^{2+}-ATPase)的运行,将红细胞内的Ca^{2+}泵入血浆以维持红细胞内的低钙状态;可通过ATP供能维持红细胞膜上脂质与血浆脂蛋白中的脂质的交换;还可用于谷胱甘肽、NAD^+的生物合成及葡萄糖的活化生成6-P-葡萄糖以启动糖酵解过程。

经2,3-二磷酸甘油酸(2,3-BPG)支路产生的2,3-BPG是调节血红蛋白(Hb)

运氧功能的重要因素。它可与血红蛋白结合，使血红蛋白分子的T构象更加稳定，从而降低血红蛋白与O_2的亲和力。当血流经过肺部时，由于O_2浓度较高，因而2,3-BPG对O_2的释放影响不大，而当血流流过O_2浓度较低的组织时，红细胞中2,3-BPG的存在可明显增加O_2释放，供组织用氧。

由糖酵解和磷酸戊糖途径产生的$NADH+H^+$和$NADPH+H^+$是红细胞内重要的还原当量，它们具有对抗氧化剂，保护红细胞膜蛋白、血红蛋白和酶蛋白的巯基等不被氧化，从而维持红细胞的正常功能。磷酸戊糖途径是红细胞产生$NADPH+H^+$的唯一途径。红细胞中的$NADPH+H^+$能使细胞内谷胱甘肽还原，以维持细胞内还原型谷胱甘肽的含量，使红细胞免遭氧化剂的氧化。

（二）脂代谢

成熟红细胞已没有合成脂肪酸的能力，但脂类物质的不断更新却是红细胞生存的必要条件。红细胞可通过ATP供能等方式使红细胞膜上脂质与血浆脂蛋白中的脂质进行交换，以保证红细胞膜脂类组成、结构和功能的正常。

（三）血红蛋白的合成与调节

血红蛋白是红细胞中含有的最重要的物质，由珠蛋白和血红素（heme）组成，分子量约64 500，其中珠蛋白占96%，具有运输氧气和二氧化碳的功能。

1. 血红素的生物合成　血红蛋白中的血红素主要在骨髓的幼红细胞和网织红细胞中合成。合成血红素的基本原料是甘氨酸、琥珀酰CoA和Fe^{2+}。体内大多数组织均具有合成血红素的能力，但合成的主要部位是骨髓与肝，成熟红细胞不含线粒体，故不能合成血红素。合成的起始和终末阶段均在线粒体内进行，而中间阶段在胞浆内进行。血红素的生物合成可分为四个步骤：①δ-氨基-γ-酮戊酸（ALA）的合成；②胆色素原的合成；③尿卟啉原与粪卟啉原的合成；④血红素的生成。ALA合酶是血红素合成的限速酶，它受血红素的反馈抑制。在骨髓的幼红细胞及网织红细胞中，血红素生成后从线粒体进入胞液，与珠蛋白结合成为血红蛋白。

2. 珠蛋白的合成　珠蛋白的生物合成机制与一般蛋白质的合成机制相同，在核糖体上合成，需起始因子的参与。发育中的红细胞合成珠蛋白的速率很高，珠蛋白的合成受血红素的调控。血红素的氧化产物高铁血红素能促进珠蛋白的合成，

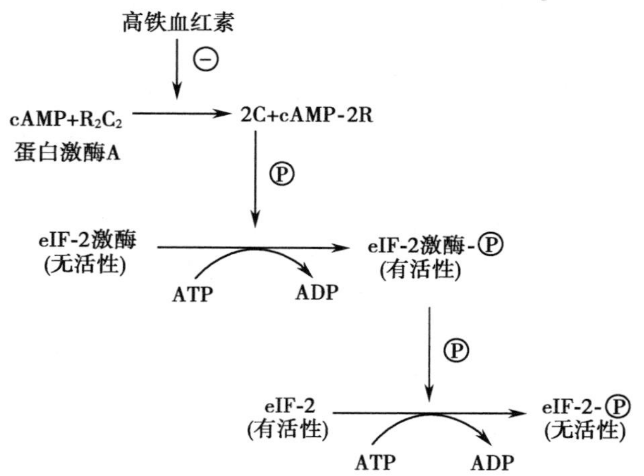

图14-6　高铁血红素对起始因子2的调节

其机制见图 14-6。cAMP 激活蛋白激酶 A 后,蛋白激酶 A 能使无活性的 eIF-2 激酶磷酸化。磷酸化的 eIF-2 激酶再磷酸化 eIF-2 而使之失活,eIF-2 失活后蛋白质合成受到抑制。而高铁血红素有抑制 cAMP 激活蛋白激酶 A 的作用,使 eIF-2 处于去磷酸化的活性状态,能促进珠蛋白的合成。

二、白细胞的代谢

白细胞无色,呈球形,直径在 7~20μm 之间。是机体防御系统的一个重要组成部分。它通过吞噬和产生抗体等方式来抵御和消灭入侵的病原微生物。人体的白细胞由粒细胞、淋巴细胞和单核-吞噬细胞三大系统组成。正常人每立方毫米的血液中含白细胞 5000~10 000 个。各种白细胞的百分比为:粒细胞 50%~75%,淋巴细胞 20%~40%,单核细胞为 1%~7%。白细胞的代谢与白细胞的功能密切相关。

(一) 糖代谢

同红细胞一样,糖酵解是白细胞的主要供能途径。在中性粒细胞中,约有 10% 的葡萄糖通过磷酸戊糖途径进行代谢,产生大量的 $NADPH+H^+$。$NADPH+H^+$ 经氧化酶递电子体系使 O_2 被还原,产生大量的超氧阴离子(O_2^-)。超氧阴离子再进一步转变成 H_2O_2,OH·等自由基,起杀菌作用。

(二) 脂代谢

中性粒细胞不能从头合成脂肪酸。单核-吞噬细胞受多种刺激因子激活后,可将花生四烯酸转变成血栓烷和前列腺素。在脂氧化酶的作用下,粒细胞和单核-吞噬细胞可将花生四烯酸转变成白三烯,它是速发型过敏反应中产生的慢反应物质。

(三) 氨基酸和蛋白质代谢

粒细胞中,氨基酸的浓度较高,尤其含有较高的组氨酸代谢产物——组胺,组胺释放参与变态反应。由于成熟粒细胞缺乏内质网,故蛋白质合成量很少。而单核-吞噬细胞的蛋白质代谢很活跃,能合成多种酶、补体和各种细胞因子。

(李蓉晖　方定志)

第十五章

肝胆生物化学

肝脏是人体内最大的实质性器官，重约1～1.5kg，占体重的2.5%。在人体生命活动中肝脏几乎参与了体内各类物质的代谢，如糖、脂、蛋白质、维生素、激素的代谢，被誉为人体的物质代谢中枢、最大的“化工厂”。此外肝脏还与生物转化、胆汁酸和胆色素代谢密切相关。

肝脏具有的繁多生理功能与其特殊的化学组成和形态结构密切相关。①肝具有肝动脉和门静脉双重血液供应，使肝细胞既可以从肝动脉获得充足的氧以保证其各种生物化学反应的正常进行，又可以从门静脉获得大量消化吸收的营养物质，为其进行各种代谢创造良好的物质条件。②肝具有丰富血窦、细胞膜通透性大等优势，血液在肝内流速缓慢，细胞与血液接触面积大、时间长，利于进行充分的物质交换。③肝细胞内有大量线粒体、内质网、微粒体及溶酶体等亚细胞结构，与肝活跃的生物氧化、蛋白质合成、生物转化等多种生理功能相适应。肝组织内酶的种类有数百种，有些酶是肝细胞特有或其他组织含量极少的，如合成酮体和尿素的酶系几乎仅存在于肝，这一切是肝进行各类物质代谢的结构和物质基础。④肝具有两条输出通路：肝静脉和胆道系统。肝静脉与体循环相连，可将肝内的代谢产物运输到其他组织利用或排出体外；肝通过胆道系统与肠道沟通，可将肝分泌的胆汁酸等排入肠道，同时排出一些代谢产物或毒物。胆囊对肝分泌的胆汁起着贮存和浓缩作用，肝胆病变会相互影响。

肝对维持正常人体生命活动具有重要作用，当其发生疾患，人体内的物质代谢会出现异常，多种生理功能都将受到严重影响，重者可危及生命。本章重点介绍肝在生物转化、胆汁酸和胆色素代谢三方面的作用，并对其在糖、脂、蛋白质、维生素、激素代谢方面的作用进行简要的概述。

第一节　肝在物质代谢中的作用

一、肝在糖代谢中的作用

肝在糖代谢中的主要作用是维持血糖恒定，是调节机体血糖浓度恒定的主要器官。肝维持血糖恒定主要从肝糖原合成、肝糖原分解、糖异生以及将葡萄糖转变成脂肪四方面进行调节。饱食时血糖浓度有升高趋势，肝通过合成糖原（肝糖原可达75～100g，约占肝重的5%）储备葡萄糖；同时可将过多的糖转变为脂肪以储存能源。相反空腹时血糖浓度趋于降低,此时肝糖原分解增强,可在肝特有的葡萄糖-6-磷酸酶作用下分解为葡萄糖补充血糖。饥饿十几小时后肝糖原几乎耗尽,此时肝通过糖异生作用把甘油、乳酸、氨基酸等非糖物质转变成葡萄糖,维持血糖的正常水平。肝还能将果糖、半乳糖等转化为葡萄糖,补充血糖。肝细胞严重损伤时肝对血糖的调节能力下降,肝糖原贮存减少、糖异生作用障碍等,空腹时易发生低血糖,进食后又易出现高血糖。临床上通过糖耐量试验(主要是半乳糖耐量试验)和血乳酸含量测定可以观察肝脏糖原生成与糖异生是否正常。

细胞中的糖能够:①通过磷酸戊糖途径生成磷酸核糖,用于合成核酸,同时还为脂肪酸、胆固醇合成提供氢源 NADPH;②加强糖原合成,减少糖异生,避免过多消耗氨基酸,保证合成蛋白质或其他含氮生理活性物质;③通过糖醛酸途径生成UDP-葡萄糖醛酸,参与肝生物转化作用处理非营养物质。

肝储存糖原量有限,当大量葡萄糖进入肝,可转化成脂肪或胆固醇,并与磷脂和各种载脂蛋白一起主要合成 VLDL。肝是人体内糖转变成脂肪的主要场所,其合成的脂肪不贮存在肝内,而主要是以 VLDL 形式输送到全身其他组织利用或贮存。

二、肝在脂类代谢中的作用

肝在脂类的消化、吸收、分解、合成及运输等代谢方面均起着重要作用。

肝分泌的胆汁酸盐可将食物中的脂类乳化,增加脂类与各种脂酶的接触面积,有利于脂类消化吸收。肝胆疾病时由于脂类消化吸收障碍,会出现厌油腻食物、脂肪泻等症状。

肝是脂肪酸、脂肪、胆固醇、磷脂等脂类和血浆脂蛋白合成的主要场所。人体的脂肪酸和脂肪主要在肝细胞合成,其合成能力是脂肪组织的 9～10 倍。肝合成的脂肪主要通过 VLDL 运输到全身供其他组织利用,当其合成数量增加可致脂肪肝。肝也是人体合成胆固醇能力最强的器官,其合成的胆固醇占全身合成总量的80%以上,血浆胆固醇的主要来源也是肝。肝合成的胆固醇主要以 LDL 形式在血液中运输。肝将胆固醇转变成胆汁酸盐是体内胆固醇分解代谢的主要途径。此外肝还合成分泌卵磷脂-胆固醇酰基转移酶(LCAT),催化游离胆固醇酯化成胆固醇酯。肝严重损伤时胆固醇合成减少,血浆胆固醇酯降低更早、更明显。肝也是合成磷脂的重要器官,各种磷脂都能够在肝细胞内质网合成,主要在肝内与其他脂类和载脂蛋白一起形成 VLDL、HDL 等脂蛋白,运输至全身各组织。肝内磷脂的合成与甘油三酯的合成与转运密切相关,当肝功能受损,磷脂合成障碍,导致 VLDL 合成障碍,使肝内脂肪不能正常转运出肝,可形成脂肪肝。

肝细胞内活跃的脂肪酸 β-氧化使脂肪酸氧化分解主要在肝细胞内进行,可提供肝组织需要的较多能量。肝是人体生成酮体的主要场所,在空腹或饥饿状态下人体肝从血液摄取的大量游离脂肪酸一部分用于合成酮体,经血液运输到脑、心、肾、骨骼肌等组织,提供了水溶性的良好能源。

三、肝在蛋白质代谢中的作用

肝内蛋白质更新速度较快,半寿期为 10 天左右(肌肉蛋白质 180 天)。肝合成的蛋白质占机体合成蛋白质总量的 15%。肝除了合成自身所需要的蛋白质外，还合成、分泌90%以上的血浆蛋白质，如血浆中所有清蛋白、凝血因子、纤维蛋白原、各种载脂蛋白（Apo A、Apo B、Apo C、Apo E）、部分球蛋白（除γ-球蛋白外）等。成人每日合成清蛋白约12g，占肝脏合成蛋白质总量的1/4。血浆清蛋白含量多，分子量小，是维持血浆胶体渗透压的主要成分。严重肝功能损害时由于血浆胶体渗透压不能维持正常，患者常出现水肿，清蛋白与球蛋白比值（A/G）下降，甚至倒置，是肝病的辅助诊断指标之一。肝功能障碍时凝血酶原等合成降低，凝血功能会障碍，患者易发生出血。肝癌细胞甲胎蛋白（α-fetoprotein）基因失去阻遏，血浆中甲胎蛋白含量会增高，因此检测血浆甲胎蛋白对诊断肝癌有一定参考价值。

肝在血浆蛋白分解代谢中也起着重要作用。肝内分解氨基酸的酶含量丰富，体内除支链氨基酸主要在肌肉分解外，其余大部分氨基酸，特别是芳香族氨基酸主要在肝分解，严重肝病时血浆支链氨基酸与芳香族氨基酸的比值会下降。在蛋白质分解代谢中肝重要的功能是将氨基酸代谢产生的有毒的氨通过肝鸟氨酸循环特殊酶系合成尿素以解毒。鸟氨酸循环不仅解除了氨的毒性，而且由于合成尿素消耗了呼吸性H^+和CO_2，在维持机体酸碱平衡中有重要作用。当肝功能严重受损时尿素合成障碍，血氨过高可发生肝性脑病。

肝是胺类物质解毒的重要器官，肠道细菌腐败作用产生的芳香胺类等有毒物质吸收入血后主要在肝细胞内进行生物转化，减低毒性。当肝功能不全或门静脉侧支循环形成时，这些芳香胺可进入神经组织，β-羟化生成假神经递质苯乙醇胺和β-羟酪胺，抑制脑细胞功能，与肝性脑病的发生相关。

四、肝在维生素代谢中的作用

肝在维生素的吸收、贮存、转化等方面都具有重要的作用。

肝分泌的胆汁酸盐能促进脂类的消化，同时有助于脂溶性维生素的吸收，肝胆疾病将伴脂溶性维生素吸收障碍。

肝是体内贮存少量维生素A、K、B_2、PP、B_6、B_{12}等的主要场所，其中维生素A占体内总含量的95%，因此用动物肝治疗维生素A缺乏病夜盲症有较好疗效。

肝还直接参与多种维生素的转化，例如将β-胡萝卜素（维生素A原）转变为维生素A_1，有利于暗视觉的产生；维生素D_3转变为25-羟维生素D_3，以便于形成有活性的1,25-二羟维生素D_3，参与体内钙磷代谢；将维生素B_2转变成FMN、FAD，维生素PP转变成NAD^+、$NADP^+$，泛酸合成辅酶A，维生素B_6合成磷酸吡哆醛，以及将维生素B_1合成TPP等，对机体内的物质代谢起着重要作用。严重肝病变会影响维生素K的利用，易出现出血倾向。

五、肝在激素代谢中的作用

肝在激素代谢中的主要作用是参与激素的灭活和排泄。激素在发挥调节作用后降解或失去活性的过程称为激素的灭活（inactivation）。许多激素主要在肝内被分解转化、降解或失去活性。如雌激素、醛固酮可在肝内与葡萄糖醛酸或硫酸等结合而灭活；抗利尿激素可在肝内水解灭活。如果肝功能受损害，肝对这些激素的灭活能力下降，使其体内水平升高，可出现男性乳房发育、肝掌、蜘蛛痣，以及水钠潴留等症状。多种蛋白类、多肽类激素也主要在肝内灭活，如胰岛素分子中二硫键断裂形成 A、B 链，再经胰岛素酶水解，严重肝病时灭活作用减弱，可致血胰岛素含量增高。

第二节　肝的生物转化作用

一、生物转化的概念

机体将一些非营养物质进行化学转变，增加其极性或水溶性，使其容易排出体外的过程称为生物转化(biotransformation)。肝细胞微粒体、胞液、线粒体等亚细胞部位均存在丰富的生物转化酶类，能有效处理进入体内的非营养物质，是生物转化的重要器官。人体内肝组织的生物转化能力最强，此外肾、胃、肠、肺、皮肤及胎盘等组织也具有一定能力的生物转化作用。

在日常生活中进入体内的非营养性物质有许多，根据其来源分为内源性和外源性两类。内源性非营养物质包括激素、神经递质等体内生理活性物质和氨、胆红素等代谢废物。外源性非营养物质主要是食入体内的药物、一些食品添加剂(色素、防腐剂等)、毒物等。这些非营养物质既不是组织细胞的原料，也不能氧化供能，机体仅将它们排出体外。有些非营养物质水溶性差，难以排泄，需要先进行生物转化作用增加其水溶性，使之容易随尿液或胆汁排出，同时生物转化作用也会改变其毒性或生理活性。

生物转化的生理意义在于有利于机体处理非营养物质，使其生物学活性降低或丧失，增加它们的溶解度，使之容易排出体外。通过生物转化作用使非营养物质对机体不造成影响，无疑起着明显的保护作用，是生命体适应环境、赖以生存的有效措施，具有重要的生理意义。一般情况下非营养物质经生物转化后其生物学活性或毒性均降低，甚至消失，所以曾将生物转化作用称为生理解毒(physiological detoxification)。但是有些物质在生物转化的过程中，或者生物转化后毒性反而增强，所以不能将生物转化作用一概称为“解毒作用”。

二、生物转化的主要反应类型

生物转化反应非常复杂，包括多种化学反应类型。肝内的生物转化反应主要分二相四种：即氧化反应、还原反应、水解反应和结合反应四种；第一相反应及第二相反应二相。第一相反应包括氧化、还原、水解等反应。一些非营养物质经过第一相反应后就能排出体外，但有一些非营养物质经第一相反应后水溶性仍然较差，还需要进一步进行结合反应，增加其溶解度才能排出体外。生物转化的第二相反应包括各种结合反应。通过第一相、第二相反应共同作用，体内各种非营养物质最终都能较好地排出体外。

(一) 第一相反应——氧化、还原、水解反应

大多数药物、毒物等非营养物质进入肝细胞后经过第一相反应可将其非极性基团转化为极性基团，生物学活性也因此而改变。

1. 氧化反应(oxidation)　第一相反应中最主要的反应类型是氧化反应，肝细

胞线粒体、微粒体及胞液中均含有丰富的参与氧化反应的各种氧化酶系。

（1）加单氧酶系：加单氧酶系(monooxygenase)在生物转化的氧化反应中占有重要的地位，所催化的总反应式如下：

$$RH+O_2+NADPH+H^+ \longrightarrow ROH+NADP^++H_2O$$

该酶系需要细胞色素 P_{450} 和 NADPH，反应能直接激活分子氧，使一个氧原子加到反应物分子上，故称加单氧酶系。由于在反应中氧分子的一个氧原子加入反应物分子生成羟基类化合物，另一个氧原子使 NADPH 氧化生成水，故又称混合功能氧化酶(mixed function oxidase)或羟化酶。此酶系存在于肝细胞微粒体，故又称为微粒体加单氧酶系。加单氧酶系的特异性较差，可催化多种化合物进行不同类型的氧化反应。

加单氧酶系的生理意义主要是参与药物和毒物的生物转化，羟化反应后加强药物或毒物的水溶性，利于排出体外。体内维生素 D_3 羟化为具有生物活性的25-羟维生素 D_3、胆汁酸羟化都是由该酶系催化完成。苯巴比妥类药物可诱导加单氧酶系的合成，长期服用对异戊巴比妥、氨基比林等多种药物的转化及耐受能力亦同时增强。

（2）单胺氧化酶系：肝细胞线粒体存在各种单胺氧化酶，可催化胺类物质氧化脱氨生成相应的醛类物质：

$$RCH_2NH_2+O_2+H_2O \longrightarrow RCHO+NH_3+H_2O_2$$

肠道腐败作用产生的组胺、酪胺、尸胺、腐胺等胺类物质都可以经此转化而排出，如酪胺可转化成对羟基苯乙醛。

（3）脱氢酶系：肝细胞液含有以 NAD^+ 为辅酶的醇脱氢酶、醛脱氢酶，可分别催化细胞内醇或醛脱氢氧化成相应的醛或酸，最终分解成 CO_2、H_2O。人体内乙醇90%～98%被直接运送到肝通过醇脱氢酶氧化成乙醛，再进一步氧化为醋酸。

$$\underset{\text{乙醇}}{CH_3CH_2OH} \xrightarrow{\text{醇脱氢酶}} \underset{\text{乙醛}}{CH_3CHO} \xrightarrow{\text{醛脱氢酶}} \underset{\text{醋酸}}{CH_3COOH} \xrightarrow{\text{氧化脱羧}} CO_2+H_2O$$

肝内存在多种氧化乙醇的酶，主要是醇脱氢酶(alcohol dehydrogenase，ADH)和醛脱氢酶(aldehyde dehydrogenase，ALDH)。人肝细胞醇脱氢酶分子量40kD，是含锌结合蛋白，由两个亚基组成。人体内参与乙醇代谢的醇脱氢酶主要有ADH-Ⅰ、ADH-Ⅱ、ADH-Ⅲ 3种。ADH-Ⅰ对醇具有很高亲和力(Km 0.1～1.0mmol/L)；ADH-Ⅱ的Km较高(～34mmol/L)，在乙醇浓度很高时才发挥作用(低乙醇浓度时其活性只有ADH-Ⅰ的10%)；ADH-Ⅲ的Km更大(>1mol/L)，对乙醇的亲和力更小。长期饮用乙醇可使肝内质网增殖，大量饮酒或慢性乙醇中毒可启动微粒体乙醇氧化系统(microsomal ethanol oxidizing system，MEOS)，其活性可增加50%～100%，可代谢乙醇总量的50%。MEOS是乙醇-P_{450}加单氧酶，产物是乙醛，只在血中乙醇浓度很高时起作用。MEOS使乙醇不能氧化利用(产生ATP)，同时还增加肝对氧和NADPH的消耗，催化脂质过氧化产生羟乙基自由基。羟乙基自由基可进一步促进脂质过氧化，产生肝损害。

人体肝 ALDH 活性最高，有 3 种同工酶：ALDH 基因正常纯合子型、无活性纯合子型、两者的杂合子型。东方人三者的比例是 45∶10∶45。无活性纯合子完全缺乏 ALDH 活性；杂合子型酶活性部分缺乏。当少量（0.1g/kg 体重）乙醇饮入，无活性纯合子人血中乙醛浓度明显升高（杂合子不明显）；当饮入中等量乙醇（0.8g/kg 体重）时，无活性纯合子人、杂合子型人血中乙醛浓度都明显升高（纯合子不明显）。东方人群 30% ~40% 的人 ALDH 基因有变异，部分 ALDH 活性低下，可出现饮酒后乙醛在体内蓄积，引起血管扩张、面部潮红、心动过速、脉搏加快等反应。乙醛对人有毒，人缺乏 ALDH 将引起肝损害。

2. 还原反应（reduction） 肝细胞微粒体存在着由 NADPH 及还原型细胞色素 P_{450} 供氢的还原酶类，主要有硝基还原酶类和偶氮还原酶类，硝基还原酶催化硝基苯多次加氢还原成苯胺，偶氮还原酶催化偶氮苯还原生成苯胺：

硝基苯⟶亚硝基苯⟶羟氨基苯⟶苯胺

偶氮苯⟶二氢偶氮苯⟶苯胺

氯霉素、硝基苯、偶氮苯、海洛因等少数物质能进行还原反应。三氯乙醛也能在肝还原成三氯乙醇，从而失去催眠作用。

3. 水解反应（hydrolysis） 肝细胞微粒体和胞液含有多种水解酶，如酯酶、酰胺酶及糖苷酶等，可分别催化各种脂类、酰胺类及糖苷类化合物分子中酯键、酰胺键及糖苷键水解，如阿司匹林、普鲁卡因、利多卡因等药物及简单的脂肪族酯类化合物的水解。这些物质水解后活性减弱或丧失，但一般需要其他生物转化反应进一步转化后才能排出体外。

阿司匹林⟶水杨酸+醋酸

（二）第二相反应——结合反应

结合反应（conjugation）可在肝细胞的微粒体、胞液和线粒体内进行，是体内最重要、最普遍的生物转化方式，凡含有羟基、羧基或氨基的化合物，或在体内可被氧化成含有羟基、羧基等功能基团的非营养物质均可进行结合反应。非营养物质在肝内与某种极性较强的物质结合，水溶性增强，同时又掩盖了作用物上原有的功能基团，一般具有解毒功能，且容易排出体外。某些非营养物质可直接进行结合反应，有些则需要先经氧化、还原、水解生物转化第一相反应后再进行结合反应。根据参加反应的结合剂不同可将结合反应分为多种类型。

1. 葡萄糖醛酸结合反应 非营养物质与葡萄糖醛酸结合是生物转化最重要、最普遍的结合方式。葡萄糖醛酸由糖醛酸循环产生，反应中葡萄糖醛酸的活性供体为尿苷二磷酸葡萄糖醛酸（UDPGA）。在肝细胞微粒体 UDP-葡萄糖醛酸转移酶（UDP-glucuronyl transferase，UGT）催化下，葡萄糖醛酸基能转移到醇、酚、胺、羧酸类化合物的羟基、氨基及羧基上形成相应的葡萄糖醛酸苷。胆红素、类固醇激素、吗啡、苯巴比妥类药物等均可在肝与葡萄糖醛酸结合进行转化，临床用葡醛内酯等葡萄糖醛酸类制剂治疗肝病的原理就是通过增强肝生物转化功能，排泄非营养物质。

$$\text{酚}+\text{UDPGA}\xrightarrow{\text{UGT}}\text{苯}\,\beta\,\text{葡萄糖醛酸苷}+\text{UDP}$$

$$\text{苯甲酸}+\text{UDPGA}\xrightarrow{\text{UGT}}\text{苯甲酰}\,\beta\,\text{葡萄糖醛酸苷}+\text{UDP}$$

2. 硫酸结合反应　肝细胞液有硫酸转移酶，能催化将活性硫酸供体3′-磷酸腺苷5′-磷酸硫酸(PAPS)中的硫酸根转移到类固醇、醇、酚，或芳香胺等类非营养物质的羟基上生成硫酸酯，使它们的水溶性增强，容易排出体外，例如雌酮在肝内与硫酸结合而灭活。

$$\text{雌酮}+\text{PAPS}\xrightarrow{\text{硫酸转移酶}}\text{硫酸雌酮}+\text{PAP}$$

3. 谷胱甘肽结合反应　许多物质能够与谷胱甘肽结合进行生物转化反应，例如一些致癌物、抗癌药物、环境污染物及有些内源性活性物质的转化。谷胱甘肽结合反应是细胞自我保护的重要反应，由谷胱甘肽S-转移酶(glutathione S-transferase，GST)催化完成。

$$\text{黄曲霉素 }B_1+\text{谷胱甘肽}\xrightarrow{\text{GST}}\text{谷胱甘肽结合产物}$$

体内许多内源性反应物受活性氧修饰过，GST具有抗氧化作用。GST还可作为结合蛋白结合一些非极性化合物，如作为肝细胞内的转运蛋白与胆红素结合，可降低其肝内浓度，防止毒性作用。

4. 乙酰基结合反应　此结合反应是在肝细胞乙酰基转移酶催化下使苯胺等芳香胺类化合物结合乙酰基生成相应的乙酰化衍生物。乙酰基的供体是乙酰CoA。磺胺类药物、异烟肼(抗结核药)均可经乙酰化反应失去药物作用。

$$\text{异烟肼}+\text{乙酰辅酶 A}\longrightarrow\text{乙酰异烟肼}+\text{辅酶 A}$$

5. 甘氨酸结合反应　某些药物、毒物的羧基可与辅酶A结合形成酰基辅酶A，再在N-酰基转移酶催化下与甘氨酸结合生成相应的结合产物，如马尿酸的生成：

$$\text{苯甲酸}+\text{辅酶 A}+\text{ATP}\longrightarrow\text{苯甲酰辅酶 A}+\text{ADP}+\text{Pi}$$

$$\text{苯甲酰辅酶 A}+\text{甘氨酸}\longrightarrow\text{马尿酸}+\text{辅酶 A}$$

6. 甲基结合反应　肝细胞液及微粒体具有多种转甲基酶，可使含有羟基、巯基或氨基的化合物甲基化，增强水溶性，例如烟酰胺(维生素PP)甲基化生成N-甲基烟酰胺。甲基化反应的甲基供体是S-腺苷蛋氨酸(SAM)。

$$\text{烟酰胺}+\text{SAM}\longrightarrow\text{N-甲基烟酰胺}+\text{S-腺苷同型半胱氨酸}$$

肝细胞参与生物转化的酶类归纳总结于表15-1。

表15-1　肝参与生物转化的酶类及其亚细胞分布

酶　类	亚细胞部位	辅酶或结合物
第一相反应		
氧化酶类		
细胞色素 P_{450}	内质网	NADPH、O_2
胺氧化酶	线粒体	黄素辅酶
脱氢酶类	线粒体或胞液	NAD

续表

酶　类	亚细胞部位	辅酶或结合物
还原酶类	内质网	NADH 或 NADPH
水解酶类	胞液或内质网	
第二相反应		
转葡糖醛酸酶	内质网	UDPGA
转硫酸酶	细胞液	PAPS
谷胱甘肽转移酶	胞液与内质网	GSH
乙酰转移酶	细胞液	乙酰辅酶 A
酰基转移酶	线粒体	甘氨酸
甲基转移酶	胞液与线粒体	S-腺苷甲硫氨酸

体内生物转化反应有以下特点：

1. 连续性　一种物质往往需要几种生物转化反应连续进行才能达到生物转化的目的，如阿司匹林往往先水解成水杨酸后再经结合反应才能排出体外。

2. 多样性　同一种或同一类物质可以进行多种生物转化反应，如阿司匹林可以经过水解反应生成水杨酸，又可与葡萄糖醛酸或甘氨酸发生结合反应。

3. 解毒和致毒性　一般情况下非营养物质经生物转化后其生物活性或毒性均降低，甚至消失，所以曾将此作用称为生理解毒。但少数物质经转化后毒性反而增强，或由无毒转化成有毒、有害，例如香烟中苯并芘在体外无致癌作用，进入人体后经生物转化成 7，8-二羟-9，10-环氧-7，8，9，10-四氢苯并芘后可与 DNA 结合，诱发 DNA 突变而致癌，因此不能简单地认为生物转化作用就是解毒。

许多致癌物质在体内存在多种转化方式，有些通过转化（活化）才显示出致癌作用，有的则解毒，例如黄曲霉素 B_1 的生物转化作用。

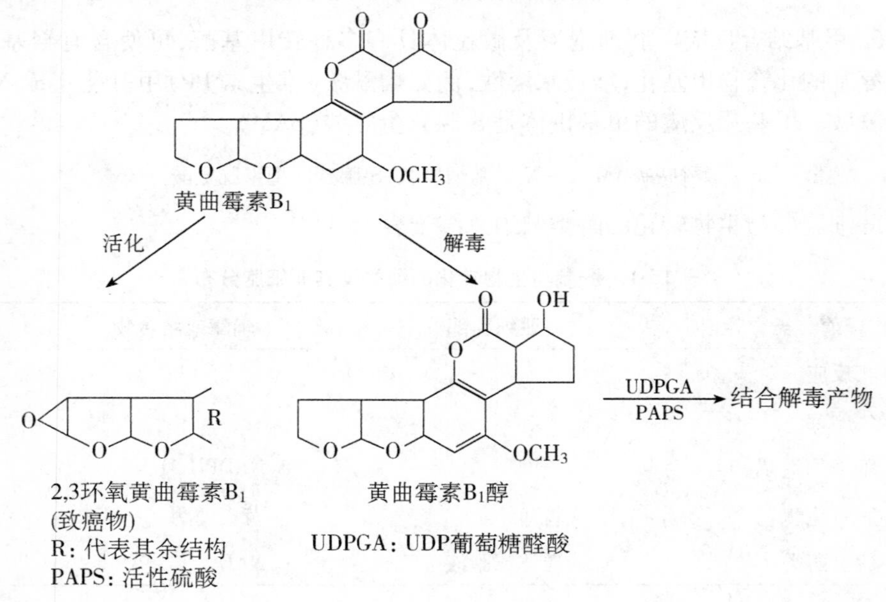

肝的生物转化作用范围很广，很多有毒物质进入人体后可迅速集中在肝内进行解毒。当肝内毒物聚集过多也容易使肝本身中毒，因此对肝病患者要限制服用主要在肝内解毒的药物以免中毒。

三、影响生物转化作用的主要因素

生物转化作用受年龄、性别、营养状况、疾病、药物、遗传因素、食物等体内外诸多因素的影响和调节。

1. 年龄对生物转化作用的影响　年龄对生物转化作用的影响很明显。新生儿因肝生物转化酶系发育不全，对药物及毒物的转化能力弱，容易发生药物及毒素中毒。老年人因肝血流量和肾的廓清速率下降，使血浆药物的清除率降低，药物在体内的半寿期延长，常规剂量用药后可发生药物作用蓄积，药效强，副作用较大，例如对氨基比林、保泰松等药物的转化能力降低。所以临床上对新生儿及老年人的药物用量较成人少，很多药物使用时都要求儿童和老人慎用或禁用。

2. 药物对生物转化作用的影响　许多药物或毒物可诱导参与生物转化酶的合成，使肝的生物转化能力增强，称为药物代谢酶的诱导。例如长期服用苯巴比妥可诱导肝微粒体加单氧酶系的合成，使机体对苯巴比妥类催眠药的转化能力增强，产生耐药性。临床治疗中可利用诱导作用增强对某些药物的代谢，达到解毒的效果，如用苯巴比妥减低地高辛中毒。苯巴比妥还可诱导肝微粒体 UDP-葡萄糖醛酸转移酶的合成，临床上用其增加机体对游离胆红素的结合反应，治疗新生儿黄疸。由于多种物质在体内转化常由同一酶系催化，当同时服用多种药物时可出现竞争同一酶系，使各种药物生物转化作用相互抑制。例如保泰松可抑制双香豆素类药物的代谢，当两者同时服用时保泰松可使双香豆素的抗凝作用加强，易发生出血现象，所以同时服用多种药物时应注意。

3. 疾病对生物转化作用的影响　肝是生物转化的主要器官，肝病变时微粒体加单氧酶系和 UDP-葡萄糖醛酸转移酶活性显著降低，再加上肝血流量减少，患者对许多药物及毒物的摄取、转化作用都明显减弱，容易发生积蓄中毒，故对肝病患者用药要特别慎重。例如严重肝病时微粒体加单氧酶系活性可降低 50%。

4. 性别对生物转化作用的影响　某些生物转化反应有明显的性别差异，例如女性体内醇脱氢酶活性高于男性，女性对乙醇的代谢处理能力比男性强。氨基比林在女性体内半衰期是 10.3 小时，而男性则需要 13.4 小时，说明女性对氨基比林的转化能力比男性强。妊娠期妇女肝清除抗癫痫药的能力升高，但晚期妊娠的妇女体内许多生物转化酶活性都下降，故生物转化能力普遍降低。

5. 食物对生物转化作用的影响　不同食物对生物转化酶活性的影响不同，有的可以诱导酶合成增加，有的能抑制酶活性。例如烧烤食物、萝卜等含有微粒体加单氧酶系诱导物；食物中黄酮类成分可抑制加单氧酶系活性；葡萄柚汁可抑制细胞色素 P_{450}3A4 的活性，通过避免黄曲霉素 B_1 激活起抗肿瘤作用。

6. 营养状态对生物转化作用的影响　摄入蛋白质可以增加肝的重量和肝细胞酶整体的活性，提高肝生物转化的效率。饥饿数天(7 天)肝谷胱甘肽 S-转移酶(GST)作用受到明显的影响，其参加的生物转化反应水平降低。大量饮酒，因乙醇氧化为乙醛、醋酸，再进一步氧化成乙酰辅酶 A，产生 NADH，可使细胞内 NAD/

NADH 比值降低,从而减少 UDP-葡萄糖转变成 UDP-葡萄糖醛酸,影响肝内葡萄糖醛酸结合反应。

第三节 胆汁与胆汁酸的代谢

一、胆 汁

胆汁(bile)是肝细胞分泌的有色液体,经肝胆道系统流出贮存于胆囊,再经胆总管排泄至十二指肠参与食物消化和吸收。正常成人每天分泌胆汁 300～700ml。肝细胞刚分泌出的胆汁呈金黄色、清澈透明、有黏性和苦味,称为肝胆汁(hepatic bile)。在胆囊中肝胆汁部分水和其他成分被吸收,并掺入黏液,胆汁的密度增大,颜色加深为棕绿色或暗褐色,浓缩成为胆囊胆汁(gallbladder bile)。

胆汁的组成成分除水外,固体成分主要为胆汁酸盐,约占 50%。此外还有胆固醇、胆色素等代谢产物和药物、毒物、重金属盐等排泄成分。肝细胞分泌的胆汁具有双重功能:①作为消化液促进脂类消化和吸收;②作为排泄液能将胆红素等代谢产物排入肠腔,随粪便排出体外。

二、胆汁酸代谢

(一) 胆汁酸分类

胆汁酸是肝细胞以胆固醇为原料转变生成的 24 碳类固醇化合物,是胆固醇在体内的主要代谢产物。正常人胆汁中胆汁酸(bile acid)按结构分为游离型胆汁酸(free bile acid)和结合型胆汁酸(conjugated bile acid)两大类。游离胆汁酸包括胆酸(cholic acid)、鹅脱氧胆酸(chenodeoxycholic acid)、脱氧胆酸(deoxycholic acid)和少量石胆酸(lithocholic acid)4 种。上述游离胆汁酸的 24 位羧基分别与甘氨酸或牛磺酸结合就生成各种结合型胆汁酸,主要有甘氨胆酸、牛磺胆酸、甘氨鹅脱氧胆酸及牛磺鹅脱氧胆酸等。结合胆汁酸的水溶性较游离胆汁酸大,在有酸或 Ca^{2+} 存在的情况下不容易沉淀,更稳定。胆汁酸根据来源可分为初级胆汁酸(primary bile acid)和次级胆汁酸(secondary bile acid)两大类。由肝细胞直接合成的胆汁酸称为初级胆汁酸,包括胆酸和鹅脱氧胆酸两类和它们的结合型甘氨胆酸、牛磺胆酸、甘氨鹅脱氧胆酸及牛磺鹅脱氧胆酸。初级胆汁酸在肠道被细菌作用,第 7 位 α 羟基脱氧生成的胆汁酸称为次级胆汁酸,包括脱氧胆酸和石胆酸。

胆酸和鹅脱氧胆酸都是胆烷酸衍生物,两者的差别是含羟基数不同,胆酸 3、7、12 位有 3 个 α 羟基,鹅脱氧胆酸 3、7 位有 2 个 α 羟基,所有次级胆汁酸(脱氧胆酸和石胆酸)的 C-7 位均不再有羟基,各种胆汁酸的结构见图 16-1,图 16-2。人胆汁以结合胆汁酸为主,成人胆汁甘氨胆酸与牛磺胆酸的比例为 3∶1,且初级胆汁酸和次级胆汁酸都与钠或钾离子结合形成胆汁酸盐,简称胆盐(bile salt)。

(二) 胆汁酸代谢

1. 初级胆汁酸的生成 肝细胞将胆固醇转变成胆汁酸是体内排泄胆固醇的重要途径。肝细胞微粒体将胆固醇转变为初级胆汁酸(图 15-1)的过程很复杂,需要经过羟化、侧链氧化、异构化、加水等多步酶促反应才能完成:①羟化反应:是胆

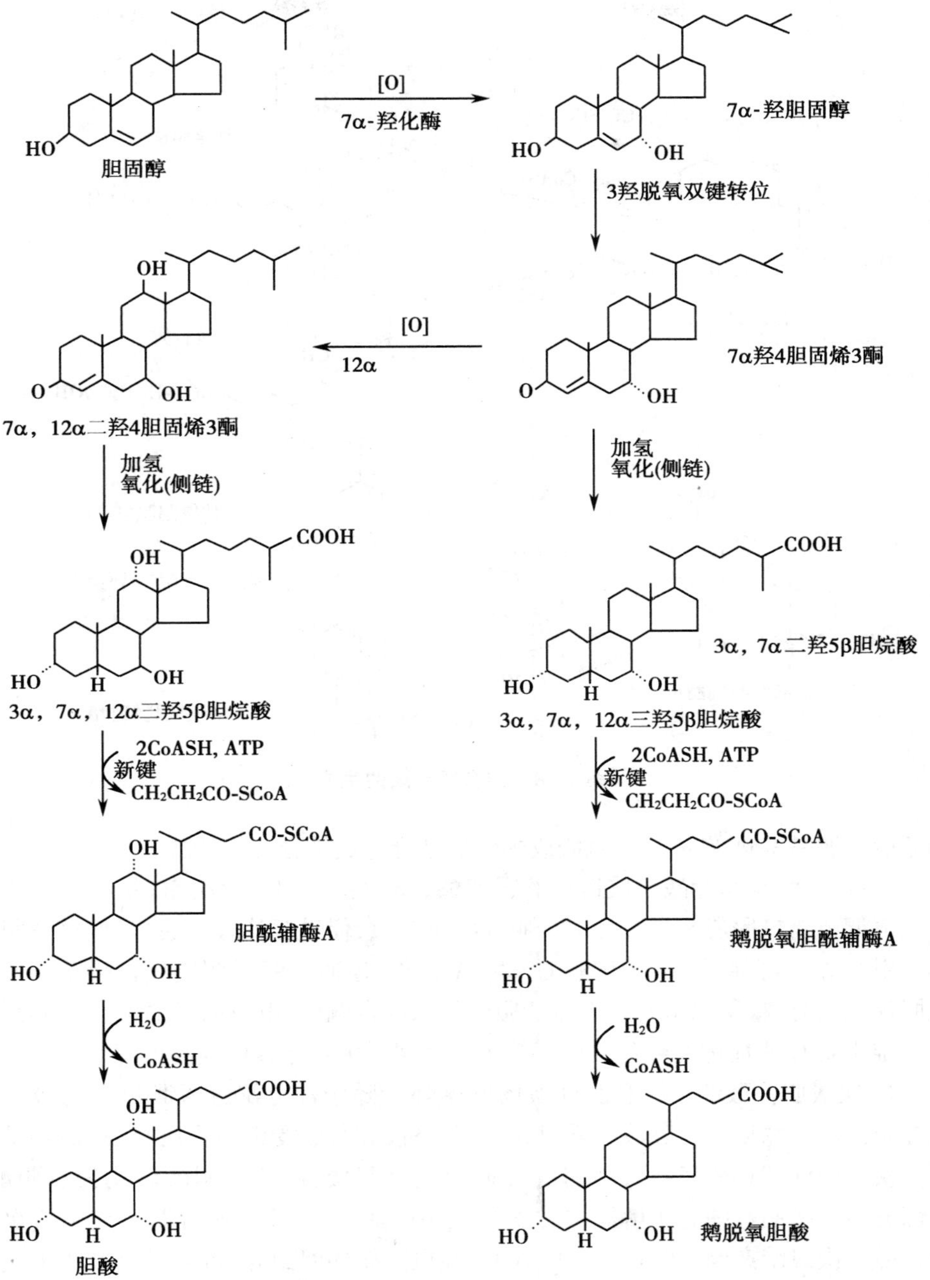

胆固醇
[O]
7α-羟化酶
7α-羟胆固醇
3羟脱氧双键转位
7α羟4胆固烯3酮
[O]
12α
7α，12α二羟4胆固烯3酮
加氢
氧化(侧链)
3α，7α，12α三羟5β胆烷酸
加氢
氧化(侧链)
3α，7α二羟5β胆烷酸
3α，7α，12α三羟5β胆烷酸
2CoASH, ATP
新键
CH_2CH_2CO-SCoA
胆酰辅酶A
鹅脱氧胆酰辅酶A
H_2O
CoASH
胆酸
鹅脱氧胆酸

图 15-1 初级胆汁酸生成的基本步骤

汁酸合成最主要的变化，胆固醇首先在7α-羟化酶催化下转变为7α-羟胆固醇，生成胆酸还需要进行12位羟化；②侧链氧化：由27碳的胆固醇断裂生成含24个碳的胆烷酰CoA和一分子丙酰CoA，反应需要ATP和辅酶A；③异构化：胆固醇的3位β羟基差向异构转变为α羟基；④加水：水解掉辅酶A形成胆酸与鹅脱氧胆酸。

胆固醇首先经过多步酶促反应生成初级游离胆汁酸——胆酸和鹅脱氧胆酸，游离胆汁酸再与甘氨酸或牛磺酸结合形成结合型初级胆汁酸（图15-2）。胆酰CoA

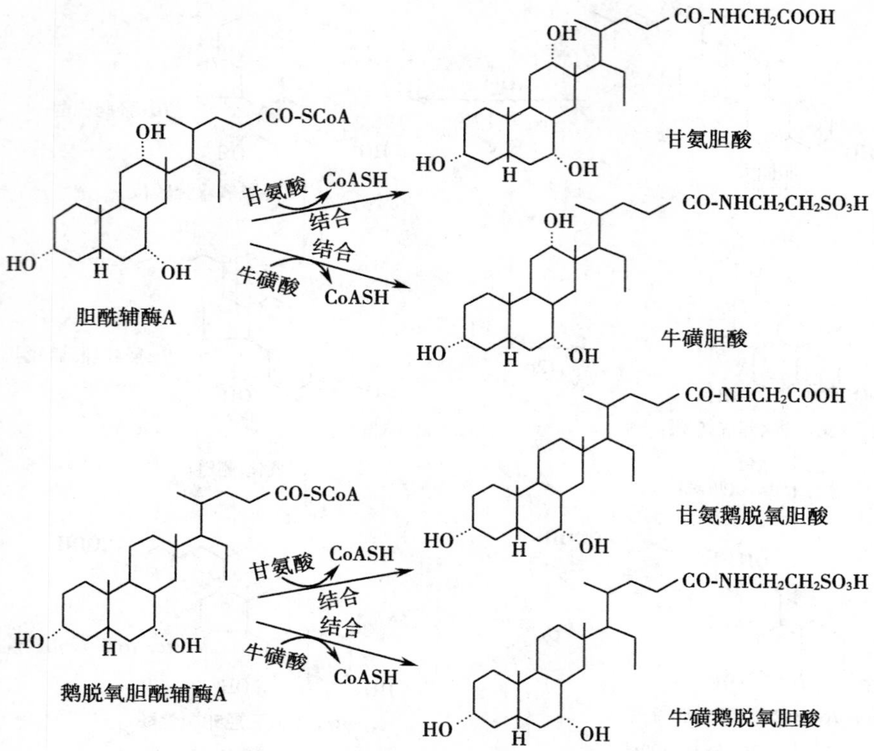

图 15-2　结合胆汁酸的生成

和鹅脱氧胆酰 CoA 也可与甘氨酸或牛磺酸结合生成结合型胆汁酸。

7α-羟化酶是胆汁酸合成途径的限速酶，属微粒体加单氧酶系，受胆汁酸浓度负反馈调节。口服考来烯胺可减少胆汁酸重吸收，促进胆汁酸生成，降低血清胆固醇。甲状腺素可促进 7α-羟化酶的 mRNA 合成，还通过激活侧链氧化酶系加速初级胆汁酸的合成，所以甲亢患者血清胆固醇浓度常偏低，甲减患者血清胆固醇则偏高。维生素 C 能促进此羟化反应。糖皮质激素和生长激素可提高该酶活性。

2. 次级胆汁酸的生成和胆汁酸肠肝循环　随胆汁分泌进入肠道的初级胆汁酸在协助脂类物质消化吸收的同时，在小肠下段和大肠受细菌作用脱去 7α-羟基转变为次级胆汁酸（图 15-3），即胆酸转化为脱氧胆酸，鹅脱氧胆酸转化为石胆酸。一部分结合型胆汁酸先水解脱去甘氨酸或牛磺酸，再经 7-α 脱羟基反应生成次级胆汁酸。次级游离胆汁酸可重吸收入血，经血液循环回到肝，再与甘氨酸或牛磺酸结合形成结合型次级胆汁酸。

进入肠道的各种胆汁酸约 95% 被肠壁重吸收。肠道重吸收的初级和次级胆汁酸、结合型与游离型胆汁酸均经门静脉回到肝。在肝中游离胆汁酸可重新转变为结合胆汁酸，并同新合成的胆汁酸一起随胆汁再排入十二指肠，此过程称为胆汁酸肠肝循环（图 15-4）。结合型胆汁酸主要在回肠以主动转运方式重吸收，游离型胆汁酸则在小肠各部位及大肠经被动重吸收方式进入肝。

胆汁酸肠肝循环的生理意义在于使有限的胆汁酸反复利用，满足机体对胆汁酸的需要。人体每天需要 16～32g 胆汁酸乳化脂类，而正常人体胆汁酸池仅有 3～

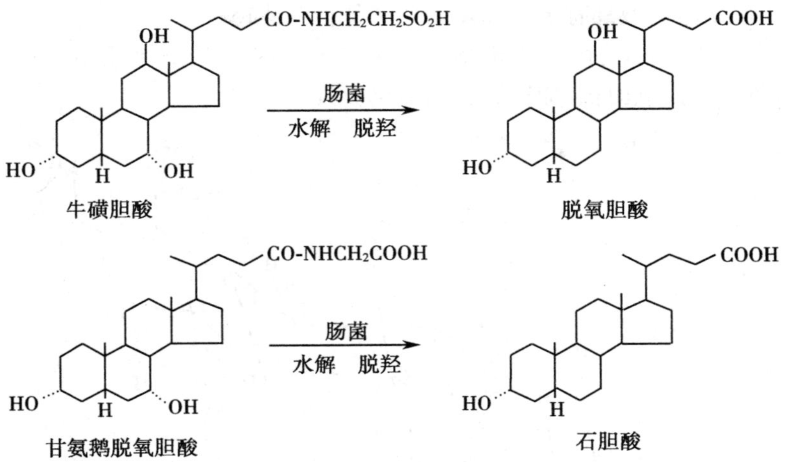

牛磺胆酸 —肠菌（水解　脱羟）→ 脱氧胆酸

甘氨鹅脱氧胆酸 —肠菌（水解　脱羟）→ 石胆酸

图 15-3　次级胆汁酸的生成

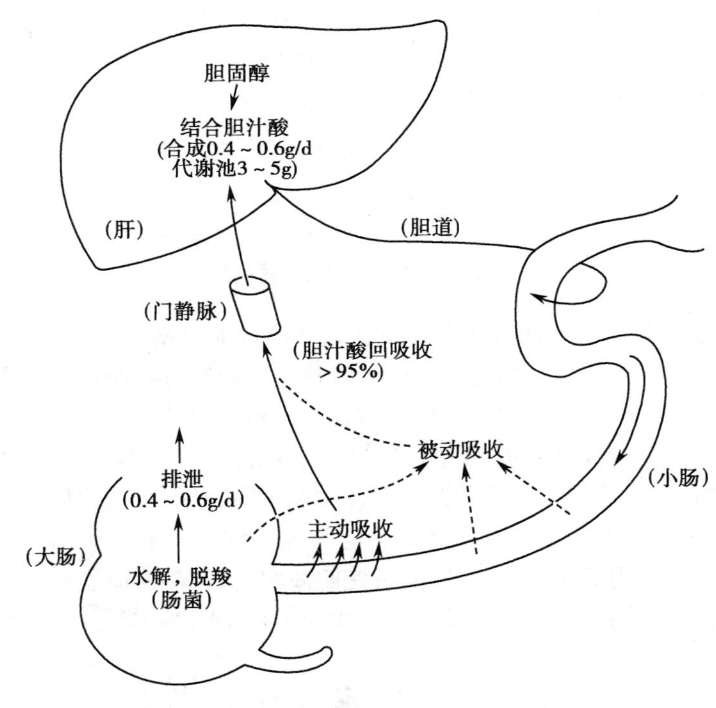

图 15-4　胆汁酸肠肝循环

5g，供需矛盾十分突出。机体依靠每餐后进行 2～4 次胆汁酸肠肝循环弥补了胆汁酸合成量不足，使有限的胆汁酸池能够发挥最大限度地乳化作用，以维持脂类食物消化吸收的正常进行，故胆汁酸肠肝循环具有重要的生理意义。若因腹泻或回肠大部切除等破坏了胆汁酸肠肝循环，一方面会影响脂类的消化吸收，另一方面胆汁中胆固醇含量相对增高，处于饱和状态，极易形成胆固醇结石。

（三）胆汁酸的生理功能

1. 促进脂类消化吸收　胆汁酸分子既含有亲水的羟基、羧基或磺酸基，又含有疏水的烃核和甲基。两类性质不同的基团恰恰位于胆汁酸环戊烷多氢菲核的两侧，使胆汁酸立体构型具有亲水和疏水两个侧面(图 15-5)，是较强的表面活性剂，能降低油水两相的表面张力，促进脂类乳化成 3～10μm 的细小微团。同时能增加脂肪和脂肪酶的接触面积，加速脂类的消化吸收。

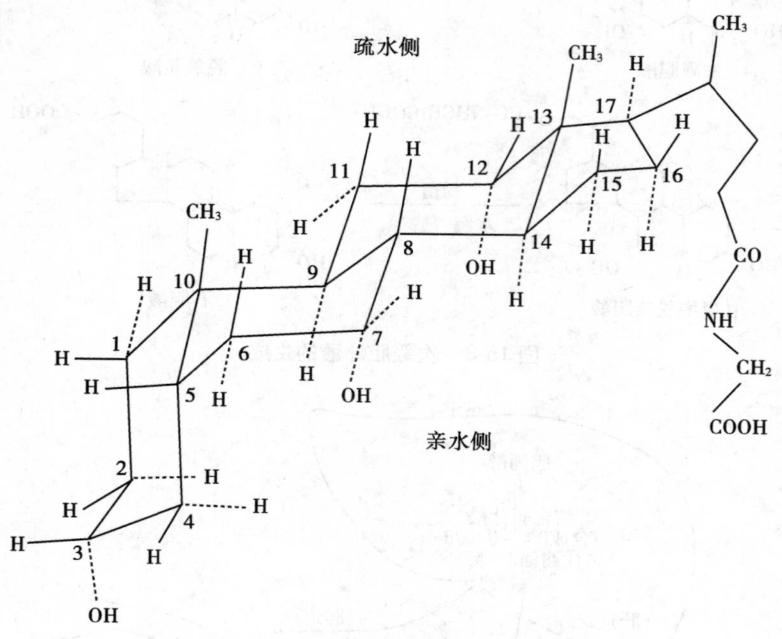

图 15-5 甘氨胆酸的立体构型

2. 防止胆结石生成 胆汁中未转化为胆汁酸的胆固醇难溶于水，在浓缩后的胆囊胆汁中容易沉淀析出。胆汁中的胆汁酸盐和卵磷脂可使胆固醇分散形成可溶性微团，使之不易结晶沉淀，故胆汁酸有防止胆结石生成的作用。如果肝合成胆汁酸能力下降、排入胆汁酸中的胆固醇过多(高胆固醇血症)、胆汁酸在消化道丢失过多、胆汁酸肠肝循环减少等均可造成胆汁中胆汁酸、卵磷脂与胆固醇的比例下降(小于 10∶1，正常时可高达 2∶1)，易发生胆固醇沉淀析出形成胆结石。不同胆汁酸对结石形成的作用不同，鹅脱氧胆酸可使胆固醇结石溶解，而胆酸及脱氧胆酸则无此作用。临床常用鹅脱氧脱酸及熊脱氧胆酸治疗胆固醇结石。

第四节 胆色素代谢与黄疸

胆色素(bile pigment)是体内血红蛋白、肌红蛋白、过氧化物酶、过氧化氢酶及细胞色素类等铁卟啉化合物分解代谢的产物，包括胆红素(bilirubin)、胆绿素(biliverdin)、胆素原(bilinogen)和胆素(bilin)等。胆红素呈金黄色，是胆汁的主要色素。胆色素代谢以胆红素代谢为主，肝在胆色素代谢中起着重要作用。

一、胆红素的生成与转运

(一) 胆红素的生成

体内血红蛋白等铁卟啉化合物在肝、脾、骨髓等组织分解代谢产生胆红素，成

人产生 250～350mg/d，其中约 80% 由衰老红细胞释放的血红蛋白分解产生，小部分来自造血过程中红细胞过早破坏，仅少量由非血红蛋白血红素分解产生。

体内红细胞不断更新，正常人红细胞寿命约 120 天。衰老红细胞由于细胞膜的变化被肝、脾、骨髓中单核-吞噬细胞识别，并吞噬破坏释放出血红蛋白，血红蛋白再分解为珠蛋白和血红素。珠蛋白可分解为氨基酸供机体再利用，或参与体内氨基酸代谢。血红素则由吞噬细胞内微粒体血红素加氧酶（heme oxygenase，HO）催化形成胆绿素，并释放出 CO 和 Fe^{3+}。Fe^{3+} 可被重新利用，CO 则可排出体外。胆绿素进一步在胞液胆绿素还原酶（辅酶为 NADPH）催化下迅速还原为胆红素（图 15-6）。体内胆绿素还原酶活性较高，胆绿素一般不会堆积或进入血液。

信息分子 CO

人们一直认为 CO 对人体血红蛋白有高度亲和力，呈现有害效应。但是近年来的研究显示，低浓度的 CO 在体内可发挥类似 NO 作为信息分子和神经递质的作用。研究表明 CO 作为重要信息分子主要通过激活鸟苷酸环化酶升高细胞内 cGMP 含量，由此介导血管舒张，增加血流数量，调节血压。CO 激活鸟苷酸环化酶产生的 cGMP 还可以抑制血小板的激活、聚集，发挥抗炎症作用。此外 CO 还作为下丘脑的神经递质，发挥神经内分泌调节作用。CO 作为气体信息分子所介导的诸多生物学效应正在为广大学者所关注。

血红素加氧酶是胆红素生成的限速酶，需要 O_2 和 NADPH 参加，并受底物血红素的诱导，同时血红素又可作为酶的辅基起活化分子氧的作用。用 X 线衍射分析表明胆红素分子内形成了 6 个氢键，使整个分子卷曲成稳定的构象。由于极性基团封闭在分子内部，因此胆红素是亲脂、疏水的化合物（图 15-6）。

（二）胆红素在血液中的运输

单核-吞噬细胞系统生成的胆红素在生理 pH 条件下是一种难溶于水的脂溶性有毒物质，能自由透过细胞膜进入血液。在血液中胆红素主要与血浆清蛋白（小部分与 α_1 球蛋白）结合形成胆红素—清蛋白复合物，使其溶解度增加，便于运输，同时也限制了胆红素自由透过各种生物膜，抑制其对组织细胞的毒性作用。胆红素-清蛋白不能透过肾小球基底膜，即使血浆胆红素含量增加尿液检测也是阴性。胆红素-清蛋白中的胆红素仍然为游离胆红素，或称非结合胆红素、血胆红素。

每分子清蛋白可结合两分子胆红素。正常人血浆胆红素含量为 3.4～17.1μmol/L（0.2～1mg/dl），而 100ml 血浆中的清蛋白能结合 25mg 胆红素，故血浆清蛋白结合胆红素的潜力很大，足以阻止胆红素进入组织细胞产生毒性作用。但某些有机阴离子，如磺胺类药物、水杨酸、胆汁酸、脂肪酸等可与胆红素竞争和清蛋白结合，使胆红素游离，增加其透入细胞的可能性。游离胆红素可与脑部基底核的脂类结合，干扰脑的正常功能，称胆红素脑病或核黄疸。新生儿由于血-脑屏障

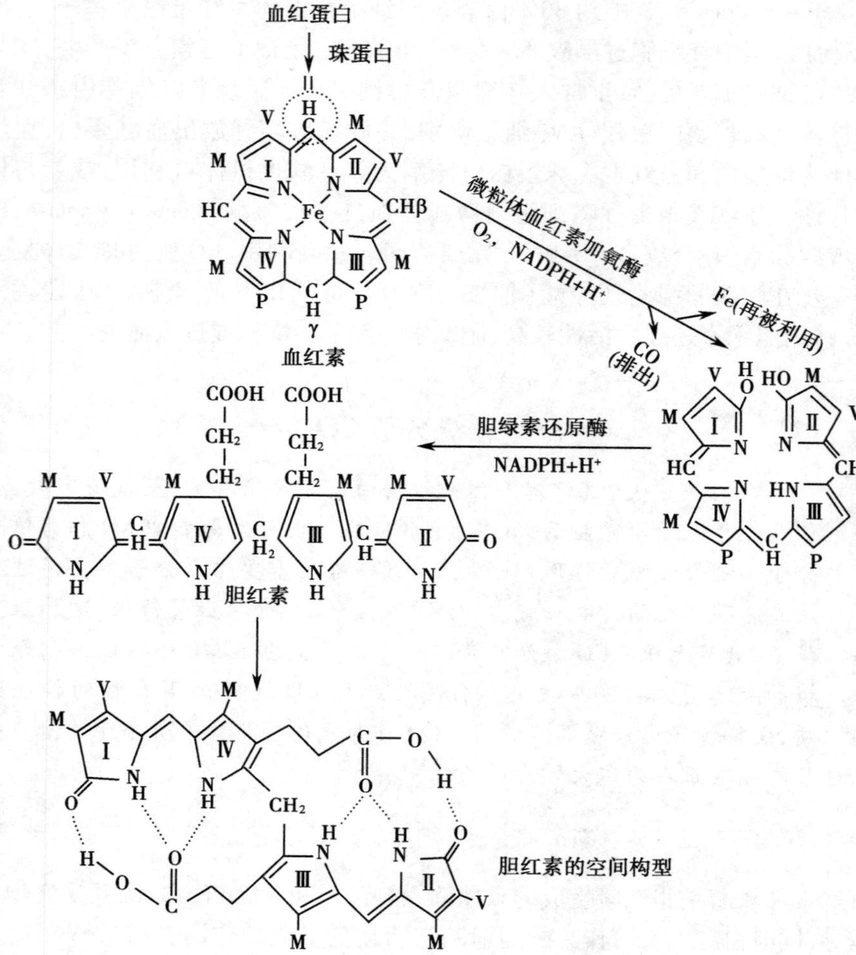

血红蛋白
珠蛋白
血红素
微粒体血红素加氧酶
O_2，NADPH+H^+
Fe(再被利用)
CO
(排出)
胆绿素还原酶
NADPH+H^+
胆红素
胆红素的空间构型

图 15-6 胆红素的生成及空间构型

不健全，如果发生高胆红素血症，过多的游离胆红素很容易进入脑组织，发生胆红素脑病。对新生儿还必须慎用上述有机阴离子药物。

二、胆红素在肝中的转变

肝细胞对胆红素的代谢非常全面，包括摄取、转化和排泄三方面的作用。

（一）肝细胞对胆红素的摄取

胆红素-清蛋白复合物随血液循环到肝内，胆红素与清蛋白分离，很快被肝细胞摄取。注射具有放射性的胆红素后大约 18 分钟就有 50% 的胆红素从血浆清除，说明肝细胞摄取胆红素的能力很强。肝能迅速从血浆中摄取胆红素是由于肝细胞内含有两种载体蛋白，即 Y 蛋白和 Z 蛋白，它们能特异地结合包括胆红素在内的有机阴离子，主动将其摄入细胞内。胆红素与载体蛋白结合后以胆红素-Y 蛋白、胆红素-Z 蛋白形式运送至肝内质网进一步代谢。肝细胞摄取胆红素是可逆、耗能的过程，当肝细胞处理胆红素的能力下降、或者胆红素生成量超过肝细胞处理胆红素能力时，已进入肝细胞的胆红素可反流入血，使血胆红素含量增高。

Y 蛋白是碱性蛋白，由分子量为22kD 和27kD 的两个亚基组成，约占肝细胞液蛋白质总量的5%。因 Y 蛋白比 Z 蛋白对胆红素的亲和力强，且含量多，因此它是肝细胞摄取胆红素的主要载体蛋白。Y 蛋白也是一种诱导蛋白，苯巴比妥可诱导其合成。新生儿出生 7 周后 Y 蛋白水平才接近成人水平，故容易发生生理性黄疸，临床可用苯巴比妥治疗。甲状腺素、溴酚磺酸钠（BSP）和靛青绿（ICG）等物质可竞争结合 Y 蛋白，影响胆红素的转运。Z 蛋白是酸性蛋白，分子量 12kD。胆红素浓度较低时优先与 Y 蛋白结合，当 Y 蛋白结合饱和时 Z 蛋白结合才增多。

（二）肝细胞对胆红素的转化作用

胆红素-Y 蛋白或胆红素-Z 蛋白复合物运到肝细胞滑面内质网后，在 UDP-葡萄糖醛酸基转移酶（UDP-glucuronyl transferase，UGT）的催化下，由 UDP-葡萄糖醛酸提供葡萄糖醛酸基，胆红素与葡萄糖醛酸以酯键结合转变生成葡萄糖醛酸胆红素（bilirubin glucuronide），即结合胆红素（conjugated bilirubin）。胆红素分子中 2 个丙酸基的羧基均可与葡萄糖醛酸 C1 位上的羟基结合，故每分子胆红素可结合 2 分子葡萄糖醛酸，生成双葡萄糖醛酸胆红素（图 15-7）。人胆汁中结合胆红素主要是双葡萄糖醛酸胆红素（占 70% ~80%），仅有少量单葡萄糖醛酸胆红素（占 20% ~30%）。此外尚有少量胆红素可与硫酸结合生成胆红素硫酸酯，甚至与甲基、乙酰基、甘氨酸等化合物结合形成相应的结合物。肝对胆红素代谢的最重要作用就是将脂溶性、有毒的游离胆红素通过生物转化的结合反应转变成水溶性、无毒的结合胆红素，主要是葡萄糖醛酸胆红素。

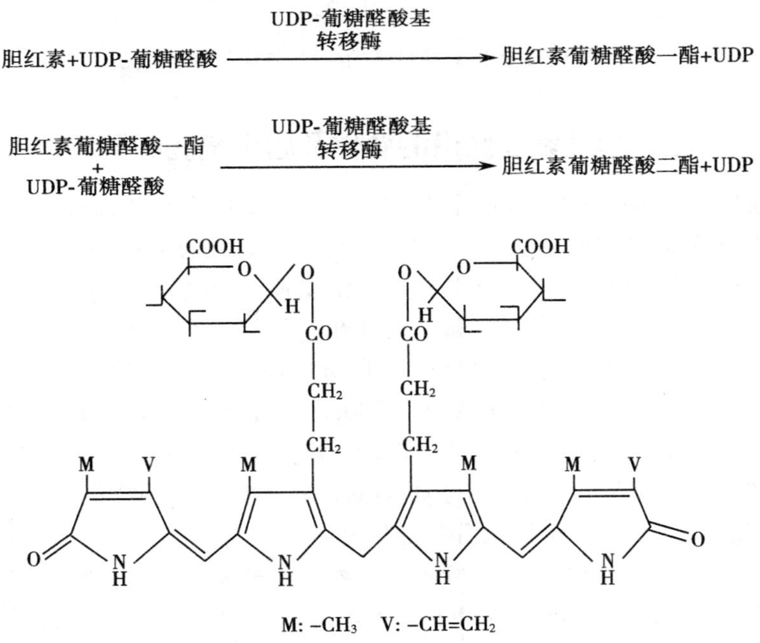

图 15-7 葡萄糖醛酸胆红素的生成及结构

结合胆红素水溶性强，与血浆清蛋白亲和力减小，易随胆汁排入小肠继续代谢，也容易透过肾小球基底膜从尿中排出。结合胆红素不容易通过细胞膜和血-脑屏障，不易造成组织中毒，是胆红素在体内解毒的重要方式。

（三）肝对胆红素的排泄作用

胆红素在肝细胞滑面内质网经转化后，再经高尔基复合体、溶酶体等作用排入毛细胆管，随胆汁排出肝。肝毛细胆管内结合胆红素的浓度远高于肝细胞的浓度，故肝细胞排出胆红素是一个逆浓度梯度的耗能过程，也是肝处理胆红素的薄弱环节，容易发生障碍。胆红素排泄障碍，结合胆红素就可以反流入血，发生血浆结合胆红素水平增高。

糖皮质激素不仅能诱导葡萄糖醛酸转移酶的生成，促进胆红素与葡萄糖醛酸结合，而且对结合胆红素的排出也有促进作用，因此可用于治疗高胆红素血症。

肝对胆红素的摄取、转化和排出作用归纳如图 15-8。

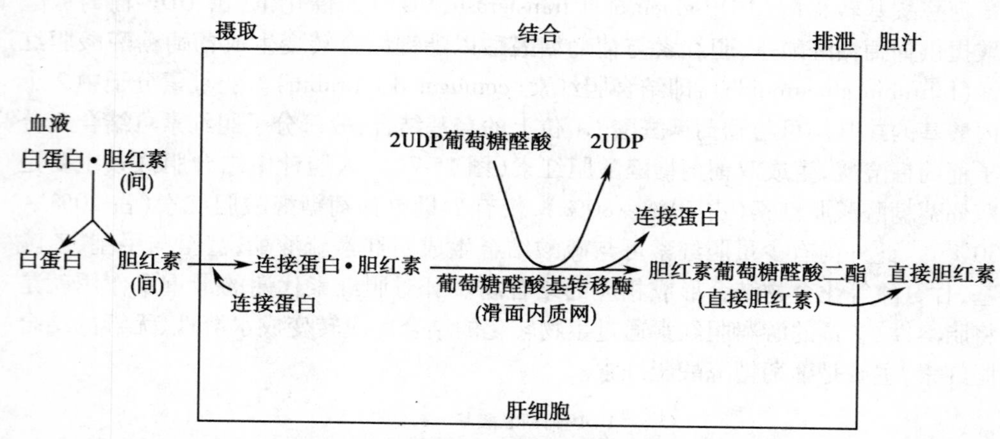

图 15-8　肝细胞对胆红素的摄取、转化与排泄作用

三、胆红素在肠道的变化及胆色素肠肝循环

结合胆红素随胆汁排入肠道后，从回肠下段至结肠在肠道细菌作用下先水解脱去葡萄糖醛酸转变成游离胆红素，再逐步加氢还原成为无色的中胆素原（mesobilirubinogen）、粪胆素原（stercobilinogen）和尿胆素原（urobilinogen）等胆素原（bilinogen）族类化合物，其中 80% 随粪便排出。粪胆素原在肠道下段或随粪便排出后经空气氧化为棕黄色的粪胆素（stercobilin），是粪便的主要色素来源。正常成人每天从粪便排出的胆素原总量约 40 ~ 280mg，当胆道完全梗阻时因胆红素不能排入肠道，不能形成胆素原及粪胆素，粪便呈灰白色，临床称为白陶土样便。婴儿肠道细菌少，未被细菌作用的胆红素可随粪便直接排出，粪便可呈胆红素的橙黄色。肠道内胆色素代谢的过程概括为图 15-9。

在生理情况下肠道约 10% ~ 20% 的胆素原被重吸收入血，经门静脉进入肝。重吸收的胆红素约 90% 以原形又随胆汁排入肠道，形成胆素原肠肝循环（bilinogen enterohepatic circulation）。小部分（10%）胆素原可以进入体循环，再经肾小球滤出随尿液排出，故称为尿胆素原。正常成人每天从尿液排出的尿胆素原约 0. 5 ~ 4. 0mg。尿胆素原与空气接触后被氧化成尿胆素（urobilin），是尿液的主要色素。临床将尿液中胆红素、胆素原、胆素称为尿三胆，作为肝功能检查的指标之一。

体内胆色素代谢的全过程总结如图 15-10。

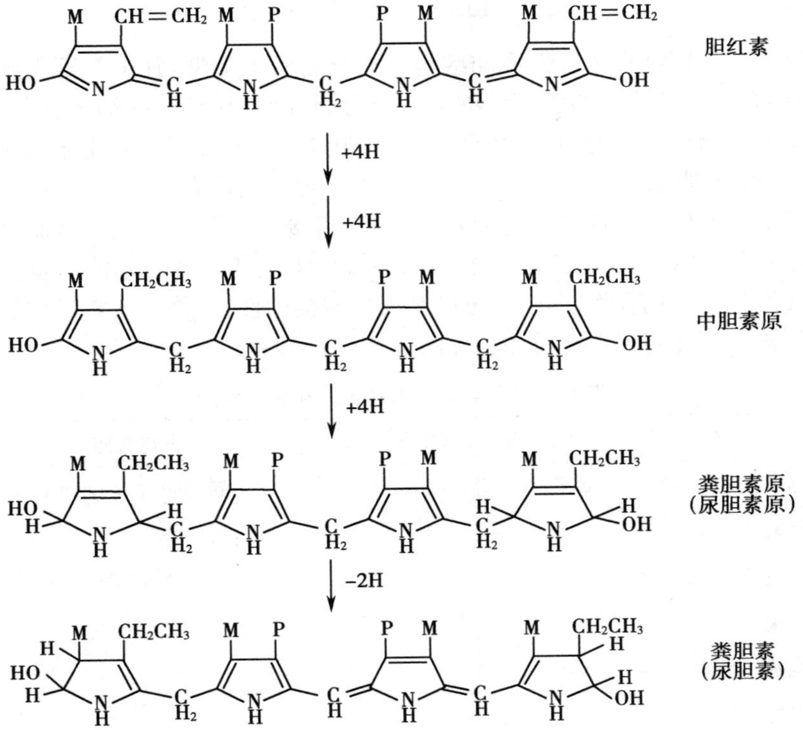

胆红素

+4H

+4H

中胆素原

+4H

粪胆素原
(尿胆素原)

−2H

粪胆素
(尿胆素)

图 15-9　胆素原与胆素的生成

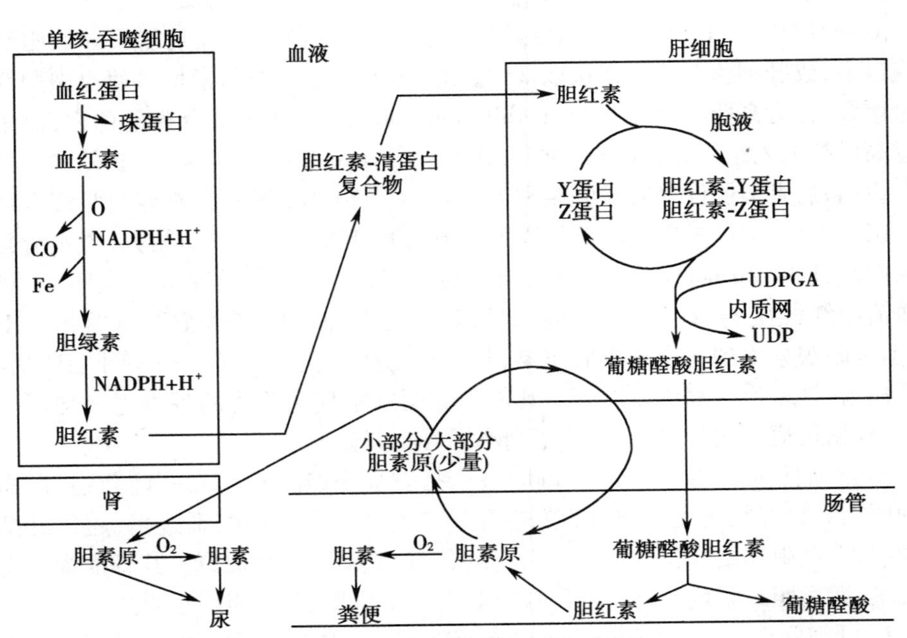

图 15-10　胆色素代谢与胆素原肠肝循环

四、血清胆红素与黄疸

正常人血清胆红素按其性质和结构不同分为两大类型：凡未经肝细胞结合转化、没有结合葡萄糖醛酸的胆红素称为非结合胆红素；凡经过肝细胞转化、与葡萄糖醛酸或其他物质结合的胆红素统称为结合胆红素。两类胆红素由于结构和性质不同，对重氮试剂的反应也不相同。结合胆红素分子内没有氢键，能直接快速地与重氮试剂反应产生紫红色偶氮化合物，又称为直接反应胆红素或直接胆红素。非结合胆红素分子内有氢键，必须先加入乙醇或尿素破坏氢键后才能与重氮试剂反应生成紫红色偶氮化合物，即与重氮试剂反应间接阳性，又称为间接反应胆红素或间接胆红素。两类胆红素性质和名称的比较见表15-2。

表15-2　两类胆红素的性质和名称区别

	结合胆红素	非结合胆红素
其他名称	直接胆红素，肝胆红素	间接胆红素，血胆红素
葡萄糖醛酸结合	结合	未结合
重氮试剂反应	迅速、直接反应	慢、间接反应
水中溶解度	大	小
透过细胞膜的能力	小	大
对脑的毒性作用	小	大
经肾随尿排出	能	不能

正常人体内胆红素的生成与排泄保持动态平衡，血清胆红素总量为3.4～17.1μmol/L（0.2～1mg/dl），其中约80%是非结合胆红素。凡是能够导致胆红素生成过多、或肝细胞对胆红素摄取、转化和排泄能力下降的因素均可使血中胆红素含量增多，称为高胆红素血症（hyperbilirubinemia）。胆红素是金黄色色素，血中浓度过高可扩散入组织，造成组织黄染，称为黄疸（jaundice）。巩膜、皮肤因含有较多弹性蛋白，后者与胆红素有较强亲和力，容易被黄染。黏膜中含有能与胆红素结合的血浆清蛋白，也能被染黄。黄疸程度与血清胆红素的浓度密切相关，当血清胆红素浓度超过34.2μmol/L（2mg/dl），肉眼可见巩膜、皮肤及黏膜等组织明显黄染。若血清胆红素在34.2μmol/L（2mg/dl）以下，此时血清胆红素浓度虽然超过正常值，但肉眼观察不到巩膜或皮肤黄染，临床称为隐性黄疸。黄疸是一种临床症状，不是病名，许多疾病都可以发生。凡能引起胆红素代谢障碍的各种因素均可引起黄疸，根据黄疸形成的原因、发病机制不同可将其分为三类：

1. 溶血性黄疸（hemolytic jaundice）　指蚕豆病、输血不当、一些药物、毒物等多种原因导致红细胞大量破坏，单核-吞噬细胞系统产生胆红素过多，超过肝细胞处理能力，血中非结合胆红素增高引起的黄疸，又称肝前性黄疸。其特征为血清总胆红素、游离胆红素增高，粪便颜色加深，尿胆素原增多，尿胆红素阴性。

2. 肝细胞性黄疸（hepatocellular jaundice）　又称为肝源性黄疸，是因为肝细胞功能受损害，肝对胆红素的摄取、转化、排泄能力下降导致的高胆红素血症。其特点是血中非结合胆红素和结合胆红素都可能升高。由于肝功能障碍，结合胆红素在肝内生成减少，粪便颜色变浅。肝细胞受损程度不同，尿胆素原的变化也不一定。由于病变导致肝细胞肿胀，压迫毛细胆管，或造成肝内毛细胆管阻塞，使已生成的结合胆红素部分反流入血，血中结合胆红素含量也增加。结合胆红素能通过肾小球滤过，故尿胆红素检测呈阳性反应。

3. 阻塞性黄疸（obstructive jaundice） 又称肝后性黄疸，是多种原因（如胆结石、胆道蛔虫或肿瘤压迫）引起胆红素排泄的通道胆管阻塞，使胆小管或毛细胆管压力增高或破裂，胆汁中结合胆红素逆流入血引起的黄疸。主要特征是血中结合胆红素升高，非结合胆红素无明显改变；尿胆红素阳性；由于排入肠道的胆红素减少，生成的胆素原也减少，粪便的颜色变浅，大便甚至呈灰白色。

表15-3归纳总结了正常人和三类黄疸患者血、尿、粪便中胆色素改变情况，临床常用于鉴别诊断。

表15-3 正常人和三类黄疸患者血、尿、粪胆色素改变

指标	正常	溶血性	肝细胞性	阻塞性
血清胆红素				
总量	<1mg/dl	>1mg/dl	>1mg/dl	>1mg/dl
结合胆红素	0～0.8mg/dl		↑	↑↑
游离胆红素	<1mg/dl	↑↑	↑	
尿三胆				
尿胆红素	–	–	++	++
尿胆素原	少量	↑	不一定	↓
尿胆素	少量	↑	不一定	↓
粪便				
粪便颜色	正常	深	变浅或正常	完全阻塞时陶土色
粪胆素原	40～280mg/24h	↑	↓或–	↓或正常

（王继红）

第十六章

维生素与微量元素

维生素(vitamin)是机体维持正常生长发育和代谢所必需,但在体内不能合成,或合成量很少,必须由食物供给的一组低分子量有机化合物。机体维生素的需要量甚微,每日仅以毫克或微克计算。它们既不参与构成机体组织的成分,也不氧化供能,然而在调节物质代谢和维持生理功能等方面却发挥着重要作用。如果机体缺乏维生素,物质代谢障碍,就会产生相应的维生素缺乏症。

维生素一般按照其被发现的先后以拉丁字母顺序命名,如 A、B、C、D 等字母,有些维生素混合存在时,在字母右下角注以 1、2、3……数字加以区别;也可按照化学结构特点命名,如视黄醇、核黄素、吡哆醇等;或根据其生理功能和治疗作用命名,如抗干眼病维生素、抗佝偻病维生素等。

维生素的种类繁多,化学结构各异,通常按溶解性质不同,将其分为脂溶性维生素(Lipid-soluble vitamin)和水溶性维生素(water-soluble vitamin)两大类。脂溶性维生素包括维生素 A、D、E、K。水溶性维生素分为 B 族维生素和维生素 C。B 族维生素包括维生素 B_1、B_2、PP、B_6、泛酸、生物素、叶酸、B_{12}和硫辛酸等。

第一节　脂溶性维生素

脂溶性维生素属于疏水性化合物,包括维生素 A、D、E、K。它们不溶于水,而溶于脂类及多数有机溶剂,故脂溶性维生素在食物中与脂类共存,随脂类物质一同被吸收。脂溶性维生素在血液中与脂蛋白及某些特殊的结合蛋白结合而运输。脂溶性维生素在体内有一定的储量,主要存在于肝脏。脂类吸收障碍或食物中长期缺乏可引起相应的缺乏症,食用过量也可引起中毒。

一、维生素 A

(一) 化学本质及性质

维生素 A 又称抗干眼病维生素。天然的维生素 A 有 A_1 及 A_2 两种形式。A_1 又称视黄醇(retinol),A_2 又称 3-脱氢视黄醇。维生素 A 在体内的活性形式包括视黄醇、视黄醛(retinal)和视黄酸(retinoic acid)。

植物中不存在维生素 A,但有多种胡萝卜素,其中以 β-胡萝卜素(β-carotene)最为重要。胡萝卜素本身无生理活性,但它在小肠黏膜处由 β-胡萝卜素加氧酶催化，加氧断裂，生成 2 分子视黄醇，所以通常将 β-胡萝卜素称为维生素 A 原（图 16-1）。

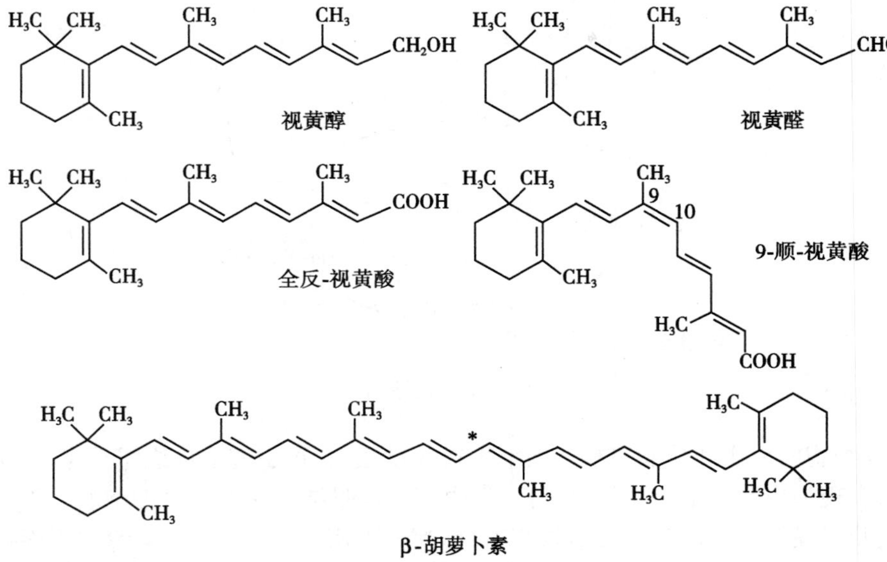

图 16-1　维生素 A 与 β-胡萝卜素的结构式

食物中视黄醇多以酯的形式存在，在小肠水解为游离的视黄醇，被吸收后又重新生成视黄醇酯，并参与生成乳糜微粒。乳糜微粒中的视黄醇酯被肝细胞和其他组织摄取。视黄醇酯在肝细胞中水解出游离的视黄醇，与视黄醇结合蛋白（retinol binding protein，RBP）结合并分泌入血液，再与运甲状腺素蛋白相结合运输。当运输至靶组织后，与细胞表面特异受体结合后被利用。在细胞内，视黄醇与细胞视黄醇结合蛋白（cellular retinal binding protein，CRBP）结合。肝细胞内过多的视黄醇再以视黄醇酯的形式储存。

（二）生化作用及缺乏症

1. 参与构成视网膜内感光物质发挥视觉功能　在视网膜内由 11-顺视黄醛与不同的视蛋白（opsin）组成视色素。在感受强光的锥状细胞内有视红质、视青质及视蓝质，杆状细胞内有感受弱光或暗光的视紫红质。当视紫红质感光时，视色素中的 11-顺视黄醛在光异构作用下转变成全反视黄醛，并引起视蛋白变构，这一光异构变化可引起杆状细胞膜的 Ca^{2+} 离子通道开放，Ca^{2+} 迅速流入细胞并激发神经冲动，经传导到大脑后产生视觉。最后，视紫红质被分解，全反视黄醛和视蛋白分离，产生的全反视黄醛还原为全反式视黄醇，经血流至肝变成 11-顺视黄醇，合成视色素，从而构成视循环（图 16-2）。

在维生素 A 缺乏时，必然引起 11-顺视黄醛的补充不足，视紫红质合成减少，对弱光敏感性降低，暗适应能力减弱，严重时会发生“夜盲症”。

2. 参与细胞膜糖蛋白的合成，维持皮肤黏膜层的完整性　视黄醇与 ATP 生成的磷酸视黄醇是细胞膜上的单糖基载体，参与糖蛋白的糖基化反应，为糖蛋白合成提供糖基。维生素 A 作为调节糖蛋白合成的辅助因子，稳定上皮细胞的细胞膜，维

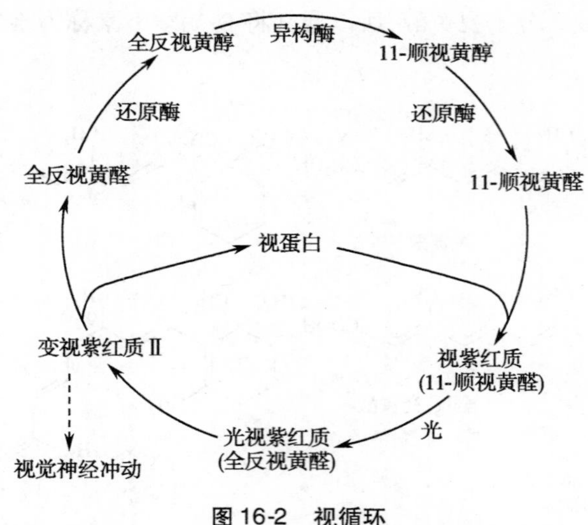

图 16-2 视循环

持上皮细胞的形态和功能完整。当维生素 A 缺乏时,可引起上皮组织干燥、增生和角化,表现为皮肤粗糙,毛囊丘疹等。在眼部出现眼结膜黏液分泌细胞的丢失和角化,角膜干燥,泪液分泌减少,泪腺萎缩,称为干眼病,故维生素 A 又称抗干眼病维生素。缺乏维生素 A 还可因上皮组织发育不健全,易受微生物感染,老人、儿童易引起呼吸道炎症。

3. 其他作用 维生素 A 有促进生长、发育和维持生殖功能的作用,可能与视黄酸参与类固醇激素的合成有关。维生素 A 维持和增强免疫功能的作用可能是通过其在细胞核内的视黄酸受体实现的。此外,流行病学调查表明:维生素 A 的摄入与癌症的发生呈负相关,动物实验也表明摄入维生素 A 可减轻致癌物质的作用。β-胡萝卜素是抗氧化剂,在氧分压较低的条件下,能直接消除自由基,而自由基是引起肿瘤和许多疾病的重要因素。

4. 来源和日需要量 鱼油、动物肝、蛋黄、牛奶、绿叶蔬菜、胡萝卜含有较多的维生素 A。成人每日推荐量约 80μg,一般正常饮食即可满足需求。但如果长期过量(超过需要量的 10~20 倍)摄取可引起中毒。其症状主要有头痛、恶心腹泻、共济失调等中枢神经系统表现。妊娠期摄取过多,易发生胎儿畸形。

二、维生素 D

(一) 化学本质及性质

维生素 D 又称为抗佝偻病维生素,是类固醇衍生物,目前认为它也是一种类固醇激素。主要包括 VD_2(麦角钙化固醇 ergocalciferol)及 VD_3(胆钙化固醇 cholecalciferol)。

在体内,胆固醇可变为 7-脱氢胆固醇,储存在皮下,在紫外线作用下再转变成 VD_3,因此 7-脱氢胆固醇称为维生素 D_3 原。在酵母和植物油中有不能被人吸收的麦角固醇,在紫外线照射下可转变为能被人吸收的 VD_2,所以麦角固醇称为 D_2 原。

食物中的维生素 D 在小肠被吸收后,加入乳糜微粒经淋巴入血,在血液中主要与一种特异载体蛋白-维生素 D 结合蛋白(DBP)结合后被运输至肝,在 25-羟化酶

催化下 C_{25}加氧成为 25-(OH)-VD_3,25-(OH)-VD_3 是血浆中维生素 D_3 的主要存在形式,也是维生素 D_3 在肝中的主要储存形式。25-(OH)-VD_3 经肾小管上皮细胞线粒体内 1α-羟化酶的作用生成 VD_3 的活性形式 1,25-$(OH)_2$-VD_3。1,25-$(OH)_2$-VD_3 可进一步转化成 1,24,25-$(OH)_3$-VD_3。但 1,24,25-$(OH)_3$-VD_3 的生物活性远不及 1,25-$(OH)_2$-VD_3。25-(OH)-VD_3 在肝内可与葡萄糖醛酸或硫酸结合,随胆汁排出体外(图 16-3)。

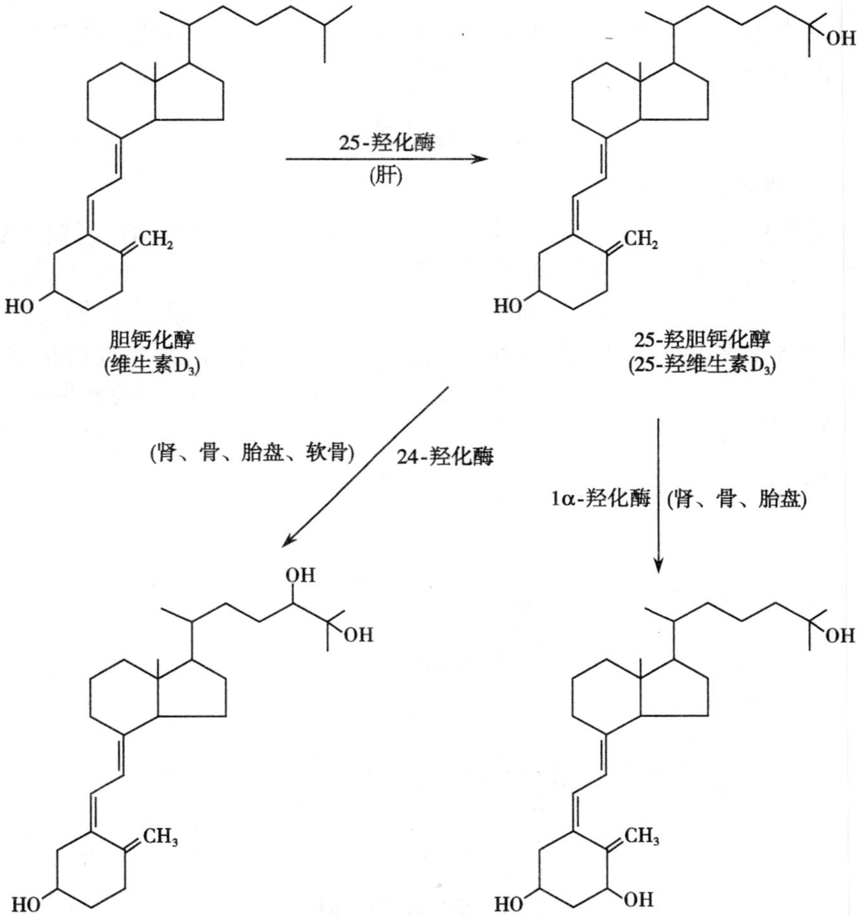

25-羟化酶
(肝)
CH_2
HO
胆钙化醇
(维生素D_3)
OH
CH_2
HO
25-羟胆钙化醇
(25-羟维生素D_3)
(肾、骨、胎盘、软骨)
24-羟化酶
1α-羟化酶
(肾、骨、胎盘)
OH
OH
CH_3
HO
24,25-二羟胆钙化醇
(24,25-二羟维生素D_3)
OH
CH_3
HO
OH
1,25-二羟胆钙化醇
(1,25-二羟维生素D_3)
(骨化三醇)

图 16-3　胆钙化固醇的代谢

(二) 生化作用及缺乏症

1,25-$(OH)_2$-VD_3 是维生素 D_3 的活性形式,其作用方式与类固醇激素相似,经血液运输至靶细胞,与胞内特异的核受体结合,进入细胞核,调节相关基因(如钙结合蛋白、骨钙结合蛋白基因等)的表达。有人将其视为由肾产生的激素。1,25-$(OH)_2$-VD_3的靶细胞是小肠黏膜、肾及肾小管。主要作用是促进小肠黏膜对钙、磷的吸收及肾小管对钙、磷的重吸收,维持血浆中钙、磷的正常浓度,调节血钙、血磷水平，有利于新骨的生成和钙化。当缺乏维生素 D 时，儿童可发生佝偻病，成人引起软骨病。因此维生素 D 又称为抗佝偻病维生素。

此外，有研究表明，1,25-$(OH)_2$-VD_3 具有调节皮肤，大肠、乳腺、心、脑等组织细胞分化的功能。1,25-$(OH)_2$-VD_3 还能促进胰岛 β 细胞合成和分泌胰岛素，抗糖尿病的功能。对某些肿瘤细胞也具有抑制增殖和促进分化的作用。

人体只要有足够的日光照射，就不会或很少缺乏维生素 D。另外，牛奶、肝、蛋黄、鲑鱼及虾中也含有维生素 D。成人每日推荐量为 5 ~ 10μg。如果服用过量的维生素 D，也具有严重的毒性。轻则食欲缺乏、恶心、呕吐，心理抑郁。重则对软组织造成伤害，钙沉积在心肌和肾脏，非常危险。

三、维生素 E

（一）化学本质及性质

维生素 E 是苯骈二氢吡喃结构的衍生物，包括生育酚及生育三烯酚两大类（图 16-4）。每类又可根据甲基的数目和位置不同而分成 α、β、γ 和 δ 四种。自然界以 α-生育酚（α-tocopherol）分布最广，生理活性最高。维生素 E 主要存在于植物油、油性种子和麦芽等。体内维生素 E 主要存在于细胞膜、血浆脂蛋白和脂库中。维生素 E 在无氧条件下对热稳定，但对氧十分敏感，易被氧化，因而能保护其他易被氧化的物质。

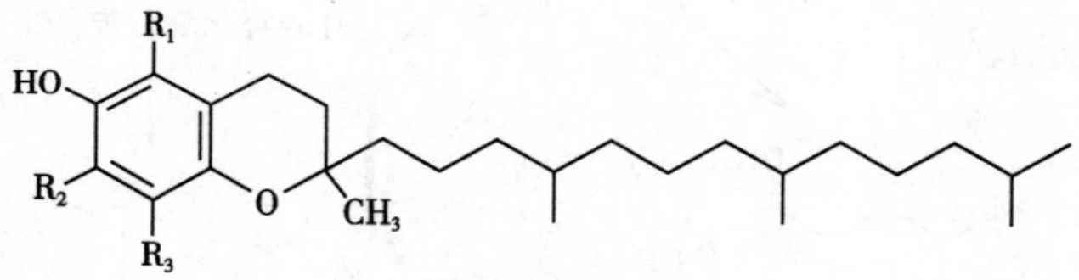

生育酚

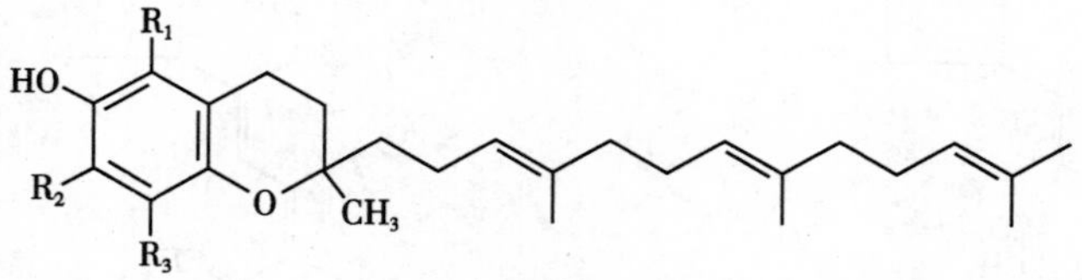

生育三烯酚

图 16-4　维生素 E 的结构式

（二）生化作用及缺乏症

1. 抗氧化作用　维生素 E 是体内最重要的脂溶性抗氧化剂和自由基清除剂，能避免脂质过氧化物的产生，保护细胞免受自由基的损害，保护生物膜的结构与功能。机体内的自由基具有强氧化性，如超氧阴离子（O^{2-}·）、过氧化物（ROO·）及羟自由基（OH^-·）等。维生素 E 的作用在于捕捉自由基形成生育酚自由基，进而在维生素 C 和谷胱甘肽作用下还原为生育醌。硒作为谷胱甘肽过氧化酶的必需因子，维生素 E 与硒在抗氧化过程中协同发挥作用。

2. 与生殖功能有关　维生素 E 俗称生育酚，动物缺乏维生素 E 时其生殖器官发育受损甚至不育，但人类尚未发现因维生素 E 缺乏所致的不育症。临床上常用维生素 E 治疗先兆流产及习惯性流产。

3. 促进血红素代谢　维生素 E 能提高血红素合成的关键酶 δ-氨基 γ-酮戊酸（ALA）合酶及 ALA 脱水酶的活性，促进血红素合成。新生儿缺乏维生素 E 时可引起贫血。所以妊娠期及哺乳期的妇女及新生儿应注意补充维生素 E。

4. 具有调节基因表达的作用　维生素 E 还具有调节信号转导过程和基因表达的重要作用。具有抗炎、维持正常免疫功能和抑制细胞增殖的作用，并可降低血浆低密度脂蛋白（LDL）的浓度。在预防和治疗冠心病、肿瘤和延缓衰老具有一定的作用。

正常成人每日推荐量为 8 ~ 10mg。由于维生素 E 广泛存在于植物油及其产物中，所以一般不易缺乏。目前人类少见有维生素 E 中毒现象。

四、维生素 K

（一）化学本质及性质

维生素 K 与凝血有关，故又称凝血维生素。广泛存在自然界的有 K_1 和 K_2。它们都是 2-甲基-1，4-萘醌的衍生物，对热稳定，易受光线和碱的破坏。临床上应用的为人工合成的 K_3、K_4，溶于水，可口服及注射。维生素 K 的吸收主要在小肠，随乳糜微粒而代谢。体内维生素 K 的存储量有限，脂类吸收障碍时，容易引发维生素 K 缺乏症。

（二）生化作用及缺乏症

维生素 K 的主要生化作用是作为 γ-谷氨酰羧化酶的辅酶，促进活性凝血因子（Ⅱ、Ⅶ、Ⅸ、Ⅹ）的合成，维持体内第Ⅱ、Ⅶ、Ⅸ、Ⅹ凝血因子的正常水平。

维生素 K 对骨代谢还具有重要作用，骨钙蛋白和骨基质 γ-羧基谷氨酸蛋白都是维生素 K 依赖蛋白。此外维生素 K 对减少动脉钙化也具有重要的作用。

维生素 K 广泛地分布于动物、植物，且体内肠道中的细菌也能合成，一般不易缺乏。因维生素 K 不能通过胎盘，新生儿出生后肠道内又无细菌，所以新生儿有可能引起维生素 K 的缺乏。维生素 K 缺乏的主要症状是易出血。缺乏的原因主要是导致脂类吸收障碍的疾病如胰腺疾病、胆管疾病及小肠黏膜萎缩或脂肪便等。长期应用抗生素及肠道灭菌药也可引起维生素 K 缺乏。成人每日推荐量为 60 ~ 80μg。过量摄入维生素 K 对人体是有毒的。

第二节　水溶性维生素

水溶性维生素包括 B 族维生素和维生素 C。水溶性维生素主要作用是构成体内酶的辅助因子，直接影响到某些酶的催化作用。体内过剩的水溶性维生素可由尿排出体外，因而在体内很少蓄积，所以必须经常从食物中摄取。由于水溶性维生素在体内的储存很少，一般不容易发生中毒现象。

一、维生素 B_1

（一）化学本质及性质

维生素 B_1，因结构中含有硫的噻唑环和含氨基的嘧啶环，故又名硫胺素（thiamine），是人们最早分离纯化到的维生素。维生素 B_1 为白色结晶，在有氧化剂存在时易被氧化产生脱氢硫胺素，后者在有紫外光照射时呈蓝色荧光。利用这一性质进行定性定量分析。体内的活性形式为焦磷酸硫胺素（thiamine pyrophosphate，TPP）（图 16-5）。

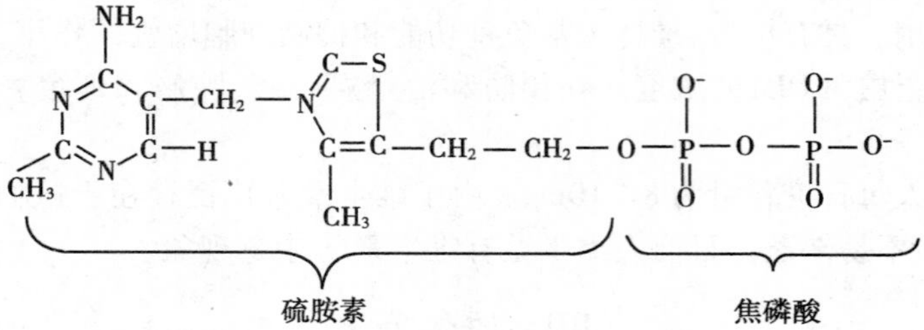

硫胺素　　焦磷酸

图 16-5　焦磷酸硫胺素（TPP）

（二）生化作用及缺乏症

维生素 B_1 易被小肠吸收，入血后主要在肝及脑组织中经硫胺素焦磷酸激酶作用生成 TPP。TPP 是 α-酮酸氧化脱羧酶的辅酶，参与线粒体中代谢中间产物的氧化脱羧反应。维生素 B_1 在体内的能量代谢中具有重要的作用。维生素 B_1 缺乏时，α-酮酸氧化脱羧反应障碍，血中丙酮酸和乳酸堆积，以糖的氧化分解供能为主的神经组织能量供应不足，以及神经细胞膜髓鞘磷脂合成受阻，导致慢性末梢神经炎及其他神经肌肉变性改变，严重时可发生水肿及心力衰减，即脚气病（beriberi）。故维生素 B_1 又称为抗神经炎维生素或抗脚气病维生素。

维生素 B_1 在神经传导中起一定作用。TPP 参与乙酰胆碱的合成与分解，维生素 B_L 缺乏时，丙酮酸氧化脱羧反应受阻，乙酰辅酶 A 生成不足，影响乙酰胆碱的合成。同时，由于维生素 B_1 对胆碱酯酶的抑制减弱，使乙酰胆碱分解加强，导致神经传导受到影响。主要表现为消化液分泌减少，胃蠕动变慢，食欲缺乏，消化不良等。

··· 维生素 B_1 的发现 ···

荷兰医学家艾克曼（Christian Eijkman）因发现防治脚气病的维生素 B_1，获得 1929 年诺贝尔生理学或医学奖。19 世纪东南亚各国流行脚气病，在军队里任外科医生的艾克曼，赴荷属东印度群岛研究当地流行的脚气病，并领导脚气病研究室。艾克曼起初认为这是一种细菌性疾病，后来他发现供实验用的鸡群患了多发性神经炎，症状似人类的脚气病。当所用的鸡饲料改变，由带壳的粗米代替精白米饭后，结果鸡群的多发性神经炎痊愈。证明带壳的糙米有预防、治疗脚气病的作用。艾克曼虽然没能提出此营养素的确切结构，但他是最早发现食物中含有生命必需的微量物质；发现脚气病是因缺乏某种微量物质所引起。1911 年从米糠中获得抗脚气病的微量物质，从而导致维生素 B_1（硫胺素）的发现。

维生素 B_1 广泛存在于植物中，谷类、豆类的种子外皮（如米糠）含量丰富，加工过于精细的谷物可造成其大量丢失。维生素 B_1 正常成人每日推荐量为 1.0～1.5mg。由于发热、手术、妊娠或哺乳等体内的糖类摄入增加及代谢率增强，应增加维生素 B_1 的补充。咖啡及茶中的某些成分会破坏维生素 B_1，慢性乙醇中毒，影响小肠对维生素 B_1 的吸收，也消耗了体内维生素 B_1 的储备，易导致维生素 B_1 缺乏。

二、维生素 B_2

（一）化学本质及性质

维生素 B_2 是核醇与 7,8-二甲基异咯嗪的缩合物，呈黄色，故又名核黄素（riboflavin）。它的异咯嗪环上的第 1 及第 10 位氮原子与活泼的双键连接，可反复接受或释放氢，具有可逆的氧化还原性。

维生素 B_2 分布很广，从食物中被吸收后在小肠黏膜的黄素激酶的作用下可转变成黄素单核苷酸（flavin mononucleotide，FMN），在体细胞内还可进一步在焦磷酸化酶的催化下生成黄素腺嘌呤二核苷酸（flavin adenine dinucleotide，FAD），FMN 及 FAD 是维生素 B_2 在体内的活性形式。

（二）生化作用及缺乏症

FMN 及 FAD 是体内氧化还原酶的辅基，如：脂酰辅酶 A 脱氢酶、琥珀酸脱氢酶等，主要起递氢体的作用。维生素 B_2 广泛参与体内各种氧化还原反应，促进糖、脂肪和蛋白质的代谢。对维持皮肤、黏膜和视觉的正常功能具有一定的作用。维生素 B_2 分布很广，在牛奶、蔬菜、肉类及含皮的谷物中含量丰富。成人每日推荐量为 1.2～1.5mg。

人类维生素 B_2 缺乏时，可引起口角炎、唇炎、阴囊炎、眼睑炎等症。

三、维生素 PP

（一）化学本质及性质

维生素 PP 又名抗癞皮病维生素，包括烟酸（nicotinic acid，又称尼克酸）及烟酰胺（nicotinamide，又称尼克酰胺），均为吡啶的衍生物，在体内可相互转化。维生素 PP 广泛存在于自然界，食物中维生素 PP 均以烟酰胺腺嘌呤二核苷酸（NAD^+）或烟酰胺腺嘌呤二核苷酸磷酸（$NADP^+$）的形式存在。它们进入小肠后被分解，释放出游离的维生素 PP 而被吸收，进入组织细胞后，再合成辅酶 NAD^+ 或 $NADP^+$。NAD^+ 和 $NADP^+$ 是维生素 PP 在体内的活性形式。

肝内能将色氨酸转变成维生素 PP，但转变率较低，为 1/60。因色氨酸为必需氨基酸，所以人体的维生素 PP 主要从食物中摄取。

（二）生化作用及缺乏症

NAD^+ 和 $NADP^+$ 在体内是多种不需氧脱氢酶的辅酶，分子中的烟酰胺部分具有可逆的加氢及脱氢的特性。烟酸能抑制脂肪组织的脂肪分解，从而抑制 FFA 的动员，可使肝中 VLDL 的合成下降，而起到降胆固醇的作用。所以临床上将烟酸用作降胆固醇药。马铃薯、蘑菇、谷物、肉类中含有丰富的维生素 PP。成人每日推荐量 15～20mg。

人类维生素 PP 缺乏症称为癞皮病（pellagra），主要表现是皮炎、腹泻及痴呆。

皮炎常呈对称性，并出现于暴露部位，痴呆是因神经组织变性的结果。故维生素PP又称为抗癞皮病维生素。抗结核药物异烟肼的结构与维生素PP十分相似，两者有拮抗作用，长期服用可能引起维生素PP缺乏。服用过量烟酸时（每日2～4g）会引起血管扩张、脸颊潮红、痤疮及胃肠不适等症，长期大量服用可能对肝有损害。

四、泛　酸

（一）化学本质及性质

泛酸（pantothenic acid）由二甲基羟丁酸和β-丙氨酸组成，因在自然界广泛存在，故又称遍多酸。泛酸在肠内被吸收进入人体后，经磷酸化并获得巯基乙胺而生成4-磷酸泛酰巯基乙胺。4-磷酸泛酰巯基乙胺是辅酶A（CoA）及酰基载体蛋白（acyl carrier protein，ACP）的组成部分，参与酰基转移作用。因此CoA及ACP为泛酸在体内的活性形式（图16-6）。

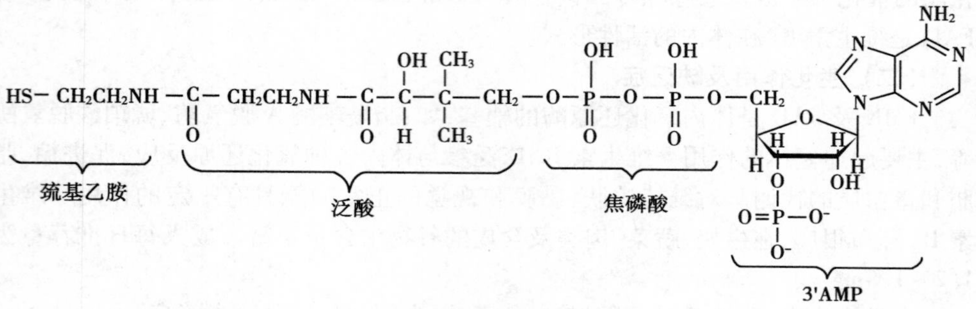

HS—CH₂CH₂NH—C(=O)—CH₂CH₂NH—C(=O)—CH(OH)—C(CH₃)₂—CH₂—O—P(=O)(OH)—O—P(=O)(OH)—O—CH₂—(3'AMP)

巯基乙胺　　泛酸　　焦磷酸　　3'AMP

图16-6　辅酶A（CoA）

（二）生化作用及缺乏症

在体内CoA及ACP构成酰基转移酶的辅酶，广泛参与糖、脂类、蛋白质代谢及肝的生物转化作用，约有70多种酶需CoA或ACP。人类少见有泛酸缺乏症，但在二战时的远东战俘中曾有“脚灼热综合征”，为泛酸缺乏所致。

五、生　物　素

（一）化学本质及性质

生物素（biotin）是由噻吩和尿素相结合的骈环且有戊酸侧链的双环化合物。生物素广泛分布于酵母、肝、蛋类、牛奶、鱼类、蔬菜及谷物等食物中。人体肠道细菌也能合成，故很少出现缺乏症。生物素为无色针状结晶体，耐酸不耐碱，氧化剂及高温可使其失活。

（二）生化作用及缺乏症

生物素是体内多种羧化酶的辅酶，如丙酮酸羧化酶等，参与CO_2的羧化过程。在组织内生物素的分子侧链中，戊酸的羧基与酶蛋白分子中的赖氨酸残基上的δ-氨基通过酰胺键牢固结合，形成羧基生物素-酶复合物，又称生物胞素（biocytin）（图16-7）。

新鲜鸡蛋中有一种抗生物素蛋白（avidin），它能与生物素结合使其失去活性而

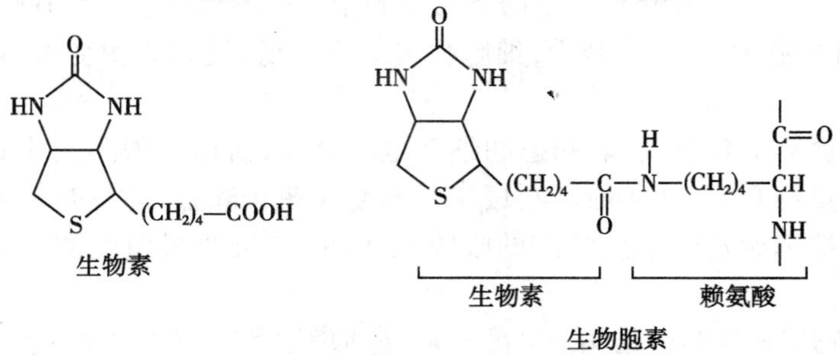

图 16-7 生物素和生物胞素的结构

不被吸收,蛋清加热后这种蛋白质被破坏,就不会妨碍生物素的吸收。因为生物素在自然界广泛分布,一般不缺乏,但长期使用抗生素可抑制肠道细菌生长,可能会造成生物素的缺乏,主要症状是疲乏、恶心、呕吐、食欲缺乏、皮炎及脱屑性红皮病。

六、维生素 B_6

(一) 化学本质及性质

维生素 B_6是吡啶的衍生物,包括吡哆醇(pyridoxine)、吡哆醛(pyridoxal)及吡哆胺(pyridoxamine),在体内以磷酸酯的形式存在。磷酸吡哆醛和磷酸吡哆胺可相互转变,是维生素 B_6的活性形式。

(二) 生化作用及缺乏症

磷酸吡哆醛是体内多种酶的辅酶,参与氨基酸转氨基和脱羧基作用,在代谢中发挥重要的作用。磷酸吡哆醛是谷氨酸脱羧酶的辅酶,该酶催化谷氨酸脱羧生成γ-氨基丁酸,γ-氨基丁酸是中枢神经系统的抑制性递质。故临床上常用维生素 B_6对小儿惊厥及妊娠呕吐进行治疗。磷酸吡哆醛还是血红素合成的限速酶δ-氨基γ-酮戊酸(ALA)合酶的辅酶。所以,维生素 B_6缺乏时与低血红蛋白小细胞性贫血有关。

维生素 B_6广泛存在于食品中,肉类、蔬菜、未脱皮的谷物、蛋黄中含量较多。维生素 B_6每天推荐量约 2mg。人类未发现维生素 B_6缺乏的典型病例。异烟肼能与磷酸吡哆醛结合,使其失去辅酶的作用,所以长期服用异烟肼时,应补充维生素 B_6。

七、叶　　酸

(一) 化学本质及性质

叶酸(folic acid)由 L-谷氨酸、对氨基苯甲酸(PABA)和 2-氨基-4-羟基-6-甲基蝶呤组成,因绿叶中含量十分丰富而得名,又称蝶酰谷氨酸。动物细胞不能合成对氨基苯甲酸,所需的叶酸需从食物中供给。食物中的蝶酰多谷氨酸在小肠水解生成的蝶酰单谷氨酸,易被吸收,在小肠黏膜上皮细胞的二氢叶酸还原酶(辅酶为 NADPH)作用下可转变成叶酸的活性形式——5,6,7,8-四氢叶酸(FH_4)。

(二) 生化作用及缺乏症

FH_4 是体内一碳单位转移酶的辅酶,分子内部 N^5、N^{10} 2 个氮原子能携带一碳单位。一碳单位在体内参与氨基酸和核苷酸代谢。叶酸缺乏时，DNA 合成受抑制，骨髓幼红细胞 DNA 合成减少，细胞分裂速度降低，细胞体积变大，造成巨幼红细胞贫血。

叶酸在食物中含量较多，肠道的细菌也能合成，所以一般不发生缺乏症。成人每天推荐量约 0.2～0.4mg。妊娠及哺乳期代谢较旺盛，应适量补充叶酸。口服避孕药或抗惊厥药能干扰叶酸的吸收及代谢，如长期服用此类药物时应补充叶酸。

抗癌药物甲氨蝶呤因结构与叶酸相似，能抑制二氢叶酸还原酶的活性，使四氢叶酸合成减少，进而抑制体内胸腺嘧啶核苷酸的合成，因此有抗癌作用。

八、维生素 B_{12}

（一）化学本质及性质

维生素 B_{12} 是唯一含金属元素的维生素，又称钴胺素（cobalamin）。维生素 B_{12} 在体内有多种存在形式（图 16-8），如氰钴胺素、羟钴胺素、甲钴胺素和 5′-脱氧腺苷钴胺素，后两者是维生素 B_{12} 的活性型，也是血液中存在的主要形式。

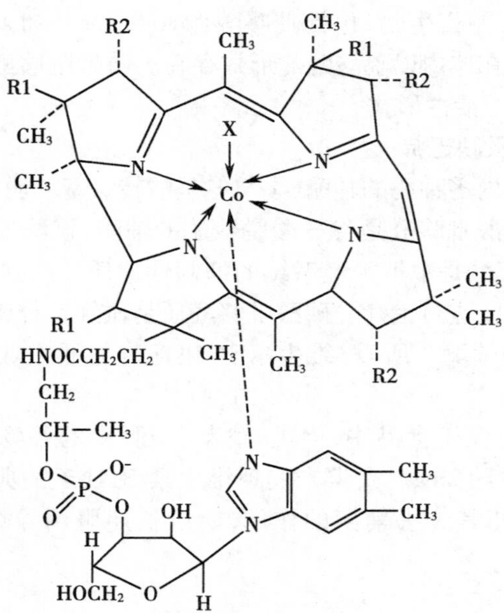

图 16-8　维生素 B_{12} 的结构

（二）生化作用及缺乏症

维生素 B_{12} 是 N_5-CH_3-FH_4 转甲基酶（甲硫氨酸合成酶）的辅酶，催化同型半胱氨酸甲基化生成甲硫氨酸。维生素 B_{12} 缺乏时，N_5-CH_3-FH_4 上的甲基不能转移，引起甲硫氨酸生成减少，同时也影响四氢叶酸的再生，使组织中游离的四氢叶酸含量减少，一碳单位的代谢受阻，最终导致核酸合成障碍，影响细胞分裂，产生巨幼红细胞性贫血（megaloblastic anemia），即恶性贫血。同型半胱氨酸的堆积可造成高同型半胱氨酸血症，增加动脉硬化，血栓生成和高血压的危险性。

5′-脱氧腺苷钴胺素是L-甲基丙二酰CoA变位酶的辅酶，催化琥珀酰-4-磷酸泛酰巯基乙胺CoA的生成。维生素B_{12}缺乏时，L-甲基丙二酰CoA大量堆积，因其结构与脂肪酸合成的中间产物丙二酰CoA相似，所以影响脂肪酸的正常合成。维生素B_{12}缺乏所致的神经疾患是因为脂肪酸的合成异常而影响髓鞘质的转换，髓鞘质变性退化，造成进行性脱髓鞘。因此维生素B_{12}具有营养神经的作用。

维生素B_{12}广泛存在于动物食品中，很难发生缺乏症。成人每天推荐量约2～3μg。有严重吸收障碍的患者及长期素食者有可能缺乏。

九、硫　辛　酸

硫辛酸（lipoic acid）为含硫八碳的脂酸，6，8位上有二硫键相连，又称6，8-二硫辛酸，能还原为二氢硫辛酸（图16-9）。硫辛酸虽然不属于维生素，但其可作为辅酶参与机体内物质代谢过程中酰基转移，起到递氢和转移酰基的作用（即作为氢载体和酰基载体），具有与维生素相似的功能（类维生素）。硫辛酸易进行氧化还原反应，可保护巯基酶免受重金属离子毒害。硫辛酸还具有抗脂肪肝和降低血胆固醇的作用。

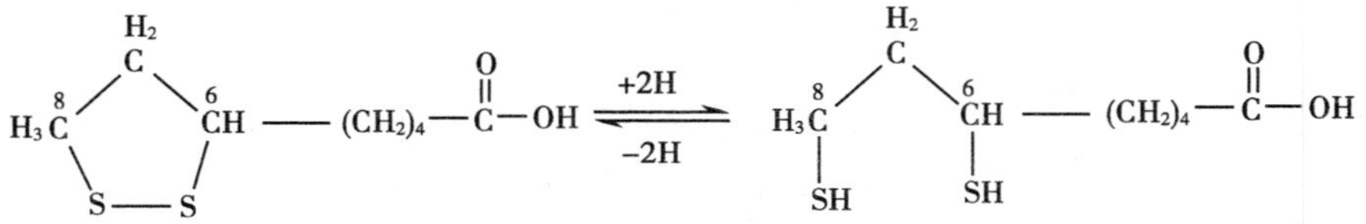

$$\text{硫辛酸（}H_3C^8\text{–}CH_2\text{–}C^6H\text{，8,6位S–S相连）}\text{–}(CH_2)_4\text{–}COOH \underset{-2H}{\overset{+2H}{\rightleftharpoons}} H_3C^8H(SH)\text{–}CH_2\text{–}C^6H(SH)\text{–}(CH_2)_4\text{–}COOH$$

图16-9　硫辛酸的氧化还原

食物中硫辛酸常和维生素B_1同时存在，人体可以合成。因此，人类很少发现硫辛酸的缺乏症。

十、维生素C

（一）化学本质及性质

维生素C又称L-抗坏血酸（ascorbic acid），为无色片状结晶，味酸，耐酸不耐碱，对热不稳定，烹饪不当可引起维生素C大量流失。维生素C烯醇式羟基上的氢原子可脱去，生成脱氢维生素C，后者也能接受氢原子再转变为维生素C。维生素C的自身氧化还原反应的性质可用于维生素C的定量测定。还原型维生素C是维生素C体内的主要存在形式。

（二）生化作用及缺乏症

1. 促进胶原蛋白的合成　维生素C是体内许多羟化酶的辅酶，参与羟化反应，是维持胶原脯氨酸羟化酶及胶原赖氨酸羟化酶活性所必需的辅助因子，能促进胶原蛋白的合成。所以维生素C可影响血管的通透性，增强对感染的抵抗力。维生素C的缺乏会导致牙齿易松动，毛细血管破裂及创伤不易愈合等，严重时可引起内脏出血，即维生素C缺乏症（坏血病）。

2. 参与胆固醇的转化　正常时体内的胆固醇有40%转变成胆汁酸。维生素

C是胆汁酸合成的限速酶——7α-羟化酶的辅酶。此外，肾上腺皮质类固醇合成中的羟化也需要维生素C。维生素C的缺乏直接影响胆固醇转化，进而影响脂类代谢。

3. 参与芳香族氨基酸的代谢　在苯丙氨酸转变为酪氨酸，酪氨酸转变为对羟苯丙酮酸及尿黑酸的反应中，都需维生素C。维生素C缺乏时，尿中大量出现对羟苯丙酮酸。维生素C还参与肾上腺髓质和中枢神经系统中儿茶酚胺的合成。

4. 是体内重要的强抗氧化剂

（1）维生素C参与体内氧化-还原反应，能起到保护巯基的作用，它能使巯基酶的-SH维持还原状态。如在谷胱甘肽还原酶作用下，使氧化型谷胱甘肽（G-S-S-G）还原为还原型（G-SH）（图16-10）。还原型G-SH能使细胞膜的脂质过氧化物还原，起保护细胞膜的作用。维生素C作为抗氧化剂，可以清除自由基，具有保护DNA、蛋白质和膜结构免遭损伤的重要作用。所以维生素C有保护细胞抗衰老的作用。

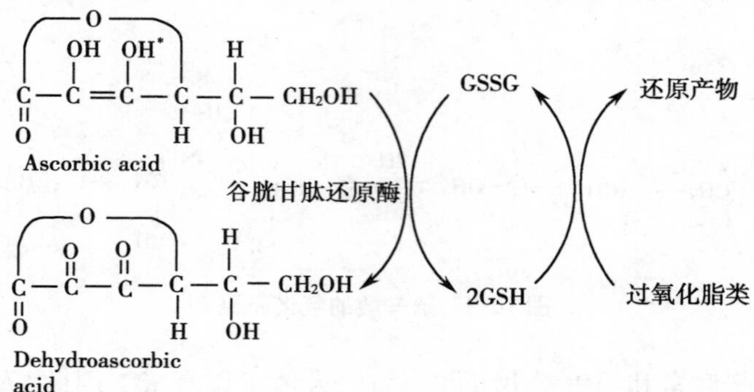

图16-10　维生素C的结构及保护巯基的作用

（2）维生素C能使红细胞中的高铁血红蛋白（MHb，含Fe^{3+}）还原为血红蛋白（Hb，含Fe^{2+}），使其恢复对氧的运输能力。可使食物中的Fe^{3+}转化为Fe^{2+}而易于吸收，促进造血功能。

（3）维生素C能保护维生素A、E及B免遭氧化，还能促使叶酸转变成为有活性的四氢叶酸。

5. 其他作用　临床上维生素C具有很好的抗癌作用。还可促进免疫球蛋白的合成和稳定，增强机体抵抗力。

人体不能合成维生素C。维生素C广泛存在于新鲜蔬菜、水果和豆芽中。植物中含有的维生素C氧化酶能将维生素C氧化为灭活型的二酮古洛糖酸，所以储存久的水果、蔬菜中的维生素C的含量会大量减少。成人每日推荐量为60mg。过量摄入的维生素C可随尿排出体外。

各种维生素的基本性质见表16-1。

表 16-1 各种维生素一览表

名 称	来源食物	主要功能	活性形式	日需要量	缺乏症
维生素 A（视黄醇）	鱼肝油、蛋黄、牛奶、绿叶蔬菜、胡萝卜、玉米等	1. 构成视紫红质 2. 维持上皮组织结构的完整 3. 促进生长发育	11-顺视黄醛、视黄醇、视黄酸	800μg（2600IU）	夜盲症、干眼病、皮肤干燥、毛囊丘疹
维生素 D（钙化醇）	肝、蛋黄、牛奶、鱼肝油	1. 调节钙、磷代谢，促进钙、磷吸收 2. 促进骨盐代谢与骨的正常生长	$1,25(OH)_2D_3$	5～10μg（200～400IU）	佝偻病（儿童），软骨病（成人）
维生素 E（生育酚）	植物油	1. 抗氧化作用，保护生物膜 2. 维持生殖功能 3. 促血红素合成	生育酚	8～10mg	人类未发现缺乏症，临床用于治疗习惯性流产
维生素 K（凝血维生素）	肝、绿色蔬菜	促进肝合成凝血因子	2-甲基 1,4-萘醌	60～80μg	皮下出血、肌肉及胃肠道出血
维生素 B_1（硫胺素）	酵母、豆、瘦肉，谷类外壳、皮及胚芽	1. α-酮酸氧化脱羧酶的辅酶 2. 抑制胆碱酯酶活性 3. 转酮基反应	TPP	1.2～1.5mg	脚气病、末梢神经炎
维生素 B_2（核黄素）	肝、蛋黄、牛奶、绿叶蔬菜	构成黄素酶的辅酶，参与生物氧化体系	FMN、FAD	1.2～1.5mg	口角炎、舌炎、唇炎、阴囊炎
维生素 PP（烟酸、烟酰胺）	肉、酵母、谷类、花生、胚芽、肝	构成脱氢酶的辅酶，参与生物氧化体系	NAD^+ $NADP^+$	15～20mg	癞皮病
维生素 B_6（吡哆醇、吡哆醛、吡哆胺）	谷类胚芽、肝	1. 氨基酸脱羧酶和转氨酶的辅酶 2. ALA 合酶的辅酶	磷酸吡哆醛 磷酸吡哆胺	2mg	人类未发现缺乏症
泛酸（遍多酸）	动、植物细胞中均含有	构成辅酶 A 的成分，参与体内酰基的转移	CoA、4′-磷酸泛酰巯基乙胺	4～7mg	人类未发现缺乏症

续表

名　称	来源食物	主要功能	活性形式	日需要量	缺乏症
叶酸	肝、酵母、绿叶蔬菜	以 FH_4 的形式参与一碳单位的转移，与蛋白质、核酸合成、红细胞、白细胞成熟有关	四氢叶酸	200～400μg	巨幼红细胞贫血
生物素	动、植物组织中均含有	构成羧化酶的辅酶，参与 CO_2 的固定		30～100μg	人类未发现缺乏症
维生素 B_{12}	肝、肉、鱼、牛奶	1. 促进甲基转移 2. 促进 DNA 合成 3. 促进红细胞成熟	甲钴素 5′-脱氧腺苷钴胺素	2～3μg	巨幼红细胞贫血
维生素 C	新鲜水果、蔬菜，特别是番茄和柑橘	1. 参与体内羟化反应 2. 参与氧化还原反应 3. 促进铁吸收	抗坏血酸	60mg	维生素 C 缺乏症
硫辛酸	肝	转酰基作用、转氢作用			人类未发现缺乏症

第三节　微量元素

微量元素（microelement）是指人体中每人每日的需要量在100mg以下的元素，主要包括有铁、锌、铜、锰、硒、碘、钴、氟、铬等。虽然所需甚微，但生理作用却十分重要。

一、铁

1. 体内含量、需要量及分布　铁（iron）是体内微量元素中含量最多的一种，成年男性平均含铁量约为每公斤体重50mg，而女性略低，约为每kg体重30mg。体内铁约75%存在于铁卟啉化合物中，约25%存在于非铁卟啉类含铁化合物中，主要有含铁的黄素蛋白、铁硫蛋白、运铁蛋白等。在血液中铁与运铁蛋白（transferrin，Tf）结合而运输，而在肝内有铁的特殊载体。与Tf结合的是 Fe^{2+}，正常人血清Tf的浓度为200～300mg/dl。

铁的需要量个体差异很大，成年男性及绝经后的妇女每日约需铁1mg，经期妇女每日约1.5mg，妊娠期妇女每日约为3mg。

2. 铁的吸收　铁的吸收部位主要在十二指肠及空肠上段。无机铁以 Fe^{2+} 形式吸收，Fe^{3+} 很难吸收。络合物中铁的吸收大于无机铁，凡能将 Fe^{3+} 还原为 Fe^{2+} 的物质如谷胱甘肽、维生素C及能与铁离子络合的物质(如氨基酸、枸橼酸、苹果酸等)均有利于铁的吸收。因而,临床上常用硫酸亚铁、枸橼酸铁铵、富马酸铁(Fe^{2+}与延胡索酸的络合物)等作为口服补铁药剂。血红素铁因吸收机制不同于非血红素铁,故吸收率高。

3. 铁的功能　铁是血红蛋白、肌红蛋白的主要成分,参与O_2、CO_2的运输;作为细胞色素系统、呼吸链的主要复合物、过氧化物酶及过氧化氢酶等的重要组成部分,在生物氧化中发挥重要作用。因此体内铁缺乏或铁代谢障碍时可导致小细胞低血红蛋白性贫血(缺铁性贫血)。

二、锌

锌(zinc),体内含量仅次于铁,成人体内含锌量约为2~3g,成人每日需锌15~20mg。锌主要在小肠吸收,入血后与清蛋白或运铁蛋白结合而运输。小肠内有金属结合蛋白类物质能与锌结合,调节锌的吸收。某些地区的谷物中含有较多的6-磷酸肌醇,能与锌形成不溶性复合物,影响锌的吸收。血锌浓度约为0.1~0.15mmol/L,体内的锌主要经粪、尿、汗、乳汁等排泄。

锌作为金属酶的组成成分,与体内80多种酶的活性有关。许多蛋白质如反式作用因子、类固醇激素及甲状腺素受体的DNA结合区,都有锌参与形成的锌指结构,在基因表达调控中起重要的作用。故缺锌必然会引起机体代谢紊乱。现在已知缺锌可引起儿童生长不良,生殖器官发育受损,伤口愈合缓慢等,此外缺锌还可影响皮肤健康,引起皮肤炎等。

三、铜

铜(copper)在成人体内含量约为80~110mg,肌肉中约占50%,10%存在于肝。肝中铜的含量可反映体内的营养及其平衡状况。国际推荐量成人每日每kg体重约需0.5~2.0mg铜,婴儿和儿童每日每kg体重需铜0.5~1mg,妊娠妇女和成长期的青少年可略有增加。铜主要在十二指肠吸收,铜的吸收受血浆铜蓝蛋白的调控,血浆铜蓝蛋白减少时,吸收便增加。

铜是体内多种酶的辅基,如细胞色素氧化酶等,铜离子在电子传递给氧的过程中是不可缺少的。此外单胺氧化酶、超氧化物歧化酶等也都是含铜的酶。铜蓝蛋白可催化Fe^{2+}氧化成Fe^{3+},在血浆中转化为运铁蛋白。铜缺乏时,会影响一些酶的活性,如细胞色素氧化酶活性下降可导致能量代谢障碍,可表现一些神经症状。铜缺乏也可导致Hb合成障碍,引起小细胞低色素性贫血。

铜虽是体内不可缺少的元素,但摄入过多也会引起中毒现象,如蓝绿粪便、唾液,以及行动障碍等。

四、锰

正常人体内含锰(manganese)约12~20mg。成人每日需2.5~5mg,儿童每日每kg体重需0.1mg。锰主要从小肠吸收,入血后大部分与血浆中β_1-球蛋白(运锰蛋白)结合而运输。主要从肠道排泄。

体内锰主要为多种酶的组成成分及激活剂,如RNA聚合酶、超氧化物歧化酶等。锰不仅参与体内糖、脂肪、蛋白质的代谢，还参与体内的免疫功能，抗自由基作用。缺锰时生长发育会受到影响。摄入过量锰会引起中毒。慢性锰中毒，可致神经细胞变性、神经纤维脱髓鞘以及多巴胺合成减少等精神-神经症状和帕金森神经功能障碍，无治疗良方，应加以预防。

五、硒

人体含硒(selenium)约为14~21mg，我国学者认为成人每日应在30~50μg。硒在十二指肠吸收，入血后与α-及β-球蛋白结合，小部分与VLDL结合而运输，主要随尿及汗液排泄。

硒在体内以硒代半胱氨酸的形式存在于近30中蛋白质中，尤其是作为谷胱甘肽过氧化物酶(GSH-Px)活性中心的组成部分，具有抗氧化作用，保护细胞膜和蛋白质作用，可加强维生素E的抗氧化功能；硒还参与辅酶Q和辅酶A的合成；硒还能抵抗汞、镉、砷等元素的毒性作用；目前认为大骨节病及克山病可能与缺硒有关。硒过多也会引起中毒症状。

六、碘

成人体内含碘(iodine)量20~50mg，其中30%集中在甲状腺内，供合成甲状腺素。按国际上推荐的标准，成人每日需碘约150μg，儿童则按每日每kg体重3~5μg计算。碘的吸收部位主要在小肠，吸收后的碘有70%~80%被摄入甲状腺细胞内贮存、利用。机体在吸收碘的同时，有等量的碘排出。主要排出途径为尿碘，约85%，其他25%由汗腺排出。

碘在人体内的主要作用是参与甲状腺素的组成，甲状腺素有促进蛋白质合成、加速机体生长发育、调节能量的转换、利用和稳定中枢神经系统的结构和功能等重要作用，故碘对人体的功能极其重要。缺碘可引起地方性甲状腺肿，严重可致发育停滞、痴呆，如胎儿期缺碘可致呆小病；若摄入碘过量又可致高碘性甲状腺肿，表现为甲状腺功能亢进及一些中毒症状。

七、钴

体内的钴(cobalt)主要以维生素B_{12}的形式发挥作用，正常成人每日摄取钴约300μg。人体对钴的最小需要量为每日1μg，从食物中摄入的钴必须在肠内经细菌合成维生素B_{12}后才能被吸收利用。世界卫生组织(WHO)推荐，成年男性及青少年每天需维生素B_{12}2μg，哺乳期妇女为2.5~3μg。钴主要在十二指肠及回肠末端吸收，主要从尿中排泄。维生素B_{12}的缺乏可引起巨幼红细胞性贫血。由于人体排钴能力强，很少有钴蓄积的现象发生。

八、氟

成人体内含氟(fluorine)2~6g，其中90%分布于骨、牙、指甲、毛发及神经肌肉中。氟的生理需要量每人每日为0.5~1.0mg。氟主要从胃肠和呼吸道吸收，入血后与球蛋白结合，小部分以氟化物形式运输，血中氟含量约为20μmol/L。氟主要从尿中排泄。

氟与骨、牙的形成及钙磷代谢密切相关。缺氟可致骨质疏松，易发生骨折。氟过多也可引起多方面的代谢障碍，可引起骨脱钙及对细胞、肾上腺、生殖腺等功能有影响。

九、铬

成人体内含铬(chromium)量约为6mg，每日需要量约75μg。体内多以三价铬的形式存在。铬在天然食品中的含量较低、均以三价铬形式存在。

铬作为葡萄糖耐量因子的组成部分，对调节体内糖代谢、维持体内正常的葡萄糖耐量起重要作用。铬还参与影响机体的脂质代谢，降低血中胆固醇和甘油三酯的含量，可预防心血管疾病。铬还是核酸类(DNA和RNA)的稳定剂，可防止细胞内某些基因突变并预防癌症。

三价铬是对人体有益的元素，而六价铬是有毒的。六价铬比三价铬毒性高100倍，并易被人体吸收且在体内蓄积。急性铬中毒主要是六价铬引起的以刺激和腐蚀呼吸、消化道黏膜为特征的临床表现。多见于口服铬盐中毒及皮肤灼伤合并中毒。也见于化工和电镀工人的职业性铬中毒。

(陈　瑜)

第十七章

肿瘤的生化基础

第一节　概　　述

细胞增生与细胞死亡是两个相反的生理过程。在正常情况下，两者都有严密的调控机制，以保证胚胎发育、个体成长及成体中新生的细胞替代衰老、死亡的细胞。胚胎发育中细胞增生占优势，增生的细胞分化形成各种组织与器官。在胚胎发育中伴有细胞凋亡(apoptosis)，有助于维持正常的形态发生及机体功能。个体成长中也是细胞增生占优势，是导致器官体积增大的主要原因。成体中的细胞增生与死亡达成平衡，这一平衡的破坏可导致肿瘤。

肿瘤细胞的显著特征是细胞自主性分裂不受体内生长调节系统的控制，失去细胞与细胞间及细胞与组织之间的正常关系，因而肿瘤细胞可侵袭周围正常组织并发生转移。肿瘤发生与癌基因(oncogene)和抑癌基因(tumor suppressor gene)有关，癌基因能促进细胞增殖、抑制细胞分化和细胞凋亡，抑癌基因作用则与之相反。正常状态下，这两类基因相互作用维持细胞正常的生长、分化和凋亡，当某种原因使原癌基因(proto-oncogene)激活或抑癌基因失活，均可导致细胞过度增殖，分化，凋亡受阻，最终引起肿瘤的发生。

肿瘤细胞增生的核心问题是基因突变。未能保真修复的 DNA 损伤可能产生

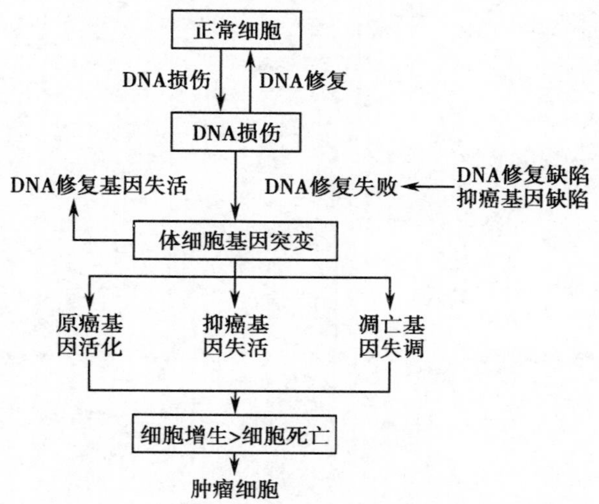

图 17-1　促进正常细胞向肿瘤细胞转化的因素

基因突变。若基因发生突变将造成:①调节细胞增生的原癌基因活化或抑癌基因失活;②调节细胞凋亡的促凋亡基因失活或抑制凋亡基因功能增强;③DNA 修复基因失活,使突变的细胞内积累,并且累及到调节细胞增生及细胞凋亡的基因时,就可能使细胞增生及凋亡失去平衡,导致细胞发生恶性变而形成肿瘤(图 17-1)。

第二节 癌 基 因

一、病毒癌基因和细胞癌基因

(一) 病毒癌基因

病毒分为 DNA 病毒和 RNA 病毒。癌基因最早发现于反转录(RNA)病毒中。从鸡肉瘤中分离得到的劳氏肉瘤病毒(Rous sarcoma virus,RSV)在体外能使鸡胚成纤维细胞转化,在体内能使鸡患肉瘤。比较具备转化和不具备转化特性的 RSV,发现野生型 RSV 中存在着一个与病毒生活史无关,但是能够转化鸡胚成纤维细胞,并使鸡患肉瘤的基因 src。以后又在其他反转录病毒中陆续发现了一些具有在体外转化细胞,在体内使宿主发生肿瘤的基因,将这一类基因称为病毒癌基因(virus oncogene,*v-onc*)(图 17-2)。

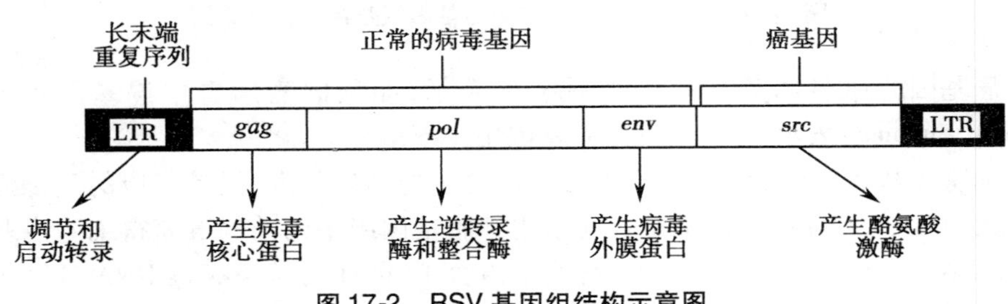

图 17-2 RSV 基因组结构示意图

病毒癌基因通常以反转录病毒株结合其所转化的宿主细胞命名,如 *abl* 癌基因是由 Abelson 鼠白血病病毒转化的小鼠中提取。目前已发现的反转录病毒中的癌基因有 30 多种。

(二) 细胞癌基因

缺失了癌基因的反转录病毒仍然能够正常地完成其生命周期,说明癌基因并不是它固有的必需基因。病毒中的癌基因从何而来?考虑到反转录病毒的生活史中的病毒基因组整合在宿主细胞基因组中的环节,推测病毒中的癌基因可能起源于宿主细胞。用核酸分子杂交的方法果然在正常的宿主细胞中找到了与病毒中的癌基因的同源基因,称为原癌基因或细胞癌基因(cellular oncogene,*c-onc*)。细胞原癌基因外显子序列在进化上极为保守,说明这类基因产物在生命活动中是必需的。在一定条件下原癌基因因结构、数量改变而被激活后能使细胞恶性转化。现在认为,病毒癌基因来自宿主细胞本身,如反转录病毒感染宿主细胞后,可以自身 RNA 为模板,由反转录酶催化产生携带病毒遗传信息的双链 DNA(前病毒),前病毒 DNA 随即整合进入宿主细胞基因组,当前病毒 DNA 从宿主基因组切离时,部分宿主原癌基因被同时切下,从宿主细胞中释放的病毒将带有原癌基因的转导基因,经过重排或重组转变为病毒癌基因,使病毒获得致癌性质(图 17-3)。

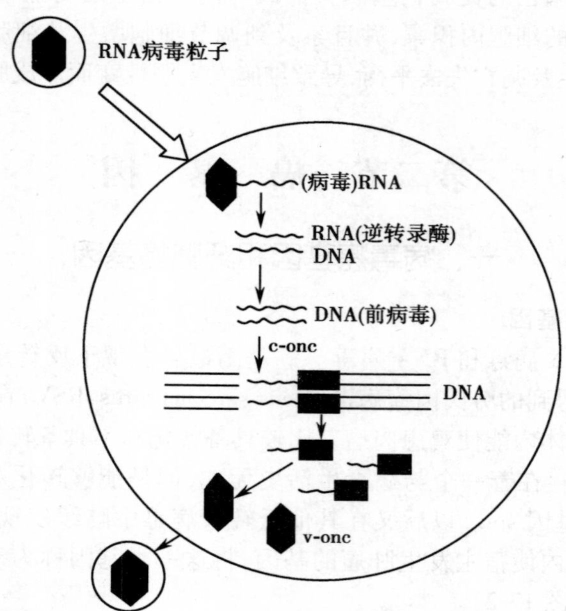

图 17-3 RNA 病毒与宿主细胞基因组整合过程示意图

癌基因的命名用英文斜体小写字母表示,如猴肉瘤病毒中癌基因用 *v-sis*(simian sarcoma)表示,相应的细胞癌基因用 *c-sis* 表示。

细胞癌基因是真核生物细胞内含有内含子的结构基因,但是相应的病毒癌基因并无内含子,其原因可能是整合在宿主细胞基因组中的前病毒获得细胞癌基因后,在 RNA 水平经过转录后加工,切除了内含子,因此反转录病毒 RNA 基因组中的 *v-onc* 并无内含子。除此之外,*v-onc* 与相应的 *c-onc* 比较,还存在编码序列的点突变或缺失突变,因此表达的蛋白质功能有差别。病毒癌基因表达的蛋白质往往有较强的细胞转化活性,细胞癌基因的产物亦可正向调节细胞增殖。

细胞癌基因种类繁多,大部分癌基因依据其基因结构与功能特点可归于下列几个家族。

1. *src* 家族 包括 *abl*、*fes*、*fgr*、*fps*、*fym*、*kck*、*lck*、*lyn*、*ros*、*src*、*tkl* 和 *yes* 等基因。该家族种类很多,功能多样,蛋白质产物多具有酪氨酸蛋白激酶活性以及同细胞膜结合性质,蛋白质产物之间大部分氨基酸序列具有同源性。

2. *ras* 家族 包括 H-ras、K-*ras*、N-*ras*。其表达产物多属小 G 蛋白,能结合 GTP,有 GTP 酶活性。它们核苷酸序列的同源性小,但编码蛋白质的分子量均为 21kD,即 p21。

3. *myc* 家族 包括 *c-myc*、*l-myc*、*n-myc*、*fos*、*myb*、*ski* 等基因,所表达的蛋白质产物定位在细胞核,属于 DNA 结合蛋白类,或是转录调控中的反式作用因子,对其他多种基因的转录有直接的调节作用。

4. *sis* 家族 编码产物与血小板源生长因子(PDGF)结构功能相似。

5. *erb* 家族 包括 *erb-A*、*erb-*B、*fms*、*mas*、*trk* 等基因,其表达产物是生长因子和

蛋白激酶类。

6. *myb* 家族　包括 *myb*、*myb-ets* 复合物等基因，所表达的蛋白质产物为核内转录调节因子，可与 DNA 结合。

二、细胞癌基因产物的功能

细胞癌基因广泛存在于生物界，从酵母到人类各级进化程度不同的生物中都有细胞癌基因，并且在进化过程中基因序列高度保守，功能也相同。它们是细胞的必需基因，对维持细胞正常生理功能，调节细胞生长与增殖起重要作用。其蛋白质产物可以是生长因子、生长因子受体、信号转导分子、转录因子等(表 17-1，图 17-4)。

表 17-1　细胞癌基因产物及其功能

细胞癌基因	产物及其功能
c-sis	血小板源生长因子(PDGF)β 链。PDGF 调节靶细胞正常生长与增生，相应的 *v-sis* 发现于猴肉瘤病毒中，产生 p^{28sis} 蛋白，能使靶细胞过度增生
EGF 受体基因	EGF 受体与 EGF 结合后转导细胞增生信号，相应的病毒癌基因 *v-erbB* 的产物为 $gp65^{erbB}$。缺失配体结合域，不需与 EGF 结合就可转导细胞增生信号
ras 基因家族 *H-ras*，*K-ras*，*N-ras*	产物 Ras 蛋白属于小 G 蛋白，与 GTP 结合后有活性，能转导细胞生长增生信号。突变的 Ras 蛋白不具有 GTPase 活性，结合 GTP 后持续活化
c-src	产物为 60kD 的胞质酪氨酸蛋白激酶，转导细胞生长与增生信号，*v-src* 产物能使细胞转化
c-myc	产物为 19kD 的核内转录因子，与 Max 蛋白形成异二聚体，与特异的顺式作用元件结合，活化靶基因转录

三、原癌基因激活的机制

细胞癌基因在物理、化学及生物因素的作用下发生突变，表达产物的质和量的变化，表达方式在时间及空间上的改变，都有可能使细胞转化。从正常的原癌基因转变为具有使细胞转化功能的癌基因的过程称为原癌基因的活化，活化机制见表 17-2。

表 17-2　细胞癌基因活化机制

活 化 机 制	举　　例
点突变	点突变可能造成基因编码蛋白质中氨基酸替换，从而导致蛋白质功能改变。例如 EJ 膀胱癌细胞株中 *c-ras* 点突变
基因扩增	原癌基因通过基因扩增，增加基因拷贝数，产物过量表达，可使细胞转化。例如小细胞肺癌中 *c-myc* 扩增
DNA 重排	可导致原癌基因序列缺失或与周围的基因序列交换，基因产物结构功能改变。例如结肠癌中发现 *c-tpk* 与非肌原肌球蛋白基因之间 DNA 重排

续表

活化机制	举例
染色体易位	可导致原癌基因与强启动子连接或受增强子调控，从而产物过量表达，导致细胞转化。例如慢性髓细胞性白血病中有 9 号染色体 *c-abl* 与 22 号染色体上 *bcr* 基因对接
病毒基因启动子及增强子的插入	禽类白细胞增生病毒（ALN）整合在禽类基因组中，由前病毒的长末端重复（LTR）序列中的启动子及增强子调控 *c-myc* 表达，导致肿瘤产生

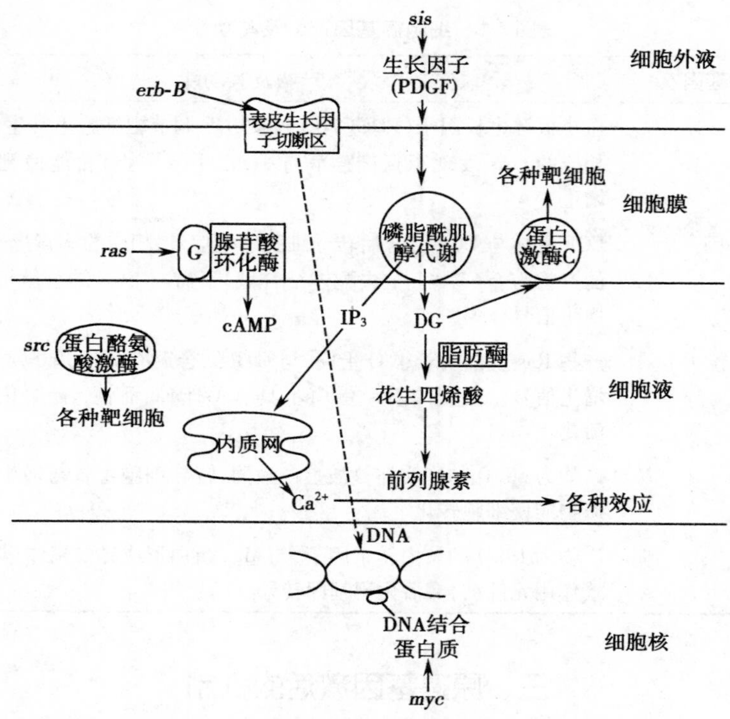

图 17-4　癌基因与生长因子信号的转导

表 17-2 中所列各种细胞癌基因活化机制并未表明哪一种活化机制是使细胞转化的足够条件。事实上在肿瘤细胞中常发现两种或多种细胞癌基因的活化，例如白血病细胞株 HL-60 中有 *c-myc* 和 *N-ras* 活化。实验也证明癌基因的协同作用可使细胞转化。例如原代培养的大鼠胚胎成纤维细胞传代 50 次左右就会死亡，转染重排的 *c-myc* 可使它永生化，但细胞表型仍属正常，也无恶性行为。上述原代细胞如果转染活化的 *ras* 基因，细胞形态改变，但不能无限传代，也不能在实验动物中形成肿瘤。大鼠胚胎成纤维细胞如果转染了上述两种基因就会转化、永生化、形态改变，并在动物中致瘤。两种或更多的细胞癌基因活化可有协同作用，细胞癌基因的活化与抑癌基因的失活也产生协同作用。

第三节 抑癌基因

一、抑癌基因的概念

抑癌基因是一类抑制细胞增殖的基因，其失活可引起细胞转化。抑癌基因又称肿瘤易感基因(tumor susceptibility gene)。20世纪60年代开始的杂合细胞致癌性研究中将肿瘤与正常细胞融合，或在肿瘤细胞中导入正常细胞的染色体，都可获得无致癌性的杂合细胞，提示正常的细胞中有抑制肿瘤发生的基因，即抑癌基因。

Knudson在研究视网膜母细胞瘤(Retinoblastoma,Rb)的流行病学中发现婴幼儿所患的肿瘤常常是双侧多发性，并且有家族史；而没有家族史的幼儿往往发病年龄较大，而且是单侧性肿瘤。他假定遗传性和散发性的肿瘤都只与一个基因(即命名为*Rb*的基因)有关，并且肿瘤的发生需要该基因位点发生两次突变。在早发性双侧肿瘤，患者从父母获得的一对等位*Rb*基因，其中只有一个是正常的(野生型)，另一个是失活的。因此只要野生型*Rb*基因发生突变失活，*Rb*基因功能就会丧失，导致视网膜母细胞瘤产生。在迟发的单侧瘤，患者从父母获得的一对等位*Rb*基因都有功能，只有它们各自都突变失活才可能使*Rb*基因的功能丧失而诱发肿瘤。

*Rb*基因是第一个被证实的抑癌基因。目前已确定的抑癌基因有30余种(表17-3)。与癌基因相同，抑癌基因也是通过其编码的蛋白质产物发挥功能的。抑癌基因的产物起着抑制细胞增殖信号转导，负性调节细胞周期，从而抑制细胞的增殖的作用。

表17-3 某些抑癌基因及其功能丧失后导致的相关肿瘤

抑癌基因	染色体定位	产物定位	功能	相关肿瘤
DPCD1	18q21.1	细胞表面	转导TGFβ信号	胰腺癌、结肠癌等
*NF*1	17q11.2	胞膜内面	抑制Ras信号转导	施万细胞瘤
*NF*2	22q12.2	细胞骨架	抑制Ras信号转导	脑膜瘤等
*WT*1	11q13	细胞核	转录因子	Wilms瘤
NPC(*EAO*)	5q21～22	细胞质	抑制信号转导	胃癌、结肠癌等
RB	13q14	细胞核	负调节细胞周期	视网膜母细胞瘤、肺癌、骨肉瘤等
p53	17q12～13.3	细胞核	负调节细胞周期 DNA 损伤后的细胞凋亡	大多数癌症
p16	9p21	细胞核	负调节细胞周期	胰腺癌、食管癌等

续表

抑癌基因	染色体定位	产物定位	功能	相关肿瘤
DCC	11p15.5	细胞膜	细胞黏附	大肠癌、胰腺癌等
MEN 1	11q13	未定	与 TGFβ 信号有关	多发内分泌肿瘤

NF：trcttrofibonratosis 神经纤维瘤

APC：adetrotnatons polyposis of the colon 多发生结肠腺癌

现以 *Rb* 基因及 *p*53 基因为例说明抑癌基因的功能。

1. *Rb* 基因　*Rb* 基因位于 13 号染色体 q14、全长 200kb，含 27 个外显子。*Rb* 基因失活不仅与视网膜母细胞瘤及骨肉瘤有关，在许多散发性肿瘤，如 50% ~85% 的小细胞性肺癌、10% ~30% 乳腺癌、膀胱癌和前列腺癌中都发现了 *Rb* 基因失活。

Rb 基因在各种组织中普遍表达，产物是位于细胞核内的 105kD 的蛋白质 pRb^{105}。pRb^{105} 只有一条肽链，肽链中部有一个可折叠成口袋状的 AB 口袋结构域（AB pocket domain），它能与一些病毒的蛋白质及细胞蛋白质结合，肽链中还有可被磷酸化修饰的位点。pRb 的磷酸化状态及其与其他蛋白质的结合与它的功能密切相关。

将 *Rb* 基因导入 *Rb* 基因失活的细胞中可使 G_1 期的细胞停留在 G_1 期，S 期及 M 期的细胞则可进展到 G_1 期，然后停留在 G_1 期，因此 pRb 是对 G_1 期有作用的蛋白质。当细胞从 G_1 期进入 S 期时可发现 pRb 磷酸化程度增加，细胞通过 M 期进入 G_1 期时 pRb 迅速去磷酸化，使细胞停留在 G_1 期，因此低磷酸化的 pRb 使细胞不能通过 G_1/S 细胞周期关卡。此外也发现许多种类的细胞分化与低磷酸化的 pRb 增加有关。pRb 负向调节细胞周期的作用是通过与转录因子 E2F-1 结合而实现的，低磷酸化的 pRb 的口袋结构域能与 E2F-1 结合使之失活，高磷酸化的 pRb 不能与 E2F-1 结合，使 S 期必需的基因产物如二氢叶酸还原酶，胸苷激酶，DNA 聚合酶 α 等（图 17-5）合成受限，细胞周期的进展受到抑制。

2. *p*53 基因　*p*53 基因位于 17 号染色体 p13.1，全长 20kb，含有 11 个外显子，编码一 53kD 肽链，活性形式为同源四聚体。50% ~60% 的人类各系统肿瘤中发现有 *p*53 基因突变，常常是一对等位基因中只有一个等位基因有错义突变，造成 p53 蛋白中单个氨基酸残基替换。突变的 p53 蛋白不仅自身失去功能，它还能与野生型等位基因表达的 p53 蛋白聚合成无功能的四聚体。在某些肉瘤及一些淋巴瘤中，*p*53 基因的突变常常是等位基因双缺失、基因重排或剪接错误，导致 p53 蛋白缺失。

p53 蛋白是位于细胞核内的一种转录因子，在各种组织中普遍存在。野生型 p53 蛋白半衰期很短，细胞内含量低。细胞受到射线辐射或化学试剂作用导致 DNA 损伤时，p53 蛋白水平升高，其原因主要是 p53 蛋白半衰期的延长及 p53 蛋白活化所致。p53 蛋白的丝氨酸残基磷酸化，可使 p53 蛋白稳定性增加。

活化的 p53 蛋白的 N 端可以与转录辅助活化因子 P300/CBP 结合，促进靶基因转录，其中一个重要的靶基因编码 p21 蛋白。p21 蛋白是 G_1 期特异的细胞周期抑制物，其作用是阻止细胞通过 G_1/S 关卡，使其停留于 G_1 期。另一靶基因

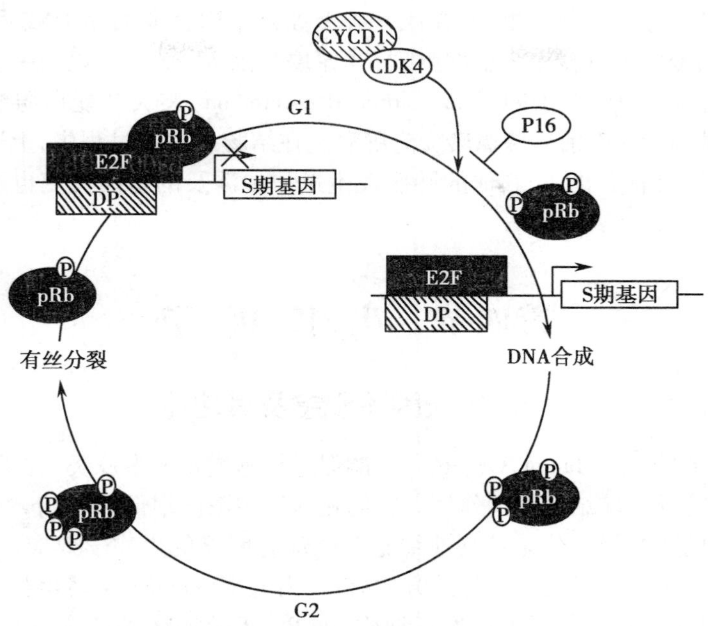

图 17-5 pRb 的磷酸化与细胞周期

GADD45(growth arrest-and DNA damage-inducible gene 45)的产物是 DNA 修复蛋白。p21 蛋白与 GADD45 蛋白的共同作用使 DNA 受损的细胞不再分裂,并且使受损 DNA 修复而维持基因组的稳定性。

p53 的另一个功能是促进细胞凋亡,当 DNA 损伤发生在已通过 G_1/S 关卡的细胞时,p53 蛋白可促进 *bax* 基因、IGF-BP3(胰岛素样生长因子结合蛋白 3)及 *Fas* 基因的转录,表达出的产物 *Bax* 蛋白可与 *Bcl* 2 蛋白结合,阻断其抑制凋亡作用;产物 IGF-BP3 可使胰岛素样生长因子失活,从而抑制与之有关的抗凋亡信号转导;Fas 受体表达增加有利于 Fas 介导的细胞凋亡。p53 蛋白通过上述两种途径使得细胞周期停滞,起着稳定基因组和抑制突变细胞产生的作用,从而达到抑制肿瘤发生的目的。

二、癌基因、抑癌基因与肿瘤的发生

如上所述,原癌基因可在某些因素作用下被激活而具有转化细胞的性质,通过干扰正常的细胞信号转导过程造成细胞异常分化和增殖。抑癌基因功能的缺失或失活也是细胞癌变的重要原因。抑癌基因的失活常见的几种途径:①基因缺失或自身突变,使表达产物失去活性;②表达蛋白质的磷酸化状态;③抑癌基因与癌基因的表达蛋白相互作用,对细胞增殖有正调控作用的原癌基因活性异常增加,同时抑制细胞增殖的抑癌基因缺失或失活,最终可引起细胞转化和癌变。

肿瘤发生(tumorigenesis)是多步骤过程。这种多步骤过程在家族性多发性腺瘤样息肉病(FAP)和甲状腺癌中研究得较为详细。从多发性腺瘤样息肉转变为结肠癌可能需要 7 个或更多的基因突变步骤:①FAP 因胚系变化,*APC* 基因的一个等位基因已失活,另一个野生型等位基因如果也发生突变就能使抑癌基因 *APC* 丧失功能，导致结肠上皮细胞增生；②在此基础上如果基因突变而使 DNA 甲基化程度降低，上皮细胞增生可转变为早期腺瘤；③原癌基因 *K-ras* 的活化进一步促进腺瘤生长；④抑癌基因 *DCC*（deleted in colorectal carcinoma）丧失功能后腺瘤进展到晚期；⑤抑癌基因 *p*53 失活后腺瘤转变为腺癌。在结肠癌发生过程中，上述基因突变的顺序也可能会有变化，在其他的肿瘤发生过程中涉及的基因突变也不局限于上述基因。

第四节 生长因子

一、生长因子概念及其功能

生长因子（growth factor，GF）是一类能促进细胞增殖的多肽类，种类极多，通过与质膜上的特异受体结合发挥作用。它们在体液中浓度很低，只有 pg/ml 至 ng/ml 水平，但对细胞的增殖、分化及其他细胞功能却有明显的生物学效应，是代谢调节的重要方式。生长因子发挥作用的方式有：①内分泌（endocrine）：生长因子从细胞分泌后，通过血液运输作用于远处靶细胞，如 PDGF；②旁分泌（paracrine）：细胞分泌的生长因子作用于邻近的其他类型细胞；③自分泌（autocrine）：生长因子作用于自身细胞。各类生长因子、癌基因产物都涉及细胞增殖和癌变的过程，常见的生长因子见表 17-4。

表 17-4 常见的生长因子及其功能

生长因子	来源	功能
上皮生长因子（EGF）	鼠唾液腺	刺激多种上皮和内皮细胞生长
红细胞生长素	肾、尿液	调节早成红细胞增生
成纤维细胞生长因子（FGFs）（至少 9 个家庭成员）	各种细胞	促进多种细胞增生
白细胞介素 1（IL-1）	条件培养基	刺激 T 细胞生成白介素 2
白细胞介素 2（IL-2）	条件培养基	刺激 T 细胞生长
神经生长因子（NGF）	鼠唾液腺	对交感及某些感觉神经原有营养作用
血小板衍生生长因子（PDGF）	血小板	促进间充质及胶质细胞生长
转化生长因子 α（TGFα）	转化细胞或肿瘤细胞的条件培养基	类似于 EGF
转化生长因子 β（TGFβ）	肾、血小板	对某些细胞同时有促进和抑制作用

二、生长因子的作用机制

细胞合成、分泌的生长因子到达靶细胞后，作用于细胞膜相应的生长因子受体，这些受体是具有酪氨酸蛋白激酶活性的膜蛋白，可介导复杂的信号转导级联过程的发生，最终导致细胞增殖（见第十三章 物质代谢调节与细胞信号转导）。存在于细胞内的某些有生长因子功能的分子可与胞内受体结合成复合物，进入细胞核，激活特定基因转录表达，促进细胞生长。某些癌基因表达产物属于生长因子或生长因子受体的类似物，它们由于过度表达或功能异常，可导致细胞失控的过度生长、增殖，引起癌变（图 17-6）。

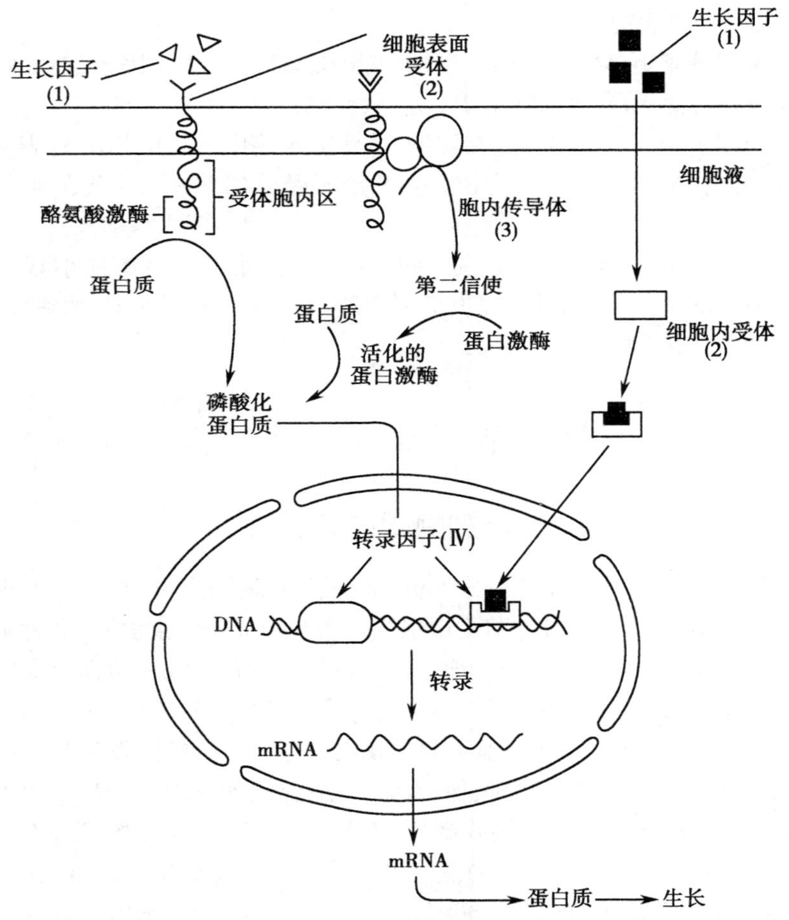

图 17-6　生长因子作用机制示意图

三、生长因子与肿瘤

各种生长因子都与细胞增殖有关，如 EGF 可促进多种细胞有丝分裂，刺激细胞增殖促进创伤愈合。在肿瘤发生发展中，肿瘤细胞通过自分泌、旁分泌的 EGF 刺激细胞酪氨酸蛋白激酶（TPK）活性，使细胞不断分裂增殖。PDGF 主要促进结缔组织相关细胞分裂增殖，参与胚胎发育、创伤修复、肿瘤形成和纤维化等多种过程。

HGF 介导肿瘤组织与间质的作用,促进肿瘤的浸润及转移。TGFβ 受体无 TPK 活性而有 Ser/Thr 激酶活性,其作用包括抑制多种正常细胞及肿瘤细胞增殖,TGFβ 结合受体可促进肿瘤抑制基因表达,因此 TGFβ 受体突变常是肿瘤的遗传因素之一。

癌基因/生长因子信号途径与肿瘤发生密切相关。某些癌基因产物属于生长因子类,某些属于信号转导途径的不同成分,包括受体、小 G 蛋白、蛋白激酶和转录因子等。在肿瘤组织中,一些蛋白激酶(如 TPK、PKA、PKC 等)活性都有不同程度的上升。除每种蛋白激酶的特异性底物,这些激酶可能有相同的底物;一个信号途径被激活后又可影响另一途径,形成复杂的信号转导网络,因而有可能在同一细胞内促进细胞增殖的各种信号同时被促进。此外,在肿瘤细胞中常表现为促进增殖的信号加强。主要表现有:

1. 癌基因分泌更多的生长因子　多种癌细胞能产生生长因子,能加强促进增殖的信号,如肺癌和卵巢癌细胞 TGFα 分泌量增加。

2. 生长因子受体数量增多　在腺癌、鳞状上皮癌中 Erb-B、EGF 过表达。在神经胶质细胞瘤中 NGF 受体显著增加。生长因子受体的数量与肿瘤的生长速度呈正相关。

3. 信号途径分子异常激活　在肿瘤组织中,*ras* 的高突变率使小 G 蛋白处于易与 GTP 结合的活性形式,进而促进细胞增殖。*ras* 突变后使 GTP 酶活性下降,致使 Ras 始终处于激活状态。

第五节　细 胞 凋 亡

一、细胞凋亡的概念

细胞死亡分为坏死及细胞凋亡(apoptosis),细胞凋亡又称程序性细胞死亡(programmed cell death,PCD)。前者由组织损伤和炎症等因素引起,后者则是细胞生理性死亡的形式。细胞凋亡是由细胞内特定基因的程序性表达而介导的细胞死亡,它一方面是生物个体胚胎发育过程中的程序化事件,另一方面是成熟个体在各种生理病理条件下维持组织中细胞数目平衡的反应。指令细胞发生凋亡的信号可来自细胞内,如细胞 DNA 的严重损伤;或来自细胞外,如细胞失去赖以生存的生长因子或激素的营养支持。细胞接收凋亡信号后首先进入凋亡的隐性时相(latent phase),此时细胞形态尚无变化。在隐性时相的早期,细胞尚可退出凋亡程序,如失去生长因子支持的细胞在重新获得生长因子后仍可存活。细胞一旦进入隐性时相的晚期,将不可逆转地进入细胞凋亡的执行时相(executive phase)(图 17-7),此时细胞出现形态及功能上的变化。

凋亡的细胞在形态上表现为核浓缩、染色体断裂、细胞体积缩小及出现凋亡小体(apoptotic body),最后,凋亡小体被吞噬细胞清除。

二、细胞凋亡的分子机制和凋亡相关基因

细胞凋亡是机体严格调控的清除不需要细胞的独特细胞死亡方式,细胞凋亡

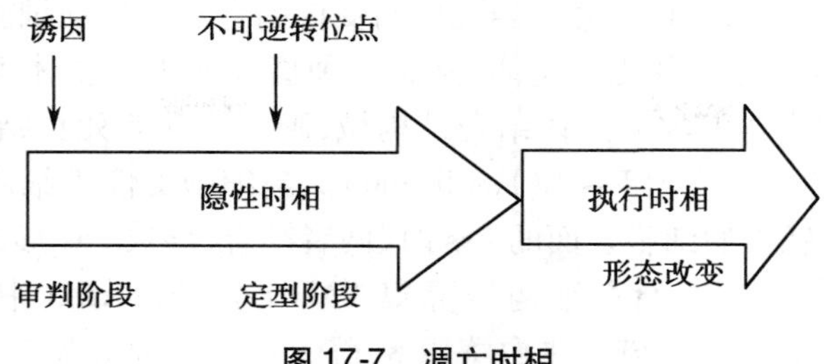

图 17-7 凋亡时相

过程是一种特殊的凋亡信号触发，按严格程序转导而发生的过程，涉及多种基因的表达和多种凋亡相关蛋白质的作用。

（一）胱天蛋白酶（caspase）与细胞凋亡 在凋亡细胞观察到的形态变化是一系列胱天蛋白酶活化并水解底物的结果。胱天蛋白酶的活性中心含有半胱氨酸残基，该酶可以水解底物蛋白质中特异部位的天门冬氨酸残基羧基侧的肽键，使底物蛋白质失活。例如，凋亡过程中细胞的缩小和外形改变是由于细胞骨架蛋白被胱天蛋白酶切割而失活所引起；染色质断裂是由于 CAD（caspase-activated Dnase）的活化所致。胱天蛋白酶是细胞凋亡中的最关键分子。

胱天蛋白酶在细胞内以胱天蛋白酶原的形式（procaspase）合成，由 N 端的原域（prodomain）、中间的大亚基及 C 端的小亚基域组成。各区域之间存在着能被胱天蛋白酶水解的肽键。成熟过程中，原域被切除，大亚基及小亚基之间的肽键被切断，组装成含有两个活性中心的四聚体成熟酶（图 17-8）。

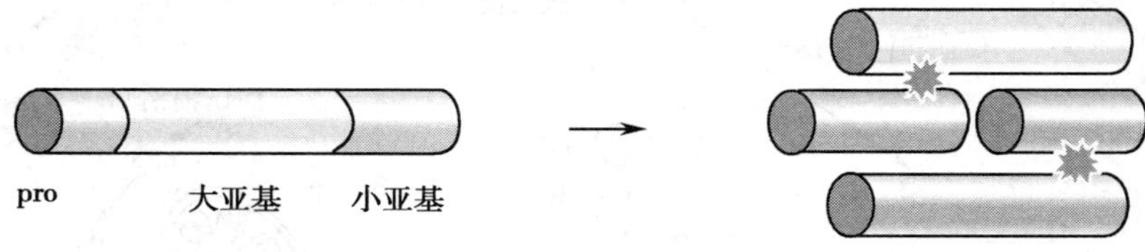

图 17-8 胱天蛋白酶活化

细胞中有多种胱天蛋白酶，具有级联活化的特点。有些胱天蛋白酶位于级联活化途径的上游，属于起始者（initiator caspases），如胱天蛋白酶 8 和 9，它们在死亡信号及其信号转导分子的作用下将发生自我活化。例如，胱天蛋白酶原 8 在 FADD（Fas associated protein with death domain）的作用下被募集到细胞膜，聚集在一起，从而提高了它们内在的酶活性，导致自我激活；胱天蛋白酶原 9 与 Apaf 1（apoptotic protein activating factor 1）及其他一些蛋白质结合后发生自我激活。另有一些胱天蛋白酶属于效应者（effector caspase），位于胱天蛋白酶级联反应的下游，如胱天蛋白酶 3，它的前体是胱天蛋白酶原 8 或 9 的底物，活化的胱天蛋白酶原 3 可以水解底物蛋白，导致细胞形态及功能变化。

（二）细胞凋亡的信号转导途径

1. 死亡受体途径　传递细胞凋亡信号的细胞表面受体称死亡受体，包括肿瘤坏死因子受体（TNFR）及 Fas、转化生长因子 β-受体（TGF-βR）等。细胞表面至少有六种不同的死亡受体，它们的配体是位于另一些细胞表面的蛋白质分子，依靠细胞之间的相互作用提供凋亡信号。当配体与受体结合后能启动细胞凋亡途径。例如细胞表面的 Fas 即是一种死亡受体，是属于肿瘤坏死因子受体家族的一种跨膜蛋白，其胞外区有富含 Cys 的配体结合结构域，胞内段含有死亡结构域（death domain，DD）。Fas 的配体称为 Fas L（Fas ligand）。当细胞毒性 T 细胞表面的三聚体 Fas L 识别受病毒感染的细胞表面的 Fas 时，两者结合，导致 Fas 形成三聚体并激活 Fas 的死亡结构域，Fas 的死亡结构域募集 FADD 分子，FADD 中的死亡效应域（death effector domain）募集胱天蛋白酶原 8，胱天蛋白酶原 8 发生自我激活，进而激活下游的胱天蛋白酶原 3，导致病毒感染的细胞凋亡。

2. 凋亡的线粒体途径　化学毒物或射线作用于细胞后可通过这一途径导致细胞凋亡。凋亡调节蛋白 *Bcl* 2 家族参与这一途径的调节。*Bcl* 2 家族中有促凋亡成员 *Bax*、*Bid* 等，还有抗凋亡成员 *Bcl* 2、*Bcl*-X_1 等。细胞的 DNA 发生严重损伤时，可通过 p53 上调 *bax* 的基因表达并活化 *Bax*，*Bax* 在线粒体上形成通道，使线粒体中的细胞色素 C 释放到胞质，与胞质中的 *Apaf* 1 结合并使之活化。*Apaf* 1 又结合胱天蛋白酶原 9，导致其活化。胱天蛋白酶 9、*Apaf* 1 及细胞色素 C 构成的复合物称凋亡体（apoptosome），该复合物能激活胱天蛋白酶 3，下游的途径与死亡受体介导的途径相同（图 17-9）。

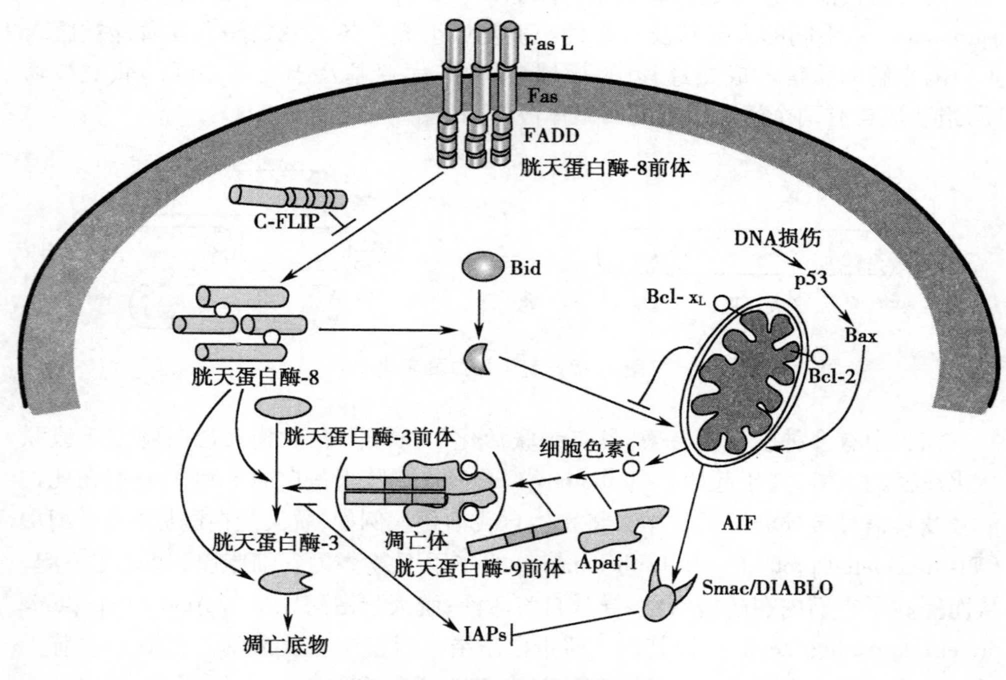

图 17-9　细胞凋亡的两条途径

（三）细胞凋亡相关基因

细胞凋亡受到机体严密调控，*bcl* 2 基因家族是调控细胞凋亡过程的最重要基因。

1. *bcl* 2 基因家族　目前已发现十多种哺乳细胞的 *Bcl* 2 同源蛋白，可分为功能不同的两类：属于凋亡抑制蛋白的包括 *Bcl* 2，*Bcl*-X_L 等，另一些属于凋亡诱导蛋白，包括 *Bax*、*Bcl*-X_S等。

Bcl 2 家族蛋白结构有如下特点，有 C 端的跨膜结构域（TM）和 1 ~4 个数量不等的 *Bcl* 2 同源结构域（BH）。如 *Bcl* 2 和 *Bcl*-X_L可通过 BH_1 和 BH_2 结构域同 *Bax* 结合成异二聚体，进而发挥其抗凋亡功能。另外，*Bcl* 2 等凋亡抑制蛋白，都具有 BH_4 域的保守结构，如缺失 BH_4 可使这类蛋白质失去功能，而凋亡诱导蛋白成员多数不具有 BH_4 结构域。

Bcl 2 等凋亡抑制蛋白可以广泛抑制各种刺激剂诱导的细胞凋亡，延长细胞活力，而 *Bax* 等蛋白则可有诱导凋亡的作用。现在认为，*Bcl* 2 和 *Bcl*-X_L蛋白能稳定线粒体膜，抑制 PT 孔开放，阻止线粒体释放细胞色素 C 和凋亡诱导因子（AIF）。相反 *Bax*、*Bak* 和 *Bid* 等凋亡诱导蛋白插入线粒体外膜形成孔道，释放促凋亡活性物质。

2. 其他凋亡相关基因　①*p53* 基因：*p53* 为抑癌基因，野生型 *p53* 基因表达能诱导多种肿瘤细胞凋亡，p53 可通过多种机制诱导细胞凋亡，其中包括增加 *Bax* 的表达，而减少 *Bcl* 2 蛋白的表达；②*c-myc* 基因：癌基因 *c-myc* 生物学功能复杂，主要可促进细胞生长和细胞分裂，又可调控细胞分化，但 *c-myc* 过表达也可诱导细胞凋亡。

三、细胞凋亡与肿瘤

细胞增殖和细胞死亡两种过程相互协调的结果使组织细胞的数量处于动态平衡。细胞增殖同时受到癌基因和抑癌基因的平衡调节，细胞死亡受促进凋亡和抑制凋亡两种相反过程的影响。组织中细胞数量的增加既可以是癌基因和抑制凋亡基因表达增加所致，也可以是抑癌基因和促凋亡基因表达降低的结果。所以，正常细胞向恶性细胞的转化是原癌基因活化、抑癌基因失活、抑制凋亡基因表达增加、促凋亡基因表达减少等因素综合作用的结果。

某些抑制凋亡的基因本身就是细胞癌基因，如 *c-akt*、*bcl* 等；而一些抑癌基因的产物，如 *p53*、*Rb* 既能负向调节细胞周期又具有促细胞凋亡作用。细胞凋亡作用的减弱可能是肿瘤发生中的关键步骤，例如用 DNA 肿瘤病毒及转基因动物研究肿瘤发生时，发现肿瘤起始时往往涉及细胞增殖的基因突变，其中包括抑癌基因 *Rb* 丧失功能或原癌基因 *c-myc* 过量表达，然而这些基因突变导致的细胞增殖往往也导致细胞凋亡增加，因此肿瘤组织中细胞的总数并未增加。如果在这些细胞群中 *p53* 基因丧失功能，导致细胞凋亡减弱，或 *bcl* 2 基因表达增加而抑制凋亡增强，就可抑制因细胞增殖而导致的凋亡增加，这种增殖加快而又逃逸凋亡的细胞不断增殖，细胞数量不断地增加并进一步发生遗传学变化，逐渐进展为具有侵袭和转移能力的肿瘤。总之，肿瘤的发生是多因素的多阶段变化的结果，癌基因的激活及抑癌基因的失活所导致的细胞增殖加快与细胞凋亡抑制的概念适合于各种肿瘤的发生和发展机制。

附录：肿瘤标记物

肿瘤标记物（tumor marker）是指由肿瘤细胞产生、与肿瘤性质相关的一类分子，它们的存在或量变能提示肿瘤的性质，并有助于了解肿瘤的起源、分化，从而有助于肿瘤的诊断、分类、预后判断及治疗。有价值的肿瘤标记物应具有以下特点：①标记物的变化应与肿瘤生长、转移等有直接的定性、定量的关系；②应具有特异性，即能与正常细胞、良性肿瘤区别；③检测标记物的方法应简便。但往往是单一标记物不可能在所有种类的肿瘤或同一种肿瘤的不同患者都适用。所以，几种标记物的联合使用可能更有利。

通常肿瘤标记物是通过免疫组化进行检测的，肿瘤标记物的来源及活性特性是进行分类的主要依据。这些肿瘤标记物可用于人群筛选、鉴别诊断及诊疗效果判定（表 17-5 ~ 表 17-7）。

表 17-5 肿瘤标记物分类

	性质	相关肿瘤
胚胎性抗原标记物		
甲胎蛋白	糖蛋白 70kD	肝癌
β 癌胚抗原	80kD	结肠、肺癌
癌胚抗原	糖蛋白 600kD	结肠、直肠、乳腺癌
糖类抗原标记物		
CA125	糖蛋白>200kD	卵巢、子宫内膜癌
CA19-9	糖蛋白 400kD	卵巢、乳腺癌
酶类标记物		
醛缩酶	160kD	肝肿瘤
碱性磷酸酶	95kD	骨、肺、白血病、肉瘤
谷胱甘肽转移酶	80kD	肝、胃、结肠肿瘤
乳酸脱氢酶	135kD	肝、白血病
前列腺特异性抗原	34kD	
激素类		
促肾上腺皮质激素	4. 5kD	库欣综合征
人绒毛膜促性腺激素	45kD	胚胎绒毛膜、睾丸肿瘤
蛋白质类		
本固蛋白	22. 5 ~ 45kD	多发骨髓瘤
β2 微球蛋白	12kD	多发骨髓瘤、慢性淋巴性白血病

表 17-6 肿瘤标记物的应用

检出病人：对无症状人群的筛查	分期：确定病变范围
诊断：鉴别良性和恶性肿瘤	定位：注射放射性的抗体做核筛查
监测：对治疗效果的预测及是否治愈的检定	治疗：把细胞毒性剂导向至含标志物的细胞
分类：选择治疗以及预测肿瘤的形状（过程）	

表 17-7 临床常用的肿瘤标记物

标志物	肿瘤的部位
癌胚抗原(CEA)	结肠、肺、乳腺、胰腺
胎儿甲种球蛋白(AFP)	肝、干细胞
人绒毛膜促性腺激素(hCG)	滋养层细胞、干细胞
降钙素(CT)	甲状腺(中胚叶肉瘤)
前列腺酸性磷酸酶(PAP)	前列腺

(陶　莎)

中英文名词对照索引

A

B

D

G

H

J

K

L

M

N

P

Q

R

S

T

W

X

Y

Z

参考文献

1. 徐晓利,马涧泉.医学生物化学.北京:人民卫生出版社,1998
2. 张迺蘅.生物化学.第2版.北京:北京医科大学出版社,1999
3. 周爱儒.生物化学.第5版.北京:人民卫生出版社,2001
4. 王镜岩,朱圣庚,徐长法.生物化学.北京:高等教育出版社,2002
5. 周爱儒.生物化学.第6版.北京:人民卫生出版社,2004
6. 贾弘禔.生物化学.北京:人民卫生出版社,2005
7. 贾弘禔.生物化学.第3版.北京:北京大学医学出版社,2005
8. 高国全.生物化学.第2版.北京:人民卫生出版社,2007
9. 查锡良.生物化学.第7版.北京:人民卫生出版社,2008
10. 贾弘禔,冯作化.生物化学与分子生物学.北京:人民卫生出版社,2010
11. 贾弘禔,冯作化.生物化学与分子生物学.第2版.北京:人民卫生出版社,2011
12. Olovnikov AM. A theory of marginotomy:The incomplete copying of template margin in enzymic synthesis of polynucleotides and biological significance of the phenomenon. J Theor Biol,1973,41(1):181-190
13. Weaver RF. Molecular Biology.北京:科学出版社,2000
14. Wood,RD,Mitchell M,Sgouros J,et al. Human DNA Repair Genes. Science,2001,291:1284-1289
15. Rorbert K. Murray, Daryl K. Granner, Peter A. Mayes, et al. Harper's Biochemistry. 26th ed. New York:McGraw Hill Company,2003
16. Schvartzman JB,Stasiak A. A topological view of the replicon. EMBO reports,2004,5(3):256-261
17. Tuteja N,Tuteja R. Prokaryotic and eukaryotic DNA helicases,Essential molecular motor proteins for cellular machinery. Eur J Biochem,2004,271:1835-1848
18. Ryu JS,Hong YC,Han HS,et al. Association between polymorphisms of ERCC1 and XPD and survival in non-small-cell lung cancer patients treated with cisplatin combination chemotherapy. Lung Cancer,2004,44(3):311-316
19. Robert K. M. ,Daryl K. G. ,et al. Harper's Biochemistry 26th ed. New York:McGraw-Hill Co. 2004
20. David L. Nelson,Michael M. Cox. Lehninger Principles of Biochemistry. 4th ed. New York:W. H. Freeman and Company,2005
21. Sweasy JB,Lang T,Starcevic D,et al. Expression of DNA polymerase {beta} cancer-associated variants in mouse cells results in cellular transformation. Proc Natl Acad Sci U S A,2005,102 (40):14350-14355
22. Weiss JM,Weiss NS,Ulrich CM. Interindividual variation in nucleotide excision repair genes and risk of endometrial cancer. Cancer Epidemiol Biomarkers Prev,2005,14(11 Pt 1):2524-2530
23. Zhu S,Wang A,Xia Z. Polymorphisms of DNA repair gene XPD and DNA damage of workers exposed to vinylchloride monomer. Int J Hyg Environ Health,2005,208(5):383-390
24. Meisenberg G,Simmons WH. Princples of Medical Biochemistry. 2nd ed. Mosby,2006
25. Kresge N,Simoni RD,Hill RL. 30 Years of Cholesterol Metabolism:the Work of Michael Brown and Joseph Goldstein. Journal of Biological Chemistry,2006,281:25-28
26. Yokoyama S. Assembly of High-Density Lipoprotein. Arteriosclerosis Thrombosis Vascular Biology,2006,26:20-27
27. Robert KM,Daryl KG,Victor WR. Harper's Illustrated Biochemistry. 27th ed. New York:The McGraw-

Hill companies, Inc, 2006

28. David L. Nelson, Michael M. Cox, Lehninger Principles of Biochemistry 5th ed. W. H. Freeman & Company, 2006

29. Berg JM, Tymoczko JL and Stryer L. Biochemistry. 6th ed. New York: W. H. Freeman Co, 2007

30. Yen CLE, Stone SJ, Koliwad S, Harris C, Farese RV, Jr. DGAT enzymes and triacylglycerol biosynthesis. Journal of Lipid Research, 2008, 49: 2283-2301

31. Zechner R, Kienesberger PC, Haemmerle G, Zimmermann R, Lass A. Adipose triglyceride lipase and the lipolytic catabolism of cellular fat stores. Journal of Lipid Research, 2009, 50: 3-21

32. Voet D and Voet JG: Biochemistry. 4th ed. Hoboken, NJ, USA: John Wiley & Sons, Inc, 2010

33. Hiltunen JK, Chen Z, Haapalainen AM, Wierenga RK, Kastaniotis AJ. Mitochondrial fatty acid synthesis-An adopted set of enzymes making a pathway of major importance for the cellular metabolism. Progress in Lipid Research, 2010, 49: 27-45